概均質ベクトル空間

# 概均質ベクトル空間

木村達雄著

岩波書店

# まえがき

　概均質ベクトル空間の理論は 1961 年に佐藤幹夫先生によって創始された．それ以来この理論の重要性が認識されてきて日本のほかアメリカやフランスでも概均質ベクトル空間に関する研究集会などが開かれるようになってきた．ところが今までのところこの理論の基礎的部分をまとめた入門書がなく，これを希望する声がかなり聞かれるようになってきた．筆者はこの数年，筑波大学のほか二，三の大学で概均質ベクトル空間の入門的な講義をする機会を得たが，1996 年の春学期に上智大学で講義をしたのをきっかけにその内容をまとめてみることにした．そしてある程度まとまったところでその原稿をみた行者明彦氏が非常に細部にまでわたって丁寧に検討して下さりいろいろ貴重な意見を寄せて下さった．そこで改めて書き直して出来たのが本書である．行者氏は忙しい中，ご自身の研究を中断してまでこの本を良いものにするため，全面的に協力をして下さった．また大学院生の杉山和成君には全般的な協力をしていただいた．

　そして小木曽岳義，大谷信一，対島浩司，二井谷剛，名倉誠の諸氏は原稿をもとにセミナーをして詳細をチェックし，また木村巌氏は何回も書き直す筆者の原稿を忍耐強く LaTeX に打つ作業をしてくれた．行者氏のほか，佐藤文広氏からも貴重な御意見をいただいた．また井草準一先生や小野孝先生からもいくつか教えていただいた．これら多くの方々の力でこの本は出来たのであり，心から感謝致します．岩波書店編集部の宮内久男，吉田宇一，濱門麻美子の三氏にも大変お世話になりました．

　また 1972 年の春，修士論文のことで京都大学に訪ねたとき以来，厳しくそして暖かく指導を続けて下さった佐藤幹夫先生には本書を捧げ，心からの感謝の意を表したいと思います．

平成 10 年 10 月<br>
木村 達雄

# 理論の概要と本書の構成

まず概均質ベクトル空間の理論とはどういうものかをおおまかにみてみよう.

数論で基本的に重要な **Riemann** (リーマン) のゼータ関数 $\zeta(s) = \sum_{n=1}^{\infty} n^{-s}$ を考えてみよう. これは $\mathrm{Re}\, s > 1$ で絶対収束して正則関数になり, しかも $\zeta(s) = \prod_{p}(1-p^{-s})^{-1}$ (積はすべての素数 $p$ にわたる) と表わせる. これは自然数が素数の積に一意的に分解されるという初等整数論の基本定理の解析的表現にほかならない. このほかに $\zeta(s)$ の重要な性質として, 全 $s$ 平面に解析接続されて関数等式

$$\zeta(1-s) = (2\pi)^{-s} \Gamma(s)\, 2\cos\frac{\pi s}{2}\zeta(s)$$

を満たす, ということがある.

これが $\zeta(s)$ の基本的性質の一つであるが, この関数等式が成り立つ根拠として

(I) $x$ の複素巾 (巾は'べき'と読む) の **Fourier** (フーリエ) 変換がまた $y$ の複素巾になる. すなわち

$$\int_0^{\infty} x^{s-1} e^{2\pi\sqrt{-1}xy}\, dx = (2\pi)^{-s}\Gamma(s)\, e^{\frac{\pi\sqrt{-1}s}{2}(\mathrm{sgn}\, y)} |y|^{-s} \quad (0 < \mathrm{Re}\, s < 1)$$

が成り立つこと (命題 4.20 参照) と,

(II) **Poisson** (ポアソン) の和公式, すなわち $\widehat{f}(y) = \int_{-\infty}^{\infty} f(x) e^{2\pi\sqrt{-1}xy}\, dx$ を $f(x)$ の Fourier 変換とするとき

$$\sum_{n=-\infty}^{\infty} f(n) = \sum_{n=-\infty}^{\infty} \widehat{f}(n)$$

が成り立つこと (定理 4.34 参照)

の二つが挙げられる.

実際,

$$f(x) = \begin{cases} x^{s-1} & (x>0) \\ 0 & (x \leqq 0) \end{cases}$$

に対して収束を無視して形式的に計算すれば,

$$\sum_{n=-\infty}^{\infty} f(n) = \sum_{n=1}^{\infty} n^{s-1} = \zeta(1-s)$$

であり,一方,(I) より

$$\sum_{n=-\infty}^{\infty} \widehat{f}(n) = (2\pi)^{-s} \Gamma(s) \left\{ \sum_{n=-\infty}^{-1} (-n)^{-s} e^{-\frac{\pi\sqrt{-1}s}{2}} + \sum_{n=1}^{\infty} n^{-s} e^{\frac{\pi\sqrt{-1}s}{2}} \right\}$$
$$= (2\pi)^{-s} \Gamma(s) \, 2\cos\frac{\pi s}{2} \zeta(s)$$

であるから (II) より

$$\zeta(1-s) = (2\pi)^{-s} \Gamma(s) \, 2\cos\frac{\pi s}{2} \zeta(s)$$

という関数等式を得ることができるという仕組みである.

この原理に基づいてきちんとした証明をするには $\mathbb{R}$ 上の急減少関数 $\varphi$ とその Fourier 変換 $\widehat{\varphi}$ (§3.2 を参照) を用いて $\operatorname{Re} s > 1$ で絶対収束するゼータ積分

$$I(s, \widehat{\varphi}) = \int_0^\infty t^{s-1} \sum_{x \in \mathbb{Z} - \{0\}} \widehat{\varphi}(tx) dt$$

を考えて,次のような方針でやれば良い.まず

$$I(s, \widehat{\varphi}) = \sum_{n=1}^{\infty} \int_0^\infty t^{s-1} \widehat{\varphi}(nt) dt + \sum_{n=1}^{\infty} \int_0^\infty t^{s-1} \widehat{\varphi}(-nt) dt$$
$$= \zeta(s) \int_{-\infty}^{\infty} |x|^{s-1} \widehat{\varphi}(x) dx$$

であるが,Poisson の和公式 (II),すなわち $\sum_{x \in \mathbb{Z}} \widehat{\varphi}(tx) = (1/t) \sum_{x \in \mathbb{Z}} \varphi(x/t)$ を使って

$$I(s, \widehat{\varphi}) = J(s, \varphi) - \frac{\widehat{\varphi}(0)}{s} + \frac{\varphi(0)}{s-1},$$

ただし

$$J(s, \varphi) = \int_1^\infty t^{s-1} \sum_{x \in \mathbb{Z}-\{0\}} \widehat{\varphi}(tx) dt + \int_1^\infty t^{-s} \sum_{x \in \mathbb{Z}-\{0\}} \varphi(tx) dt$$

を示すことができる．$J(s,\varphi)$ は $s$ の整関数になるので $I(s,\widehat{\varphi})$ は $s=0,1$ に高々 1 位の極をもつ全 $s$ 平面上の有理型関数（meromorphic function）に解析接続され $I(s,\widehat{\varphi})=I(1-s,\varphi)$ を満たすことがわかる．各 $s\in\mathbb{C}$ に対して $\int_{-\infty}^{\infty}|x|^{s-1}\widehat{\varphi}(x)dx\neq 0,\infty$ となる $\varphi$ が存在するから

$$\zeta(s)=\left(\int_{-\infty}^{\infty}|x|^{s-1}\widehat{\varphi}(x)dx\right)^{-1}\cdot I(s,\widehat{\varphi})$$

は全 $s$ 平面に有理型関数として解析接続される．一方，$\int_{-\infty}^{\infty}|x|^{s-1}\widehat{\varphi}(x)dx$ も全 $s$ 平面に有理型に解析接続され（I）より

$$\int_{-\infty}^{\infty}|x|^{s-1}\widehat{\varphi}(x)dx=(2\pi)^{-s}\Gamma(s)\,2\cos\frac{\pi s}{2}\int_{-\infty}^{\infty}|x|^{-s}\varphi(x)dx$$

となることがいえて，これと $I(s,\widehat{\varphi})=I(1-s,\varphi)$，すなわち

$$\zeta(s)\int_{-\infty}^{\infty}|x|^{s-1}\widehat{\varphi}(x)dx=\zeta(1-s)\int_{-\infty}^{\infty}|x|^{-s}\varphi(x)dx$$

より

$$\zeta(1-s)=(2\pi)^{-s}\Gamma(s)\,2\cos\frac{\pi s}{2}\zeta(s)$$

が得られる．

さて (II) の Poisson の和公式は本質的には Fourier 変換を 2 回やると元へもどる（例えば命題 3.10 を参照）ということから得られるわけで，その高次元化はやさしい（定理 4.34）．

そこで (I) の一般化，すなわち

(I)′　ベクトル空間 $V$ 上の多項式 $f(x)$ でその複素巾 $f(x)^s$ の Fourier 変換が $V$ の双対空間 $V^*$ 上のある多項式 $f^*(x)$ の複素巾になるものを系統的に見つけること，

ができれば，例えば

$$\zeta(s,f)=\sum_{x\in\mathbb{Z}^n-f^{-1}(0)}\frac{1}{|f(x)|^s}$$

のようなものが関数等式を満たすことがいえるのではないかと期待される．すなわち関数等式を満たす **Dirichlet**（ディリクレ）**級数**（ゼータ関数）が系統的に得られることが期待される．

例えば $P(x) = {}^t xAx$ $(x \in \mathbb{R}^n)$ を正値2次形式, $Q(y) = {}^t yA^{-1}y$ をその双対とするとき,

$$\int_{\mathbb{R}^n} P(x)^{s-\frac{n}{2}} e^{2\pi\sqrt{-1}\langle x,y\rangle} dx = \frac{1}{\sqrt{\det P}} \pi^{\frac{n}{2}-2s} \cdot \frac{\Gamma(s)}{\Gamma\left(\frac{n}{2}-s\right)} \cdot Q(y)^{-s}$$

$(0<\mathrm{Re}\, s<(1/2))$ が成り立ち(命題 4.22), これより Epstein のゼータ関数

$$\zeta(s,P) = \sum_{x\in\mathbb{Z}^n-\{0\}} \frac{1}{|P(x)|^s}$$

が関数等式を満たすことがいえるのである.

では $x^s$ や $P(x)^s$ の Fourier 変換がまたある多項式の複素巾になる根拠はいったい何であろうか?

1961 年に佐藤幹夫は, その背景に群の大きな作用があり, $x$ や $P(x)$ が, その群の作用に関して相対不変式になっていることが原因であることを見抜いた. そして概均質ベクトル空間の概念に達したのである.

連結代数群 $G$ が有限次元ベクトル空間 $V$ に有理表現 $\rho$ で作用して(すなわち $\rho: G \to GL(V)$ なる準同型が存在して)Zariski 位相で考えたとき $V$ の中で稠密な $G$-軌道 $\rho(G)v_0 = \{\rho(g)v_0 \in V; g \in G\}$ が存在するときに $(G,\rho,V)$ を**概均質ベクトル空間**(prehomogeneous vector space)というのである. 一般に $G$-軌道 $\rho(G)v_0$ は群 $G$ の作用に関して**均質**(homogeneous)な空間であるが, $V = \overline{\rho(G)v_0}$ ということは $V$ が $G$ の作用に関してほとんど均質な空間であることを意味する. この意味で概均質ベクトル空間とよぶのである.

そして $V$ 上の恒等的には零にはならない有理関数 $f(x)$ が $(G,\rho,V)$ の**相対不変式**(relative invariant)であるとは各 $g \in G$ に対して $f(\rho(g)x)$ が有理関数として $f(x)$ と定数倍を除いて一致すること: $f(\rho(g)x) = \chi(g)f(x)$ $(g \in G)$ である. このとき $\chi: G \to GL_1$ は $G$ の有理指標になり, $f$ を指標 $\chi$ に対応する相対不変式とよぶ. 例えば $G = GL_1(\mathbb{C}) = \mathbb{C}^\times$ が $V = \mathbb{C}$ に $\rho(g)x = gx$ $(g \in \mathbb{C}^\times, x \in \mathbb{C})$ で作用すると $V - \{0\} = \rho(G)\cdot 1$ は稠密な軌道であるから $(G,\rho,V)$ は概均質ベクトル空間で $f(x) = x$ は $\chi(g) = g$ に対応する相対不変式である. また $V = \mathbb{C}^n$ 上の 2 次形式 $P(x) = {}^t xAx$ $({}^t A = A \in GL_n(\mathbb{C}))$ を不変にする特殊直交群を $SO_n(P) = \{B \in SL_n(\mathbb{C}); {}^t BAB = A\}$ とするとき, $G =$

$GL_1 \times SO_n(P)$ は $\rho(\alpha, B)x = \alpha Bx$; ($\alpha \in GL_1$, $B \in SO_n(P)$, $x \in \mathbb{C}^n$) により $V$ に作用するが $\{x \in V; P(x) \neq 0\}$ は $V$ の稠密な $G$-軌道になり (§2.4 の例 2.15 を参照), $(G, \rho, V)$ は概均質ベクトル空間で $P(x)$ は指標 $\chi(\alpha, B) = \alpha^2$ に対応する相対不変式になっている.

では概均質ベクトル空間の相対不変式 $f(x)$ の複素巾 $f(x)^s$ の Fourier 変換がまたある多項式 $f^*(y)$ の複素巾になることがいえる原理は何であろうか?

そのために概均質ベクトル空間の相対不変式のもつ基本的な性質を考えてみよう.

まず $f(x)$ が絶対不変式, すなわち $\chi = 1$ に対応する相対不変式の場合は軌道 $\rho(G)v_0$ 上で $f(x) = c \ (= f(v_0))$ という定数になる. すなわち $\{x \in V; f(x) = c\} \supset \rho(G)v_0$ で左辺は閉集合ゆえ閉包をとっても変わらないが, 右辺は閉包をとると $\overline{\rho(G)v_0} = V$ ゆえ, 結局 $f(x)$ は $V$ 上の定数関数になる.

次に $f_1$ と $f_2$ が同じ指標 $\chi$ に対応する相対不変式ならば $f_2/f_1$ は絶対不変式であるから定数である. したがって, $f_2(x) = cf_1(x)$ ($c$ は定数) となり,

(III) 概均質ベクトル空間の同じ指標に対応する相対不変式は定数倍を除いて一致する

が示された. 逆に $(G, \rho, V)$ という三つ組の相対不変式が (III) の性質をもつとき, $(G, \rho, V)$ は概均質ベクトル空間であることが知られており (命題 2.4 参照), (III) の性質が概均質ベクトル空間を特徴づけている.

話を簡単にするために $G$ が簡約可能代数群で稠密な $G$-軌道 $\rho(G)v_0$ の補集合 $S = V \setminus \rho(G)v_0$ が, ある既約多項式 $f(x)$ の零点集合 $S = \{x \in V; f(x) = 0\}$ となる場合を考えよう. このとき $d = \deg f$, $n = \dim V$ とおくと $m = 2n/d$ は自然数で $\det \rho(g)^2 = \chi(g)^m \ (g \in G)$ となる指標 $\chi$ に対して, $f(\rho(g)x) = \chi(g)f(x) \ (g \in G)$ となることが知られている (命題 2.18 参照). そして $(G, \rho, V)$ の双対 $(G, \rho^*, V^*)$ も同様の性質をもつ概均質ベクトル空間で $f^*(\rho^*(g)y) = \chi(g)^{-1}f^*(y)$ となる既約相対不変多項式 $f^*(y)$ をもつ.

いま, 収束などは無視して形式的に $f(x)^{s-\frac{n}{d}}$ (これも形式的に考えておく) の Fourier 変換

$$\varphi(y) = \int_V f(x)^{s-\frac{n}{d}} \cdot e^{2\pi\sqrt{-1}\langle x, y\rangle} dx \qquad (y \in V^*)$$

を考えると，

$$\varphi(\rho^*(g)y) = \chi(g)^{s-\frac{n}{d}} \cdot \det \rho(g) \cdot \varphi(y)$$
$$= \chi(g)^s \varphi(y) \quad (g \in G)$$

ゆえ $f(x)^{s-\frac{n}{d}}$ の Fourier 変換 $\varphi(y)$ は $V^*$ 上の $\chi(g)^s$ に対応する相対不変式になる．一方 $f^*(y)^{-s}$ も $V^*$ 上の同じ指標 $\chi(g)^s$ に対応する相対不変式であり，$(G, \rho^*, V^*)$ は概均質ベクトル空間であるから（有理関数ではないのでそのままでは適用できないにしても）(III) の原理から $\varphi(y)$ と $f^*(y)^{-s}$ は定数倍を除いて一致することが期待される．すなわち

$$\int_V f(x)^{s-\frac{n}{d}} \cdot e^{2\pi\sqrt{-1}\langle x,y\rangle} dx = c f^*(y)^{-s}$$

となる定数 $c$ の存在が期待されるのである．これが相対不変式の複素巾 $f(x)^s$ の Fourier 変換がまたある多項式 $f^*(y)$ の複素巾と一致する，という原理である．もちろん，収束のことなど意味をもたせるためには超関数として考える必要があり，細かいことを厳密にやらなければいけないが，この原理に従って概均質ベクトル空間の相対不変式の複素巾の Fourier 変換に関する基本定理が佐藤幹夫によって 1961 年に得られた（定理 4.17 参照）．すなわち $(G, \rho, V)$ が前述の仮定を満たしさらに $\mathbb{R}$ 上定義されているとすると $V_\mathbb{R} - S_\mathbb{R}$ と $V_\mathbb{R}^* - S_\mathbb{R}^*$ は同じ個数の連結成分に分解する：$V_\mathbb{R} - S_\mathbb{R} = V_1 \cup \cdots \cup V_l$ および $V_\mathbb{R}^* - S_\mathbb{R}^* = V_1^* \cup \cdots \cup V_l^*$．$G$ の $\mathbb{R}$-有理点のなす群 $G_\mathbb{R}$ の単位元の連結成分を $G_\mathbb{R}^+$ とすると各 $V_i, V_j^*$ は $G_\mathbb{R}^+$-軌道である．そして $\Phi, \Phi^*$ をそれぞれ $V_\mathbb{R}, V_\mathbb{R}^*$ 上の急減少関数とするとき $\mathrm{Re}\, s > 0$ で収束する

$$\int_{V_i} |f(x)|^s \Phi(x) dx$$

や

$$\int_{V_j^*} |f^*(y)|^s \Phi^*(y) dy$$

は全 $s$ 平面に有理型に解析接続されて

$$\int_{V_j} |f(x)|^{s-\frac{n}{d}} \widehat{\Phi^*}(x) dx = \sum_{i=1}^l a_{ij}(s) \int_{V_i^*} |f^*(y)|^{-s} \Phi^*(y) dy$$

が成り立つのである.

さて,さらに $(G,\rho,V)$ が $\mathbb{Q}$ 上定義されているとしよう. $L$ を $V_{\mathbb{Q}}$ 内の格子,すなわち $V_{\mathbb{R}}$ のディスクリート部分群で $V_{\mathbb{R}}/L$ がコンパクトになるものとし,$\Gamma$ を $L$ を不変にする $G_{\mathbb{R}}^{+}$ のディスクリート部分群とする.このときゼータ関数として

$$\zeta_i(L,s) = \sum_{x \in L \cap V_i} \frac{1}{|f(x)|^s}$$

と定義したいところであるが,これはほとんどの場合に収束しないので,$x \in V_{\mathbb{Q}}$ に対して $\Gamma$-軌道 $\rho(\Gamma)x$ で定まる密度とよばれる $\mu(x)\,(=\mu(\rho(\Gamma)x))$ を定義して,和を $L \cap V_i$ の $\Gamma$-軌道の代表点にわたってとり

$$\zeta_i(L,s) = \sum_{x \in \Gamma \backslash L \cap V_i} \frac{\mu(x)}{|f(x)|^s}$$

と定義する.この $\mu(x)$ が有限値になる必要十分条件は $G_x = \{g \in G; \rho(g)x = x\}$ $(x \in V_{\mathbb{Q}})$ の単位元の連結成分 $G_x^{\circ}$ の $\mathbb{Q}$ 上定義された有理指標が単位指標に限る,ということなので,任意の $x \in (V-S) \cap V_{\mathbb{Q}}$ に対してこの条件が成り立つと仮定しておく.双対空間 $(G,\rho^*,V^*)$ に対しても $L$ の双対格子 $L^*$ をとって $\zeta_j^*(L^*,s)$ を同様に定義する.このゼータ関数の解析接続や関数等式の証明は前述の Riemann ゼータ関数の場合と同様な考えで行われる.

以下,$\zeta_i(L,s)$, $\zeta_j^*(L^*,s)$ は $\mathrm{Re}\,s$ が十分大きいところで絶対収束すると仮定しよう.例えば $f$ に対応する指標 $\chi$ に対し $\{g \in G; \chi(g)=1\}$ の連結成分を $H$ とおくとき,$H_x = H \cap G_x$ が連結半単純代数群ならば $\zeta_i(L,s)$ は $\mathrm{Re}\,s > n/d$ で絶対収束する(定理 6.2).この条件が満たされる概均質ベクトル空間は多い.

以上の仮定のもとではゼータ積分

$$Z(\Phi,s) = \int_{G_{\mathbb{R}}^+/\Gamma} \chi(g)^s \sum_{x \in L-L \cap S} \Phi(\rho(g)x) dg$$

も $V_{\mathbb{R}}$ のすべての急減少関数 $\Phi$ に対して $\mathrm{Re}\,s$ が十分大きいところで絶対収束して

$$Z(\Phi,s) = \sum_{i=1}^{l} \zeta_i(L,s) \int_{V_i} |f(x)|^{s-\frac{n}{d}} \Phi(x) dx$$

を満たす.双対空間 $(G,\rho^*,V^*)$ でも同様にして

$$Z^*(\varPhi^*,s) = \sum_{i=1}^{l} \zeta_i^*(L^*,s) \int_{V_i^*} |f^*(y)|^{s-\frac{n}{d}} \varPhi^*(y) dy$$

が成り立つ. さて $V_{\mathbb{R}}^*$ 上の急減少関数 $\varPhi^*$ が $\varPhi^*|_{S_{\mathbb{R}}^*}=0$, $\widehat{\varPhi^*}|_{S_{\mathbb{R}}}=0$ を満たすときは $Z(\widehat{\varPhi^*},s)$ と $Z^*(\varPhi^*,s)$ は $s$ の整関数に解析接続されて Poisson の和公式から

$$Z(\widehat{\varPhi^*},s) = \frac{1}{\mathrm{vol}(L)} Z^*\left(\varPhi^*, \frac{n}{d}-s\right)$$

という関数等式を満たすことがわかる (命題 5.16). $\mathrm{vol}(L)$ は $V_{\mathbb{R}}/L$ の体積である. $f^*(D_x)f(x)^{s+1} = b(s)f(x)^s$ により $b$-関数 $b(s) = b_0 \prod_{i=1}^{d}(s+\alpha_i)$ ($d=\deg f$) が定義されるが, $\varPhi_1 \in C_0^\infty(V_i)$ に対し $\varPhi = f^*(D_x)\varPhi_1$ をとると

$$Z(\varPhi,s) = \zeta_i(L,s) \int_{V_i} |f(x)|^{s-\frac{n}{d}} \varPhi(x) dx$$
$$= \varepsilon_i b(-s) \zeta_i(L,s) \int_{V_i} |f(x)|^{s-\frac{n}{d}-1} \varPhi_1(x) dx$$

($\varepsilon_i$ は $V_i$ における $f(x)$ の符号) が $s$ の整関数になることから (§5.4 参照), $b(-s)\zeta_i(L,s)$ が $s$ の整関数に解析接続される. したがって, $\zeta_i(L,s)$ は全 $s$ 平面に有理型に解析接続され極はあるとしても $s=\alpha_1,\cdots,\alpha_d$ のところにしかないことがわかる. 次に $\varPhi_1^* \in C_0^\infty(V_i^*)$ をとり $\varPhi^*(y) = f(D_y)\varPhi_1^*(y)$ とすると

$$Z(\widehat{\varPhi^*},s) = \sum_{j=1}^{l} \zeta_j(L,s) \int_{V_j} |f(x)|^{s-\frac{n}{d}} \widehat{\varPhi^*}(x) dx$$

は $s$ の整関数で

$$\frac{1}{\mathrm{vol}(L)} Z^*\left(\varPhi^*, \frac{n}{d}-s\right) = \frac{1}{\mathrm{vol}(L)} \zeta_i^*\left(L^*, \frac{n}{d}-s\right) \int_{V_i^*} |f^*(y)|^{-s} \varPhi^*(y) dy$$

に等しい. 基本定理と $\mathrm{supp}\,\varPhi^* \subset V_i^*$ より

$$\int_{V_j} |f(x)|^{s-\frac{n}{d}} \widehat{\varPhi^*}(x) dx = a_{ij}(s) \int_{V_i^*} |f^*(y)|^{-s} \varPhi^*(y) dy$$

であったから, この二つの式より

$$\zeta_i^*\left(L^*, \frac{n}{d}-s\right) = \mathrm{vol}(L) \sum_{j=1}^{l} a_{ij}(s) \zeta_j(L,s)$$

なる関数等式が得られる, という仕組みである.

### 本書の構成

それでは本書の構成について説明しよう.

本書は入門書なので,できるだけ予備知識を仮定せず学部学生(数学科3年の後半)でも理解できるように準備の部分にかなりのページが使われている.

第1章は代数的部分に関する準備である.§1.1では群,環,体に関する基本的な定義と性質の復習をする.ここでは証明は一切していない.

§1.2では位相空間について簡単に復習をする.とくに連結および既約という二つの概念の復習をする.またNoether(ネーター)空間を定義して,その閉集合は有限個の既約成分の和集合として一意的に表わされることを証明する.さらに構成可能集合を定義してその性質を証明するが,これは補題2.1で使われる.また第7章で使われる次元に関する命題も証明する.

§1.3ではZariski(ザリスキー)位相を定義する.これはNoether空間になるので§1.2の結果が適用される.そして準アファイン代数多様体を定義するが,われわれはこれしか扱わないので単に代数多様体とよぶことにする.ここでは代数閉体 $\Omega$ 上のベクトル空間 $\Omega^n$ の Zariski 閉集合 $S$ が超曲面であることと,$\Omega^n - S$ がアファイン多様体であることの同値性を証明する.

§1.4ではアファイン代数多様体で群構造をもつもの,いわゆる代数群 $G$ について簡単に説明する.まず $G$ の単位元を含む既約成分 $G^\circ$ が唯一つであり $G$ の指数有限な正規部分群になることを証明する.そして単純代数群,半単純代数群,簡約可能代数群の定義および例を与える.また代数群 $G$ の有理表現などの定義も与える.§1.5では代数多様体の接空間の定義,および写像の微分の定義を与える.これに関して単点,特異点などの定義もする.

§1.6では代数群の Lie 環について証明もつけて丁寧に解説した.

まず代数群 $G (\subset GL_m)$ の単位元 $e$ における接空間 $T_e G$ ($\subset M_m$) に $[X,Y] = XY - YX$ $(X, Y \in T_e G \subset M_m)$ により Lie 環の構造が入ることを証明する.そして例として $A_n$ 型,$B_n$ 型,$C_n$ 型,$D_n$ 型の代数群の Lie 環を計算する.

次に代数群の準同型 $\varphi: G \to H$ から引き起こされる微分写像 $d\varphi: T_e G \to T_{e'} H$ が Lie 環の準同型になることを証明し,とくに代数群の表現 $\rho: G \to GL(V)$ の微分表現 $d\rho: \mathfrak{g} \to \mathfrak{gl}(V)$ ($\mathfrak{g}$ は $G$ の Lie 環)という概念を導入する.例として

随伴表現についていろいろ調べる.

　第2章は概均質ベクトル空間の相対不変式に関する代数的な理論である.

　§2.1で概均質ベクトル空間の定義をする. いくつかの同値条件があるが, とくに概均質性は Lie 環の条件で定まるいわゆる infinitesimal な性質であることがわかる. また $(G,\rho,V)$ が概均質ベクトル空間なら $\dim G \geqq \dim V$ でなければならないこともわかるが, これは分類の第一原理になる.

　§2.2 では相対不変式に関する基本的な性質を調べる. 概均質ベクトル空間 $(G,\rho,V)$ の稠密軌道 $\rho(G)v_0$ の補集合 $S = V - \rho(G)v_0$ は Zariski 閉集合で (特異集合とよばれる), その余次元 1 の既約成分 $S_i$ が既約多項式 $f_i$ の零点集合 $S_i = \{x \in V;\ f_i(x) = 0\}$ $(1 \leqq i \leqq r)$ で与えられるとすると $f_1(x), \cdots, f_r(x)$ は代数独立な相対不変式で, すべての相対不変式 $f(x)$ は一意的に $f(x) = cf_1(x)^{m_1} \cdots f_r(x)^{m_r}$ ($c$ は定数, $(m_1, \cdots, m_r) \in \mathbb{Z}^r$) と表わされる. 相対不変式 $f$ に対して $V - S$ から $V$ の双対空間 $V^*$ への写像 $\varphi_f = \mathrm{grad}\log f$ が定まり, $\varphi_f(V-S)$ は双対三つ組 $(G, \rho^*, V^*)$ における $G$-軌道になる. これが $V^*$ で稠密になるとき $f$ を非退化とよび, 非退化な相対不変式が存在するとき**正則概均質ベクトル空間**とよぶ. $(G, \rho, V)$ が正則概均質ベクトル空間ならばその双対 $(G, \rho^*, V^*)$ も正則概均質ベクトル空間で, しかも指標 $\det \rho(g)^2$ $(g \in G)$ に対応する相対不変式が存在することを示す. とくに既約相対不変式 $f(x)$ が定数倍を除いて唯一つしかない正則概均質ベクトル空間では $n = \dim V$ および $d = \deg f$ とおくと $d|2n$ で $\det \rho(g)^2 = \chi(g)^{2n/d}$ $(g \in GL_n)$ となることが示される. ここで $\chi$ は $f$ の指標である. この事実を使って $\overline{\rho(G)x_1} = \{x \in V;\ f(x) = 0\}$ なる点 $x_1$ が存在する場合に, $f$ の次数 $d = \deg f$ を Lie 環の計算で (すなわち線形代数で) 決定する次数公式の証明を与える.

　§2.3 では, とくに $G$ が $\mathbb{C}$ 上の簡約可能代数群である場合に, 概均質ベクトル空間 $(G, \rho, V)$ が正則になるための群論的条件を求める.

　ここで概均質ベクトル空間の理論で重要な役目を果たす $b$-関数を導入してそれを使って特異集合 $S$ が超曲面のときは正則になることを示す. 逆に D. Luna の定理を使って正則ならば $S$ が超曲面であることも示す. §1.3 で $S$ が超曲面であることと $V - S \cong G/G_{x_0}$, ただし $G_{x_0} = \{g \in G;\ \rho(g)x_0 = x_0\}$ $(x_0 \in V - S)$, がアファイン多様体であることの同値性を示したが, $G$ が簡約可能代数群のと

き $G/G_{x_0}$ がアファイン多様体になる必要十分条件は $G_{x_0}$ が簡約可能代数群であることが知られているので,結局 $G$ が簡約可能代数群のときは $(G, \rho, V)$ が正則である必要十分条件は $G_{x_0}$ $(x_0 \in V - S)$ が簡約可能という群論的条件であることがわかる.

§2.4 では概均質ベクトル空間の例を与える.例 2.1 から例 2.29 はいわゆる**被約**(reduced)な既約正則概均質ベクトル空間の全体である.これは M. Sato and T. Kimura [25] で得られたもので,最近その表にある番号が引用されることが多いので,この 1 から 29 の番号は,この論文の表と一致させてある. $\rho$ が既約表現であるような $(G, \rho, V)$ を既約概均質ベクトル空間というのであるが,正則な既約概均質ベクトル空間はすべて,この例 2.1 から例 2.29 のいずれかから有限回の裏返し変換(第 7 章)を行って得られるのである.例 2.30 は正則ではないが相対不変式をもつ既約概均質ベクトル空間の例であり,正則でない概均質ベクトル空間の理論においては基本的な例になっている.これらの例をみることにより読者は具体的な感覚をつかめると思うが,量が多いので最初はいくつかの例をみてから次へ進んでも良い.

第 3 章では基本定理を証明するための解析的な準備をする.

まず §3.1 では Lebesgue 積分の復習,Haar 測度の定義および例などを与える.§3.2 では $\varphi \in C_0^\infty(\mathbb{R}^n)$ は $\varphi \neq 0$ ならその Fourier 変換 $\widehat{\varphi}$ は $C_0^\infty(\mathbb{R}^n)$ には属さないことを示す.そこで $C_0^\infty(\mathbb{R}^n)$ を含む急減少関数の空間 $\mathcal{S}(\mathbb{R}^n)$ を定義する.そのとき $\varphi \mapsto \widehat{\varphi}$ は $\mathcal{S}(\mathbb{R}^n)$ の間の全単射写像であることを示す.

§3.3 ではある連続条件を満たす線形写像 $T: C_0^\infty(\mathbb{R}^n) \to \mathbb{C}$,すなわち**超関数**(distribution)を考える.連続関数 $f: \mathbb{R}^n \to \mathbb{C}$ は

$$T_f(\Phi) = \int_{\mathbb{R}^n} f(x) \Phi(x) dx \qquad (\Phi \in C_0^\infty(\mathbb{R}^n))$$

により超関数とみなせる. $f$ の Fourier 変換 $\widehat{f}$ が意味をもつとき $T_{\widehat{f}}(\Psi) = T_f(\widehat{\Phi})$ となるが $\widehat{\Phi} \notin C_0^\infty(\mathbb{R}^n)$ なのでこのままでは具合が悪い.そこで $T$ が $T: \mathcal{S}(\mathbb{R}^n) \to \mathbb{C}$ へ拡張できる必要十分条件を求める.その条件を満たすものを**緩増加超関数** $T$ とよび,それに対しては Fourier 変換を $\widehat{T}(\Phi) = T(\widehat{\Phi})$ $(\Phi \in \mathcal{S}(\mathbb{R}^n))$ により定義することができる.多項式の複素巾などは緩増加超関数とみなすことができて,その Fourier 変換が意味をもつのである.最後に §4.1 の基本定

理の証明に使われる超関数に関するある命題を証明する.

§3.4 ではガンマ関数 $\Gamma(s)$ の基本的な性質を証明している. この $\Gamma(s)$ は階乗 $1\times\cdots\times(s-1)=(s-1)!$ を $s\in\mathbb{C}$ へ拡張したものである.

§3.5 から §3.7 は簡約可能な連結 Lie 群 $G$ が $\mathbb{R}^n$ の開集合 $U$ に推移的に作用し,さらに $U$ 上に $G$-不変な測度 $\Omega(x)$ があるとき,$U$ 上の $G$-不変超関数は
$$T(\Phi)=c\int_U \Phi(x)\Omega(x) \quad (c\in\mathbb{C},\,\Phi\in C_0^\infty(U))$$
で与えられる,という定理の証明にあてられる. その方法は Harish-Chandra によるものである.

§3.5 ではコンパクト台をもつ微分形式に関する **de Rham**(ド・ラーム)の**定理**を証明するのが目標で $C^\infty$-多様体の定義,向きづけ,微分形式の積分などについても説明している. §3.6 では簡約可能な連結 Lie 群の左不変微分形式たちによるコホモロジーと両側不変微分形式たちの部分複体のコホモロジーが一致するという Koszul の結果を証明し,それから §3.7 に必要な補題を導いている.

§3.7 では,§3.5 と §3.6 の準備のもとに Harish-Chandra の論文にしたがって不変超関数に関する定理を証明している. これらはよく引用されるが,まとめて書かれたものは余りないようなので読者の便宜をはかって §3.5〜§3.7 でまとめたものである.

第 4 章は概均質ベクトル空間の基本定理,すなわち相対不変式の複素巾の Fourier 変換が双対空間の相対不変式のある複素巾になる,ということを証明するのが目標である.

§4.1 で基本定理の証明をするが,話を簡単にするため $G$ が簡約可能代数群で特異集合 $S$ は既約超曲面であると仮定する. そして $(G,\rho,V)$ は $\mathbb{R}$ 上定義されているとする. §2.4 の例 2.1〜例 2.29 はすべてこれを満たす. §3.3 で証明した超関数に関する命題と §3.7 で証明した不変超関数に関する命題を使って基本定理が証明される.

§4.2 では基本定理の具体的な例としてまず $(GL_1,\Lambda_1,V(1))$ の場合,すなわち $x^s$ の Fourier 変換を計算し次に例 2 として正値 2 次形式 $P(x)$ の複素巾

のFourier変換を計算する．このとき§3.4で証明したガンマ関数の諸性質が使われる．§4.3では基本定理に現われる $c_{ij}(s)$ が一般的にどのような形をしているかを決定した新谷卓郎氏の定理を証明している．論文では一言で済まされている所も，入門書という性質から細かい所まできちんと書いた．

§4.4ではPoissonの和公式について述べた．§4.5ではゼータ超関数を定義しその関数等式を示している．読者はここをとばして第5章へ進んでも差しつかえはない．

第5章では概均質ベクトル空間のゼータ関数に関する一般論を述べている．§5.1では数論的部分群の定義や $G_\mathbb{R}/G_\mathbb{Z}$ が測度有限になるための条件を考察している．§5.2でゼータ関数の定義を与え§5.3でゼータ積分の考察をする．Poissonの和公式からゼータ積分の関数等式が得られる．

§5.4ではゼータ関数が $\operatorname{Re} s$ が十分大きいときに絶対収束するという仮定のもとにゼータ積分を用いてゼータ関数の全 $s$ 平面への解析接続を証明し，さらにゼータ積分の関数等式（すなわちPoissonの和公式）と基本定理からゼータ関数の関数等式を証明する．

§5.5では§4.2の二つの例に対応する例を扱っている．例1はいわゆるRiemannのゼータ関数であり，例2では定数倍を除いてEpsteinのゼータ関数と一致することを示している．

第6章では第5章で仮定していたゼータ関数の収束に関する話題を扱う．

§6.1では収束に関する齋藤裕氏の定理を紹介する．この証明は本書の程度を超えるので，更に仮定をつけた場合のより精密な結果を詳しく述べる．

§6.2からあとは佐藤文広氏の論文（の一部）の解説で，§6.2では他のDirichlet級数の収束性に帰着させる．§6.3では $p$ 進体について簡単に復習する．これが局所コンパクト体になることが大切である．

§6.4ではアデールに関する復習をするがわれわれに必要な $\mathbb{Q}$ 上の場合に限っている．§6.5と§6.6ではアデールを使って式の評価の計算をして概均質ゼータ関数の収束を乗法的アデール・ゼータ関数の収束へ帰着させる．§6.7では乗法的アデール・ゼータ関数の収束に関する小野孝氏の結果を証明し，これにより $H_x = \{g \in H;\ \rho(g)x = x\}$ が連結半単純代数群である場合のゼータ関数の収束に関する定理が証明されたことになる．

§6.8 では概均質ゼータ関数の収束と加法的アデール・ゼータ関数の収束の同値性を証明する. この部分は筆者が佐藤文広氏から教えていただいた.

第7章では分類理論について解説をする.

§7.1 では**裏返し変換**について解説する. これは既約概均質ベクトル空間の分類では必要不可欠な概念である. §7.2 では既約表現に関する一般論, とくに Lie 環 $\mathfrak{g}$ の既約表現 $d\rho : \mathfrak{g} \to \mathfrak{gl}(V)$ に対し $d\rho(\mathfrak{g})$ は半単純 Lie 環か, 半単純 Lie 環と $\{cI_V; c \in \mathbb{C}\}$ の合成である, という E. Cartan の定理を証明する. そして $\mathbb{C}$ 上の既約表現 $\rho : G_1 \times G_2 \to GL(V)$ は既約表現 $\rho_i : G_i \to GL(V_i)$ $(i=1,2)$ のテンソル表現 $\rho = \rho_1 \otimes \rho_2$, $V \cong V_1 \otimes V_2$ であることを示す.

§7.3 では $\mathbb{C}$ 上の単純 Lie 環の表現論と分類論を復習し, それを使って §2.4 の例 2.6 $(GL_7, \Lambda_3, V(35))$ の生成的等方部分環が $G_2$ 型単純 Lie 環であることを示し, さらにその既約表現の次数を決定する公式を導く. 単純代数群の随伴表現とスカラー倍の合成が概均質ベクトル空間になる必要十分条件は群の階数が 1 であることも示す.

§7.4 では既約概均質ベクトル空間の分類について述べる. §7.2 の結果から $(G, \rho, V)$ が既約概均質ベクトル空間ならば, $G = GL_1 \times G_1 \times \cdots \times G_k$, $\rho = \Lambda_1 \otimes \rho_1 \otimes \cdots \otimes \rho_k$, $V = V(d_1) \otimes \cdots \otimes V(d_k)$ $(d_1 \geqq \cdots \geqq d_k \geqq 2)$ の形としてよいことがわかる. ここで各 $G_i$ は単純代数群で $\rho_i$ は $d_i$ 次ベクトル空間 $V(d_i)$ における $G_i$ の既約表現である. また $\Lambda_1$ は $GL_1$ によるスカラー倍を表わす. 分類は $G_1$ が $A_n, B_n, C_n, D_n, G_2, F_4, E_6, E_7, E_8$ 型のそれぞれの場合に, まず $\dim G \geqq \dim V$ となるものを取り出し, その中から概均質ベクトル空間になるものをみつける, という方針でやるが, ここでは $G_1$ が $G_2$ 型単純代数群である場合にのみそれを実行する. しかし, これで分類がどのようにして行われるか, その感じをつかむことができると思う.

そして既約概均質ベクトル空間の $b$-関数の表を与える.

§7.5 では単純代数群 $G$ の表現 $\rho = \rho_1 \oplus \cdots \oplus \rho_l$ と各既約成分へのスカラー倍 $GL_1^l$ との合成で概均質ベクトル空間になるものの表を与える. §7.6 では概均質ベクトル空間の一般化である弱球等質空間の概念を導入し裏返し変換の別証も与える.

# 目　次

まえがき
理論の概要と本書の構成

## 第1章　代数的準備 …………………………………………………… 1
§1.1　群，環，体 ………………………………………………………… 1
§1.2　位相空間 …………………………………………………………… 5
§1.3　代数多様体 ………………………………………………………… 9
§1.4　代数群 ……………………………………………………………… 14
§1.5　代数多様体の接空間 ……………………………………………… 18
§1.6　代数群の Lie 環 …………………………………………………… 21

## 第2章　概均質ベクトル空間の相対不変式 ………………………… 33
§2.1　概均質ベクトル空間の定義 ……………………………………… 33
§2.2　相対不変式 ………………………………………………………… 35
§2.3　簡約可能な概均質ベクトル空間 ………………………………… 53
§2.4　概均質ベクトル空間の例 ………………………………………… 62

## 第3章　解析的準備 …………………………………………………… 99
§3.1　積分の復習 ………………………………………………………… 99
§3.2　急減少関数の Fourier 変換 ……………………………………… 103
§3.3　超関数（distribution）…………………………………………… 111
§3.4　ガンマ関数 ………………………………………………………… 117
§3.5　コンパクトな台をもつ微分形式 ………………………………… 123
§3.6　不変微分形式 ……………………………………………………… 134
§3.7　不変超関数 ………………………………………………………… 142

## 第4章　概均質ベクトル空間の基本定理 …………………………… 151
§4.1　基本定理の証明 …………………………………………………… 151

| | | |
|---|---|---|
| §4.2 | 基本定理の例 | 168 |
| §4.3 | 基本定理の補足 | 181 |
| §4.4 | Poisson の和公式 | 197 |
| §4.5 | ゼータ超関数 | 203 |

## 第5章　概均質ベクトル空間のゼータ関数 … 207

| | | |
|---|---|---|
| §5.1 | 群論的準備 | 207 |
| §5.2 | ゼータ関数の定義 | 213 |
| §5.3 | ゼータ積分 | 221 |
| §5.4 | ゼータ関数の解析接続と関数等式 | 227 |
| §5.5 | 概均質ベクトル空間のゼータ関数の例 | 229 |

## 第6章　概均質ゼータ関数の収束 … 237

| | | |
|---|---|---|
| §6.1 | 収束に関する諸定理 | 237 |
| §6.2 | 収束の同値性 | 241 |
| §6.3 | $p$ 進体 | 245 |
| §6.4 | 有理数体上のアデール | 249 |
| §6.5 | $A(t)$ の評価 | 256 |
| §6.6 | 積分の評価 | 261 |
| §6.7 | 乗法的アデール・ゼータ関数の収束 | 270 |
| §6.8 | 加法的アデール・ゼータ関数の収束 | 274 |

## 第7章　分類理論 … 281

| | | |
|---|---|---|
| §7.1 | 裏返し変換 | 281 |
| §7.2 | 既約表現 | 291 |
| §7.3 | $\mathbb{C}$ 上の単純 Lie 環の既約表現と分類のまとめ | 300 |
| §7.4 | 既約概均質ベクトル空間の分類と $b$-関数 | 310 |
| §7.5 | 単純概均質ベクトル空間の分類 | 323 |
| §7.6 | 弱球等質空間 | 327 |

参考文献 … 331

索　引 … 337

# 第1章

# 代数的準備

## §1.1 群,環,体

　集合 $G$ が**群**(group)であるとは,$G$ の元 $a,b$ に対し $G$ の元 $a\cdot b$ が対応して,(1)すべての $a,b,c\in G$ に対し $(a\cdot b)\cdot c=a\cdot(b\cdot c)$ という結合律が成り立ち,(2)単位元とよばれる元 $e$ で次の(i),(ii)を満たすものが存在することである.
（ⅰ） $a\cdot e=e\cdot a=a$ が,すべての $a\in G$ に対して成り立ち,
（ⅱ） 各 $a\in G$ に対し,その逆元とよばれる $G$ の元 $a^{-1}$ が存在して $a^{-1}\cdot a=a\cdot a^{-1}=e$.

　とくに $G$ のすべての元 $a,b$ に対して $a\cdot b=b\cdot a$ が成り立つとき $G$ を **abel**(アーベル)**群**(abelian group)よぶ.このとき演算を加法的に ＋ を使って書き,単位元を 0,$a$ の逆元を $-a$ と表わしたものを**加法群**(additive group)とよぶ.これは記法の問題で加法群と abel 群は実質的には同じ概念である.群 $G$ の部分集合 $H$ が $G$ の演算の制限で群になるとき**部分群**(subgroup)という.$G$ の各元 $g$ に対して $gH=\{gh\in G;\ h\in H\}$ および $Hg=\{hg\in G;\ h\in H\}$ をそれぞれ群 $G$ の部分群 $H$ に関する**左剰余類**(left coset),**右剰余類**(right coset)とよぶ.すべての $g\in G$ に対し $gH=Hg$ となる部分群 $H$ を $G$ の**正規部分群**(normal subgroup)とよぶ.このときは $g_1H=g_1'H$ かつ $g_2H=g_2'H$ ならば $g_1g_2H=g_1'g_2'H$ となるので剰余類の集合 $G/H=\{gH\ (=Hg);\ g\in G\}$

に演算を $g_1H \cdot g_2H = g_1g_2H$ と定めることにより群の構造が入る．これを群 $G$ の正規部分群 $H$ による**商群**（quotient group）とよぶ．

群 $G, G'$ に対して写像 $\varphi: G \to G'$ が群の構造を保つとき，すなわち $\varphi(gg') = \varphi(g)\varphi(g')$ $(g, g' \in G)$ を満たすとき，$\varphi$ を**準同型写像**（homomorphism）という．とくに全単射な準同型写像を**同型写像**（isomorphism）という．同型写像 $\varphi: G \to G'$ が存在するとき，群 $G, G'$ は**同型**（isomorphic）であるといい，$G \cong G'$ と記す．

準同型写像 $\varphi: G \to G'$ に対し $\varphi(G) = \{\varphi(g) \in G'; g \in G\}$ は $G'$ の部分群で $\ker \varphi = \{g \in G; \varphi(g) = e'\}$（$e'$ は $G'$ の単位元）は $\varphi$ の**核**（kernel）とよばれる $G$ の正規部分群であり商群 $G/\ker \varphi$ は $\varphi(G)$ と同型になる：$G/\ker \varphi \cong \varphi(G)$．

有理整数全体のなす加法群を $\mathbb{Z}$ とするとき $\mathbb{Z} \oplus \overbrace{\cdots}^{l} \oplus \mathbb{Z}$ と同型な abel 群を**階数 $l$ の自由 abel 群**（free abelian group of rank $l$）という．すなわち $\chi_1, \cdots, \chi_l$ で生成される abel 群 $G = \langle \chi_1, \cdots, \chi_l \rangle$ が階数 $l$ の自由 abel 群とは $\varphi(a_1, \cdots, a_l) = \chi_1^{a_1} \cdots \chi_l^{a_l}$ で定義される準同型写像 $\varphi: \mathbb{Z} \oplus \overbrace{\cdots}^{l} \oplus \mathbb{Z} \to G$ が同型写像になることである．

加法群 $R$ が**環**（ring）とは結合律を満たす積 $a \cdot b$ が定義され $a \cdot (b+c) = a \cdot b + a \cdot c$, $(a+b) \cdot c = a \cdot c + b \cdot c$ $(a, b, c \in R)$ という分配律が成り立つことである．要するに $+$, $-$, $\times$ が定義された集合を環という．とくに $a \cdot b = b \cdot a$ $(a, b \in R)$ が成り立つとき $R$ を**可換環**（commutative ring）という．さらに $R - \{0\}$ が積に関して abel 群をなすとき $R$ を**体**（field）という．すなわち体とは一言でいえば四則演算 $+$, $-$, $\times$, $\div$ が定義された集合である．

環 $R$ の部分集合 $S$ が $R$ の演算の制限で環になるとき**部分環**（subring）という．

$R$ を可換環とするとき，その部分環 $S$ が**イデアル**（ideal）とは，すべての $r \in R$ と $s \in S$ に対して $rs \in S$ となることである．このとき加法群としての商群 $R/S$ について $r_1 + S = r_1' + S$ および $r_2 + S = r_2' + S$ ならば常に $r_1 r_2 + S = r_1' r_2' + S$ となるので $r_1 + S$ と $r_2 + S$ との積を $r_1 r_2 + S$ と定めることができて，これにより $R/S$ は環になる．

環 $R, R'$ に対し写像 $\varphi: R \to R'$ が環の構造を保つとき，すなわち $\varphi(a+b) =$

$\varphi(a)+\varphi(b)$, $\varphi(ab)=\varphi(a)\varphi(b)$ $(a,b\in R)$ となるとき,$\varphi$ を**環準同型写像**(ring homomorphism)という.$R$ と $R'$ が乗法の単位元 $1_R$ と $1_{R'}$ をもつときには $\varphi(1_R)=1_{R'}$ と仮定する.全単射な環準同型写像を**環同型写像**(ring isomorphism)といい,環同型写像が存在するとき $R$ と $R'$ は同型(isomorphic)であるといって $R\cong R'$ と記す.

環準同型写像 $\varphi:R\to R'$ に対して $\ker\varphi=\{r\in R; \varphi(r)=0\}$ は $R$ のイデアルで環 $R/\ker\varphi$ は環として $\varphi(R)$ と同型になる:$R/\ker\varphi\cong\varphi(R)$.

$R$ を単位元 1 を含む可換環とする.$R$ のすべてのイデアルが有限生成であるとき,すなわち $Ra_1+\cdots+Ra_r$ の形であるとき $R$ を **Noether**(ネーター)**環**とよぶ.例えば体 $\Omega$ を係数とする多項式全体のなす環 $R=\Omega[X_1,\cdots,X_n]$ は Noether 環である(Hilbert(ヒルベルト)の基底定理).Noether 環 $R$ においてイデアルの任意の昇鎖列 $\mathfrak{a}_1\subset\mathfrak{a}_2\subset\cdots$ を考えると $\bigcup_{i=1}^\infty \mathfrak{a}_i$ も $R$ のイデアルゆえ有限生成,よってそのすべての生成元を含む $\mathfrak{a}_n$ が存在するが,そのとき $\mathfrak{a}_n=\mathfrak{a}_{n+1}=\cdots$ となり昇鎖列は止まってしまう.すなわち Noether 環ではイデアルの昇鎖律が成り立つ(逆もいえる).

次に可換環 $R$ のイデアル $\mathcal{P}$ $(\subsetneq R)$ が**素イデアル**(prime ideal)であるとは,$ab\in\mathcal{P}$ ならば $a\in\mathcal{P}$ または $b\in\mathcal{P}$ となることである.とくに零イデアル $(0)$ が素イデアル,すなわち $ab=0$ ならば $a=0$ または $b=0$,となるような可換環 $R$ を**整域**(integral domain)という.$\mathcal{P}$ が素イデアルであることと $R/\mathcal{P}$ が整域であることは同値である.以下では単位元を持つ可換環のみを考える.

$\varepsilon\in R$ が**単元**(unit)または**可逆元**(invertible element)であるとは $\varepsilon\varepsilon'=\varepsilon'\varepsilon=1$ となる $\varepsilon'\in R$ が存在することである.その全体は積に関して群をなすが,それを $R$ の**乗法群**(multiplicative group)とよび $R^\times$ と記す.例えば $\mathbb{Z}^\times=\{\pm 1\}$ であり,$R=\Omega[X_1,\cdots,X_n]$ ならば $R^\times=\Omega-\{0\}$ である.$R$ の元 $u$ が**既約元**(irreducible element)であるとは,$u$ は 0 でも単元でもなく,$u=vw$ $(v,w\in R)$ と表わすと $v$ または $w$ の一方が必ず単元になることである.例えば素数 $p$ はその定義から $\mathbb{Z}$ の既約元であることがわかる.$R=\Omega[X_1,\cdots,X_n]$ の既約元を**既約多項式**(irreducible polynomial)という.$R$ の元 $u,v$ が**同伴**であるとは $u=\varepsilon v$ となる単元 $\varepsilon$ が存在することで,$R$ が整域ならば $uR=vR$ と同値である.さて整域 $R$ が **U. F. D.**(素元一意分解整域,Unique Factorization Domain)であるとは，$R$ の $0$ でも単元でもない元 $u$ は次の意味で一意的に有限個の既約元の積として表わされることである．すなわち $u=u_1\cdots u_r=v_1\cdots v_t$ で各 $u_i, v_j$ が既約元ならば $r=t$ で，適当に順序を交換すると $u_i$ と $v_i$ $(1\leqq i\leqq r=t)$ は同伴になる．要するに U. F. D. とは素因子分解の一意性が成り立つ環であり，$\mathbb{Z}$ や $\Omega[X_1,\cdots,X_n]$ は U. F. D. である．

$R^\times = R-\{0\}$ となる可換環 $R$ を体というのであった．体の部分環は明らかに整域であるが，逆に任意の整域は次のようにしてある体の部分環と考えることができる．$R$ を整域とする．$S=\{(r_1,r_2);\, r_1,r_2\in R,\, r_2\neq 0\}$ に関係 $(r_1,r_2)\sim(r_1',r_2')$ を $r_1r_2'=r_1'r_2$ によって定めると，$R$ が整域ゆえ同値関係になる．$(r_1,r_2)$ の属す同値類を $r_1/r_2$ と表わすと，$S$ の同値類の全体 $K=\{r_1/r_2;\, r_1,r_2\in R, r_2\neq 0\}$ は通常の演算で体になる．これを $R$ の**商体**(quotient field) という．写像 $\varphi:R\to K$ を $\varphi(r)=r/1$ で定めると $\varphi$ は単射準同型であり，これにより整域 $R$ を体 $K$ の部分環と考えることができるのである．例えば $\mathbb{Z}$ の商体は有理数体 $\mathbb{Q}$ である．

さて体 $K$ の乗法群 $K^\times = K-\{0\}$ の単位元を $1_K$ と表わそう．$n\cdot 1_K = \underbrace{1_K+\cdots+1_K}_{n}=0$ となる自然数 $n$ が存在しないとき，体 $K$ の**標数**(characteristic) は $0$ であるといって $\mathrm{ch}(K)=0$ と書く．このとき $1_K$ で生成される $K$ の部分体は $\mathbb{Q}$ と同型になるから $\mathbb{Q}$ を部分体として含むということと標数 $0$ ということとは同値である．標数 $0$ の体としては $\mathbb{Q}(\sqrt{2})=\{a+b\sqrt{2};\, a,b\in\mathbb{Q}\}$，実数体 $\mathbb{R}$，複素数体 $\mathbb{C}$ などの他に $p$ 進体 $\mathbb{Q}_p$ ($p$ は素数；§6.3 を参照) などがある．

一方，$n\cdot 1_K = 0$ となる自然数 $n$ が存在するとき $K$ が整域であることからそのような最小の正整数 $p$ は素数であることがわかる．このとき体 $K$ の標数は $p$ であるといって $\mathrm{ch}(K)=p$ と記す．例えば $\mathbb{Z}/p\mathbb{Z}$ は標数 $p$ の体である．以下，本書では標数 $0$ の体のみを考えることにする．

一般に，体 $L$ が体 $K$ を部分体として含むとき $L$ を $K$ の**拡大体**とよび $L/K$ と記す．$L$ の元 $a$ が $K$ 上**代数的**(algebraic) とは $K$ 係数の $1$ 変数多項式 $f(X)\in K[X]$ で $f(X)\neq 0, f(a)=0$ となるものが存在することである．$L$ のすべての元が $K$ 上代数的であるとき，$L/K$ を**代数拡大**(algebraic extension) という．代数的でない元は**超越的**(transcendental) といわれる．もっと一般に $L$ の元 $a_1,\cdots,a_n$ が $K$ 上**代数独立**(algebraically independent) であるとは $f(X_1,\cdots,$

$X_n) \in K[X_1, \cdots, X_n]$ が $f(a_1, \cdots, a_n) = 0$ を満たせば $K[X_1, \cdots, X_n]$ の元として $f(X_1, \cdots, X_n) = 0$ となることである.

$L$ の部分集合 $S$ が $L/K$ の**超越基**(transcendental base)であるとは, $S$ の任意の有限部分集合が $K$ 上代数独立で $L/K(S)$ が代数拡大となることである. ただし $K(S)$ は $K$ と $S$ とで生成される $L$ の部分体を表わす. $S$ の個数は $L/K$ のみによって定まり, $L/K$ の**超越次数**(transcendental degree)とよばれ, trans. $\deg_K L$ と記す.

体 $K$ 上代数的な元がすべて $K$ に属すとき $K$ を**代数閉体**(algebraically closed field)という. 複素数体 $\mathbb{C}$ は代数閉体である(代数学の基本定理). 任意の体 $K$ に対して代数閉体 $\overline{K}$ で $K$ の代数拡大であるものが $K$-同型(環同型写像で $K$ の各元を動かさないもの)を除いて唯一つ存在する. これを $K$ の**代数閉包**(algebraic closure)とよぶ.

## §1.2  位相空間

**位相空間**(topological space) $X$ とは集合 $X$ に次の(1), (2), (3)を満たす $X$ の部分集合の族 $\widetilde{Z}$ が指定されていることである.

(1)  $X, \emptyset \in \widetilde{Z}$,
(2)  $Z_\lambda \in \widetilde{Z}$ $(\lambda \in \Lambda)$ ならば $\bigcap_{\lambda \in \Lambda} Z_\lambda \in \widetilde{Z}$,
(3)  $Z_1, Z_2 \in \widetilde{Z}$ ならば $Z_1 \cup Z_2 \in \widetilde{Z}$.

このとき $\widetilde{Z}$ の元を位相空間 $X$ の**閉集合**(closed set)という. また閉集合の補集合を**開集合**(open set)という. 位相空間 $X$ の部分集合 $E$ の**閉包**(closure) $\overline{E}$ とは, $E$ を含む $X$ の最小の閉集合のことである.

$X, Y$ を位相空間とするとき写像 $f: X \to Y$ が $x \in X$ で**連続**(continuous)であるとは $f(x) \in O$ なる $Y$ の任意の開集合 $O$ に対して $X$ の開集合 $U$ で $x \in U, f(U) \subset O$ となるものが存在することである. $X$ の各点で連続であるとき $f: X \to Y$ を**連続写像**(continuous mapping)とよぶが, これは $Y$ の任意の開集合 $O$ の逆像 $f^{-1}(O) = \{x \in X; f(x) \in O\}$ が $X$ の開集合となることと同値であり, また $X$ の任意の部分集合 $E$ に対して $f(\overline{E}) \subset \overline{f(E)}$ ($\overline{E}$ は $E$ の閉包), となることとも同値である.

位相空間 $X$ の部分集合 $E$ が**コンパクト**（compact）であるとは $E \subset \bigcup_\lambda O_\lambda$ （$O_\lambda$ は $X$ の開集合，$\lambda \in \Lambda$）ならば $\Lambda$ の有限部分集合 $\{\lambda_1, \cdots, \lambda_r\}$ で $E \subset O_{\lambda_1} \cup \cdots \cup O_{\lambda_r}$ となるものが存在することである．Euclid 空間 $\mathbb{R}^n$ の部分集合についてはコンパクトであることと有界閉集合であることは同値である．

　$X, Y$ が位相空間，$f: X \to Y$ が連続写像，$E$ が $X$ のコンパクト集合なら $f(E)$ は $Y$ のコンパクト集合であり，とくに実数値連続関数はコンパクト集合の上で最大値，最小値をとる．コンパクト空間の閉集合は常にコンパクトである．位相空間 $X$ の任意の相異なる 2 点 $x, y$ に対して $x \in O$, $y \in U$, $O \cap U = \emptyset$ となる開集合 $O, U$ が存在するとき，$X$ を **Hausdorff**（ハウスドルフ）空間という．Hausdorff 空間のコンパクト集合は閉集合である．位相空間 $X$ の各点 $x$ に開集合 $O$ で $x \in O$ かつ $O$ の閉包 $\overline{O}$ がコンパクトになるものが存在するとき，$X$ を**局所コンパクト**（locally compact）**空間**とよぶ．位相空間 $X$ の部分集合 $E$ は $E \cap A$（$A$ は $X$ の閉集合）を $E$ の閉集合と定めて位相空間になる．これを**相対位相**（relative topology）という．

　位相空間 $X$ が**連結**（connected）であるとは $X \supset Z \neq \emptyset$ で $Z$ が $X$ の開集合かつ閉集合ならば $Z = X$ となることである．位相空間 $X$ の部分集合 $E$ が連結であるとは相対位相で $E$ が連結になることである．位相空間 $X, Y$ と連続写像 $f: X \to Y$ に対し $X$ の連結部分集合 $E$ の像 $f(E)$ は連結になる．位相空間 $X$ の一つの点 $x$ を含むすべての連結集合 $E$ の和集合 $C$ は $x$ を含む最大の連結集合である．$C$ を点 $x$ を含む $X$ の**連結成分**（connected component）という．任意の位相空間 $X$ は連結成分の和集合として直和分割（すなわち disjoint union）される．$E$ が連結ならその閉包 $\overline{E}$ も連結ゆえ，連結成分は閉集合である．

　位相空間 $X$ が**既約**（irreducible）であるとは $X \neq \emptyset$ で，次の同値な条件（1）〜（4）のうちの一つ（したがって全部）を満たすことである．

(1) $X_1, X_2$ が $X$ の閉集合で $X = X_1 \cup X_2$ ならば，$X = X_1$ または $X = X_2$ である．

(2) $X$ の開集合 $O\,(\neq \emptyset)$ は $X$ で稠密，すなわち $\overline{O} = X$（$\overline{O}$ は $O$ の閉包）．

(3) $X$ の空でない有限個の開集合の共通部分は空ではない．

(4) $X$ の開集合は連結である．

とくに(4)から既約ならば連結であることがわかる．位相空間 $X$ の部分集合 $E$ が**既約**であるとは相対位相で既約になることである．$E$ が既約である必要十分条件はその閉包 $\overline{E}$ が既約であることである．また $X, Y$ が位相空間で $E$ が $X$ の既約部分集合，$f: X \to Y$ が連続写像なら $f(E)$ は $Y$ の既約部分集合である．位相空間 $X$ の極大な既約部分集合のことを $X$ の**既約成分**(irreducible component)とよぶ．既約成分は閉集合である．$X$ の任意の既約部分集合に対して，それを含む既約成分が存在する．さて位相空間 $X$ が **Noether** 空間であるとは $X$ の任意の閉集合の降鎖列 $Z_1 \supset Z_2 \supset \cdots$ に対し $Z_n = Z_{n+1} = \cdots$ となる $n$ が必ず存在することである．これは $X$ の閉集合からなる任意の族が包含関係に関して極小元をもつことと同値である．

**命題 1.1** Noether 空間 $X$ の空でない閉集合 $Z$ は有限個の既約閉集合 $Z_i$ の和集合 $Z = Z_1 \cup \cdots \cup Z_r$ と表わされる．さらに $Z_i \not\supset Z_j$ ($i \neq j$) という条件をつけると $Z_1, \cdots, Z_r$ は一意的に定まり，それは $Z$ の既約成分の全体である．

［証明］ 有限個の既約閉集合の和集合として表わせない閉集合全体を $T$ とおく．もし $T \neq \emptyset$ ならば $X$ が Noether 空間ゆえ $T$ の極小元 $Z$ が存在する．$Z$ は既約ではないから $Z = Z_1 \cup Z_2$, $Z \supsetneq Z_i \neq \emptyset$ ($i = 1, 2$) なる閉集合 $Z_1, Z_2$ が存在するが $Z$ は $T$ の極小元ゆえ $Z_1, Z_2 \notin T$, すなわち $Z_1, Z_2$, したがって $Z = Z_1 \cup Z_2$ は有限個の既約閉集合の和集合となり $Z \notin T$, これは矛盾．次に余分なものをとり去って $Z_i \not\supset Z_j$ ($i \neq j$) と仮定してよい．このとき二通りに表わされたとして $Z = Z_1 \cup \cdots \cup Z_r = Z_1' \cup \cdots \cup Z_t'$ なら $Z_1' \subset Z = Z_1 \cup \cdots \cup Z_r$ より $Z_1' = (Z_1' \cap Z_1) \cup \cdots \cup (Z_1' \cap Z_r)$ となる．$Z_1'$ は既約であるから，例えば $Z_1' = (Z_1' \cap Z_1)$ すなわち $Z_1' \subset Z_1$ となる．同様にして $Z_1 \subset Z_j'$ となる $j$ が存在し $Z_1' \subset Z_j'$ となる．したがって $j = 1$ で $Z_1 = Z_1'$ となる．$Y = \overline{Z - Z_1}$ とおくと $Y = Z_2 \cup \cdots \cup Z_r = Z_2' \cup \cdots \cup Z_t'$ となることを示せば，あとはくり返して証明が終わる．$2 \leq k \leq r$ に対し $Z_k \subset Z = Z_1 \cup (\overline{Z - Z_1})$ ゆえ $Z_k = (Z_1 \cap Z_k) \cup (Z_k \cap (\overline{Z - Z_1}))$ で，これは既約で $Z_k \neq Z_1 \cap Z_k$ ($Z_k \not\subset Z_1$ である) ゆえ $Z_k = Z_k \cap (\overline{Z - Z_1})$ すなわち $Z_2 \cup \cdots \cup Z_r \subset \overline{Z - Z_1}$. 一方，$Z - Z_1 \subset Z_2 \cup \cdots \cup Z_r$ で右辺は閉集合ゆえ $\overline{Z - Z_1} \subset Z_2 \cup \cdots \cup Z_r$ ($\subset \overline{Z - Z_1}$) を得る．$Z_i \subset Z_i'$ なる既約閉集合 $Z_i'$ があれば

$$Z = Z_1 \cup \cdots \cup Z_i \cup \cdots \cup Z_r = Z_1 \cup \cdots \cup Z_i' \cup \cdots \cup Z_r$$

で一意性により $Z_i' = Z_i$，すなわち $Z_i$ $(1 \leqq i \leqq r)$ は $Z$ の既約成分である．また $Z'$ が $Z$ の任意の既約成分なら

$$Z = Z_1 \cup \cdots \cup Z_r = Z_1 \cup \cdots \cup Z_r \cup Z'$$

より $Z'$ はある $Z_i$ と包含関係があり，したがって $Z' = Z_i$ となる．すなわち $Z_1, \cdots, Z_r$ は $Z$ の既約成分全体である． ∎

一般に位相空間 $X$ の部分集合 $Y$ が**局所閉集合**(locally closed set)とは $X$ の開集合 $O$ が存在して $Y = \overline{Y} \cap O$ と表わせることである．ここで $\overline{Y}$ は $Y$ の $X$ における閉包である．$X$ の部分集合 $E$ が**構成可能集合**(constructible set)であるとは，有限個の局所閉集合の和(union)として表わされることである．

**命題 1.2** Noether 空間 $X$ の空でない構成可能部分集合 $Y$ は $\overline{Y}$ の空でない稠密開部分集合を含む．

[証明] $Y = \bigcup_{i=1}^{r} L_i$, $L_i = \overline{L_i} \cap O_i$ ($O_i$ は $X$ の開集合)と表わすと $\overline{Y} = \bigcup_{i=1}^{r} \overline{L_i}$ であるから $\overline{Y}$ が既約ならば $\overline{Y} = \overline{L_i}$ となる $i$ が存在し $L_i = \overline{Y} \cap O_i$ は $\overline{Y}$ の稠密集合で $Y$ に含まれる．したがって，一般に $Y = Y_1 \cup \cdots \cup Y_t$ を $Y$ の既約分解とすると $Y_i$ は $\overline{Y_i}$ の稠密開集合 $O_i'$ を含む．一方 $Y_i' = \overline{Y} - \bigcup_{j \neq i} \overline{Y_j}$ も $\overline{Y_i}$ の開集合であるから $U_i = O_i' \cap Y_i' \neq \emptyset$ であり $X$ の開集合 $U_i'$ $(\subset X - \bigcup_{j \neq i} \overline{Y_j})$ が存在して $U_i = \overline{Y_i} \cap U_i'$ となる．そのとき $U_1 \cup \cdots \cup U_t = \overline{Y} \cap (U_1' \cup \cdots \cup U_t')$ は $\overline{Y}$ の稠密な開集合で $Y$ に含まれる． ∎

最後に位相空間 $X$ の**次元**(dimension) $\dim X$ を $X$ の既約閉集合の列 $Z_0 \subsetneq Z_1 \subsetneq \cdots \subsetneq Z_n$ が存在するようなすべての $n$ の上限と定める．

**命題 1.3** $X$ が既約位相空間で部分集合 $Z$ が $\dim Z = \dim X$ を満たせば，$\overline{Z} = X$ である．

[証明] 実際 $Z_0 \subsetneq Z_1 \subsetneq \cdots \subsetneq Z_n$ $(n = \dim Z = \dim X)$ を $Z$ の既約閉集合の列とすると $Z_i = Z \cap \overline{Z_i}$ ゆえ $\overline{Z_0} \subsetneq \overline{Z_1} \subsetneq \cdots \subsetneq \overline{Z_n}$ となるが，これは $X$ の既約閉集合の列である．もし $\overline{Z_n} \subsetneq X$ ならば $X$ は既約であるから $\dim X \geqq n+1$ となり矛盾．よって $\overline{Z_n} = X$ であり，とくに $\overline{Z} = X$ となる． ∎

## §1.3 代数多様体

$K$ を標数 $0$ の体,$\Omega$ を $K$ を含む代数閉体とする.$\Omega$ 上の数ベクトル空間 $\Omega^n=\{(x_1,\cdots,x_n);\ x_1,\cdots,x_n\in\Omega\}$ の部分集合 $V$ が**代数的集合**(algebraic set)であるとは $n$ 変数 $\Omega$ 係数の多項式たち $f_\lambda\in R=\Omega[X_1,\cdots,X_n]$ ($\lambda\in\Lambda$) の共通零点 $V=\{x\in\Omega^n;\ f_\lambda(x)=0\ (\lambda\in\Lambda)\}$ となっていることである.これは $f_\lambda$ たちの生成する $R$ のイデアル $\mathfrak{a}=\sum_{\lambda\in\Lambda}Rf_\lambda$ の共通零点

$$V(\mathfrak{a})=\{x\in\Omega^n;\ f(x)=0\ \ (f\in\mathfrak{a})\}$$

とも一致する.$R=\Omega[X_1,\cdots,X_n]$ は Noether 環ゆえ $\mathfrak{a}$ は有限生成であり,したがって代数的集合は常に有限個の多項式の共通零点として表わされることがわかる.

イデアル $\mathfrak{a}$ の**根基**(radical)$\sqrt{\mathfrak{a}}$ を

$$\sqrt{\mathfrak{a}}=\{f\in R;\ f\ \text{のある巾}\ f^n\ \text{が}\ \mathfrak{a}\ \text{に属す}\}$$

と定めると $f(x)^n=0$ なら $f(x)=0$ ゆえ $V(\mathfrak{a})=V(\sqrt{\mathfrak{a}})$ である.したがって $\sqrt{\mathfrak{a}}=\sqrt{\mathfrak{b}}$ なるイデアルについては $V(\mathfrak{a})=V(\mathfrak{b})$ であるが実は逆が成り立つ.

**定理 1.4**(**Hilbert の零点定理**) $\Omega$ を代数閉体とする.$\Omega[X_1,\cdots,X_n]$ のイデアル $\mathfrak{a}$,$\mathfrak{b}$ について $V(\mathfrak{a})=V(\mathfrak{b})$ となる必要十分条件は $\sqrt{\mathfrak{a}}=\sqrt{\mathfrak{b}}$ である.とくに $f$,$g$ が既約多項式で

$$\{x\in\Omega^n;\ f(x)=0\}=\{x\in\Omega^n;\ g(x)=0\}$$

ならば,$g(x)=cf(x)$ となる定数 $c$ が存在する.

[証明] Hilbert の零点定理の証明は,例えば D. Mumford [16] Chapter I, §2, Theorem 1 を参照.

後半を示す.$f\in\sqrt{(f)}=\sqrt{(g)}$ より $f$ のある巾 $f^m$ はイデアル $(g)$ に属す.よって $f^m=gh$ の形.ここで $f,g$ は既約元で $\Omega[X_1,\cdots,X_n]$ は U. F. D.(素元一意分解整域)ゆえ $g$ と $f$ は定数倍を除いて一致する.∎

さて代数的集合たち $V(\mathfrak{a})$ は
(1) $V(R)=\emptyset$, $V((0))=\Omega^n$,
(2) $\bigcap_\lambda V(\mathfrak{a}_\lambda)=V(\sum_\lambda \mathfrak{a}_\lambda)$,
(3) $V(\mathfrak{a}_1)\cup V(\mathfrak{a}_2)=V(\mathfrak{a}_1\cap\mathfrak{a}_2)$,

を満たす．ここで $\sum_\lambda \mathfrak{a}_\lambda$ はすべての $\mathfrak{a}_\lambda$ たちで生成される $R$ のイデアルを表わす．したがって代数的集合の全体 $\{V(\mathfrak{a})\}$ は閉集合の公理を満たすから，$\Omega^n$ に代数的集合を閉集合として位相を入れることができる．これを **Zariski**（ザリスキー）**位相**（Zariski topology）とよぶ．筆者は Zariski 教授が Johns Hopkins 大学での講演で "awful naming" だと照れながら Zariski topology という言葉を使っていたのが印象に残っている．これは Hausdorff 空間にはならないが 1 点は閉集合である．$R=\Omega[X_1,\cdots,X_n]$ は Noether 環ゆえイデアルの任意の昇鎖 $\mathfrak{a}_1\subset\mathfrak{a}_2\subset\cdots$ はある $n$ があって $\mathfrak{a}_n=\mathfrak{a}_{n+1}=\cdots$ と止まってしまう．したがって Zariski 位相で閉集合の任意の降鎖 $V(\mathfrak{a}_1)\supset V(\mathfrak{a}_2)\supset\cdots$ はある $n$ があって $V(\mathfrak{a}_n)=V(\mathfrak{a}_{n+1})=\cdots$ と止まってしまう．すなわち $\Omega^n$ に Zariski 位相を入れた空間は Noether 空間であり，したがって命題 1.1 により任意の代数的集合は有限個の既約成分をもち，それらの和集合として一意的に表わされる．代数的集合 $V(\mathfrak{a})$ が既約である必要十分条件は $\mathfrak{a}$ の根基 $\sqrt{\mathfrak{a}}$ が素イデアルになることである．$\Omega[X_1,\cdots,X_n]$ の零イデアル $(0)$ は素イデアルゆえ $\Omega^n=V((0))$ は既約である．

さて代数的集合 $V$ が**体 $K$ 上定義されている**（defined over $K$）とは $R=\Omega[X_1,\cdots,X_n]$ のイデアル $\mathcal{I}(V)=\{f\in R;\ f|_V=0\}$ が $K[X_1,\cdots,X_n]$ の元で生成されることである．また代数的集合 $V$ が $K[X_1,\cdots,X_n]$ の元の共通零点として表わされるとき $K$-**閉**（$K$-closed）とよばれる．$K$ 上定義されていれば明らかに $K$-閉であるが，$K$ の標数が $0$ と仮定しているので逆も成り立ち，この二つは同値な概念になる（実は $K$-閉であることと $K$ の純非分離拡大上定義されることが同値であるが，標数 $0$ なら $K$ の純非分離拡大は $K$ 自身しかない）．

さて全単射写像 $\sigma:\Omega\to\Omega$ で
(1) $\sigma(x+y)=\sigma(x)+\sigma(y)$, $\sigma(xy)=\sigma(x)\sigma(y)$ $(x,y\in\Omega)$,
(2) $\sigma(a)=a$ $(a\in K)$,

§1.3 代数多様体

を満たすもの全体のなす群を $\mathrm{Aut}_K(\varOmega)$ と記すと, $\mathrm{Aut}_K(\varOmega)$ は $x=(x_1,\cdots,x_n)\in\varOmega^n$ に対し $\sigma(x)=(\sigma(x_1),\cdots,\sigma(x_n))$ により $\varOmega^n$ に作用する. $\varOmega^n$ の代数的集合 $V$ が $K$-閉であることとすべての $\sigma\in\mathrm{Aut}_K(\varOmega)$ について $\sigma(V)=V$ となることが同値であることが知られている. ここで $\sigma(V)=\{\sigma(x);x\in V\}$ である.

$K$-閉集合の補集合を $K$-**開集合**とよび, $K$-閉集合と $K$-開集合の共通部分を $K$-**局所閉集合** ($K$-locally closed set) とよぶ. $\varOmega^n$ の $K$-局所閉集合 $V$ 上の, $K$ 上定義された**レギュラー関数** (regular function defined over $K$) $f:V\to\varOmega$ とは $V$ の各点 $v$ に対して $v$ を含む $V$ の開集合 $O_v$ と $g,h\in K[X_1,\cdots,X_n]$ が存在して $f(v')=g(v')/h(v')$, $h(v')\neq 0$ $(v'\in O_v)$ と表わされることである. 例えば $V=\{x=(x_1,x_2,x_3,x_4)\in\varOmega^4;x_1x_4-x_2x_3=0,x_2\neq 0$ または $x_4\neq 0\}$ の上の関数 $f:V\to\varOmega$ を $\{x\in V;x_2\neq 0\}$ の上で $f(x)=x_1/x_2$, $\{x\in V;x_4\neq 0\}$ の上で $f(x)=x_3/x_4$ と定めると $f$ は $V$ 上のレギュラー関数である. その全体の成す環を $K[V]$ と記し $(V,K[V])$ の組を $K$ 上定義された**準アフィン代数多様体** (quasi-affine algebraic variety defined over $K$) とよぶ. この本では準アフィン代数多様体しか扱わないので, これを単に $K$ 上定義された代数多様体とよぶこともある.

二つの $K$ 上定義された代数多様体 $(V_1,K[V_1])$ と $(V_2,K[V_2])$ の間の $K$ 上定義された**射** (morphism defined over $K$) $\varphi$ とは Zariski 位相で連続な写像 $\varphi:V_1\to V_2$ ですべての $f\in K[V_2]$ に対しその合成 $f\circ\varphi:V_1\to\varOmega$ が $f\circ\varphi\in K[V_1]$ となることである. この $\varphi$ が**同型射** (isomorphism) であるとは $\psi:(V_2,K[V_2])\to(V_1,K[V_1])$ なる射で $\psi\circ\varphi=1_{V_1}$ かつ $\varphi\circ\psi=1_{V_2}$ となるものが存在することである. この $\psi$ を $\varphi$ の**逆射** (inverse morphism) とよぶ. $K$ 上定義された同型射が存在するとき $(V_1,K[V_1])$ と $(V_2,K[V_2])$ は $K$-**同型**であるといい, $(V_1,K[V_1])\cong(V_2,K[V_2])$ または単に $V_1\cong V_2$ と記す.

さて $(V,K[V])$ を代数多様体, $f\in K[V]$ とすると $\{v\in V;f(v)=0\}$ は $V$ の閉集合である. 実際各 $v\in V$ に対し $v$ を含む開集合 $U$ で $f(v')=g(v')/h(v')$ と表わされ $\{v'\in U;f(v')\neq 0\}=\{v'\in U;g(v')\neq 0\}$ は開集合, よってこれらの和集合も開集合ゆえ $\{v\in V;f(v)\neq 0\}$ は開集合である. いま $(V,K[V])$ を既約代数多様体とすると $K[V]$ は整域である. 実際 $f_1,f_2\in K[V]$ が $f_1\cdot f_2=0$ を満たすと $V_i=\{v\in V;f_i(v)=0\}$ $(i=1,2)$ とおくとき, これは閉集合で $V=V_1\cup V_2$

となる. $V$ は既約ゆえ $V=V_1$, または $V=V_2$, すなわち $f_1=0$ または $f_2=0$ となる. そこで $K[V]$ の商体 $K(V)$ を考えることができる. $K(V)$ を既約代数多様体 $(V, K[V])$ の**関数体** (function field) という. $K(V)$ の元を ($K$-係数) **有理関数**という. 関数体 $K(V)$ の $K$ 上の超越次数 trans. $\deg_K K(V)$ は Zariski 位相による位相空間 $V$ の次元に等しい. この $\dim V = \text{trans. deg}_K K(V)$ を既約代数多様体の**次元**という. 例えば $V=\Omega^n$ ならば $K(V)=K(X_1,\cdots,X_n)$ ($K$-係数 $n$ 変数有理関数体) で $\dim \Omega^n = n$ である. $V$ がとくに $K$-閉集合であるときは $(V, K[V])$, またはこれと同型な準アファイン代数多様体を $K$ 上定義された**アファイン代数多様体** (affine variety defined over $K$), または単にアファイン多様体とよぶことにする. $(V, K[V])$ が既約アファイン多様体のときは, $K[V]=K[X_1,\cdots,X_n]/\mathcal{I}(V)$, $\mathcal{I}(V)=\{f\in K[X_1,\cdots,X_n]; f|_V=0\}$, すなわち $K[V]$ の元は多項式を $V$ へ制限したものであることが知られている (例えば R. Hartshorne [7] の Chapter I の Theorem 3.2 の (a) を参照). $K[V]=K[X_1,\cdots,X_n]/\mathcal{I}(V)$ を $V$ の**アファイン座標環** (affine coordinate ring) ともいう. $\Omega^n$ の余次元 1, すなわち $n-1$ 次元の $K$ 上定義された既約アファイン多様体 $V$ は, ある既約多項式 $f\in K[X_1,\cdots,X_n]$ により $V=\{v\in\Omega^n; f(v)=0\}$ と表わされる (R. Hartshorne [7] Chapter I の Proposition 1.13 参照).

以下 $K=\Omega$ のとき, あるいはとくに $K$ に言及する必要がないときには "$K$ 上定義された" という語は省くことにする. また $\Omega^n$ の局所閉集合 $V$ を代数多様体とみるときは $(V, \Omega[V])$ を意味することにする.

さて $S$ を有限次元ベクトル空間 $\Omega^n$ の Zariski 閉集合とし, その余次元 1 の既約成分の合併を $S'$, 余次元 2 以上の既約成分の合併を $S''$ とする: $S=S'\cup S''$.

**補題 1.5** 代数多様体 $\Omega^n-S$ のレギュラー関数は代数多様体 $\Omega^n-S'$ ($\supset \Omega^n-S$) のレギュラー関数へ延長される.

[証明] $\phi:\Omega^n-S\to\Omega$ がレギュラー関数ならば開被覆 $\Omega^n-S=\bigcup_i O_i$ と $f_i, g_i\in\Omega[X_1,\cdots,X_n]$ で $f_i, g_i$ は互いに素, となるものが存在して各 $O_i$ 上で $\phi(x)=g_i(x)/f_i(x)$, $f_i(x)\neq 0$ と表わされる. さて $i$ を固定しよう. $\Omega^n$ は既約であるからその開集合 $\Omega^n-S$ も既約, したがって $O_i$ はすべての $O_j$ と交わり, $O_i\cap O_j$ 上で $g_i/f_i=g_j/f_j$, すなわち $f_ig_j=f_jg_i$ となるが, $\overline{O_i\cap O_j}=\Omega^n$ ゆえ $\Omega[X_1,\cdots,X_n]$ の元として $f_ig_j=f_jg_i$ となる. $\Omega[X_1,\cdots,X_n]$ は U. F.

D.（素元一意分解整域）で $f_i, g_i$ は互いに素であるから $f_j = \alpha_j f_i$, $g_j = \alpha_j g_i$ となる $\alpha_j \in \Omega^\times$ が存在する．したがって各 $O_j$ 上で $f_i (= \alpha_j^{-1} f_j) \neq 0$ で $\phi = g_j/f_j = (\alpha_j g_i)/(\alpha_j f_i) = g_i/f_i$ となり，結局 $\Omega^n - S$ 上で $\phi = g_i/f_i$ と表わされる．すべての $x \in \Omega^n - S$ に対し $f_i(x) \neq 0$ ゆえ $\{x \in V; f_i(x) = 0\} \subset S$ となり $\{x \in V; f_i(x) = 0\}$ は $S$ の余次元 1 の既約成分の合併 $S'$ に含まれる．よって $\Omega^n - S'$ 上で $f_i \neq 0$ ゆえ $\phi = g_i/f_i$ は $\Omega^n - S'$ 上のレギュラー関数である． ∎

**命題 1.6** $\Omega$ を代数閉体，$S$ を $\Omega^n$ の Zariski 閉集合とするとき次は同値である．

(1) $S$ は超曲面，すなわち余次元 2 以上の既約成分を含まない．

(2) $\Omega^n - S$ はアファイン多様体．

［証明］(1)⇒(2)：$S = \{x \in \Omega^n; f(x) = 0\}$ とするとき $\phi: \Omega^n - S \to \Omega^{n+1}$ を $\phi(x) = (x, 1/f(x))$ で定めると

$$\phi(\Omega^n - S) = \{(x,t) \in \Omega^{n+1} = \Omega^n \oplus \Omega; tf(x) - 1 = 0\}$$

は $\Omega^{n+1}$ の既約な Zariski 閉集合であり $\phi$ は代数多様体 $\Omega^n - S$ と既約アファイン多様体 $\phi(\Omega^n - S)$ の間の同型射を与える．

(2)⇒(1)：$\Omega^n - S$ がアファイン多様体ならば，ある $\Omega^m$ の Zariski 閉集合 $V$ と同型射 $\phi: \Omega^n - S \xrightarrow{\sim} V (\subset \Omega^m)$，ただし $\phi(x) = (\phi_1(x), \cdots, \phi_m(x))$，が存在する．ここで $\phi_1, \cdots, \phi_m$ は $\Omega^n - S$ のレギュラー関数ゆえ補題 1.5 により $\Omega^n - S'$ へ拡張される．いま $S \supsetneq S'$ と仮定すると $V \subsetneq \phi(\Omega^n - S')$ である．実際もし $V = \phi(\Omega^n - S')$ ならば $\psi: V \xrightarrow{\sim} \Omega^n - S$ を $\phi$ の逆射とするとき，$\psi \circ \phi$ は $\Omega^n$ 上の恒等写像 $1_{\Omega^n}$ を $\Omega^n - S'$ へ制限したものゆえ，$\Omega^n - S' = \psi \circ \phi(\Omega^n - S') = \psi(V) = \Omega^n - S$，すなわち $S = S'$ となり矛盾．したがって $V \subsetneq \phi(\Omega^n - S')$ となる．$V$ は $\Omega^m$ の Zariski 閉集合ゆえ $F \in \Omega[Y_1, \cdots, Y_m]$ で $F|_V = 0$ かつ $F|_{\phi(\Omega^n - S')} \not\equiv 0$ となるものが存在する．そこで $f = F \circ \phi$ なる $\Omega^n - S'$ 上のレギュラー関数を考えると $f|_{\Omega^n - S} = 0$ で $\overline{\Omega^n - S} = \Omega^n$ ゆえ $f|_{\Omega^n} = 0$，とくに $f|_{\Omega^n - S'} = 0$．一方 $f|_{\Omega^n - S'} \not\equiv 0$．これは矛盾．すなわち $S \supsetneq S'$ なら $\Omega^n - S$ はアファイン多様体ではない． ∎

## §1.4 代数群

$K$ を標数 $0$ の体,$\Omega$ を $K$ を含む代数閉体とする.$M_n(\Omega)$ で $\Omega$ 係数の $n$ 次正方行列全体のなす環を表わし,

$$GL_n(\Omega) = \{X \in M_n(\Omega);\ \det X \neq 0\}$$

でその乗法群を表わす.$GL_n(\Omega)$ は **$n$ 次一般線形群**(general linear group of degree $n$)とよばれる.$GL_n(\Omega)$ は $\Omega^{n^2} = M_n(\Omega)$ の超曲面 $S = \{X \in M_n(\Omega);\ \det X = 0\}$ の補集合 $\Omega^{n^2} - S$ であるから命題 1.6 によりアファイン多様体である.

$GL_n(\Omega)$ の部分群 $G$ が $K$ 上定義された**線形代数群**(linear algebraic group defined over $K$)とは $K$-係数の多項式たち $f_\lambda \in K[X_{11}, X_{12}, \cdots, X_{nn}]$ $(\lambda \in \Lambda)$ により

$$G = \{\xi = (\xi_{ij}) \in GL_n(\Omega);\ f_\lambda(\xi) = 0 \quad (\lambda \in \Lambda)\}$$

と表わされることである.すなわち $G$ は $K$ 上定義されたアファイン多様体で,しかも群になっているものである.この本では線形代数群しか扱わないので,これを単に $K$ 上定義された代数群とよぶこともある.$K = \Omega$,または $K$ がとくに重要でないときには $G$ を単に代数群とよぶことにする.

さて $G$ をアファイン多様体として既約成分に分解したとき,単位元 $e$ を含む既約成分は唯一つしか存在しない.実際 $Z_1, \cdots, Z_m$ を $e$ を含む $G$ の既約成分とすると既約多様体 $Z_1 \times \cdots \times Z_m$ の積による連続像として $Z_1 \cdots Z_m$ も既約で,しかも単位元 $e$ を含む.したがってある既約成分,例えば $Z_1$ に含まれる.一方任意の $j = 1, \cdots, m$ について

$$Z_j = e \cdots e \cdot Z_j \cdot e \cdots e \subset Z_1 \cdots Z_m \subset Z_1$$

ゆえ $j = 1$,すなわち $m = 1$ でなければならない.そこで単位元 $e$ を含む $G$ の既約成分を $G^\circ$ と記す.$x \in G^\circ$ に対して $x^{-1} G^\circ$ も単位元 $e$ を含む $G$ の既約成分だから $G^\circ$ に等しい.とくに $x^{-1} = x^{-1} \cdot e \in x^{-1} G^\circ = G^\circ$.したがって

$xG° = (x^{-1})^{-1}G° = G°$ ゆえ $x, y \in G°$ なら $xy \in G°$, すなわち $G°$ は $G$ の部分群である. さらに $x \in G$ に対して $x^{-1}G°x$ も単位元を含む $G$ の既約成分ゆえ $G°$ と一致する. したがって $G°$ は $G$ の正規部分群である. $G$ の $G°$ による各剰余類は $G$ の既約成分であるから有限個しか存在しない. すなわち $G°$ の $G$ における指数は有限である. 例えば $I_n$ で $n$ 次単位行列を表わすとき,

$$G = O_n = \{X \in GL_n(\Omega); {}^tXX = I_n\}$$

は**直交群**(orthogonal group)とよばれる代数群で ${}^tXX = I_n$ により $(\det X)^2 = 1$, すなわち $\det X = \pm 1$ であるが, $G°$ は**特殊直交群**(special orthogonal group) $SO_n = \{X \in G; \det X = 1\}$ であり指数は 2 である.

さて $G°$ は既約であるから, とくに連結である. 一方 $G$ の既約成分は $G°$ の剰余類ゆえ互いに交わらないから $G°$ は連結成分でもある. そこで $G°$ を代数群 $G$ の(単位元の)**連結成分**(connected component)とよぶことにする. これは $G$ の指数有限な正規部分群であった.

**命題 1.7** 代数群 $G$ について次は同値である.
(1) $G$ は連結.
(2) $G$ は既約.
(3) $G$ の指数有限な閉部分群は $G$ に限る.

［証明］ (1), (2) の同値性はすでに示した. (2)⇒(3) は明らかである. (3)⇒(2) は $G$ の既約成分 $G°$ は指数有限な閉部分群ゆえ $G$ と一致することより得られる. ∎

さて $G$ が**単純代数群**(simple algebraic group)とは, 次の 3 条件を満たすことである.
(1) $G$ は連結,
(2) $G$ の正規部分群は $G$, または有限群,
(3) $\dim G \geqq 3$. (したがって $GL_1$ や $\{1\}$ は単純代数群ではない.)

よって単純代数群はいわゆる単純群ではない.

例えば $SL_n(\mathbb{C}) = \{X \in GL_n(\mathbb{C}); \det X - 1 = 0\}$ は $n \geqq 2$ ならば単純代数群で $H = \{\varepsilon I_n; \varepsilon^n = 1\}$ はその正規部分群である. 単純代数群の例をあげよう.

(1) $A_n$ 型とよばれるもので $SL_{n+1} = \{X \in GL_{n+1}; \det X = 1\}$. これは**特殊線形群** (special linear group) とよばれる. ただし, $n \geq 1$ とする.

(2) $B_n$ 型: $SO_{2n+1} = \{X \in SL_{2n+1}; {}^t X X = I_{2n+1}\}$. またあとで述べるスピン群 $Spin_{2n+1}$ も $B_n$ 型である. ただし, $n \geq 1$ とする.

(3) $C_n$ 型: $Sp_n = \{X \in GL_{2n}; {}^t X J X = J\}$. ただし

$$J = \left(\begin{array}{c|c} 0 & I_n \\ \hline -I_n & 0 \end{array}\right).$$

これは**シンプレクティック群** (symplectic group) とよばれる. 一般に $X, A \in GL_m$ に対して ${}^t X A X = A$ と $X A^{-1} {}^t X = A^{-1}$ は同値であり $J^{-1} = -J$ であるから $Sp_n$ の条件は $X J {}^t X = J$ としても同じである. 条件から $\det X = \pm 1$ はすぐわかるが実は $Sp_n \subset SL_{2n}$ であり, これは連結かつ単連結, すなわち全射準同型 $f : G \to Sp_n$ で核が有限群になるものは同型に限る, ということが知られている. なお $Sp_n$ を $Sp_{2n}$ と書く流儀もあることを注意しておく.

(4) $D_n$ 型: $SO_{2n} = \{X \in SL_{2n}; {}^t X X = I_{2n}\}$ ($n \geq 3$). あとで述べるスピン群 $Spin_{2n}$ も $D_n$ 型である. ただし, $n \geq 3$ とする. $SO_2$ と $SO_4$ は単純代数群ではない.

さて $A \in GL_n$, ${}^t A = A$ に対して

$$SO_n(A) = \{X \in SL_n; {}^t X A X = A\}$$

とおく. これは 2 次形式 $f_A(x) = {}^t x A x$ ($x \in \Omega^n$) を不変にする $SL_n$ の部分群である. すなわち

$$SO_n(A) = \{X \in SL_n; f_A(X x) = f_A(x)\}.$$

一般に, $A \in GL_n(\Omega)$, ${}^t A = A$ に対して $A = {}^t B B$ なる $B \in GL_n$ が存在するが (例えば §2.4 の注意 2.8 を参照), このとき $B^{-1} \cdot SO_n \cdot B = SO_n(A)$ であるから代数閉体 $\Omega$ 上では $SO_n(A)$ は $SO_n$ と同型である.

ところで $SO_n$ は連結ではあるが単連結ではない. $SO_n$ のように簡単な行列表示はできないが, **スピン群** (spinor group) とよばれる代数群 $Spin_n$ が存在して,

$$1 \to \{\pm 1\} \to Spin_n \xrightarrow{\chi} SO_n \to 1 \quad \text{(完全系列)}$$

となる．すなわち $Spin_n/\{\pm 1\} \cong SO_n$ である．$\chi$ は**ベクトル表現**（vector representation）とよばれる．一般に有限次元ベクトル空間 $V$ の全単射線形変換全体のなす群を $GL(V)$ と表わす．$V = \Omega^n$ のときは $GL(V) = GL_n(\Omega)$ となる．そして群 $H$ の準同型 $\rho: H \to GL(V)$ を群 $H$ の $V$ における**表現**（representation）とよぶ．スピン群の表現 $\rho: Spin_n \to GL(V)$ を考えるとき，$\rho(-1) = 1_V$ なら $\rho$ は実質的に $SO_n$ の表現になるが，**スピン表現**（spin representation）のように $\rho(-1) \neq 1_V$ となるものを考えるときは，スピン群を考えなければいけない．$Spin_{2n+1}$ のスピン表現は $2^n$ 次の既約表現で，$Spin_{2n}$ のスピン表現は $2^{n-1}$ 次の偶半スピン表現と奇半スピン表現の直和に分解する（スピン群や（半）スピン表現については §2.4 を参照）．

$Spin_3 \cong SL_2 = Sp_1$，$Spin_4 \cong SL_2 \times SL_2$，$Spin_5 \cong Sp_2$，$Spin_6 \cong SL_4$ であることが知られているから（§2.4 の注意 2.7 〜注意 2.9 参照），実質的にスピン群 $Spin_n$ が必要となるのは $n \geq 7$ からである．

$A_n$ 型から $D_n$ 型までの群を**古典群**（classical group）という．これに対し**例外型単純代数群**（exceptional simple algebraic group）とよばれる $G_2$，$F_4$，$E_6$，$E_7$，$E_8$ がある．その次元はそれぞれ 14，52，78，133，248 であり，その表現の最低次数は，それぞれ 7，26，27，56，248 である．$\mathbb{C}$ 上の単純代数群は単連結な $A_n$，$B_n$，$C_n$，$D_n$，$G_2$，$F_4$，$E_6$，$E_7$，$E_8$ およびそれらを有限群で割ったもの（それらも同じ型と考える）ですべてである．

次に $G$ が**半単純代数群**（semisimple algebraic group）であるとは，その単位元の連結成分 $G^\circ$ が

$$G^\circ = (G_1 \times \cdots \times G_k)/\{\text{中心内の有限群}\},$$

と表わせることである．ただし $G_1, \cdots, G_k$ は単純代数群とする．なお，**中心**（center）とはその群のすべての元と可換な元全体のなす部分群のことである．

ここで $G_1, \cdots, G_k$ を単純代数群の他に $GL_1$ も許した群 $G$ は**簡約可能**（reductive）な代数群とよばれる．

$GL_n(\mathbb{C})$ の簡約可能な部分代数群 $G$ の重要な性質は $G$ がその極大コンパク

ト部分群 $A$ の Zariski 閉包になることである(Platonov and Rapinchuk [18], Proposition 3.9 を参照). 例えば $GL_n(\mathbb{C})$ の極大コンパクト部分群としてユニタリ群 $U_n = \{g \in GL_n(\mathbb{C}); {}^t\bar{g}g = I_n\}$ をとれる. 実際 $GL_n(\mathbb{C})$ の任意のコンパクト部分群 $H$ に対して $g^{-1}Hg \subset U_n$ となる $g \in GL_n(\mathbb{C})$ が存在する. $G = SL_n(\mathbb{C}), SO_n(\mathbb{C})$ については, $U_n \cap G$ がその極大コンパクト部分群である. また $U_{2n} \cap Sp_n(\mathbb{C})$ は $Sp_n(\mathbb{C})$ の極大コンパクト部分群である.

さて $V$ を $\Omega$ 上の有限次元ベクトル空間で, $K$-**構造** ($K$-structure) $V_K$ を持つものとする. すなわち $V_K$ は $K$ 上のベクトル空間でその係数体 $K$ を $\Omega$ へ拡張すると $V$ になるもの, したがって $V = V_K \otimes_K \Omega$ となっているものである.

$GL_m(\Omega)$ の部分群 $G$ を $K$ 上定義された線形代数群とする. このとき準同型写像, $\rho: G \to GL(V)$ が $K$-**有理表現** ($K$-rational representation) とは $V_K$ の基底をとって

$$V \cong \Omega^n \supset K^n \cong V_K$$

とするとき,

$$G \subset GL_m(\Omega) \subset M_m(\Omega), \quad GL(V) = GL_n(\Omega) \subset M_n(\Omega)$$

ゆえ $x = (x_{kl}) \in G$ に対して $\rho(x) = (\rho(x)_{ij})$ と表わせるが, ここで, $\rho(x)_{ij}$ が $x_{11}, x_{12}, \cdots, x_{mm}$ を変数とする $K$-係数の有理関数 $\rho(x)_{ij} = f_{ij}(x_{11}, x_{12}, \cdots, x_{mm}) \in K(x_{11}, x_{12}, \cdots, x_{mm})$ となることである. ただし $i, j = 1, \cdots, n$. このとき三つ組 $(G, \rho, V)$ は $K$ **上定義されている** (defined over $K$) という.

## §1.5 代数多様体の接空間

ここで代数多様体の接空間について簡単に復習しよう. まずアフィン多様体の場合を考える. アフィン多様体 $X$ を多項式 $f_\lambda(x_1, \cdots, x_n) \in \Omega[x_1, \cdots, x_n]$, $(\lambda \in \Lambda)$ たちの共通零点として

$$X = \{x \in \Omega^n;\ f_\lambda(x) = 0 \quad (\lambda \in \Lambda)\}$$

と表わすことができる.ただし,$\{f_\lambda\}_\lambda$ が $X$ 上零になる多項式全体のなす $\Omega[x_1,\cdots,x_n]$ のイデアルを生成すると仮定しておく.

$a\in X$ に対して,直観的には点 $a$ で $X$ に接するベクトルの全体が $a$ における $X$ の接空間 $T_aX$ である.すなわち $X$ の中の曲線 $x(t)=(x_1(t),\cdots,x_n(t))\in X$ で $x(0)=a\in X$ なるものを考えて $t=0$ で微分した $(dx(t)/dt)|_{t=0}$ を $\xi=(\xi_1,\cdots,\xi_n)$ とおくことによって $T_aX$ の元が得られる.$x(t)=(x_1(t),\cdots,x_n(t))\in X$ ということは $f_\lambda(x_1(t),\cdots,x_n(t))=0\ (\lambda\in\Lambda)$ を意味するが,これを $t$ で微分して $t=0$ とおけば,

$$0 = \frac{d}{dt}f_\lambda(x_1(t),\cdots,x_n(t))\bigg|_{t=0} = \sum_{j=1}^{n}\frac{\partial f_\lambda}{\partial x_j}(x(t))\cdot\frac{d}{dt}x_j(t)\bigg|_{t=0}$$
$$= \sum_{j=1}^{n}\xi_j\cdot\frac{\partial f_\lambda}{\partial x_j}(a)$$

を得る.逆にこれを積分すればまたもとの曲線が得られるから,これが接ベクトルの定義を与えるとみて,$a\in X$ における**接空間**(tangent space)$T_aX$ を

$$T_aX = \left\{(\xi_1,\cdots,\xi_n)\in\Omega^n;\ \sum_{j=1}^{n}\xi_j\frac{\partial f_\lambda}{\partial x_j}(a)=0\quad(\lambda\in\Lambda)\right\}$$

で定義する.ここで $\{f_\lambda\}_\lambda$ が $X$ 上零になる多項式全体のなす $\Omega[x_1,\cdots x_n]$ のイデアルを生成するという仮定が必要である.この条件がないと,例えば

$$X=\{x\in\Omega^n;\ f_\lambda(x)^2=0\quad(\lambda\in\Lambda)\}$$

とも表わすことができるが,このとき

$$\frac{\partial f_\lambda^2}{\partial x_j}(a)=2f_\lambda(a)\cdot\frac{\partial f_\lambda}{\partial x_j}(a)=0$$

であるから

$$\left\{(\xi_1,\cdots,\xi_n)\in\Omega^n;\ \sum_{j=1}^{n}\xi_j\frac{\partial f_\lambda^2}{\partial x_j}(a)=0\quad(\lambda\in\Lambda)\right\}=\Omega^n$$

となってしまう.

**例 1.1** $G=\{x=(x_{ij})\in GL_n(\Omega);\ f_\lambda(x)=0\ (\lambda\in\Lambda)\}$ を線形代数群とするとき,単位元 $e=I_n$ における $G$ の接空間 $T_eG$ は

$$T_e G = \left\{ \xi = (\xi_{ij}) \in M_n(\Omega); \sum_{i,j=1}^n \xi_{ij} \frac{\partial f_\lambda}{\partial x_{ij}}(I_n) = 0 \quad (\lambda \in \Lambda) \right\}$$

で与えられる．ただし $\{f_\lambda\}_{\lambda \in \Lambda}$ が $G$ 上で零になる多項式たちのイデアルを生成すると仮定しておく． □

**例 1.2** $X = \{(x,y) \in \Omega^2; x^3 - y^2 = 0\}$ の点 $a = (0,0)$ と $b = (1,1)$ における接空間は，$\phi(x,y) = x^3 - y^2$ とおくとき $\partial \phi / \partial x = 3x^2$, $\partial \phi / \partial y = -2y$ であるから，$T_a X = \Omega^2$ および $T_b X = \{(\xi, \eta) \in \Omega^2; 3\xi - 2\eta = 0\}$ となり $\dim T_a X = 2$, そして $\dim T_b X = 1$ となる． □

代数多様体 $V$ がアファイン多様体 $X$ の Zariski 開集合のときは $a \in V$ における接空間 $T_a V$ は $T_a X$ と定義する．一般に $V$ の点 $a$ の十分小さな Zariski 近傍の次元を $\dim_a V$ とするとき，$a \in V$ が $V$ の**単点**（simple point）であるとは $\dim T_a V = \dim_a V$ となることである．$\dim T_a V \gneqq \dim_a V$ となるとき $a$ を $V$ の**特異点**（singular point）という．特異点の集合は真部分閉集合になる．特異点を持たない多様体は**非特異多様体**（nonsingular variety）とよばれる．$r$ 次元アファイン多様体 $V = \{x \in \Omega^n; f_1(x) = \cdots = f_{n-r}(x) = 0\}$ の点 $a$ が単点，すなわち $\dim T_a V = r$ である必要十分条件は

$$\operatorname{rank}\left(\frac{\partial f_i}{\partial x_j}(a)\right) = n - r$$

となることである．例 1.2 では $b = (1,1)$ では $X$ の単点であるが $a = (0,0)$ では $X$ の特異点である．また命題 1.6 の同値な条件 (1), (2) が満たされるときは，$\Omega^n - S$ は非特異な既約アファイン多様体である．

さてアファイン多様体を微分して接空間を得たが，次に写像を微分することを考える．$X, Y$ をアファイン多様体で $X \subset \Omega^n$，および $Y \subset \Omega^m$ とする．直観的にみるために射 $F: X \to Y$ が多項式写像 $F: \Omega^n \to \Omega^m$ の制限で与えられている場合を考えよう．すなわち $F_1, \cdots, F_m \in \Omega[x_1, \cdots, x_n]$ が存在して

$$F(x_1, \cdots, x_n) = (F_1(x_1, \cdots, x_n), \cdots, F_m(x_1, \cdots, x_n))$$

と表わせるとする．

さて $a \in X$ に対し $T_a X$ の元は $x(0) = a$, $x(t) = (x_1(t), \cdots, x_n(t))$ なる $X$ 内の曲線を $t = 0$ で微分して $(dx(t)/dt)|_{t=0} = (\xi_1, \cdots, \xi_n) \in T_a X$ として得られた

のであったが，この曲線 $x(t)$ を $F$ で移して $(dF(x(t))/dt)|_{t=0}$ を考えれば $T_{F(a)}Y$ の元，すなわち $F(a)$ における $Y$ の接ベクトルが得られるはずであり，これを $(dF)_a(\xi)$ とおきたい．これにより $dF_a: T_aX \to T_{F(a)}Y$ なる写像を作り $F$ の $a$ における微分としたい．実際に計算すると，

$$\frac{d}{dt}F(x(t))\Big|_{t=0}$$
$$= \frac{d}{dt}(F_1(x_1(t),\cdots,x_n(t)),\cdots,F_m(x_1(t),\cdots,x_n(t)))\Big|_{t=0}$$
$$= \Bigg(\sum_{j=1}^n \frac{\partial F_1}{\partial x_j}(x_1(t),\cdots,x_n(t))\frac{dx_j(t)}{dt},\cdots,$$
$$\sum_{j=1}^n \frac{\partial F_m}{\partial x_j}(x_1(t),\cdots,x_n(t))\frac{dx_j(t)}{dt}\Bigg)\Big|_{t=0}$$
$$= \Bigg(\sum_{j=1}^n \xi_j\frac{\partial F_1}{\partial x_j}(a),\cdots,\sum_{j=1}^n \xi_j\frac{\partial F_m}{\partial x_j}(a)\Bigg)$$
$$= (\xi_1,\cdots,\xi_n)\begin{pmatrix} \frac{\partial F_1}{\partial x_1}(a) & \cdots & \frac{\partial F_m}{\partial x_1}(a) \\ \vdots & & \vdots \\ \frac{\partial F_1}{\partial x_n}(a) & \cdots & \frac{\partial F_m}{\partial x_n}(a) \end{pmatrix}$$

を得るから，この表示を $F$ の点 $a \in X$ における微分写像 $(dF)_a(\xi)$ の定義とする．$dF_a$ は線形写像である．

射 $F: X \to Y$ と $G: Y \to Z$ に対し $dF_a: T_aX \to T_{F(a)}Y$ と $dG_{F(a)}: T_{F(a)}Y \to T_{GF(a)}Z$ の合成は $d(G \circ F)_{F(a)}: T_aX \to T_{GF(a)}Z$ に等しい．とくに同型写像 $F: X \to Y$ に対して $dF_a: T_aX \to T_{F(a)}Y$ は同型な線形写像である．

## §1.6　代数群の Lie 環

$\Omega$ を標数 0 の代数閉体とする．$\Omega$ 上の有限次元ベクトル空間 $\mathfrak{g}$ が **Lie**（リー）**環**（Lie algebra）であるとは $X, Y \in \mathfrak{g}$ に対しその**ブラケット積**（bracket product）$[X, Y] \in \mathfrak{g}$ が定義されていて

（1）　$[X, Y]$ は $X$, $Y$ に関して双線形,
（2）　すべての $X \in \mathfrak{g}$ に対して $[X, X] = 0$,

(3) すべての $X,Y,Z\in\mathfrak{g}$ に対して

$$[[X,Y],Z]+[[Y,Z],X]+[[Z,X],Y]=0,$$

が成り立つことである.

　$\Omega$ 上の有限次元ベクトル空間 $V$ の線形変換全体 $\mathrm{End}(V)$ に $[f,g]=f\circ g-g\circ f$ によってブラケット積を定義すると $\mathrm{End}(V)$ に Lie 環の構造が入る．この Lie 環を $\mathfrak{gl}(V)$ と記し $V$ 上の**一般線形 Lie 環**(general linear Lie algebra)とよぶ．とくに $V=\Omega^n$ のときは $\mathrm{End}(V)=M_n(\Omega)$ でブラケット積は $[X,Y]=XY-YX$ となる．これにより Lie 環と見た $M_n(\Omega)$ を $\mathfrak{gl}_n$ とか $\mathfrak{gl}(n,\Omega)$ と記し，$n$ 次一般線形 Lie 環とよぶ．

　一般に Lie 環 $\mathfrak{g}$ の部分空間 $\mathfrak{h}$ が**部分 Lie 環**(Lie subalgebra)であるとは，$X,Y\in\mathfrak{h}$ に対し $[X,Y]\in\mathfrak{h}$ が常に成り立つことであり，さらに $\mathfrak{h}$ が $\mathfrak{g}$ のイデアル(ideal)であるとはすべての $X\in\mathfrak{g}$ と $Y\in\mathfrak{h}$ に対して $[X,Y]\in\mathfrak{h}$ となることである．$\mathfrak{h}$ が $\mathfrak{g}$ のイデアルなら商空間 $\mathfrak{g}/\mathfrak{h}$ は Lie 環になる．

　$\dim\mathfrak{g}>1$ で $\mathfrak{g}$ のイデアルが $\mathfrak{g}$ と $\{0\}$ に限るとき，$\mathfrak{g}$ を**単純 Lie 環**(simple Lie algebra)とよぶ．Lie 環 $\mathfrak{g}_1$ と Lie 環 $\mathfrak{g}_2$ に対して $X\in\mathfrak{g}_1,Y\in\mathfrak{g}_2$ なら $[X,Y]=0$ と定めることにより直和 $\mathfrak{g}_1\oplus\mathfrak{g}_2$ も Lie 環になる．2 個以上の直和も同様に定義される．単純 Lie 環の直和を**半単純 Lie 環**(semisimple Lie algebra)とよび，さらに直和因子として $\mathfrak{gl}_1$ も許したとき**簡約可能**(reductive)な Lie 環という．

　さて $GL_n\cong\{(X,t)\in M_n\oplus\Omega;\ t\det X-1=0\}$ の関数環 $\Omega[GL_n]$ は

$$\Omega[X_{11},X_{12},\cdots,X_{nn},t]/(t\det X-1)=\Omega[X_{11},X_{12},\cdots,X_{nn},(\det X)^{-1}]$$

である．次に連結代数群 $G=\{x\in GL_n;\ f_\lambda(x)=0\ (\lambda\in\Lambda)\}$ が $f_\lambda\in\Omega[X_{11},X_{12},\cdots,X_{nn}]\ (\lambda\in\Lambda)$ の零点でしかも $\{f_\lambda;\lambda\in\Lambda\}$ が $\Omega[GL_n]$ のイデアル $\mathcal{I}(G)=\{f\in\Omega[GL_n];\ f|_G=0\}$ を生成すると仮定しよう．そのとき代数群 $G$ の単位元 $e=I_n$ における接空間は

$$T_eG=\left\{\xi=(\xi_{ij})\in M_n(\Omega);\ \sum_{i,j=1}^n\xi_{ij}\frac{\partial f_\lambda}{\partial X_{ij}}(I_n)=0\quad(\lambda\in\Lambda)\right\}$$

## §1.6 代数群の Lie 環

で与えられたが，このベクトル空間に Lie 環の構造が自然に定義されることを示そう．代数群 $G$ の関数環は $\Omega[G]=\Omega[GL_n]/\mathcal{I}(G)$ であるが $\xi=(\xi_{ij})\in T_eG$ はすべての $F\in\mathcal{I}(G)$ に対して $\sum_{i,j=1}^n \xi_{ij}(\partial F/\partial X_{ij})(I_n)=0$ を満たすから $f=(F \bmod \mathcal{I}(G))\in\Omega[G]$ に対して $d_\xi(f)=\sum_{i,j=1}^n \xi_{ij}(\partial F/\partial X_{ij})(I_n)$ が代表 $F$ のとり方によらず $f$ だけで定まり well-defined である．これを

$$\sum_{i,j=1}^n \xi_{ij}\frac{\partial f}{\partial X_{ij}}(I_n)$$

と略記することもある．したがって，写像 $d_\xi:\Omega[G]\to\Omega$ が得られる．これは $d_\xi(fg)=d_\xi(f)\cdot g(I_n)+f(I_n)\cdot d_\xi(g)$ を満たす．逆に $d:\Omega[G]\to\Omega$ なる線形写像が $d(fg)=d(f)\cdot g(I_n)+f(I_n)\cdot d(g)$ を満たすとき，$d'$ を自然な準同型 $\Omega[GL_n]\to\Omega[G]$ と $d$ との合成とすれば $d'(F)=\sum_{i,j=1}^n d'(X_{ij})\cdot(\partial F/\partial X_{ij})(I_n)$ である．実際 $F=X_{ij}$ のとき両辺は一致するが，$d'(F_1F_2)=d'(F_1)\cdot F_2(I_n)+F_1(I_n)\cdot d'(F_2)$ より $F$ が $X_{ij}$ の単項式のときも両辺は一致し，したがって $\Omega[GL_n]$ 上で一致する．

$$\sum_{i,j=1}^n d'(X_{ij})\frac{\partial f_\lambda}{\partial X_{ij}}(I_n)=d'(f_\lambda)=d(f_\lambda \bmod \mathcal{I}(G))=d(0)=0 \quad (\lambda\in\Lambda)$$

であるから $\xi=(d'(X_{ij}))\in T_eG$ であり $f=(F \bmod \mathcal{I}(G))\in\Omega[G]$ に対して $d(f)=d'(F)=\sum_{i,j=1}^n d'(X_{ij})(\partial F/\partial X_{ij})(I_n)=d_\xi(f)$ を得る．すなわち $d=d_\xi$ となる $\xi\in T_eG$ が唯一つ定まる．

さて $x\in G$, $f\in\Omega[G]$ に対して $(\lambda(x)f)(y)=f(x^{-1}y)$ と定めると写像 $\lambda(x):\Omega[G]\to\Omega[G]$ が得られる．$\Omega$-線形写像 $\delta:\Omega[G]\to\Omega[G]$ が**左不変微分** (left-invariant derivation) であるとは

 (1)　$\delta(fg)=\delta(f)\cdot g+f\cdot\delta(g)\quad (f,g\in\Omega[G])$
 (2)　$\lambda(x)\cdot\delta=\delta\cdot\lambda(x)\quad (x\in G)$

を満たすことでその全体を $L(G)$ と記す．$\delta_1,\delta_2\in L(G)$ ならば $(\delta_1\circ\delta_2)(fg)=(\delta_1\circ\delta_2)f\cdot g+f\cdot(\delta_1\circ\delta_2)g+\delta_1(f)\cdot\delta_2(g)+\delta_2(f)\cdot\delta_1(g)$ であるから $\delta=\delta_1\circ\delta_2-\delta_2\circ\delta_1$ は条件 (1) $\delta(fg)=\delta(f)g+f\delta(g)$ を満たす．条件 (2) は明らかに満たされるから，$\delta=\delta_1\circ\delta_2-\delta_2\circ\delta_1\in L(G)$ となる．そこで $[\delta_1,\delta_2]=\delta_1\circ\delta_2-\delta_2\circ\delta_1$ をブラケット積として $L(G)$ に Lie 環の構造が入る．

いま，$\xi=(\xi_{ij})\in T_e(G)$ と $f\in\Omega[G]$ に対して $\delta_\xi f:G\to\Omega$ を $(\delta_\xi f)(x)=d_\xi(\lambda(x^{-1})f)\,(x\in G)$ と定める．$\delta_\xi f\in\Omega[G]$ を示そう．$\mu:G\times G\to G$ を $\mu(x,y)=xy$ で定めると $\mu^*:\Omega[G]\to\Omega[G\times G]=\Omega[G]\otimes\Omega[G]$ が引き起こされるが，$\mu^* f=\sum_i g_i\otimes h_i\,(g_i,h_i\in\Omega[G])$ と表わすと

$$(\lambda(x^{-1})f)(y)=f(xy)=\sum_i g_i(x)h_i(y)\quad(x,y\in G)$$

であるゆえ，$\lambda(x^{-1})f=\sum_i g_i(x)\cdot h_i$ となる．よって $(\delta_\xi f)(x)=d_\xi(\lambda(x^{-1})f)=\sum_i g_i(x)d_\xi(h_i)$，すなわち $\delta_\xi f=\sum_i d_\xi(h_i)\cdot g_i\in\Omega[G]$ を得る．よって $\delta_\xi:\Omega[G]\to\Omega[G]$ となるが，左不変微分の定義の (1) は，

$$\begin{aligned}\delta_\xi(fg)(x)&=d_\xi(\lambda(x^{-1})fg)\\&=d_\xi(\lambda(x^{-1})f)\cdot(\lambda(x^{-1})g)(I_n)+(\lambda(x^{-1})f)(I_n)\cdot d_\xi(\lambda(x^{-1})g)\\&=(\delta_\xi f)(x)\cdot g(x)+f(x)\cdot(\delta_\xi g)(x),\end{aligned}$$

また同じく (2) は

$$\begin{aligned}(\lambda(y)(\delta_\xi f))(x)&=(\delta_\xi f)(y^{-1}x)=d_\xi(\lambda(x^{-1}y)f)\\&=(d_\xi\lambda(x^{-1})(\lambda(y)f))=\delta_\xi(\lambda(y)f)(x)\end{aligned}$$

であるから $\delta_\xi\in L(G)$ となり線形写像

$$F:T_e(G)\to L(G)\quad(F(\xi)=\delta_\xi)$$

が得られた．任意の $\delta\in L(G)$ に対して $d:\Omega[G]\to\Omega$ を $d(f)=(\delta f)(I_n)$ と定めると $d(fg)=d(f)g(I_n)+f(I_n)d(g)$ を満たすからすでに示したように $\xi\in T_eG$ が唯一つ定まって $d=d_\xi$ となる．したがって $F$ は単射である．$(\delta f)(x)=\lambda(x^{-1})\delta f(I_n)=\delta\lambda(x^{-1})f(I_n)=d_\xi(\lambda(x^{-1})f)=(\delta_\xi f)(x)$ ゆえ $\delta=\delta_\xi=F(\xi)$ となり $F$ が全射，したがって $F$ は同型写像になる．この $F$ により $L(G)$ の Lie 環の構造が $T_eG$ に移され $T_eG$ は Lie 環になる．

$\xi=(\xi_{ij}),\eta=(\eta_{ij})\in T_eG\,(\subset M_n(\Omega))$ に対して $[\xi,\eta]=\xi\eta-\eta\xi$ となることを示そう．$\overline{X_{ij}}$ を $X_{ij}$ の $\Omega[G]$ における像とする．$(\lambda(x^{-1})\overline{X_{ij}})(y)=\overline{X_{ij}}(xy)=\sum_{t=1}^n x_{it}y_{tj}=(\sum_{t=1}^n x_{it}\overline{X_{tj}})(y)$ ゆえ

§1.6 代数群の Lie 環

$$(\delta_\eta \overline{X_{ij}})(x) = d_\eta(\lambda(x^{-1})\overline{X_{ij}})$$
$$= \sum_{r,s} \eta_{rs} \frac{\partial(\sum_t x_{it}X_{tj})}{\partial X_{rs}}(I_n)$$
$$= \sum_t \eta_{tj} x_{it} = (\sum_t \eta_{tj}\overline{X_{it}})(x)$$

であるから, $(\delta_\eta \overline{X_{ij}})^{\sim} = \sum_t \eta_{tj} X_{it}$ とおくと, それの $\Omega[G]$ における像が $\delta_\eta \overline{X_{ij}}$ となり

$$\delta_\xi \delta_\eta(\overline{X_{ij}})(I_n) = d_\xi(\delta_\eta \overline{X_{ij}})$$
$$= \sum_{k,l} \xi_{kl} \frac{\partial(\delta_\eta \overline{X_{ij}})^{\sim}}{\partial X_{kl}}(I_n)$$
$$= \sum_{k,l} \xi_{kl} \frac{\partial(\sum_t \eta_{tj} X_{it})}{\partial X_{kl}}(I_n) = \sum_{t=1}^n \xi_{it}\eta_{tj}$$

を得る. 一方 $\delta_{[\xi,\eta]} = \delta_\xi \delta_\eta - \delta_\eta \delta_\xi$ であり, 一般に $\xi = (\xi_{kl})$ に対して $\delta_\xi(\overline{X_{ij}})(I_n)$
$= d_\xi(\overline{X_{ij}}) = \sum_{k,l=1}^n \xi_{kl}((\partial X_{ij})/(\partial X_{kl}))(I_n) = \xi_{ij}$ であるから, $[\xi,\eta]$ の $(i,j)$ 成分は

$$\delta_{[\xi,\eta]}(\overline{X_{ij}})(I_n) = (\delta_\xi \delta_\eta - \delta_\eta \delta_\xi)(\overline{X_{ij}})(I_n) = \sum_{t=1}^n \xi_{it}\eta_{tj} - \sum_{t=1}^n \eta_{it}\xi_{tj}$$

となり $[\xi,\eta] = \xi\eta - \eta\xi \in T_eG$ となる. この Lie 環 $T_eG$ を代数群 $G$ の **Lie 環** とよび Lie$(G)$ などと表わす. 単純代数群, 半単純代数群, 簡約可能代数群の Lie 環はそれぞれ単純 Lie 環, 半単純 Lie 環, 簡約可能 Lie 環になることが知られている.

例えば Lie$(GL_n) = \mathfrak{gl}_n$ であり,

$$\sum_{i,j=1}^n \xi_{ij} \frac{\partial(\det X - 1)}{\partial X_{ij}}(I_n) = \sum_{i=1}^n \xi_{ii} = \mathrm{tr}\,\xi$$

であるから $SL_n = \{X \in GL_n;\ \det X - 1 = 0\}$ の Lie 環は

$$\mathrm{Lie}(SL_n) = \{\xi \in M_n;\ \mathrm{tr}\,\xi = 0\}$$

である. この Lie 環を $\mathfrak{sl}_n$ と記す. これは $A_{n-1}$ 型単純 Lie 環である. 一般に代数群 $G$ がある $A = (a_{ij}) \in GL_n$ に対し $G = \{X \in GL_n;\ {}^tXAX = A\}$ で与えられたとするとき, $G$ の Lie 環 Lie$(G)$ を計算してみよう.

$$G = \left\{ X = (x_{ij}) \in GL_n;\ f_{ij}(X) = \sum_{k,t=1}^{n} x_{ki} a_{kt} x_{tj} - a_{ij} = 0 \quad (i,j=1,\cdots,n) \right\}$$

であるから $\xi = (\xi_{ij}) \in T_e G = \mathrm{Lie}(G)$ となる必要十分条件は

$$\sum_{r,s=1}^{n} \xi_{rs} \frac{\partial f_{ij}}{\partial X_{rs}}(I_n) = \sum_{r=1}^{n} \xi_{ri} a_{rj} + \sum_{r=1}^{n} a_{ir} \xi_{rj} = 0 \quad (i,j=1,\cdots,n)$$

である.したがって代数群 $G = \{X \in GL_n;\ {}^tXAX = A\}$ の Lie 環は

$$\mathrm{Lie}(G) = \{\xi \in M_n;\ {}^t\xi A + A\xi = 0\}$$

である.とくに直交群 $O_n = \{X \in GL_n;\ {}^tXX = I_n\}$ の Lie 環は

$$\mathrm{Lie}(O_n) = \{\xi \in M_n;\ {}^t\xi + \xi = 0\}$$

であり特殊直交群 $SO_n$ やスピン群 $Spin_n$ の Lie 環もこれと同型である.この Lie 環を $\mathfrak{o}_n$ と記す.$\mathfrak{o}_n$ は歪対称行列全体であるから $n(n-1)/2$ 次元である.しかし,この形が必ずしも扱いやすいとは限らないので標準型として $n$ が偶数,奇数に応じて次のような Lie 環を考えることも多い.$n=2l$ のとき

$$A = \left( \begin{array}{c|c} 0 & I_l \\ \hline I_l & 0 \end{array} \right)$$

に対して 2 次形式 $f_A(x) = {}^txAx = 2(x_1 x_{l+1} + \cdots + x_l x_{2l})$ を不変にする直交群 $O_n(A) = \{X \in GL_n;\ {}^tXAX = A\}$ の Lie 環 $\mathrm{Lie}(O_n(A))$ は

$$\begin{aligned}&\{\xi \in M_n;\ {}^t\xi A + A\xi = 0\} \\ &= \left\{ \left( \begin{array}{c|c} A_1 & B_1 \\ \hline C_1 & -{}^tA_1 \end{array} \right) \in M_n;\ \begin{array}{l} A_1, B_1, C_1 \in M_l, \\ {}^tB_1 = -B_1,\ {}^tC_1 = -C_1 \end{array} \right\}\end{aligned}$$

である.これは $D_l$ 型単純 Lie 環の標準型であり $\mathrm{Lie}(O_n(A)) = B^{-1} \cdot \mathfrak{o}_n \cdot B$ ゆえこれは $\mathfrak{o}_n$ と同型である.ここで

$$B = \frac{1}{\sqrt{2}} \left( \begin{array}{cc} I_l & I_l \\ \sqrt{-1} I_l & -\sqrt{-1} I_l \end{array} \right), \quad {}^tBB = \left( \begin{array}{c|c} 0 & I_l \\ \hline I_l & 0 \end{array} \right) = A$$

である.$n = 2l+1$ のときは

## §1.6 代数群の Lie 環

$$A = \left(\begin{array}{c|c|c} 1 & 0 & 0 \\ \hline 0 & 0 & I_l \\ \hline 0 & I_l & 0 \end{array}\right)$$

に対して2次形式 $f_A(x) = {}^t xAx = x_0^2 + 2(x_1 x_{l+1} + \cdots + x_l x_{2l})$ を不変にする直交群 $O_n(A) = \{X \in GL_n; {}^t XAX = A\}$ の Lie 環 $\mathrm{Lie}(O_n(A))$ は

$$\begin{aligned}&\{\xi \in M_n; {}^t\xi A + A\xi = 0\}\\&= \left\{\left(\begin{array}{c|c|c} 0 & a_1 & a_2 \\ \hline -{}^t a_2 & A_1 & B_1 \\ \hline -{}^t a_1 & C_1 & -{}^t A_1 \end{array}\right) \in M_{2l+1}; \begin{array}{l} A_1, B_1, C_1 \in M_l, \\ a_1, a_2 \in \Omega^l, \\ {}^t B_1 = -B_1, {}^t C_1 = -C_1 \end{array}\right\}\end{aligned}$$

である.これは $B_l$ 型単純 Lie 環の標準型であり,やはり $\mathfrak{o}_n$ と同型である.

また,シンプレクティック群 $Sp_n = \{X \in GL_{2n}; {}^t XJX = J\}$ に対しては,その Lie 環 $\mathrm{Lie}(Sp_n)$ は

$$\begin{aligned}&\{\xi \in M_{2n}; {}^t\xi J + J\xi = 0\}\\&= \left\{\left(\begin{array}{c|c} A & B \\ \hline C & -{}^t A \end{array}\right) \in M_{2n}; A, B, C \in M_n, {}^t B = B, {}^t C = C\right\}\end{aligned}$$

で与えられ,とくに $n(2n+1)$ 次元であることがわかる.この Lie 環を $\mathfrak{sp}_n$ と記す.これは $C_n$ 型単純 Lie 環の標準型である.

一般に $\mathrm{Lie}(G_1 \times G_2) = \mathrm{Lie}(G_1) \oplus \mathrm{Lie}(G_2)$ である.

さて Lie 環 $\mathfrak{g}_1, \mathfrak{g}_2$ の間の線形写像 $f: \mathfrak{g}_1 \to \mathfrak{g}_2$ が**準同型**(homomorphism)であるとは $f([X,Y]) = [f(X), f(Y)]$ が $X, Y \in \mathfrak{g}_1$ に対して成り立つことである.とくに準同型 $d\rho: \mathfrak{g} \to \mathfrak{gl}(V)$ を Lie 環 $\mathfrak{g}$ の $V$ における**表現**(representation)という.例えば Lie 環 $\mathfrak{g}$ に対し $\mathrm{ad}(X)Y = [X,Y]$ $(X, Y \in \mathfrak{g})$ により $\mathrm{ad}(X): \mathfrak{g} \to \mathfrak{g}$ を定めると $[[X,Y], Z] = [X, [Y,Z]] - [Y, [X,Z]]$ より $\mathrm{ad}([X,Y]) = [\mathrm{ad}(X), \mathrm{ad}(Y)]$ となり Lie 環 $\mathfrak{g}$ の $\mathfrak{g}$ における表現 $\mathrm{ad}: \mathfrak{g} \to \mathfrak{gl}(\mathfrak{g})$ が得られる.これを Lie 環 $\mathfrak{g}$ の**随伴表現**(adjoint representation)という.

$\varphi: G \to H$ が代数群の準同型ならば単位元における微分写像 $d\varphi: T_e G \to T_{e'} H$ は Lie 環の準同型になることを示そう.$G \subset GL_n, H \subset GL_m$ とし $\xi = (\xi_{st}) \in T_e G$ に対して $(d\varphi)(\xi) = \eta = (\eta_{ij}), \varphi = (\varphi_{ij})$ とおくと

$$\eta_{ij} = \sum_{s,t=1}^{n} \frac{\partial \varphi_{ij}}{\partial g_{st}}(I_n)\xi_{st} \quad (i,j=1,\cdots,m)$$

であるから $f \in \Omega[H]$ に対し

$$\begin{aligned}
d_\eta(f) &= \sum_{i,j=1}^{m} \eta_{ij} \frac{\partial f}{\partial h_{ij}}(I_m) \\
&= \sum_{s,t=1}^{n} \xi_{st} \left( \sum_{i,j=1}^{m} \frac{\partial f}{\partial h_{ij}}(I_m) \frac{\partial \varphi_{ij}}{\partial g_{st}}(I_n) \right) \\
&= \sum_{s,t=1}^{n} \xi_{st} \frac{\partial (f \circ \varphi)}{\partial g_{st}}(I_n) = d_\xi(f \circ \varphi) = d_\xi \circ \varphi^*(f),
\end{aligned}$$

すなわち $d_\eta = d_\xi \circ \varphi^*$ を得る．したがって $x \in G$, $f \in \Omega[H]$ に対し

$$\begin{aligned}
\varphi^* \circ \delta_\eta f(x) &= \delta_\eta f(\varphi(x)) = d_\eta(\lambda(\varphi(x^{-1}))f) \\
&= d_\xi \circ \varphi^*(\lambda(\varphi(x^{-1}))f)
\end{aligned}$$

となる．ここで $\lambda(\varphi(x^{-1}))f(y) = f(\varphi(x)y)$ で $\varphi$ が準同型ゆえ

$$\varphi^* \lambda(\varphi(x^{-1}))f(z) = f(\varphi(x)\varphi(z)) = f(\varphi(xz)) = \lambda(x^{-1})(\varphi^* f)(z)$$

となり $\varphi^* \circ \delta_\eta f(x) = \delta_\xi \circ \varphi^* f(x)$, すなわち $\varphi^* \circ \delta_\eta = \delta_\xi \circ \varphi^*$ を得る．したがって

$$\begin{aligned}
\varphi^* \circ \delta_{[\eta_1,\eta_2]} &= \varphi^* \circ (\delta_{\eta_1} \circ \delta_{\eta_2} - \delta_{\eta_2} \circ \delta_{\eta_1}) = (\delta_{\xi_1} \circ \delta_{\xi_2} - \delta_{\xi_2} \circ \delta_{\xi_1}) \circ \varphi^* \\
&= \delta_{[\xi_1,\xi_2]} \circ \varphi^*
\end{aligned}$$

となる．結局

$$\varphi^* \circ \delta_{[\eta_1,\eta_2]} f(I_n) = \delta_{[\eta_1,\eta_2]} f(I_m) = d_{[\eta_1,\eta_2]} f$$

が $\delta_{[\xi_1,\xi_2]} \circ \varphi^* f(I_n) = d_{[\xi_1,\xi_2]} \circ \varphi^* f$ に等しいから $d_{[\eta_1,\eta_2]} = d_{[\xi_1,\xi_2]} \circ \varphi^*$ を得る．これは $d\varphi([\xi_1,\xi_2]) = [d\varphi(\xi_1), d\varphi(\xi_2)]$ を意味し，$d\varphi: T_e G \to T_{e'} H$ が Lie 環の準同型であることがわかる．

とくに線形代数群 $G$ のベクトル空間 $V$ における表現 $\rho: G \to GL(V)$ に対し単位元における微分写像 $d\rho: \mathfrak{g} = T_e G \to \mathfrak{gl}(V) = T_e GL(V)$ は Lie 環 $\mathfrak{g} = T_e G$ の表現になる．これを $\rho$ の**微分表現** (infinitesimal representation) $d\rho$ という．例として随伴表現の場合を調べてみよう．

## §1.6 代数群の Lie 環

代数群 $G\ (\subset GL_n)$ と $g\in G$ に対し内部自己同型 $\varphi_g:G\to G$ を $\varphi_g(x)=gxg^{-1}\ (x\in G)$ で定義すると単位元 $e=I_n$ における微分写像 $(d\varphi_g)_e:T_eG\to T_eG$ は $(d\varphi_g)_e\xi=g\xi g^{-1}\ (\xi\in T_eG)$ で与えられる．なぜならば $x=(x_{ij})$, $g=(g_{ij})$, $g^{-1}=(g'_{ij})$, $\xi=(\xi_{ij})$ とするとき，$\varphi_g(x)=gxg^{-1}$ の $(i,j)$ 成分は $(\varphi_g)_{ij}=\sum_{k,t=1}^n g_{ik}x_{kt}g'_{tj}$ ゆえ，$(d\varphi_g)_e\xi$ の $(i,j)$ 成分は $\sum_{k,t=1}^n(\partial(\varphi_g)_{ij}/\partial x_{kt})(I_n)\cdot\xi_{kt}=\sum_{k,t=1}^n g_{ik}\xi_{kt}g'_{tj}$ となり，$(d\varphi_g)_e\xi=g\xi g^{-1}$ を得る．そこで $\mathrm{Ad}(g)=(d\varphi_g)_e$ とおいて代数群 $G$ の表現 $\mathrm{Ad}:G\to GL(\mathfrak{g})\ (\mathfrak{g}=T_eG)$ が $\mathrm{Ad}(g)\xi=g\xi g^{-1}\ (g\in G,\ \xi\in\mathfrak{g})$ で定義される．これを $G$ の**随伴表現**（adjoint rerpresentation）という．この微分表現 $d(\mathrm{Ad})$ を計算してみよう．$\xi\in\mathfrak{g}\subset M_n$ を $N=n^2$ 次元のベクトルとみて $\mathrm{Ad}(g)$ を $N$ 次行列と考えると $\mathrm{Ad}(g)\xi=g\xi g^{-1}$ は $\sum_{k,l=1}^n \mathrm{Ad}(g)^{ij}_{kl}\xi_{kl}=\sum_{k,l=1}^n g_{ik}\xi_{kl}g'_{lj}$ を意味するから $\mathrm{Ad}(g)^{ij}_{kl}=g_{ik}g'_{lj}$ である．さて $\sum_{l=1}^n g_{il}g'_{lj}=\delta_{ij}$ より

$$0=\frac{\partial}{\partial g_{st}}\left(\sum_{l=1}^n g_{il}g'_{lj}\right)(I_n)=\sum_{l=1}^n\left(\frac{\partial g_{il}}{\partial g_{st}}\cdot g'_{lj}\right)(I_n)+\sum_{l=1}^n\left(g_{il}\cdot\frac{\partial g'_{lj}}{\partial g_{st}}\right)(I_n)$$
$$=\delta_{is}\delta_{jt}+\frac{\partial g'_{ij}}{\partial g_{st}}(I_n)$$

となり $(\partial g'_{lj}/\partial g_{st})(I_n)=-\delta_{ls}\delta_{jt}$ を得る．したがって微分表現 $d(\mathrm{Ad}):\mathfrak{g}=T_eG\to\mathfrak{gl}(\mathfrak{g})=T_eGL(\mathfrak{g})$ について，$\xi=(\xi_{ij})\in\mathfrak{g}$ とすると $[d(\mathrm{Ad})](\xi)$ の $(ij,kl)$ 成分は

$$\sum_{s,t=1}^n\frac{\partial \mathrm{Ad}(g)^{ij}_{kl}}{\partial g_{st}}(I_n)\cdot\xi_{st}$$
$$=\sum_{s,t=1}^n\left[\left(\frac{\partial g_{ik}}{\partial g_{st}}\cdot g'_{lj}\right)(I_n)+\left(g_{ik}\cdot\frac{\partial g'_{lj}}{\partial g_{st}}\right)(I_n)\right]\cdot\xi_{st}$$
$$=\sum_{s,t=1}^n(\delta_{is}\delta_{kt}\delta_{lj}-\delta_{ik}\delta_{ls}\delta_{jt})\xi_{st}=\delta_{lj}\xi_{ik}-\delta_{ik}\xi_{lj}$$

となる．よって $[d(\mathrm{Ad})](\xi)$ を $\eta=(\eta_{ij})\in\mathfrak{g}$ に作用させたものの $(i,j)$ 成分は

$$\sum_{k,l}(\delta_{lj}\xi_{ik}-\delta_{ik}\xi_{lj})\eta_{kl}=\sum_k\xi_{ik}\eta_{kj}-\sum_l\eta_{il}\xi_{lj},$$

すなわち $[(d\mathrm{Ad})(\xi)](\eta)=[\xi,\eta]$ となり代数群 $G$ の $\mathrm{Ad}(g)\xi=g\xi g^{-1}\ (g\in G,\ \xi\in T_eG=\mathfrak{g})$ で定義される随伴表現 $\mathrm{Ad}:G\to GL(\mathfrak{g})$ の微分表現は $\mathrm{ad}(\xi)\eta=[\xi,\eta]$

で定義される Lie 環 $\mathfrak{g} = T_e G$ の随伴表現 $\mathrm{ad} : \mathfrak{g} \to \mathfrak{gl}(\mathfrak{g})$ にほかならない.

次に $V$ の点 $v$ における $G$ の**等方部分群** $G_v = \{ g \in G ; \rho(g)v = v \}$ の Lie 環は $\mathrm{Lie}(G_v) = \{ A \in \mathrm{Lie}(G) ; d\rho(A)v = 0 \}$ で与えられることを示そう. $\rho : G \to GL(V)$ において $G \subset GL_m$, $V \cong \Omega^n$, $GL(V) \cong GL_n(\Omega)$ として $g = (g_{ij}) \in G$, $\rho(g) = (\rho(g)_{st}) \in GL_n(\Omega)$ と表わす. $\rho$ の微分表現 $d\rho : \mathfrak{g} = T_e G \, (\subset M_m) \to \mathfrak{gl}_n = T_e GL_n \, (= M_n)$ は, $M_m$ の元を $m^2$ 次元のベクトル, $M_n$ の元を $n^2$ 次元のベクトルと考えて, §1.5 の定義を適用すると $A = (A_{ij}) \in \mathfrak{g} \, (\subset M_m)$ に対し $d\rho(A) = (d\rho(A)_{st})$ は

$$d\rho(A)_{st} = \sum_{i,j=1}^m \frac{\partial \rho(g)_{st}}{\partial g_{ij}}(I_m) \cdot A_{ij} \quad (s, t = 1, \cdots, n)$$

で与えられる. $v = {}^t(a_1, \cdots, a_n) \in V = \Omega^n$ のときは $\rho(g)v = v$ と $\sum_{t=1}^n \rho(g)_{st} a_t = a_s$ $(s = 1, \cdots, n)$ は同値であるから

$\mathrm{Lie}(G_v)$
$$= \left\{ A = (A_{ij}) \in \mathrm{Lie}(G) ; \; \sum_{i,j=1}^m \frac{\partial}{\partial g_{ij}} \left( \sum_{t=1}^n \rho(g)_{st} a_t - a_s \right) \bigg|_{g = I_m} \cdot A_{ij} = 0, \atop (s = 1, \cdots, n) \right\}$$

となる. ここで

$$\sum_{i,j=1}^m \frac{\partial}{\partial g_{ij}} \left( \sum_{t=1}^n \rho(g)_{st} a_t - a_s \right) \bigg|_{g = I_m} \cdot A_{ij}$$
$$= \sum_{t=1}^n \left( \sum_{i,j=1}^m \frac{\partial \rho(g)_{st}}{\partial g_{ij}}(I_m) \cdot A_{ij} \right) a_t$$
$$= \sum_{t=1}^n d\rho(A)_{st} a_t = 0 \quad (s = 1, \cdots, n)$$

であり, これは $d\rho(A)v = d\rho(A) \cdot {}^t(a_1, \cdots, a_n) = 0$ を意味するから, $\mathrm{Lie}(G_v) = \{ A \in \mathrm{Lie}(G) ; d\rho(A)v = 0 \}$ を得る. これを $V$ の点 $v$ における $\mathrm{Lie}(G)$ の**等方部分環**(isotropy subalgebra)とよぶ.

さて $x \in G$ に対して $\lambda_x : G \to G$ を $\lambda_x(g) = xg$ で定め, その微分写像 $d_e(\lambda_x) : T_e G \to T_x G$ を考えるとこれは同型写像であり, 特に $\dim T_x G = \dim T_e G$ である. $x$ が $G$ の単点(単点は必ず存在する)ということは $\dim T_x G = \dim G$ ということであったから, 代数群 $G$ は非特異で $\dim T_e G = \dim G$, すなわち

$\dim \operatorname{Lie}(G) = \dim G$ であることがわかる. とくに $\dim Spin_n = \dim SO_n = (1/2)n(n-1)$, および $\dim Sp_n = n(2n+1)$ などがわかる.

$\Omega = \mathbb{C}$ のときは $G\ (\subset GL_n(\mathbb{C}))$ の Lie 環は

$$\operatorname{Lie}(G) = \{A \in M_n(\mathbb{C});\ \text{すべての}\ t \in \mathbb{C}\ \text{に対し}\ \exp tA \in G\}$$

となることが知られている. ただし

$$\exp tA = \sum_{n=0}^{\infty} \frac{t^n}{n!} A^n \in GL_n(\mathbb{C})$$

である. そして $\rho : G \to GL(V)$ の微分表現 $d\rho : \operatorname{Lie}(G) \to \mathfrak{gl}(V)$ については

$$\rho(\exp tA) = \exp t d\rho(A) \quad (t \in \mathbb{C},\ A \in \operatorname{Lie}(G))$$

が成り立つ. 例えば松島与三 [15], 211 頁, 参照. とくに

$$d\rho(A)x = \frac{d}{dt}(\rho(\exp tA)x)\bigg|_{t=0}$$

である.

例えば $\rho = \operatorname{Ad}$ が随伴表現なら

$$\begin{aligned}
d\rho(A)B &= \frac{d}{dt}((\exp tA)B(\exp -tA))\bigg|_{t=0} \\
&= AB - BA = \operatorname{ad}(A)B \quad (A, B \in \operatorname{Lie}(G))
\end{aligned}$$

となる.

# 第2章
# 概均質ベクトル空間の相対不変式

## §2.1 概均質ベクトル空間の定義

$K$ を標数 0 の体, $\Omega$ を $K$ を含む代数閉体とする. そして $V$ を $K$-構造をもつ $\Omega$ 上の有限次元ベクトル空間とする. 体 $K$ 上定義された連結線形代数群 $G$ の $V$ における $K$-有理表現 $\rho: G \to GL(V)$ が Zariski 位相で稠密な $G$-軌道をもつとき, すなわち $V$ のある点 $v$ について $\overline{\rho(G)v} = V$ (ただし ― は Zariski 閉包を表わす) となるとき三つ組 $(G, \rho, V)$ を体 $K$ 上定義された**概均質ベクトル空間** (prehomogeneous vector space defind over $K$) という. $K = \Omega$, または $K$ が重要でないときは "$K$ 上定義された" という語は省く. $G$-軌道 $\rho(G)v$ は $G$ の作用に関して均質な空間であるから $\overline{\rho(G)v} = V$ ということは $V$ が $G$ の作用に関してほとんど均質なベクトル空間であることを意味する. その意味で 1961 年に佐藤幹夫により "概均質ベクトル空間" と名付けられたのである. 当時あるアメリカ人の数学者に「prehomogeneous というと pre-Hilbert space のように完備化する前というような感じになるから almost homogeneous の方が良い」と言われたが, 結局 prehomogeneous で通した, とのことである.

**補題 2.1** 代数群 $G$ が代数多様体 $X$ に作用しているとする. 各 $x \in X$ における $G$-軌道 $G \cdot x$ はその閉包 $\overline{G \cdot x}$ の開部分集合である.

[証明] 一般に代数多様体 $Y, Z$ と射 $\varphi: Y \to Z$ に対し $\varphi(Y)$ は $Z$ の構成可能部分集合である (例えば D. Mumford [16], Chapter I, §8 の Theorem 3 の

Corollary 2 を参照). とくに $\varphi: G \to X$ を $\varphi(g) = g \cdot x$ で定義された射とすると $\varphi(G) = G \cdot x$ は $X$ の構成可能部分集合ゆえ, 命題 1.2 より $G \cdot x$ は $\overline{G \cdot x}$ の開集合 $U$ を含むが, このとき $G \cdot x = \bigcup_{g \in G} gU$ は $\overline{G \cdot x}$ の開集合である. ∎

**命題 2.2** 三つ組 $(G, \rho, V)$ の点 $v \in V$ について次は同値である.
(1) $\overline{\rho(G)v} = V$.
(2) $\rho(G)v$ は $V$ の Zariski 開集合.
(3) $\dim G_v = \dim G - \dim V$, ただし $G_v = \{g \in G; \rho(g)v = v\}$.
(4) $\dim \mathrm{Lie}(G_v) = \dim \mathrm{Lie}(G) - \dim V$ ($= \dim G - \dim V$), ただし $G_v$ の Lie 環は $\mathrm{Lie}(G_v) = \{A \in \mathrm{Lie}(G); d\rho(A)v = 0\}$.
(5) $\{d\rho(A)v; A \in \mathrm{Lie}(G)\} = V$.

［証明］ (1)⇒(2) は補題 2.1 による. $V$ は Zariski 位相で既約であるから空でない開集合は稠密である. したがって (2)⇒(1) が得られる. 群 $G$ の元 $g, g'$ について $\rho(g)v = \rho(g')v$ なら $\rho(g^{-1}g')v = v$, すなわち $g^{-1}g' \in G_v$ で, これは $gG_v = g'G_v$ を意味するから, $\rho(g)v$ と $gG_v$ の対応により $\rho(G)v$ と $G/G_v = \{gG_v; g \in G\}$ を同一視することができる. したがって $\dim \rho(G)v = \dim G - \dim G_v$ である. 一方, $\overline{\rho(G)v} = V$ と $\dim \rho(G)v = \dim V$ は同値であるから (1) と (3) の同値性が言えた. $\dim \mathrm{Lie}(G_v) = \dim G_v$ であり (3) と (4) の同値性が得られる. $\mathfrak{g} = \mathrm{Lie}(G)$, $\mathfrak{g}_v = \{A \in \mathfrak{g}; d\rho(A)v = 0\}$ とおくと $d\rho(\mathfrak{g})v = \{d\rho(A)v; A \in \mathrm{Lie}(G)\}$ でベクトル空間として $\mathfrak{g}/\mathfrak{g}_v \cong d\rho(\mathfrak{g})v (\subset V)$ であり, (4) は $\dim \mathfrak{g}/\mathfrak{g}_v = \dim V$ を意味するから, これは $d\rho(\mathfrak{g})v = V$, すなわち (5) と同値である. ∎

この命題 2.2 により概均質ベクトル空間の稠密軌道は開軌道 (open orbit) であり, それは唯一つであることがわかる. 実際 $V$ は既約であるから空でない開集合は交わるが軌道が交われば一致してしまうからである. そして唯一の稠密軌道の補集合 $S$ は Zariski 閉集合で $S = \{v \in V; \dim G_v > \dim G - \dim V\}$ で与えられる. 実際, 任意の点 $v \in V$ に対し $\dim V \geq \dim \rho(G)v = \dim G - \dim G_v$ より常に $\dim G_v \geq \dim G - \dim V$ で等号が成り立つのは $v$ が稠密軌道に属すときに限るからである. この $S$ を概均質ベクトル空間 $(G, \rho, V)$ の**特異集合** (singular set) という. $V - S$ の点, すなわち稠密軌道の点を**生成点** (generic point) という．生成点 $v$ における等方部分群 $G_v=\{g\in G;\ \rho(g)v=v\}$ を**生成的等方部分群**(generic isotropy subgroup) という．生成的等方部分群はすべて同型であることが $G_{\rho(g)v}=gG_vg^{-1}\ (g\in G)$ よりわかる．実際 $h\in G_{\rho(g)v}$ は $\rho(h)\rho(g)v=\rho(g)v$ すなわち $\rho(g^{-1}hg)v=v$ を意味するから $g^{-1}hg\in G_v$，すなわち $h\in gG_vg^{-1}$ と同値である．命題 2.2 よりとくに次のことがわかる．

**系 2.3** 三つ組 $(G,\rho,V)$ が概均質ベクトル空間ならば $\dim G\geqq \dim V$ である．よって $\dim G<\dim V$ ならば $(G,\rho,V)$ は概均質ベクトル空間ではない．

［証明］ 命題 2.2 により $\overline{\rho(G)v}=V$ なら $\dim G-\dim V=\dim G_v\geqq 0$ であり，$\dim G\geqq\dim V$ を得る． ∎

また命題 2.2 の (4) により概均質性は Lie 環の条件で定まる infinitesimal な性質であることもわかる．

## §2.2 相対不変式

ここでは代数閉体 $\Omega$ 上で考える．$(G,\rho,V)$ を概均質ベクトル空間とする．$V$ 上の恒等的には零ではない有理関数 $f$ が**相対不変式**(relative invariant) であるとは，$G$ のある有理指標，すなわち 1 次元有理表現 $\chi:G\to GL_1$ が存在して $f(\rho(g)x)=\chi(g)f(x)\ (x\in V-S,\ g\in G)$ が成り立つことである．このとき $f\leftrightarrow\chi$ と記す．とくに $f\leftrightarrow 1$ のとき $f$ を**絶対不変式**(absolute invariant) とよぶ．このような不変式たちが概均質ベクトル空間にとって基本的であることは次の命題からわかる．

**命題 2.4** 三つ組 $(G,\rho,V)$ について次は同値である．
(1) $(G,\rho,V)$ は概均質ベクトル空間．
(2) 絶対不変式は定数のみ．
(3) $f_1\leftrightarrow\chi$, $f_2\leftrightarrow\chi$ ならば，ある定数 $c$ が存在して $f_2=cf_1$ となる．

［証明］ (1)⇒(2)．$V$ には Zariski 位相を入れる．$f(x)=h(x)/g(x)\ (g(x), h(x)$ は $V$ 上の多項式) が絶対不変式ならば $f(x)$ は開軌道 $\rho(G)v_0=V-S$ 上である定数 $c$ に等しいから

$$V\supset\{v\in V; h(v)-cg(v)=0\}\supset\rho(G)v_0$$

となるが，$\{v \in V; h(v) - cg(v) = 0\}$ は閉集合であり，閉包をとると $\overline{\rho(G)v_0} = V$ ゆえ $V$ 上で $h(v) = cg(v)$，すなわち $f = c$ となる．

(2) $\Rightarrow$ (3)．$f_2/f_1$ は絶対不変式ゆえ，ある定数 $c$ に等しい．すなわち $f_2 = cf_1$．

(3) $\Rightarrow$ (2)．$f_1 = 1 \leftrightarrow 1$ とすると $f_2 \leftrightarrow 1$ なら $f_2 = c$ となる．

(2) $\Rightarrow$ (1) は Rosenlicht の定理（次の定理 2.5 参照）により $V$ のある $G$-不変で稠密な開部分集合 $V_0$ があって，その $G$-軌道の空間 $G \backslash V_0$ に代数多様体の構造が入り，その関数体 $\Omega(G \backslash V_0)$ は $\Omega(V)^G = \{$ 絶対不変式全体 $\}$ に等しい．そして $\Omega(V)^G = \Omega$ より

$$\dim G \backslash V_0 = \text{trans. deg}_\Omega \Omega(G \backslash V_0) = \text{trans. deg}_\Omega \Omega(V)^G = 0$$

を得るが，これは $V$ と同じ次元の軌道が存在することを意味するから $(G, \rho, V)$ は概均質ベクトル空間である．■

ここでいう Rosenlicht の定理は M. Rosenlicht, Some basic theorems on algebraic groups, Amer. J. Math. **78** (1956), 401–443 の Theorem 2 をさす．これの行者明彦氏による証明の現代的記述が，A. Gyoja, Generic quotient varieties, 京都大学・数理解析研究所講究録 924 (1995 年 10 月) の 188 頁〜197 頁にある．そこに述べてある形で定理を記そう．

**定理 2.5（Rosenlicht）** $\Omega$ を代数閉体，$X$ を $\Omega$ 上の既約代数多様体，そして代数群 $G$ が $X$ に作用しているとする．そのとき $X$ の稠密な開部分集合 $X_0$ と代数多様体 $W_0$，および射 $\phi: X_0 \to W_0$ で

(1) $GX_0 = X_0$,

(2) $\phi$ の各ファイバー $\phi^{-1}(w) = \{x \in X_0; \phi(x) = w\}$ $(w \in W_0)$ は 1 つの $G$-軌道，

(3) $X_0$ と $W_0$ は非特異,

(4) $\phi^*: \Omega(W_0) \xrightarrow{\sim} \Omega(X_0)^G = \Omega(X)^G$,

(5) $\phi^*: \Omega[W_0] \xrightarrow{\sim} \Omega[X_0]^G$,

を満たすものが存在する． □

例えば $G=GL_1$ が $X=\Omega^2$ に $\begin{pmatrix}x\\y\end{pmatrix}\mapsto\begin{pmatrix}\alpha x\\\alpha y\end{pmatrix}$ $(\alpha\in GL_1)$ と作用しているとする．このとき $X_0=\left\{\begin{pmatrix}x\\y\end{pmatrix}\in X; x\neq0\right\}$ とし $\phi:X_0\to\Omega$ を $\phi\begin{pmatrix}x\\y\end{pmatrix}=y/x$ で定めると $\Omega$ の関数体は $\Omega\left(\dfrac{y}{x}\right)=\Omega(x,y)^G$ となり $(1)\sim(5)$ は容易に確かめられる．

**系 2.6** 三つ組 $(G,\rho,V)$ において定数ではない絶対不変式が存在すれば $(G,\rho,V)$ は概均質ベクトル空間ではない． □

例として $G=GL_1^4\times SL_n\ni g=(\alpha,\beta,\gamma,\delta;A)$ を $V=\Omega^n\oplus\Omega^n\oplus\Omega^n\oplus\Omega^n$ に $\rho(g)\widetilde{x}=(\alpha Ax,\beta Ay,\gamma{}^tA^{-1}z,\delta{}^tA^{-1}w)$ で作用させた三つ組 $(G,\rho,V)$ の概均質性を調べよう．ただし，$\widetilde{x}=(x,y,z,w)\in V$ とする．群の作用で，

$$\langle x,z\rangle={}^txz\mapsto\alpha\gamma\langle x,z\rangle$$
$$\langle x,w\rangle\mapsto\alpha\delta\langle x,w\rangle$$
$$\langle y,z\rangle\mapsto\beta\gamma\langle y,z\rangle$$
$$\langle y,w\rangle\mapsto\beta\delta\langle y,w\rangle$$

となるから

$$f(\widetilde{x})=\frac{\langle x,z\rangle\langle y,w\rangle}{\langle x,w\rangle\langle y,z\rangle}$$

は絶対不変式となる．そして $x=y=z=w={}^t(10\cdots0)$ なら $f(\widetilde{x})=1$，$x=w={}^t(10\cdots0)$，$y=z={}^t(010\cdots0)$ ならば $f(\widetilde{x})=0$ となるから $f(\widetilde{x})$ は定数ではない．したがって $f(\widetilde{x})$ は $(G,\rho,V)$ の定数ではない絶対不変式となり，$(G,\rho,V)$ は概均質ベクトル空間ではないことがわかる．

**系 2.7** 相対不変式は斉次式である．

[証明] $f\leftrightarrow\chi$ とする．任意の $t\in\Omega^\times$ に対して $f_t(x)=f(tx)$ とおくと，これは $f_t(\rho(g)x)=f(\rho(g)tx)=\chi(g)f(tx)=\chi(g)f_t(x)$ ゆえ $f_t\leftrightarrow\chi$，よってある定数 $c$ で $f(tx)=cf(x)$ となるものが存在する．これは $f(x)=$ 斉次，$c=t^{\deg f}$，を意味する． ■

さて $G$ の有理指標全体のなす群を $X(G)$ とする．$\chi_1,\cdots,\chi_r\in X(G)$ が**乗法的に独立**であるとは，それらが $X(G)$ 内で階数 $r$ の自由 abel 群を生成するこ

とである.

**補題 2.8** 乗法的に独立な指標たちに対応する相対不変式たちは代数独立である.

［証明］ $\chi_1,\cdots,\chi_r$ が乗法的に独立で，$f_1,\cdots,f_r$ が $\chi_1,\cdots,\chi_r$ にそれぞれ対応する相対不変式とする.

もし $f_1,\cdots,f_r$ が代数従属ならば，ある $s\geqq 2$ に対して $f_1,\cdots,f_r$ の単項式たち $U_1=f_1^{e_1}\cdots f_r^{e_r},\cdots,U_s=f_1^{t_1}\cdots f_r^{t_r}$ で 1 次従属，かつそのうちのどの $(s-1)$ 個も 1 次独立，となるものがある．そのとき $\Omega^s$ の部分空間 $W=\{(c_1,\cdots,c_s)\in\Omega^s; c_1U_1+\cdots+c_sU_s=0\}$ は 1 次元になる．$(c_1,\cdots,c_s)\neq 0$ なる $W$ の元については $c_1\neq 0,\cdots,c_s\neq 0$ であることに注意しよう.

他方，$U_1\leftrightarrow\mu_1=\chi_1^{e_1}\cdots\chi_r^{e_r},\cdots,U_s\leftrightarrow\mu_s=\chi_1^{t_1}\cdots\chi_r^{t_r}$ たちは $\mu_1,\cdots,\mu_s$ に対応する相対不変式ゆえ $(c_1,\cdots,c_s)\in W$ ならば $(c_1\mu_1(g),\cdots,c_s\mu_s(g))\in W$ が任意の $g\in G$ に対して成り立つ．しかし $\dim W=1$ ゆえ $\mu_1=\cdots=\mu_s$ $(s\geqq 2)$ となる．しかし $\chi_1,\cdots,\chi_r$ は乗法的に独立ゆえ $\mu_1,\cdots,\mu_s$ は相異なり矛盾．したがって $f_1,\cdots,f_r$ は代数的に独立である． ∎

**定理 2.9** $(G,\rho,V)$ を概均質ベクトル空間として，$S$ をその特異集合とする．$S_i=\{x\in V; f_i(x)=0\}$ $(1\leqq i\leqq r)$ を $S$ の余次元 1 の既約成分たちとすると，既約多項式たち $f_1,\cdots,f_r$ は代数独立な相対不変式で，任意の相対不変式 $f(x)$ は $f(x)=cf_1(x)^{m_1}\cdots f_r(x)^{m_r}$ $(c\in\Omega^\times,(m_1,\cdots,m_r)\in\mathbb{Z}^r)$ と一意的に表わされる．

［証明］ 一般に $X,Y$ が既約代数多様体，$\varphi:X\times Y\to Z$ を射とすると，$\varphi$ は Zariski 位相で連続であるから $\varphi(X\times Y)$ は既約である．これを $X=G$（連結，すなわち既約と仮定している），$Y=S_i$, $Z=V$, $\varphi(g,x)=\rho(g)x$ に適用して $\rho(G)S_i$ が既約であることがわかる．一方，$S_i\subset\rho(G)S_i\subset S$ で $S_i$ は $S$ の既約成分であるから，$\rho(G)S_i=S_i$ を得る．すなわち各 $g\in G$ について

$$\{x\in V; f_i(\rho(g)x)=0\}=\{x\in V; f_i(x)=0\}$$

となる．したがって定理 1.4 により，$f_i(\rho(g)x)$ と $f_i(x)$ は定数倍を除いて一致する：$f_i(\rho(g)x)=\chi_i(g)f_i(x)$. ここで $f_i(x_0)=1$ となる $x_0\in V$ に対して

§2.2 相対不変式

$\chi_i(g) = f_i(\rho(g)x_0)$ は $g$ の有理関数で，$\chi_i(g_1 g_2) = \chi_i(g_1)\chi_i(g_2)$ $(g_1, g_2 \in G)$ を満たすから $\chi_i$ は有理指標である．すなわち $f_1, \cdots, f_r$ は，$\chi_1, \cdots, \chi_r$ に対応する相対不変既約多項式たちである．$\chi_1^{a_1} \cdots \chi_r^{a_r} = 1$ $(a_1, \cdots, a_r \in \mathbb{Z})$ とすると，これに対応する相対不変式 $f_1^{a_1} \cdots f_r^{a_r}$ は絶対不変式であり，命題 2.4 により定数である．$\Omega[X_1, \cdots, X_n]$ は U. F. D.（素元一意分解整域）であるから，既約多項式への分解は定数倍を除いて一意的であり $a_1 = \cdots = a_r = 0$ を得る．これは $\chi_1, \cdots, \chi_r$ が乗法的に独立であることを意味し，したがって補題 2.8 より $f_1, \cdots, f_r$ は代数独立な相対不変式である．

後半は，任意の相対不変式 $f(x)$ の既約多項式への分解 $f(x) = \prod_i R_i(x)$ を考えると $R_i(x)$ たち自身も相対不変式になることをまず示そう．$f \leftrightarrow \chi$ とすると $\prod_i R_i(\rho(g)x) = \chi(g) \prod_i R_i(x)$ であるが，$R_i(\rho(g)x)$ たちは $x$ の多項式として既約である．実際もし $R_i(\rho(g)x) = A(x) \cdot B(x)$ と分解したとすれば，$R_i(x) = A(\rho(g^{-1})x) \cdot B(\rho(g^{-1})x)$ となって $R_i(x)$ の既約性に反する．$\Omega[X_1, \cdots, X_n]$ は U. F. D. ゆえ既約多項式への分解は定数倍を除いて一意的であり，$R_i(\rho(g)x)$ はある $R_j(x)$ と定数倍を除いて一致する．すなわち各 $g \in G$ に対して $j = \sigma(i)$ なる置換 $\sigma \in S_r$ ($= r$ 次対称群，すなわち $r$ 文字の置換全体のなす群）が定まり準同型写像 $\psi : G \to S_r$ が得られる．その核 $G_0 = \ker \psi$ は連結代数群 $G$ の指数有限な閉部分群

$$\{g \in G; R_i(\rho(g)x) = c(g) R_i(x)\}$$

ゆえ命題 1.7 により $G_0 = G$，すなわち $R_i(x)$ は相対不変式である．そこで $f(x)$ は既約な相対不変多項式としてよい．$S' = \{x \in V; f(x) = 0\}$ は $G$-不変な余次元 1 の既約集合であるから $S'$ は $S$ に含まれ $S$ の余次元 1 のある既約成分 $S_i$ と一致する．よって定理 1.4 により $f(x)$ と $f_i(x)$ は定数倍を除いて一致する． ∎

**定義 2.10** 定理 2.9 の $f_1, \cdots, f_r$ を $(G, \rho, V)$ の **基本相対不変式**（basic relative invariants）という． □

$X(G) = \{\chi : G \to GL_1 ;$ 有理指標 $\}$ の部分群 $X_1(G)$ を，

$$X_1(G) = \{\chi \in X(G); f \leftrightarrow \chi \text{ となる相対不変式 } f \text{ が存在する}\}$$

で定めると，定理 2.9 により $X_1(G)$ は基本相対不変式たちに対応する有理指標 $\chi_1, \cdots, \chi_r$ で生成される階数 $r$ の自由 abel 群 $\langle \chi_1, \cdots, \chi_r \rangle$ である．

**命題 2.11** $(G, \rho, V)$ を概均質ベクトル空間として $v$ を生成点，$G_v = \{g \in G; \rho(g)v = v\}$ をその等方部分群とすると

$$X_1(G) = \{\chi \in X(G); \chi|_{G_v} = 1\}$$

となる．

［証明］ もし $f \leftrightarrow \chi$ ならば，$g \in G_v$ に対し $f(\rho(g)v) (= f(v)) = \chi(g) f(v)$ で $f(v) \neq 0, \infty$ より $\chi(g) = 1$，すなわち $\chi|_{G_v} = 1$．

逆に $\chi|_{G_v} = 1$ とすると，$f'(gG_v) = \chi(g)$ により $G/G_v$ 上の関数 $f'$ が定まる．商多様体の定義により $f'$ は $G/G_v$ 上のレギュラー関数になる (A. Borel [2] の第 II 章 §6 参照)．同じ理由で $\pi(gG_v) = \rho(g)v$ により定まる全単射 $\pi: G/G_v \to V - S$ は代数多様体の射になる．$G/G_v$ と $V - S$ は非特異多様体であるから (ここでは定義しないが正規多様体であれば十分．同上の A. Borel [2] AG. 18.2 を参照)，$\Omega(G/G_v)$ は $\pi^* \Omega(V - S)$ の純非分離拡大であるが，標数 0 の体 $\Omega$ を考えているから分離拡大でもあるので $\Omega(G/G_v) = \pi^* \Omega(V - S)$ となる．したがって $\pi$ は同型射で $\pi^* f = f'$ となる $f \in \Omega[V - S]$ が一意的に定まる．具体的には $V - S = \rho(G)v \ni x = \rho(g)v = \rho(g')v$ のとき $\rho(g^{-1}g')v = v$ となり $g^{-1}g' \in G_v$，したがって $\chi(g^{-1}g') = 1$ となり $\chi(g) = \chi(g')$ であるが，$f(x) = \chi(g)$ で与えられる．補題 1.5 の証明により $V - S$ 上のレギュラー関数は有理関数であるから，以上のことにより $f(x)$ が $V - S$ 上の，したがって $V$ 上の有理関数であることがわかり，$f$ は $\chi$ に対応する相対不変式である． ∎

なお命題 2.11 は標数 0 という仮定をはずすと成立しなくなることに注意しよう．例えば $\Omega$ の標数が $p > 0$ であれば $G = GL_1(\Omega)$ を $V = \Omega$ に $\rho(g) = g^p x$ $(g \in G, x \in V)$ と作用させれば，$V - \{0\}$ は開軌道で，$v = 1 \in V - S$ における等方部分群 $G_v$ は ($g^p = 1$ なら $0 = g^p - 1 = (g-1)^p$ より $g = 1$ であるから) 単位群 $\{1\}$ であり，したがって $\{\chi \in X(G); \chi|_{G_v} = 1\} = X(G)$ である．一方，$V$ 上の単項式 $cx^n$ $(c \in \Omega^\times, n \in \mathbb{Z})$ が相対不変式の全体になるからそれらに対応する指標の全体 $X_1(G)$ は $X(G)^p$ $(\neq X(G) = \{\chi \in X(G); \chi|_{G_v} = 1\})$ となる．そして $\chi \in X(G)$ を $\chi(g) = g$ $(g \in GL_1)$ で定めると $V - S \ni x = \rho(g) \cdot 1 = \rho(g') \cdot 1$

ならば $0 = g^p - g'^p = (g-g')^p$ より $\chi(g) = \chi(g')$ であるから $x = \rho(g) \cdot 1 (=g^p)$ の関数 $f(x) = \chi(g) (=g)$ が定まるが, $f(x) = \sqrt[p]{x}$ ゆえ $f(x)$ は $x$ の有理関数にならない. このようなことが起きたのは上記の証明であらわれた全単射 $\pi: G/G_v \to V - S$ が代数多様体の射であるが, この例では同型射ではない, すなわち $\pi^{-1}$ が射にならないからである.

**命題 2.12** 概均質ベクトル空間 $(G, \rho, V)$ の生成的等方部分群と $G$ の交換子群 $[G, G]$ で生成される $G$ の正規部分群 $G_1$ は生成点の取り方によらず定まり $G/G_1$ の指標群 $X(G/G_1)$ は

$$X_1(G) = \{\chi \in X(G); f \leftrightarrow \chi \text{ となる相対不変式 } f \text{ が存在する}\}$$

と同一視することができて, したがって階数 $\mathrm{rank}\, X(G/G_1)$ は基本相対不変式の個数, すなわち特異集合 $S$ の余次元 1 の既約成分の個数に等しい.

[証明] $G_{\rho(g)v} = g \cdot G_v \cdot g^{-1}$ であるから $G_{\rho(g)v}$ の任意の元 $h$ は, ある $h' \in G_v$ に対し $h = g \cdot h' \cdot g^{-1} = (gh'g^{-1}h'^{-1}) \cdot h' \in [G, G] \cdot G_v$ と表わされ, $G_{\rho(g)v} \subset [G, G] \cdot G_v$, したがって $[G, G] \cdot G_{\rho(g)v} \subset [G, G] \cdot G_v$ を得る. ここで $\rho(g)v = v'$ とおくと $v = \rho(g')v'$ $(g' = g^{-1})$ であるから逆の包含関係も成り立つ. よって $G_1 = [G, G] \cdot G_v$ は生成点 $v$ のとり方によらず, しかも $G$ の交換子群 $[G, G]$ を含むから $G$ の正規部分群である. $\chi(aba^{-1}b^{-1}) = \chi(a)\chi(b)\chi(a)^{-1}\chi(b)^{-1} = 1$ ゆえ $\chi|_{[G,G]} = 1$. したがって命題 2.11 は $X_1(G) = \{\chi \in X(G); \chi|_{G_1} = 1\}$ とも表わせるから (これは生成点のとり方によらない表わし方である), $X_1(G)$ は $G/G_1$ の指標群 $X(G/G_1)$ とも同一視される. よって, 基本相対不変式の個数 $r$ は自由 abel 群 $X(G/G_1)$ の階数に等しい : $r = \mathrm{rank}\, X(G/G_1)$. ∎

三つ組 $(G, \rho, V)$ が与えられたとする. $V$ の**双対ベクトル空間** (dual vector space) $V^* = \{f: V \to \Omega; \text{線形写像}\}$ に対し $f(v)$ $(f \in V^*, v \in V)$ を $\langle v, f \rangle$ と表わそう. そのとき $\langle \rho(g)v, \rho^*(g)f \rangle = \langle v, f \rangle$ $(g \in G, v \in V, f \in V^*)$ なる関係式により $G$ の $V^*$ における有理表現 $\rho^*: G \to GL(V^*)$ が得られる. この $\rho^*$ を $\rho$ の**反傾表現** (contragredient representation) といい, $(G, \rho^*, V^*)$ を $(G, \rho, V)$ の**双対三つ組** (dual triplet) とよぶ.

さて $V$ の基底 $v_1, \cdots, v_n$ をとり, 対応 $v = \sum_{i=1}^{n} x_i v_i \leftrightarrow x = {}^t(x_1, \cdots, x_n)$ により $V$ と $\Omega^n$ を同一視し, $V$ の双対ベクトル空間 $V^*$ の双対基底 $v_1^*, \cdots, v_n^*$ (すなわち

$\langle v_i, v_j^* \rangle = \delta_{ij}$, ただし $\delta_{ij}$ は Kronecker（クロネッカー）のデルタで $\delta_{ii}=1$ および $\delta_{ij}=0\ (i \neq j)$ である）をとり，対応 $v^* = \sum_{j=1}^n y_j v_j^* \leftrightarrow y = {}^t(y_1, \cdots, y_n)$ により $V^*$ も $\Omega^n$ と同一視する．このとき $\langle \sum_{i=1}^n x_i v_i, \sum_{j=1}^n y_j v_j^* \rangle = \sum_{i,j=1}^n x_i y_j \langle v_i, v_j^* \rangle = x_1 y_1 + \cdots + x_n y_n = {}^t x y$ となるから $\rho(g), \rho^*(g)$ に対応する行列を同じ記号で表わせば ${}^t x {}^t \rho(g) \rho^*(g) y = \langle \rho(g) v, \rho^*(g) v^* \rangle = \langle v, v^* \rangle = {}^t x y\ (x, y \in \Omega^n)$ となり $\rho^*(g) = {}^t \rho(g)^{-1}\ (g \in G)$ を得る．$(G, \rho, V)$ を概均質ベクトル空間として $S$ をその特異集合，$f(x)$ を $\chi$ に対応する相対不変式とするとき写像 $\varphi_f = \operatorname{grad} \log f \colon V - S \to V^*$ を

$$\varphi_f(x) = \frac{1}{f(x)} \sum_{i=1}^n \frac{\partial f}{\partial x_i}(x) v_i^* = \begin{pmatrix} \dfrac{1}{f(x)} \dfrac{\partial f}{\partial x_1}(x) \\ \vdots \\ \dfrac{1}{f(x)} \dfrac{\partial f}{\partial x_n}(x) \end{pmatrix}$$

で定めよう．二番目の等式は $V^*$ と $\Omega^n$ の同一視による．この写像が $V$ の基底によらないことを示そう．$v_1', \cdots, v_n'$ を $V$ の別の基底とすると $(v_1', \cdots, v_n') = (v_1, \cdots, v_n) A$ なる $A \in GL_n$ が一意的に定まる．同様に $v_1', \cdots, v_n'$ の双対基底 $v_1'^*, \cdots, v_n'^*$ に対し $(v_1'^*, \cdots, v_n'^*) = (v_1^*, \cdots, v_n^*) B$ なる $B \in GL_n$ が定まるが，$A = (a_{ij})$, $B = (b_{ij})$ とすれば

$$I_n = (\langle v_i', v_j'^* \rangle) = (\langle \sum_{k=1}^n v_k a_{ki}, \sum_{t=1}^n v_t^* b_{tj} \rangle)$$
$$= (\sum_{k,t} a_{ki} \langle v_k, v_t^* \rangle b_{tj}) = {}^t A (\langle v_k, v_t^* \rangle) B = {}^t A B$$

ゆえ $B = {}^t A^{-1}$ である．すなわち $(v_1^*, \cdots, v_n^*) = (v_1'^*, \cdots, v_n'^*) {}^t A$ となる．

さて，$\sum_{i=1}^n x_i v_i = \sum_{j=1}^n x_j' v_j'$ ならば

$$(v_1', \cdots, v_n') \begin{pmatrix} x_1' \\ \vdots \\ x_n' \end{pmatrix} = (v_1, \cdots, v_n) A \begin{pmatrix} x_1' \\ \vdots \\ x_n' \end{pmatrix} = (v_1, \cdots, v_n) \begin{pmatrix} x_1 \\ \vdots \\ x_n \end{pmatrix}$$

より $x = A x'$ である．次に $C = (c_{ij})$ を ${}^t(\partial/\partial x_1, \cdots, \partial/\partial x_n) = C {}^t(\partial/\partial x_1', \cdots, \partial/\partial x_n')$ とおくと

§2.2 相対不変式

$$I_n = \left(\frac{\partial}{\partial x_i}(x_j)\right) = \left(\left(\sum_{k=1}^n c_{ik}\frac{\partial}{\partial x'_k}\right)\left(\sum_{t=1}^n a_{jt}x'_t\right)\right)$$
$$= \left(\sum_{k,t=1}^n c_{ik}\cdot\frac{\partial}{\partial x'_k}(x'_t)a_{jt}\right) = C\cdot I_n\cdot {}^tA = C{}^tA$$

ゆえ $C = {}^tA^{-1}$ である．よって $v = \sum_{i=1}^n x_iv_i = \sum_{j=1}^n x'_jv'_j$ に対して

$$f(v)\varphi_f(v) = \sum_{i=1}^n \frac{\partial f}{\partial x_i}(v)v_i^* = (v_1^*,\cdots,v_n^*)\begin{pmatrix}\dfrac{\partial f}{\partial x_1}(v)\\ \vdots \\ \dfrac{\partial f}{\partial x_n}(v)\end{pmatrix}$$

$$= (v_1'^*,\cdots,v_n'^*){}^tA\cdot{}^tA^{-1}\begin{pmatrix}\dfrac{\partial f}{\partial x'_1}(v)\\ \vdots \\ \dfrac{\partial f}{\partial x'_n}(v)\end{pmatrix} = \sum_{i=1}^n \frac{\partial f}{\partial x'_i}(v)v_i'^*$$

となり写像 $\varphi_f$ は基底のとり方によらないで定まる．

**命題 2.13**

(1) $\varphi_f(\rho(g)x) = \rho^*(g)\varphi_f(x) \quad (g\in G)$.

(2) $H(x) = \left(\dfrac{\partial^2 \log f}{\partial x_i \partial x_j}(x)\right)_{i,j=1,\cdots,n}$ とおくと,

$$H(\rho(g)x) = \rho^*(g)\cdot H(x)\cdot {}^t\rho^*(g) \quad (g\in G).$$

とくに $\operatorname{Hess}\log f(x) = \det H(x)$ とおくと

$$\operatorname{Hess}\log f(\rho(g)x) = \det\rho^*(g)^2\cdot \operatorname{Hess}\log f(x)$$
$$(= \det\rho(g)^{-2}\cdot \operatorname{Hess}\log f(x)).$$

［証明］ 簡単のため $G\subset GL_n$ としても一般性を失わない．$f(gx) = \chi(g)f(x)$ を微分して,

$$\frac{\partial}{\partial x_i}f(gx)\left(=\chi(g)\frac{\partial f}{\partial x_i}(x)\right)$$
$$= \sum_k \frac{\partial f}{\partial x_k}(gx)\cdot\frac{\partial (gx)_k}{\partial x_i} = \sum_k \frac{\partial f}{\partial x_k}(gx)g_{ki} \quad (g=(g_{ij})).$$

この両辺を $\chi(g)f(x)=f(gx)$ でわって

$$(*) \qquad \frac{1}{f(x)} \cdot \frac{\partial f}{\partial x_i}(x) = \sum_k g_{ki} \cdot \frac{1}{f(gx)} \cdot \frac{\partial f}{\partial x_k}(gx).$$

よって $\varphi_f(x) = {}^tg \cdot \varphi_f(gx)$, すなわち $\varphi_f(gx) = {}^tg^{-1}\varphi_f(x)$ となり (1) を得る. $(*)$ は

$$(**) \qquad \frac{\partial \log f}{\partial x_i}(x) = \sum_k g_{ki} \cdot \frac{\partial \log f}{\partial x_k}(gx)$$

と書ける. 両辺を $\dfrac{\partial}{\partial x_j}$ で微分して

$$\begin{aligned}
\frac{\partial^2 \log f}{\partial x_j \partial x_i}(x) &= \sum_k g_{ki} \cdot \frac{\partial}{\partial x_j} \cdot \frac{\partial \log f}{\partial x_k}(gx) \\
&= \sum_k g_{ki} \sum_t \frac{\partial^2 \log f}{\partial x_t \partial x_k}(gx) \cdot \frac{\partial (gx)_t}{\partial x_j} \\
&= \sum_{k,t} g_{ki} \cdot \frac{\partial^2 \log f}{\partial x_t \partial x_k}(gx) \cdot g_{tj},
\end{aligned}$$

すなわち $H(x) = {}^tg \cdot H(gx) \cdot g \ (g \in G)$ となり (2) を得る. ∎

**定義 2.14** $V-S = \rho(G)v_0$ とすると, その写像 $\varphi_f$ の像 $\varphi_f(V-S) = \varphi_f(\rho(G)v_0) = \rho^*(G) \cdot \varphi_f(v_0)$ は三つ組 $(G, \rho^*, V^*)$ の一つの軌道になることがわかる. これが Zariski 稠密になるとき, すなわち $\overline{\varphi_f(V-S)} = V^*$ となるとき, 相対不変式 $f(x)$ は**非退化** (non-degenerate) とよばれる. 非退化な相対不変式をもつ概均質ベクトル空間を**正則概均質ベクトル空間** (regular prehomogeneous vector space) という. $(G, \rho, V)$ が正則概均質ベクトル空間ならば $(G, \rho^*, V^*)$ は概均質ベクトル空間になることがわかる. □

**注意 2.1** $(G, \rho, V)$ が概均質ベクトル空間でも, その双対 $(G, \rho^*, V^*)$ が概均質ベクトル空間とは限らない. 例えば $G = \left\{ \begin{pmatrix} 1 & b \\ 0 & a \end{pmatrix} ; a \neq 0 \right\}$, $V = \Omega^2$,

$$\rho(g) \begin{pmatrix} x_1 \\ x_2 \end{pmatrix} = \begin{pmatrix} 1 & b \\ 0 & a \end{pmatrix} \begin{pmatrix} x_1 \\ x_2 \end{pmatrix} = \begin{pmatrix} x_1 + bx_2 \\ ax_2 \end{pmatrix},$$

とすると $(G, \rho, V)$ は概均質ベクトル空間で $S = \left\{ \begin{pmatrix} x_1 \\ x_2 \end{pmatrix} \in \Omega^2 ; x_2 = 0 \right\}$ かつ $V - S = \rho(G) \cdot \begin{pmatrix} 0 \\ 1 \end{pmatrix}$ となるが,

§2.2 相対不変式

$$\rho^*(g)\begin{pmatrix} y_1 \\ y_2 \end{pmatrix} = \begin{pmatrix} 1 & 0 \\ -\dfrac{b}{a} & \dfrac{1}{a} \end{pmatrix}\begin{pmatrix} y_1 \\ y_2 \end{pmatrix} = \begin{pmatrix} y_1 \\ -\dfrac{b}{a}y_1 + \dfrac{1}{a}y_2 \end{pmatrix}$$

で $f\left(\begin{pmatrix} y_1 \\ y_2 \end{pmatrix}\right) = y_1$ は定数でない絶対不変式であるから系 2.6 により $(G, \rho^*, V^*)$ は概均質ベクトル空間ではない.

**補題 2.15** $(G, \rho, V)$ を概均質ベクトル空間とし,$f$ を $\chi$ に対応する相対不変式とすると $\langle d\rho(A)x, \varphi_f(x) \rangle = d\chi(A)$ $(x \in V - S,\ A \in \mathrm{Lie}(G))$ が成り立つ. (これは $f$ の相対不変性の infinitesimal な表現である.)

[証明] $x = {}^t(x_1, \cdots, x_n) \in \Omega^n$ を 1 つとって $T(g) = gx$ $(g \in GL_n)$ により, 写像 $T: GL_n \to \Omega^n$ を定義すると単位元における微分写像 $dT: \mathfrak{gl}_n \to \Omega^n$ は

$$dT(A)_i = \sum_{t,k} \left.\frac{\partial \sum_l g_{il}x_l}{\partial g_{tk}}\right|_{g=I_n} \cdot A_{tk} = \sum_l A_{il}x_l$$

ゆえ $dT(A) = Ax$ $(A \in \mathfrak{gl}_n)$ で与えられる. したがって $G \subset GL_m$, $n = \dim V$ として $x \in V$ に対して $F = T \circ \rho : G \xrightarrow{\rho} GL(V) \xrightarrow{T} V$ を $F(g) = \rho(g)x$ で定めると単位元における微分写像 $dF: \mathfrak{g} = T_eG \xrightarrow{d\rho} \mathfrak{gl}(V) \xrightarrow{dT} V$ は $dF(A) = d\rho(A)x$ で与えられ,

(2.1) $$\sum_{i,j=1}^m \left.\frac{\partial (\rho(g)x)_k}{\partial g_{ij}}\right|_{g=I_m} \cdot A_{ij} = (d\rho(A)x)_k \quad (1 \leqq k \leqq n)$$

を得る. 次に $H: G \to \Omega$ を $H(g) = f(\rho(g)x) = \chi(g)f(x)$ で定めると, その単位元 $e = I_m$ における微分写像 $dH: \mathfrak{g} = T_e(G) \to \Omega = T_{f(x)}\Omega$ は $(dH)(A) = d\chi(A)f(x)$ で与えられるが, 一方

$$\begin{aligned}
(dH)(A) &= \sum_{i,j=1}^n \left.\frac{\partial f(\rho(g)x)}{\partial g_{ij}}\right|_{g=I_m} \cdot A_{ij} \\
&= \sum_{i,j=1}^n \left(\sum_{k=1}^n \frac{\partial f}{\partial X_k}(\rho(g)x) \cdot \left.\frac{\partial (\rho(g)x)_k}{\partial g_{ij}}\right|_{g=I_m}\right) \cdot A_{ij} \\
&= \sum_{k=1}^n \frac{\partial f}{\partial X_k}(x) \cdot (d\rho(A)x)_k = \langle d\rho(A)x, \mathrm{grad}\, f \rangle
\end{aligned}$$

ゆえ $\langle d\rho(A)x, \varphi_f(x) \rangle = \langle d\rho(A)x, (1/f) \cdot \mathrm{grad}\, f \rangle = d\chi(A)$ を得る. ただし $\mathrm{grad}\, f = {}^t(\partial f/\partial X_1, \cdots, \partial f/\partial X_n)$. ∎

**定理 2.16** $(G,\rho,V)$ が正則概均質ベクトル空間ならば,その双対三つ組 $(G,\rho^*,V^*)$ も正則概均質ベクトル空間である.このとき $(G,\rho^*,V^*)$ の相対不変式たちに対応する指標のなす群を $X_1^*(G)$ とおくと $X_1(G)=X_1^*(G)$ で $V-S$ と $V^*-S^*$ は双正則同型である.

[証明] まず $\langle d\rho(A)x,y\rangle+\langle x,d\rho^*(A)y\rangle=0$ $(x\in V,\ y\in V^*,\ A\in \mathrm{Lie}(G))$ を示そう.$F: G\to \Omega$ を $F(g)=\langle \rho(g)x,\rho^*(g)y\rangle$ $(=\langle x,y\rangle)$ で定義する.$G\subset GL_m$ として $A=(A_{ij})\in \mathrm{Lie}(G)\subset M_m$ に対して単位元における $F$ の微分写像 $dF$ は

$$dF(A)=\sum_{i,j=1}^{m}\frac{\partial}{\partial g_{ij}}\langle \rho(g)x,\rho^*(g)y\rangle(I_m)\cdot A_{ij}$$
$$=\sum_{i,j=1}^{m}\left\{\left\langle\frac{\partial}{\partial g_{ij}}(\rho(g)x)(I_m),y\right\rangle+\left\langle x,\frac{\partial}{\partial g_{ij}}(\rho^*(g)y)(I_m)\right\rangle\right\}\cdot A_{ij}$$

であるが,(2.1) より,これは $\langle d\rho(A)x,y\rangle+\langle x,d\rho^*(A)y\rangle$ に等しい.一方,$F(g)=\langle x,y\rangle$ は $g$ に依存しないから $dF(A)=0$ であり,結局 $\langle d\rho(A)x,y\rangle+\langle x,d\rho^*(A)y\rangle=0$ となる.$f$ を非退化な相対不変式として $\varphi_f: V-S\to V^*$ を考える.まず $\varphi_f$ が単射であることを示す.$\varphi_f(x)=\varphi_f(x')$ ならば補題 2.15 により

$$d\chi(A)=\langle d\rho(A)x,\varphi_f(x)\rangle=-\langle x,d\rho^*(A)\varphi_f(x)\rangle$$

であるから $\langle x-x',d\rho^*(A)\cdot \varphi_f(x)\rangle=0$ $(A\in \mathrm{Lie}(G))$ となる.$f$ は非退化ゆえ $\varphi_f(x)$ は $(G,\rho^*,V^*)$ の生成点であり,命題 2.2 より

$$\{d\rho^*(A)\cdot \varphi_f(x);\ A\in \mathrm{Lie}(G)\}=V^*$$

となり $x=x'$,すなわち $\varphi_f$ は単射であることがわかる.

$\varphi_f(\rho(g)x)=\rho^*(g)\varphi_f(x)$ だから $G_x\subset G_{\varphi_f(x)}$ であるが,$g\in G_{\varphi_f(x)}$ ならば,$\varphi_f(\rho(g)x)=\rho^*(g)\varphi_f(x)=\varphi_f(x)$ で,$\varphi_f$ は単射だから $\rho(g)x=x$,すなわち $g\in G_x$ となり $G_x=G_{\varphi_f(x)}$ となる.よって命題 2.11 により $X_1(G)=X_1^*(G)$.したがって $f\leftrightarrow \chi$ なら $\chi\in X_1^*(G)$,よって $\chi^{-1}\in X_1^*(G)$ であるから $f^*\leftrightarrow \chi^{-1}$ なる $(G,\rho^*,V^*)$ の相対不変式 $f^*$ が存在する.$\varphi^*=\mathrm{grad}\log f^*: V^*-S^*\to V$ とおくと補題 2.15 により $y=\varphi_f(x)\in V^*-S^*$ に対して $\langle \varphi^*(y),d\rho^*(A)y\rangle=-d\chi(A)$ $(A\in \mathrm{Lie}(G))$.これと $\langle -x,d\rho^*(A)\varphi_f(x)\rangle=d\chi(A)$ をあわせて

$$\langle \varphi^*(\varphi_f(x))-x, d\rho^*(A)\varphi_f(x)\rangle = 0 \quad (A\in \text{Lie}(G))$$

となるが, $\{d\rho^*(A)\varphi_f(x); A\in \text{Lie}(G)\}=V^*$ ゆえ $\varphi^*(\varphi_f(x))=x\in V-S$, すなわち $V-S$ と $V^*-S^*$ は $\varphi_f, \varphi^*$ により双正則(biregular)である. とくに $(G,\rho^*,V^*)$ は正則概均質ベクトル空間である. ∎

**系 2.17** $(G,\rho,V)$ が正則概均質ベクトル空間ならば $\det\rho(g)^2$ に対応する相対不変式が存在する. すなわち $\det\rho(g)^2\in X_1(G)$ となる.

[証明] $f(x)$ を非退化な相対不変式とすると $F=\text{grad}\log f: V-S\to V^*-S^*$ は

$$F(x) = {}^t\!\left(\frac{1}{f(x)}\frac{\partial f}{\partial x_1}(x),\cdots,\frac{1}{f(x)}\frac{\partial f}{\partial x_n}(x)\right)$$
$$= {}^t\!\left(\frac{\partial \log f}{\partial x_1}(x),\cdots,\frac{\partial \log f}{\partial x_n}(x)\right)$$

で与えられる同型射であり, $(dF)_x$ は行列

$$H(x)=\left(\frac{\partial^2\log f}{\partial x_i\partial x_j}(x)\right)$$

で与えられる全単射な線形写像であるから $\det H(x)\neq 0$ $(x\in V-S)$ である. したがって命題 2.13 の (2) により, $\text{Hess}\log f(x)=\det H(x)$ は恒等的には零でない $\det\rho(g)^{-2}$ に対応する相対不変式である. ∎

**注意 2.2** $X_1(G)=\langle\chi_1,\cdots,\chi_r\rangle$, $X_1^*(G)=\langle\chi_1^*,\cdots,\chi_{r^*}^*\rangle$ ゆえ定理 2.16 より $(G,\rho,V)$ が正則概均質ベクトル空間ならば $r=r^*$, すなわち基本相対不変式の個数が等しいことがわかる. これは $(G,\rho,V)$ と $(G,\rho^*,V^*)$ が共に概均質ベクトル空間でも一般には不成立. 例えば,

$$G=\left\{\begin{pmatrix} a_1 & 0 & b_1 \\ 0 & a_2 & b_2 \\ 0 & 0 & a_3 \end{pmatrix}; a_1a_2a_3\neq 0\right\}, \quad V=\Omega^3,$$

$$\rho(g)\begin{pmatrix} x_1 \\ x_2 \\ x_3 \end{pmatrix}=\begin{pmatrix} a_1 & 0 & b_1 \\ 0 & a_2 & b_2 \\ 0 & 0 & a_3 \end{pmatrix}\begin{pmatrix} x_1 \\ x_2 \\ x_3 \end{pmatrix}=\begin{pmatrix} a_1x_1+b_1x_3 \\ a_2x_2+b_2x_3 \\ a_3x_3 \end{pmatrix},$$

とすると $S=\{{}^t(x_1,x_2,x_3); x_3=0\}$ に対し $V-S=\rho(G)\cdot{}^t(0,0,1)$ であるから $r=1$. 一方

$$\rho^*(g)\begin{pmatrix}y_1\\y_2\\y_3\end{pmatrix}=\begin{pmatrix}\dfrac{1}{a_1}&0&0\\0&\dfrac{1}{a_2}&0\\-\dfrac{b_1}{a_1a_3}&-\dfrac{b_2}{a_2a_3}&\dfrac{1}{a_3}\end{pmatrix}\begin{pmatrix}y_1\\y_2\\y_3\end{pmatrix}$$
$$=\begin{pmatrix}\dfrac{y_1}{a_1}\\\dfrac{y_2}{a_2}\\-\dfrac{b_1y_1}{a_1a_3}-\dfrac{b_2y_2}{a_2a_3}+\dfrac{y_3}{a_3}\end{pmatrix}$$

であるから, $S^*=\{{}^t(y_1,y_2,y_3);y_1=0\}\cup\{{}^t(y_1,y_2,y_3);y_2=0\}$ とおくと $V^*-S^*=\rho^*(G)\cdot{}^t(1,1,0)$ となり $r^*=2$ となる.

**命題 2.18** $(G,\rho,V)$ を正則概均質ベクトル空間で $\operatorname{rank} X_1(G)=1$, すなわち既約相対不変式 $f(x)$ が定数倍を除いて唯一つ存在すると仮定し, $n=\dim V$, $d=\deg f$ とおく. このとき

(1) $d|2n$, すなわち $2n/d$ は自然数.

(2) $f\leftrightarrow\chi$ とすると $\det\rho(g)^2=\chi(g)^{2n/d}$ $(g\in G)$ となる.

［証明］ 系 2.17 により $\det\rho(g)^2$ に対応する相対不変式が存在するが, 定理 2.9 により, それは $cf(x)^m$ の形をしている. したがって $\det\rho(g)^2=\chi(g)^m$ となる $m\in\mathbb{Z}$ が存在する. $\rho(G)$ は $\{tI_V;t\in\Omega^\times\}$ を含むように拡大しても, 系 2.7 により相対不変式の様子に変化はないから, $\rho(g)=tI_V$ $(t\in\Omega^\times, t\neq 1)$ なる $g\in G$ が存在すると仮定しても一般性を失わない. このとき $\det\rho(g)=t^n$ で $f(\rho(g)x)=f(tx)=t^df(x)=\chi(g)f(x)$ ゆえ $\chi(g)=t^d$, したがって $t^{2n}=t^{dm}$ となり $m=2n/d\in\mathbb{Z}$ を得る. すなわち $\det\rho(g)^2=\chi(g)^{2n/d}$ である. ∎

既約相対不変式の次数を Lie 環で計算できる場合がある. その次数公式は, 木村達雄, 既約な概均質ベクトル空間の研究, 東京大学修士論文 (1973) で後述する $b$-関数の関数等式 (命題 4.19) を使って得られたが, ここでは柏原正樹氏による証明を述べる.

**命題 2.19（次数公式）** $(G,\rho,V)$ を正則概均質ベクトル空間で $\operatorname{rank} X_1(G)=1$, すなわち既約相対不変多項式 $f(x)$ が定数倍を除いて唯一存在すると仮定

する.さらに余次元 1 の軌道 $\rho(G)x_0$, すなわち $\overline{\rho(G)x_0}=\{x\in V;\ f(x)=0\}$ となる軌道が存在すると仮定する.このとき

$$\deg f = \frac{\operatorname{tr} d\rho(A) + \operatorname{tr} \operatorname{ad}_{\mathfrak{g}_{x_0}} A - \operatorname{tr} \operatorname{ad}_{\mathfrak{g}} A}{\operatorname{tr} d\rho(A)} \cdot \dim V$$
$$(A \in \mathfrak{g}_{x_0},\ \operatorname{tr} d\rho(A) \neq 0)$$

であり,とくに $G$ が簡約可能ならば

$$\deg f = \frac{\operatorname{tr} d\rho(A) + \operatorname{tr} \operatorname{ad}_{\mathfrak{g}_{x_0}} A}{\operatorname{tr} d\rho(A)} \cdot \dim V$$

となる.ここで $\operatorname{tr} d\rho(A)$ は $V$ における $d\rho(A)$ のトレースで,$\operatorname{tr} \operatorname{ad}_{\mathfrak{g}_{x_0}} A$ は $x_0$ における等方部分環

$$\mathfrak{g}_{x_0} = \{A \in \mathfrak{g} = \operatorname{Lie}(G);\ d\rho(A)x_0 = 0\}$$

における随伴表現のトレースである.

[証明] $n = \dim V$, $d = \deg f$, $f \leftrightarrow \chi$ とすると命題 2.18 により $\chi(g)^{2n/d} = \det \rho(g)^2$ $(g \in G)$ であるが,$F: G \to \Omega^\times$ を $F(g) = \chi(g)^{2n/d} = \det \rho(g)^2$ $(g \in G)$ で定め,その単位元における微分写像 $dF: \mathfrak{g} = T_e G \to T_1 \Omega^\times = \Omega$ を考えると $G \subset GL_m$, $A = (A_{ij}) \in \mathfrak{g} = \operatorname{Lie}(G) \subset M_m$ として

$$dF(A) = \sum_{i,j=1}^m \frac{\partial \chi(g)^{\frac{2n}{d}}}{\partial g_{ij}}(I_m) \cdot A_{ij} = \frac{2n}{d} \sum_{i,j=1}^n \frac{\partial \chi(g)}{\partial g_{ij}}(I_m) \cdot A_{ij} = \frac{2n}{d} d\chi(A)$$

である(ここで $\chi^{(2n/d)-1}(I_m) = 1$ を使った).一方

$$dF(A) = \sum_{i,j=1}^m \frac{\partial \det \rho(g)^2}{\partial g_{ij}}(I_m) \cdot A_{ij} = 2 \sum_{i,j=1}^m \frac{\partial \det \rho(g)}{\partial g_{ij}}(I_m) \cdot A_{ij}$$

となる.いま $R: GL_n \to GL_1$ を $R(x) = \det x$ で定義すると,その $I_n$ における微分写像 $dR$ は $B = (B_{st}) \in \mathfrak{gl}_n$ に対して

$$dR(B) = \sum_{s,t=1}^n \frac{\partial (\det x)}{\partial x_{st}}(I_n) \cdot B_{st} = \sum_{t=1}^n B_{tt} = \operatorname{tr} B$$

であるから $G \xrightarrow{\rho} GL_n \xrightarrow{R} GL_1$ なる写像 $g \mapsto \det \rho(g)$ $(g \in G)$ の微分写像 $\mathfrak{g} \xrightarrow{d\rho} \mathfrak{gl}_n \xrightarrow{dR} \mathfrak{gl}_1$ は $A \mapsto \operatorname{tr} d\rho(A)$ で与えられる.すなわち

$$\sum_{i,j=1}^{n} \frac{\partial \det \rho(g)}{\partial g_{ij}}(I_m) \cdot A_{ij} = \operatorname{tr} d\rho(A)$$

となり $(n/d) d\chi(A) = \operatorname{tr} d\rho(A)$, すなわち

$$\deg f = \frac{d\chi(A)}{\operatorname{tr} d\rho(A)} \cdot \dim V \quad (A \in \mathfrak{g}, \operatorname{tr} d\rho(A) \neq 0)$$

を得る. $\rho(G)$ の $d\rho(\mathfrak{g})$ における随伴表現 ad は $\mathrm{ad}(\rho(g)) \cdot d\rho(\mathfrak{g}) = \rho(g) \cdot d\rho(\mathfrak{g}) \cdot \rho(g)^{-1} = d\rho(\mathfrak{g})$ $(g \in G)$ を満たすから $x_0$ における等方部分群 $G_{x_0}$ について $\rho(G_{x_0}) \cdot d\rho(\mathfrak{g}) x_0 = d\rho(\mathfrak{g}) x_0$ となる. したがって $G_{x_0}$ は $x_0$ における 1 次元の法ベクトル空間 $V_{x_0} = V/d\rho(\mathfrak{g}) x_0$ に作用するが, このとき $\chi(g) = \det_{V_{x_0}} g$ $(g \in G_{x_0})$ を示そう. 命題 2.13 の証明により

$$\begin{pmatrix} \dfrac{\partial f}{\partial x_1}(\rho(g)x) \\ \vdots \\ \dfrac{\partial f}{\partial x_n}(\rho(g)x) \end{pmatrix} = \chi(g) \cdot \rho^*(g) \begin{pmatrix} \dfrac{\partial f}{\partial x_1}(x) \\ \vdots \\ \dfrac{\partial f}{\partial x_n}(x) \end{pmatrix} \quad (g \in G)$$

であるから, $\overline{\rho(G) x_0} = \{x \in V; f(x) = 0\}$ 内の特異点の集合, すなわち $f(v) = (\partial f/\partial x_1)(v) = \cdots = (\partial f/\partial x_n)(v) = 0$ なる $v$ の集合は $G$-不変である. よってもし $x_0$ が特異点なら $\rho(G) x_0$ が特異点の集合で, その閉包 $\{x \in V; f(x) = 0\}$ 全体が特異点集合になり矛盾. よって $f(x_0) = 0$, $df(x_0) = \sum\limits_{i=1}^{n} (\partial f/\partial x_i)(x_0) dx_i \neq 0$ である.

一般に $\langle y, df(x) \rangle = \sum\limits_{i=1}^{n} y_i (\partial f/\partial x_i)(x)$ と表わすと Euler の恒等式 (一般に $f$ が斉次式なら $f(tx_1, \cdots, tx_n) = t^{\deg f} \cdot f(x_1, \cdots, x_n)$ を $t$ で微分して $t=1$ とおけば $\sum\limits_{i=1}^{n} x_i (\partial f/\partial x_i) = \deg f \cdot f(x)$ が成り立つ. これを Euler の恒等式という) より $\langle x, df(x) \rangle = \deg f \cdot f(x)$ が成り立つから $f(x_0) = 0$ より $\langle x_0, df(x_0) \rangle = 0$, したがって $\langle x - x_0, df(x_0) \rangle = \langle x, df(x_0) \rangle$ となる. 以上により $x_0$ における Taylor (テーラー) 展開 $f(x) = f(x_0) + \langle x - x_0, df(x_0) \rangle + $"$(x - x_0)$ の高次の項" は,

$$f(x) = \langle x, df(x_0) \rangle + \text{"}(x - x_0) \text{ の高次の項"}$$

となる. $g \in G_{x_0}$ について $\rho(g)x - x_0 = \rho(g)(x - x_0)$ であるから,

§2.2 相対不変式

$$f(\rho(g)x) = \langle \rho(g)x, df(x_0)\rangle + \text{``}(x-x_0)\text{ の高次の項''}$$
$$= \chi(g)f(x)$$

となり，これより

$$\langle \rho(g)x, df(x_0)\rangle = \langle \chi(g)x, df(x_0)\rangle,$$

すなわち $\langle \rho(g)x - \chi(g)x, df(x_0)\rangle = 0$ を得る．補題 2.15 により

$$\langle d\rho(A)x_0, df(x_0)\rangle = d\chi(A)\cdot f(x_0) = 0 \quad (A\in\mathfrak{g})$$

すなわち $\langle d\rho(\mathfrak{g})x_0, df(x_0)\rangle = 0$ が成り立つが，$d\rho(\mathfrak{g})x_0$ の余次元が 1 であるからもし $\rho(g)x - \chi(g)x \notin d\rho(\mathfrak{g})x_0$ ならば $\langle V, df(x_0)\rangle = 0$，すなわち $df(x_0)=0$ となり矛盾．したがって $\rho(g)x\equiv\chi(g)x \bmod d\rho(\mathfrak{g})x_0$ となり，$\chi(g)=\det_{V_{x_0}}g$ $(g\in G_{x_0})$ を得る．$F\colon G_{x_0}\to\Omega^\times$ を $F(g)=\chi(g)=\det_{V_{x_0}}g$ $(g\in G_{x_0})$ で定義して単位元における微分写像 $(dF)\colon\mathfrak{g}_{x_0}=T_eG_{x_0}\to T_1\Omega^\times=\Omega$ を考えると $(dF)(A)=d\chi(A)=\mathrm{tr}_{V_{x_0}}A=\mathrm{tr}\,d\rho(A)-\mathrm{tr}_{d\rho(\mathfrak{g})x_0}A$ となるが，$x\mapsto d\rho(A)x$ $(A\in\mathfrak{g}_{x_0}, x\in V)$ を $d\rho(\mathfrak{g})x_0$ $(\subset V)$ に制限すると $d\rho(A)x_0=0$ $(A\in\mathfrak{g}_{x_0})$ であるから，$x=d\rho(B)x_0$ $(B\in\mathfrak{g})$ に対して

$$d\rho(A)x = d\rho(A)d\rho(B)x_0 - d\rho(B)d\rho(A)x_0$$
$$= [d\rho(A), d\rho(B)]x_0 = d\rho([A,B])x_0$$

となる．したがって $d\rho(\mathfrak{g})x_0\cong\mathfrak{g}/\mathfrak{g}_{x_0}$ の対応 $x=d\rho(B)x_0\leftrightarrow B \bmod \mathfrak{g}_{x_0}$ において $d\rho(A)x=d\rho([A,B])x_0\leftrightarrow [A,B]\bmod\mathfrak{g}_{x_0}=\mathrm{ad}(A)B\bmod\mathrm{ad}(A)\mathfrak{g}_{x_0}$ であるから，$\mathrm{tr}_{d\rho(\mathfrak{g})x_0}A=\mathrm{tr}\,\mathrm{ad}_\mathfrak{g}A-\mathrm{tr}\,\mathrm{ad}_{\mathfrak{g}_{x_0}}A$ となり

$$d\chi(A)=\mathrm{tr}\,d\rho(A)+\mathrm{tr}\,\mathrm{ad}_{\mathfrak{g}_{x_0}}A-\mathrm{tr}\,\mathrm{ad}_\mathfrak{g}A \quad (A\in\mathfrak{g}_{x_0})$$

を得る．これと $\deg f=(d\chi(A)/\mathrm{tr}\,d\rho(A))\cdot\dim V$ をあわせて最初の式を得る．$\mathfrak{g}$ が簡約可能の場合は $\mathrm{tr}\,\mathrm{ad}_\mathfrak{g}A=0$ となる．実際随伴表現は abel 代数群に対しては 1 であり半単純代数群上では $\det\mathrm{Ad}=1$ （もし $\det\mathrm{Ad}\neq 1$ ならその核は余次元 1 の正規部分群になるが半単純代数群にはそのようなものは存在しない）であるから簡約可能代数群上では $\det\mathrm{Ad}=1$ となる．この事実は

Lie 環にうつせば簡約可能 Lie 環では $\operatorname{tr}\operatorname{ad}_{\mathfrak{g}}=0$ となる．したがって $d\chi(A)=\operatorname{tr} d\rho(A)+\operatorname{tr}\operatorname{ad}_{\mathfrak{g}_{x_0}}A\ (A\in\mathfrak{g}_{x_0})$ を得る． ∎

**系 2.20** 一般に $(G,\rho,V)$ を $\dim G=\dim V$ を満たす概均質ベクトル空間とすると $\deg f=\dim V$ なる相対不変多項式 $f(x)$ が存在する．さらに $G$ が簡約可能で特異集合 $S$ が既約超曲面で余次元 1 の軌道が存在すれば，この $f(x)$ は既約多項式で $S=\{x\in V;\ f(x)=0\}$ となる．

［証明］ 基底をとって $V=\Omega^n$, $G\subset GL_n(\Omega)$, $\mathfrak{g}=\operatorname{Lie}(G)\subset\mathfrak{gl}_n(\Omega)$ としてよい．$(G,\rho,V)$ は概均質ゆえ命題 2.2 より $\mathfrak{g}\cdot v=V$ となる $v\in V$ が存在するから $\mathfrak{g}$ の基底を $A_1,\cdots,A_n$ とすれば，$A_1v,\cdots,A_nv$ は 1 次独立である．したがって

$$f(x)=\det(A_1x|\cdots|A_nx)\quad(x\in\Omega^n=V)$$

とおくと，$f(v)\neq 0$ ゆえ $f$ は恒等的には零ではない．さて $(c_{ij}(g))$ を $G$ の随伴表現の $A_1,\cdots,A_n$ に関する行列表現，すなわち $(gA_1g^{-1},\cdots,gA_ng^{-1})=(A_1,\cdots,A_n)(c_{ij}(g))$ とすると

$$\begin{aligned}f(gx)&=\det g\cdot\det(g^{-1}A_1gx|\cdots|g^{-1}A_ngx)\\&=\det g\cdot\det[(A_1x|\cdots|A_nx)(c_{ij}(g^{-1}))]\\&=\det g\cdot\det(c_{ij}(g^{-1}))\cdot f(x)\end{aligned}$$

となり，$f(x)$ は $n\ (=\dim V)$ 次の相対不変式である．

次に $G$ が簡約可能かつ特異集合 $S$ が既約超曲面で余次元 1 の軌道 $\rho(G)x_0'$ が存在すれば，命題 2.19 により既約相対不変式 $F$ の次数は

$$\deg F=\frac{\operatorname{tr}d\rho(A)+\operatorname{tr}\operatorname{ad}_{\mathfrak{g}_{x_0'}}A}{\operatorname{tr}d\rho(A)}\cdot\dim V\quad(A\in\mathfrak{g}_{x_0'},\ \operatorname{tr}d\rho(A)\neq 0)$$

で与えられる．ここで $n-1=\dim\rho(G)x_0'=\dim G-\dim\mathfrak{g}_{x_0'}=n-\dim\mathfrak{g}_{x_0'}$ より，$\dim\mathfrak{g}_{x_0'}=1$ となる．1 次元の Lie 環は常に可換（すなわちブラケット積が常に 0）であり，随伴表現 $\operatorname{ad}_{\mathfrak{g}_{x_0'}}$ は 0 になるから $\operatorname{tr}\operatorname{ad}_{\mathfrak{g}_{x_0'}}A=0\ (A\in\mathfrak{g}_{x_0'})$ である．したがって $\deg F=\dim V$ となる．定理 2.9 により $f(x)=cF(x)^m\ (m\in\mathbb{Z})$ の形で $\deg f=\deg F=\dim V$ より $m=1$ となり，$f(x)$ が既約多項式であることがわかる． ∎

系 2.20 における $\deg f = \dim V$ なる相対不変式は一般には既約ではない.例えば $G=GL_n$ が $V=M_n$ に左からのかけ算で作用する概均質ベクトル空間では, $f(x)=(\det x)^n$ である.

## §2.3　簡約可能な概均質ベクトル空間

群 $G$ が簡約可能代数群であるような概均質ベクトル空間 $(G,\rho,V)$ を**簡約可能概均質ベクトル空間**(reductive prehomogeneous vector space)という. ここでは $\Omega=\mathbb{C}$ とし, $^-$ で Zariski 閉包を表わし, $^-$ で複素共役を表わすことにする.

$\dim V = n$ とし $V$ と $V^*$ を双対基底をとって $\mathbb{C}^n$ と同一視すると $\rho(G)$ は $GL_n(\mathbb{C})$ の簡約可能な代数部分群であるから極大コンパクト部分群 $H$ の Zariski 閉包になる:

$$\rho(G) = \overline{H}.$$

$GL_n(\mathbb{C})$ の任意のコンパクト部分群はユニタリ群

$$U_n = \{g \in GL_n(\mathbb{C}); {}^t\overline{g}g = I_n\}$$

の部分群と共役であるから $H \subset U_n$ と仮定してよい. このとき, $\rho^*(h) = {}^t\rho(h)^{-1} = \overline{\rho(h)}$ ($h \in H$) が成り立つ.

さて $f(x)$ を $\chi$ に対応する $(G,\rho,V)$ の $d$ 次相対不変多項式とする. このとき $f^*(y) = \overline{f(\overline{y})}$ とおくと, これは $y$ の多項式で

$$f^*(\rho^*(h)y) = f^*(\overline{\rho(h)}y) = \overline{f(\rho(h)\overline{y})} = \overline{\chi(h)} \cdot \overline{f(\overline{y})} = \overline{\chi(h)} f^*(y) \quad (h \in H)$$

となる. 一方, $|\chi(H)|$ は $\mathbb{R}_+^\times$ のコンパクト部分群ゆえ $=\{1\}$, すなわち $\overline{\chi(h)} = \chi(h)^{-1}$ ($h \in H$), したがって, $G$ の Zariski 閉集合 $\{g \in G; f^*(\rho^*(g)y) = \chi^{-1}(g)f^*(y)\}$ は $H$ を含み, $\overline{H}=G$ であるから, 結局

$$f^*(\rho^*(g)y) = \chi(g)^{-1} f^*(y) \quad (g \in G, y \in V^*)$$

が成り立つ.

また $v_0$ を $(G,\rho,V)$ の生成点とするとき $\rho(G)v_0 = \rho(\overline{H})v_0 \subset \overline{\rho(H)v_0} \subset V$ で $\overline{\rho(G)v_0} = V$ ゆえ $\overline{\rho(H)v_0} = V$. よって $\rho(H)v_0$ は $V$ で稠密であるから，その複素共役 $\overline{\rho(H)v_0} = \rho^*(H)\cdot\overline{v_0}$ も $\mathbb{C}^n = V^*$ で稠密. 実際 $\mathbb{C}[X_1,\cdots,X_n] \ni F$ について $F(a)=0 \iff F^*(\overline{a})=0$, ただし $F^*(y) = \overline{F(\overline{y})}$ であるから，$\mathbb{C}^n$ の部分集合 $A$ が Zariski 稠密なこととその複素共役 $\overline{A}$ が Zariski 稠密であることとは同値である. 一方，$\rho^*(G)\overline{v_0} \supset \rho^*(H)\cdot\overline{v_0}$ ゆえ $\rho^*(G)\overline{v_0}$ も $V^*$ で稠密. すなわち $(G,\rho^*,V^*)$ は概均質ベクトル空間である. 以上より次を得る.

**命題 2.21** $(G,\rho,V)$ を $\mathbb{C}$ 上の簡約可能概均質ベクトル空間とすると，その双対 $(G,\rho^*,V^*)$ も概均質ベクトル空間で $f(x)$ が $(G,\rho,V)$ の $\chi$ に対応する $d$ 次の相対不変多項式ならば，$(G,\rho^*,V^*)$ には $\chi^{-1}$ に対応する $d$ 次の相対不変多項式 $f^*(y)$ が存在する. □

そこで

$$f^*(x) = \sum_{i_1+\cdots+i_n=d} a_{i_1\cdots i_n} x_1^{i_1}\cdots x_n^{i_n}$$

とするとき，

$$f^*(D_x) = \sum_{i_1+\cdots+i_n=d} a_{i_1\cdots i_n} \left(\frac{\partial}{\partial x_1}\right)^{i_1}\cdots\left(\frac{\partial}{\partial x_n}\right)^{i_n}$$

とおく. すなわち $f^*(D_x)$ は $f^*(D_x)e^{\langle x,y\rangle} = f^*(y)e^{\langle x,y\rangle}$ ($\langle x,y\rangle = x_1y_1+\cdots+x_ny_n$) となる定数係数の微分作用素である.

$$\begin{pmatrix} y_1 \\ \vdots \\ y_n \end{pmatrix} = g \begin{pmatrix} x_1 \\ \vdots \\ x_n \end{pmatrix}$$

ならば

$$\begin{pmatrix} \dfrac{\partial}{\partial y_1} \\ \vdots \\ \dfrac{\partial}{\partial y_n} \end{pmatrix} = {}^t g^{-1} \begin{pmatrix} \dfrac{\partial}{\partial x_1} \\ \vdots \\ \dfrac{\partial}{\partial x_n} \end{pmatrix} \quad (g \in GL_n)$$

であるから

§2.3 簡約可能な概均質ベクトル空間

$$f^*(D_{\rho(g)x}) = f^*(\rho^*(g)D_x) = \chi^{-1}(g)f^*(D_x)$$

となる．ここで $\phi(x) = f^*(D_x)f(x)^{s+1}$ とおくと，$\phi(\rho(g)x) = \chi(g)^s\phi(x)$，一方，$f(\rho(g)x)^s = \chi(g)^s f(x)^s$ でもあるから $\dfrac{f^*(D_x)f(x)^{s+1}}{f(x)^s}$ は $x \in V - S = \rho(G)v_0$ によらず $s$ にのみ依存する．そこで，これを $b(s)$ とおくと，

$$f^*(D_x)f(x)^{s+1} = b(s)f(x)^s \quad (x \in V - S)$$

を得る．

$$\frac{\partial}{\partial x_i} f(x)^{s+1} = (s+1)f(x)^s \cdot \frac{\partial f}{\partial x_i}(x),$$

$$\frac{\partial^2}{\partial x_j \partial x_i} f(x)^{s+1} = s(s+1)f(x)^{s-1} \cdot \frac{\partial f}{\partial x_j} \frac{\partial f}{\partial x_i}(x)$$

$$+ (s+1)f(x)^s \cdot \frac{\partial^2 f}{\partial x_j \partial x_i}(x)$$

などとなるから $b(s)$ は $s$ の多項式で $\deg b(s) \leq \deg f^* = d$ であることがわかる．これを $f$ の $b$-関数とよぶ．

**命題 2.22** $(G, \rho, V)$ を $\mathbb{C}$ 上の簡約可能概均質ベクトル空間，$f(x)$ を $\chi$ に対応する $d$ 次相対不変多項式，$f^*(y)$ を $\chi^{-1}$ に対応する $(G, \rho^*, V^*)$ の相対不変式，$b(s)$ を $f(x)$ の $b$-関数とする:

$$f^*(D_x)f(x)^{s+1} = b(s)f(x)^s.$$

このとき

(1) $b(s) = b_0 s^d + b_1 s^{d-1} + \cdots + b_d \ (b_0 \neq 0)$．すなわち $\deg b(s) = d$．

(2) $\varphi_f(x) = \mathrm{grad}\,\log f(x)$ に対して

$$f^*(\varphi_f(x)) = \frac{b_0}{f(x)} \quad (x \in V - S).$$

［証明］ $f(x)^m = \displaystyle\sum_{i_1 + \cdots + i_n = md} a^{(m)}_{i_1 \cdots i_n} x_1^{i_1} \cdots x_n^{i_n}$ とおくと

$$f^*(x)^m = \sum_{i_1 + \cdots + i_n = md} \overline{a^{(m)}_{i_1 \cdots i_n}} x_1^{i_1} \cdots x_n^{i_n}$$

である．$f(v)\neq 0$ なる $v$ で $\|v\|=1$ なるものをとり，$v=v_1,v_2,\cdots,v_n$ を正規直交基底にとり座標をとりなおすことにより，$f(1,0,\cdots,0)=f(v)=a\neq 0$ として一般性を失わない．

$$|f^*(D_x)^m f(x)^m| = \sum_{i_1+\cdots+i_n=dm} |a^{(m)}_{i_1\cdots i_n}|^2 (i_1!)\cdots(i_n!) \geq |a|^{2m}(dm)!$$

であるが，一方，$f^*(D_x)^m f(x)^m = b(m-1)b(m-2)\cdots b(1)b(0)$ であるから

$$|b(m-1)b(m-2)\cdots b(0)| \geq |a|^{2m}\cdot(dm)!$$

となる．いま $\deg b(s) = d' (\leq d = \deg f^*)$ とする．$b(s) = b'_0 s^{d'} + b'_1 s^{d'-1} + \cdots + b'_{d'}$ とするとき $\max_{0\leq i\leq d'} |b'_i| = C$ とおくと，

$$|b(s)| \leq C\sum_{i=0}^{d'} |s|^i \leq C(|s|+1)^{d'}$$

ゆえ，とくに $|b(m)| \leq C(m+1)^{d'}$ となり

$$|b(m-1)b(m-2)\cdots b(0)| \leq C^m (m!)^{d'}$$

すなわち

$$|a|^{2m}(dm)! \leq C^m (m!)^{d'}$$

を得る．一方，$(dm)!/(m!)^d \geq 1$ であるから

$$(m!)^{d-d'} \leq (m!)^{d-d'} \frac{(dm)!}{(m!)^d} = \frac{(dm)!}{(m!)^{d'}} \leq \left(\frac{C}{|a|^2}\right)^m$$

を得るが，$d-d' > 0$ ならば矛盾．よって $\deg b(s) = d$，$b_0 \neq 0$ が示された．

（2）を示す．

$$\frac{\partial}{\partial x_i} f^{s+1} = (s+1)f^s \frac{\partial f}{\partial x_i} = \frac{\partial f}{\partial x_i} \cdot f^{s+1-1} \cdot s + (s\text{ の低次の項}),$$

$$\frac{\partial}{\partial x_j}\cdot\frac{\partial}{\partial x_i} f^{s+1} = (s+1)s f^{s-1} \frac{\partial f}{\partial x_j}\cdot\frac{\partial f}{\partial x_i} + (s+1)f^s \frac{\partial^2 f}{\partial x_j \partial x_i}$$

$$= \left(\frac{\partial f}{\partial x_j}\cdot\frac{\partial f}{\partial x_i}\right) f^{s+1-2}\cdot s^2 + (s\text{ の低次の項}),$$

以下同様にして

$$f^*(D_x)f(x)^{s+1} = f^*\left(\frac{\partial f}{\partial x_1}, \cdots, \frac{\partial f}{\partial x_n}\right) \cdot f(x)^{s+1-d} \cdot s^d + (s \text{ の低次の項})$$

$$= f^*\left(\frac{1}{f}\frac{\partial f}{\partial x_1}, \cdots, \frac{1}{f}\frac{\partial f}{\partial x_n}\right) f(x)^{s+1} \cdot s^d + (s \text{ の低次の項})$$

$$= f^*(\varphi_f(x))f(x)^{s+1}s^d + (s \text{ の低次の項})$$

$$= b(s)f(x)^s = \frac{b_0}{f(x)} \cdot f(x)^{s+1} \cdot s^d + (s \text{ の低次の項})$$

となる. $s^d$ の係数を比べて

$$f^*(\varphi_f(x)) = \frac{b_0}{f(x)}$$

を得る. ∎

**命題 2.23** $f(x)$ の $b$-関数 $b(s)$ を $f^*(D_x)f(x)^{s+1} = b(s)f(x)^s$ とおき, $f^*(x)$ の $b$-関数 $b^*(s)$ を $f(D_y)f^*(y)^{s+1} = b^*(s)f^*(y)^s$ とおくと, $b(s) = b^*(s)$ である.

[証明] 命題 2.22 の証明で用いた基底で $V \cong V^* \cong \mathbb{C}^n$ として相対不変式を $f(x) = \sum a_{i_1 \cdots i_n} x_1^{i_1} \cdots x_n^{i_n}$ と表わすとき, $f^*$ として $f^*(x) = \sum \overline{a_{i_1 \cdots i_n}} x_1^{i_1} \cdots x_n^{i_n}$ をとることができたが

$$b(0) = f^*(D_x)f(x) = \sum |a_{i_1 \cdots i_n}|^2 i_1! \cdots i_n! = f(D_y)f^*(y)$$
$$= b^*(0)$$

であり, 同様にして

$$b(0)b(1)\cdots b(m-1) = f^*(D_x)^m f(x)^m = f(D_y)^m f^*(y)^m$$
$$= b^*(0)b^*(1)\cdots b^*(m-1)$$

となり, $b(m) = b^*(m)$ $(m = 0, 1, 2, \cdots)$ となることから $b(s) = b^*(s)$ を得る. いま $f^*$ として特別なものを使ったが, 一般には $cf^*$ の形で, このとき $b(s)$, $b^*(s)$ は $cb(s)$, $cb^*(s)$ となり, いずれにしても $b(s) = b^*(s)$ であることがわかる. ∎

**注意 2.3** $b$-関数を $b(s) = b_0 \prod_{i=1}^{d}(s + \alpha_i)$ と表わすとき, $\alpha_i > 0$, $\alpha_i \in \mathbb{Q}$ が知られている. (M. Kashiwara, $B$-functions and holonomic systems (Rationality of roots of $b$-functions), Invent. Math. **38** (1976), 33–53).

**命題 2.24** $(G,\rho,V)$ を $\mathbb{C}$ 上の簡約可能概均質ベクトル空間で，その特異集合 $S$ が超曲面 $S=\{x\in V; f(x)=0\}$ であるとする．このとき $f$ は非退化な相対不変式で，したがって $(G,\rho,V)$ は正則概均質ベクトル空間である．

［証明］双対基底で $V$ と $V^*$ を $\mathbb{C}^n$ と同一視したとき，$f(x)$ が $\chi$ に対応する相対不変式ならば，$f^*(y)=\overline{f(\bar{y})}$ は $(G,\rho^*,V^*)$ の $\chi^{-1}$ に対応する相対不変式であった．もし $\bar{v}\in V^*$ について，$f^*(\bar{v})=\overline{f(v)}\neq 0$ ならば $f(v)\neq 0$ ゆえ $v\in V-S$ となり，$v$ は $(G,\rho,V)$ の生成点．このとき，命題 2.21 にいたる議論の途中でみたように $\bar{v}$ は $(G,\rho^*,V^*)$ の生成点である．したがって $(G,\rho^*,V^*)$ の特異集合 $S^*$ は超曲面 $S^*=\{y\in V^*; f^*(y)=0\}$ である．命題 2.22 により $x\in V-S$ に対して $f^*(\varphi_f(x))=b_0/f(x)\neq 0$，すなわち $\varphi_f(s)\in V^*-S^*$ となるから

$$\varphi_f(V-S)=\varphi_f(\rho(G)x)=\rho^*(G)\varphi_f(x)=V^*-S^*,$$

したがって $f$ は非退化である． ∎

**注意 2.4** $G$ が簡約可能でないときは命題 2.24 は不成立．例えば

$$G=\left\{\begin{pmatrix} a & c \\ 0 & b \end{pmatrix}; ab\neq 0\right\}, V=\mathbb{C}^2$$

$$\rho\left(\begin{pmatrix} a & c \\ 0 & b \end{pmatrix}\right)\begin{pmatrix} x \\ y \end{pmatrix}=\begin{pmatrix} ax+cy \\ by \end{pmatrix}$$

とすると $(G,\rho,V)$ は概均質ベクトル空間で $S=\left\{\begin{pmatrix} x \\ y \end{pmatrix}\in\mathbb{C}^2; y=0\right\}$ であり，$f\begin{pmatrix} x \\ y \end{pmatrix}=y$ について

$$\varphi_f(x)=\begin{pmatrix} \dfrac{1}{y}\cdot\dfrac{\partial y}{\partial x} \\ \dfrac{1}{y}\cdot\dfrac{\partial y}{\partial y} \end{pmatrix}=\begin{pmatrix} 0 \\ \dfrac{1}{y} \end{pmatrix}$$

となる．一方，$(G,\rho^*,V^*)$ も概均質ベクトル空間で $S^*=\left\{\begin{pmatrix} x \\ y \end{pmatrix}; x=0\right\}$ であるから，$\varphi_f(V-S)\subset S^*$ となり，この $f$ は退化していて $(G,\rho,V)$ は非正則概均質ベクトル空間である．

さて D. Luna, Sur les orbites fermées des groupes algébriques reductifs,

Invent. Math. **16**（1972），1–5 に次の結果が書かれている.

**命題 2.25**（**D. Luna**） 簡約可能代数群 $G$ が非特異なアファイン多様体 $X$ に作用しているとする．$X$ の点 $x$ における $G$ の等方部分群を $G_x$ とするとき，各接空間 $T_xX$ 上に $G_x$-不変非退化対称形式が存在すると仮定する．このとき $X$ 内に $G$-閉軌道の合併からなる Zariski 稠密な開集合 $U$ が存在する．とくに稠密な開軌道が存在すれば，それは $X$ 自身である． □

これを使って次を示す．これは筆者がプリンストン高等学術研究所に滞在中に J. Dorfmeister から教わったものである．

**命題 2.26** $(G,\rho,V)$ を $\mathbb{C}$ 上の簡約可能な正則概均質ベクトル空間として，$f(x)$ を非退化な相対不変多項式とする．このとき特異集合は

$$S=\{x\in V;\ \text{Hess}\log f(x)=0\}$$

となり超曲面である．ただし

$$\text{Hess}\log f(x)=\det\left(\frac{\partial^2\log f}{\partial x_i\partial x_j}(x)\right).$$

［証明］ 命題 2.13 の証明により $H(x)=(\partial^2\log f/\partial x_i\partial x_j)$ に対し

$$^t\rho(g)H(\rho(g)x)\rho(g)=H(x),$$

とくに $g\in G_x$ に対して $^t\rho(g)H(x)\rho(g)=H(x)$ ゆえ，$B_x(u,v)={}^tuH(x)v$ とおくと，$B_x(\rho(g)u,\rho(g)v)=B_x(u,v)$．$f(x)$ は非退化ゆえ $\det H(x)\neq 0$，したがって $X=\{x\in V;\ \text{Hess}\log f(x)\neq 0\}$（これは命題 1.6 により非特異なアファイン多様体）の各点 $x$ に $G_x$-不変非退化対称形式 $B_x(u,v)$ が存在し，命題 2.13 より $\text{Hess}\log f(x)=\det H(x)$ は相対不変式だから $X\supset V-S$．したがって命題 2.25 により $X$ 自身が 1 つの軌道ゆえ $X=V-S$，すなわち $S=\{x\in V;\ \text{Hess}\log f(x)=0\}$ となる． ■

**注意 2.5**（**特異集合 $S$ が超曲面でない正則概均質ベクトル空間の例**） 命題 2.26 も $G$ が簡約可能でないと不成立．反例は A. Gyoja, A counter example in the theory of prehomogeneous vector spaces, Proc. Japan Acad. **66**（1990），26–27，によって与えられた．$m>n\geqq 1$ として

$$G_1 = \left\{ \left( \begin{array}{c|c} A_1 & A_2 \\ \hline 0 & A_4 \end{array} \right) ; \quad A_1 \in GL_m, \, A_4 \in GL_n, \, A_2 \in M(m,n) \right\},$$
$$V = M(m+n)$$

とし $G = G_1 \times G_1 \ni g = (g_1, g_1')$ を

$$\rho(g)x = g_1 x {g_1'}^{-1} \quad (x \in V)$$

により作用させる.

$$S = \{ x \in V ; \, \det x = 0 \} \cup \left\{ x = \left( \begin{array}{c|c} x_1 & x_2 \\ \hline x_3 & x_4 \end{array} \right) \in V ; \, x_3 \in M(n,m), \, \operatorname{rank} x_3 < n \right\}$$

とおく. $m > n$ であるから $S$ は超曲面ではない. 例えば $m = 2, n = 1$ なら

$$S = \{ x \in V ; \, \det x = 0 \} \cup \left\{ \left( \begin{array}{ccc} x_{11} & x_{12} & x_{13} \\ x_{21} & x_{22} & x_{23} \\ x_{31} & x_{32} & x_{33} \end{array} \right) \in V ; \, x_{31} = x_{32} = 0 \right\}$$

である. $x \in V - S$ に対し, ある $B_1 \in GL_m$ で

$$x \left( \begin{array}{c|c} B_1 & 0 \\ \hline 0 & I_n \end{array} \right) = \left( \begin{array}{cc|c} X_1 & X_1' & X_2 \\ I_n & 0 & X_4 \end{array} \right) \quad (X_4 \in M_n)$$

の形にできるが, さらに

$$\left( \begin{array}{c|c} I_m & -X_1 \\ \hline 0 & I_n \end{array} \right) \left( \begin{array}{cc|c} X_1 & X_1' & X_2 \\ I_n & 0 & X_4 \end{array} \right) \left( \begin{array}{c|c} I_m & \begin{array}{c} -X_4 \\ 0 \end{array} \\ \hline 0 & I_n \end{array} \right) = \left( \begin{array}{c|c} 0 & X \\ \hline I_n & 0 \end{array} \right)$$

の形となる. このとき $\det X \neq 0$ であるから

$$\left( \begin{array}{c|c} X^{-1} & 0 \\ \hline 0 & I_n \end{array} \right) \left( \begin{array}{c|c} 0 & X \\ \hline I_n & 0 \end{array} \right) = \left( \begin{array}{c|c} 0 & I_m \\ \hline I_n & 0 \end{array} \right),$$

すなわち

$$V - S = \rho(G) \cdot \left( \begin{array}{c|c} 0 & I_m \\ \hline I_n & 0 \end{array} \right)$$

となる. $f(x) = \det x$ は非退化な相対不変式である ($\varphi_f(x) = {}^t x^{-1}$) から $(G, \rho, V)$ は正

則概均質ベクトル空間であるが，その特異集合 $S$ は超曲面ではない．

さて $(G,\rho,V)$ を簡約可能概均質ベクトル空間，$S$ を特異集合とすると $V-S=\rho(G)v=G/G_v$ ($v$ は生成点) となるから，命題 1.6 により $S$ が超曲面であることと，Zariski 稠密な軌道 $\rho(G)v$ がアファイン多様体，したがって $G/G_v$ がアファイン多様体であることが同値である．

さて R. W. Richardson の論文 Affine coset space of reductive algebraic groups, Bull. London Math. Soc. **9** (1977), 38–41 に次の定理 (松島の定理) の証明がある．

**定理 2.27** $G$ を簡約可能な線形代数群，$H$ をその閉部分群とすると，次は同値．
 (1) $G/H$ はアファイン多様体．
 (2) $H$ は簡約可能代数群．
ここで，(2) $\Rightarrow$ (1) は $G$ が簡約可能でなくても成立． □

したがって命題 1.6, 2.24, 2.26 とこの定理をあわせて次の定理を得る．

**定理 2.28** $(G,\rho,V)$ を $\mathbb{C}$ 上の簡約可能概均質ベクトル空間とすると，次は同値である．
 (1) $(G,\rho,V)$ は正則概均質ベクトル空間．
 (2) 特異集合 $S$ は超曲面．
 (3) 開軌道 $\rho(G)v=V-S$ はアファイン多様体．
 (4) 生成的等方部分群 $G_v$ $(v\in V-S)$ は簡約可能．
 (5) 生成的等方部分環 $\mathrm{Lie}(G_v)=\{A\in\mathrm{Lie}(G);\ d\rho(A)v=0\}$ $(v\in V-S)$ は $\mathrm{Lie}(G)$ の中で簡約可能．

これらが成立するとき，$S=\{x\in V;f(x)=0\}$ となる多項式 $f(x)$ は非退化な相対不変式である． □

上記の定理 2.28 の (5) で $\mathrm{Lie}(G)$ の中で簡約可能とあるが，例えば

$$\left\{\begin{pmatrix} 0 & x \\ 0 & 0 \end{pmatrix};x\in\mathbb{C}\right\}\cong\left\{\begin{pmatrix} x & 0 \\ 0 & -x \end{pmatrix};x\in\mathbb{C}\right\}$$

であるが，左辺は $\mathfrak{gl}_2$ の中で簡約可能ではなく，右辺は $\mathfrak{gl}_2$ の中で簡約可能で

ある．正確な定義は A. Borel-Harish-Chandra [1] の 1.2. を参照．

簡約可能概均質ベクトル空間については正則性を仮定しない一般論が行者明彦氏により建設されている（A. Gyoja [4] を参照）．しかし，本書は入門書であるのでこれ以上立ち入らないことにする．

## §2.4 概均質ベクトル空間の例

一般に，表現 $\rho: G \to GL(V)$ が**既約表現**（irreducible representation）であるとは $V$ の部分ベクトル空間 $W$ で $\rho(G)W \subset W$ となるものは $W = V$ または $W = \{0\}$ に限ることである．概均質ベクトル空間 $(G, \rho, V)$ で $\rho$ が既約表現であるものを既約概均質ベクトル空間という．

**注意 2.6** 本節の例 2.1 から例 2.29 までは既約正則概均質ベクトル空間の例であるが，実は任意の既約正則概均質ベクトル空間は，このいずれかから有限回の裏返し変換（定理 7.3 参照）という手続きにより得られることが知られている（定理 7.47 参照）．また正則でない既約概均質ベクトル空間で相対不変式を持つものは例 2.30 の空間から有限回の裏返し変換で得られることも知られている．読者はいくつかの例をみてから先へ進んでも差しつかえはない．

$\Omega$ を標数 0 の代数閉体とする．ただし，スピン群や例外群の関係する例 2.16 から例 2.29 までは $\Omega = \mathbb{C}$ としておく．一般に $\Omega$ 上の $m$ 次元ベクトル空間を $V(m)$ と記す．

以下，例 2.1 から例 2.29 の概均質ベクトル空間 $(G, \rho, V)$ において $G = GL_1 \times G_{\mathrm{s.s.}}$（$G_{\mathrm{s.s.}}$ は半単純代数群）の形で，生成的等方部分群 $H$ は簡約可能，したがって定理 2.28 により $(G, \rho, V)$ は正則概均質ベクトル空間で，その特異集合は超曲面 $S = \{x \in V;\ f(x) = 0\}$ である．代数群 $G$ の形から $[G, G] = G_{\mathrm{s.s.}}$ であるから $(1 \leqq)\ \mathrm{rank}\, X(G/G_1) \leqq 1$ となり，命題 2.12 より $S$ は既約超曲面で $f(x)$ は（定数倍を除いて）唯一の既約相対不変式である．ここで $GL_n$ の有理指標 $\chi: GL_n \to GL_1$ は $\chi(g) = (\det g)^m\ (m \in \mathbb{Z})$ の形に限ることを注意しておく．なぜなら $F(x) = \chi \begin{pmatrix} x & & \\ & 1 & \\ & & \ddots \\ & & & 1 \end{pmatrix}$ は $F(xy) = F(x)F(y)$ を満たす有理関

§2.4 概均質ベクトル空間の例

数ゆえ $F(x)=x^m$ $(m\in\mathbb{Z})$ の形である．また $\chi:SL_n\to GL_1$ の核は $\chi|_{SL_n}\neq 1$ なら $SL_n$ の余次元 1 の正規部分群で，$SL_n$ は単純代数群ゆえそれは不可．よって $\chi|_{SL_n}=1$ である．$g\cdot\begin{pmatrix}\det g & & & \\ & 1 & & \\ & & \ddots & \\ & & & 1\end{pmatrix}^{-1}\in SL_n$ であるから

$$\chi(g)=\chi\begin{pmatrix}\det g & & & \\ & 1 & & \\ & & \ddots & \\ & & & 1\end{pmatrix}=(\det g)^m$$

となる．

**例 2.1** $(H\times GL_m,\ \rho\otimes\Lambda_1,\ V(m)\otimes V(m))$ $(m\geq 1)$．

ここで $H$ は任意の連結代数群で，$\rho:H\to GL_m$ はその $m$ 次表現とする．

$V(m)\otimes V(m)$ は $m$ 次正方行列全体 $M(m)$ と同一視され，作用 $\rho\otimes\Lambda_1$ は $X\mapsto\rho(A)X{}^tB$ $(A\in H, B\in GL_m, X\in M(m))$ で与えられる．単位行列 $I_m$ は生成点でそこでの等方部分群は $H$ と同型である．特異集合は $\rho(H)$ が $\{1\}$ でも $GL_m$ でも同じで，$S=\{X\in M(m);\ \det X=0\}$ であり $f(X)=\det X$ は既約相対不変式である．なお $\rho\otimes\Lambda_1$ が既約表現になるのは $\rho$ が $H$ の既約表現のときに限る（命題 7.22 と命題 7.23 参照）．このとき $H$ は半単純代数群として一般性を失わない（定理 7.21 参照）． □

**注意 2.7** $(SL_2\times SL_2,\ \Lambda_1\otimes\Lambda_1,\ M(2))$ を考えると $\rho=\Lambda_1\otimes\Lambda_1$ による $SL_2\times SL_2$ の像は 2 次形式 $f(X)=\det X=x_{11}x_{22}-x_{12}x_{21}$ $(X=(x_{ij})\in M(2))$ を不変にする特殊直交群 $SO_4(f)$ $(\cong SO_4)$ であり，$\ker\rho=\{\pm(I_2,I_2)\}$ であるから，同型定理により $(SL_2\times SL_2)/\{\pm(I_2,I_2)\}\cong SO_4$ $(\cong Spin_4/\{\pm 1\})$ を得る．これは $Spin_4\cong SL_2\times SL_2$ を示している．

**例 2.2** $(GL_n,\ 2\Lambda_1,\ V(n(n+1)/2))$ $(n\geq 2)$．

$V(n(n+1)/2)$ は $S^2\Omega^n-\{X\in M(n);\ {}^tX=X\}$ と同一視され，そのとき作用 $2\Lambda_1$ は $X\mapsto AX{}^tA$ $(A\in GL_n, X\in S^2\Omega^n)$ である．単位行列 $I_n$ における等方部分群は定義により，直交群 $O_n=\{A\in GL_n;\ A\cdot{}^tA=I_n\}$ である．$\dim O_n=n(n-1)/2=\dim GL_n-\dim S^2\Omega^n$ であるから，$I_n$ は生成点である．特異集合は $S=\{X\in S^2\Omega^n;\ \det X=0\}$ であり，$f(X)=\det X$ は既約相対不変式である．なぜならば $F(X)$ を既約相対不変式とすると $f(X)=cF(X)^m$ $(m\in\mathbb{Z})$ の

形であるが，$X$ が対角行列ならば $f(X)=x_{11}x_{22}\cdots x_{nn}=cF(X)^m$ より $m=1$ となり $f(X)$ の既約性がわかる． □

**注意 2.8** $S^2\Omega^n - S = \rho(GL_n)\cdot I_n$ は任意の対称正則行列 $X$ に対し $X = A\cdot{}^tA$ となる $A\in GL_n$ の存在を意味している．

なお，$(SL_2, 2\Lambda_1, V(3))$ を考えると，$\rho=2\Lambda_2$ による $SL_2$ の像は 2 次形式 $f(X)=\det X = x_{11}x_{22}-x_{12}^2$ $(X=(x_{ij})\in S^2\Omega^2)$ を不変にする特殊直交群 $SO_3(f)$ $(\cong SO_3)$ であり，$\ker\rho = \{\pm I_2\}$ であるから $SL_2/\{\pm I_2\}\cong SO_3\cong Spin_3/\{\pm 1\}$ を得る．これは $Spin_3\cong SL_2$ を示している．$Sp_1\subset SL_2$ であるが，任意の $A\in SL_2$ は $J=\begin{pmatrix}0&1\\-1&0\end{pmatrix}$ に対し $AJ^tA=J$ を満たすから $A\in Sp_1$，すなわち $SL_2=Sp_1$ $(\cong Spin_3)$ を得る．

**例 2.3** $(GL_{2m}, \Lambda_2, V(m(2m-1)))$ $(m\geq 3)$．

$V(m(2m-1))$ は $\bigwedge^2\Omega^{2m} = \{X\in M(2m); {}^tX = -X\}$ と同一視され，$\rho = \Lambda_2$ は $\rho(A)X = AX^tA$ $(A\in GL_{2m}, X\in\bigwedge^2\Omega^{2m})$ で与えられる．$X\in\bigwedge^2\Omega^{2m}$ に対しては $\det X$ は既約多項式ではなく，パフィアン (Pfaffian) とよばれる $m$ 次多項式 $\mathrm{Pf}(X)$ が存在して $\det X = \mathrm{Pf}(X)^2$ となることを $m$ に関する帰納法で示そう．$m=1$ なら $X=\begin{pmatrix}0&x\\-x&0\end{pmatrix}$ に対して $\det X = x^2$ となり $\mathrm{Pf}(X) = x$ で成立する．$2m$ 次歪対称行列 $X$ を

$$X = \left(\begin{array}{c|c}X_1 & X_2 \\ \hline -{}^tX_2 & X_3\end{array}\right), \quad X_1 = \begin{pmatrix}0 & x_{12} \\ -x_{12} & 0\end{pmatrix}$$

$$\left(\Rightarrow X_1^{-1} = \begin{pmatrix}0 & -\dfrac{1}{x_{12}} \\ \dfrac{1}{x_{12}} & 0\end{pmatrix}\right)$$

と表わすと

$$\left(\begin{array}{c|c}X_1 & X_2 \\ \hline -{}^tX_2 & X_3\end{array}\right)\left(\begin{array}{c|c}I_2 & -X_1^{-1}X_2 \\ \hline 0 & I_{2r-2}\end{array}\right) = \left(\begin{array}{c|c}X_1 & 0 \\ \hline -{}^tX_2 & {}^tX_2X_1^{-1}X_2+X_3\end{array}\right)$$

となり $\det X = x_{12}^2 \det({}^tX_2X_1^{-1}X_2 + X_3)$ で，${}^tX_2X_1^{-1}X_2+X_3$ は $X$ の有理関数を成分とする $2m-2$ 次の歪対称行列ゆえ，帰納法の仮定から $\det({}^tX_2X_1^{-1}X_2+X_3) = P'(X)^2$ となる $X$ の有理式 $P'(X)$ が存在する．$(x_{12}P'(X))^2$ は多項式 $\det X$ であるから，$\mathrm{Pf}(X) = x_{12}P'(X)$ も $X$ の多項式であり，$\det X = \mathrm{Pf}(X)^2$ となる．また，$\mathrm{Pf}(X)$ の符号は，$J = \begin{pmatrix}0 & I_m \\ -I_m & 0\end{pmatrix}$ に対して，$\mathrm{Pf}(J) = $

$(-1)^{m(m-1)/2}$ で定める.

 $J$ における等方部分群は定義からシンプレクティック群 $Sp_m$ で, $\dim Sp_m = m(2m+1) = \dim GL_{2m} - \dim \bigwedge^2 \Omega^{2m}$ であるから, 正則概均質ベクトル空間である. $\det X = \text{Pf}(X)^2$ の零点は $GL_{2m}$-不変ゆえ特異集合は

$$S = \left\{ X \in \bigwedge^2 \Omega^{2m}; \text{Pf}(X) = 0 \right\}$$

である. $\text{Pf}(X)$ は $\det g$ に対応する相対不変式で $GL_{2m}$ の有理指標は $(\det g)^r$ ($r \in \mathbb{Z}$) の形に限ることから, 相対不変式は $c\text{Pf}(X)^r$ ($c \in \Omega^\times$) の形に限る. とくに $\text{Pf}(X)$ は既約相対不変式である. □

**注意 2.9** $(SL_4, \Lambda_2, V(6))$ を考えると, $\rho = \Lambda_2$ による $SL_4$ の像は 2 次形式 $f(X) = \text{Pf}(X) = x_{12}x_{34} - x_{13}x_{24} + x_{14}x_{23}$ を不変にする特殊直交群 $SO_6(f)$ ($\cong SO_6$) であり, $\ker \rho = \{\pm I_4\}$ であるから $SL_4/\{\pm I_4\} \cong SO_6 \cong Spin_6/\{\pm 1\}$ を得る. これは $Spin_6 \cong SL_4$ を示している. 次に $J = \begin{pmatrix} 0 & I_2 \\ -I_2 & 0 \end{pmatrix}$ に対して $V(6)$ の部分空間 $V(5)$ を $V(5) = \{X \in M(4); {}^tX = -X, \text{tr} XJ = 0\}$ で定義すると, $A \in Sp_2$ に対して, $\text{tr}(AX{}^tA)J = \text{tr} AX({}^tAJA)A^{-1} = \text{tr} AXJA^{-1} = \text{tr} XJ$ であるから, $V(5)$ は $Sp_2$ の作用で不変であり $V(6)$ は $Sp_2$ の表現空間として $V(6) = V(5) \oplus \Omega J$ と直和分解する. $Sp_2$ の $V(5)$ への作用の像は $f(X) = x_{13}^2 + x_{12}x_{34} + x_{14}x_{23}$ を不変にする特殊直交群 $SO_5(f)$ ($\cong SO_5$) であり, $\ker \rho = \{\pm I_4\}$ であるから, $Sp_2/\{\pm I_4\} \cong SO_5 \cong Spin_5/\{\pm 1\}$ を得る. これは $Spin_5 \cong Sp_2$ を示している.

**例 2.4** $(GL_2, 3\Lambda_1, V(4))$.

$V(4)$ は 2 元 3 次形式

$$F_x(u,v) = x_1 u^3 + x_2 u^2 v + x_3 u v^2 + x_4 v^3 \quad (x = {}^t(x_1, x_2, x_3, x_4) \in \Omega^4)$$

の全体のなすベクトル空間と同一視される. このとき作用 $\rho = 3\Lambda_1$ は

$$F(u,v) \mapsto F((u,v)g), \quad g = \begin{pmatrix} a & b \\ c & d \end{pmatrix} \in GL_2$$

で与えられる. $u^3, u^2v, uv^2, v^3$ を基底として $GL_2$ の表現 $\rho = 3\Lambda_1$ を行列で表わすと

(2.2)
$$\rho\left(\begin{pmatrix} a & b \\ c & d \end{pmatrix}\right)x = \begin{pmatrix} a^3 & a^2b & ab^2 & b^3 \\ 3a^2c & a^2d+2abc & 2abd+b^2c & 3b^2d \\ 3ac^2 & 2acd+bc^2 & ad^2+2bcd & 3bd^2 \\ c^3 & c^2d & cd^2 & d^3 \end{pmatrix}\begin{pmatrix} x_1 \\ x_2 \\ x_3 \\ x_4 \end{pmatrix}$$

となるから，$X_0 = u^3 + v^3 = {}^t(1,0,0,1)$ における等方部分群は

$$G_{X_0} = \left\{ \begin{pmatrix} a & b \\ c & d \end{pmatrix} \in GL_2; \begin{array}{l} a^3+b^3=c^3+d^3=1, \\ a^2c+b^2d=ac^2+bd^2=0 \end{array} \right\}$$

となる．もし $ac \neq 0$ なら $b^2d = -a^2c \neq 0$ で $a^2c = -b^2d$ と $bd^2 = -ac^2$ をかけて $abcd$ でわることにより，$\det\begin{pmatrix} a & b \\ c & d \end{pmatrix} = ad - bc = 0$ となり矛盾．したがって $ac = 0$ であり，これより

$$G_{X_0} = \left\{ \begin{pmatrix} a & 0 \\ 0 & d \end{pmatrix}; a^3 = d^3 = 1 \right\} \cup \left\{ \begin{pmatrix} 0 & b \\ c & 0 \end{pmatrix}; b^3 = c^3 = 1 \right\}$$

を得る．$\dim G_{X_0} = 0 = \dim GL_2 - \dim V(4)$ であるから，$(GL_2, 3\Lambda_1, V(4))$ は正則概均質ベクトル空間で系 2.20 により 4 次の相対不変式をもつ．$\rho = 3\Lambda_1$ の微分表現 $d\rho$ は

(2.3)
$$d\rho\left(\begin{pmatrix} \alpha & \beta \\ \gamma & \delta \end{pmatrix}\right)x = \begin{pmatrix} 3\alpha & \beta & 0 & 0 \\ 3\gamma & 2\alpha+\delta & 2\beta & 0 \\ 0 & 2\gamma & \alpha+2\delta & 3\beta \\ 0 & 0 & \gamma & 3\delta \end{pmatrix}\begin{pmatrix} x_1 \\ x_2 \\ x_3 \\ x_4 \end{pmatrix}$$

であり

$$A_1 = d\rho\left(\begin{pmatrix} 1 & 0 \\ 0 & 0 \end{pmatrix}\right), \quad A_2 = d\rho\left(\begin{pmatrix} 0 & 1 \\ 0 & 0 \end{pmatrix}\right), \quad A_3 = d\rho\left(\begin{pmatrix} 0 & 0 \\ 1 & 0 \end{pmatrix}\right),$$
$$A_4 = d\rho\left(\begin{pmatrix} 0 & 0 \\ 0 & 1 \end{pmatrix}\right),$$

とおくと

§2.4 概均質ベクトル空間の例

$$\det(A_1 x | \cdots | A_4 x)$$
$$= \det \begin{pmatrix} 3x_1 & x_2 & 0 & 0 \\ 2x_2 & 2x_3 & 3x_1 & x_2 \\ x_3 & 3x_4 & 2x_2 & 2x_3 \\ 0 & 0 & x_3 & 3x_4 \end{pmatrix}$$
$$= 3(x_2^2 x_3^2 + 18 x_1 x_2 x_3 x_4 - 4 x_1 x_3^3 - 4 x_2^3 x_4 - 27 x_1^2 x_4^2)$$

は相対不変式である.さらに $X_0' = u^2 v = {}^t(0,1,0,0)$ における等方部分環は

$$\mathfrak{g}_{X_0'} = \left\{ \begin{pmatrix} \alpha & \beta \\ \gamma & \delta \end{pmatrix} \in \mathfrak{gl}_2 ;\, d\rho\left(\begin{pmatrix} \alpha & \beta \\ \gamma & \delta \end{pmatrix}\right) X_0' = 0 \right\}$$
$$= \left\{ \begin{pmatrix} \alpha & 0 \\ 0 & -2\alpha \end{pmatrix} \right\}$$

ゆえ $\dim \rho(GL_2) X_0' = \dim GL_2 - \dim \mathfrak{g}_{X_0'} = 3$ で,$\rho(GL_2) X_0'$ は余次元 1 の軌道である.したがって系 2.20 により $f(x) = x_2^2 x_3^2 + 18 x_1 x_2 x_3 x_4 - 4 x_1 x_3^3 - 4 x_2^3 x_4 - 27 x_1^2 x_4^2$ は既約な相対不変式であることがわかる.実は $f(x)$ は 2 元 3 次形式 $F_x(u,v) = x_1 u^3 + x_2 u^2 v + x_3 u v^2 + x_4 v^3$ の判別式であることを示そう. $F_x(u,v) = \prod_{i=1}^{3} (\alpha_i u - \beta_i v)$ とすると $\begin{pmatrix} a & b \\ c & d \end{pmatrix} \in GL_2$ の作用により

$$\alpha_i u - \beta_i v \mapsto (a\alpha_i - b\beta_i) u - (-c\alpha_i + d\beta_i) v$$

となるから,$\mathbb{P}^1(\mathbb{C}) = \mathbb{C} \cup \{\infty\}$ における $F_x(u,v) = 0$ の根 $\gamma_i = \beta_i / \alpha_i$ は

$$\gamma_i \mapsto \frac{d\gamma_i - c}{-b\gamma_i + a}$$

($1 \leq i \leq 3$, $\begin{pmatrix} d & -c \\ -b & a \end{pmatrix} = (ad - bc) \cdot {}^t \begin{pmatrix} a & b \\ c & d \end{pmatrix}^{-1}$ に注意) なる変換をうける.とくに重根をもつか否かは,$GL_2$ の作用で不変な性質ゆえ $F_x(u,v)$ の判別式 $\prod_{i<j} (\alpha_i \beta_j - \alpha_j \beta_i)^2$ の零点は特異集合と一致する.この判別式は $\alpha_i, \beta_j$ たちの 12 次斉次式であり,$x_k$ たちは $\alpha_i, \beta_j$ たちの 3 次斉次式ゆえ,判別式は $x_1, \cdots, x_4$ の 4 次斉次な相対不変多項式であり,したがって定数倍を除いて $f(x)$ と一致する. $uv(u-v) = {}^t(0,1,-1,0)$ の判別式は 1 で,$f(x)$ の値も 1 であるから,$f(x)$ が $F_x(u,v)$ の判別式であることがわかる. □

### 例 2.5 ($GL_6, \Lambda_3, V(20)$).

まず，次の例 2.6，例 2.7 にも共通する定義から始めよう．体 $\Omega$ 上の $n$ 次元ベクトル空間 $V_1$ の基底 $u_1,\cdots,u_n$ に対し $(\rho_1(g)u_1,\cdots,\rho_1(g)u_n)=(u_1,\cdots,u_n)g$ ($g\in GL_n$) で $GL_n$ を $V_1$ に作用させる．さらに $p$ 次の**歪対称テンソル**（skew-tensor）$u_{i_1}\wedge\cdots\wedge u_{i_p}$ ($1\leq i_1<\cdots<i_p\leq n$) を基底とする $\binom{n}{p}$ 次元のベクトル空間 $\bigwedge^p V_1$ の上に $GL_n$ の作用 $\rho_p=\Lambda_p$ を $\rho_p(g)(u_{i_1}\wedge\cdots\wedge u_{i_p})=(\rho_1(g)u_{i_1})\wedge\cdots\wedge(\rho_1(g)u_{i_p})$ により定める．

また $V_1$ の双対空間 $V_1^*$ の上には，$\langle\rho_1(g)u,\rho_1^*(g)u^*\rangle=\langle u,u^*\rangle$ ($u\in V_1$, $u^*\in V_1^*$) となるように $GL_n$ の作用を定める．$u_1,\cdots,u_n$ の双対基底 $u_1^*,\cdots,u_n^*$（すなわち $\langle u_i,u_j^*\rangle=\delta_{ij}$ となる $V_1^*$ の基底）を用いると，この作用は $\rho_1^*(g)(u_1^*,\cdots,u_n^*)=(u_1^*,\cdots,u_n^*){}^tg^{-1}$ で与えられる．

一般に $y\in V_1^*$ に対し，**縮約**（contraction）とよばれる線形写像 $\iota(y):\bigwedge^p V_1\to\bigwedge^{p-1} V_1$ を

$$\iota(y)(z_1\wedge\cdots\wedge z_p)=\sum_{i=1}^p(-1)^{i-1}\langle z_i,y\rangle z_1\wedge\cdots\wedge\tilde{z}_i\wedge\cdots\wedge z_p$$
$$(z_1,\cdots,z_p\in V_1)$$

により定める．右辺は $z_1,\cdots,z_p$ に関して交代的であるので $z_1\wedge\cdots\wedge z_p$ に対して定まり well-defined である．これは自然な概念で，例えば $\langle y_1\wedge\cdots\wedge y_p,z_1\wedge\cdots\wedge z_p\rangle=\det(\langle y_i,z_j\rangle)$ とおくと，$\iota(y)$ は $\langle y\wedge y_2\wedge\cdots\wedge y_p,z_1\wedge\cdots\wedge z_p\rangle=\langle y_2\wedge\cdots\wedge y_p,\iota(y)(z_1\wedge\cdots\wedge z_p)\rangle$ を満たす．

さて，例 2.5〜例 2.7 を通して，$p=3$, $\rho=\rho_3=\Lambda_3$ の場合を考える．そのとき $3+2k+l=n$ ならば，$x\in\bigwedge^3 V_1$; $y_1,\cdots,y_k\in V_1^*$; $z_1,\cdots,z_l\in V_1$ の多項式関数 $f_l^k$ が

$$x\wedge(\iota(y_1)x)\wedge\cdots\wedge(\iota(y_k)x)\wedge z_1\wedge\cdots\wedge z_l$$
$$=f_l^k(x;y_1,\cdots,y_k;z_1,\cdots,z_l)\cdot u_1\wedge\cdots\wedge u_n$$

により定まる．$\iota(\rho_1^*(g)y)(\rho_p(g)(z_1\wedge\cdots\wedge z_p))=\rho_{p-1}(g)(\iota(y)(z_1\wedge\cdots\wedge z_p))$ および $\rho_n(g)(u_1\wedge\cdots\wedge u_n)=\det g\cdot u_1\wedge\cdots\wedge u_n$ より

$$f_l^k(\rho(g)x;\rho_1^*(g)y_1,\cdots,\rho_1^*(g)y_k;\rho_1(g)z_1,\cdots,\rho_1(g)z_l)$$

§2.4 概均質ベクトル空間の例

$$= \det g \cdot f_l^k(x; y_1, \cdots, y_k; z_1, \cdots, z_l) \quad (g \in GL_n)$$

が成り立つことがわかる。この例2.5では$n=6$, $\dim \bigwedge^3 V_1 = 20$ の場合を考えよう。このとき $f_1^1(x;y;z)$ $(x \in \bigwedge^3 V_1, y \in V_1^*, z \in V_1)$ なる多項式関数が定義されるが、これは$y$ と$z$に関して線形であるから、$f_1^1(x;y;z) = -\langle S(x)z, y \rangle$ $(z \in V_1, y \in V_1^*)$ により$V_1$の線形変換$S(x)$が定まる。$u_1, \cdots, u_6$ および $u_1^*, \cdots, u_6^*$ により $V_1 = \Omega^6 = V_1^*$ と同一視すると $S(x)$ は6次正方行列になり、$f_1^1(\rho(g)x; {}^t g^{-1}y; gz) = \det g \cdot f_1^1(x;y;z)$ より $S(\rho(g)x) = \det g \cdot g S(x) g^{-1}$ $(g \in GL_6)$ という関係式を得る。$\tau = u_1 \wedge \cdots \wedge u_6$ とおくと $x_0 = u_1 \wedge u_2 \wedge u_3 + u_4 \wedge u_5 \wedge u_6$ に対して、例えば $\iota(u_1^*)x_0 = u_2 \wedge u_3$ ゆえ $x_0 \wedge (\iota(u_1^*)x_0) \wedge u_1 = -\tau = f_1^1(x_0; u_1^*; u_1)\tau$ となる。したがって、

$$f_1^1(x_0; u_i^*; u_j) = \begin{cases} 0 & (i \neq j) \\ -1 & (1 \leq i = j \leq 3) \\ 1 & (4 \leq i = j \leq 6) \end{cases}$$

であるから、

$$S(x_0)u_i = u_i \ (1 \leq i \leq 3), \quad S(x_0)u_i = -u_i \ (4 \leq i \leq 6)$$

となり、$V_1$ は $S(x_0)$ の固有値1に対する固有空間 $V^+ = \Omega u_1 + \Omega u_2 + \Omega u_3$ と固有値$-1$に対する固有空間 $V^- = \Omega u_4 + \Omega u_5 + \Omega u_6$ に分解する：$V_1 = V^+ \oplus V^-$. $G_{x_0} = \{g \in GL_6; \rho(g)x_0 = x_0\}$ を $x_0$ の等方部分群とすると $S(x_0)gu_1 = \det g \cdot g S(x_0)u_1 = (\det g) \cdot g u_1$ $(g \in G_{x_0})$ となり、$\det g$ は $S(x_0)$ の固有値であるから $\pm 1$ である。もし $\det g = 1$ ならば $S(x_0) \cdot g = g \cdot S(x_0)$ で $z \in V^+$ に対し $S(x_0)gz = g S(x_0)z = gz$ となり、$gz \in V^+$、すなわち $gV^+ \subset V^+$ で、同様に $gV^- \subset V^-$ となる。したがって $\rho(g)x_0 = \det(g|_{V^+})u_1 \wedge u_2 \wedge u_3 + (\det g|_{V^-})u_4 \wedge u_5 \wedge u_6 = x_0$ となり、$g \in SL(V^+) \times SL(V^-)$ $(\subset G_{x_0})$ を得る。$\det g = -1$ のときは $g_0 = \begin{pmatrix} 0 & I_3 \\ I_3 & 0 \end{pmatrix} \in G_{x_0}$ に対し $g g_0^{-1} \in SL(V^+) \times SL(V^-)$ であるから、結局

$$G_{x_0} = \left\{ \left( \begin{array}{c|c} A & 0 \\ \hline 0 & B \end{array} \right); A, B \in SL_3 \right\} \times \left\{ I_6, \left( \begin{array}{c|c} 0 & I_3 \\ \hline I_3 & 0 \end{array} \right) \right\}$$

を得る。$\dim G_{x_0} = 16 = \dim GL_6 - \dim V(20)$ であるから $(GL_6, \Lambda_3, V(20))$

は正則概均質ベクトル空間である．$S(x_0)$ の固有値は $1,1,1,-1,-1,-1$ であるから $\operatorname{tr} S(x_0)=0$ で，したがって稠密な開軌道の点 $x=\rho(g)x_0\ (g\in GL_6)$ に対しても $\operatorname{tr} S(x)=\operatorname{tr}(\det g\cdot g\cdot S(x_0)\cdot g^{-1})=0$ となり，したがって $V(20)$ 上で $\operatorname{tr} S(x)=0$ である．$S(x_0)^2 u_i=u_i\ (1\leqq i\leqq 6)$ ゆえ $S(x_0)^2=I_6$ で，したがって $S(x)^2=(\det g\cdot gS(x_0)g^{-1})^2=(\det g)^2 I_6$ が稠密な開軌道上で成り立つ．したがって，ある多項式 $f(x)$ が存在して $S(x)^2=f(x)I_6$ となる．$S(x)$ の成分は $x$ の 2 次式ゆえ $f(x)$ は $(\det g)^2$ に対応する 4 次の相対不変式である．

$f(x_0)=1$ で $f(0)=0$ である．$GL_6$ の有理指標 $(\det g)^m\ (m\in\mathbb{Z})$ が相対不変式に対応する必要十分条件は $(\det g)^m|_{G_{x_0}}=(\pm 1)^m=1$ ゆえ $m$ が偶数 $m=2l$ でこのとき $f(x)^l$ に対応するから $f(x)$ は既約相対不変式である．　　□

**例 2.6 $(GL_7, \varLambda_3, V(35))$.**

$\Omega$ 上の 7 次元ベクトル空間 $V_1$ の基底を $u_1,\cdots,u_7$ とすると，群 $GL_7$ は

$$(u_1,\cdots,u_7)\mapsto(u_1,\cdots,u_7)g \quad (g\in GL_7)$$

により $V_1$ に作用して $\rho_1:GL_7\to GL(V_1)$ が得られる．そこで $V(35)$ を $V_1$ の 3 次の歪テンソルの 35 次元の空間 $V(35)=\sum_{1\leqq i<j<k\leqq 7}\Omega u_i\wedge u_j\wedge u_k$ とし，群 $GL_7$ の作用 $\rho=\varLambda_3$ を

$$\rho(g)(u_i\wedge u_j\wedge u_k)=\rho_1(g)u_i\wedge\rho_1(g)u_j\wedge\rho_1(g)u_k$$

で定めて得られる $(GL_7,\varLambda_3,V(35))$ を考えよう．概均質性を調べるには，Lie 環で計算すればよい．$d\rho$ を対応する $\mathfrak{gl}_7$ の表現とすると

$$d\rho(A)(u_i\wedge u_j\wedge u_k)=d\rho_1(A)u_i\wedge u_j\wedge u_k+u_i\wedge d\rho_1(A)u_j\wedge u_k$$
$$+u_i\wedge u_j\wedge d\rho_1(A)u_k \quad (A\in\mathfrak{gl}_7)$$

となる（例えば $\Omega=\mathbb{C}$ として $\rho(g)=\rho(\exp tA)=\exp td\rho(A)$ を $t$ について微分して $t=0$ とするとこの関係が得られる）．

$$x_0=u_2\wedge u_3\wedge u_4+u_5\wedge u_6\wedge u_7+u_1\wedge(u_2\wedge u_5+u_3\wedge u_6+u_4\wedge u_7)$$

における等方部分環 $\mathfrak{g}_{x_0}=\{A\in\mathfrak{gl}_7;\ d\rho(A)x=0\}$ を計算しよう．$A=(a_{ij})\in\mathfrak{gl}_7$ に対して，$d\rho_1(A):u_i\mapsto\sum_{j=1}^{7}u_j a_{ji}$ であるから

## §2.4 概均質ベクトル空間の例

$$d\rho(A)x_0 = \sum_{1\leqq i<j<k\leqq 7}(i,j,k)u_i\wedge u_j\wedge u_k$$

とおくと, $(i,j,k)$ は表 2.1 で与えられる.

**表 2.1** $(i,j,k)$ の表

| | | | |
|---|---|---|---|
| (123) | $a_{14}-a_{26}+a_{35}$ | (237) | $a_{74}$ |
| (124) | $-a_{13}-a_{27}+a_{45}$ | (245) | $-a_{41}-a_{53}$ |
| (125) | $a_{11}+a_{22}+a_{55}$ | (246) | $-a_{63}$ |
| (126) | $a_{23}+a_{65}$ | (247) | $a_{21}-a_{73}$ |
| (127) | $a_{24}+a_{75}$ | (256) | $a_{27}+a_{61}$ |
| (134) | $a_{12}-a_{37}+a_{46}$ | (257) | $-a_{26}+a_{71}$ |
| (135) | $a_{32}+a_{56}$ | (267) | $a_{25}$ |
| (136) | $a_{11}+a_{33}+a_{66}$ | (345) | $a_{52}$ |
| (137) | $a_{34}+a_{76}$ | (346) | $-a_{41}+a_{62}$ |
| (145) | $a_{42}+a_{57}$ | (347) | $a_{31}+a_{72}$ |
| (146) | $a_{43}+a_{67}$ | (356) | $a_{37}-a_{51}$ |
| (147) | $a_{11}+a_{44}+a_{77}$ | (357) | $-a_{36}$ |
| (156) | $a_{17}+a_{53}-a_{62}$ | (367) | $a_{35}+a_{71}$ |
| (157) | $-a_{16}+a_{54}-a_{72}$ | (456) | $a_{47}$ |
| (167) | $a_{15}+a_{64}-a_{73}$ | (457) | $-a_{46}-a_{51}$ |
| (234) | $a_{22}+a_{33}+a_{44}$ | (467) | $a_{45}-a_{61}$ |
| (235) | $-a_{31}+a_{54}$ | (567) | $a_{55}+a_{66}+a_{77}$ |
| (236) | $a_{21}+a_{64}$ | | |

そこで, $(i,j,k)=0$ $(1\leqq i<j<k\leqq 7)$ を解くことにより

$$(2.4) \quad \mathfrak{g}_{x_0} = \left\{ A = \begin{pmatrix} 0 & 2d & 2e & 2f & 2a & 2b & 2c \\ a & & & & 0 & f & -e \\ b & & X & & -f & 0 & d \\ c & & & & e & -d & 0 \\ d & 0 & -c & b & & & \\ e & c & 0 & -a & & -{}^tX & \\ f & -b & a & 0 & & & \end{pmatrix} ; X \in \mathfrak{sl}_3 \right\}$$

を得る. $\dim \mathfrak{g}_{x_0}=14=49-35=\dim GL_7-\dim V(35)$ であるから, この空間 $(GL_7;\Lambda_3,V(35))$ が概均質ベクトル空間であることがわかる.

この $\mathfrak{g}_{x_0}$ は $G_2$ 型単純 Lie 環であり (§7.3 の例 7.3 参照), したがって, この概均質ベクトル空間は正則で, 特異集合 $S$ はある既約相対不変式 $f(x)$ の零点である: $S=\{x\in V(35);\ f(x)=0\}$. 例 2.5 の初めの部分で定義した記号を使うと $\rho_1^*(g)={}^tg^{-1}=(g'_{ij})\in GL_7$ に対し

$$\begin{aligned}\det g\cdot f_0^2(x;u_i^*,u_j^*) &= f_0^2(\rho(g)x;\rho_1^*(g)u_i^*,\rho_1^*(g)u_j^*) \\ &= f_0^2\left(\rho(g)x;\sum_s u_s^* g'_{si},\sum_t u_t^* g'_{tj}\right) \\ &= \sum_{s,t} g'_{si}\cdot f_0^2(\rho(g)x;u_s^*,u_t^*)\cdot g'_{tj}\end{aligned}$$

となるから, $(i,j)$ 成分が $x$ の 3 次多項式 $f_0^2(x;u_i^*,u_j^*)$ である 7 次行列を $\varphi(x)$ とおくとき

$$\det g\cdot\varphi(x)={}^t({}^tg^{-1})\varphi(\rho(g)x)({}^tg^{-1}),$$

すなわち $\varphi(\rho(g)x)=\det g\cdot g\cdot\varphi(x)\cdot{}^tg$ $(g\in GL_7)$ となる. 次に $x$ の 4 次多項式

$$\varphi^*(x)_{ij}=\sum_{k,l} f_2^1(x;u_k^*;u_l,u_i)\cdot f_2^1(x;u_l^*;u_k,u_j)$$

に対し, $\sum_k g'_{rk}g_{bk}=\delta_{rb}$, $\sum_l g_{sl}g'_{al}=\delta_{sa}$ などに注意すれば,

$$\begin{aligned}(\det g)^2\cdot\varphi^*(x)_{ij} &= \sum_{k,l} f_2^1\left(\rho(g)x;\sum_r u_r^* g'_{rk};\sum_s u_s g_{sl},\sum_t u_t g_{ti}\right) \\ &\quad\times f_2^1\left(\rho(g)x;\sum_a u_a^* g'_{al};\sum_b u_b g_{bk},\sum_c u_c g_{cj}\right) \\ &= \sum_{t,c} g_{ti}\varphi^*(\rho(g)x)_{tc}g_{cj}\end{aligned}$$

となるから, 7 次行列 $\varphi^*(x)=(\varphi^*(x)_{ij})$ は

$$\varphi^*(\rho(g)x)=(\det g)^2\cdot{}^tg^{-1}\cdot\varphi^*(x)\cdot g^{-1}\quad (g\in GL_7)$$

となる. したがって $\Phi(x)=\varphi(x)\varphi^*(x)$ なる $x$ の 7 次多項式を成分とする 7 次行列は,

$$\Phi(\rho(g)x)=(\det g)^3\cdot g\cdot\Phi(x)\cdot g^{-1}\quad (g\in GL_7)$$

を満たすから

$$f(x) = \operatorname{tr} \Phi(x) = \sum_{i,j,k,l} f_0^2(x; u_i^*, u_j^*) f_2^1(x; u_k^*; u_l, u_j) f_2^1(x; u_l^*; u_k, u_i)$$

は $f(\rho(g)x) = (\det g)^3 f(x)$ となる 7 次斉次多項式である.

$$\varphi(x_0) = \left( \begin{array}{c|c|c} -6 & 0 & 0 \\ \hline 0 & 0 & 3I_3 \\ \hline 0 & 3I_3 & 0 \end{array} \right), \quad \varphi^*(x_0) = \left( \begin{array}{c|c|c} 6 & 0 & 0 \\ \hline 0 & 0 & -12I_3 \\ \hline 0 & -12I_3 & 0 \end{array} \right)$$

ゆえ $\Phi(x_0) = -36 I_7$ であるから, $f(x_0) = -36 \times 7 \neq 0$ であり, $f$ は恒等的には $0$ でない. また $\Phi(\rho(g)x_0) = (\det g)^3 \cdot (-36 I_7)$ $(g \in G)$ であるから, $\Phi(x)$ は稠密軌道 $\rho(G)x_0$ 上でスカラー行列であり, したがって $\Phi(x) = (f(x)/7) \cdot I_7$ であることもわかる. 既約相対不変式を $F(x)$ とすると $f(x) = cF(x)^m$ の形ゆえ $7 = m \cdot \deg F$. よって $m=1$ (このときは $f(x)$ が既約), または $m=7$ で $\deg F = 1$ となるが後者の場合 $V(35)$ の座標を $x_1, \cdots, x_{35}$ と表わすと $\partial F/\partial x_i = $ 定数 であるから, $\operatorname{grad} \log F$ の像が稠密になり得ず正則性に反する. したがって 7 次相対不変式 $f(x)$ は既約である. □

**例 2.7** $(GL_8, \Lambda_3, V(56))$.

この空間は $u_i \wedge u_j \wedge u_k$ $(1 \leq i < j < k \leq 8)$ を基底とする 56 次元の空間で, $GL_8$ の作用は例 2.5, 2.6 と同様である. $x_0 = u_1 \wedge u_2 \wedge u_3 + u_4 \wedge u_5 \wedge u_6 + u_7 \wedge (u_1 \wedge u_4 - u_2 \wedge u_5) + u_8 \wedge (u_1 \wedge u_4 - u_3 \wedge u_6)$ に対して, 例 2.6 と同様に

$$d\rho(A)x_0 = \sum a_{ijk} u_i \wedge u_j \wedge u_k \quad (1 \leq i < j < k \leq 8)$$

を計算することにより, $x_0$ における等方部分環は

$$\mathfrak{g}_{x_0} = \{ A \in \mathfrak{gl}_8 ;\ d\rho(A)x_0 = 0 \}$$

$$= \left\{ A = \left( \begin{array}{ccc|ccc|cc} \alpha_1 & 0 & 0 & 0 & \gamma_3 & \gamma_2 & \beta_1 & \beta_1 \\ 0 & \alpha_2 & 0 & -\gamma_3 & 0 & -\gamma_1 & -2\beta_2 & \beta_2 \\ 0 & 0 & \alpha_3 & -\gamma_2 & \gamma_1 & 0 & -\beta_3 & 2\beta_3 \\ \hline 0 & -\beta_3 & -\beta_2 & -\alpha_1 & 0 & 0 & \gamma_1 & \gamma_1 \\ \beta_3 & 0 & \beta_1 & 0 & -\alpha_2 & 0 & -2\gamma_2 & \gamma_2 \\ \beta_2 & -\beta_1 & 0 & 0 & 0 & -\alpha_3 & -\gamma_3 & 2\gamma_3 \\ \hline \gamma_1 & -\gamma_2 & 0 & \beta_1 & -\beta_2 & 0 & 0 & 0 \\ \gamma_1 & 0 & \gamma_3 & \beta_1 & 0 & \beta_3 & 0 & 0 \end{array} \right), \right.$$
$$\left. \text{ただし}\ \alpha_1 + \alpha_2 + \alpha_3 = 0 \right\}$$

となることがわかる．これは $\mathfrak{sl}_3$（の随伴表現）であり，$\dim \mathfrak{g}_{x_0} = 8 = \dim GL_8 - \dim V(56)$ ゆえ $(GL_8, \Lambda_3, V(56))$ は正則概均質ベクトル空間である．

$$x_0' = u_1 \wedge u_2 \wedge u_3 + u_1 \wedge u_5 \wedge u_6 + u_2 \wedge u_4 \wedge u_6$$
$$+ u_7 \wedge (u_1 \wedge u_4 - u_2 \wedge u_5) + u_8 \wedge (u_1 \wedge u_4 - u_3 \wedge u_6)$$

における等方部分環は

$$\mathfrak{g}_{x_0'} = \left\{ A = \left( \begin{array}{ccc|ccc|ccc} \alpha & \beta_1 & & \gamma_2 & \gamma_3 & \gamma_4 & -\beta_3 & 2\beta_2 & 2\beta_2 \\ \beta_1 & \alpha & & \gamma_1 & -\gamma_4 & \gamma_5 & -\beta_2 & -4\beta_3 & 2\beta_3 \\ \hline & & & -2\alpha & \beta_3 & \beta_2 & & & \\ & 0 & & -\beta_3 & -2\alpha & \beta_1 & & 0 & \\ & & & \beta_2 & \beta_1 & -2\alpha & & & \\ \hline \beta_3 & -\beta_2 & & \gamma_3 - \gamma_5 & \gamma_2 & \gamma_1 & \alpha & 2\beta_1 & -4\beta_1 \\ \beta_2 & \beta_3 & & 0 & -\gamma_1 & \gamma_2 & 0 & \alpha & 0 \\ \beta_2 & 0 & & \gamma_4 & -\gamma_1 & 0 & -\beta_1 & 0 & \alpha \end{array} \right) \right\}$$

の形で，これは $(\mathfrak{gl}_1 \oplus \mathfrak{sl}_2) \oplus V(5)$ と同型であり，$\dim \rho(GL_8)x_0' = \dim GL_8 - \dim \mathfrak{g}_{x_0'} = 55$ であるから，$\rho(GL_8)x_0'$ は余次元 1 の軌道である．$A \in \mathfrak{g}_{x_0'}$ に対して $\mathrm{tr}_V A = -21\alpha$, $\mathrm{tr\,ad}_{\mathfrak{g}_{x_0'}} A = 15\alpha$ となるから，命題 2.19 より既約相対不変式 $f(x)$ の次数は $\deg f = ((-21\alpha + 15\alpha)/(-21\alpha)) \times 56 = 16$ である．この $f(x)$ は例 2.5 で与えた記号を用いて次のようにして与えられる．

まず $x$ の 6 次多項式

$$\varphi_{ij}(x) = \sum_{s,t=1}^{8} f_1^2(x; u_i^*, u_t^*; u_s) \cdot f_1^2(x; u_j^*, u_s^*; u_t)$$

を $(i,j)$ 成分とする 8 次行列 $\varphi(x) = (\varphi_{ij}(x))$ を考えると，例 2.6 のときと同様にして

$$\varphi(\rho(g)x) = (\det g)^2 \cdot g \varphi(x)\,{}^t g \quad (g \in GL_8)$$

が成り立つことが示せる．次に $x$ の 10 次多項式

$$\varphi_{ij}^*(x) = \sum_{i_1,\cdots,i_6=1}^{8} f_1^2(x; u_{i_1}^*, u_{i_2}^*; u_i) \cdot f_3^1(x; u_{i_3}^*; u_{i_1}, u_{i_4}, u_{i_5})$$
$$\times f_3^1(x; u_{i_4}^*; u_{i_2}, u_{i_3}, u_{i_6}) \cdot f_1^2(x; u_{i_5}^*, u_{i_6}^*; u_j)$$

を $(i,j)$ 成分とする 8 次行列 $\varphi^*(x)=(\varphi^*_{ij}(x))$ を考えると，やはり例 2.6 のときと同様にして

$$\varphi^*(\rho(g)x)=(\det g)^4 \cdot {}^t g^{-1} \varphi^*(x) g^{-1} \quad (g \in GL_8)$$

となることがわかる．そこで $\Phi(x)=\varphi(x)\varphi^*(x)$ とおけば

$$\Phi(\rho(g)x)=(\det g)^6 \cdot g \Phi(x) g^{-1} \quad (g \in GL_8)$$

となるから，$f(x)=\mathrm{tr}\,\Phi(x)$ は $f(\rho(g)x)=(\det g)^6 f(x)$ $(g \in GL_8)$ を満たす 16 次斉次多項式である．そして

$$\varphi(x_0)=-10\left[\begin{array}{cc|cc} 0 & 3I_3 & \multicolumn{2}{c}{O_{6,2}} \\ 3I_3 & 0 & & \\ \hline \multicolumn{2}{c|}{O_{2,6}} & -2 & -1 \\ & & -1 & -2 \end{array}\right],$$

$$\varphi^*(x_0)=420\left[\begin{array}{cc|cc} 0 & I_3 & \multicolumn{2}{c}{O_{6,2}} \\ I_3 & 0 & & \\ \hline \multicolumn{2}{c|}{O_{2,6}} & -2 & 1 \\ & & 1 & -2 \end{array}\right]$$

ゆえ $\Phi(x_0)=-12600 I_8$ となり，$f(x_0)=-12600 \times 8 \neq 0$，すなわち $f(x)$ は恒等的に零ではない．例 2.6 の場合と同様にして $\Phi(x)$ はスカラー行列で $\Phi(x)=(f(x)/8) \cdot I_8$ となることもわかる． □

**例 2.8** $(SL_3 \times GL_2, 2\Lambda_1 \otimes \Lambda_1, V(6) \otimes V(2))$.

$V(6) \otimes V(2)$ は $V=\{X=(X_1,X_2);\ X_1,X_2 \in M(3),\ {}^t X_1=X_1,\ {}^t X_2=X_2\}$ と同一視され，そのとき $SL_3 \times GL_2$ の作用 $\rho=2\Lambda_1 \otimes \Lambda_1$ は

$$\rho(A,B)X=(A(aX_1+bX_2)^t A,\ A(cX_1+dX_2)^t A)$$

$$\left(A \in SL_3,\ B=\begin{pmatrix} a & b \\ c & d \end{pmatrix} \in GL_2,\ X=(X_1,X_2) \in V\right)$$

で与えられる．$X=(X_1,X_2) \in V$ に対して $SL_3$ の作用で不変な 2 元 3 次形式 $F_X(u,v)=\det(uX_1+vX_2)$ が得られ，$GL_2$ は $3\Lambda_1$ で $F_X(u,v)$ たちに作用する（例 2.4 を参照）．$G=SL_3 \times GL_2$ の

$$X_0 = \left( \begin{pmatrix} 1 & & \\ & 1 & \\ & & 1 \end{pmatrix}, \begin{pmatrix} 1 & \\ & \omega \\ & & \omega^2 \end{pmatrix} \right) \in V$$

($\omega^3 = 1, \omega \neq 1$) における等方部分群 $G_{X_0}$ を求めよう. $(A, B) \in G_{X_0}$ なら $B$ は $F_{X_0}(u, v) = u^3 + v^3$ を動かさないから, 例 2.4 により $B$ は

$$\left\{ \begin{pmatrix} a & 0 \\ 0 & d \end{pmatrix}; a^3 = d^3 = 1 \right\} \cup \left\{ \begin{pmatrix} 0 & b \\ c & 0 \end{pmatrix}; b^3 = c^3 = 1 \right\}$$

に属す. $B = I_2$ のとき $A^t A = I_3$, $A \begin{pmatrix} 1 & & \\ & \omega & \\ & & \omega^2 \end{pmatrix} {}^t A = \begin{pmatrix} 1 & & \\ & \omega & \\ & & \omega^2 \end{pmatrix}$ となり $A$ は対角行列で $A^t A = I_3$, $A \in SL_3$ より

$$A = \begin{pmatrix} 1 & & \\ & 1 & \\ & & 1 \end{pmatrix}, \begin{pmatrix} 1 & & \\ & -1 & \\ & & -1 \end{pmatrix}, \begin{pmatrix} -1 & & \\ & 1 & \\ & & -1 \end{pmatrix},$$
$$\begin{pmatrix} -1 & & \\ & -1 & \\ & & 1 \end{pmatrix}$$

のいずれかである. $B = \begin{pmatrix} 0 & \omega \\ 1 & 0 \end{pmatrix}$ なら

$$A = \begin{pmatrix} & & -1 \\ & -\omega^2 & \\ -\omega & & \end{pmatrix}, \begin{pmatrix} & & -1 \\ & \omega^2 & \\ \omega & & \end{pmatrix}, \begin{pmatrix} & & 1 \\ & -\omega^2 & \\ \omega & & \end{pmatrix},$$
$$\begin{pmatrix} & & 1 \\ & \omega^2 & \\ -\omega & & \end{pmatrix}$$

のいずれかという具合に各 $B$ に対して $A$ が 4 つ定まるから, $G_{X_0}$ は位数が $4 \times 18 = 72$ の有限群である. $\dim G_{X_0} = 0 = \dim SL_3 \times GL_2 - \dim V(6) \otimes V(2)$ より, これは正則概均質ベクトル空間である. $f(X)$ を $F_X(u, v)$ の判別式とすれば (例 2.4 参照), これは 12 次の相対不変式で有理指標 $\chi((A, B)) = (\det B)^6$ $((A, B) \in SL_3 \times GL_2)$ に対応している. $SL_3 \times GL_2$ の任意の有理指標は $\chi'((A, B)) = (\det B)^m$ $((A, B) \in SL_3 \times GL_2)$ の形で, $\det \begin{pmatrix} & \omega \\ 1 & \end{pmatrix} = -\omega$

は 1 の原始 6 乗根ゆえ $\chi'|_{G_{X_0}}=1$ となるには $6|m$ でなければならない. これは $f(X)$ が既約相対不変式であることを意味する. □

**例 2.9** $(SL_6 \times GL_2, \Lambda_2 \otimes \Lambda_1, V(15) \otimes V(2))$.

$V(15)$ を $\{X \in M(6); {}^tX = -X\}$ と同一視して $V(15) \otimes V(2)$ を $V(15) \oplus V(15)$ と同一視すると, $SL_6 \times GL_2$ の表現 $\rho = \Lambda_2 \otimes \Lambda_1$ は

$$\rho(g)X = (AX_1{}^tA, AX_2{}^tA){}^tB$$
$$(g=(A,B) \in SL_6 \times GL_2, \quad X=(X_1,X_2) \in V(15) \oplus V(15))$$

であり, したがって, その微分表現 $d\rho$ は

$$d\rho\left(A, \begin{pmatrix} \alpha & \beta \\ \gamma & \delta \end{pmatrix}\right)X = (AX_1 + X_1{}^tA + \alpha X_1 + \beta X_2,$$
$$AX_2 + X_2{}^tA + \gamma X_1 + \delta X_2)$$

$$\left(A \in \mathfrak{sl}_6, \begin{pmatrix} \alpha & \beta \\ \gamma & \delta \end{pmatrix} \in \mathfrak{gl}_2, X=(X_1,X_2) \in V(15) \oplus V(15)\right)$$

で与えられる.

$$X_0 = \left\{\left(\begin{array}{c|c} 0 & I_3 \\ \hline -I_3 & 0 \end{array}\right), \quad \left(\begin{array}{c|c} 0 & \Lambda \\ \hline -\Lambda & 0 \end{array}\right)\right\},$$
$$\Lambda = \begin{pmatrix} 1 & & \\ & \omega & \\ & & \omega^2 \end{pmatrix} \qquad (\omega^3=1, \omega \neq 1)$$

における等方部分環を計算すると

$$\mathfrak{g}_{X_0} = \left\{\left(A, \begin{pmatrix} \alpha & \beta \\ \gamma & \delta \end{pmatrix}\right) \in \mathfrak{sl}_6 \oplus \mathfrak{gl}_2; d\rho\left(A, \begin{pmatrix} \alpha & \beta \\ \gamma & \delta \end{pmatrix}\right)X_0 = 0\right\}$$
$$= \left\{\begin{pmatrix} A_1 & B_1 \\ C_1 & -A_1 \end{pmatrix} \oplus (0); A_1, B_1, C_1 \text{ は 3 次対角行列}\right\}$$
$$\cong \mathfrak{sl}_2 \oplus \mathfrak{sl}_2 \oplus \mathfrak{sl}_2$$

であり, $\dim \mathfrak{g}_{X_0} = 9 = \dim SL_6 \times GL_2 - \dim V(15) \otimes V(2)$ ゆえ, これは正則概均質ベクトル空間である. $X=(X_1,X_2) \in V(15) \oplus V(15)$ に対して $F_X(u,v)$

$=\mathrm{Pf}(uX_1+vX_2)$ は $SL_6$ 不変な 2 元 3 次形式で $GL_2$ は $3\Lambda_1$ で作用するから，例 2.4 により $F_X(u,v)$ の判別式 $f(X)$ は 12 次の相対不変式で，有理指標 $\chi((A,B))=(\det B)^6$ $(A\in SL_6,\ B\in GL_2)$ に対応する．さて既約相対不変式に対応する有理指標 $\chi'$ を $\chi'((A,B))=(\det B)^m$ とすると $\chi'|_{G_{X_0}}=1$ であるが，

$$A=\begin{pmatrix} A_1 & 0 \\ \hline 0 & A_1 \end{pmatrix},\quad A_1=\begin{pmatrix} & & 1 \\ & \omega^2 & \\ \omega & & \end{pmatrix},\quad B=\begin{pmatrix} 0 & \omega \\ 1 & 0 \end{pmatrix}$$

とおくと，$(A,B)\in G_{X_0}$ ゆえ $\chi'((A,B))=(-\omega)^m=1$ を得る．$-\omega$ は 1 の原始 6 乗根ゆえ $6|m$ となり，$\chi'=\chi$，すなわち $f(X)$ が既約相対不変式であることがわかる． □

**例 2.10** $(SL_5\times GL_3,\ \Lambda_2\otimes\Lambda_1,\ V(10)\otimes V(3))$．

$u_1,\cdots,u_5$ を基底とする $\Omega$ 上の 5 次元ベクトル空間 $V_1$ に $\rho_1(g)(u_1,\cdots,u_5)=(u_1,\cdots,u_5)g$ $(g\in SL_5)$ により $SL_5$ を作用させる．そして 2 次の交代テンソル $u_i\wedge u_j$ $(1\leq i<j\leq 5)$ を基底とする 10 次元ベクトル空間 $V(10)$ への $SL_5$ の作用 $\rho_2=\Lambda_2$ を $\rho_2(g)\cdot(u_i\wedge u_j)=(\rho_1(g)u_i)\wedge(\rho_1(g)u_j)$ $(g\in SL_5)$ により定める．$V(10)\otimes V(3)$ を $V(10)\oplus V(10)\oplus V(10)$ と同一視したとき，$SL_5\times GL_3$ の作用 $\rho=\Lambda_2\otimes\Lambda_1$ は

$$\rho(g)(x_1,x_2,x_3)=(\rho_2(A)x_1,\rho_2(A)x_2,\rho_2(A)x_3){}^tB$$
$$(g=(A,B)\in SL_5\times GL_3)$$

で与えられる．

$$x_0=(u_1\wedge u_2+u_3\wedge u_4,\ u_2\wedge u_3+u_4\wedge u_5,\ u_1\wedge u_3+u_2\wedge u_5)$$

における等方部分環は

$$\mathfrak{g}_{x_0}=\{(A,B)\in\mathfrak{sl}_5\oplus\mathfrak{gl}_3;\ d\rho(A,B)x_0=0\}$$

$$=\left\{\begin{pmatrix} 0 & -\beta & \gamma & 0 & 0 \\ -3\gamma & 2\alpha & 0 & -2\beta & 0 \\ 3\beta & 0 & -2\alpha & 0 & 2\gamma \\ 0 & -\gamma & 0 & 4\alpha & 0 \\ 0 & 0 & \beta & 0 & -4\alpha \end{pmatrix}\oplus\begin{pmatrix} -2\alpha & \beta & 0 \\ \gamma & 0 & \beta \\ 0 & \gamma & 2\alpha \end{pmatrix}\right\}$$

$$\cong\mathfrak{sl}_2$$

で $\dim \mathfrak{g}_{x_0} = 3 = \dim SL_5 \times GL_3 - \dim V(10) \otimes V(3)$ ゆえ,これは正則概均質ベクトル空間である.次に

$$x'_0 = (u_1 \wedge u_2, \ u_3 \wedge u_4 + u_1 \wedge u_5, \ u_2 \wedge u_3 + u_4 \wedge u_5)$$

における等方部分環を計算すると

$$\mathfrak{g}_{x'_0} = \left\{ \begin{pmatrix} 2\alpha+4\beta & 0 & \delta & 0 & 0 \\ 0 & -2\alpha-2\beta & 0 & 0 & \gamma \\ 0 & 0 & \alpha & 0 & 0 \\ 0 & 0 & \gamma & \beta & -\delta \\ 0 & 0 & 0 & 0 & -\alpha-3\beta \end{pmatrix} \right.$$
$$\left. \oplus \begin{pmatrix} -2\beta & 0 & 0 \\ -\gamma & -\alpha-\beta & 0 \\ \delta & 0 & \alpha+2\beta \end{pmatrix} \right\}$$

で $\dim \rho(SL_5 \times GL_3) x'_0 = \dim SL_5 \times GL_3 - \dim \mathfrak{g}_{x'_0} = 29$ ゆえ,$x'_0$ の軌道は余次元 1 である.$\widetilde{A} \in \mathfrak{g}_{x'_0}$ に対し $\operatorname{tr}_V \widetilde{A} = -10\beta$ で $\operatorname{tr} \operatorname{ad}_{\mathfrak{g}_{x'_0}} \widetilde{A} = 5\beta$ ゆえ,既約相対不変式 $f(x)$ の次数は命題 2.19 により

$$\deg f = ((-10\beta + 5\beta)/-10\beta) \times 30 = 15$$

である.この具体的な構成については A. Gyoja [3] の 438 頁–441 頁を参照.

□

### 例 2.11 $(SL_5 \times GL_4, \Lambda_2 \otimes \Lambda_1, V(10) \otimes V(4))$.

$V(10)$ は例 2.10 で与えられたものとする.$V(10) \otimes V(4)$ を $V(10) \oplus V(10) \oplus V(10) \oplus V(10)$ と同一視すると,$\rho = \Lambda_2 \otimes \Lambda_1$ は

$$\rho(g)(x_1, x_2, x_3, x_4) = (\rho_2(A)x_1, \rho_2(A)x_2, \rho_2(A)x_3, \rho_2(A)x_4)\,^t B$$
$$(g = (A, B) \in SL_5 \times GL_4)$$

で与えられる.

$$x_0 = (u_1 \wedge u_2 + u_3 \wedge u_4, \ u_2 \wedge u_3 + u_4 \wedge u_5, \ u_1 \wedge u_3 + u_2 \wedge u_5,$$
$$u_2 \wedge u_4 + u_3 \wedge u_5)$$

における等方部分環は

$$\mathfrak{g}_{x_0} = \{(A,B) \in \mathfrak{sl}_5 \oplus \mathfrak{gl}_4; \, d\rho(A,B)x_0 = 0\} = \{0\}$$

で，$\dim G_{x_0} = 0 = \dim SL_5 \times GL_4 - \dim V(10) \otimes V(4)$ により，これは正則概均質ベクトル空間である．系 2.20 により 40 次の相対不変式 $f(x)$ が存在するが

$$x_0' = (u_4 \wedge u_5, \, u_1 \wedge u_3 + u_2 \wedge u_5, \, u_2 \wedge u_3 + u_1 \wedge u_4, \, u_2 \wedge u_4 + u_1 \wedge u_5)$$

は余次元 1 の軌道の点であるので，この $f(x)$ は既約である．□

**例 2.12** $(SL_3 \times SL_3 \times GL_2, \, \Lambda_1 \otimes \Lambda_1 \otimes \Lambda_1, \, V(3) \otimes V(3) \otimes V(2))$．

$V(3) \otimes V(3) \otimes V(2)$ を $M(3) \oplus M(3)$ と同一視すると表現 $\rho = \Lambda_1 \otimes \Lambda_1 \otimes \Lambda_1$ は

$$\rho(g)X = (AX_1{}^t B, \, AX_2{}^t B){}^t C$$
$$(g = (A,B,C) \in SL_3 \times SL_3 \times GL_2,$$
$$X = (X_1, X_2) \in M(3) \oplus M(3))$$

で与えられ，したがって，その微分表現 $d\rho$ は

$$d\rho\left(A, B, \begin{pmatrix} \alpha & \beta \\ \gamma & \delta \end{pmatrix}\right) X = (AX_1 + X_1{}^t B + \alpha X_1 + \beta X_2,$$
$$AX_2 + X_2{}^t B + \gamma X_1 + \delta X_2)$$

$$\left(A, B \in \mathfrak{sl}_3, \, \begin{pmatrix} \alpha & \beta \\ \gamma & \delta \end{pmatrix} \in \mathfrak{gl}_2, \, X = (X_1, X_2) \in M(3) \oplus M(3)\right)$$

である．

$$X_0 = \left\{ \begin{pmatrix} & 1 & \\ & & 1 \\ 1 & & \end{pmatrix}, \begin{pmatrix} 1 & & \\ & 0 & \\ & & -1 \end{pmatrix} \right\}$$

における等方部分環を計算すると

§2.4 概均質ベクトル空間の例

$$\mathfrak{g}_{X_0} = \left\{ \left( A, B, \begin{pmatrix} \alpha & \beta \\ \gamma & \delta \end{pmatrix} \right) \in \mathfrak{sl}_3 \oplus \mathfrak{sl}_3 \oplus \mathfrak{gl}_2; \right.$$
$$\left. d\rho\left( A, B, \begin{pmatrix} \alpha & \beta \\ \gamma & \delta \end{pmatrix} \right) X_0 = 0 \right\}$$
$$= \left\{ \left( \begin{pmatrix} \alpha & & \\ & \beta & \\ & & \gamma \end{pmatrix}, \begin{pmatrix} -\alpha & & \\ & -\beta & \\ & & -\gamma \end{pmatrix}, (0) \right); \alpha+\beta+\gamma=0 \right\}$$
$$\cong \mathfrak{gl}_1 \oplus \mathfrak{gl}_1$$

で $\dim \mathfrak{g}_{X_0} = 2 = \dim(SL_3 \times SL_3 \times GL_2) - \dim V(3) \otimes V(3) \otimes V(2)$ ゆえ，これは正則概均質ベクトル空間である．$X = (X_1, X_2) \in M(3) \oplus M(3)$ に対し $\det(uX_1 + vX_2)$ は $SL_3$ 不変な 2 元 3 次形式で $GL_2$ は $3\Lambda_1$ で作用するから，例 2.4 により，その判別式 $f(X)$ は 12 次の相対不変式である．例 2.8 により $X = (X_1, X_2)$ を $X_1, X_2$ が対称行列に制限したとき，$f(X)$ は既約であったから，この $f(X)$ 自身も既約である． □

**例 2.13** $(Sp_n \times GL_{2m}, \Lambda_1 \otimes \Lambda_1, V(2n) \otimes V(2m))$ $(n \geqq 2m \geqq 2)$.

実は，この空間は任意の $n, m$ に対して概均質ベクトル空間であるが，$n \leqq m$ ならいわゆる自明な概均質ベクトル空間であり，$n > m > n/2$ ならば $n \geqq 2m \geqq 2$ の場合の裏返し変換であるので，$n \geqq 2m \geqq 2$ としているのである（§7.1 を参照）．$V = V(2n) \otimes V(2m)$ は $2n \times 2m$ 行列全体 $M(2n, 2m)$ と同一視され，$\rho = \Lambda_1 \otimes \Lambda_1$ は $\rho(g)X = g_1 X {}^t g_2$ $(g = (g_1, g_2) \in Sp_n \times GL_{2m}, X \in M(2n, 2m))$ で与えられる．その微分表現 $d\rho$ は

$$d\rho(A)X = A_1 X + X {}^t A_2 \quad (A = (A_1, A_2) \in \mathfrak{sp}_n \oplus \mathfrak{gl}_{2m}, X \in M(2n, 2m))$$

である．$O_{n,m}$ を $m \times n$ 型零行列とするとき，

$$X_0 = {}^t\left( \begin{array}{c|c} I_m \, O_{m,n-m} & O_{m,n} \\ \hline 0 & I_m \, O_{m,n-m} \end{array} \right) \in M(2n, 2m)$$

における等方部分環 $\mathfrak{g}_{X_0}$ を計算する．$A \in \mathfrak{g} = \mathfrak{sp}_n \oplus \mathfrak{gl}_{2m}$ を

$$A = \left(\begin{array}{cc|cc} A_1 & A_2 & B_1 & B_2 \\ A_3 & A_4 & {}^tB_2 & B_4 \\ \hline C_1 & C_2 & -{}^tA_1 & -{}^tA_3 \\ {}^tC_2 & C_4 & -{}^tA_2 & -{}^tA_4 \end{array}\right) \oplus \left(\begin{array}{cc} D_1 & D_2 \\ D_3 & D_4 \end{array}\right)$$

と表わす. ただし $A_1, B_1, C_1, D_j\ (1 \leqq j \leqq 4) \in M(m)$, $A_2, B_2, C_2 \in M(m, n-m)$, $A_3 \in M(n-m, m)$, $A_4, B_4, C_4 \in M(n-m)$, ${}^tB_1 = B_1$, ${}^tB_4 = B_4$, ${}^tC_1 = C_1$, ${}^tC_4 = C_4$ である (§1.6 を参照).

$$d\rho(A)X_0 = \left(\begin{array}{cccc} A_1 & A_2 & B_1 & B_2 \\ A_3 & A_4 & {}^tB_2 & B_4 \\ C_1 & C_2 & -{}^tA_1 & -{}^tA_3 \\ {}^tC_2 & C_4 & -{}^tA_2 & -{}^tA_4 \end{array}\right) \left(\begin{array}{cc} I_m & 0 \\ 0 & 0 \\ 0 & I_m \\ 0 & 0 \end{array}\right)$$

$$+ \left(\begin{array}{cc} I_m & 0 \\ 0 & 0 \\ 0 & I_m \\ 0 & 0 \end{array}\right) \left(\begin{array}{cc} {}^tD_1 & {}^tD_3 \\ {}^tD_2 & {}^tD_4 \end{array}\right)$$

$$= \left(\begin{array}{cc|cc} A_1 + {}^tD_1 & & B_1 + {}^tD_3 & \\ A_3 & & {}^tB_2 & \\ \hline C_1 + {}^tD_2 & & -{}^tA_1 + {}^tD_4 & \\ {}^tC_2 & & -{}^tA_2 & \end{array}\right)$$

であるから

$$\mathfrak{g}_{X_0} = \{A \in \mathfrak{g};\ d\rho(A)X_0 = 0\}$$
$$= \left\{ \left(\begin{array}{cc|cc} A_1 & 0 & B_1 & 0 \\ 0 & A_4 & 0 & B_4 \\ \hline C_1 & 0 & -{}^tA_1 & 0 \\ 0 & C_4 & 0 & -{}^tA_4 \end{array}\right) \oplus \left(-{}^t\!\left(\begin{array}{cc} A_1 & B_1 \\ C_1 & -{}^tA_1 \end{array}\right)\right) \right\}$$
$$\cong \mathfrak{sp}_m \oplus \mathfrak{sp}_{n-m}$$

であり, $\dim \mathfrak{g}_{X_0} = m(2m+1) + (n-m)(2n-2m+1) = \dim Sp_n \times GL_{2m} - \dim V(2n) \otimes V(2m)$ ゆえこれは正則概均質ベクトル空間である. $J = \begin{pmatrix} 0 & I_n \\ -I_n & 0 \end{pmatrix}$ とするとき, $X \mapsto g_1 X {}^tg_2$ なら

§2.4 概均質ベクトル空間の例　　　　　　　　　　83

$${}^tXJX \mapsto g_2{}^tX{}^tg_1Jg_1X{}^tg_2 = g_2({}^tXJX){}^tg_2$$

であるから, $f(X)=\mathrm{Pf}({}^tXJX)$ は例 2.3 により $2m$ 次の相対不変式である. 対応する有理指標は $\chi((g_1,g_2))=\det g_2$ である. $Sp_n \times GL_{2m}$ の任意の有理指標は $\chi$ の巾だから $f(X)$ は既約である. □

**例 2.14** $(GL_1 \times Sp_3, \Lambda_1 \otimes \Lambda_3, V(1) \otimes V(14))$.

例 2.5 の $(GL_6, \Lambda_3, V(20))$ において, 群を $Sp_3 (\subset GL_6)$ に制限すると $Sp_3$ の表現空間として $V(20)=V(6)\oplus V(14)$ と分解する. $x=\sum x_{ijk}u_i\wedge u_j\wedge u_k$ $(1\leq i<j<k\leq 6)$ が $V(14)$ に属す必要十分条件は $x_{i14}+x_{i25}+x_{i36}=0$ $(1\leq i\leq 6)$ である. $GL_1 \times Sp_3$ の Lie 環 $\mathfrak{g}$ は

$$\mathfrak{g} = \left\{ A = \left(\begin{array}{c|c} dI_3+A_1 & B_1 \\ \hline C_1 & dI_3-{}^tA_1 \end{array}\right); \begin{array}{l} A_1, B_1, C_1 \in M(3), \\ {}^tB_1=B_1, {}^tC_1=C_1 \end{array} \right\}$$

により $\mathfrak{gl}_6$ の部分 Lie 環とみなせる. $X_0=u_1\wedge u_2\wedge u_3+u_4\wedge u_5\wedge u_6\in V(14)$ に対して

$$\begin{aligned}\mathfrak{g}_{X_0} &= \{A\in\mathfrak{g};\ d\rho(A)X_0=0\} \\ &= \{A\in\mathfrak{g};\ B_1=C_1=0,\ d=0,\ \mathrm{tr}\,A_1=0\} \cong \mathfrak{sl}_3\end{aligned}$$

であり, $\dim \mathfrak{g}_{X_0}=8=\dim GL_1\times Sp_3-\dim V(14)$ ゆえ, これは正則概均質ベクトル空間である. $X_0'=u_1\wedge u_2\wedge u_6+u_3\wedge(u_1\wedge u_4-u_2\wedge u_5)$ における等方部分環を計算すると

$$\mathfrak{g}_{X_0'} = \left\{ A = \left(\begin{array}{ccc|ccc} -2d+\alpha & 0 & a_{13} & b_1 & b_{12} & b_{13} \\ 0 & -2d-\alpha & a_{23} & b_{12} & b_2 & b_{23} \\ -a_{23} & -a_{13} & -2d & b_{13} & b_{23} & -2b_{12} \\ \hline & & & 4d-\alpha & 0 & a_{23} \\ & 0 & & 0 & 4d+\alpha & a_{13} \\ & & & -a_{13} & -a_{23} & 4d \end{array}\right) \right\}$$

ゆえ $\dim \rho(GL_1\times Sp_3)X_0'=\dim GL_1\times Sp_3-\dim \mathfrak{g}_{X_0'}=13$ となり $\rho(GL_1\times Sp_3)X_0'$ は余次元 1 の軌道である. $A\in\mathfrak{g}_{X_0'}$ に対して $\mathrm{tr}_V A=42d$, $\mathrm{tr}\,\mathrm{ad}_{\mathfrak{g}_{X_0'}}A=-30d$ ゆえ, 命題 2.19 により既約相対不変式 $f(x)$ の次数は

$$\deg f = ((42d - 30d)/42d) \times 14 = 4$$

である．したがって $(GL_6, \Lambda_3, V(20))$ の 4 次の既約相対不変式を $V(14)$ へ制限しても既約で $(GL_6, \Lambda_3, V(20))$ の生成点 $X_0 = u_1 \wedge u_2 \wedge u_3 + u_4 \wedge u_5 \wedge u_6$ は $V(14)$ に属すから恒等的に零になることもなく，それが $(GL_1 \times Sp_3, \Lambda_1 \otimes \Lambda_3, V(1) \otimes V(14))$ の既約相対不変式を与えていることもわかる． □

**例 2.15** $(SO_n \times GL_m, \Lambda_1 \otimes \Lambda_1, V(n) \otimes V(m))$ $(n \geq 2m \geq 2)$．

この空間も例 2.13 と同様にすべての $n, m$ に対して概均質ベクトル空間である．$n \geq 3$ ならば既約概均質ベクトル空間で，$n = 2$ ならば $(GL_1^2 \times SL_m, \Lambda_1 \oplus \Lambda_1, V(m) \oplus V(m))$ と同型である（§7.5 参照）．$n \leq m$ ならば自明な概均質ベクトル空間であり，$n > m > n/2$ ならば $n \geq 2m \geq 2$ の場合の裏返し変換になるので，$n \geq 2m \geq 2$ としているのである．$V(n) \otimes V(m)$ を $M(n, m)$ と同一視すると $\rho = \Lambda_1 \otimes \Lambda_1$ は $\rho(g)X = AX\,^tB$ $(g = (A, B) \in SO_n \times GL_m, X \in M(n, m))$ で与えられる．$X_0 = {}^t(I_m\ 0)$ における等方部分群 $G_{X_0}$ を計算しよう．

$$\rho(g)X_0 = \begin{pmatrix} A_1 & A_2 \\ A_3 & A_4 \end{pmatrix} \begin{pmatrix} I_m \\ 0 \end{pmatrix} {}^tB = \begin{pmatrix} A_1\,^tB \\ A_3\,^tB \end{pmatrix}$$

$(A_1 \in M(m),\ A_2, {}^tA_3 \in M(m, n-m),\ A_4 \in M(n-m))$

ゆえ $\rho(g)X_0 = X_0$ なら $B = {}^tA_1^{-1}$, $A_3 = 0$ となるが，$A = \begin{pmatrix} A_1 & A_2 \\ 0 & A_4 \end{pmatrix}$ が $SO_n$ に属する必要十分条件は $\det A_1 \cdot \det A_4 = 1$, ${}^tA_1 A_1 = I_m$, ${}^tA_1 A_2 = 0$（すなわち $A_2 = 0$），${}^tA_4 A_4 = I_{n-m}$ ゆえ

$$G_{X_0} = \left\{ \left( \left( \begin{array}{c|c} A_1 & 0 \\ \hline 0 & A_4 \end{array} \right), {}^tA_1^{-1} \right);\ \begin{array}{l} A_1 \in O_m,\ A_4 \in O_{n-m}, \\ \det A_1 \cdot \det A_4 = 1 \end{array} \right\}$$

となる．$G_{X_0}$ の連結成分は $SO_m \times SO_{n-m}$ で $\dim G_{X_0} = \dim SO_n \times GL_m - \dim V(n) \otimes V(m)$ ゆえ，これは正則概均質ベクトル空間である．$X \mapsto AX\,^tB$ $(A \in SO_n, B \in GL_m)$ ならば，${}^tXX \mapsto B\,^tX\,^tAAX\,^tB = B({}^tXX)\,^tB$ ゆえ $f(X) = \det({}^tXX)$ は $\chi(A, B) = (\det B)^2$ に対応する $2m$ 次の相対不変式である．$SO_n \times GL_m$ の任意の有理指標 $\chi'$ は $\chi'(A, B) = (\det B)^l$ で $\chi'|_{G_{X_0}} = (\pm 1)^l = 1$ になる必要十分条件は $l$ が偶数であること，すなわち $\chi$ の巾であることゆえ $f(X)$ は既約相対不変式である． □

§2.4 概均質ベクトル空間の例　　　　　　　　　　　　85

　ここでスピン表現について簡単に復習をしておこう．$V$ を複素数体 $\mathbb{C}$ 上の $n\,(=2m)$ 次元のベクトル空間，$Q$ を $V$ 上の非退化な 2 次形式，$B(x,y)=Q(x+y)-Q(x)-Q(y)$ を対応する双 1 次形式とする．そのとき $V$ の基底 $e_1,\cdots,e_m,f_1,\cdots,f_m$ で $B(e_i,e_j)=B(f_i,f_j)=0$, $B(e_i,f_j)=\delta_{ij}$ (Kroneckerの記号）を満たすものがある．このとき $Q(\sum_{i=1}^m x_i e_i + \sum_{i=1}^m y_i f_i)=\sum_{i=1}^m x_i y_i$ $(x_i,y_i \in \mathbb{C})$ である．

　$V \times V$ 上の双 1 次形式 $B_0$ を

$$B_0(\sum x_i e_i + \sum y_i f_i, \sum x'_i e_i + \sum y'_i f_i) = \sum x'_i y_i$$

で定義すると $B_0(x,x)=Q(x)$ $(x \in V)$ となる．$T(V) = \sum_{k=0}^{\infty} V \overset{k}{\otimes \cdots \otimes} V$ を $V$ 上のテンソル代数 (tensor algebra over $V$) とし，$I_Q$ を $\{x \otimes x - Q(x)\cdot 1;\ x \in V\}$ で生成される $T(V)$ の両側イデアルとする．そのとき商環 $C(Q)=T(V)/I_Q$ を **Clifford**（クリフォード）環 (Clifford algebra) という．$T^+(V) = \sum_{k=0}^{\infty} V \overset{2k}{\otimes \cdots \otimes} V$ とおいて $\varphi: T(V) \to C(Q)=T(V)/I_Q$ を自然な全射とする．そのとき $C^+(Q)=\varphi(T^+(V))$ を**偶 Clifford 環** (even Clifford algebra) という．$C(Q) \cong M(2^m, \mathbb{C})$ および $C^+(Q) \cong M(2^{m-1},\mathbb{C}) \oplus M(2^{m-1},\mathbb{C})$ が知られている．$Q$ に関する直交群 $O(Q,V)$ と特殊直交群 $SO(Q,V)$ を

$$O(Q,V) = \{g \in GL(V);\ Q(gx)=Q(x)\}$$
$$SO(Q,V) = O(Q,V) \cap SL(V)$$

で定める．

$$\varGamma(Q) = \{s \in C(Q);\ s \text{ の逆元 } s^{-1} \text{ が存在して } sVs^{-1} \subset V\}$$

を **Clifford 群** (Clifford group), $\varGamma^+(Q) = \varGamma(Q) \cap C^+(Q)$ を**偶 Clifford 群**とよぶ．この Clifford 群 $\varGamma(Q)$ の $V$ における表現 $\chi$ を $\chi(s)v = svs^{-1}$ $(s \in \varGamma(Q), v \in V)$ で定める．

$$Q(\chi(s)v) = (svs^{-1})^2 = sv^2 s^{-1} = sQ(v)s^{-1} = Q(v)$$

ゆえ $\chi(s) \in O(Q,V)$ である．この $\chi: \varGamma(Q) \to O(Q,V)$ を Clifford 群 $\varGamma(Q)$ のベクトル表現 (vector representation) という．さて $\alpha$ を $\alpha(v_1 \otimes \cdots \otimes v_k)=$

$v_k\otimes\cdots\otimes v_1$ で定義される $T(V)$ の**反自己同型** (anti-automorphism) とする. $\alpha(I_Q)\subset I_Q$ であるから, $\alpha$ は $C(Q)=T(V)/I_Q$ の反自己同型を引き起こすが, それも同じ $\alpha$ で記す. $\alpha$ は $V$ の元を動かさないから

$$svs^{-1}=\alpha(svs^{-1})=\alpha(s)^{-1}\alpha(v)\alpha(s)=\alpha(s)^{-1}v\alpha(s) \quad (s\in\Gamma(Q),\ v\in V)$$

となり $\alpha(s)sv=v\alpha(s)s$ となる. したがって $\alpha(s)s$ は $C(Q)$ の中心 (center) $\mathbb{C}$ に属す. $s$ は可逆元ゆえ $\alpha(s)s\in\mathbb{C}^\times$ である.

そこで**スピン群** (spinor group) を

$$Spin(Q)=\{s\in\Gamma^+(Q);\ \alpha(s)s=1\}$$

で定義する. これは連結, 単連結かつ半単純な代数群で, $n\neq 4$ ならば単純代数群である. そして

$$1\to\{\pm 1\}\to Spin(Q)\xrightarrow{\chi} SO(Q,V)\to 1$$

なる完全系列が存在する. スピン群 $Spin(Q)$ の**半スピン表現** (half-spin representation) を構成しよう. $\bigwedge(V)=\sum_{k=0}^n\bigwedge^k(V)$ を $V$ の**外積代数** (exterior algebra) としよう. $V$ の基底 $u_1,\cdots,u_n$ に対し, $\bigwedge^k(V)$ は $u_{i_1}\wedge\cdots\wedge u_{i_k}$ $(1\leq i_1<\cdots<i_k\leq n)$ を基底とするベクトル空間である. 各 $x\in V$ に対し $\bigwedge(V)$ の $\mathbb{C}$ 上の自己準同型 $\rho(x)$ を $\rho(x)\lambda=(L_x+\delta_x)\lambda$ $(\lambda\in\bigwedge(V))$ で定める. ここで $L_x\lambda=x\wedge\lambda$ で

$$\delta_x(v_1\wedge\cdots\wedge v_k)=\sum_{i=1}^k(-1)^{i-1}B_0(x,v_i)v_1\wedge\cdots\wedge v_{i-1}\wedge v_{i+1}\wedge\cdots\wedge v_k$$

である. $\rho(x)^2=Q(x)\cdot 1$ となることは容易に確かめられるから, これは Clifford 環 $C(Q)$ の $\bigwedge(V)$ における表現へ拡張することができる. $f=f_1\wedge\cdots\wedge f_m$ とおき $M=\bigwedge(V)\wedge f$ とすると, $M$ は $\bigwedge(V)$ の $\rho$-不変部分空間である. $E$ を $\{e_1,\cdots,e_m\}$ で生成される $V$ の部分空間とすると $\varphi(\mu)=\mu\wedge f$ $(\mu\in\bigwedge(E))$ により $\varphi:\bigwedge(E)\to M$ を定義すると, $\varphi$ は同型な線形写像である. $M$ と $\bigwedge(E)$ をこの $\varphi$ で同一視すると $C(Q)$ の $\bigwedge(E)$ における表現 $\rho$ が得られる. $\bigwedge(E)$ の部分空間 $\bigwedge^+(E)=\sum_k\bigwedge^k(E)$ ($k$ は偶数を動く), および $\bigwedge^-(E)=\sum_k\bigwedge^k(E)$ ($k$ は奇数を動く) は $\rho$ をスピン群 $Spin(Q)$ に制限したときの既約表現空間になっ

ている. $Spin(Q)$ の $\bigwedge^+(E)$ における表現を**偶半スピン表現**(even half-spin representation) といい, $\bigwedge^-(E)$ における表現を**奇半スピン表現**(odd half-spin representation) という. この二つの半スピン表現は同値ではないが $Spin(Q)$ の外部自己同型で互いに移りあうので, 以下では偶半スピン表現のみを考えることにする. また $\bigwedge(E)$ の元 $e_{i_1} \wedge \cdots \wedge e_{i_k}$ を単に $e_{i_1} \cdots e_{i_k}$ と書く.

半スピン表現 $\rho$ の微分表現 $d\rho$ を考えよう. $E_{ij}$ を $m$ 次の行列単位, すなわち $(i,j)$ 成分が 1 で他は 0 である $m$ 次行列とし, $E'_{ij} = E_{ij} - E_{ji}$ とおく. §1.6 により $Spin(Q)$ の Lie 環 $\mathfrak{g} = \mathfrak{o}(2m, \mathbb{C})$ の標準形の元は

(2.5)
$$A = \sum_{i \neq j} a_{ij} \begin{pmatrix} E_{ij} & 0 \\ 0 & -E_{ji} \end{pmatrix} + \sum_{i<j} b_{ij} \begin{pmatrix} 0 & E'_{ij} \\ 0 & 0 \end{pmatrix}$$
$$+ \sum_{i<j} c_{ij} \begin{pmatrix} 0 & 0 \\ E'_{ij} & 0 \end{pmatrix} + \sum_{i=1}^m a_{ii} \begin{pmatrix} E_{ii} & 0 \\ 0 & -E_{ii} \end{pmatrix}$$

の形である. さて Clifford 環 $C(Q)$ の積の定義から, $e_i f_i + f_i e_i = 1$, $e_i^2 = f_i^2 = 0$, $e_i f_j = -f_j e_i$, $e_i e_j = -e_j e_i$, $f_i f_j = -f_j f_i$ $(j \neq i,\ i,j = 1, \cdots, m)$ である. $C(Q)$ の元 $s = 1 + t e_i f_j$ $(t \in \mathbb{C},\ i \neq j)$ を考えると, $\alpha(s) = 1 + t f_j e_i$ ゆえ $\alpha(s)s = 1$ となり $s = 1 + t e_i f_j \in Spin(Q)$ である. $s^{-1} = \alpha(s)$ で,

$$\chi(s) e_k = s e_k s^{-1} = (1 + t e_i f_j) e_k (1 + t f_j e_i) = e_k \quad (k \neq j),$$
$$\chi(s) e_j = e_j + t e_i, \quad \chi(s) f_k = f_k\ (k \neq i), \quad \chi(s) f_i = f_i - t f_j$$

である. したがって

$$\chi(1 + t e_i f_j) = \exp t \begin{pmatrix} E_{ij} & 0 \\ 0 & -E_{ji} \end{pmatrix} \in SO(Q, V)$$

となる. 同様にして

$$\chi(1 + t e_i e_j) = \exp t \begin{pmatrix} 0 & E'_{ij} \\ 0 & 0 \end{pmatrix} \in SO(Q, V) \quad (i < j)$$

$$\chi(1 + t f_i f_j) = \exp t \begin{pmatrix} 0 & 0 \\ E'_{ij} & 0 \end{pmatrix} \in SO(Q, V) \quad (i < j),$$

$$\chi\left(\sqrt{t}\,e_k f_k + \frac{1}{\sqrt{t}} f_k e_k\right)$$

$$= \begin{pmatrix} 1 & & & & \overset{k}{\vdots} & & \overset{m+k}{\vdots} & & \\ & \ddots & & & \vdots & & \vdots & & \\ & & t & & & & & & \\ & & & 1 & & & & & \\ & & & & \ddots & & \vdots & & \\ & & & & & 1 & \vdots & & \\ & & & & & & \frac{1}{t} & & \\ & & & & & & & 1 & \\ & & & & & & & & \ddots \\ & & & & & & & & & 1 \end{pmatrix} \in SO(Q,V)$$

となる．$\chi$ は単位元の近傍では同型ゆえ $|t|$ が小さいとき $\exp t \begin{pmatrix} E_{ij} & 0 \\ 0 & -E_{ji} \end{pmatrix} \in SO(Q,V)$ を $Spin(Q)$ の元とみなすことができて

$$d\rho \begin{pmatrix} E_{ij} & 0 \\ 0 & -E_{ji} \end{pmatrix} = \lim_{t \to 0} \frac{1}{t} \left( \rho \left( \exp t \begin{pmatrix} E_{ij} & 0 \\ 0 & -E_{ji} \end{pmatrix} \right) - \rho(1) \right) \lambda$$
$$= \lim_{t \to 0} \frac{1}{t} (\rho(1 + t e_i f_j) - \rho(1)) \lambda = \rho(e_i) \rho(f_j) \lambda$$
$$= e_i \delta_{f_j} \lambda \qquad \left( i \neq j,\ \lambda \in \overset{+}{\bigwedge}(E) \right)$$

を得る．同様にして

$$d\rho \begin{pmatrix} 0 & E'_{ij} \\ 0 & 0 \end{pmatrix} \lambda = \rho(e_i) \rho(e_j) \lambda = e_i e_j \lambda$$

であり，

$$d\rho \begin{pmatrix} 0 & 0 \\ E'_{ij} & 0 \end{pmatrix} \lambda = \rho(f_i) \rho(f_j) \lambda = \delta_{f_i} \delta_{f_j} \lambda$$

そして

$$d\rho \begin{pmatrix} E_{kk} & 0 \\ 0 & -E_{kk} \end{pmatrix} \lambda = \rho(e_k) \rho(f_k) \lambda - \frac{1}{2}$$

を得る．よって $(2.5)$ の $\mathrm{Lie}(Spin(Q))$ の元 $A$ に対し

(2.6)
$$d\rho(A)\lambda = \sum_{i\neq j} a_{ij} e_i \delta_{f_j} \lambda + \sum_{i=1}^{m} a_{ii}\left(e_i \delta_{f_i} - \frac{1}{2}\right)\lambda$$
$$+ \sum_{i<j} b_{ij} e_i e_j \lambda + \sum_{i<j} c_{ij} \delta_{f_i} \delta_{f_j} \lambda$$

により半スピン表現の微分表現が与えられる.

次に $V$ が $n\,(=2m+1)$ 次元のベクトル空間で, $Q$ が $V$ 上の非退化2次形式, $B(x,y)=Q(x+y)-Q(x)-Q(y)$ をそれに対する双1次形式とする. $B(e_i,e_j)=B(f_i,f_j)=0$, $B(e_i,f_j)=\delta_{ij}$ なる $e_1,\cdots,e_m,f_1,\cdots,f_m$ で生成される $V$ の $2m$ 次元部分空間を $V_0$ とする. $V_0$ と直交する空間は $\mathbb{C}v_0$ の形で $Q(v_0)\neq 0$ である. $Q(v_0)=1$ と仮定してよい. $V_1=V+\mathbb{C}v_1$ なる $n+1\,(=2(m+1))$ 次元ベクトル空間と $V_1$ 上の2次形式 $Q_1(v+\lambda v_1)=Q(v)-\lambda^2$ ($v\in V$, $\lambda\in\mathbb{C}$) を考える. $B_1(x,y)=Q_1(x+y)-Q_1(x)-Q_1(y)$ とおく. $e_{m+1}=(1/2)(v_0+v_1)$, $f_{m+1}=(1/2)(v_0-v_1)$ とおくと, $B_1(e_i,e_j)=B_1(f_i,f_j)=0$, $B_1(e_i,f_j)=\delta_{ij}$ ($1\leqq i,j\leqq m+1$) となる. $(V_1,Q_1)$ のスピン群を $Spin(Q_1)$ とし $\chi_1$ をそのベクトル表現とする. そのとき $Q$ のスピン群は

$$Spin(Q)=\{s\in Spin(Q_1);\ \chi_1(s)v_1=v_1\}$$

で定義される. $Spin(Q_1)$ の二つの半スピン表現を $Spin(Q)$ に制限すると同値な既約表現になり, それを $Spin(Q)$ の**スピン表現**(spin representation)という. 以下では $Spin(Q)$ を $Spin_n$ と書くことにする.

例として $Spin_8$ の偶半スピン表現 $\rho$ の微分表現 $d\rho$ を (2.6) を使って計算して見よう. $\mathfrak{g}=\mathrm{Lie}(Spin_8)$ として §1.6 で与えた $D_4$ 型単純 Lie 環の標準形;

$$\mathfrak{g}=\left\{\widetilde{A}=\left(\begin{array}{c|c} A & B \\ \hline C & {}^tA \end{array}\right)\in M_8;\ \begin{array}{l} A,B,C\in M_4, \\ {}^tB=-B, {}^tC=-C, \end{array}\right\}$$

を用いる. $A$, $B$, $C$ の行列成分をそれぞれ $a_{ij}$, $b_{ij}$, $c_{ij}$ と書くと (2.6) より例えば

$$d\rho(\widetilde{A})e_1 e_2 = \sum_{i\neq 1} a_{i1} e_i e_2 - \sum_{i\neq 2} a_{i2} e_i e_1 + \frac{1}{2}(a_{11}+a_{22}-a_{33}-a_{44}) e_1 e_2$$
$$+ b_{34} e_3 e_4 e_1 e_2 + c_{12} \delta_{f_1} \delta_{f_2} e_1 e_2$$

$$= -a_{31}e_2e_3 - a_{41}e_2e_4 + a_{32}e_1e_3 + a_{42}e_1e_4$$
$$+ \frac{1}{2}(a_{11}+a_{22}-a_{33}-a_{44})e_1e_2 + b_{34}e_1e_2e_3e_4 - c_{12}$$

であるから,他も同様に計算すると,

$$x = x_1 + x_2 e_1 e_2 + x_3 e_1 e_3 + x_4 e_1 e_4 + x_5 e_1 e_2 e_3 e_4$$
$$- x_6 e_3 e_4 + x_7 e_2 e_4 - x_8 e_2 e_3$$

を ${}^t(x_1,\cdots,x_8)$ と同一視して

(2.7)
$$d\rho(\widetilde{A})x = \begin{pmatrix} A_1 & -c_{12} & -c_{13} & -c_{14} & 0 & c_{34} & -c_{24} & c_{23} \\ b_{12} & A_2 & a_{23} & a_{24} & -c_{34} & 0 & -a_{14} & a_{13} \\ b_{13} & a_{32} & A_3 & a_{34} & c_{24} & a_{14} & 0 & -a_{12} \\ b_{14} & a_{42} & a_{43} & A_4 & -c_{23} & -a_{13} & a_{12} & 0 \\ \hline 0 & b_{34} & -b_{24} & b_{23} & -A_1 & -b_{12} & -b_{13} & -b_{14} \\ -b_{34} & 0 & a_{41} & -a_{31} & c_{12} & -A_2 & -a_{32} & -a_{42} \\ b_{24} & -a_{41} & 0 & a_{21} & c_{13} & -a_{23} & -A_3 & -a_{43} \\ -b_{23} & a_{31} & -a_{21} & 0 & c_{14} & -a_{24} & -a_{34} & -A_4 \end{pmatrix} \begin{pmatrix} x_1 \\ x_2 \\ x_3 \\ x_4 \\ x_5 \\ x_6 \\ x_7 \\ x_8 \end{pmatrix}$$

となる.ここで $2A_1=-(a_{11}+a_{22}+a_{33}+a_{44})$, $2A_2=a_{11}+a_{22}-a_{33}-a_{44}$, $2A_3=a_{11}-a_{22}+a_{33}-a_{44}$, $2A_4=a_{11}-a_{22}-a_{33}+a_{44}$ となる.(2.7) の形は $D_4$ 型の標準形であるから,$Spin_8$ の偶半スピン表現の像は 2 次形式 $q(x)=x_1x_5+x_2x_6+x_3x_7+x_4x_8$ を不変にし,したがって $\rho(Spin_8) \subset SO(q)$ であることがわかる.$v_1 = {}^t(0,0,0,1,0,0,0,-1) \in \Omega^8$ とおくと $Spin_7$ の Lie 環は

$$\mathrm{Lie}(Spin_7) = \{\widetilde{A} \in \mathfrak{g} = \mathrm{Lie}(Spin_8); \, d\chi(\widetilde{A})v_1 = 0\}$$

で与えられる.$d\chi(\widetilde{A})v_1 = {}^t(a_{14}-b_{14}, a_{24}-b_{24}, a_{34}-b_{34}, a_{44}, c_{14}+a_{41}, c_{24}+a_{42}, c_{34}+a_{43}, a_{44})$ であるから,結局 $Spin_7$ のスピン表現 $\rho_1$ の微分表現 $d\rho_1$ は

§2.4 概均質ベクトル空間の例

(2.8)
$$d\rho_1(\widetilde{A})x = \begin{pmatrix} A'_1 & -c_{12} & -c_{13} & -c_{14} & 0 & c_{34} & -c_{24} & c_{23} \\ b_{12} & A'_2 & a_{23} & b_{24} & -c_{34} & 0 & -b_{14} & a_{13} \\ b_{13} & a_{32} & A'_3 & b_{34} & c_{24} & b_{14} & 0 & -a_{12} \\ b_{14} & -c_{24} & -c_{34} & A'_4 & -c_{23} & -a_{13} & a_{12} & 0 \\ 0 & b_{34} & -b_{24} & b_{23} & -A'_1 & -b_{12} & -b_{13} & -b_{14} \\ -b_{34} & 0 & -c_{14} & -a_{31} & c_{12} & -A'_2 & -a_{32} & c_{24} \\ b_{24} & c_{14} & 0 & a_{21} & c_{13} & -a_{23} & -A'_3 & c_{34} \\ -b_{23} & a_{31} & -a_{21} & 0 & c_{14} & -b_{24} & -b_{34} & -A'_4 \end{pmatrix} \begin{pmatrix} x_1 \\ x_2 \\ x_3 \\ x_4 \\ x_5 \\ x_6 \\ x_7 \\ x_8 \end{pmatrix}$$

となる．ここで $2A'_1 = -(a_{11} + a_{22} + a_{33})$, $2A'_2 = a_{11} + a_{22} - a_{33}$, $2A'_3 = a_{11} - a_{22} + a_{33}$, $2A'_4 = a_{11} - a_{22} - a_{33}$ である．

**例 2.16** ($GL_1 \times Spin_7$, $\Lambda_1 \otimes$ スピン表現, $V(1) \otimes V(8)$).

$X_0 = 1 + e_1 e_2 e_3 e_4 = {}^t(1, 0, 0, 0, 1, 0, 0, 0) \in V(8)$ における, $\mathfrak{g} = \mathrm{Lie}(GL_1 \times Spin_7) = \mathfrak{gl}_1 \oplus \mathfrak{o}_7$ の作用は

$$dX_0 + d\rho_1(\widetilde{A})X_0 = {}^t\!\left(d - \frac{a_{11} + a_{22} + a_{33}}{2}, b_{12} - c_{34}, b_{13} + c_{24}, \right.$$
$$\left. b_{14} - c_{23}, d + \frac{a_{11} + a_{22} + a_{33}}{2}, \right.$$
$$\left. c_{12} - b_{34}, c_{13} + b_{24}, c_{14} - b_{23} \right)$$

で等方部分環 $\mathfrak{g}_{X_0} = \{(d, \widetilde{A}) \in \mathfrak{g}; dX_0 + d\rho_1(\widetilde{A})X_0 = 0\}$ に対して

$$e_i = {}^t(0, \cdots, 0, \overset{i}{1}, 0, \cdots, 0) \in \Omega^8$$

とするとき

$$S = \left(\frac{1}{2}(e_1 + e_5) \middle| \frac{1}{2}(e_1 - e_5) \middle| e_4 \middle| e_7 \middle| -e_6 \middle| e_8 \middle| e_3 \middle| -e_2\right) \in GL_8,$$
$$S^{-1} = \left(e_1 + e_2 \middle| -e_8 \middle| e_7 \middle| e_3 \middle| e_1 - e_2 \middle| -e_5 \middle| e_4 \middle| e_6\right) \in GL_8,$$

により

$$S^{-1}\mathfrak{g}_{X_0}S = \left\{ \left( \begin{array}{c|c} 0 & 0 \\ \hline 0 & A \end{array} \right) ; A \text{ は (2.4) の行列} \right\}$$

となるので，$\mathfrak{g}_{X_0}$ が $G_2$ 型単純 Lie 環であることがわかる．

$\dim G_2 = 14 = \dim(GL_1 \times Spin_7) - \dim V(1) \otimes V(8)$ ゆえ，これは正則概均質ベクトル空間であるが，$Spin_7$ のスピン表現の像は $SO_8$ に含まれることが (2.8) よりわかるから，相対不変式は例 2.15 の $(GL_1 \times SO_8, \Lambda_1 \otimes \Lambda_1, V(1) \otimes V(8))$ と本質的に同じで $q(x) = x_1x_5 + x_2x_6 + x_3x_7 + x_4x_8$ で与えられる．□

**例 2.17** ($Spin_7 \times GL_2$, スピン表現$\otimes \Lambda_1$, $V(8) \otimes V(2)$).

$V(8) \otimes V(2)$ は $V(8) \oplus V(8)$ と同一視されるが，$X_0 = (1, e_1e_2e_3e_4)$ における等方部分環 $\mathfrak{g}_{X_0}$ は $\mathfrak{sl}_3 \oplus \mathfrak{o}_2$ と同型で $\dim \mathfrak{g}_{X_0} = 9 = \dim Spin_7 \times GL_2 - \dim V(8) \otimes V(2)$ ゆえ，正則概均質ベクトル空間で相対不変式は例 2.15 の $(SO_8 \times GL_2, \Lambda_1 \otimes \Lambda_1, V(8) \otimes V(2))$ の相対不変式と一致する．□

**例 2.18** ($Spin_7 \times GL_3$, スピン表現$\otimes \Lambda_1$, $V(8) \otimes V(3)$).

$V(8) \otimes V(3)$ を $V(8) \oplus V(8) \oplus V(8)$ と同一視するとき，$X_0 = (1, e_1e_2e_3e_4, e_1e_2 - e_3e_4)$ における等方部分環は $\mathfrak{sl}_2 \oplus \mathfrak{o}_3$ と同型である．$\dim \mathfrak{g}_{X_0} = 6 = \dim Spin_7 \times GL_3 - \dim V(8) \otimes V(3)$ ゆえ，正則概均質ベクトル空間である．相対不変式は例 2.15 の $(SO_8 \times GL_3, \Lambda_1 \otimes \Lambda_1, V(8) \otimes V(3))$ の相対不変式と一致する．□

**例 2.19** ($GL_1 \times Spin_9$, $\Lambda_1 \otimes$ スピン表現, $V(1) \otimes V(16)$).

$X_0 = 1 + e_1e_2e_3e_4$ における等方部分群は $Spin_7$ でその次元は $\dim G_{X_0} = 21 = \dim(GL_1 \times Spin_9) - \dim V(1) \otimes V(16)$ ゆえ，正則概均質ベクトル空間である．ここでは証明しないが，$Spin_9$ のスピン表現の像は $SO_{16}$ に含まれることがわかるので，この相対不変式は例 2.15 の $(GL_1 \times SO_{16}, \Lambda_1 \otimes \Lambda_1, V(1) \otimes V(16))$ の相対不変式と一致する．□

この空間も含めて $Spin_{12}$ までの (半) スピン表現は，J.-I. Igusa [9] で詳しく研究されている．

**例 2.20** ($Spin_{10} \times GL_2$, 半スピン表現$\otimes \Lambda_1$, $V(16) \otimes V(2)$).

$V(16) \otimes V(2)$ を $V(16) \oplus V(16)$ と同一視すると

$$X_0 = (1 + e_1e_2e_3e_4, e_1e_5 + e_2e_3e_4e_5)$$

における等方部分環は $\mathfrak{g}_2 \oplus \mathfrak{sl}_2$ と同型になる．M. Sato and T. Kimura [25] の 123 頁を参照．ここで $\mathfrak{g}_2$ は $G_2$ 型単純 Lie 環を表わす．$\dim \mathfrak{g}_{X_0} = 17 = \dim Spin_{10} \times GL_2 - \dim V(16) \otimes V(2)$ ゆえ，正則概均質ベクトル空間である．$X_0' = (1 + e_1 e_2 e_3 e_4, e_1 e_2 + e_2 e_3 e_4 e_5)$ は余次元 1 の軌道の点で命題 2.19 を使って計算すると既約相対不変式の次数が 4 であることがわかる．この具体的な形は川原洋人，Spin(10) に関連した概均質空間について，東京大学修士論文 (1974) で初めて与えられた． □

**例 2.21** ($Spin_{10} \times GL_3$, 半スピン表現 $\otimes \Lambda_1$, $V(16) \otimes V(3)$).

$V(16) \otimes V(3)$ を $V(16) \oplus V(16) \oplus V(16)$ と同一視すると

$$X_0 = (1 + e_1 e_2 e_3 e_4, e_1 e_5 + e_2 e_3 e_4 e_5, e_1 e_2 + e_1 e_3 e_4 e_5)$$

における等方部分環は $\mathfrak{sl}_2 \oplus \mathfrak{o}_3$ と同型であり，$\dim G_{X_0} = 6 = \dim Spin_{10} \times GL_3 - \dim V(16) \otimes V(3)$ ゆえ，これは正則概均質ベクトル空間である．また

$$X_0' = (1 + e_1 e_2 e_3 e_4, e_1 e_5 + e_2 e_3 e_4 e_5, e_1 e_2 + e_3 e_5 + e_1 e_2 e_4 e_5)$$

は余次元 1 の軌道の点で，この等方部分環の計算と命題 2.19 により，12 次の既約相対不変式の存在がいえる．この具体的な形は A. Gyoja [3] の 441 頁〜445 頁にある． □

**例 2.22** ($GL_1 \times Spin_{11}$, $\Lambda_1 \otimes$ スピン表現, $V(1) \otimes V(32)$).

$X_0 = 1 + e_1 e_2 e_3 e_4 e_5 e_6$ における等方部分環は $\mathfrak{sl}_5$ と同型で $\dim G_{X_0} = 24 = \dim(GL_1 \times Spin_{11}) - \dim V(1) \otimes V(32)$ ゆえ，正則概均質ベクトル空間である．この相対不変式は次の例 2.23 の ($GL_1 \times Spin_{12}$, $\Lambda_1 \otimes$ 半スピン表現, $V(1) \otimes V(32)$) の相対不変式と一致する． □

**例 2.23** ($GL_1 \times Spin_{12}$, $\Lambda_1 \otimes$ 半スピン表現, $V(1) \otimes V(32)$).

$X_0 = 1 + e_1 e_2 e_3 e_4 e_5 e_6$ における等方部分環は $\mathfrak{sl}_6$ と同型で，$\dim \mathfrak{g}_{X_0} = 35 = \dim(GL_1 \times Spin_{12}) - \dim V(1) \otimes V(32)$ であるから，正則概均質ベクトル空間である．そして 4 次の既約相対不変式

$$f(x) = x_0 \mathrm{Pf}((y_{ij})) + y_0 \mathrm{Pf}((x_{ij})) + \sum_{i<j} \mathrm{Pf}(X_{ij}) \mathrm{Pf}(Y_{ij}) - \frac{1}{4}\left(x_0 y_0 - \sum_{i<j} x_{ij} y_{ij}\right)^2$$

をもつ．ただし
$$x = x_0 + \sum_{i<j} x_{ij} e_i e_j + \sum_{i<j} y_{ij} e_{ij}^* + y_0 e_1 e_2 e_3 e_4 e_5 e_6$$
で $(x_{ij})$ は $x_{ij}$ から定まる交代行列を表わし $X_{ij}$ は $(x_{ij})$ から $i$ 番目と $j$ 番目の行と列をとり去ってできる交代行列を表わす．また
$$e_{ij}^* = (-1)^{i+j-1} e_1 \cdots e_{i-1} e_{i+1} \cdots e_{j-1} e_{j+1} \cdots e_6$$
である．これは J.-I. Igusa [9] で与えられた． □

**例 2.24** $(GL_1 \times Spin_{14}, \Lambda_1 \otimes \text{半スピン表現}, V(1) \otimes V(64))$.
$$X_0 = 1 + e_1 e_2 e_3 e_7 + e_4 e_5 e_6 e_7 + e_1 e_2 e_3 e_4 e_5 e_6$$
における等方部分環は $\mathfrak{g}_2 \oplus \mathfrak{g}_2$ と同型で，$\dim G_{X_0} = 28 = \dim(GL_1 \times Spin_{14}) - \dim V(1) \otimes V(64)$ ゆえ正則概均質ベクトル空間である．
$$X_0' = 1 + e_1 e_2 e_3 e_7 + e_1 e_4 e_5 e_7 + e_2 e_4 e_6 e_7 + e_1 e_2 e_3 e_4 e_5 e_6$$
は余次元 1 の軌道の点で，$\mathfrak{g}_{X_0'}$ を計算して命題 2.19 を使うと 8 次の既約相対不変式 $f(x)$ をもつことがわかる．その具体的な構成は A. Gyoja [3] の 453 頁～456 頁にある． □

**例 2.25** $(GL_1 \times G_2, \Lambda_1 \otimes \Lambda_2, V(1) \otimes V(7))$.

例 2.6 の $(GL_7, \Lambda_3, V(35))$ の生成的等方部分環は $G_2$ 型単純 Lie 環であるから，これを使うと $X_0 = {}^t(1,0,0,0,0,0,0)$ における等方部分環が $\mathfrak{sl}_3$ と同型であることがわかる．$\dim \mathfrak{sl}_3 = 8 = \dim(GL_1 \times G_2) - \dim V(1) \otimes V(7)$ ゆえ，これは正則概均質ベクトル空間である．この $G_2$ 型 Lie 環の形からこれは
$$f(x) = x_1^2 - 4x_2 x_5 - 4x_3 x_6 - 4x_4 x_7$$
を不変にすることがわかり（例えば M. Sato and T. Kimura [25] の 134 頁～135 頁を参照），$\Lambda_2$ による $G_2$ の像が $SO_7$（正確には $SO_7(f)$）に含まれることがわかる．したがって，この相対不変式は例 2.15 の $(GL_1 \times SO_7, \Lambda_1 \otimes \Lambda_1, V(1) \otimes V(7))$ の相対不変式 $f(x)$ と一致する． □

**例 2.26** $(G_2 \times GL_2, \Lambda_2 \otimes \Lambda_1, V(7) \otimes V(2))$.

例 2.25 の記号を用いて $V(7) \otimes V(2)$ を $V(7) \oplus V(7)$ と同一視すると

$$X_0 = {}^t\!\begin{pmatrix} 0 & 1 & 0 & 0 & 0 & 0 & 0 \\ 0 & 0 & 0 & 0 & 1 & 0 & 0 \end{pmatrix}$$

における等方部分群は $\mathfrak{gl}_2$ と同型で, $\dim \mathfrak{gl}_2 = 4 = \dim(G_2 \times GL_2) - \dim V(7) \otimes V(2)$ ゆえ, これは正則概均質ベクトル空間である. この相対不変式は例 2.15 の $(SO_7 \times GL_2, \Lambda_1 \otimes \Lambda_1, V(7) \otimes V(2))$ の相対不変式と一致する. □

例外型単純 Jordan (ジョルダン) 代数の復習をしよう. $\mathbb{H} = \mathbb{C} \cdot 1 + \mathbb{C} \cdot e_1 + \mathbb{C} \cdot e_2 + \mathbb{C} \cdot e_1 e_2$ ($e_1^2 = e_2^2 = -1$, $e_1 e_2 = -e_2 e_1$) を $\mathbb{C}$ 上の **4 元数環** (quaternion algebra) とする. $\mathbb{H}$-加群 $\mathfrak{C} = \mathbb{H} + \mathbb{H}e$ に積を

$$(q + re) \cdot (s + te) = (qs - \bar{t}r) + (tq + r\bar{s})e$$

で定める. この $\mathfrak{C}$ を $\mathbb{C}$ 上の **Cayley** (ケーリー) **代数** (Cayley algebra) という. ここで $q, r, s, t \in \mathbb{H}$ で $\bar{t}, \bar{s}$ は $t, s$ の共役, すなわち $t = t_0 + t_1 e_1 + t_2 e_2 + t_3 e_1 e_2$ なら $\bar{t} = t_0 - t_1 e_1 - t_2 e_2 - t_3 e_1 e_2$ である. そして $x = q + re$ $(q, r \in \mathbb{H})$ の共役 $\bar{x}$ を $\bar{x} = \bar{q} - re$ と定めると $\overline{xy} = \bar{y}\bar{x}$ である. $\mathbb{C}$ 上の**例外型単純 Jordan 代数** (exceptional simple Jordan algebra) $\mathcal{J}$ とは Cayley 代数の元を成分とする 3 次のエルミート行列

$$\mathcal{J} = \left\{ X = \begin{pmatrix} \xi_1 & x_3 & \overline{x_2} \\ \overline{x_3} & \xi_2 & x_1 \\ x_2 & \overline{x_1} & \xi_3 \end{pmatrix} ; \begin{array}{l} \xi_1, \xi_2, \xi_3 \in \mathbb{C}, \\ x_1, x_2, x_3 \in \mathfrak{C} \end{array} \right\}$$

に非結合的な積を $X \circ Y = (1/2)(XY + YX)$ と定義して得られる $\mathbb{C}$ 上 27 次元の**非結合的代数** (non-associative algebra) のことである. 一般に Cayley 代数の元を成分とする行列では行列式は定義できないが, $X \in \mathcal{J}$ については $\det X$ が意味をもつ. すなわち次が得られる.

$$\det X = \xi_1 \xi_2 \xi_3 + \operatorname{tr} x_1 x_2 x_3 - \xi_1 x_1 \overline{x_1} - \xi_2 x_2 \overline{x_2} - \xi_3 x_3 \overline{x_3}$$

**例 2.27** $(GL_1 \times E_6, \Lambda_1 \otimes \Lambda_1, V(1) \otimes V(27))$.

$E_6$ の $\mathcal{J}$ への作用については, M. Sato and T. Kimura [25] の 25 頁~26 頁を参照. $V(1) \otimes V(27)$ は例外型単純 Jordan 代数 $\mathcal{J}$ と同一視され

$$X_0 = \begin{pmatrix} 1 & & \\ & 1 & \\ & & 1 \end{pmatrix} \in \mathcal{J}$$

における等方部分環は $F_4$ 型単純 Lie 環になる．$\dim F_4 = 52$, $\dim E_6 = 78$ で $\dim F_4 = \dim(GL_1 \times E_6) - \dim V(1) \otimes V(27)$ ゆえ，これは正則概均質ベクトル空間である．$f(X) = \det X$ $(X \in \mathcal{J})$ は 3 次の既約相対不変式である．□

**例 2.28** $(E_6 \times GL_2, \Lambda_1 \otimes \Lambda_1, V(27) \otimes V(2))$.

$V(27) \otimes V(2)$ を $\mathcal{J} \oplus \mathcal{J}$ と同一視すると

$$X_0 = \left( \begin{pmatrix} 1 & & \\ & 1 & \\ & & 1 \end{pmatrix}, \begin{pmatrix} 1 & & \\ & 0 & \\ & & -1 \end{pmatrix} \right)$$

における等方部分環は $\mathfrak{o}_8$ に同型で，$\dim \mathfrak{o}_8 = 28 = \dim(E_6 \times GL_2) - \dim \mathcal{J} \oplus \mathcal{J}$ であるから，これは正則概均質ベクトル空間である．そして $X = (X_1, X_2) \in \mathcal{J} \oplus \mathcal{J}$ に対して $\det(uX_1 + vX_2)$ なる 2 元 3 次形式は $E_6$ の作用で不変ゆえ，例 2.4 により，その判別式 $f(X)$ は 12 次の相対不変式であることがわかる．とくに $X_1, X_2$ が $\mathbb{C}$ 上の対称行列に制限したとき，例 2.8 により $f(X)$ は既約であるから，この 12 次相対不変式 $f(X)$ $(X \in \mathcal{J} \oplus \mathcal{J})$ は既約である．□

なお例 2.8，例 2.12，例 2.9 およびこの例 2.28 は相対不変式の構成が大変似ているが，その表現空間はそれぞれ $\mathbb{R}$, $\mathbb{C}$, $\mathbb{H}$, $\mathfrak{C}$ の上のエルミート行列を $\mathbb{R}$ 上 $\mathbb{C}$ でテンソルを取ったもの ($\otimes_\mathbb{R} \mathbb{C}$) に他ならない．ノルムが定義される $\mathbb{R}$ 上の多元環は $\mathbb{R}$, $\mathbb{C}$, $\mathbb{H}$, $\mathfrak{C}$ ですべてである．

**例 2.29** $(GL_1 \times E_7, \Lambda_1 \otimes \Lambda_1, V(1) \otimes V(56))$.

これは正則概均質ベクトル空間で，その生成的等方部分環は $E_6$ 型単純 Lie 環である．そして 4 次の既約相対不変式 $f(x)$ をもつ．この具体的な形もよく知られている．S. J. Harris [6] を参照．ただし，この論文の 88 頁の 5 行目の $p_{ij}$ の式において 2/3 は間違いで，正しくは $-2/3$ としなければならないことに注意．□

§2.4 概均質ベクトル空間の例

以上の例 2.1 から例 2.29 は既約正則概均質ベクトル空間の例であったが，最後に非正則で相対不変式をもつ概均質ベクトル空間の例を挙げよう．これは非正則な簡約可能概均質ベクトル空間の研究において重要な例である．

**例 2.30** $(GL_1 \times Sp_n \times SO_3, \Lambda_1 \otimes \Lambda_1 \otimes \Lambda_1, V(1) \otimes V(2n) \otimes V(3))$ $(n \geq 2)$.

$V(1) \otimes V(2n) \otimes V(3)$ は $M(2n,3)$ と同一視され，$\rho = \Lambda_1 \otimes \Lambda_1 \otimes \Lambda_1$ は $\rho(a,A,B)X = aAX^tB$ $(a \in GL_1, A \in Sp_n, B \in SO_3)$ で与えられる．Lie 環

$$\mathfrak{g} = \mathfrak{gl}_1 \oplus \mathfrak{sp}_n \oplus \mathfrak{o}_3$$

$$= \left\{ (d) \oplus \left( \begin{array}{c|c} A & B \\ \hline C & -{}^tA \end{array} \right) \oplus \left( \begin{array}{ccc} 0 & a & b \\ -a & 0 & c \\ -b & -c & 0 \end{array} \right) \;\middle|\; \begin{array}{l} A,B,C \in M(n), \\ {}^tB = B, {}^tC = C \end{array} \right\}$$

の作用は

$$d\rho(d,\widetilde{A},\widetilde{B})X = dX + \widetilde{A}X + X^t\widetilde{B} \quad (d \in \mathfrak{gl}_1, \widetilde{A} \in \mathfrak{sp}_n, \widetilde{B} \in \mathfrak{o}_3)$$

で与えられる．

$$X_0 = (e_1|e_2|e_{n+1}) = {}^t\!\left( \begin{array}{cc|cc} 1 & 0 & 0 & 0 \\ 0 & 1 & O_{3,n-2} & 0 & 0 & O_{3,n-2} \\ 0 & 0 & & 1 & 0 \end{array} \right) \in M(2n,3)$$

における等方部分環は

$$\mathfrak{g}_{X_0} = \{(d,\widetilde{A},\widetilde{B}) \in \mathfrak{g}; d\rho(d,\widetilde{A},\widetilde{B})X_0 = 0\}$$

$$= \left\{ (0) \oplus \left( \begin{array}{c|c|cc|c} 0 & A'' & b & 0 & B'' \\ & & 0 & b_{22} & \\ \hline 0 & A' & {}^tB'' & B' \\ \hline -b & 0 & 0 & 0 & 0 \\ 0 & 0 & & & \\ \hline 0 & C' & -{}^tA'' & -{}^tA' \end{array} \right) \oplus \left( \begin{array}{ccc} 0 & 0 & b \\ 0 & 0 & 0 \\ -b & 0 & 0 \end{array} \right); \right.$$

$$\left. \begin{array}{l} A', B', C' \in M(n-2),\; {}^tB' = B',\; {}^tC' = C', \\ A'' = \left( \begin{array}{ccc} 0 & \cdots & 0 \\ a_{23} & \cdots & a_{2n} \end{array} \right), \\ B'' = \left( \begin{array}{ccc} 0 & \cdots & 0 \\ b_{23} & \cdots & b_{2n} \end{array} \right) \end{array} \right\}$$

$$\cong \mathfrak{sp}_{n-2} \oplus \mathfrak{o}_2 \oplus \mathfrak{u}(2n-3)$$

となる．$\mathfrak{u}(2n-3)$ は $(2n-3)$ 次元ユニポテント群の Lie 環を表わす．$\dim \mathfrak{g}_{X_0}$
$= \dim(GL_1 \times Sp_n \times SO_3) - \dim V(1) \otimes V(2n) \otimes V(3)$ ゆえ，概均質ベクトル
空間であるが，$\mathfrak{g}_{X_0}$ が簡約可能ではないから定理 2.28 により正則ではない．
そのことは直接次のようにして確かめることもできる．

$X \mapsto aAX^tB \; (A \in Sp_n, \; B \in SO_3, \; \alpha \in GL_1)$ より

$${}^tXJX \mapsto a^2 B {}^tX({}^tAJA)X^tB = a^2 B({}^tXJX)B^{-1} \quad \left(J = \begin{pmatrix} 0 & I_n \\ -I_n & 0 \end{pmatrix}\right)$$

であるから，$\operatorname{tr}({}^tXJX)$, $\operatorname{tr}({}^tXJX)^2$ などは相対不変になるが，$\operatorname{tr}({}^tXJX)$ は
恒等的に $0$ である．$x, y \in \Omega^{2n}$ に対して $\langle x, y \rangle = {}^txJy$ とすると $X = (x_1|x_2|x_3)$
に対して

$$\operatorname{tr}({}^tXJX)^2 = -2(\langle x_1, x_2\rangle^2 + \langle x_2, x_3\rangle^2 + \langle x_3, x_1\rangle^2)$$

である．したがって $f(X) = \langle x_1, x_2\rangle^2 + \langle x_2, x_3\rangle^2 + \langle x_3, x_1\rangle^2$ は 4 次の相対不変
式で $f(X_0) = 1$ ゆえ恒等的に $0$ ではない．$\langle X, Y \rangle = \operatorname{tr} {}^tXY$ とすると補題 2.15
により

$$\langle d\rho(d, \widetilde{A}, \widetilde{B})X_0, \operatorname{grad} \log f(X_0) \rangle = d\chi(d, \widetilde{A}, \widetilde{B}) = 4d$$

が成り立つが，$d\rho(\mathfrak{g})X_0 = V$ ゆえ，これより

$$\operatorname{grad}\log f(X_0) = (2e_1|0|2e_{n+1}) = {}^t\!\begin{pmatrix} 2 & & & 0 & & \\ 0 & O_{3,n-1} & & 0 & O_{3,n-1} \\ 0 & & & 2 & & \end{pmatrix}$$

となり，この行列の階数は 2 であるから生成点ではない．すなわち $\operatorname{grad}\log f$:
$V - S \to V^*$ の像は稠密ではなく $f$ は非退化ではない． □

# 第3章

# 解析的準備

## §3.1 積分の復習

$X$ を集合とする.$X$ の部分集合の族 $\mathcal{B}$ が**可算加法族**(countably additive class)とは

(1) $X, \emptyset \in \mathcal{B}$,
(2) $A \in \mathcal{B}$ ならば $X - A = \{x \in X;\ x \notin A\} \in \mathcal{B}$,
(3) $A_n \in \mathcal{B}\ (n \in \mathbb{Z})$ ならば $\bigcup_{n \in \mathbb{Z}} A_n \in \mathcal{B}$,

となることである.このとき $\bigcap_{n \in \mathbb{Z}} A_n = X - \bigcup_{n \in \mathbb{Z}}(X - A_n) \in \mathcal{B}$ に注意しよう.さて $\mathcal{B}$ 上の関数 $\mu$ が $(X, \mathcal{B})$ の**測度**(measure)とは

(1) すべての $A \in \mathcal{B}$ に対して $0 \leq \mu(A) \leq +\infty$,$\mu(\emptyset) = 0$,
(2) $A_n \in \mathcal{B}\ (n \in \mathbb{Z})$ かつ $A_i \cap A_j = \emptyset\ (i \neq j)$ ならば,$A = \bigcup_{n \in \mathbb{Z}} A_n$ に対して
$$\mu(A) = \sum_{n=-\infty}^{\infty} \mu(A_n),$$

が成り立つことである.$(X, \mathcal{B}, \mu)$ を**測度空間**(measure space)とよぶ.以下 $B \subset A \in \mathcal{B}$ で $\mu(A) = 0$ ならば $B \in \mathcal{B}$ かつ $\mu(B) = 0$ を仮定しておく.$X$ 上の正値関数 $f: X \to \mathbb{R}_+ = \{r \in \mathbb{R};\ r \geq 0\}$ が**可測関数**(measurable function)とは,すべての $\alpha > 0$ に対して $\{x \in X;\ f(x) \geq \alpha\} \in \mathcal{B}$ となることである.このとき $0 < \alpha < \beta$ に対して

$$\{x \in X;\ \alpha \leq f(x) < \beta\} = \{x \in X;\ f(x) \geq \alpha\} - \{x \in X;\ f(x) \geq \beta\} \in \mathcal{B}$$

となることに注意する．とくに各 $n>0$ と $1\leqq k\leqq 2^n\cdot n$ なる $k$ に対して

$$X_n^k = \left\{x\in X;\ \frac{k-1}{2^n}\leqq f(x)<\frac{k}{2^n}\right\}\in\mathcal{B}$$

かつ

$$X_n^\infty = \{x\in X;\ f(x)\geqq n\}\in\mathcal{B}$$

となる．そこで

$$f_n(x) = \begin{cases} \dfrac{k-1}{2^n} & (x\in X_n^k,\ k=1,2,\cdots,2^n n) \\ n & (x\in X_n^\infty) \end{cases}$$

とおくと，各 $x\in X$ に対して $f(x) = \lim_{n\to+\infty} f_n(x)$ である．そこで，まず

$$\int_X f_n(x)d\mu(x) = \sum_{k=1}^{2^n n} \frac{k-1}{2^n}\mu(X_n^k) + n\cdot\mu(X_n^\infty)$$

とおく．さらに $f$ の $X$ 上の $\mu$ による**積分**を，

$$\int_X f(x)d\mu(x) = \lim_{n\to+\infty}\int_X f_n(x)d\mu(x)$$

と定める．$\int_X f(x)d\mu(x) < +\infty$ のとき，$f$ は**可積分** (integrable) という．もっと一般に複素数値関数 $f:X\to\mathbb{C}$ については，$f = f_1 - f_2 + \sqrt{-1}f_3 - \sqrt{-1}f_4$ で各 $f_i$ は正値関数と表わしたとき，各 $f_i$ が可測のとき $f$ を可測，また各 $f_i$ が可積分のとき $f$ を可積分という．

さて $X$ を局所コンパクト Hausdorff 空間とする．そして $\mathcal{B}$ として $X$ のすべてのコンパクト集合を含む最小の可算加法族をとる．$(X,\mathcal{B})$ 上の測度 $\mu$ が **Radon**(ラドン)**測度**であるとは，任意のコンパクト集合 $C$ に対して $\mu(C) < +\infty$ となることである．

いま，群 $G$ が $X$ に作用しているとする．そのとき $(X,\mathcal{B})$ 上の測度 $\mu$ が**左不変** (left invariant) であるとは，すべての $E\in\mathcal{B}$ と $g\in G$ に対して $gE\in\mathcal{B}$ かつ $\mu(gE) = \mu(E)$ となることである．

一般に，位相空間 $G$ が群であって $\varphi(x,y) = xy$，$\psi(x) = x^{-1}$ $(x,y\in G)$ で定義される写像 $\varphi:G\times G\to G$ と $\psi:G\to G$ が共に連続であるとき $G$ を**位相群** (topological group) という．ここで $G\times G$ には直積位相を入れる．すな

わち $G \times G$ の閉集合は $A_1 \times A_2$ ($A_1, A_2$ は $G$ の閉集合)の形の閉集合の共通部分や有限和たちである．なお代数群には Zariski 位相を入れているが代数群は位相群ではない．例えば $GL_1$ の Zariski 位相による閉集合は $GL_1$, $\emptyset$, および有限個の点であり，$\varphi: GL_1 \times GL_1 \to GL_1$ に対し $\varphi^{-1}(1) = \{(x, x^{-1}) \in GL_1 \times GL_1; x \in GL_1\}$ は $GL_1 \times GL_1$ の Zariski 位相では閉集合であるが，直積位相では $GL_1 \times GL_1$ の閉集合にはならず，$\varphi$ は連続ではないのである．実際位相群 $G$ については，1 点が閉集合なら常に Hausdorff 空間になり，このことからも代数群が位相群ではないことがわかる．

さて $G$ を局所コンパクト Hausdorff 位相群(以下単に局所コンパクト群とよぶ)とすると $G$ は $G$ 自身に左から作用するが，$G$ 上の恒等的に零ではない左不変な Radon 測度を **Haar**(ハール)**測度**(Haar measure)とよぶ．次の定理が知られている(例えば A. Weil [30])．

**定理 3.1 (Haar)** 局所コンパクト群 $G$ 上には Haar 測度が正の定数倍を除いて唯一存在する． □

**例 3.1** $G = \mathbb{R}^n$ を加法群とみると局所コンパクト群で，$\int_{[0,1]^n} dx = 1$ となる Haar 測度 $dx$ を **Lebesgue**(ルベーグ)**測度**とよぶ．$a \in \mathbb{R}^n$ に対して $d(a+x) = dx$ であり $\mathbb{R}^n$ 上の可測関数 $\varphi$ について，$\int_{\mathbb{R}^n} \varphi(x+y) dx = \int_{\mathbb{R}^n} \varphi(-x) dx = \int_{\mathbb{R}^n} \varphi(x) dx$ が成り立つ． □

**例 3.2** $G = \mathbb{R}^\times = \mathbb{R} - \{0\}$ では，$dx$ を $\mathbb{R}$ の Lebesgue 測度とするとき，$d^\times x = dx/x$ が $G$ の Haar 測度である．実際 $d^\times(tx) = d^\times x$ ($t \in \mathbb{R}^\times$) である． □

**例 3.3** $G = \{x = (x_{ij}) \in GL_2(\mathbb{R}); x_{21} = 0\}$ は局所コンパクト群である．

$$\begin{pmatrix} a_{11} & a_{12} \\ 0 & a_{22} \end{pmatrix} \begin{pmatrix} x_{11} & x_{12} \\ 0 & x_{22} \end{pmatrix} = \begin{pmatrix} a_{11}x_{11} & a_{11}x_{12} + a_{12}x_{22} \\ 0 & a_{22}x_{22} \end{pmatrix}$$

であるから

$$dx_{11} \wedge dx_{12} \wedge dx_{22} \mapsto a_{11}^2 a_{22} dx_{11} \wedge dx_{12} \wedge dx_{22}, \quad x_{11}^2 x_{22} \mapsto a_{11}^2 a_{22} x_{11}^2 x_{22}$$

となり

$$\frac{1}{x_{11}^2 x_{22}} dx_{11} \wedge dx_{12} \wedge dx_{22}$$

は左からの積で不変である．よって，これに対応する測度（§3.5 を参照）

$$dx = (1/x_{11}^2 x_{22}) dx_{11} dx_{12} dx_{22}$$

は $G$ の Haar 測度である．すなわち $d(ax) = dx$ となる． □

　Lebesgue 積分論について，あとで使う結果をいくつかまとめておこう．証明は伊藤清三，ルベーグ積分入門，裳華房を参照して下さい．

**定理 3.2**（**Lebesgue の収束定理**）　$X$ 上で $f_t(x)$ $(t>0)$ が可測で，$\lim_{t \to +0} f_t(x)$ が各点収束し，$\varphi(x) \geqq 0$ なる可積分関数が存在して，すべての $t>0$ に対し $|f_t(x)| \leqq \varphi(x)$ $(x \in X)$ が成り立つならば，

$$\lim_{t \to +0} \int_X f_t(x) d\mu = \int_X \left( \lim_{t \to +0} f_t(x) \right) d\mu$$

が成り立つ． □

**定理 3.3**（**積分記号のもとでの微分**）　$f(x,t)$ が $x$ の関数として $X$ 上可積分で $t$ の関数として微分可能とする．$X$ 上の可積分関数 $\varphi(x)$ で

$$\left| \frac{df}{dt}(x,t) \right| \leqq \varphi(x) \quad (x \in X)$$

が成り立つものが存在するならば，

$$\frac{d}{dt} \int_X f(x,t) d\mu(x) = \int_X \frac{df}{dt}(x,t) d\mu(x)$$

が成り立つ． □

　二つの測度空間 $(X, \mathcal{B}_X, \mu_1)$, $(Y, \mathcal{B}_Y, \mu_2)$ が与えられたとする．$Z = X \times Y$ の上の可算加法族で $E \times F$ $(E \in \mathcal{B}_X, F \in \mathcal{B}_Y)$ たちを含む最小のものを直積可算加法族といい，$\mathcal{B}_Z = \mathcal{B}_X \times \mathcal{B}_Y$ と記す．$K = E \times F$ $(\mu_1(E) < \infty, \mu_2(F) < \infty)$ に対して $\mu(K) = \mu_1(E) \cdot \mu_2(F)$ となる $\mathcal{B}_Z$ 上の測度を直積測度という．

**定理 3.4**（**Fubini の定理**）　$f(z) = f(x,y)$ が $Z$ 上の複素数値 $\mathcal{B}_Z$ 可測関数で

$$\int_X d\mu_1(x) \int_Y |f(x,y)| d\mu_2(y), \quad \int_Y d\mu_2(y) \int_X |f(x,y)| d\mu_1(x),$$
$$\int_Z |f(z)| d\mu(z)$$

のどれか一つが有限ならば，他の二つも有限で三つとも相等しく

$$\int_X d\mu_1(x)\int_Y f(x,y)d\mu_2(y)=\int_Y d\mu_2(y)\int_X f(x,y)d\mu_1(x)$$
$$=\int_Z f(z)d\mu(z)$$

が成り立つ． □

## §3.2　急減少関数の Fourier 変換

$\mathbb{Z}_+=\{0,1,2,\cdots\}$, $p=(p_1,\cdots,p_n)\in\mathbb{Z}_+^n$ に対し $|p|=p_1+\cdots+p_n$ とおく．さらに $x^p=x_1^{p_1}\cdots x_n^{p_n}$, $D^p=(\partial/\partial x_1)^{p_1}\cdots(\partial/\partial x_n)^{p_n}$ とおく．変数 $x$ を強調するときは $D_x^p$ と書くこともある．無限回微分可能な関数 $\varphi:\mathbb{R}^n\to\mathbb{C}$ を $C^\infty$-**関数**（$C^\infty$-function）とよび，その全体を $C^\infty(\mathbb{R}^n)$ と記す．$C^\infty$ はシーインフィニティとよむ．例えば，

$$\varphi_0(t)=\begin{cases}e^{-\frac{1}{t}} & (t>0),\\ 0 & (t\leqq 0)\end{cases}$$

は $t\neq 0$ では明らかに無限回微分可能で

$$\varphi_0'(0)=\lim_{t\to +0}\frac{\varphi_0(t)-\varphi_0(0)}{t}=\lim_{t\to +0}\frac{1}{t}e^{-\frac{1}{t}}=0$$

ゆえ $t=0$ でも微分可能．$t>0$ での $n$ 回微分は $\varphi_0^{(n)}(t)=p_n(t)t^{-2n}e^{-1/t}$（$p_n(t)$ は $t$ の多項式）と表わせることが $n$ に関する帰納法で容易に示せる．$t=0$ で $\varphi_0(t)$ が $n$ 回微分可能で $\varphi_0^{(n)}(0)=0$ と仮定すれば

$$\varphi_0^{(n+1)}(0)=\lim_{t\to +0}\frac{\varphi_0^{(n)}(t)-\varphi_0^{(n)}(0)}{t}=\lim_{t\to +0}p_n(t)t^{-2n-1}e^{-\frac{1}{t}}=0$$

がいえるから，結局 $\varphi_0(t)$ は $t=0$ でも無限回微分可能で $\varphi_0(t)\in C^\infty(\mathbb{R})$ がいえた．

一般に関数 $\varphi:\mathbb{R}\to\mathbb{C}$ の**台**（support）とは $\{x\in\mathbb{R}^n;\,\varphi(x)\neq 0\}$ の（$\mathbb{R}^n$ のふつうの位相に関する）閉包のことで $\mathrm{supp}\,\varphi$ と記す．台がコンパクト，すなわち有界閉集合であるような $\mathbb{R}^n$ 上の $C^\infty$-関数全体を $C_0^\infty(\mathbb{R}^n)$ と記す．$\mathbb{R}^n$ の開集合 $U$ に対しても $C^\infty(U)$, $C_0^\infty(U)$ などを同様に定義する．$x=(x_1,\cdots,x_n)$, $y=$

$(y_1,\cdots,y_n)\in\mathbb{R}^n$ に対して $\langle x,y\rangle=x_1y_1+\cdots+x_ny_n$, $\|x\|=\sqrt{\langle x,x\rangle}\,(\geqq 0)$ と定める. 次の命題は $C_0^\infty(\mathbb{R}^n)$ の元の例を与える.

**命題 3.5** 任意の $\delta>0$ に対して次の条件を満たす $\varphi_\delta\in C_0^\infty(\mathbb{R}^n)$ が存在する.

 （1） $0\leqq\varphi_\delta\leqq 1$,
 （2） $\|x\|\leqq\delta\Longleftrightarrow\varphi_\delta(x)=1$,
 （3） $\|x\|\geqq 2\delta\Longleftrightarrow\varphi_\delta(x)=0$,
 （4） $\mathrm{supp}\,\varphi_\delta=\{x\in\mathbb{R}^n;\ \|x\|\leqq 2\delta\}$.

［証明］ 前述の $\varphi_0\in C^\infty(\mathbb{R})$ を用いて
$$\varphi(t)=\frac{\varphi_0(4-t)}{\varphi_0(4-t)+\varphi_0(t-1)}$$
とおくと, $\varphi_0$ の定義から $t>1$ なら $\varphi_0(t-1)>0$ で, $4>t$ なら $\varphi_0(4-t)>0$, したがって $\varphi(t)$ の分母は常に正であるから, $\varphi(t)\in C^\infty(\mathbb{R})$ であり, $t\geqq 4\Longleftrightarrow\varphi_0(4-t)=0\Longleftrightarrow\varphi(t)=0$ と $t\leqq 1\Longleftrightarrow\varphi_0(t-1)=0\Longleftrightarrow\varphi(t)=1$, および $0\leqq\varphi(t)\leqq 1$ が成り立つ. $h_\delta(x)=\delta^{-2}\cdot(x_1^2+\cdots+x_n^2)\in C^\infty(\mathbb{R}^n)$ に対して $\varphi_\delta(x)=\varphi(\|x\|^2/\delta^2)=\varphi\circ h_\delta(x)$ とおくと, $\varphi_\delta\in C^\infty(\mathbb{R}^n)$ で $\varphi_\delta$ は明らかに（1）～（4）を満たす. ∎

さて $\mathbb{R}^n$ 上の可積分関数 $\varphi:\mathbb{R}^n\to\mathbb{C}$ の全体を $L^1(\mathbb{R}^n)$ と記すことにする. $dx$ は Lebesgue 測度を表わす. $e^{2\pi\sqrt{-1}\langle x,y\rangle}\,(x,y\in\mathbb{R}^n)$ の絶対値は 1 であるから $\varphi\in L^1(\mathbb{R}^n)$ に対して, 積分
$$\widehat{\varphi}(y)=\int_{\mathbb{R}^n}\varphi(x)e^{2\pi\sqrt{-1}\langle x,y\rangle}dx$$
は収束する. この $\widehat{\varphi}$ を $\varphi$ の **Fourier**（フーリエ）**変換**（Fourier transform）とよぶ. 例えば $C_0^\infty(\mathbb{R}^n)\subset L^1(\mathbb{R}^n)$ であるから $\varphi\in C_0^\infty(\mathbb{R}^n)$ の Fourier 変換 $\widehat{\varphi}(y)$ は常に存在するが,
$$\varphi_t(x)=\varphi(x)\sum_{m_1=0}^{t}\cdots\sum_{m_n=0}^{t}\frac{(2\pi\sqrt{-1})^{m_1+\cdots+m_n}}{m_1!\cdots m_n!}x_1^{m_1}\cdots x_n^{m_n}y_1^{m_1}\cdots y_n^{m_n}$$
とおくと, $\lim_{t\to+\infty}\varphi_t(x)=\varphi(x)e^{2\pi\sqrt{-1}\langle x,y\rangle}$ で
$$\Phi(x)=|\varphi(x)|e^{2\pi(|x_1y_1|+\cdots+|x_ny_n|)}$$

とおくと $\operatorname{supp}\varphi$ がコンパクトであるから $\int_{\mathbb{R}^n}\Phi(x)dx<+\infty$ であり $|\varphi_t(x)|\leqq \Phi(x)$ となる．そこで

$$a_{m_1\cdots m_n}=\int_{\mathbb{R}^n}\varphi(x)\frac{(2\pi\sqrt{-1})^{m_1+\cdots+m_n}}{m_1!\cdots m_n!}x_1^{m_1}\cdots x_n^{m_n}dx<+\infty$$

とおくと Lebesgue の収束定理（定理 3.2 で $t$ を $t^{-1}$ とよみかえる）により

$$\begin{aligned}\widehat{\varphi}(y)&=\int_{\mathbb{R}^n}\lim_{t\to+\infty}\varphi_t(x)dx=\lim_{t\to+\infty}\int_{\mathbb{R}^n}\varphi_t(x)dx\\&=\lim_{t\to+\infty}\sum_{m_1=0}^{t}\cdots\sum_{m_n=0}^{t}a_{m_1\cdots m_n}y_1^{m_1}\cdots y_n^{m_n}\\&=\sum_{m_1,\cdots,m_n}^{\infty}a_{m_1\cdots m_n}y_1^{m_1}\cdots y_n^{m_n}\end{aligned}$$

となり，$\varphi\in C_0^{\infty}(\mathbb{R}^n)$ の Fourier 変換 $\widehat{\varphi}(y)$ は $y$ の解析関数であることがわかる．したがってもし $\operatorname{supp}\widehat{\varphi}$ がコンパクトならば一致の定理により $\widehat{\varphi}(y)=0$ となる．言い換えれば $\varphi\neq 0$ なら $\widehat{\varphi}$ は $C_0^{\infty}(\mathbb{R}^n)$ の外へ飛び出してしまう．そこで適当な関数の集合 $\mathcal{S}$ で（1）$C_0^{\infty}(\mathbb{R}^n)\subset\mathcal{S}\subset C^{\infty}(\mathbb{R}^n)$，（2）$\varphi\in\mathcal{S}$ なら $\widehat{\varphi}\in\mathcal{S}$，となるような $\mathcal{S}$ をみつけることを考えよう．$C^{\infty}(\mathbb{R}^n)\not\subset L^1(\mathbb{R}^n)$ ゆえ $C^{\infty}(\mathbb{R}^n)$ では大きすぎる．例として Gauss（ガウス）関数 $\varphi(x)=e^{-\pi x^2}\in C^{\infty}(\mathbb{R})$ を考えてみよう．これは $C_0^{\infty}(\mathbb{R})$ には属さないが $L^1(\mathbb{R})$ に属すことは次のことからわかる．

**補題 3.6**

$$\int_{-\infty}^{\infty}e^{-\pi x^2}dx=1.$$

［証明］

$$\begin{aligned}\left(\int_{-\infty}^{\infty}e^{-\pi x^2}dx\right)^2&=\int_{-\infty}^{\infty}\int_{-\infty}^{\infty}e^{-\pi(x^2+y^2)}dxdy\\&=\int_{0}^{\infty}\int_{0}^{2\pi}e^{-\pi r^2}rdrd\theta=\int_{0}^{\infty}2\pi re^{-\pi r^2}dr\\&=\left[-e^{-\pi r^2}\right]_{0}^{\infty}=1\end{aligned}$$

で，$e^{-\pi x^2}>0$ ゆえ $\int_{-\infty}^{\infty}e^{-\pi x^2}dx=1$ を得る．ここで $x=r\cos\theta,\ y=r\sin\theta$ と変数変換した． ∎

さて任意の自然数 $N$ に対して

$$|x|^N e^{-\pi x^2} = \frac{|x|^N}{\sum_{m=0}^{\infty} (\pi x^2)^m/(m!)}$$
$$< \frac{|x|^N}{(\pi x^2)^N/(N!)} = \frac{N!}{\pi^N |x|^N} \to 0 \quad (x \to \pm\infty)$$

であるから, $x$ の任意の多項式 $p(x)$ に対して

$$\lim_{x \to \pm\infty} p(x) e^{-\pi x^2} = 0$$

となる. したがって Gauss 関数 $\varphi(x) = e^{-\pi x^2}$ は任意の自然数 $p, q$ に対して $\sup_{x \in \mathbb{R}} |x^p D^q \varphi(x)| < +\infty$ という性質を持っている. では Gauss 関数 $\varphi(x) = e^{-\pi x^2}$ の Fourier 変換 $\hat{\varphi}$ を計算してみよう.

**補題 3.7** 任意の実数 $a$ に対して

$$\int_{-\infty}^{\infty} e^{-\pi(x+\sqrt{-1}a)^2} dx = 1.$$

［証明］ $R > 0$ をとり複素平面 $\mathbb{C}$ 上 $-R + a\sqrt{-1}$ から $R + a\sqrt{-1}$ を結ぶ直線を $C_1$, $R + a\sqrt{-1}$ から $R$ を $C_2$, $R$ から $-R$ を $C_3$, $-R$ から $-R + a\sqrt{-1}$ を結ぶ直線を $C_4$ とし, これらをあわせた閉曲線を $C$ とする. $C$ 内で $e^{-\pi z^2}$ は正則関数であるから Cauchy の積分定理より

$$0 = \int_C e^{-\pi z^2} dz = \int_{C_1} + \cdots + \int_{C_4}$$

となる. $\lim_{R \to +\infty} \int_{C_1} = \int_{-\infty}^{\infty} e^{-\pi(x+\sqrt{-1}a)^2} dx$ であり, 補題 3.6 により

$$\lim_{R \to +\infty} \int_{C_3} = \int_{\infty}^{-\infty} e^{-\pi x^2} dx = -1$$

である.

$$\int_{C_2} = -\int_R^{R+\sqrt{-1}a} e^{-\pi z^2} dz = -\int_0^a e^{-\pi(R+\sqrt{-1}y)^2} \sqrt{-1} \, dy$$

ゆえ

$$\left| \int_{C_2} \right| \leq \int_0^a e^{-\pi(R^2 - y^2)} dy \leq \int_0^a e^{-\pi(R^2 - a^2)} dy$$
$$= a e^{\pi a^2} \cdot e^{-\pi R^2} \to 0 \quad (R \to +\infty)$$

となり $\lim_{R\to+\infty}\int_{C_2}=0$ を得る．同様に $\lim_{R\to+\infty}\int_{C_4}=0$ ゆえ補題 3.7 を得る．■

これから直ちに $\varphi(x)=e^{-\pi x^2}$ の Fourier 変換 $\widehat{\varphi}$ が得られるが，あとの応用を考えて次の形で示しておく．

**命題 3.8** $t>0$, $x=(x_1,\cdots,x_n)$ に対し

$$u_t(x)=t^{-\frac{n}{2}}\cdot e^{-\frac{\pi\|x\|^2}{t}}\in C^\infty(\mathbb{R}^n)$$

とおくと $\widehat{u_t}(y)=e^{-\pi t\|y\|^2}$ で $\widehat{\widehat{u_t}}(x)=u_t(x)$ となる．とくに $n=t=1$ のとき，$\varphi(x)=e^{-\pi x^2}$ に対し $\widehat{\varphi}=\varphi$ である．

［証明］

$\widehat{u_t}(y)$
$$=\int_{\mathbb{R}^n}t^{-\frac{n}{2}}e^{-\frac{\pi\|x\|^2}{t}}\cdot e^{2\pi\sqrt{-1}\langle x,y\rangle}dx$$
$$=t^{-\frac{n}{2}}\prod_{i=1}^n\int_{-\infty}^\infty\exp\left(-\frac{\pi x_i^2}{t}+2\pi\sqrt{-1}\,x_iy_i\right)dx_i$$
$$=t^{-\frac{n}{2}}\prod_{i=1}^n\left(e^{-\pi ty_i^2}\int_{-\infty}^\infty\exp\left[-\pi\left(\frac{x_i}{\sqrt{t}}-\sqrt{-1}\sqrt{t}\,y_i\right)^2\right]d\left(\frac{x_i}{\sqrt{t}}\right)\cdot\sqrt{t}\right)$$
$$=e^{-\pi t\|y\|^2}$$

が補題 3.7 より得られる．

$$\widehat{\widehat{u_t}}(x)=\int_{\mathbb{R}^n}e^{-\pi t\|y\|^2}\cdot e^{2\pi\sqrt{-1}\langle x,y\rangle}dy$$
$$=\prod_{i=1}^n\left(e^{-\frac{\pi x_i^2}{t}}\int_{-\infty}^\infty\exp\left[-\pi\left(\sqrt{t}\,y_i-\sqrt{-1}\frac{x_i}{\sqrt{t}}\right)^2\right]d(\sqrt{t}\,y_i)\cdot\frac{1}{\sqrt{t}}\right)$$
$$=u_t(x)$$

となる． ■

以上のことから，Gauss 関数 $\varphi(x)=e^{-\pi x^2}$ の Fourier 変換 $\widehat{\varphi}$ も（$\widehat{\varphi}=\varphi$ ゆえ）$\sup_{x\in\mathbb{R}}|x^pD^q\widehat{\varphi}(x)|<+\infty$ という性質を持っていることがわかる．そこで $\mathcal{S}$ として次のような関数全体を考えてみよう．$C^\infty$-関数 $\varPhi:\mathbb{R}^n\to\mathbb{C}$ が**急減少関数**（rapidly decreasing function）であるとはすべての $p,q\in\mathbb{Z}_+^n$ に対し

て $\sup_{x\in\mathbb{R}^n}|x^p D^q \Phi(x)|<+\infty$ となることと定義して，その全体を $\mathcal{S}(\mathbb{R}^n)$ と記す．

$N$ 回連続微分可能な $\mathbb{R}^n$ 上の関数全体を $C^N(\mathbb{R}^n)$ と記す．ただし $C^0(\mathbb{R}^n)$ は $\mathbb{R}^n$ 上の連続関数全体を表わす．$M,N\geqq 0$ に対し $C^N(\mathbb{R}^n)$ におけるノルム $\nu(M,N)$ を，$\Phi\in C^N(\mathbb{R}^n)$ に対して

$$\nu(M,N)(\Phi)=\sup_{x\in\mathbb{R}^n}\left\{(1+\|x\|^2)^M \cdot \sum_{p,\,|p|\leqq N}|D^p\Phi(x)|\right\}$$

と定める．ただし $\nu(M,N)(\Phi)=+\infty$ となることも許容する．明らかに $\Phi\in C^\infty(\mathbb{R}^n)$ について $\Phi\in\mathcal{S}(\mathbb{R}^n)$ となることと，すべての $M\geqq 0$ に対し $\nu(M,M)(\Phi)<+\infty$ となることは同値である．ここで $(1+\|x\|^2)^n \geqq (1+x_1^2)(1+x_2^2)\cdots(1+x_n^2)$ で，$x=\tan\theta$ とおくと $dx/(1+x^2)=d\theta$ ゆえ

$$\int_{\mathbb{R}^n}(1+\|x\|^2)^{-n}dx \leqq \prod_{i=1}^n\int_\mathbb{R}\frac{dx_i}{1+x_i^2}=\prod_{i=1}^n\int_{-\frac{\pi}{2}}^{\frac{\pi}{2}}d\theta=\pi^n<+\infty$$

であることに注意しておこう．また $p=(p_1,\cdots,p_n)\in\mathbb{Z}_+^n$ に対して $|x^p|<(1+\|x\|^2)^{|p|/2}$ が成り立つ．実際，$|x_k^{p_k}|<(1+x_k^2)^{p_k/2}\leqq(1+\|x\|^2)^{p_k/2}$ より，$|x^p|<(1+\|x\|^2)^{(p_1/2)+\cdots+(p_n/2)}=(1+\|x\|^2)^{|p|/2}$.

**命題 3.9**

(1) $\Phi\in C^0(\mathbb{R}^n)$ に対して $\nu(n,0)(\Phi)<+\infty$ ならば $\Phi\in L^1(\mathbb{R}^n)$，とくに $\Phi$ の Fourier 変換 $\widehat{\Phi}$ が定義される．

(2) $\Phi\in C^0(\mathbb{R}^n)$ が自然数 $k$ に対して $\nu(n+(k/2),0)(\Phi)<+\infty$ を満たすならば $\widehat{\Phi}\in C^k(\mathbb{R}^n)$.

(3) 任意に与えられた非負整数 $M,N$ に対し定数 $c$ が存在し，$\Phi\in C^{2M}(\mathbb{R}^n)$ かつ $\nu(n+(N/2),2M)(\Phi)<+\infty$ ならば $\Phi$ の Fourier 変換 $\widehat{\Phi}\in C^N(\mathbb{R}^n)$ が定義されて，$\nu(M,N)(\widehat{\Phi})\leqq c\cdot\nu(n+(N/2),2M)(\Phi)$ が成り立つ．

(4) $\Phi\in\mathcal{S}(\mathbb{R}^n)$ ならば $\widehat{\Phi}\in\mathcal{S}(\mathbb{R}^n)$ である．

［証明］ $\nu(n,0)(\Phi)=\sup_{x\in\mathbb{R}^n}(1+\|x\|^2)^n|\Phi(x)|<+\infty$ ならば

$$\int_{\mathbb{R}^n}|\Phi(x)|dx \leqq \nu(n,0)(\Phi)\cdot\int_{\mathbb{R}^n}(1+\|x\|^2)^{-n}dx \leqq \pi^n\cdot\nu(n,0)(\Phi)<+\infty$$

ゆえ $\Phi\in L^1(\mathbb{R}^n)$ となり (1) を得る．

次に $\alpha=(\alpha_1,\cdots,\alpha_n)\in\mathbb{Z}_n^+$, $|\alpha|=k$ とすれば $(1+\|x\|^2)^n\cdot|x^\alpha\Phi(x)|\leqq(1+\|x\|^2)^{n+(k/2)}|\Phi(x)|\leqq\nu(n+(k/2),0)(\Phi)<+\infty$ ゆえ

$$\int_{\mathbb{R}^n}|x^\alpha\Phi(x)e^{2\pi\sqrt{-1}\langle x,y\rangle}|dx\leqq\nu\left(n+\frac{k}{2},0\right)(\Phi)\int_{\mathbb{R}^n}(1+\|x\|^2)^{-n}dx$$
$$\leqq\pi^n\cdot\nu\left(n+\frac{k}{2},0\right)(\Phi)<+\infty$$

となる. したがって

$$D_y^\alpha\widehat{\Phi}(y)=\int_{\mathbb{R}^n}\Phi(x)D_y^\alpha e^{2\pi\sqrt{-1}\langle x,y\rangle}dx$$
$$=(2\pi\sqrt{-1})^k\int_{\mathbb{R}^n}x^\alpha\Phi(x)e^{2\pi\sqrt{-1}\langle x,y\rangle}dx$$

の右辺は絶対収束して $\widehat{\Phi}\in C^k(\mathbb{R}^n)$, すなわち(2)を得る. $\nu(n+(N/2),2M)(\Phi)<+\infty$ ならば (2) より $\widehat{\Phi}\in C^N(\mathbb{R}^n)$ ゆえ $\nu(M,N)(\widehat{\Phi})$ が定義される.

$$D_x^q e^{2\pi\sqrt{-1}\langle x,y\rangle}=(2\pi\sqrt{-1})^{|q|}y^q e^{2\pi\sqrt{-1}\langle x,y\rangle}$$

や

$$x^p e^{2\pi\sqrt{-1}\langle x,y\rangle}=(2\pi\sqrt{-1})^{-|p|}\cdot D_y^p e^{2\pi\sqrt{-1}\langle x,y\rangle}$$

に注意すると, 定理 3.3 を使って $|p|\leqq 2M$, $|q|\leqq N$ なる $p,q\in\mathbb{Z}_+^n$ に対して

$$x^p D_x^q\widehat{\Phi}(x)=x^p\int_{\mathbb{R}^n}\Phi(y)(D_x^q e^{2\pi\sqrt{-1}\langle x,y\rangle})dy$$
$$=(2\pi\sqrt{-1})^{|q|}\cdot\int_{\mathbb{R}^n}(y^q\Phi(y))(x^p e^{2\pi\sqrt{-1}\langle x,y\rangle})dy$$
$$=(2\pi\sqrt{-1})^{|q|-|p|}\int_{\mathbb{R}^n}(y^q\Phi(y))\cdot D_y^p e^{2\pi\sqrt{-1}\langle x,y\rangle}dy$$

となるが, ここで $\sup\{(1+\|y\|^2)^{n+(N/2)}\sum_{|p|\leqq 2M}D_y^p\Phi(y)\}<+\infty$ を使って部分積分を $|p|$ 回行うと

$$=(-1)^{|p|}\cdot(2\pi\sqrt{-1})^{|q|-|p|}\cdot\int_{\mathbb{R}^n}(D_y^p y^q\Phi(y))e^{2\pi\sqrt{-1}\langle x,y\rangle}dy$$

となる.

$$D_y^p(y^q\Phi(y))=\sum_{p',q'}c_{p',q'}y^{q'}D_y^{p'}\Phi(y)$$
$$(p',q'\in\mathbb{Z}_+^n \text{ は } |p'|\leqq|p|,\ |q'|\leqq|q| \text{ なる範囲を動く})$$

と表わされるが，$|q'|\leqq|q|$ なるすべての $q'$ に対して $|y^{q'}|\leqq(1+\|y\|^2)^{|q|/2}$ であるから

$$\left|\int_{\mathbb{R}^n} y^{q'}(D_y^{p'}\Phi(y))e^{2\pi\sqrt{-1}\langle x,y\rangle}dy\right|$$
$$\leqq\left[\sup_{y\in\mathbb{R}^n}(1+\|y\|^2)^{\frac{|q|}{2}+n}\cdot|D_y^{p'}\Phi(y)|\right]\cdot\int_{\mathbb{R}^n}(1+\|y\|^2)^{-n}dy$$
$$<\pi^n\cdot\nu\left(\frac{|q|}{2}+n,p'\right)(\Phi)<\pi^n\cdot\nu\left(n+\frac{N}{2},2M\right)(\Phi)$$

となる．

結局 $|p|\leqq 2M$，$|q|\leqq N$ なる $p,q\in\mathbb{Z}_+^n$ に対して $\Phi$ と無関係な定数 $c'$ が存在して $|x^p D_x^q\widehat{\Phi}(x)|\leqq c'\nu(n+(N/2),2M)(\Phi)$ が成り立つ．これは $\Phi$ と無関係な定数 $c$ が存在して

$$\nu(M,N)(\widehat{\Phi})=\sup_x(1+\|x\|^2)^M\sum_{|q|\leqq N}|D_x^q\widehat{\Phi}|\leqq c\cdot\nu\left(n+\frac{N}{2},2M\right)(\Phi)$$

となることを意味する．(4) は (3) から明らかである． ∎

**命題 3.10**（**L. Schwartz**） $\Phi$ を急減少関数とすると $\widehat{\widehat{\Phi}}(x)=\Phi(-x)$，したがって Fourier 変換

$$\mathcal{S}(\mathbb{R}^n)\ni\Phi\mapsto\widehat{\Phi}\in\mathcal{S}(\mathbb{R}^n)$$

は全単射である．

［証明］ $u_t(x)$ $(t>0)$ を命題 3.8 の関数として，$\Phi\in\mathcal{S}(\mathbb{R}^n)$ に対して

$$u_t*\Phi(x)=\int_{\mathbb{R}^n}u_t(x-y)\Phi(y)dy=\int_{\mathbb{R}^n}\Phi(x-y)u_t(y)dy$$

を二通りに計算する．まず $\lim_{t\to+0}(u_t*\Phi)(x)=\Phi(x)$ を示そう．

$$u_t*\Phi(x)=t^{-\frac{n}{2}}\int_{\mathbb{R}^n}e^{-\frac{\pi\|x-y\|^2}{t}}\cdot\Phi(y)dy$$

において $\sqrt{t}\,z_i=y_i-x_i$ $(1\leqq i\leqq n)$ と変数変換をすると

$$u_t*\Phi(x)=\int_{\mathbb{R}^n}e^{-\pi\|z\|^2}\Phi(x+\sqrt{t}\,z)dz$$

となるが，補題 3.6 により $\int_{\mathbb{R}^n} e^{-\pi \|z\|^2} dz = 1$ であるから，$M = \sup |\Phi(x)| = \nu(0,0)(\Phi) < +\infty$ に対し $\varphi(z) = Me^{-\pi \|z\|^2}$ とおけば $|e^{-\pi \|z\|^2} \Phi(x+\sqrt{t}z)| \leqq \varphi(z)$ かつ $\int_{\mathbb{R}^n} \varphi(z) dz = M < +\infty$ ゆえ，Lebesgue の収束定理（定理 3.2）により

$$\lim_{t \to +0} (u_t * \Phi)(x) = \int_{\mathbb{R}^n} \lim_{t \to +0} e^{-\pi \|z\|^2} \Phi(x+\sqrt{t}z) dz = \Phi(x)$$

を得る．

他方，命題 3.8 により $\widehat{\widehat{u_t}} = u_t$ であり，Fubini の定理（定理 3.4）により積分の順序を交換できるから，

$$\begin{aligned}
(u_t * \Phi)(x) &= \int_{\mathbb{R}^n} \Phi(x-y) \widehat{\widehat{u_t}}(y) dy \\
&= \int_{\mathbb{R}^n} \Phi(x-y) \left\{ \int_{\mathbb{R}^n} \widehat{u_t}(z) e^{2\pi\sqrt{-1}\langle y,z\rangle} dz \right\} dy \\
&= \int_{\mathbb{R}^n} \widehat{u_t}(z) e^{2\pi\sqrt{-1}\langle x,z\rangle} \left( \int_{\mathbb{R}^n} \Phi(x-y) e^{2\pi\sqrt{-1}\langle x-y,-z\rangle} dy \right) dz \\
&= \int_{\mathbb{R}^n} \widehat{u_t}(z) \widehat{\Phi}(-z) e^{2\pi\sqrt{-1}\langle x,z\rangle} dz
\end{aligned}$$

を得る．$t > 0$ のとき $|\widehat{u_t}(z)| = e^{-\pi t \|z\|^2} \leqq 1$ であるから

$$|\widehat{u_t}(z) \widehat{\Phi}(-z) e^{2\pi\sqrt{-1}\langle x,z\rangle}| \leqq |\widehat{\Phi}(-z)|$$

であり，さらに $\widehat{\Phi} \in \mathcal{S}(\mathbb{R}^n)$ ゆえ，Lebesgue の収束定理（定理 3.2）により

$$\begin{aligned}
\lim_{t \to +0} (u_t * \Phi)(x) &= \int_{\mathbb{R}^n} \lim_{t \to +0} \widehat{u_t}(z) \widehat{\Phi}(-z) e^{2\pi\sqrt{-1}\langle x,z\rangle} dz \\
&= \int_{\mathbb{R}^n} \widehat{\Phi}(-z) e^{2\pi\sqrt{-1}\langle x,z\rangle} dz = \widehat{\widehat{\Phi}}(-x)
\end{aligned}$$

を得る．したがって $\Phi(x) = \widehat{\widehat{\Phi}}(-x)$ となる． ∎

## §3.3　超関数（distribution）

$C_0^\infty(\mathbb{R}^n)$ に属す関数の列 $\{\varphi_m\}_{m=1}^\infty$ が $\varphi_0 \in C_0^\infty(\mathbb{R}^n)$ に収束するとは，あるコンパクト集合 $E (\subset \mathbb{R}^n)$ で

（1） $\operatorname{supp} \varphi_m \subset E \quad (m=1,2,\cdots)$,
（2） 各 $p \in \mathbb{Z}_n^+$ に対して

$$\lim_{m\to+\infty} \sup_{x\in\mathbb{R}^n} |D^p\varphi_m(x)-D^p\varphi_0(x)|=0,$$

となることで，このとき $\varphi_m \Rightarrow \varphi_0$ と記す．

さて，$\mathbb{C}$-線形写像 $T: C_0^\infty(\mathbb{R}^n) \to \mathbb{C}$ が $\varphi_m \Rightarrow \varphi_0$ に対し $T(\varphi_m) \to T(\varphi_0)$ ($m \to +\infty$) を満たすとき，$T$ を $\mathbb{R}^n$ 上の**超関数**（distribution）とよぶ．$T$ の連続性の条件は $\varphi_0 = 0$ に限ってもよいことは明らかである．例えば $\delta: C_0^\infty(\mathbb{R}^n) \to \mathbb{C}$ を $\delta(\varphi) = \varphi(0)$ ($\varphi \in C_0^\infty(\mathbb{R}^n)$) で定めると $\varphi_m \Rightarrow 0$ なら $\varphi_m(0) \to 0$ ゆえ $\delta$ は超関数になる．これを **Dirac のデルタ関数**（Dirac's $\delta$-function）とよぶ．

局所可積分な関数 $f:\mathbb{R}^n \to \mathbb{C}$ に対して $T_f : C_0^\infty(\mathbb{R}^n) \to \mathbb{C}$ を

$$T_f(\varphi) = \int_{\mathbb{R}^n} f(x)\varphi(x)dx \quad (dx \text{ は Lebesgue 測度})$$

で定義すると，これは超関数になる．これにより局所可積分な関数，とくに連続関数を超関数とみなせることがわかる．また $f \in C^\infty(\mathbb{R}^n)$ と超関数 $T$ の積 $fT$ を $(fT)(\varphi) = T(f\varphi)$ ($\varphi \in C_0^\infty(\mathbb{R}^n)$) で定義する．$f:\mathbb{R}^n \to \mathbb{C}$ が微分可能な関数であれば部分積分により

$$\int_{\mathbb{R}^n} \left(\frac{\partial}{\partial x_i}f\right)\varphi dx = -\int_{\mathbb{R}^n} f\left(\frac{\partial}{\partial x_i}\varphi\right)dx$$

が成り立ち，$T_{\frac{\partial f}{\partial x_i}}(\varphi) = -T_f\left(\frac{\partial \varphi}{\partial x_i}\right)$ となるが，さらに一般には

$$T_{D^p f}(\varphi) = (-1)^{|p|} T_f(D^p \varphi)$$

が成り立つ．右辺は $f$ が微分できないときでも意味をもつ．そこで超関数 $T$ の微分 $D^p T$ を $(D^p T)(\varphi) = (-1)^{|p|} T(D^p \varphi)$ と定義する．これにより連続関数は超関数としては何回でも微分できることがわかる．次に $f \in L^1(\mathbb{R}^n)$ の Fourier 変換 $\widehat{f}(y) = \int_{\mathbb{R}^n} f(x) e^{2\pi\sqrt{-1}\langle x,y\rangle} dx$ を超関数とみなすことを考えると，Fubini の定理（定理 3.4）より

## §3.3 超関数(distribution)

$$T_{\widehat{f}}(\varphi) = \int_{\mathbb{R}^n} \widehat{f}(y)\varphi(y)dy$$
$$= \int_{\mathbb{R}^n} f(x)\left(\int_{\mathbb{R}^n} \varphi(y)e^{2\pi\sqrt{-1}\langle x,y\rangle}dy\right)dx$$
$$= \int_{\mathbb{R}^n} f(x)\widehat{\varphi}(x)dx = T_f(\widehat{\varphi}) \quad (\varphi \in C_0^\infty(\mathbb{R}^n))$$

となることがわかる.そこで超関数 $T$ の Fourier 変換 $\widehat{T}$ を $\widehat{T}(\varphi)=T(\widehat{\varphi})$ と定義するのが自然なのであるが,§3.2 で述べたように $\varphi\neq 0$ なら $\widehat{\varphi}\notin C_0^\infty(\mathbb{R}^n)$ なのでこのままでは具合が悪い.命題 3.9 や命題 3.10 によれば,$C_0^\infty(\mathbb{R}^n)$ よりも $\mathcal{S}(\mathbb{R}^n)$ を考えた方が都合がよいことがわかる.そこで超関数 $T:C_0^\infty(\mathbb{R}^n)\to\mathbb{C}$ がいつ $T':\mathcal{S}(\mathbb{R}^n)\to\mathbb{C}$ へ拡張できるかを考えてみよう.急減少関数の空間 $\mathcal{S}(\mathbb{R}^n)$ の関数の列 $\{\Phi_m\}_{m=1}^\infty$ が $\mathcal{S}(\mathbb{R}^n)$ において $\Phi_0\in\mathcal{S}(\mathbb{R}^n)$ に収束するとは任意の $M=1,2,\cdots$ に対して

$$\nu(M,M)(\Phi_m-\Phi_0)\to 0 \quad (m\to +\infty)$$

であることと定義し,このとき

$$\Phi_m \Rightarrow \Phi_0 \ [\text{in}\,\mathcal{S}(\mathbb{R}^n)],$$

と記すことにする.$\mathbb{C}$-線形写像 $T:\mathcal{S}(\mathbb{R}^n)\to\mathbb{C}$ が連続であるとは,任意の $\Phi_m\Rightarrow\Phi_0\ [\text{in}\,\mathcal{S}(\mathbb{R}^n)]$ に対して常に $T(\Phi_m)\to T(\Phi_0)\,(m\to +\infty)$ となることである.

**命題 3.11** $C_0^\infty(\mathbb{R}^n)$ は $\mathcal{S}(\mathbb{R}^n)$ 内で次の意味で稠密である.すなわち任意の $\Phi_0\in\mathcal{S}(\mathbb{R}^n)$ に対し関数列 $\varphi_m\in C_0^\infty(\mathbb{R}^n)$ で $\varphi_m\Rightarrow\Phi_0\ [\text{in}\,\mathcal{S}(\mathbb{R}^n)]$ となるものが存在する.

[略証] 命題 3.5 で $\delta=1$ とした $\varphi_\delta$ を $\eta$ とおくと $\|x\|\leq 1$ なら $\eta(x)=1$ であるから $\varphi_m(x)=\eta(x/m)\Phi_0(x)\in C_0^\infty(\mathbb{R}^n)$ とおくと $\|x\|\leq m$ ならば $\varphi_m(x)=\Phi_0(x)$ となる.そして $\varphi_m\Rightarrow\Phi_0\ [\text{in}\,\mathcal{S}(\mathbb{R}^n)]$ となる. ∎

超関数 $T$ が**緩増加超関数**(tempered distribution)であるとは,ある $M\geq 0$ と定数 $C$ が存在して $|T(\varphi)|\leq C\cdot\nu(M,M)(\varphi)\,(\varphi\in C_0^\infty(\mathbb{R}^n))$ を満たすことである.

**命題 3.12** 緩増加超関数 $T:C_0^\infty(\mathbb{R}^n)\to\mathbb{C}$ は連続な線形写像 $T:\mathcal{S}(\mathbb{R}^n)\to\mathbb{C}$ へ拡張される.

［証明］ 任意の $\Phi\in\mathcal{S}(\mathbb{R}^n)$ に対して，命題 3.11 より $\varphi_m\in C_0^\infty(\mathbb{R}^n)$ で $\varphi_m\Rightarrow\Phi\,[\mathrm{in}\,\mathcal{S}(\mathbb{R}^n)]$ となるものが存在する．このとき $|T(\varphi_m)-T(\varphi_l)|=|T(\varphi_m-\varphi_l)|\leqq C\cdot\nu(M,M)(\varphi_m-\varphi_l)$ であるが $\varphi_m\Rightarrow\Phi\,[\mathrm{in}\,\mathcal{S}(\mathbb{R}^n)]$ より

$$\nu(M,M)(\varphi_m-\varphi_l)\leqq\nu(M,M)(\varphi_m-\Phi)+\nu(M,M)(\Phi-\varphi_l)\to 0$$
$$(m,l\to+\infty)$$

となる．したがって $\{T(\varphi_m)\}$ は $\mathbb{C}$ の Cauchy 列となり収束する．そこで $T(\Phi)=\lim_{m\to+\infty}T(\varphi_m)$ と定める．これは近似列 $\{\varphi_m\}$ の選び方によらない．$|T(\varphi_m)|\leqq C\cdot\nu(M,M)(\varphi_m)$ で $m\to+\infty$ として $|T(\Phi)|\leqq C\cdot\nu(M,M)(\Phi)$ を得る．よって $\Phi_m\Rightarrow 0\,[\mathrm{in}\,\mathcal{S}(\mathbb{R}^n)]$ に対して $|T(\Phi_m)|\to 0$ となり，$T$ は $\mathcal{S}(\mathbb{R}^n)$ 上の連続な線形写像である． ∎

命題 3.12 の逆も成り立つ．すなわち；

**命題 3.13** 連続な線形写像 $T:\mathcal{S}(\mathbb{R}^n)\to\mathbb{C}$ を $C_0^\infty(\mathbb{R}^n)$ に制限して得られる超関数は緩増加超関数である．

［証明］ $|T(\varphi)|\leqq C\cdot\nu(M,M)(\varphi)\ (\varphi\in C_0^\infty(\mathbb{R}^n))$ を満たす $M\geqq 0$ と定数 $C$ の存在をいえばよい．これが成り立たなければ $m=1,2,\cdots$ に対して $|T(\psi_m)|>m\cdot\nu(m,m)(\psi_m)$ となる $\psi_m\in C_0^\infty(\mathbb{R}^n)$ が存在し $\varphi_m=\psi_m/(m\cdot\nu(m,m)(\psi_m))$ とおくと $\nu(m,m)(\varphi_m)=\nu(m,m)(\psi_m)/(m\cdot\nu(m,m)(\psi_m))=1/m$ となる．一方，$\nu(m,m)$ は $m$ に関し単調増加ゆえ $l\leqq m$ なら $\nu(l,l)(\varphi_m)\leqq\nu(m,m)(\varphi_m)=1/m$ であるから，$l$ を固定し $m\to+\infty$ とすると $\nu(l,l)(\varphi_m)\to 0\,(m\to+\infty)$ である．$l$ は任意であるから $\varphi_m\Rightarrow 0\,[\mathrm{in}\,\mathcal{S}(\mathbb{R}^n)]$ となり $T$ の連続性より $T(\varphi_m)\to 0\,(m\to+\infty)$．一方

$$|T(\varphi_m)|=\left|\frac{T(\psi_m)}{m\cdot\nu(m,m)(\psi_m)}\right|>1$$

がすべての $m$ に成り立つから $T(\varphi_m)\to 0$ とはなり得ず矛盾． ∎

命題 3.12 と命題 3.13 により緩増加超関数と連続な線形写像 $T:\mathcal{S}(\mathbb{R}^n)\to\mathbb{C}$ は同じ概念であることがわかる．以下同一視する．緩増加超関数 $T:\mathcal{S}(\mathbb{R}^n)\to\mathbb{C}$ の Fourier 変換 $\widehat{T}$ を $\widehat{T}(\Phi)=T(\widehat{\Phi})\,(\Phi\in\mathcal{S}(\mathbb{R}^n))$ と定義する．命題 3.9 より $\widehat{\Phi}\in\mathcal{S}(\mathbb{R}^n)$ ゆえ意味をもつ．命題 3.9 の (3) により $\Phi_m\Rightarrow 0\,[\mathrm{in}\,\mathcal{S}(\mathbb{R}^n)]$ なら

ば $\widehat{\Phi} \Rightarrow 0 \,[\text{in}\,\mathcal{S}(\mathbb{R}^n)]$ ゆえ $\widehat{T}$ も連続で，緩増加超関数の Fourier 変換も緩増加超関数であることがわかる．

さて $\alpha\in\mathbb{Z}_+^n$ に対し $|x^\alpha|<(1+\|x\|^2)^{|\alpha|/2}$ であるから $\mathbb{R}^n$ 上の任意の多項式 $f(x)$ に対して $|f(x)|\leqq C(1+\|x\|^2)^d$ がすべての $x\in\mathbb{R}^n$ に対して成り立つような $C,d$ が存在する．そこで $f:\mathbb{R}^n\to\mathbb{C}$ をすべての $x\in\mathbb{R}^n$ に対して $|f(x)|\leqq C(1+\|x\|^2)^d$ を満たす連続関数とすると，$\Phi\in\mathcal{S}(\mathbb{R}^n)$ に対して

$$\left|\int_{\mathbb{R}^n} f(x)\Phi(x)dx\right| \leqq C\int_{\mathbb{R}^n}(1+\|x\|^2)^d\cdot|\Phi(x)|dx$$
$$\leqq C\cdot\left(\sup_{x\in\mathbb{R}^n}(1+\|x\|^2)^{d+n}\cdot|\Phi(x)|\right)\cdot\int_{\mathbb{R}^n}(1+\|x\|^2)^{-n}dx$$
$$\leqq C\cdot\pi^n\nu(d+n,0)(\Phi)<+\infty$$

であり，$T_f(\Phi)=\int_{\mathbb{R}^n}f(x)\Phi(x)dx$ とおくと，

$$|T_f(\varphi)|\leqq C\cdot\pi^n\cdot\nu(d+n,0)(\varphi) \qquad (\varphi\in C_0^n(\mathbb{R}^n))$$

となる．$M=d+n$ とおくと $\nu(d+n,0)(\varphi)\leqq\nu(M,M)(\varphi)$ より

$$|T_f(\varphi)|\leqq(C\cdot\pi^n)\nu(M,M)(\varphi) \quad (\varphi\in C_0^\infty(\mathbb{R}^n))$$

となるから $T_f$ は緩増加超関数 $T_f:\mathcal{S}(\mathbb{R}^n)\to\mathbb{C}$ を定める．すなわち $|f(x)|\leqq C\cdot(1+\|x\|^2)^d$ を満たす連続関数，とくに多項式は緩増加超関数とみなされ，その Fourier 変換が意味をもつ．

さて $\mathbb{R}^n$ の超関数 $T$ が $\mathbb{R}^n$ の開集合 $U$ の上で**零になる**（vanish）とは，すべての $\Phi\in C_0^\infty(U)$ に対して $T(\Phi)=0$ となることである．そのような $U$ 全体の和集合を $U_0$ とするとき，$\mathbb{R}^n-U_0$ を超関数 $T$ の**台**（support）とよび，$\operatorname{supp} T=\mathbb{R}^n-U_0$ と記す．また $f\in C^\infty(\mathbb{R}^n)$ がすべての $\Phi\in\mathcal{S}(\mathbb{R}^n)$ に対して $f\Phi\in\mathcal{S}(\mathbb{R}^n)$ となるとき，$f$ と緩増加超関数 $T$ との積 $fT$ も緩増加超関数になる．このとき次の命題が成り立つ．

**命題 3.14** $T$ を次の条件（1），（2）を満たす $\mathbb{R}^n$ 上の緩増加超関数とする．
（1） ある実係数多項式 $f(x)$ が存在して

$$\operatorname{supp} T\subset S=\{x\in\mathbb{R}^n;\ f(x)=0\}.$$

(2) ある $M_0$ と正定数 $c$ が存在して，任意の $\Phi \in \mathcal{S}(\mathbb{R}^n)$ に対して $|T(\Phi)| \leqq c \cdot \nu(M_0, M_0)(\Phi)$ が成り立つ．

このとき $L > M_0$ となる任意の自然数 $L$ に対して $f^L T = 0$ となる．

［証明］命題 3.5 において $n = \delta = 1$ なる $\varphi_\delta$ を $\alpha$ とおくと，$\alpha$ は $\mathbb{R}$ 上の $[0,1]$ に値をとる無限回微分可能な関数で $|t| \geqq 2$ ならば $\alpha(t) = 0$ で，$1 \geqq |t|$ ならば $\alpha(t) = 1$ となる．さて任意の正数 $\eta > 0$ をとって固定する．$\Phi \in \mathcal{S}(\mathbb{R}^n)$ に対して

$$f(x)^L \cdot \Phi(x) - f(x)^L \alpha\left(\frac{1}{\eta} f(x)\right) \cdot \Phi(x)$$

は再び $\mathcal{S}(\mathbb{R}^n)$ の元で $|f(x)| \leqq \eta$ ならば 0 であるから，とくに $S$ 上で 0 になる．したがって条件 (1) により緩増加超関数 $T$ を作用させても 0 である．条件 (2) とあわせて

$$\begin{aligned}|f^L T(\Phi)| = |T(f^L \Phi)| &= \left|T\left(f^L \cdot \alpha\left(\frac{f}{\eta}\right) \cdot \Phi\right)\right| \\ &\leqq c \cdot \nu(M_0, M_0)\left(f^L \cdot \alpha\left(\frac{f}{\eta}\right) \cdot \Phi\right) \\ &= c \sup_{x \in \mathbb{R}^n} (1 + \|x\|^2)^{M_0} \sum_{|p| \leqq M_0} \left|D^p\left(f^L \cdot \alpha\left(\frac{f}{\eta}\right) \cdot \Phi\right)\right|\end{aligned}$$

を得る．ここで $D^p(f^L \cdot \alpha(f/\eta) \cdot \Phi)$ は

$$(D^{\beta_1} f^L)\left(D^{\beta_2} \alpha\left(\frac{f}{\eta}\right)\right)(D^{\beta_3} \Phi) \quad (|\beta_1| + |\beta_2| + |\beta_3| \leqq M_0)$$

の形の一次結合で

$$\begin{aligned}D^{\beta_1} f^L &= \sum_{j \leqq |\beta_1|} c_j f^{L-j} D^{\gamma_j} f \quad (\gamma_j \in \mathbb{Z}_+^n), \\ D^{\beta_2} \alpha\left(\frac{f}{\eta}\right) &= \sum_{k \leqq |\beta_2|} c'_k \frac{1}{\eta^k} \alpha^{(k)}\left(\frac{f}{\eta}\right) \cdot D^{\gamma'_k} f \quad (\gamma'_k \in \mathbb{Z}_+^n)\end{aligned}$$

と表わされる．そして $j + k \leqq M_0$ であり $\alpha^{(k)}(f/\eta) \neq 0$ なら $|f| \leqq 2\eta$ であるから

$$|f|^{L-j} = |f|^{M_0 - j - k} \cdot |f|^{L - M_0 + k} \leqq |f|^{M_0 - j - k} \cdot (2\eta)^{L - M_0 + k}$$

より

$$\left|c_j f^{L-j}(D^{\gamma_j}f)c'_k \frac{1}{\eta^k}\alpha^{(k)}\left(\frac{f}{\eta}\right)(D^{\gamma'_k}f)D^{\beta_3}\Phi\right|$$
$$\leqq \eta^{L-M_0}\cdot 2^{L-M_0+k}\left|c_j f^{M_0-j-k}(D^{\gamma_j}f)c'_k\alpha^{(k)}\left(\frac{f}{\eta}\right)(D^{\gamma'_k}f)D^{\beta_3}\Phi\right|$$

となり $\alpha^{(k)}$ は有界であるから $L>M_0$ のとき $\eta$ によらない $\Phi$ で定まる量 $c_1(\Phi)$ があって $|f^L T(\Phi)|\leqq \eta^{L-M_0}c_1(\Phi)$ となる. そこで $\eta\to 0$ とすれば $|f^L T(\Phi)|=0$ がすべての $\Phi\in\mathcal{S}(\mathbb{R}^n)$ に対して成り立つことがわかる. すなわち $f^L T=0$ となる. ∎

$T$ がふつうの関数 $T:\mathbb{R}^n\to\mathbb{C}$ で $\mathrm{supp}\,T\subset S=\{x\in\mathbb{R}^n;\ f(x)=0\}$ ならば明らかに $fT=0$ であるが,命題 3.14 はこの事実の緩増加超関数への拡張である.

## §3.4 ガンマ関数

ガンマ関数 $\Gamma(s)=(s-1)!$ の復習をしておこう. これは階乗 $1\times 2\times\cdots\times(s-1)=(s-1)!$ を $s\in\mathbb{C}$ にまで拡張したものである.

$n$ と $s$ を任意の自然数とすると, $(n+s)!$ は

$$n!(n+1)\cdots(n+s)=n!n^s\left\{\left(1+\frac{1}{n}\right)\cdots\left(1+\frac{s}{n}\right)\right\}$$

および $(s-1)!s(s+1)\cdots(s+n)$ と二通りに表わせるから,結局

$$(s-1)!=\frac{n!n^s}{s(s+1)\cdots(s+n)}\cdot\left\{\left(1+\frac{1}{n}\right)\cdots\left(1+\frac{s}{n}\right)\right\}$$

と表わすことができる.

ここで $n!n^s/s(s+1)\cdots(s+n)$ は $s\in\mathbb{C}$ に対して意味をもつが, $\{(1+(1/n))\cdots(1+(s/n))\}$ は $s$ が自然数のときしか意味をもたない. しかし $n$ は $s$ と無関係な任意の自然数であるから, $s$ が自然数のときしか意味をもたない部分を

$$\lim_{n\to+\infty}\left\{\left(1+\frac{1}{n}\right)\cdots\left(1+\frac{s}{n}\right)\right\}=1$$

によって消すことができる. すなわち

$$(s-1)!=\lim_{n\to+\infty}\frac{n!n^s}{s(s+1)\cdots(s+n)}$$

となるが右辺は $s\in\mathbb{C}$ でも意味をもつ. そこで
$$\Gamma(s)=\lim_{n\to+\infty}\frac{n!n^s}{s(s+1)\cdots(s+n)}$$
によってガンマ関数を定義する. これは 1729 年に Euler によって定義された.

ここで,
$$\begin{aligned}\Gamma(s+1)&=\lim_{n\to+\infty}\frac{n!n^{s+1}}{(s+1)\cdots(s+1+n)}\\&=s\cdot\lim_{n\to+\infty}\frac{n!n^s}{s(s+1)\cdots(s+n)}\cdot\left\{\frac{n}{s+1+n}\right\}\end{aligned}$$
であるが, $\lim_{n\to+\infty}\{n/(s+1+n)\}=1$ ゆえ, $\Gamma(s+1)=s\Gamma(s)$ という関数等式を得る. これを繰り返すと $\Gamma(s+n+1)=(s+n)(s+n-1)\cdots s\Gamma(s)$ となる. $\Gamma(1)=\lim_{n\to+\infty}n!n/(1\cdot 2\cdots(n+1))=\lim_{n\to+\infty}n/(n+1)=1$ であるから
$$\begin{aligned}\lim_{s\to-n}(s+n)\Gamma(s)&=\lim_{s\to-n}\frac{\Gamma(s+n+1)}{(s+n-1)\cdots s}\\&=\frac{1}{(-1)(-2)\cdots(-n)}=\frac{(-1)^n}{n!}\end{aligned}$$
となる. したがって $\Gamma(s)$ は $s=-n$ $(n=0,1,2,\cdots)$ で一位の極をもち, そこでの留数は $(-1)^n/n!$ であることがわかる. また
$$C=\lim_{n\to+\infty}\left(1+\frac{1}{2}+\cdots+\frac{1}{n}-\log n\right)=0.5772156\cdots$$
を Euler の定数とすると
$$\begin{aligned}\frac{1}{\Gamma(s)}&=\lim_{n\to+\infty}\frac{s(s+1)\cdots(s+n)}{n!n^s}\\&=\lim_{n\to+\infty}e^{\left(1+\frac{1}{2}+\cdots+\frac{1}{n}-\log n\right)s}s\\&\quad\times\left(1+\frac{s}{1}\right)e^{-s}\left(1+\frac{s}{2}\right)e^{-\frac{s}{2}}\cdots\left(1+\frac{s}{n}\right)e^{-\frac{s}{n}}\\&=e^{Cs}\cdot s\cdot\prod_{n=1}^{\infty}\left(1+\frac{s}{n}\right)e^{-\frac{s}{n}}\end{aligned}$$
であり, 右辺の無限積は任意のコンパクト集合の上で絶対一様収束することを示そう. $\psi(z)=z^{-2}\{(1+z)e^{-z}-1\}$ は $|z|\leqq 1$ で正則ゆえ最大値原理により $|\psi(z)|$ は境界値 $|z|=1$ で最大値 $(<2\times 3+1=7)$ をとるから, $|z|\leqq 1$ で

§3.4 ガンマ関数

$|(1+z)e^{-z}-1|<7|z|^2$ が成り立つ．したがって任意に与えた $N$ に対し $(1+(s/n))e^{-s/n}=1+u_n(s)$ とおくと $|u_n(s)|<7N^2/n^2<1/2$ が $|s|\leqq N$，および $n\geqq 4N$ に対して成り立つ．一般に $|u|<1/2$ ならば $e^{-2|u|}\leqq|1+u|\leqq e^{|u|}$ となるので $\sum_{n=4N}^{\infty}|u_n(s)|<\sigma_N=7N^2\sum_{n=1}^{\infty}1/n^2<+\infty$（例えば §5.5 の (a) 例 1 を参照）とおけば

$$0<e^{-2\sigma_N}\leqq\left|\prod_{n=4N}^{\infty}\left(1+\frac{s}{n}\right)e^{-\frac{s}{n}}\right|\leqq e^{\sigma_N}<+\infty\quad(|s|\leqq N)$$

となり，$1/\Gamma(s)$ は全 $s$ 平面で正則な関数，すなわち整関数（entire function）であることがわかる．したがって全 $s$ 平面で $\Gamma(s)\neq 0$ である．また $s\neq 0,-1,-2,\cdots$ ならば，この右辺の積は 0 にならないから $\Gamma(s)$ が $s\neq -n$ $(n=0,1,2,\cdots)$ で正則であることもわかる．

$\Gamma$ 関数の基本的性質を導くために次の補題を証明しよう．

**補題 3.15** 2 回微分可能な関数 $f(s)$ が

(1) $s>0$ で $f(s)>0$,
(2) $f(s+1)=sf(s)$,
(3) $d^2\log f(s)/ds^2\geqq 0$,

を満たせば，$f(s)=f(1)\cdot\Gamma(s)$ $(s>0)$ である．

［証明］ (3) より $\log f(s)$ は凸であるから，$0<s_1<s_2<s_3$ に対して，$t_i=\log f(s_i)$ $(i=1,2,3)$ とおくと

$$\frac{t_2-t_1}{s_2-s_1}\leqq\frac{t_3-t_1}{s_3-s_1}\leqq\frac{t_3-t_2}{s_3-s_2}$$

が成り立つ（図 3.1）．

ここでまず $s_1=n-1$, $s_2=n$, $s_3=n+s$ $(0<s<1)$ とおくと $f(n)=(n-1)f(n-1)$ より $(t_2-t_1)/(s_2-s_1)=\log f(n)-\log f(n-1)=\log(n-1)$ ゆえ

$$\log(n-1)\leqq\frac{t_3-t_2}{s_3-s_2}=\frac{1}{s}[\log f(n+s)-\log f(n)]$$

となる．次に $s_1=n$, $s_2=n+s$, $s_3=n+1$ とおくと

$$\frac{1}{s}[\log f(n+s)-\log f(n)]=\frac{t_2-t_1}{s_2-s_1}\leqq\frac{t_3-t_1}{s_3-s_1}$$
$$=\log f(n+1)-\log f(n)=\log n$$

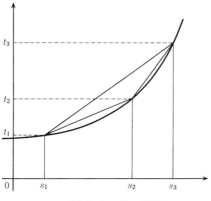

図 3.1 凸の図形

となる．この二つの式から log をはずして，

$$(n-1)^s f(n) \leqq f(n+s) \leqq n^s f(n)$$

が得られるが，

$$f(n) = (n-1)f(n-1) = \cdots = (n-1)!f(1)$$

および

$$f(n+s) = (s+n-1)\cdots(s+1)sf(s)$$

より

$$\frac{(n-1)!(n-1)^s}{s(s+1)\cdots(s+n-1)} \cdot f(1) \leqq f(s) \leqq \frac{(n-1)!n^s}{s(s+1)\cdots(s+n-1)} \cdot f(1)$$
$$= \frac{n!n^s}{s(s+1)\cdots(s+n)} \cdot \left(\frac{s+n}{n}\right) \cdot f(1)$$

を得る．$\lim_{n \to +\infty}(s+n)/n = 1$ ゆえ $n \to +\infty$ により $f(s) = f(1) \cdot \Gamma(s)$ が $0 < s < 1$ について成り立つ．$\Gamma(1) = 1$ ゆえ $s = 1$ でも成り立つが，さらに $f(s+1) = sf(s)$，$\Gamma(s+1) = s\Gamma(s)$ によりすべての $s > 0$ で成り立つことがわかる．∎

**定理 3.16** $\mathrm{Re}\, s > 0$ で

$$\Gamma(s) = \int_0^\infty x^{s-1} e^{-x} dx$$

[証明] $f(s)=\int_0^\infty x^{s-1}e^{-x}dx$ とおくと補題 3.15 の (1) を満たすことは明らかで，(2) も部分積分により直ちに得られる．$dx^s/ds=de^{s\log x}/ds=e^{s\log x}\cdot \log x=x^s\cdot \log x$ より $f'(s)=\int_0^\infty x^{s-1}e^{-x}(\log x)dx$ で $f''(s)=\int_0^\infty x^{s-1}e^{-x}\cdot(\log x)^2 dx$ となる．よって $s>0$ のとき

$$0\leqq \int_0^\infty x^{s-1}e^{-x}\left(\log x-\frac{f'(s)}{f(s)}\right)^2 dx$$
$$=f''(s)-2\frac{f'(s)}{f(s)}\cdot f'(s)+\left(\frac{f'(s)}{f(s)}\right)^2\cdot f(s)$$
$$=f(s)\cdot \frac{f(s)f''(s)-f'(s)^2}{f(s)^2}=f(s)\cdot \frac{d^2}{ds^2}\log f(s).$$

ここで $f(s)>0$ ゆえ $d^2\log f(s)/ds^2\geqq 0$ がいえて補題 3.15 により $s>0$ で $f(s)=f(1)\cdot \Gamma(s)$ となる．$|x^{s-1}e^{-x}|=x^{\mathrm{Re}\,s-1}\cdot e^{-x}$ ゆえ，この積分は $\mathrm{Re}\,s>0$ で絶対収束して $s$ の解析関数を表わすから解析接続により $\mathrm{Re}\,s>0$ で $f(s)=f(1)\Gamma(s)$．しかし $f(1)=\int_0^\infty e^{-x}dx=1$ ゆえ $f(s)=\Gamma(s)$ となる．■

**系 3.17**

$$\Gamma\left(\frac{1}{2}\right)=\sqrt{\pi}.$$

[証明]

$$\Gamma\left(\frac{1}{2}\right)=\int_0^\infty x^{-\frac{1}{2}}e^{-x}dx \quad (x=y^2 \text{ とおいて})$$
$$=\int_0^\infty y^{-1}e^{-y^2}\cdot 2y\,dy=\int_{-\infty}^\infty e^{-y^2}dy=\sqrt{\pi}$$

となる．最後の等式は補題 3.6 より得られる．■

**定理 3.18**

$$\Gamma(s)\Gamma\left(s+\frac{1}{2}\right)=2^{1-2s}\sqrt{\pi}\,\Gamma(2s).$$

[証明] $f(s)=2^s\Gamma(s/2)\Gamma((s+1)/2)$ とおくと，これが補題 3.15 の条件を満たすことは直ちに確かめられるから $f(s)=f(1)\cdot \Gamma(s)$ となる．ここで $f(1)=2\Gamma(1/2)\Gamma(1)=2\sqrt{\pi}$ ゆえ $f(s)=2^s\Gamma(s/2)\Gamma((s+1)/2)=2\sqrt{\pi}\,\Gamma(s)$ となり，$s\mapsto 2s$ とすれば定理 3.18 が得られる．■

さて $\mathrm{Re}\, s>0$, $\mathrm{Re}\, t>0$ に対して

$$B(s,t) = \int_0^1 x^{s-1}(1-x)^{t-1}dx$$

とおいて，これを**ベータ関数**とよぶ．

**命題 3.19**

$$B(s,t) = \frac{\Gamma(s)\Gamma(t)}{\Gamma(s+t)}.$$

［証明］ $x=y/(1+y)$ と変数変換すると

$$\begin{aligned}
B(s,t) &= \int_0^\infty \frac{y^{s-1}}{(1+y)^{s+t}}dy = \int_0^\infty \left(\frac{y^s}{s}\right)'(1+y)^{-s-t}dy \\
&= \left[\frac{y^s}{s}\cdot(1+y)^{-s-t}\right]_0^\infty + \frac{s+t}{s}\int_0^\infty \frac{y^s}{(1+y)^{s+t+1}}dy \\
&= \frac{s+t}{s}B(s+1,t)
\end{aligned}$$

ゆえ，いま $t$ を固定して $f(s)=B(s,t)\Gamma(s+t)$ とおくと $f(s+1)=sf(s)$ であり，

$$\begin{aligned}
\frac{d}{ds}B(s,t) &= \int_0^1 x^{s-1}(1-x)^{t-1}(\log x)dx \\
\frac{d^2}{ds^2}B(s,t) &= \int_0^1 x^{s-1}(1-x)^{t-1}(\log x)^2 dx
\end{aligned}$$

ゆえ，定理 3.16 の証明と同様にして $d^2\log f(s)/ds^2 \geqq 0$ がいえる．よって補題 3.15 より $f(s)=f(1)\cdot\Gamma(s)$ であるが

$$f(1) = B(1,t)\Gamma(1+t) = \frac{1}{t}\cdot t\Gamma(t) = \Gamma(t)$$

となり $B(s,t)\Gamma(s+t)=\Gamma(s)\Gamma(t)$ を得る． ∎

**定理 3.20**

$$\Gamma(s)\Gamma(1-s) = \frac{\pi}{\sin \pi s}$$

［証明］ $\varphi(s)=\Gamma(s)\Gamma(1-s)\sin \pi s$ は $s\notin\mathbb{Z}$ で定義され，$\varphi(s+1)=\varphi(s)$ を満たす．そして

$$\lim_{s\to 0}\varphi(s) = \lim_{s\to 0} \Gamma(1+s)\Gamma(1-s)\left(\frac{\sin \pi s}{\pi s}\right) \cdot \pi = \pi$$

ゆえ $\varphi(n) = \pi$ $(n \in \mathbb{Z})$ と定めると $\varphi(s)$ は正則な周期関数で, $0 < s < 1$ なら $\varphi(s) > 0$ となるから, つねに, $\varphi(s) > 0$ $(s \in \mathbb{R})$ となる. 定理 3.18 より $\Gamma(s/2)\Gamma((s+1)/2) = 2^{1-s}\sqrt{\pi}\Gamma(s)$, および $\Gamma((1-s)/2)\Gamma(1-(s/2)) = 2^s\sqrt{\pi}\Gamma(1-s)$ が成り立ち, これより $\varphi(s/2)\varphi((s+1)/2) = \pi\varphi(s)$ となる. これにより $g(s) = d^2 \log \varphi(s)/ds^2$ とおくと

$$\frac{1}{4}\left\{g\left(\frac{s}{2}\right) + g\left(\frac{s+1}{2}\right)\right\} = g(s)$$

となる. $g(s)$ は周期 1 の連続関数ゆえ

$$M = \sup_{s \in \mathbb{R}} |g(s)| = \sup_{0 \leq s \leq 1} |g(s)| < +\infty$$

とおくと

$$|g(s)| \leq \frac{1}{4}\left\{\left|g\left(\frac{s}{2}\right)\right| + \left|g\left(\frac{s+1}{2}\right)\right|\right\} \leq \frac{1}{4}(M+M) = \frac{M}{2}$$

となり $M \leq M/2$, したがって $M = 0$, $g(s) = 0$ を得る. よって $\log \varphi(s) = cs + d$ の形で $\varphi(s+1) = \varphi(s)$ より $c = 0$. したがって $\varphi(s)$ は定数. $\lim_{s\to 0}\varphi(s) = \pi$ であるから, $\varphi(s) = \Gamma(s)\Gamma(1-s)\sin \pi s = \pi$ となる. ∎

## §3.5 コンパクトな台をもつ微分形式

第 3 章のこのあとの目標は $G$-軌道上の絶対不変な関数は定数に限るという事実に対応した超関数に関する §3.7 の定理 3.24 の証明である. これはわれわれの理論で基本的な役割を演ずるので証明を丁寧に書いたが, §3.5〜§3.7 にわたり少し長くなった. その証明をあとで使うことはないので読者は最初は定理 3.24 を認めて第 4 章へ移っても差しつかえはない. また §3.5 の定理 3.21 と §3.6 の補題 3.22 を認めて §3.7 へ移ってもよい.

さて, ここでは §3.7 で使われる de Rham の定理について述べる. まず $\mathbb{R}^n$ 上の微分形式について簡単に復習しよう. $(x_1, \cdots, x_n)$ を $\mathbb{R}^n$ の線形座標として $\Omega_c^0(\mathbb{R}^n) = C_0^\infty(\mathbb{R}^n)$ とおき, $1 \leq k \leq n$ に対し $\Omega_c^k(\mathbb{R}^n)$ は

$$\omega = \sum_{1 \leq i_1 < \cdots < i_k \leq n} f_{i_1 \cdots i_k} dx_{i_1} \wedge \cdots \wedge dx_{i_k},$$

ただし $f_{i_1 \cdots i_k} \in C_0^\infty(\mathbb{R}^n)$，という $k$ 次微分形式全体からなるとする．任意の $i, j$ に対して $dx_i \wedge dx_j = -dx_j \wedge dx_i$，とくに $dx_i \wedge dx_i = 0$ という関係式があるので和を $1 \leq i_1 < \cdots < i_k \leq n$ の範囲に限ってもよいのである．そのとき外微分 $d: \Omega_c^k(\mathbb{R}^n) \to \Omega_c^{k+1}(\mathbb{R}^n)$ を $f \in \Omega_c^0(\mathbb{R}^n)$ ならば $df = \sum_{i=1}^n (\partial f/\partial x_i) \cdot dx_i$ で定義し，$\omega = \sum_{1 \leq i_1 < \cdots < i_k \leq n} f_{i_1 \cdots i_k} dx_{i_1} \wedge \cdots \wedge dx_{i_k} \in \Omega_c^k(\mathbb{R}^n)$ に対しては

$$d\omega = \sum_{1 \leq i_1 < \cdots < i_k \leq n} df_{i_1 \cdots i_k} \wedge dx_{i_1} \wedge \cdots \wedge dx_{i_k}$$

と定義すると $d^2 = 0$ となるので複体

$$0 \to \Omega_c^0(\mathbb{R}^n) \xrightarrow{d} \Omega_c^1(\mathbb{R}^n) \xrightarrow{d} \cdots \xrightarrow{d} \Omega_c^n(\mathbb{R}^n) \to 0$$

が得られる．

一般に abel 群 $K^i$ の準同型の列

$$\cdots \xrightarrow{d} K^{i-1} \xrightarrow{d} K^i \xrightarrow{d} K^{i+1} \xrightarrow{d} \cdots$$

が $d^2 = 0$ を満たすとき，これを複体とよび $K^i$ の元を $i$ コチェイン，また $K^i$ の元 $z$ で $dz = 0$ となるものを $i$ コサイクル，$K^i$ の元で $z = dz'$ ($z' \in K^{i-1}$) とかけるものを $i$ コバウンダリーといい，$i$ コサイクル全体を $Z^i$，$i$ コバウンダリー全体を $B^i$ とかく．$d^2 = 0$ より $B^i \subset Z^i$ で商群 $H^i = Z^i/B^i$ を $i$ 番目のコホモロジーとよぶ．

$Z_c^k(\mathbb{R}^n) = \{\omega \in \Omega_c^k(\mathbb{R}^n); d\omega = 0\}$ の元を**閉 $k$-形式**（closed $k$-form）といい，$B_c^k(\mathbb{R}^n) = \{\omega \in \Omega_c^k(\mathbb{R}^n); \omega = d\omega', \omega' \in \Omega_c^{k-1}(\mathbb{R}^n)\}$ の元を**完全 $k$-形式**（exact $k$-form）という．この複体のコホモロジー

$$H_c^k(\mathbb{R}^n) = Z_c^k(\mathbb{R}^n)/B_c^k(\mathbb{R}^n)$$

を**コンパクト台をもつ $\mathbb{R}^n$ の de Rham**（ド・ラーム）**コホモロジー**とよぶ．

例えば $n = 1$ のとき 1-形式 $\omega \in \Omega_c^1(\mathbb{R}^1)$ による積分 $\int_{-\infty}^\infty \omega \in \mathbb{R}$ を考えよう．もし $\omega$ が完全 1-形式 $\omega = df$（ただし $f$ はコンパクト台をもつとする．すなわち $\mathrm{supp}\, f \subset [a, b]$）であれば

§3.5 コンパクトな台をもつ微分形式

$$\int_{-\infty}^{\infty} df = \int_a^b \frac{df}{dx}dx = f(b)-f(a) = 0$$

となり，この積分は消えるが，逆に $\omega = g(x)dx \in \Omega_c^1(\mathbb{R}^1)$ について $\int_{-\infty}^{\infty}\omega = 0$ ならば関数 $f(x) = \int_{-\infty}^{x} g(u)du$ はコンパクトな台をもち $g(x)dx = df$ は完全形式である．したがって $\ker \int_{\mathbb{R}^1} = B_c^1(\mathbb{R}^1)$ であり，$\Omega_c^1(\mathbb{R}^1) = Z_c^1(\mathbb{R}^1)$ ゆえ

$$H_c^1(\mathbb{R}^1) = \frac{\Omega_c^1(\mathbb{R}^1)}{\ker \int_{\mathbb{R}^1}} = \mathbb{R}^1$$

となる．

さて $\pi: \mathbb{R}^m \times \mathbb{R}^1 \to \mathbb{R}^m$ を $\pi(x_1, \cdots, x_m, t) = (x_1, \cdots, x_m)$ で定義する．さて $\Omega_c^k(\mathbb{R}^m \times \mathbb{R}^1)$ はコンパクト台をもつ関数 $f(x,t)$ による $f(x,t)dx_{i_1} \wedge \cdots \wedge dx_{i_k}$ ($1 \leqq i_1 < \cdots < i_k \leqq m$) および $f(x,t)dx_{i_1} \wedge \cdots \wedge dx_{i_{k-1}} \wedge dt$ ($1 \leqq i_1 < \cdots < i_{k-1} \leqq m$) という形の微分形式の 1 次結合全体であるが，$\pi_*^k: \Omega_c^k(\mathbb{R}^{m+1}) \to \Omega_c^{k-1}(\mathbb{R}^m)$ を

$$\pi_*^k(f(x,t)dx_{i_1} \wedge \cdots \wedge dx_{i_k}) = 0$$

および

$$\pi_*^k(f(x,t)dx_{i_1} \wedge \cdots \wedge dx_{i_{k-1}} \wedge dt) = dx_{i_1} \wedge \cdots \wedge dx_{i_{k-1}} \int_{-\infty}^{\infty} f(x,t)dt$$

で定める．まず $\omega = f(x,t)dx_{i_1} \wedge \cdots \wedge dx_{i_{k-1}}$ の形の元を考えると，$\pi_*^{k-1}\omega = 0$ であるが，$f(x,t)$ はコンパクト台をもつから

$$\int_{-\infty}^{\infty} \frac{\partial f(x,t)}{\partial t}dt = [f(x,t)]_{t=-\infty}^{\infty} = 0$$

となり外微分 $d$ に対して

$$\begin{aligned}\pi_*^k d\omega &= \pi_*^k \left\{ \frac{\partial f(x,t)}{\partial t}dt \wedge dx_{i_1} \wedge \cdots \wedge dx_{i_{k-1}} \right. \\ &\quad \left. + \sum_j \frac{\partial f(x,t)}{\partial x_j}dx_j \wedge dx_{i_1} \wedge \cdots \wedge dx_{i_{k-1}} \right\} \\ &= (-1)^{k-1} \cdot \left( \int_{-\infty}^{\infty} \frac{\partial f(x,t)}{\partial t}dt \right) dx_{i_1} \wedge \cdots \wedge dx_{i_{k-1}} \\ &= 0 = d\pi_*^{k-1}\omega \end{aligned}$$

を得る．また $\omega = f(x,t)dx_{i_1}\wedge\cdots\wedge dx_{i_{k-2}}\wedge dt$ の形のときも

$$\begin{aligned}
\pi_*^k d\omega &= \pi_*^k\left(\sum_j \frac{\partial f(x,t)}{\partial x_j}dx_j\wedge dx_{i_1}\wedge\cdots\wedge dx_{i_{k-2}}\wedge dt\right)\\
&= \sum_j\left(\int_{-\infty}^\infty \frac{\partial f(x,t)}{\partial x_j}dt\right)dx_j\wedge dx_{i_1}\wedge\cdots\wedge dx_{i_{k-2}}\\
&= \left[d\left(\int_{-\infty}^\infty f(x,t)dt\right)\right]\wedge dx_{i_1}\wedge\cdots\wedge dx_{i_{k-2}}\\
&= d\left[\left(\int_{-\infty}^\infty f(x,t)dt\right)dx_{i_1}\wedge\cdots\wedge dx_{i_{k-2}}\right]\\
&= d\pi_*^{k-1}\omega
\end{aligned}$$

となるから，結局 $\pi_*^k d = d\pi_*^{k-1}$ を得る．これより $\pi_*^k(Z_c^k(\mathbb{R}^{m+1}))\subset Z_c^{k-1}(\mathbb{R}^m)$ となる．実際，$x\in Z_c^k(\mathbb{R}^{m+1})$（すなわち $dx=0$）に対し $d(\pi_*^k x) = \pi_*^{k+1}(dx) = 0$ より $\pi_*^k x \in Z_c^{k-1}(\mathbb{R}^m)$ を得る．また

$$\pi_*^k(B_c^k(\mathbb{R}^{m+1})) = \pi_*^k d[\Omega_c^{k-1}(\mathbb{R}^{m+1})] = d\pi_*^{k-1}[\Omega_c^{k-1}(\mathbb{R}^{m+1})]\subset B_c^{k-1}(\mathbb{R}^m)$$

ゆえ $\pi_*^k$ はコホモロジーの写像 $\overline{\pi_k}:H_c^k(\mathbb{R}^{m+1})\to H_c^{k-1}(\mathbb{R}^m)$ を引き起こす．一方，$e=e(t)dt$ を $\displaystyle\int_{-\infty}^\infty e(t)dt = 1$ を満たすコンパクトな台をもつ1次微分形式として $e_*^k:\Omega_c^{k-1}(\mathbb{R}^m)\to\Omega_c^k(\mathbb{R}^{m+1})$ を

$$e_*^k(f(x)dx_{i_1}\wedge\cdots\wedge dx_{i_{k-1}}) = f(x)dx_{i_1}\wedge\cdots\wedge dx_{i_{k-1}}\wedge e$$

と定義すると，

$$\begin{aligned}
de_*^k(f(x)dx_{i_1}\wedge\cdots\wedge dx_{i_{k-1}}) &= d(f(x)e(t)dx_{i_1}\wedge\cdots\wedge dx_{i_{k-1}}\wedge dt)\\
&= \sum_j \frac{\partial f}{\partial x_j}(x)e(t)dx_j\wedge dx_{i_1}\wedge\cdots\wedge dx_{i_{k-1}}\wedge dt\\
&= e(t)\cdot d(f(x)dx_{i_1}\wedge\cdots\wedge dx_{i_{k-1}})\wedge dt\\
&= e_*^{k+1}d(f(x)dx_{i_1}\wedge\cdots\wedge dx_{i_{k-1}})
\end{aligned}$$

ゆえ $de_*^k = e_*^{k+1}d$ を得る．したがって，$\pi_*^k$ の場合と同様にして $e_*^k$ はコホモロジーの写像 $\overline{e_k}:H_c^{k-1}(\mathbb{R}^m)\to H_c^k(\mathbb{R}^{m+1})$ を引きおこし，定義から $\pi_*^k\circ e_*^k = 1$ ゆえ $\overline{\pi_k}\circ\overline{e_k} = 1$ となる．$K:\Omega_c^k(\mathbb{R}^{m+1})\to\Omega_c^{k-1}(\mathbb{R}^{m+1})$ を

$$K(f(x,t)dx_{i_1}\wedge\cdots\wedge dx_{i_k}) = 0$$

および

$$K(f(x,t)dx_{i_1}\wedge\cdots\wedge dx_{i_{k-1}}\wedge dt)$$
$$=dx_{i_1}\wedge\cdots\wedge dx_{i_{k-1}}\left(\int_{-\infty}^t f(x,t)dt-\int_{-\infty}^t e(t)dt\int_{-\infty}^\infty f(x,t)dt\right)$$

とおくと $1-e_*^k\circ\pi_*^k=(-1)^{k-1}(dK-Kd)$ となることを示そう.

$\omega=f(x,t)dx_{i_1}\wedge\cdots\wedge dx_{i_k}$ の形の元に対しては, $\pi_*^k\omega=0$ より $(1-e_*^k\circ\pi_*^k)\omega=\omega$ である. 一方, $K\omega=0$ であるから

$$(-1)^{k-1}(dK-Kd)\omega$$
$$=(-1)^k Kd\omega$$
$$=(-1)^k K\left(\frac{\partial f(x,t)}{\partial t}dt\wedge dx_{i_1}\wedge\cdots\wedge dx_{i_k}\right.$$
$$\left.+\sum_j \frac{\partial f(x,t)}{\partial x_j}dx_j\wedge dx_{i_1}\wedge\cdots\wedge dx_{i_k}\right)$$
$$=K\left(\frac{\partial f(x,t)}{\partial t}dx_i\wedge\cdots\wedge dx_{i_k}\wedge dt\right)$$
$$=dx_{i_1}\wedge\cdots\wedge dx_{i_k}\left(\int_{-\infty}^t \frac{\partial f(x,t)}{\partial t}dt-\int_{-\infty}^t e(t)dt\int_{-\infty}^\infty \frac{\partial f(x,t)}{\partial t}dt\right)$$
$$=f(x,t)dx_{i_1}\wedge\cdots\wedge dx_{i_k}=\omega$$

すなわち $(1-e_*^k\circ\pi_*^k)\omega=(-1)^{k-1}(dK-Kd)\omega\ (=\omega)$ を得る. 次に第 2 の形の元 $\omega=f(x,t)dx_{i_1}\wedge\cdots\wedge dx_{i_{k-1}}\wedge dt$ に対しては

$$(1-e_*^k\circ\pi_*^k)\omega=\omega-e_*^k\left[\left(\int_{-\infty}^\infty f(x,t)dt\right)dx_{i_1}\wedge\cdots\wedge dx_{i_{k-1}}\right]$$
$$=\left[f(x,t)-e(t)\cdot\int_{-\infty}^\infty f(x,t)dt\right]dx_{i_1}\wedge\cdots\wedge dx_{i_{k-1}}\wedge dt$$

を得る. 一方

$$(-1)^{k-1}(dK-Kd)\omega$$
$$=(-1)^{k-1}d\left[\left(\int_{-\infty}^t f(x,t)dt-\int_{-\infty}^t e(t)dt\int_{-\infty}^\infty f(x,t)dt\right)\right.$$
$$\left.\times dx_{i_1}\wedge\cdots\wedge dx_{i_{k-1}}\right]$$

$$+(-1)^k K[df(x,t)\wedge dx_{i_1}\wedge\cdots\wedge dx_{i_{k-1}}\wedge dt]$$
$$=\left[f(x,t)-e(t)\cdot\int_{-\infty}^{\infty}f(x,t)dt\right]dx_{i_1}\wedge\cdots\wedge dx_{k-1}\wedge dt$$
$$+(-1)^{k-1}A+(-1)^k A=(1-e_*^k\circ\pi_*^k)\omega,$$

ただし
$$A=\sum_j\left(\int_{-\infty}^t\frac{\partial f(x,t)}{\partial x_j}dt-\int_{-\infty}^t e(t)dt\int_{-\infty}^{\infty}\frac{\partial f(x,t)}{\partial x_j}dt\right)$$
$$\times dx_j\wedge dx_{i_1}\wedge\cdots\wedge dx_{i_{k-1}},$$

となるので,結局 $1-e_*^k\circ\pi_*^k=(-1)^{k-1}(dK-Kd)$ が示された. $dZ_c^k(\mathbb{R}^{m+1})=0$ ゆえ

$$(1-e_*^k\circ\pi_*^k)(Z_c^k(\mathbb{R}^{m+1}))=(-1)^{k-1}(dK-Kd)(Z_c^k(\mathbb{R}^{m+1}))\subset B_c^k(\mathbb{R}^{m+1})$$

であるから $1-\overline{e_k}\circ\overline{\pi_k}=0$, すなわち $\overline{e_k}\circ\overline{\pi_k}=1$ となり,写像 $\overline{\pi_k}:H_c^k(\mathbb{R}^{m+1})\to H_c^{k-1}(\mathbb{R}^m)$ は同形である. $\overline{\pi_n}:H_c^n(\mathbb{R}^n)\to H_c^{n-1}(\mathbb{R}^{n-1})$ は

$$\overline{\pi_n}(a(x)dx_1\wedge\cdots\wedge dx_n \bmod B_c^n(\mathbb{R}^n))$$
$$=\left(\int_{-\infty}^{\infty}a(x)dx_n\right)dx_1\wedge\cdots\wedge dx_{n-1}\bmod B_c^{n-1}(\mathbb{R}^{n-1})$$

で与えられるから

$$\pi_*:H_c^n(\mathbb{R}^n)\xrightarrow{\sim}H_c^{n-1}(\mathbb{R}^{n-1})\xrightarrow{\sim}\cdots\xrightarrow{\sim}H_c^1(\mathbb{R})\xrightarrow{\sim}\mathbb{R}$$

なる同形写像は

$$\pi_*(a(x)dx_1\wedge\cdots\wedge dx_n\bmod B_c^n(\mathbb{R}^n))=\int_{\mathbb{R}^n}a(x)dx_1\cdots dx_n$$

で与えられる.すなわち $\mathbb{R}^n$ 上のコンパクト台をもつ $n$ 次微分形式 $\omega$ が $\int_{\mathbb{R}^n}\omega=0$ を満たせばコンパクト台をもつ $(n-1)$ 次微分形式 $\eta$ が存在して $\omega=d\eta$ となる(微分形式の積分については §3.5 の後半を参照).この結果をさらに一般の $C^\infty$ 多様体 $M$ へ拡張する必要があるので,$C^\infty$ 多様体について復習しよう.

Hausdorff 空間 $M$ の各点 $p$ に対し $p$ を含む開集合 $U$ と $\mathbb{R}^n$ の開集合 $E$, および全単射連続写像 $\phi:U\to E$ ($\subset\mathbb{R}^n$) で $\phi^{-1}$ も連続であるものが存在す

るとき，$M$ を $n$ 次元**位相多様体**(topological manifold)とよび，$(U,\phi)$ を $M$ の座標近傍という．$p\in U$ に対し $\phi(p)=(x_1(p),\cdots,x_n(p))$ により定まる $(x_1(p),\cdots,x_n(p))$ を $(U,\phi)$ における $U$ の点の**局所座標**(local coordinates)とよぶ．$S=\{(U_\alpha,\phi_\alpha)\}_{\alpha\in A}$ を $M$ の座標近傍系とする．$U_\alpha\cap U_\beta\neq\emptyset$ なる任意の $\alpha,\beta$ に対して

$$\phi_\alpha\circ\phi_\beta^{-1}:\phi_\beta(U_\alpha\cap U_\beta)\,(\subset\mathbb{R}^n)\to\phi_\alpha(U_\alpha\cap U_\beta)\,(\subset\mathbb{R}^n)$$

が $C^\infty$ 写像(すなわち無限回微分可能な写像)であるとき，$M$ を $C^\infty$ **多様体**($C^\infty$ manifold)とよぶ．さらに $M$ が群の構造をもち演算が $C^\infty$ 写像であるとき，$M$ を **Lie 群**(Lie group)という．$C^\infty$ 多様体 $M$ に対しては $M$ の開集合 $U$ 上の $C^\infty$-関数 $f:U\to\mathbb{R}$ という概念が自然に定義される．$C^\infty$ 多様体 $M$ の点 $p$ のまわりで定義された $C^\infty$-関数全体を $C^\infty(p)$ と表わす．線形写像 $v:C^\infty(p)\to\mathbb{R}$ が

$$v(fg)=v(f)g(p)+f(p)v(g)$$

を満たすとき $v$ を $p$ における $M$ の**接ベクトル**(tangent vector)という．その全体のなすベクトル空間を $T_pM$ と表わし $p$ の $M$ における**接ベクトル空間**(tangent vector space)または**接空間**とよぶ．$(x_1,\cdots,x_n)$ を $U$ の局所座標系として $U$ の点 $p$ において

$$\left(\frac{\partial}{\partial x_i}\right)_p f=\frac{\partial f}{\partial x_i}(p) \qquad (i=1,\cdots,n)$$

と定めると $(\partial/\partial x_i)_p$ は $p$ における接ベクトルで $\{(\partial/\partial x_1)_p,\cdots,(\partial/\partial x_n)_p\}$ が $T_pM$ の基底になる．

$M$ の各点 $p$ に対し $p$ における接ベクトル $X_p$ を対応させる対応 $X:p\mapsto X_p$ を**ベクトル場**(vector field)というが局所座標 $(x_1,\cdots,x_n)$ を用いると $X=\sum_{i=1}^n a_i(x)\partial/\partial x_i$ と表わされる．この係数 $a_i(x)$ たちが $C^\infty$-関数になるものを $C^\infty$ 級のベクトル場とよび，その全体を $\mathcal{X}(M)$ と表わす．線形写像 $D:C^\infty(M)\to C^\infty(M)$ が**微分**(derivation)であるとは，

$$D(fg)=D(f)\cdot g+f\cdot D(g)$$

を満たすことで $X \in \mathcal{X}(M)$, $f \in C^\infty(M)$ に対し $D_X f = Xf$ とすると $D_X$ は $C^\infty(M)$ の微分になる. 逆に任意の微分 $D$ に対して $D = D_X$ となる $X \in \mathcal{X}(M)$ が唯一つ定まる (例えば松島与三 [15] 67 頁参照). $X, Y \in \mathcal{X}(M)$ に対し $D_X D_Y - D_Y D_X$ も微分になるので, ある $Z \in \mathcal{X}(M)$ に対する $D_Z$ に等しい. この $Z$ を $[X, Y]$ とおくことにより, $\mathcal{X}(M)$ に Lie 環の構造が入る.

$X = \sum_{i=1}^n \xi_i \partial/\partial x_i$, $Y = \sum_{j=1}^n \eta_j \partial/\partial x_j$ ならば

$$[X, Y] = \sum_{j=1}^n \left( \sum_{i=1}^n \left( \xi_i \frac{\partial \eta_j}{\partial x_i} - \eta_i \frac{\partial \xi_j}{\partial x_i} \right) \right) \frac{\partial}{\partial x_j}$$

となる.

$T_p^* M$ を $T_p M$ の双対空間とする. $M$ の各点 $p$ に対し $\omega_p \in \bigwedge^k T_p^* M$ を対応させる写像 $\omega : p \mapsto \omega_p$ を $k$ 次微分形式という. 局所座標により $\omega$ は $\sum f_{i_1 \cdots i_k} dx_{i_1} \wedge \cdots \wedge dx_{i_k}$ ($1 \leq i_1 < \cdots < i_k \leq n$) と表わされるが, $f_{i_1 \cdots i_k}$ が $C^\infty$-関数のとき $\omega$ を $C^\infty$ 微分形式, $f_{i_1 \cdots i_k}$ がコンパクトな台をもつとき $\omega$ をコンパクトな台をもつ微分形式という.

一般にベクトル空間 $V$ とその双対ベクトル空間 $V^*$ に対し $\bigwedge^k V$ の双対ベクトル空間 $(\bigwedge^k V)^*$ と $\bigwedge^k V^*$ を

$$\langle v_1 \wedge \cdots \wedge v_k, v_1^* \wedge \cdots \wedge v_k^* \rangle = \det(\langle v_i, v_j^* \rangle) \quad (v_1, \cdots, v_k \in V, v_1^*, \cdots, v_k^* \in V^*)$$

により同一視する. $k$ 次微分形式 $\omega$ は各点 $p \in M$ に対し $\omega_p \in \bigwedge^k T_p^* M$ が対応し, 一方, ベクトル場 $X_1, \cdots, X_k \in \mathcal{X}(M)$ に対して $(X_1)_p \wedge \cdots \wedge (X_k)_p \in \bigwedge^k T_p M$ となるから, $\omega_p((X_1)_p \wedge \cdots \wedge (X_k)_p) \in \mathbb{R}$ が定まり, $\omega(X_1 \wedge \cdots \wedge X_k)$ は関数となる. $\omega$ は $M$ 上の関数たち $\omega(X_1 \wedge \cdots \wedge X_k)$ ($X_1 \wedge \cdots \wedge X_k \in \bigwedge^k \mathcal{X}(M)$) により一意的に定まる. $\omega$ の外微分 $d\omega$ をまず $k = 0$ のとき, すなわち $\omega$ が関数のときは $(d\omega)(X) = X\omega$ で定め $k > 0$ のときは

$$(d\omega)(X_1 \wedge \cdots \wedge X_{k+1}) = \sum_{i=1}^{k+1} (-1)^{i+1} X_i \omega(X_1 \wedge \cdots \wedge \check{X}_i \wedge \cdots \wedge X_{k+1})$$
$$+ \sum_{i<j} (-1)^{i+j} \omega([X_i, X_j] \wedge X_1 \wedge \cdots \wedge \check{X}_i \wedge \cdots \wedge \check{X}_j \wedge \cdots \wedge X_{k+1})$$

で定義する. 局所座標系を用いて $\omega = \sum f_{i_1 \cdots i_k} dx_{i_1} \wedge \cdots \wedge dx_{i_k}$ ($1 \leq i_1 < \cdots < i_k \leq n$) と表わすと $d\omega = \sum df_{i_1 \cdots i_k} \wedge dx_{i_1} \wedge \cdots \wedge dx_{i_k}$ となることを示そう.

$$\sum df_{i_1\cdots i_k}\wedge dx_{i_1}\wedge\cdots\wedge dx_{i_k}=\sum g_{j_1\cdots j_{k+1}}dx_{j_1}\wedge\cdots\wedge dx_{j_{k+1}}$$
$$(1\leqq j_1<\cdots<j_{k+1}\leqq n)$$

とおくと

$$g_{j_1\cdots j_{k+1}}=\sum_{i=1}^{k+1}(-1)^{i+1}\cdot\frac{\partial f_{j_1\cdots \check{j}_i\cdots j_{k+1}}}{\partial x_{j_i}}$$

である.一方, $M$ の点 $p$ の近傍で $\partial/\partial x_j$ に一致する $M$ のベクトル場を $Y_j$ ($1\leqq j\leqq n$) とおくと $p$ の近傍ですべての $j,t$ について $[Y_j,Y_t]=0$ であるから

$$d\omega=\sum g'_{j_1\cdots j_{k+1}}dx_{j_1}\wedge\cdots\wedge dx_{j_{k+1}}$$

とおくと定義から

$$\begin{aligned}g'_{j_1\cdots j_{k+1}}(p)&=(d\omega)_p((Y_{j_1})_p\wedge\cdots\wedge(Y_{j_{k+1}})_p)\\&=\sum_{i=1}^{k+1}(-1)^{i+1}(Y_{j_i})_pf_{j_1\cdots\check{j}_i\cdots j_{k+1}}=g_{j_1\cdots j_{k+1}}(p)\end{aligned}$$

となり,$d\omega=\sum df_{i_1\cdots i_k}\wedge dx_{i_1}\wedge\cdots\wedge dx_{i_k}$ が得られた.とくに $M=\mathbb{R}^n$ のときは前に定義したものと一致するし,この形から $d^2=0$ であることもわかる.

さて $n$ 次 $C^\infty$ 微分形式 $\omega$ は局所座標 $(x_1,\cdots,x_n)$ により,$\omega=f(x)dx_1\wedge\cdots\wedge dx_n$ と表わされるが $f(p)\neq 0$ のとき $p$ で $\omega\neq 0$ という.そして $f(x)$ が連続関数であるとき $\omega$ を $n$ 次連続微分形式という.$n$ 次元 $C^\infty$ 多様体 $M$ 上に各点で $0$ でないような $n$ 次連続微分形式 $\omega$ が存在するとき $M$ を**向きづけ可能**(orientable)という.§3.6 でみるように Lie 群 $G$ に対しては $1$ 次独立な左不変 $1$ 次微分形式 $\omega_1,\cdots,\omega_n$ が存在するから $\omega=\omega_1\wedge\cdots\wedge\omega_n\neq 0$ となり,Lie 群は向きづけ可能である.以下 $M$ を連結で向きづけ可能な多様体と仮定する.

$\omega,\omega'$ を各点で $0$ にならない $n$ 次連続微分形式とすると,$\omega'=f\omega$ なる関係がある.$f$ はいたるところ $0$ にならない連続関数で $M$ は連結ゆえ $M$ 上いたるところで正,またはいたるところで負である.$f>0$ のとき $\omega$ と $\omega'$ は同値と定義するといたるところ $0$ にならない $n$ 次微分形式全体は二つの同値類にわかれる.その同値類を連結多様体 $M$ の**向き**(orientation)という.一方の向きを正の向き,他方を負の向きとよび,正の向きを指定した多様体を**向きづけられた多様体**(oriented manifold)という.正の向きに属す $n$ 次微分形式 $\omega$

を $\omega>0$ と書き正の $n$ 次微分形式または**体積要素**(volume element)とよぶ. $(x_1,\cdots,x_n)$ を $M$ の開集合 $U$ の局所座標とするとき体積要素 $\omega$ に対して $U$ 上で $\omega=a(x)dx_1\wedge\cdots\wedge dx_n$, $a(x)>0$ ならば $(x_1,\cdots,x_n)$ を $M$ の正の局所座標系, $a(x)<0$ ならば負の局所座標系とよぶ. $M$ の開集合 $U$ の二つの正の局所座標系 $(x_1,\cdots,x_n)$ と $(y_1,\cdots,y_n)$ に対しては

$$dx_1\wedge\cdots\wedge dx_n = \det\left(\frac{\partial x_i}{\partial y_j}\right)\cdot dy_1\wedge\cdots\wedge dy_n$$

ゆえ $\det(\partial x_i/\partial y_j)>0$, すなわち $|\det(\partial x_i/\partial y_j)|=\det(\partial x_i/\partial y_j)$ となる. $\omega$ を $U$ 内にコンパクト台をもつ $n$ 次微分形式

$$\omega=a(x)dx_1\wedge\cdots\wedge dx_n=b(y)dy_1\wedge\cdots\wedge dy_n$$

とすると $b(y)=a(x)\cdot\det(\partial x_i/\partial y_j)$ であるが,積分の変数変換の法則により

$$\int_U a(x)dx_1\cdots dx_n = \int_U a(x)\cdot\left|\det\left(\frac{\partial x_i}{\partial y_j}\right)\right|dy_1\cdots dy_n$$
$$= \int_U b(y)dy_1\cdots dy_n$$

となるので,これは正の局所座標系のとり方によらず $\omega$ で定まる.これを $\int_U \omega$ と記して**微分形式 $\omega$ の積分**とよぶ. 一般の場合には次の **1 の分割**が必要である. 一般に位相空間 $X$ の開被覆 $X=\bigcup_{\alpha\in A}U_\alpha$ が**局所有限**(locally finite)とは $X$ の各点 $p$ に対し $p$ の近傍 $V_p$ で $\sharp\{\alpha\in A;\ V_p\cap U_\alpha\neq\emptyset\}<+\infty$ となるものが存在することである. Hausdorff 空間 $X$ が**パラコンパクト**(paracompact)とは $X$ の任意の開被覆 $X=\bigcup_{\beta\in B}V_\beta$ に対し局所有限な開被覆 $X=\bigcup_{\alpha\in A}U_\alpha$ が存在して, 各 $\alpha\in A$ に対しある $\beta\in B$ が存在して $U_\alpha\subset V_\beta$ となることである.

一般に多様体 $M$ の局所有限な開被覆 $\{U_\alpha\}_{\alpha\in A}$ に対し $M$ 上の $C^\infty$-関数の族 $\{f_\alpha\}_{\alpha\in A}$ が $\{U_\alpha\}_{\alpha\in A}$ に従属した **1 の分割**(partition of unity)とは(1)各 $\alpha$ について $0\leq f_\alpha\leq 1$,(2) $\operatorname{supp} f_\alpha\subset U_\alpha$,(3) $M$ の各点 $p$ に対し $\sum_{\alpha\in A}f_\alpha(p)=1$,となることで, パラコンパクト多様体 $M$ の局所有限な開被覆 $\{U_\alpha\}_{\alpha\in A}$ で各 $\alpha$ について $\overline{U_\alpha}$ がコンパクトであるとき $\{U_\alpha\}_{\alpha\in A}$ に従属した 1 の分割の存在が知られている(松島与三 [15] 83 頁参照).

§3.5 コンパクトな台をもつ微分形式

以下 $M$ を連結パラコンパクトな向きづけられた $C^\infty$ 多様体と仮定すると $M$ の局所有限な開被覆 $\{Q_\alpha\}_{\alpha\in A}$ で $\overline{Q_\alpha}$ がコンパクトである座標近傍系 $S=\{(Q_\alpha, \phi_\alpha)\}_{\alpha\in A}$ が存在する. $\{f_\alpha\}_{\alpha\in A}$ を $\{Q_\alpha\}_{\alpha\in A}$ に付随する1の分割とする. $\omega$ がコンパクトな台をもつ $M$ の連続 $n$ 次微分形式とすると $\omega=\sum_{\alpha\in A}f_\alpha\omega$ で $\mathrm{supp}\, f_\alpha\omega \subset Q_\alpha$ ゆえ $\int_M f_\alpha\omega$ はすでにみたように定義される. そこで

$$\int_M \omega = \sum_\alpha \int_M f_\alpha \omega$$

によって定義する. これは $\{Q_\alpha\}_{\alpha\in A}$ や1の分割 $\{f_\alpha\}$ の選び方によらない.

**定理 3.21** $M$ を連結, パラコンパクトで向きづけ可能な $n$ 次元 $C^\infty$ 多様体(例えば連結 Lie 群 $G\,(\subset GL_m(\mathbb{R}))$)とする. $\omega$ がコンパクトな台をもつ $n$ 次微分形式で $\int_M \omega = 0$ を満たすならば, $M$ 上のコンパクトな台をもつ $(n-1)$ 次微分形式 $\eta$ が存在して $\omega = d\eta$ となる.

[証明] $M=\mathbb{R}^n$ のときはすでに示した. いまコンパクト台をもつ $n$ 次微分形式 $\omega'$ で $\int_M \omega' \neq 0$ かつ $\mathrm{supp}\,\omega' \subset \mathrm{supp}\,\omega$ および $\mathrm{supp}\,\omega' \subset U \subset M$, $U\cong\mathbb{R}^n$ なるものをとる. 1の分割を使って $\omega = f_1\omega + \cdots + f_k\omega$ で $\mathrm{supp}\, f_i\omega \subset U_i \subset M$, $U_i \cong \mathbb{R}^n$, とする. 各 $f_i\omega$ について定数 $a_i$ と $(n-1)$ 次微分形式 $\eta_i$ が存在して $f_i\omega = a_i\omega' + d\eta_i$ となることを示せば $\omega = a\omega' + d\eta$ ($a = a_1 + \cdots + a_k$, $\eta = \eta_1 + \cdots + \eta_k$) と表わされるが, $0 = \int_M \omega = a\int_M \omega'$ より $a=0$, すなわち $\omega = d\eta$ がいえる. そこで $\mathrm{supp}\,\omega \subset V \subset M$, $V\cong\mathbb{R}^n$ の場合に ($\int_M \omega = 0$ を仮定しない) 一般の $\omega$ について $\omega = a\omega' + d\eta$ なる $a$ と $\eta$ の存在をいう. $M$ は連結だから開集合の列 $U=V_1, \cdots, V_r=V$ で, 各 $V_i\cong\mathbb{R}^n$ かつ $V_i\cap V_{i+1}\neq\emptyset$ なるものが存在する. $\mathrm{supp}\,\omega_i \subset V_i\cap V_{i+1}$ かつ $\int_{V_i}\omega_i \neq 0$ なる $n$ 次微分形式 $\omega_i$ を選ぶと $\mathbb{R}^n$ の場合にはすでに示したから $\omega_1 - a_1\omega' = d\eta_1$, $\omega_2 - a_2\omega_1 = d\eta_2$, , $\omega - a_r\omega_{r-1} = d\eta_{r-1}$ で各 $\mathrm{supp}\,\eta_l \subset V_l$ となるものが存在し, これより $\omega = a\omega' + d\eta$ なる $a$ と $\eta$ の存在がいえる. ∎

## §3.6　不変微分形式

ここでも §3.7 で使われる Koszul の結果を証明する．一般に $\varphi: M \to M'$ を $C^\infty$ 多様体の $C^\infty$ 写像とすると $(d\varphi)_p: T_pM \to T_{\varphi(p)}M'$ が $v \in T_pM$, $f \in C^\infty(\varphi(p))$ に対して $((d\varphi)_p v)(f) = v(f \circ \varphi)$ で定義される．$p \in M$ の局所座標を $(x_1, \cdots, x_n)$, $\varphi(p) \in M'$ の局所座標を $(y_1, \cdots, y_{n'})$ として $\varphi = (\varphi_1, \cdots, \varphi_{n'})$ と表わすとき，

$$(d\varphi)_p\left(\frac{\partial}{\partial x_i}\right)_p = \sum_{j=1}^{n'} \frac{\partial \varphi_j}{\partial x_i}(p) \cdot \left(\frac{\partial}{\partial y_j}\right)_{\varphi(p)}$$

となる．次に $\varphi: M \to M'$ が微分同相，すなわち $\varphi$ は全単射 $C^\infty$ 写像で $\varphi^{-1}$ も $C^\infty$ 写像である場合を考えよう．$\varphi_*: \mathcal{X}(M) \to \mathcal{X}(M')$ を $(\varphi_* X)_{\varphi(p)} = (d\varphi)_p X_p$ $(p \in M)$ により定義する．このとき $\varphi_*[X_1, X_2] = [\varphi_* X_1, \varphi_* X_2]$ となることが容易に確かめられる．$n$ 次元 Lie 群 $G$ に対し $L_g(x) = gx$, $R_g(x) = xg$ $(x, g \in G)$ により $L_g: G \to G$ および $R_g: G \to G$ を定める．また $\psi(x) = x^{-1}$ により $\psi: G \to G$ を定めれば，明らかに $\psi R_g = L_{g^{-1}} \psi$ が成り立つ．例えば $(L_g)_* X$ は $((L_g)_* X)_{gx} = (dL_g)_x X_x$ $(g, x \in G)$ で定義される．$(L_g)_* X = X$ $(g \in G)$ となるベクトル場を左不変ベクトル場，$(R_g)_* X = X$ $(g \in G)$ となるベクトル場を右不変ベクトル場という．$X$ が左不変ベクトル場ならば $\psi_* X$ は右不変なベクトル場であり，逆も成り立つ．

$X$, $Y$ が左不変ベクトル場ならば $(L_g)_*[X, Y] = [(L_g)_* X, (L_g)_* Y] = [X, Y]$ ゆえ左不変ベクトル場全体 $\mathfrak{g}$ は Lie 環になる．そして $X_g = (dL_g)_e X_e$ $(g \in G)$ であるから，左不変ベクトル場 $X$ は $X_e \in T_eG$ と同一視され，したがって $\mathfrak{g} = T_eG$ は $n$ 次元 Lie 環である．これは Lie 群 $G$ の Lie 環とよばれる．

例えば $G = GL_m(\mathbb{R})$ の場合に不変ベクトル場および不変微分形式を具体的に求めてみよう．$(x_{ij})$ を局所座標として使い，$\varphi_{ij}(x) = x_{ij}$ を座標関数とすると $\varphi_{ij}(gx) = \sum_{k=1}^m g_{ik} x_{kj}$ ゆえ $X = \sum_{s,t=1}^m a_{st}(x) \partial/\partial x_{st}$ が左不変ならば

$$((L_g)_* X)_{gx} \cdot \varphi_{ij} = X \cdot \varphi_{ij}(gx) = \sum_{s,t,k} a_{st}(x) g_{ik} \frac{\partial x_{kj}}{\partial x_{st}} = \sum_{k=1}^m a_{kj}(x) g_{ik}$$

## §3.6 不変微分形式

と $X_{gx} \cdot \varphi_{ij} = (X\varphi_{ij})(gx) = a_{ij}(gx)$ が等しいから, $a_{kj} = a_{kj}(e)$ とおくと

$$a_{ij}(x) = \sum_{k=1}^{m} a_{kj} x_{ik}$$

を得る. したがって

$$X = \sum_{s,t} \left( \sum_k a_{kt} x_{sk} \right) \frac{\partial}{\partial x_{st}} = \sum_{r,l} a_{rl} \left( \sum_s x_{sr} \frac{\partial}{\partial x_{sl}} \right)$$

となり $X_{(r,l)} = \sum_{s=1}^{m} x_{sr}\partial/\partial x_{sl}$ $(r,l=1,\cdots,m)$ が $GL_m(\mathbb{R})$ の左不変ベクトル場の基底である. $X = \sum_{r,l} a_{rl} X_{(r,l)}$ と $X_e = \sum_{r,l} a_{rl} (\partial/\partial x_{rl})_e$ および $A = (a_{rl}) \in M_m(\mathbb{R})$ を同一視すると $\varphi \in C^\infty(G)$ に対し

$$\begin{aligned}
\frac{d}{dt}\varphi(\exp tX_e)\Big|_{t=0} &= \sum_{r,l} \frac{\partial \varphi}{\partial x_{rl}}(e) \cdot \frac{d(\exp tA)_{r,l}}{dt}\Big|_{t=0} \\
&= \sum_{r,l} \frac{\partial \varphi}{\partial x_{rl}}(e) \cdot a_{rl} = X_e \varphi
\end{aligned}$$

が成り立つ. ただし $X_e = A \in M_m(\mathbb{R})$ とみなし $\exp tX_e$ を $\sum_{k=0}^{\infty} (tX_e)^k/k!$ により定める. 一般に $G \subset GL_m(\mathbb{R})$ のとき $\mathfrak{g} \subset M_m(\mathbb{R}) = \mathfrak{gl}_m(\mathbb{R})$ で, $X_e \in \mathfrak{g}$ に対して $\exp tX_e \in G$ $(t \in \mathbb{R})$ であり, $\varphi \in C^\infty(G)$ に対して $\varphi^g(x) = \varphi(gx)$ とおくと,

$$\begin{aligned}
(X\varphi)(g) = X_g\varphi &= [(dL_g)_e X_e](\varphi) = X_e(\varphi \circ L_g) = X_e \varphi^g \\
&= \frac{d}{dt}\varphi^g(\exp tX_e)\Big|_{t=0} = \frac{d}{dt}\varphi(g \cdot \exp tX_e)\Big|_{t=0},
\end{aligned}$$

すなわち $(X\varphi)(x) = (d/dt)\varphi(x \cdot \exp tX_e)|_{t=0}$ $(x \in G)$ が $G$ の左不変ベクトル場 $X$ に対して成り立つ. 一方, $(\psi_* X)_e$ は $t \mapsto (\exp tX_e)^{-1} = \exp(-tX_e)$ の $t = 0$ における接ベクトルであり, したがって $(\psi_* X)_e = -X_e$ となり $\psi_* X$ が右不変であることから, $\varphi_g(x) = \varphi(xg)$ とおくと

$$\begin{aligned}
((\psi_* X)\varphi)(g) = (\psi_* X)_g \varphi &= [(dR_g)_e(\psi_* X)_e](\varphi) \\
&= (-X_e) \cdot \varphi_g = \frac{d}{dt}\varphi_g(\exp -tX_e)\Big|_{t=0} = \frac{d}{dt}\varphi((\exp -tX_e)g)\Big|_{t=0},
\end{aligned}$$

すなわち

(3.1) $\quad (\psi_* X)\varphi(x) = \dfrac{d}{dt}\varphi((\exp -tX_e) \cdot x)|_{t=0}$

を得る．この等式を用いれば簡単な計算により，$\psi_* X_{(r,l)} = -\sum_{s=1}^{m} x_{ls} \partial/\partial x_{rs}$ が わかる．

**例 3.4** $GL_2(\mathbb{R})$ の左不変ベクトル場 $X_{(1,2)} = x_{11}(\partial/\partial x_{12}) + x_{21}(\partial/\partial x_{22})$ に対し $(X_{(1,2)})_e = (\partial/\partial x_{12})_e = \begin{pmatrix} 0 & 1 \\ 0 & 0 \end{pmatrix}$ で

$$(\exp -t(X_{(1,2)})_e) \cdot x = \begin{pmatrix} x_{11} - tx_{21} & x_{12} - tx_{22} \\ x_{21} & x_{22} \end{pmatrix}$$

ゆえ

$$\frac{d}{dt}\varphi((\exp -t(X_{(1,2)})_e) \cdot x)\Big|_{t=0} = -x_{21}\frac{\partial \varphi}{\partial x_{11}} - x_{22}\frac{\partial \varphi}{\partial x_{12}} = (\psi_* X_{(1,2)})\varphi$$

を得る． □

$\{\psi_* X_{(r,l)}; 1 \leq r, l \leq m\}$ が $GL_m(\mathbb{R})$ の右不変ベクトル場の基底となる．

一般に，微分同相写像 $\varphi: M \to M'$ と $M'$ 上の $k$ 次微分形式 $\omega'$ に対し $M$ 上の $k$ 次微分形式 $\varphi^* \omega'$ を

$$\varphi^* \omega'(X_1 \wedge \cdots \wedge X_k) = \omega'((\varphi_* X_1) \wedge \cdots \wedge (\varphi_* X_k)) \quad (X_1, \cdots, X_k \in \mathcal{X}(M))$$

すなわち，$p \in M$ に対し

$$(\varphi^* \omega')_p((X_1)_p \wedge \cdots \wedge (X_k)_p) = \omega'_{\varphi(p)}((d\varphi)_p(X_1)_p \wedge \cdots \wedge (d\varphi)_p(X_k)_p)$$

により定める．この $\varphi^* \omega'$ を $\omega'$ の $\varphi$ による**引き戻し**（pull-back）とよぶ．

さて $L_g, R_g, \psi$ による $G$ 上の微分形式 $\omega$（以下では台がコンパクトという仮定はしない）の引き戻しを $L_g^* \omega, R_g^* \omega, \psi^* \omega$ と記す．1 次微分形式 $\omega$ と左不変ベクトル場 $X$ に対し

$$(L_g^* \omega)_s(X_s) = \omega_{gs}((dL_g)_s X_s) = \omega_{gs}(X_{gs})$$

ゆえ $\omega$ が左不変，すなわち $L_g^* \omega = \omega$ なら $\omega(X)$ は定数であり逆も成り立つ．したがって $G$ 上の左不変 1 次微分形式の全体は $G$ の Lie 環 $\mathfrak{g}$ の双対空間 $\mathfrak{g}^*$ と同一視され，左不変 $p$ 次微分形式の全体は $\bigwedge^p \mathfrak{g}^*$ と同一視される．$x = (x_{ij})_{1 \leq i,j \leq m}$ のとき $x^{-1} = (\xi_{ij}(x))_{1 \leq i,j \leq m}$ とし $\omega_{(i,j)} = \sum_k \xi_{ik} dx_{kj}$ とすると

§3.6 不変微分形式

$$\langle \omega_{(i,j)}, X_{(i',j')} \rangle = \left\langle \sum_k \xi_{ik} dx_{kj}, \sum_{k'} x_{k'i'} \frac{\partial}{\partial x_{k'j'}} \right\rangle = \left( \sum_k \xi_{ik} x_{ki'} \right) \delta_{jj'}$$
$$= \delta_{ii'} \delta_{jj'}$$

となるので $\omega_{(i,j)}$ は左不変 1 次微分形式となり，さらにその基底をなす．ここで $\delta_{ij}=1\ (i=j), =0\ (i\neq j)$ である．例えば $GL_2(\mathbb{R})$ の場合は，

$$\omega_{(1,t)} = \frac{x_{22}}{\det x} dx_{1t} - \frac{x_{12}}{\det x} dx_{2t}$$
$$\omega_{(2,t)} = -\frac{x_{21}}{\det x} dx_{1t} + \frac{x_{11}}{\det x} dx_{2t} \qquad (t=1,2)$$

が左不変 1 次微分形式の基底をなし，$\omega_{(k,t)}(X_{(r,s)}) = \delta_{kr}\delta_{ts}$ となる．

さて Lie 群 $G$ が**簡約可能**(reductive) であるとは，この本ではある簡約可能代数群 $G_\mathbb{C}$ の $\mathbb{R}$ 有理点のなす群，あるいはその連結成分であることと定義する．

**補題 3.22** $G$ が簡約可能な $n$ 次元の連結 Lie 群，$\omega$ を任意の右不変 $(n-1)$ 次微分形式とすると $d\omega=0$ である． □

**注意 3.1** この補題で $G$ が簡約可能という条件は必要である．例えば

$$G = \left\{ \begin{pmatrix} x & z \\ 0 & y \end{pmatrix} ; x,y,z \in \mathbb{R}, x>0, y>0 \right\}$$

の右不変 1 次微分形式の基底として $\omega_1 = dx/x$, $\omega_2 = dy/y$, および $\omega_3 = -(z/xy)dx + (1/y)dz$ をとれるが $d(\omega_1 \wedge \omega_2) = 0$ である．しかし $d(\omega_1 \wedge \omega_3) = d(\omega_2 \wedge \omega_3) = (1/xy^2) dx \wedge dy \wedge dz \neq 0$ である．

この補題について Koszul の論文 (J. L. Koszul, Homologie et cohomologie des algèbres de Lie, Bull. Soc. Math. France, vol. 78 (1950)) をもとにして解説しよう．$\mathfrak{g}$ を $\mathbb{R}$ 上の $n$ 次元 Lie 環とし，$p<0$ なら $\bigwedge^p \mathfrak{g} = \{0\}$, $\bigwedge^0 \mathfrak{g} = \mathbb{R}$, $\bigwedge^1 \mathfrak{g} = \mathfrak{g}$，一般に $\mathfrak{g}$ の基底 $y_1, \cdots, y_n$ に対し $y_{i_1} \wedge \cdots \wedge y_{i_k}$ $(1 \leq i_1 < \cdots < i_k \leq n)$ で生成される $\binom{n}{k}$ 次元ベクトル空間を $\bigwedge^k \mathfrak{g}$ と表わす．$\bigwedge^n \mathfrak{g}$ は 1 次元で $k>n$ なら $\bigwedge^k \mathfrak{g} = \{0\}$ である．$\bigwedge \mathfrak{g} = \bigoplus_{p \in \mathbb{Z}} \bigwedge^p \mathfrak{g} = \bigoplus_{p=0}^n \bigwedge^p \mathfrak{g}$ とおく．$\omega : \bigwedge \mathfrak{g} \to \bigwedge \mathfrak{g}$ を $u \in \bigwedge^p \mathfrak{g}$ に対して $\omega u = (-1)^p u$ と定め $\omega u = \bar{u}$ と記す．$\theta : \bigwedge \mathfrak{g} \to \bigwedge \mathfrak{g}$ が**微分** (derivation) とは $\theta\omega = \omega\theta$ かつ $\theta(a \wedge b) = (\theta a) \wedge b + a \wedge (\theta b)$ $(a, b \in \bigwedge \mathfrak{g})$ となることであり，$\theta'$:

$\bigwedge \mathfrak{g} \to \bigwedge \mathfrak{g}$ が**反微分** (anti-derivation) とは $\theta'\omega = -\omega\theta'$ かつ $\theta'(a\wedge b) = (\theta' a) \wedge b + \bar{a} \wedge (\theta' b)$ $(a, b \in \bigwedge \mathfrak{g})$ となることである. $\theta'_1, \theta'_2$ が反微分なら $\theta = \theta'_1 \theta'_2 + \theta'_2 \theta'_1$ や $\theta'^2_1 = \theta'_1 \theta'_1$ は微分になる.

$u \in \bigwedge \mathfrak{g}$ に対し, $\varepsilon(u): \bigwedge \mathfrak{g} \to \bigwedge \mathfrak{g}$ を $\varepsilon(u)v = u \wedge v$ $(v \in \bigwedge \mathfrak{g})$ で定めて, $\iota(u) = {}^t\varepsilon(u): \bigwedge \mathfrak{g}^* \to \bigwedge \mathfrak{g}^*$ を

$$\langle v, \iota(u)v^* \rangle = \langle \varepsilon(u)v, v^* \rangle = \langle u \wedge v, v^* \rangle \quad (v \in \bigwedge \mathfrak{g},\ v^* \in \bigwedge \mathfrak{g}^*)$$

で定める. $\iota(u)$ $(u \in \mathfrak{g})$ は $\bigwedge \mathfrak{g}^*$ の反微分である. $x \in \mathfrak{g}$ に対して $\theta(x): \bigwedge \mathfrak{g} \to \bigwedge \mathfrak{g}$ を

$$\theta(x)(x_1 \wedge \cdots \wedge x_p) = \sum_{i=1}^{p} x_1 \wedge \cdots \wedge [x, x_i] \wedge \cdots \wedge x_p$$

で定めると $\theta(x)$ は $\bigwedge \mathfrak{g}$ の微分で $\theta^*(x) = -{}^t\theta(x)$ も $\bigwedge \mathfrak{g}^*$ の微分になる. $p \leq 1$ に対しては $\partial(\bigwedge^p \mathfrak{g}) = 0$ とおき, $p > 1$ に対しては

$$\partial(x_1 \wedge \cdots \wedge x_p) = \sum_{i<j} (-1)^{i+j+1} [x_i, x_j] \wedge x_1 \wedge \cdots \wedge \check{x}_i \wedge \cdots \wedge \check{x}_j \wedge \cdots \wedge x_p$$

$$(x_1, \cdots, x_p \in \mathfrak{g})$$

と定めると, 右辺は $x_1, \cdots, x_p$ に関して交代的であるから well-defined であり, これより $\partial: \bigwedge \mathfrak{g} \to \bigwedge \mathfrak{g}$ なる次数を 1 つ下げる自己準同形が得られる. $\delta = -{}^t\partial$ は $\bigwedge \mathfrak{g}^*$ の反微分である. したがって $\delta^2$ は次数を 2 つ上げる $\bigwedge \mathfrak{g}^*$ の微分で $\delta^2: \mathfrak{g}^* = \bigwedge^1 \mathfrak{g}^* \to \bigwedge^3 \mathfrak{g}^*$ において $x_1, x_2, x_3 \in \mathfrak{g}$, $f \in \mathfrak{g}^*$ に対し

$$\langle x_1 \wedge x_2 \wedge x_3, \delta^2 f \rangle = \langle \partial^2(x_1 \wedge x_2 \wedge x_3), f \rangle$$
$$= \langle [[x_1, x_2], x_3] + [[x_2, x_3], x_1] + [[x_3, x_1], x_2], f \rangle = \langle 0, f \rangle = 0$$

であるから $\delta^2 = 0$ となる. したがって

$$(\bigwedge \mathfrak{g}^*, \delta) = \left( 0 \to \bigwedge^0 \mathfrak{g}^* \xrightarrow{\delta} \bigwedge^1 \mathfrak{g}^* \xrightarrow{\delta} \cdots \xrightarrow{\delta} \bigwedge^{n-1} \mathfrak{g}^* \xrightarrow{\delta} \bigwedge^n \mathfrak{g}^* \to 0 \right)$$

は複体となる.

$p$ 次微分形式 $\omega$ の外微分 $d\omega$ は

$$(d\omega)(X_1 \wedge \cdots \wedge X_{p+1}) = \sum_{i=1}^{p+1} (-1)^{i+1} X_i \omega(X_1 \wedge \cdots \wedge \check{X}_i \wedge \cdots \wedge X_{p+1})$$
$$+ \sum_{i<j} (-1)^{i+j} \omega([X_i, X_j] \wedge X_1 \wedge \cdots \wedge \check{X}_i \wedge \cdots \wedge \check{X}_j \wedge \cdots \wedge X_{p+1})$$

であったが $X_1,\cdots,X_{p+1}$ が左不変ベクトル場で（すなわち Lie 環 $\mathfrak{g}$ の元で），$\omega$ が左不変ならば $\omega(X_1\wedge\cdots\wedge\check{X}_i\wedge\cdots\wedge X_{p+1})$ は定数であるから，$X_i\omega(X_1\wedge\cdots\wedge\check{X}_i\wedge\cdots\wedge X_{p+1})=0$ となる．したがって

$$(d\omega)(X_1\wedge\cdots\wedge X_{p+1})=\omega(-\partial(X_1\wedge\cdots\wedge X_{p+1}))=(\delta\omega)(X_1\wedge\cdots\wedge X_{p+1})$$

となり，$\delta$ は外微分 $d$ を左不変形式に制限したものに他ならない．ここで $\theta^*(x)=\iota(x)\delta+\delta\iota(x)$ であることに注意しよう．実際 $y\in\mathfrak{g}$, $f\in\mathfrak{g}^*$ に対して

$$\langle y,\iota(x)\delta f\rangle=\langle x\wedge y,\delta f\rangle=-\langle\partial(x\wedge y),f\rangle=-\langle[x,y],f\rangle$$
$$=-\langle\theta(x)y,f\rangle=\langle y,\theta^*(x)f\rangle$$

であり，一方，$\partial(\overset{1}{\bigwedge}\mathfrak{g})=0$ より

$$\langle y,\delta\iota(x)f\rangle=-\langle\partial y,\iota(x)f\rangle=0$$

となる．したがって $\theta^*(x)$ と $\iota(x)\delta+\delta\iota(x)$ は $\mathfrak{g}^*$ 上で一致する $\bigwedge\mathfrak{g}^*$ の微分であり $\theta^*(x)=\iota(x)\delta+\delta\iota(x)$ を得る．さて $x,y\in\mathfrak{g}$ に対して $\mathrm{ad}([x,y])=(\mathrm{ad}x)(\mathrm{ad}y)-(\mathrm{ad}y)(\mathrm{ad}x)$ であることから，$\bigwedge\mathfrak{g}$ の微分 $\theta(x)\theta(y)-\theta(y)\theta(x)$ と $\theta([x,y])$ は $\mathfrak{g}$ 上で一致し，したがって同じものである．これより $\theta^*([x,y])=\theta^*(x)\theta^*(y)-\theta^*(y)\theta^*(x)$ となり，$\theta^*:\mathfrak{g}\to\mathfrak{gl}(\bigwedge\mathfrak{g}^*)$ は Lie 環 $\mathfrak{g}$ の表現であることがわかる．

$\bigwedge\mathfrak{g}^*$ の元 $z$ が任意の $x\in\mathfrak{g}$ に対し $\theta^*(x)z=0$ を満たすとき $z$ を不変コチェインとよぶ．これは $z$ が左不変かつ右不変な微分形式であることを意味する．実際 $G$ を連結 Lie 群でその Lie 環が $\mathfrak{g}$ であるものとして $g,x\in G$ に対して $A_g(x)=gxg^{-1}$ とおくと，$A_g=L_g\circ R_{g^{-1}}$ で左不変微分形式 $z\in\overset{p}{\bigwedge}\mathfrak{g}^*$ に対して $A_g^*z=R_{g^{-1}}^*\circ L_g^*z=R_{g^{-1}}^*z$ であり，$X\in\mathfrak{g}$ に対しては $(dA_g)X=\mathrm{Ad}(g)X=(L_g)_*(R_{g^{-1}})_*X$ ($=gXg^{-1}$ と略記）ゆえ

$$\langle R_{g^{-1}}^*z,X_1\wedge\cdots\wedge X_p\rangle=\langle A_g^*z,X_1\wedge\cdots\wedge X_p\rangle$$
$$=\langle z,gX_1g^{-1}\wedge\cdots\wedge gX_pg^{-1}\rangle \qquad (g\in G, X_1,\cdots,X_p\in\mathfrak{g})$$

となる．そこで，$\rho(g)(X_1\wedge\cdots\wedge X_p)=(gX_1g^{-1})\wedge\cdots\wedge(gX_pg^{-1})$ とおくと，$\rho(\exp tX)=\exp td\rho(X)$ $(X\in\mathfrak{g})$ で

$$d\rho(X)(X_1\wedge\cdots\wedge X_p) = \frac{d}{dt}(gX_1g^{-1}\wedge\cdots\wedge gX_pg^{-1})\Big|_{t=0}$$
$$(\text{ただし } g=\exp tX\in G)$$
$$= [X,X_1]\wedge\cdots\wedge X_p+\cdots+X_1\wedge\cdots\wedge[X,X_p]$$
$$= \theta(X)(X_1\wedge\cdots\wedge X_p)$$

ゆえ $\rho(\exp tX)=\exp t\theta(X)$ $(X\in\mathfrak{g})$ を得る．よって $R_{g^{-1}}^*z=z$ $(g\in G)$ すなわち $z$ が右不変ならば

$$\langle z,\rho(\exp tX)(X_1\wedge\cdots\wedge X_p)\rangle = \langle z,X_1\wedge\cdots\wedge X_p\rangle$$

を $t$ で微分して $t=0$ とおくと

$$0 = \langle z,\theta(X)(X_1\wedge\cdots\wedge X_p)\rangle = -\langle\theta^*(X)z,\ X_1\wedge\cdots\wedge X_p\rangle$$

より $\theta^*(X)z=0$ $(X\in\mathfrak{g})$ となり，$z$ は不変コチェインである．逆に $z$ が不変コチェインならば

$$\langle z,\theta(X)(X_1\wedge\cdots\wedge X_p)\rangle = -\langle\theta^*(X)z,\ X_1\wedge\cdots\wedge X_p\rangle = 0$$

より

$$\langle z,X_1\wedge\cdots\wedge X_p\rangle = \langle z,\exp t\theta(X)(X_1\wedge\cdots\wedge X_p)\rangle$$
$$= \langle z,gX_1g^{-1}\wedge\cdots\wedge gX_pg^{-1}\rangle = \langle R_{g^{-1}}^*z,X_1\wedge\cdots\wedge X_p\rangle$$

となり，$R_{g^{-1}}^*z=z$ が $g=\exp tX$ $(X\in\mathfrak{g})$ に対して成り立つが，$G$ は連結ゆえ $\exp tX$ $(X\in\mathfrak{g})$ たちで生成されるから $z$ が右不変であることがわかる．とくに $p=n$ とすると $(gX_1g^{-1})\wedge\cdots\wedge(gX_ng^{-1})=\det\mathrm{Ad}(g)(X_1\wedge\cdots\wedge X_n)$ であるから左不変 $n$ 次微分形式 $\omega$ については

$$R_g^*\omega = \det\mathrm{Ad}(g^{-1})\omega \quad (g\in G)$$

が成り立つ．

　一般に $G$ が簡約可能な連結 Lie 群ならば $\det\mathrm{Ad}(g)=1$ $(g\in G)$ となり左不変 $n$ 次微分形式 $\omega$ は右不変でもあることがわかる．

## §3.6 不変微分形式

$z$ が不変コチェインならば $\delta z=0$, すなわちコサイクルであることを示そう. それには左不変かつ右不変な微分形式 $\omega$ は $d\omega=0$ を満たすことを示せばよい. $(\psi_* X)_e = -X_e\ (X\in\mathfrak{g})$ であったから, $\omega$ が $k$ 次左不変微分形式ならば $(\psi^*\omega)_e = (-1)^k \omega_e$ となる. さらに $\omega$ が右不変であれば $\psi^*\omega$ と $\omega$ は共に左不変になり $\psi^*\omega = (-1)^k \omega$ となる. $d\omega$ も両側不変ゆえ同様にして, $\psi^*(d\omega) = (-1)^{k+1} d\omega$ となる. 一方

$$\psi^*(d\omega) = d(\psi^*\omega) = d((-1)^k \omega) = (-1)^k d\omega$$

ゆえこの二つの式から $d\omega=0$ を得る.

さて $\mathfrak{g}$ が簡約可能ならば, $\mathfrak{g}$ の表現 $\theta^*: \mathfrak{g} \to \mathfrak{gl}(\bigwedge \mathfrak{g}^*)$ は完全可約になることが知られている. 例えば半単純 Lie 環の表現の完全可約性は松島与三 [14] の第 4 章 §3 を参照. $\theta^*(x)(\bigwedge \mathfrak{g}^*)\ (x\in\mathfrak{g})$ たちで生成される $\bigwedge \mathfrak{g}^*$ の部分ベクトル空間を $T$ とおくと, これは $\mathfrak{g}$-不変で $\theta^*$ が完全可約であることから $\bigwedge \mathfrak{g}^*$ の $\mathfrak{g}$-不変部分ベクトル空間 $J$ で $\bigwedge \mathfrak{g}^* = T \oplus J$ となるものがある. $a\in J$ ならば $\theta^*(x)a \in T\cap J = \{0\}$ より $a$ は不変コチェインである. とくに $\delta J=0$ である. 逆に $a=t+j\ (t\in T, j\in J)$ が不変コチェインなら $t\in T$ も不変コチェイン, すなわち $\theta^*(x)t=0$ であるが $t=0$ を示そう. $\langle t \rangle = \mathbb{R}t$ は $\mathfrak{g}$-不変であるから $\bigwedge \mathfrak{g}^* = \langle t \rangle \oplus N$ なる $\mathfrak{g}$-不変ベクトル空間 $N$ が存在する. $t\in T$ は $\theta^*(x)(t'+n) = \theta^*(x)n \in N\ (t'\in\langle t\rangle, n\in N)$ たちの 1 次結合で $\langle t \rangle \cap N = \{0\}$ ゆえ, これは $t=0$ を意味し, $J$ が $\bigwedge \mathfrak{g}^*$ 内の不変コチェイン全体となる. $\theta^*(x) = \iota(x)\delta + \delta\iota(x)$ であったから $\theta^*(x)\delta = \delta\theta^*(x)\ (=\delta\iota(x)\delta)$ となり, $\delta T \subset T$ (および $\delta J = 0 \subset J$) かつ $D=\{t\in T;\ \delta t=0\}$ が $\mathfrak{g}$-不変であることがわかる. よって $\bigwedge \mathfrak{g}^* = D \oplus D'$ となる $\mathfrak{g}$-不変部分ベクトル空間 $D'$ が存在する. $D \subset T$ ゆえ $D$ の任意の元 $a$ は

$$a = \sum_x \theta^*(x)(d_x + d'_x) = \sum_x \theta^*(x)d_x + \sum_x \theta^*(x)d'_x \quad (d_x \in D,\ d'_x \in D')$$

と表わされ, $a - \sum_x \theta^*(x)d_x = \sum_x \theta^*(x)d'_x \in D \cap D' = \{0\}$ より $a = \sum_x \theta^*(x)d_x$ $(d_x \in D)$ となる.

$$\theta^*(x)d_x = (\iota(x)\delta + \delta\iota(x))d_x = \delta\iota(x)d_x$$

より $a=\delta(\sum_x\iota(x)d_x)$ はコバウンダリーになる．$\bigwedge\mathfrak{g}^*=T\oplus J$ の任意のコサイクル $t+j$ $(t\in T, j\in J)$ は不変コチェイン $j$ と同じコホモロジー類を定義する．なぜなら $0=\delta(t+j)=\delta t$ より $t\in D$ すなわち $t$ はコバウンダリーとなるからである．

不変コチェインは常にコサイクルであったから両側不変微分形式たちの部分複体においてはコバウンダリーは常に 0 であり，したがって次の命題を得る．

**命題 3.23（Koszul）** $G$ を簡約可能な連結 Lie 群とすると，左不変微分形式たちによるコホモロジーと両側不変微分形式たちの部分複体のコホモロジーは一致する． □

これから補題 3.22 が次のようにして得られる．一般に $\omega$ が左不変微分形式である必要十分条件は $\psi^*\omega$ が右不変微分形式であることであり，$d(\psi^*\omega)=\psi^*(d\omega)$ であるから $\omega$ が左不変 $(n-1)$ 次微分形式の場合に示せばよい．もし $d\omega\neq 0$ ならば $d\omega$ は左不変 $n$ 次微分形式であるが，$\dim\bigwedge^n\mathfrak{g}^*=1$ ゆえ左不変 $n$ 次微分形式は $d\omega$ の定数倍に限られ，コバウンダリーのみになる．したがって左不変微分形式たちによる $n$ 番目のコホモロジーは 0 になる．一方，$\mathfrak{g}$ が簡約可能ゆえ左不変 $n$ 次微分形式は右側不変でもあり，両側不変微分形式の部分複体ではすべてがコサイクルゆえコバウンダリーは常に 0 になり，$d\omega\neq 0$ ならその $n$ 番目のコホモロジーは消えない．これは矛盾である．

## §3.7 不変超関数

空間 $X$ に群 $G$ が推移的に作用しているとする．$X$ 上の関数 $f:X\to\mathbb{C}$ が $f(gx)=f(x)$ $(g\in G, x\in X)$ を満たせば $f$ は定数であることは明らかであるが，$f$ が超関数の場合にこれに対応することを考えてみよう．

$G$ を $GL(V)$ の簡約可能な部分代数群とする．ただし $n=\dim V$ で $V_{\mathbb{R}}$ の $\mathbb{R}$ 上の基底で $V$ と $\mathbb{C}^n$ を同一視する．$G_{\mathbb{R}}=G\cap GL_n(\mathbb{R})$ は Lie 群になるが，その単位元における連結成分を $G_{\mathbb{R}}^+$ と記そう．$\mathbb{R}^n$ の開集合 $U$ に $G_{\mathbb{R}}^+$ が推移的に作用しているとし，$U$ 上に $G_{\mathbb{R}}^+$ の作用で不変な $n$ 次微分形式 $\Omega(x)$ が存在すると仮定しよう．すなわち $\psi_g(u)=gu$ $(g\in G_{\mathbb{R}}^+, u\in U)$ とするとき $\psi_g^*\Omega=\Omega$ が成り立つ．群 $G_{\mathbb{R}}^+$ は $\varphi^g(x)=\varphi(gx)$ $(\varphi\in C_0^\infty(U))$ により $C_0^\infty(U)$ に作用する．そ

## §3.7 不変超関数

して $U$ 上の超関数 $T: C_0^\infty(U) \to \mathbb{C}$ に $(gT)(\varphi) = T(\varphi^g)$ $(g \in G_\mathbb{R}^+, \varphi \in C_0^\infty(U))$ により $G_\mathbb{R}^+$ が作用する．とくに $gT = T$ がすべての $g \in G_\mathbb{R}^+$ に対して成り立つとき $T$ を**不変超関数**（invariant distribution）とよぶ．本節の目標は次の定理の証明である．

**定理 3.24** $\mathbb{R}^n$ の開集合 $U$ に簡約可能な連結 Lie 群 $G_\mathbb{R}^+$ が推移的に作用して，$G_\mathbb{R}^+$ 不変な $U$ 上の $n$ 次微分形式 $\Omega(x)$ が存在すると仮定し，$T$ を $U$ 上の不変超関数とすると，定数 $c \in \mathbb{C}^\times$ が存在して

$$T(\varphi) = c \int_U \varphi(x) \Omega(x) \qquad (\varphi \in C_0^\infty(U))$$

が成り立つ． □

さて $G_\mathbb{R}^+$ は局所コンパクト群であるから Haar 測度 $dg$ が定理 3.1 により存在するが，一般に簡約可能な Lie 群については §3.6 でみたように $dg$ は左不変かつ右不変でもある．まず次の命題の証明をしよう．

**命題 3.25** $G_\mathbb{R}^+$ を簡約可能な連結 Lie 群として $T: C_0^\infty(G_\mathbb{R}^+) \to \mathbb{C}$ を $G_\mathbb{R}^+$ 上の $G_\mathbb{R}^+$ 不変超関数とすると定数 $c \in \mathbb{C}^\times$ が存在して

$$T(\varphi) = c \int_{G_\mathbb{R}^+} \varphi(g) dg \qquad (\varphi \in C_0^\infty(G_\mathbb{R}^+))$$

となる．

［証明］ Harish-Chandra, The characters of semisimple Lie groups, Trans. A.M.S. **83**（1956）98–163 の Lemma 36 に従って証明しよう．

$I(\varphi) = \int_{G_\mathbb{R}^+} \varphi(g) dg$ $(\varphi \in C_0^\infty(G_\mathbb{R}^+))$ とおくとき，$I(\varphi) = 0$ なら $T(\varphi) = 0$ となることが示せたとすれば，$I(\varphi_0) = 1$ となる $\varphi_0 \in C_0^\infty(G_\mathbb{R}^+)$ に対して $\varphi' = \varphi - I(\varphi) \cdot \varphi_0$ とおくと $I(\varphi') = 0$ となるから，$0 = T(\varphi') = T(\varphi) - cI(\varphi)$（ただし $c = T(\varphi_0) \in \mathbb{C}$）となり $T(\varphi) = cI(\varphi)$ を得る．

$G_\mathbb{R}^+$ が $n$ 次元のとき Haar 測度 $dg$ に対応する両側不変な $n$ 次微分形式を $\omega$ とおくと $\int_{G_\mathbb{R}^+} \varphi\omega = I(\varphi)$ $(\varphi \in C_0^\infty(G_\mathbb{R}^+))$ である．さて $I(\varphi) = 0$ と仮定すると定理 3.21 によりコンパクトな台をもつ $(n-1)$ 次微分形式 $\zeta$ が存在して $\varphi\omega = d\zeta$ となる．$\omega_1, \cdots, \omega_n$ を右不変な 1 次微分形式の基底とする．$\omega = \omega_1 \wedge \cdots \wedge \omega_n$ と仮定してよい．$X_1, \cdots, X_n$ を Lie 環 $\mathfrak{g}$ の基底で $\omega_i(\psi^* X_j) = \delta_{ij}$ $(1 \leqq i, j \leqq n)$ を満た

すものとする．そのとき $\zeta = \sum_{i=1}^{n} \zeta_i \Omega_i$, $\zeta_i \in C_0^\infty(G_{\mathbb{R}}^+)$, $\Omega_i = \omega_1 \wedge \cdots \wedge \tilde{\omega}_i \wedge \cdots \wedge \omega_n$ ($1 \leq i \leq n$) と表わすことができて

$$\varphi\omega = d\zeta = \sum_{i=1}^{n} d\zeta_i \wedge \Omega_i + \sum_{i=1}^{n} \zeta_i d\Omega_i$$

となるが補題 3.22 により $d\Omega_i = 0$ ゆえ $\varphi\omega = \sum_{i=1}^{n} d\zeta_i \wedge \Omega_i$ を得る．ここで $d\zeta_i = \sum_{j=1}^{n} b_j \omega_j$ とおくと $b_j = d\zeta_i(\psi^* X_j) = (\psi^* X_j)(\zeta_i)$ ゆえ $d\zeta_i = \sum_{j=1}^{n} ((\psi^* X_j)\zeta_i)\omega_j$ となり

$$\omega_j \wedge \Omega_i = \begin{cases} (-1)^{i-1} \omega & (j = i), \\ 0 & (j \neq i) \end{cases}$$

より $d\zeta_i \wedge \Omega_i = (-1)^{i-1}[(\psi^* X_i)\zeta_i]\omega$，すなわち

$$\varphi\omega = \left\{ \sum_{i=1}^{n} (-1)^{i-1} (\psi^* X_i)\zeta_i \right\} \omega$$

を得る．したがって $\varphi = \sum_{i=1}^{n} (-1)^{i-1} (\psi^* X_i)\zeta_i$ となるから，$T(\varphi) = 0$ を示すには任意の左不変ベクトル場 $X$ と $f \in C_0^\infty(G)$ に対して $T((\psi^* X)f) = 0$ を示せばよい．(3.1) より

$$[(\psi^* X)f](x) = \frac{d}{dt} f((\exp -tX_e) \cdot x) \Big|_{t=0}$$
$$= \lim_{t \to 0} \frac{1}{t} \{f((\exp -tX_e)x) - f(x)\}$$

であるが $T$ が $G$-不変ゆえ $T(f((\exp -tX_e)x)) = T(f(x))$ で $T$ の連続性により

$$T((\psi^* X)f) = \lim_{t \to 0} T\left[ \frac{1}{t} \{f((\exp -tX_e)x) - f(x)\} \right] = 0$$

を得る．これで命題 3.25 の証明が終わった． ∎

さて命題 3.25 から定理 3.24 を得るには次の命題が必要である．

**命題 3.26**（**Harish-Chandra**） $M$, $N$ をそれぞれ $m$, $n$ 次元（$m \geq n$）の向きづけられた多様体で $\pi : M \to N$ を全射 $C^\infty$ 写像でいたるところ $\mathrm{rank}\, d\pi = n$（すなわち $(d\pi)_p : T_p M \to T_{\pi(p)} N$ が全射）を満たすとする．$\omega_M$, $\omega_N$ をそれぞれいたるところで $0$ にならない $M$, $N$ 上の $m$ 次および $n$ 次微分形式とす

§3.7 不変超関数

る．そのとき $f:C_0^\infty(M)\to C_0^\infty(N)$ なる全射写像で $N$ 上の連続関数 $F$ に対して

$$\int_M (F\circ\pi)\cdot\alpha\cdot\omega_M = \int_N F\cdot f(\alpha)\cdot\omega_N \quad (\alpha\in C_0^\infty(M))$$

が成り立ち，かつ $\operatorname{supp} f(\alpha)\subset \pi(\operatorname{supp}\alpha)$ を満たすものが存在する．そして $\alpha\Rightarrow 0$ in $C_0^\infty(M)$ ならば $f(\alpha)\Rightarrow 0$ in $C_0^\infty(N)$ である． □

これを示すためにまず次の補題を示す．

**補題 3.27** $a>0$ とし $\pi:\mathbb{R}^m\to\mathbb{R}^n$ $(m\geq n)$ を $\pi(x_1,\cdots,x_m)=(x_1,\cdots,x_n)$ なる射影とする．任意の $\alpha\in C_0^\infty((-a,a)^m)$ に対し $g_\alpha\in C_0^\infty((-a,a)^n)$ を

$$g_\alpha(x_1,\cdots,x_n) = \int \alpha(x_1,\cdots,x_m)dx_{n+1}\cdots dx_m$$

で定めると $\alpha\mapsto g_\alpha$ は $C_0^\infty((-a,a)^m)$ から $C_0^\infty((-a,a)^n)$ への全射で $\operatorname{supp} g_\alpha \subset \pi(\operatorname{supp}\alpha)$ である．

［証明］ $\operatorname{supp} g_\alpha\subset\pi(\operatorname{supp}\alpha)$，$g_\alpha\in C_0^\infty((-a,a)^n)$ は明らかであるから全射を示す．$m>n$ としてよい．$\gamma\in C_0^\infty((-a,a)^{m-n})$ で

$$\int_{\mathbb{R}^{m-n}} \gamma(x_{n+1},\cdots,x_m)dx_{n+1}\cdots dx_m = 1$$

なるものを1つとって固定し，任意の $\beta\in C_0^\infty((-a,a)^n)$ に対して $\alpha(x_1,\cdots,x_m) = \beta(x_1,\cdots,x_n)\cdot\gamma(x_{n+1},\cdots,x_m)$ とおくと $\alpha\in C_0^\infty((-a,a)^m)$ かつ $\beta=g_\alpha$ となる． ■

［命題 3.26 の証明］ まず $M=(-a,a)^m$，$N=(-a,a)^n$ で $\pi$ が射影の場合を考えよう．$dx=dx_1\wedge\cdots\wedge dx_m$，$dy=dx_1\wedge\cdots\wedge dx_n$ とおくと $\omega_M=\gamma_M dx$，$\omega_N=\gamma_N dy$，$\gamma_M\in C^\infty(M)$ と $\gamma_N\in C^\infty(N)$ はいたるところ 0 にならない，と表わせる．$\varepsilon_M,\varepsilon_N=\pm 1$ を $\varepsilon_M dx>0$ on $M$ および $\varepsilon_N dy>0$ on $N$ なるように選んで

$$f(\alpha) = \varepsilon_M\cdot\varepsilon_N\cdot(\gamma_N)^{-1}\cdot g_{(\gamma_M\alpha)}$$

とおくと $\operatorname{supp} f(\alpha)\subset\pi(\operatorname{supp}\alpha)$ で

$$\int_M (F\circ\pi)\alpha\omega_M$$
$$= \int_{(-a,a)^m} F(x_1,\cdots,x_n)\cdot(\alpha\gamma_M)(x_1,\cdots,x_m)\varepsilon_M dx_1\cdots dx_m$$

$$\begin{aligned}
&= \int_{(-a,a)^n} F(x_1,\cdots,x_n) \\
&\quad \times \left( \int_{(-a,a)^{m-n}} (\alpha\gamma_M)(x_1,\cdots,x_m) dx_{n+1}\cdots dx_m \right) \varepsilon_M dx_1 \cdots dx_n \\
&= \int_{(-a,a)^n} F(x_1,\cdots,x_n) g_{(\gamma_M\alpha)}(x_1,\cdots,x_n) \varepsilon_M dx_1 \cdots dx_n \\
&= \int_{(-a,a)^n} F(x_1,\cdots,x_n) g_{(\gamma_M\alpha)}(x_1,\cdots,x_n) \varepsilon_M \varepsilon_N (\gamma_N)^{-1} \omega_N \\
&= \int_N F \cdot f(\alpha) \cdot \omega_N
\end{aligned}$$

となり命題 3.26 の条件を満たす．また $\alpha \mapsto \gamma_M \alpha$ は $C_0^\infty(M) \to C_0^\infty(M)$ なる全射を定め，$g \mapsto \gamma_N^{-1} g$ は $C_0^\infty(N) \to C_0^\infty(N)$ なる全射を定めるから補題 3.27 により $\alpha \mapsto f(\alpha)$ は全射 $C_0^\infty(M) \to C_0^\infty(N)$ を定める． ∎

次に一般の場合を考える．まず次の補題から始めよう．

**補題 3.28** 一般に $m \geqq n$ とし $M, N$ を次元がそれぞれ $m, n$ である $C^\infty$ 多様体，$\pi: M \to N$ を $C^\infty$ 写像とする．このとき $x \in M$ について次は同値である．

(1) $(d\pi)_x : T_x M \to T_{\pi(x)} N$ は全射．

(2) $x$ の開近傍 $U$（すなわち $x$ を含む開集合）と $y = \pi(x)$ の開近傍 $V$，そして $\mathbb{R}^{m-n}$ の 0 の開近傍 $W$ と同型 $\varphi: U \xrightarrow{\sim} V \times W$ が存在して

 (i) $\pi(U) = V$，

 (ii) $p$ を射影 $V \times W \to V$ とすると図 3.2 の可換図式を満たす．とくに（直積位相空間の射影は常に開写像ゆえ）$\pi$ は $x$ において開写像（開集合を開集合へうつす写像）である．

［証明］ これは逆関数の定理より得られる．例えば松島与三 [15]，21 頁を参照． ∎

さて $p \in M$ を固定して $p$ を含む十分小さい $M$ の連結開集合を $U_0$ とおき，$V_0 = \pi(U_0)$ とおく．いたるところ $\operatorname{rank} d\pi = n$，すなわち $d\pi$ が全射なので補題 3.28 により $V_0$ は $N$ の開集合になる．$U_0$ を十分小さくとって $U_0$ の局所座標系 $(x_1,\cdots,x_m)$ を $x_i(p) = 0 \ (1 \leqq i \leqq m)$ にとり，$V_0$ の局所座標系 $(y_1,\cdots,y_n)$ を $x_j = y_j \circ \pi \ (1 \leqq j \leqq n)$ となるようにとる．十分小さい $a > 0$ に対し $U = \{q \in$

§3.7 不変超関数

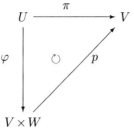

図 3.2 逆関数定理

$U_0 ; |x_i(q)| < a \, (1 \leqq i \leqq m)\}$ とおく．$a$ が十分小さければ $q \mapsto (x_1(q), \cdots, x_m(q))$ は $U$ と $(-a,a)^m$ の間の $C^\infty$ 同型を与える．$V = \pi(U)$ とおけば，上記の議論により $(U, V, \pi)$ について命題 3.26 は成立する．すなわち $M$ の各点 $p$ に対して $p$ の開近傍 $U_p$ で $(U_p, \pi(U_p), \pi)$ について命題 3.26 が成立するものがとれる．任意の $\alpha \in C_0^\infty(M)$ をとり $\mathrm{supp}\, \alpha = K$ なるコンパクト集合 $K$ の開被覆 $K \subset \bigcup_{p \in K} U_p$ を考えると，その有限部分被覆 $K \subset U_1 \cup \cdots \cup U_r$ がとれる．これに関する 1 の分割，すなわち $\beta_i \in C_0^\infty(U_i)$ で $K$ 上 $\beta_1 + \cdots + \beta_r = 1$ となるものをとる．$V_i = \pi(U_i)$ とおき $\alpha_i = \beta_i \alpha$ とおくと $\alpha = \alpha_1 + \cdots + \alpha_r$ かつ $\alpha_i \in C_0^\infty(U_i)$ である．$(U_i, V_i, \pi)$ に対する命題 3.26 の $f(\alpha_i) \in C_0^\infty(V_i)$ を考え $f(\alpha) = \sum_{i=1}^r f(\alpha_i)$ とおく．$F$ が $N$ 上の連続関数ならば

$$\int_M (F \circ \pi) \alpha \cdot \omega_M = \sum_{i=1}^r \int_M (F \circ \pi) \alpha_i \omega_M = \sum_{i=1}^r \int_{U_i} (F \circ \pi) \alpha_i \omega_M$$
$$= \sum_{i=1}^r \int_{V_i} F f(\alpha_i) \omega_N = \sum_{i=1}^r \int_N F f(\alpha_i) \omega_N = \int_N F f(\alpha) \omega_N$$

となる．$\mathrm{supp}\, f(\alpha) \subset \bigcup_i \mathrm{supp}\, f(\alpha_i)$ であるが $\mathrm{supp}\, f(\alpha_i) \subset \pi(\mathrm{supp}\, \alpha_i) \subset \pi(\mathrm{supp}\, \alpha)$ ゆえ $\mathrm{supp}\, f(\alpha) \subset \pi(\mathrm{supp}\, \alpha)$ が成り立つ．これより $\alpha \Rightarrow 0$ なら $f(\alpha) \Rightarrow 0$ も明らかである．$g \in C_0^\infty(N)$ を任意に固定する．コンパクト集合 $K$ を $\mathrm{supp}\, g \subset \pi(K)$ にとる．$\pi(K) \subset \bigcup_{i=1}^r V_i$ を $N$ における開被覆としてこれに関する 1 の分割すなわち $\rho_i \in C_0^\infty(V_i)$ で $\pi(K)$ 上 $\rho_1 + \cdots + \rho_r = 1$ となるものをとり，$g_i = \rho_i g$ とおくと $g = g_1 + \cdots + g_r$ である．$V_i$ を十分小さくとると，前述のように $V_i = \pi(U_i)$ なる $U_i$ が $(-a,a)^n$ と $C^\infty$ 同型にとることができる．$(U_i, V_i, \pi)$ に関する命題 3.26 により $\alpha_i \in C_0^\infty(U_i)$ で $g_i = f(\alpha_i)$ となるものがある．そこで $\alpha = \alpha_1 + \cdots + \alpha_r$ とおけば $g = f(\alpha)$ となり $f$ は全射である．し

たがって命題 3.26 が示された.

いよいよ定理 3.24 の証明に入ろう.

[定理 3.24 の証明] $M = G_{\mathbb{R}}^+$, $N = U$, $x_0 \in U$ を 1 つとって $\pi(g) = g x_0$ により全射 $\pi : M \to N$ を定義するといたるところ $\operatorname{rank} d\pi = n$ であるので, 命題 3.26 により $f : C_0^\infty(G_{\mathbb{R}}^+) \to C_0^\infty(U)$ なる全射が存在して

$$\int_{G_{\mathbb{R}}^+} (F \circ \pi)(g) \cdot \alpha(g) dg = \int_U F(x) \cdot f(\alpha)(x) \Omega(x) \quad (\alpha \in C_0^\infty(G_{\mathbb{R}}^+))$$

が $U$ 上の連続関数 $F$ に対して成り立つ. ここで $dg$ は $G_{\mathbb{R}}^+$ の不変測度である.

一般に $g \in G_{\mathbb{R}}^+$ に対して $(\alpha^g)(g') = \alpha(gg')$ と定義したが,

$$\left(F^{g^{-1}} \circ \pi\right)(g') = F^{g^{-1}}(g' x_0) = F(g^{-1} g' x_0) = (F \circ \pi)(g^{-1} g')$$

であるから

$$\int_U F(x) f(\alpha^g)(x) \Omega(x) = \int_{G_{\mathbb{R}}^+} (F \circ \pi)(g') \alpha(gg') dg'$$

(ここで $g'' = gg'$ とおくと $g' = g^{-1} g''$, $dg' = dg''$ ゆえ)

$$= \int_{G_{\mathbb{R}}^+} (F^{g^{-1}} \circ \pi)(g'') \cdot \alpha(g'') dg'' = \int_U F^{g^{-1}}(x) \cdot f(\alpha)(x) \cdot \Omega(x)$$
$$= \int_U F(g^{-1} x) \cdot f(\alpha)(x) \Omega(x) = \int_U F(y) f(\alpha)(gy) \Omega(gy)$$
$$= \int_U F(y) f(\alpha)^g(y) \Omega(y)$$

となり $f(\alpha^g) = f(\alpha)^g$ $(g \in G_{\mathbb{R}}^+)$ が成り立つ. したがって $G_{\mathbb{R}}^+$ 上の超関数 $\widetilde{T}$ を $\widetilde{T}(\alpha) = T(f(\alpha))$ で定義すると $\alpha \Rightarrow 0$ なら $f(\alpha) \Rightarrow 0$ より $\widetilde{T}(\alpha) \to 0$ となり連続で, かつ

$$\widetilde{T}(\alpha^g) = T(f(\alpha)^g) = T(f(\alpha)) = \widetilde{T}(\alpha) \quad (g \in G_{\mathbb{R}}^+)$$

となり $\widetilde{T}$ は不変超関数であるから, 命題 3.25 と命題 3.26 により

$$T(f(\alpha)) = \widetilde{T}(\alpha) = c \int_{G_{\mathbb{R}}^+} \alpha(g) dg = c \int_U f(\alpha)(x) \Omega(x)$$

となる. $f : C_0^\infty(G) \to C_0^\infty(U)$ は全射ゆえ

## §3.7 不変超関数

$$T(\varphi) = c \int_U \varphi(x) \Omega(x) \quad (\varphi \in C_0^\infty(U))$$

となり定理 3.24 が証明された. ■

なお定理 3.24 は簡約可能という仮定がなくても成り立つことが知られている. 例えば G. Warner, Harmonic analysis on semi-simple Lie groups I, Springer-Verlag(1972) にある Bruhat の定理 (Theorem 5.2.1.4) を参照.

また次のような方針で示すこともできる.

(1) 不変超関数 $T$ を佐藤超関数 (hyperfunction) と思う.

(2) この不変性は一階の微分方程式系で書ける. この微分方程式系の定める $D$-加群の特性多様体は余法束の零切断 (zero section) になることを示す.

(3) したがって $T$ の特異スペクトルも余法束の零切断になるので, $T$ は解析関数になり, とくに $T$ は定数である.

なお佐藤超関数とか特性多様体などの用語については, 柏原正樹, 河合隆裕, 木村達雄, 代数解析学の基礎, 紀伊國屋数学叢書 18 (1980) を参照して下さい.

# 第4章

# 概均質ベクトル空間の基本定理

## §4.1 基本定理の証明

概均質ベクトル空間の基本定理は現在もっと一般化されているが，ここではその原点となる典型的な場合を扱うことにする．そこで，ここで扱う概均質ベクトル空間 $(G, \rho, V)$ に次の三つの仮定をおくことにする．$\Omega = \mathbb{C}$ とする．

**仮定 1** $G$ は簡約可能代数群である．

**仮定 2** 特異集合 $S$ は既約超曲面である．すなわち既約多項式 $f(x)$ が存在して $S = \{x \in V; f(x) = 0\}$ と表わせる．

**仮定 3** $(G, \rho, V)$ は実数体 $\mathbb{R}$ 上定義されている（§1.4 の最後の部分を参照）．

例えば §2.4 の例 2.1 から例 2.29 までの既約正則概均質ベクトル空間はすべてこの仮定 1～仮定 3 を満たす．このとき定理 2.9 によりこの $f(x)$ は相対不変式である．また定理 2.28 により正則概均質ベクトル空間になるから $n = \dim V$, $d = \deg f$ として $f$ に対応する指標を $\chi$ とすると命題 2.18 により $d | 2n$ で $\det \rho(g)^2 = \chi(g)^{2n/d}$ $(g \in G)$ であった．$\mathbb{R}$ 上定義された代数群 $G$ について $G \subset GL_m(\mathbb{C})$ ならば $G_\mathbb{R} = G \cap GL_m(\mathbb{R})$ とおき，もっと一般に $G \subset GL(W)$ ならば $W$ の $\mathbb{R}$-構造 $W_\mathbb{R}$ の $\mathbb{R}$ 上の基底をとって $W \cong \mathbb{C}^m \supset \mathbb{R}^m \cong W_\mathbb{R}$, $GL(W) \cong GL_m(\mathbb{C})$ と同一視して $G_\mathbb{R} = G \cap GL_m(\mathbb{R})$ とおく．$G_\mathbb{R}$ は $G$ の $\mathbb{R}$-有理点全体のなす群とよばれるが，これは Lie 群になる．表現 $\rho: G \to GL(V)$

が $\mathbb{R}$ 上定義されているとき $\rho(G_\mathbb{R})\subset\rho(G)_\mathbb{R}$ であるが一般には異なる. 例えば §2.4 の例 2.2 の空間 $(GL_m, 2\Lambda_1, V(m(m+1)/2))$ において $\sqrt{-1}I_m \notin G_\mathbb{R}$ であるが $\rho(\sqrt{-1}I_m)x = -x$ $(x\in V(m(m+1)/2))$ ゆえ $\rho(\sqrt{-1}I_m)\in\rho(G)_\mathbb{R}$ である.

**命題 4.1** $(G,\rho,V)$ を仮定 1〜仮定 3 を満たす概均質ベクトル空間とする.

(1) $V_\mathbb{R}$ を $V$ の $\mathbb{R}$-構造とする. 特異集合 $S$ を定義する既約多項式 $f$ は定数倍を適当にとって $f(V_\mathbb{R})\subset\mathbb{R}$ としてよい.

(2) $\chi(G_\mathbb{R})\subset\mathbb{R}^\times$.

［証明］ $\overline{\phantom{x}}$ で複素共役を表わすことにする.

(1) $\rho$ が $\mathbb{R}$ 上定義されているから, $x\in V$ と $g\in G$ について $\rho(g)x=x$ と $\rho(\bar{g})\bar{x}=\overline{\rho(g)x}=\bar{x}$ は同値である. したがって $G_x=\overline{G}_{\bar{x}}$ を得る. 一方, $x\in S$ と

$$\dim G_{\bar{x}} = \dim \overline{G}_{\bar{x}} = \dim G_x > \dim G - \dim V$$

は §2.1 により同値であるから $\bar{x}\in S$ とも同値である. すなわち $f(x)=0$ と $f(\bar{x})=0$ は同値であり, さらにこれは $\overline{f(\bar{x})}=0$ とも同値であるが, $\overline{f(\bar{x})}$ は $\mathbb{C}$-係数の $x$ に関する既約多項式であるから定理 1.4 により $\overline{f(\bar{x})}=cf(x)$ となる定数 $c\in\mathbb{C}$ が存在する. $x_0\in V_\mathbb{R}-S_\mathbb{R}$ ならば $\bar{x}_0=x_0$ で $f(x_0)\neq 0,\infty$ であるから $\alpha=1/f(x_0)$ とおくと $c=\alpha/\bar{\alpha}$ となる. したがって $\overline{\alpha f(\bar{x})}=\alpha f(x)$ となるが $x\in V_\mathbb{R}$ なら $\bar{x}=x$ ゆえ $\alpha f(x)\in\mathbb{R}$ となる.

(2) $g\in G_\mathbb{R}$, $x_0\in V_\mathbb{R}-S_\mathbb{R}$ とすると $\alpha f(\rho(g)x_0)=\chi(g)\alpha f(x_0)$ となるが, $\alpha f(\rho(g)x_0)$ と $\alpha f(x_0)$ は $\mathbb{R}^\times$ の元であるから $\chi(g)\in\mathbb{R}^\times$ を得る. ∎

$\mathbb{R}$ 上定義された三つ組 $(G,\rho,V)$ に対し $\rho$ の反傾表現 $\rho^*:G\to GL(V^*)$ は

$$\langle \rho(g)v, \rho^*(g)v^*\rangle = \langle v,v^*\rangle \quad (g\in G,\ v\in V,\ v^*\in V^*)$$

で定義されたが, $V^*$ の $\mathbb{R}$-構造 $V_\mathbb{R}^*$ を

$$V_\mathbb{R}^* = \{v^*\in V^*; \langle V_\mathbb{R}, v^*\rangle\subset\mathbb{R}\}$$

によって定める. $V_\mathbb{R}^*$ は $V_\mathbb{R}$ の双対ベクトル空間とみなせる. $g\in G_\mathbb{R}$, $v^*\in V_\mathbb{R}^*$ に対して

$$\langle V_\mathbb{R}, \rho^*(g)v^*\rangle = \langle \rho(g)^{-1}V_\mathbb{R}, v^*\rangle = \langle V_\mathbb{R}, v^*\rangle \subset \mathbb{R}$$

であるから $\rho^*(G_\mathbb{R})V_\mathbb{R}^* \subset V_\mathbb{R}^*$ となり,双対三つ組 $(G, \rho^*, V^*)$ も $\mathbb{R}$ 上定義されることがわかる.

**命題 4.2** $(G, \rho, V)$ を仮定 1～仮定 3 を満たす概均質ベクトル空間とすると,その双対 $(G, \rho^*, V^*)$ も仮定 1～仮定 3 を満たす概均質ベクトル空間である.そして $(G, \rho, V)$ の特異集合 $S$ が $G$ の有理指標 $\chi$ に対応する $d$ 次既約相対不変多項式 $f(v)$ の零点集合 $S = \{v \in V;\ f(v) = 0\}$ ならば $(G, \rho^*, V^*)$ の特異集合 $S^*$ は $\chi^{-1}$ に対応する $d$ 次既約相対不変多項式 $f^*(v^*)$ の零点集合 $S^* = \{v^* \in V^*;\ f^*(v^*) = 0\}$ である:

$$f^*(\rho^*(g)v^*) = \chi(g)^{-1}f^*(v^*) \quad (g \in G,\ v^* \in V^*).$$

そして $f$ と $f^*$ は $f(V_\mathbb{R}) \subset \mathbb{R},\ f^*(V_\mathbb{R}^*) \subset \mathbb{R}$ を満たすようにとれる.

[証明] 定理 2.16, 注意 2.2 および定理 2.28 により $(G, \rho^*, V^*)$ が概均質ベクトル空間でその特異集合 $S^*$ が既約超曲面であることがわかる.命題 2.21 より $f^*$ が $\chi^{-1}$ に対応することが得られる.最後の部分は命題 4.1 による. ∎

次の定理において $\mathbb{R}$ に関する位相は Zariski 位相ではなく通常の位相で考える.

**定理 4.3 (H. Whitney)** $X$ を $\mathbb{R}$ 上定義された代数多様体とする.そのとき $X$ の $\mathbb{R}$-有理点全体 $X_\mathbb{R}$ は有限個の連結成分に分解する.

[証明] H. Whitney, Elementary structure of real algebraic varieties, Ann. of Math. **66** (1957), 545–556, または Platonov-Rapinchuk [18] の Theorem 3.6 を参照. ∎

**系 4.4** $V_\mathbb{R} - S_\mathbb{R}$ と $V_\mathbb{R}^* - S_\mathbb{R}^*$ は同じ個数の有限個の連結成分に分解する.すなわち

$$V_\mathbb{R} - S_\mathbb{R} = V_1 \cup \cdots \cup V_l,$$
$$V_\mathbb{R}^* - S_\mathbb{R}^* = V_1^* \cup \cdots \cup V_l^*.$$

[証明] 定理 2.16 の証明により $F = \operatorname{grad} \log f : V - S \to V^* - S^*$ と $F^* = \operatorname{grad} \log f^* : V^* - S^* \to V - S$ は互いに逆な射であり,$F$ や $F^*$ は $f$ や $f^*$ を定数倍しても不変であるから,命題 4.2 により $f(V_\mathbb{R}) \subset \mathbb{R}$ および $f^*(V_\mathbb{R}^*) \subset \mathbb{R}$

としてよく，したがって $F(V_{\mathbb{R}}-S_{\mathbb{R}})\subset V_{\mathbb{R}}^*-S_{\mathbb{R}}^*$ および $F^*(V_{\mathbb{R}}^*-S_{\mathbb{R}}^*)\subset V_{\mathbb{R}}-S_{\mathbb{R}}$ が得られる．これより $F|_{V_{\mathbb{R}}-S_{\mathbb{R}}}:V_{\mathbb{R}}-S_{\mathbb{R}}\to V_{\mathbb{R}}^*-S_{\mathbb{R}}^*$ と $F^*|_{V_{\mathbb{R}}^*-S_{\mathbb{R}}^*}:V_{\mathbb{R}}^*-S_{\mathbb{R}}^*\to V_{\mathbb{R}}-S_{\mathbb{R}}$ は互いに逆な全単射連続写像であることがわかる．定理 4.3 により $V_{\mathbb{R}}-S_{\mathbb{R}}=V_1\cup\cdots\cup V_l$ と分解するが，このとき $V_i^*=F(V_i)$ $(1\leqq i\leqq l)$ は $V_{\mathbb{R}}^*-S_{\mathbb{R}}^*$ の連結成分で $V_{\mathbb{R}}^*-S_{\mathbb{R}}^*=V_1^*\cup\cdots\cup V_l^*$ となる． ∎

さて $G$ は $\mathbb{R}$ 上定義された代数群であるから，定理 4.3 により $\mathbb{R}$-有理点のなす群 $G_{\mathbb{R}}$ は有限個の連結成分にわかれ，それらは（ふつうの位相で）閉集合である．よって単位元 $e$ を含む $G_{\mathbb{R}}$ の連結成分を $G_{\mathbb{R}}^+$ とおくと $G_{\mathbb{R}}^+$ は $G_{\mathbb{R}}$ の開集合であり代数群の場合（§1.4）と同様にして $G_{\mathbb{R}}^+$ は $G_{\mathbb{R}}$ の指数有限の正規部分群になることがわかる．$G_{\mathbb{R}}^+$ は $G_{\mathbb{R}}$ の開集合ゆえ $T_eG_{\mathbb{R}}^+=T_eG_{\mathbb{R}}$ でその Lie 環は一致する．それを $\mathfrak{g}_{\mathbb{R}}$ と記すと $V_{\mathbb{R}}-S_{\mathbb{R}}$ の点 $x$ については次元の計算により $d\rho(\mathfrak{g}_{\mathbb{R}})\cdot x=V_{\mathbb{R}}$ となるから，補題 3.28 により $\rho(G_{\mathbb{R}}^+)x$ は $V_{\mathbb{R}}$ の開集合であり，$G_{\mathbb{R}}^+$ が連結ゆえその連続像として $\rho(G_{\mathbb{R}}^+)x$ も連結である．よって $x\in V_i$ ならば $\rho(G_{\mathbb{R}}^+)x\subset V_i$ である．もし $\rho(G_{\mathbb{R}}^+)x\subsetneqq V_i$ ならば $V_i-\rho(G_{\mathbb{R}}^+)x=\bigcup_y \rho(G_{\mathbb{R}}^+)y$ （$y$ は $V_i-\rho(G_{\mathbb{R}}^+)x$ を動く）ゆえ $\rho(G_{\mathbb{R}}^+)x$ は $V_i$ の開集合かつ閉集合となり $V_i$ の連結性に反する．$V_{\mathbb{R}}^*-S_{\mathbb{R}}^*$ についても同様であり，以上により次の命題を得る．

**命題 4.5** $V_{\mathbb{R}}-S_{\mathbb{R}}=V_1\cup\cdots\cup V_l$ と $V_{\mathbb{R}}^*-S_{\mathbb{R}}^*=V_1^*\cup\cdots\cup V_l^*$ を連結成分への分解とすると各 $V_i$, $V_j^*$ は $G_{\mathbb{R}}^+$-軌道である．すなわち $V_i=\rho(G_{\mathbb{R}}^+)x_i$, $V_j^*=\rho^*(G_{\mathbb{R}}^+)x_j^*$ $(x_i\in V_i,\ x_j^*\in V_j^*,\ i,j=1,\cdots,l)$ となる． ∎

さて $f:V_{\mathbb{R}}-S_{\mathbb{R}}=V_1\cup\cdots\cup V_l\to \mathbb{R}^\times$ は連続で各 $V_i$ は連結ゆえ $f(V_i)$ も連結，したがって $\mathbb{R}^\times$ の連結成分 $\mathbb{R}_+^\times=\{r\in\mathbb{R}^\times;\ r>0\}$ または $-\mathbb{R}_+^\times$ に含まれる．すなわち $V_i$ 上での $f$ の符号は一定であるから，$\varepsilon_i=\mathrm{sgn}_{x\in V_i}f(x)$, すなわち

$$\varepsilon_i=\begin{cases}1 & (x\in V_i \text{ に対し } f(x)>0 \text{ のとき}),\\ -1 & (x\in V_i \text{ に対し } f(x)<0 \text{ のとき}),\end{cases}\quad (i=1,\cdots,l)$$

とおく．そのとき $V_i$ 上では $|f(x)|=\varepsilon_i\cdot f(x)$ となる．同様にして $V_i^*=F(V_i)$ に対して $\varepsilon_i^*=\mathrm{sgn}_{y\in V_i^*}f^*(y)$ $(1\leqq i\leqq l)$ とおく．$b$-関数 $b(s)$ の最高次係数を $b_0$ とおくと命題 2.22 により $f^*(F(x))=b_0/f(x)$ $(x\in V-S)$ であるから，$\varepsilon_i^*=\varepsilon_i\cdot\mathrm{sgn}\, b_0$ $(1\leqq i\leqq l)$ となる．$b(s)=b_0\prod_{i=1}^d(s+\alpha_i)$ であるとき，$\gamma(s)=\prod_{i=1}^d \Gamma(s+\alpha_i)$ とおくと $\Gamma(s+1)=s\Gamma(s)$ ゆえ $b(s)=b_0\gamma(s+1)/\gamma(s)$ となる．したがって $V_i$

上で
$$f^*(D_x)|f(x)|^{s+1} = b(s)\varepsilon_i |f(x)|^s = \varepsilon_i b_0 \frac{\gamma(s+1)}{\gamma(s)}|f(x)|^s$$
となる. $V_i^*$ 上でも同様であるから命題 2.23 より次を得る.

**補題 4.6**

(1) $V_i$ $(1 \leqq i \leqq l)$ 上では
$$f^*(D_x)\left(\frac{|f(x)|^{s+1}}{\gamma(s+1)}\right) = \varepsilon_i b_0 \left(\frac{|f(x)|^s}{\gamma(s)}\right)$$
となり,

(2) $V_j^*$ $(1 \leqq j \leqq l)$ 上では,
$$f(D_y)\left(\frac{|f^*(y)|^{s+1}}{\gamma(s+1)}\right) = \varepsilon_j^* b_0 \left(\frac{|f^*(y)|^s}{\gamma(s)}\right)$$
となる.

□

さて $V^*$ の $\mathbb{R}$-構造 $V_\mathbb{R}^*$ は $V$ の $\mathbb{R}$-構造 $V_\mathbb{R}$ の双対ベクトル空間とみなせるから, $V_\mathbb{R}$ の基底 $v_1, \cdots, v_n$ と $\langle v_i, v_j^* \rangle = \delta_{ij}$ $(i, j = 1, \cdots, n)$ なる $V_\mathbb{R}^*$ の基底 $v_1^*, \cdots, v_n^*$ で $V_\mathbb{R} \cong \mathbb{R}^n \cong V_\mathbb{R}^*$ という同型を与え, これにより $\mathbb{R}^n$ 上の Lebesgue 測度を $V_\mathbb{R}$ および $V_\mathbb{R}^*$ に移す. これらをそれぞれ $dx$, $dy$ と表わすことにする. また $\mathbb{R}^n$ の急減少関数たち $\mathcal{S}(\mathbb{R}^n)$ をこの同型により $V_\mathbb{R}$, $V_\mathbb{R}^*$ 上に移したものをそれぞれ $\mathcal{S}(V_\mathbb{R})$, $\mathcal{S}(V_\mathbb{R}^*)$ と表わす. このとき $\Phi \in \mathcal{S}(V_\mathbb{R})$ の Fourier 変換 $\widehat{\Phi}$ は $V_\mathbb{R}^*$ 上の関数と考えるのが自然で, $\widehat{\Phi} \in \mathcal{S}(V_\mathbb{R}^*)$ となる. また $\Phi^* \in \mathcal{S}(V_\mathbb{R}^*)$ の Fourier 変換 $\widehat{\Phi^*}$ は $\mathcal{S}(V_\mathbb{R})$ に属し, 命題 3.10 により $\Phi \in \mathcal{S}(V_\mathbb{R})$ に対し $\widehat{\widehat{\Phi}}(x) = \Phi(-x)$ となる. $M > n$ とするとき, $\nu(M, 0)(\Phi) < +\infty$, $\nu(M, 0)(\Phi^*) < +\infty$ となる $\Phi \in C^0(V_\mathbb{R})$, $\Phi^* \in C^0(V_\mathbb{R}^*)$, $s \in \mathbb{C}$ について

$$F_i(s, \Phi) = \frac{1}{\gamma(s)} \int_{V_i} |f(x)|^s \cdot \Phi(x) dx,$$
$$F_j^*(s, \Phi^*) = \frac{1}{\gamma(s)} \int_{V_j^*} |f^*(y)|^s \cdot \Phi^*(y) dy$$

とおく. これらは**局所ゼータ関数** (local zeta function) と呼ばれることもある. $F_i(s, \Phi)$, $F_j^*(s, \Phi^*)$ は $0 < \mathrm{Re}\, s < (2/d)(M-n)$ で $s$ の正則関数になるこ

とを示そう．命題 3.9 の直前の注意により $|f(x)|\leqq c(1+\|x\|^2)^{d/2}$ ($x\in V_\mathbb{R}\cong \mathbb{R}^n$) なる定数 $c$ が存在するが，$\mathrm{Re}\, s>0$ としているから $|f(x)|^{\mathrm{Re}\,s}\leqq c^{\mathrm{Re}\,s}\cdot(1+\|x\|^2)^{(d/2)\cdot\mathrm{Re}\,s}$ となる．$\||f(x)|^s|=|f(x)|^{\mathrm{Re}\,s}$ に注意すれば，

(4.1)
$$\begin{aligned}|F_i(s,\Phi)|&\leqq\frac{1}{|\gamma(s)|}\cdot\int_{V_i}|f(x)|^{\mathrm{Re}\,s}\cdot|\Phi(x)|dx\\ &\leqq\frac{c^{\mathrm{Re}\,s}}{|\gamma(s)|}\{\sup_{x\in V_\mathbb{R}}(1+\|x\|^2)^{\frac{d}{2}\cdot\mathrm{Re}\,s+n}\cdot|\Phi(x)|\}\int_{V_i}(1+\|x\|^2)^{-n}dx\\ &\leqq\frac{\pi^n\cdot c^{\mathrm{Re}\,s}}{|\gamma(s)|}\cdot\nu\left(\frac{d}{2}\cdot\mathrm{Re}\,s+n,0\right)(\Phi)\\ &<\frac{\pi^n c^{\mathrm{Re}\,s}}{|\gamma(s)|}\cdot\nu(M,0)(\Phi)<+\infty\end{aligned}$$

となり，$0<\mathrm{Re}\,s<(2/d)(M-n)$ ならば $F_i(s,\Phi)$ は収束する．さらに $0<\mathrm{Re}\,s<(2/d)(M-n)$ で $F_i(s,\Phi)$ が $s$ の正則関数になることを示そう．$0<\mathrm{Re}\,s_0<(2/d)(M-n)$ なる任意の $s_0$ に対して $s$ が $s_0$ に十分近いとき

$$\left|\frac{|f(x)|^s}{\gamma(s)}\Phi(x)\right|\leqq c'|f(x)|^m\cdot|\Phi(x)|$$

となる定数 $c'$ と $m$ $(<(2/d)(M-n))$ が存在して

$$\begin{aligned}\int_{V_i}|f(x)|^m\cdot|\Phi(x)|dx&\leqq c[\sup_{x\in V_\mathbb{R}}(1+\|x\|^2)^{\frac{dm}{2}+n}\cdot|\Phi(x)|]\\ &\quad\times\int_{V_i}(1+\|x\|^2)^{-n}dx\\ &\leqq c\pi^n\cdot\nu\left(\frac{dm}{2}+n,0\right)(\Phi)\leqq c\pi^n\cdot\nu(M,0)(\Phi)<+\infty\end{aligned}$$

となるから，定理 3.2 (Lebesgue の収束定理) により

$$\lim_{s\to s_0}F_i(s,\Phi)=\int_{V_i}\lim_{s\to s_0}\frac{|f(x)|^s}{\gamma(s)}\Phi(x)dx=F_i(s_0,\Phi),$$

すなわち，$0<\mathrm{Re}\,s<(2/d)(M-n)$ で $F_i(s,\Phi)$ は $s$ の連続関数である．そして $|f(x)|^s/\gamma(s)$ は $s$ の正則関数であるから，Cauchy の積分定理により $0<\mathrm{Re}\,s<(2/d)(M-n)$ 内の長さが有限な任意の閉曲線に対して $\int_C[|f(x)|^s/\gamma(s)]ds=0$ となる．したがって定理 3.4 (Fubini の定理) により

$$\int_C F_i(s,\varPhi)ds = \int_{V_i}\left(\int_C \frac{|f(x)|^s}{\gamma(s)}ds\right)\varPhi(x)dx = 0$$

を得る．よって Morera の定理（例えば高木貞治 [29] 第 5 章を参照），すなわち単一連結領域 $D$（例えば $0<\mathrm{Re}\,s<(2/d)(M-n)$ なる領域）内の連続関数 $f(s)$ が，$D$ 内にある長さが有限な任意の閉曲線 $C$ に対して $\int_C f(s)ds=0$ を満たせば $f(s)$ は $D$ 内の $s$ の正則関数である，という定理によって $F_i(s,\varPhi)$ は $0<\mathrm{Re}\,s<(2/d)(M-n)$ で正則であることがわかる．とくに $\varPhi\in\mathcal{S}(V_\mathbb{R})$ に対しては $F_i(s,\varPhi)$ は $\mathrm{Re}\,s>0$ で正則である．

**命題 4.7**

(1) 自然数 $m$ に対して $M>\max(n+(d^2/2)m, dm)$ とする．$\varPhi\in C^M(V_\mathbb{R})$，$\varPhi^*\in C^M(V_\mathbb{R}^*)$ が $\nu(M,M)(\varPhi)<+\infty$, $\nu(M,M)(\varPhi^*)<+\infty$ を満たせば，$0<\mathrm{Re}\,s<(2/d)(M-n)-m$ において

$$F_i(s,\varPhi) = (-1)^{dm}(\varepsilon_i b_0)^{-m}\cdot F_i(s+m, f^*(D_x)^m\varPhi),$$
$$F_j^*(s,\varPhi^*) = (-1)^{dm}(\varepsilon_j^* b_0)^{-m}\cdot F_j^*(s+m, f(D_y)^m\varPhi^*) \quad (i,j=1,\cdots,l)$$

が成り立ち，これにより $F_i(s,\varPhi)$, $F_j^*(s,\varPhi^*)$ は $-m<\mathrm{Re}\,s<(2/d)(M-n)$ に正則関数として解析接続される．とくに $\varPhi\in\mathcal{S}(V_\mathbb{R})$, $\varPhi^*\in\mathcal{S}(V_\mathbb{R}^*)$ ならば $F_i(s,\varPhi)$, $F_j^*(s,\varPhi^*)$ は $s$ の整関数として全 $s$ 平面に解析接続される．

(2) $\mathcal{S}(V_\mathbb{R})\ni\varPhi\mapsto F_i(s,\varPhi)\in\mathbb{C}$ は，$V_\mathbb{R}$ 上の緩増加超関数で，$\mathcal{S}(V_\mathbb{R}^*)\ni\varPhi^*\mapsto F_j^*(s,\varPhi^*)\in\mathbb{C}$ は $V_\mathbb{R}^*$ 上の緩増加超関数である．

(3) $s$ が $-1\leq\mathrm{Re}\,s<0$ の範囲を動くとき $m>1+(n/d)$ なる自然数 $m$ に対して $M>\max(n+(d^2/2)m, dm)$ とする．$\varPhi\in C^{2M}(V_\mathbb{R})$ が $\nu(n+(M/2),2M)(\varPhi)<+\infty$ を満たせば $\varPhi$ の Fourier 変換 $\widehat{\varPhi}\in C^M(V_\mathbb{R}^*)$ が定義されて $\nu(M,M)(\widehat{\varPhi})<+\infty$ となる．このとき $F_i^*(s-(n/d),\widehat{\varPhi})$ は $-1\leq\mathrm{Re}\,s<0$ において $s$ の正則関数で，$\varPhi$ や $s$ によらない定数 $c>0$ が存在して

$$\left|F_i^*\left(s-\frac{n}{d},\widehat{\varPhi}\right)\right| \leq \frac{c}{\left|\gamma\left(s-\dfrac{n}{d}+m\right)\right|}\cdot\nu\left(n+\frac{M}{2},2M\right)(\varPhi)$$

を満たす．とくに $s$ が $-1\leq\mathrm{Re}\,s<0$ で定まる領域内のコンパクト集合を動くとき，定数 $c'$ が存在して

$$\left|F_i^*\left(s-\frac{n}{d},\widehat{\varPhi}\right)\right| \leqq c' \cdot \nu\left(n+\frac{M}{2},2M\right)(\varPhi)$$

を満たす.

[証明] 補題 4.6 より

$$F_i(s,\varPhi) = \int_{V_i}\left(\frac{|f(x)|^s}{\gamma(s)}\right)\varPhi(x)dx$$
$$= (\varepsilon_i b_0)^{-1}\int_{V_i}\left(f^*(D_x)\frac{|f(x)|^{s+1}}{\gamma(s+1)}\right)\varPhi(x)dx$$

であるが,ここで $\mathrm{Re}(s+1)>0$ ゆえ部分積分を $d$ 回やって,

$$= (-1)^d(\varepsilon_i b_0)^{-1}\int_{V_i}\left(\frac{|f(x)|^{s+1}}{\gamma(s+1)}\right)f^*(D_x)\varPhi(x)dx$$
$$= (-1)^d(\varepsilon_i b_0)^{-1}\cdot F_i(s+1,f^*(D_x)\varPhi)$$

を得る.これを $m$ 回くり返して

$$F_i(s,\varPhi) = (-1)^{dm}(\varepsilon_i b_0)^{-m}\cdot F_i(s+m,f^*(D_x)^m\varPhi)$$

を得る.右辺は $\nu(M,0)(f^*(D_x)^m\varPhi)\leqq\nu(M,dm)(\varPhi)\leqq\nu(M,M)(\varPhi)<+\infty$ ゆえ $0<\mathrm{Re}(s+m)<(2/d)(M-n)$,すなわち $-m<\mathrm{Re}\,s<(2/d)(M-n)-m$ で正則で,左辺は $0<\mathrm{Re}\,s<(2/d)(M-n)$ で正則,そして $0<(2/d)(M-n)-m$ ゆえ,この式により $F_i(s,\varPhi)$ は $-m<\mathrm{Re}\,s<(2/d)(M-n)$ における $s$ の正則関数に解析接続される. $F_j^*(s,\varPhi^*)$ についても同様であり,(1) が示された.

次に $|f(x)|\leqq c(1+\|x\|^2)^{d/2}$ $(x\in V_{\mathbb{R}})$ なる定数 $c$ をとり $s\in\mathbb{C}$ に対し $\mathrm{Re}\,s+m>0$ となる自然数 $m$ をとると, $\varPhi\in C_0^\infty(V_{\mathbb{R}})$ に対し (4.1) と同様にして

$$|F_i(s,\varPhi)| = |b_0|^{-m}\cdot|F_i(s+m,f^*(D_x)^m\varPhi)|$$
$$\leqq \frac{c^{\mathrm{Re}(s+m)}|b_0|^{-m}}{|\gamma(s+m)|}\cdot\left\{\sup_{x\in V_{\mathbb{R}}}(1+\|x\|^2)^{\frac{d}{2}\cdot\mathrm{Re}(s+m)+n}\cdot|f^*(D_x)^m\varPhi|\right\}$$
$$\times \int_{V_i}(1+\|x\|^2)^{-n}dx$$
$$\leqq \frac{\pi^n\cdot c^{\mathrm{Re}(s+m)}\cdot|b_0|^{-m}}{|\gamma(s+m)|}\cdot\nu\left(\frac{d}{2}\cdot\mathrm{Re}(s+m)+n,dm\right)(\varPhi)$$
$$\leqq c'(s)\cdot\nu(M_0,M_0)(\varPhi)$$

(ただし $c'(s) = \pi^n \cdot c^{\operatorname{Re}(s+m)} \cdot |b_0|^{-m}/|\gamma(s+m)|$ で $M_0 = \max((d/2) \cdot \operatorname{Re}(s+m)+n, dm)$ とする) となり $\Phi \mapsto F_i(s, \Phi)$ が緩増加超関数であることがわかる. $\Phi^* \mapsto F_j^*(s, \Phi^*)$ についても同様であり (2) が示された.

最後に (3) を示す. $\Phi \in C^{2M}(V_\mathbb{R})$ が $\nu(n+(M/2), 2M)(\Phi) < +\infty$ を満たせば, 命題 3.9 の (3) により $\widehat{\Phi} \in C^M(V_\mathbb{R}^*)$ かつ $\nu(M, M)(\widehat{\Phi}) < +\infty$ となる. したがって (1) により $F_i^*(s-(n/d), \widehat{\Phi})$ は $-m < \operatorname{Re}(s-(n/d)) < (2/d)(M-n)$ において $s$ の正則関数になる. とくに $-1 \leq \operatorname{Re} s < 0$ ならば $-m < -1-(n/d) \leq \operatorname{Re}(s-(n/d)) < -(n/d) < (2/d)(M-n)$ ゆえ $F_i^*(s-(n/d), \widehat{\Phi})$ は $s$ の正則関数である. $c^* \geq 1$ を

$$|f^*(y)| \leq c^*(1+\|y\|^2)^{\frac{d}{2}} \quad (y \in V_\mathbb{R}^*)$$

を満たすようにとると, $-1 \leq \operatorname{Re} s < 0$, $m > 1+(n/d)$ ならば $\operatorname{Re}(s-(n/d)+m) > 0$ ゆえ (1) より

$$\begin{aligned}
&\left| F_i^*\left(s - \frac{n}{d}, \widehat{\Phi}\right) \right| \\
&= |b_0|^{-m} \cdot \left| F_i^*\left(s - \frac{n}{d} + m, f(D_y)^m \widehat{\Phi}\right) \right| \\
&\leq \frac{c^{*\operatorname{Re}(s-\frac{n}{d}+m)}|b_0|^{-m}}{\left|\gamma\left(s - \frac{n}{d} + m\right)\right|} \cdot \left\{ \sup_{y \in V_\mathbb{R}^*} (1+\|y\|^2)^{\frac{d}{2}\operatorname{Re}(s-\frac{n}{d}+m)+n} \cdot |f(D_y)^m \widehat{\Phi}| \right\} \\
&\quad \times \int_{V_i^*} (1+\|y\|^2)^{-n} dy \\
&\leq \frac{c'}{\left|\gamma\left(s - \frac{n}{d} + m\right)\right|} \nu\left(\frac{d}{2}\operatorname{Re}\left(s - \frac{n}{d} + m\right) + n, dm\right)(\widehat{\Phi}) \\
&\leq \frac{c'}{\left|\gamma\left(s - \frac{n}{d} + m\right)\right|} \nu(M, M)(\widehat{\Phi}) \\
&\leq \frac{c}{\left|\gamma\left(s - \frac{n}{d} + m\right)\right|} \nu\left(n + \frac{M}{2}, 2M\right)(\Phi)
\end{aligned}$$

を得る. ここで $c' = \pi^n (c^*)^{m-(n/d)} \cdot |b_0|^{-m}$ であり, 命題 3.9 より $\nu(M, M)(\widehat{\Phi}) \leq c'' \cdot \nu(n+(M/2), 2M)(\Phi)$ なる $c'' > 0$ が存在するが, このとき $c = c'c''$ とお

いた．$|\gamma(s-(n/d)+m)|^{-1}$ は $-1 \leq \operatorname{Re} s < 0$ で連続であるから，考えているコンパクト集合上で有界であり，これより最後の結果を得る．∎

さて $\Phi \in \mathcal{S}(V_{\mathbb{R}})$, $\Phi^* \in \mathcal{S}(V_{\mathbb{R}}^*)$ に対して $\Phi^g(x) = \Phi(\rho(g)x)$ および $(\Phi^*)^g(y) = \Phi^*(\rho^*(g)y)$ $(g \in G_{\mathbb{R}}^+)$ により連結 Lie 群 $G_{\mathbb{R}}^+$ を作用させる．次に緩増加超関数 $T : \mathcal{S}(V_{\mathbb{R}}) \to \mathbb{C}$ と $T^* : \mathcal{S}(V_{\mathbb{R}}^*) \to \mathbb{C}$ に対して $(gT)(\Phi) = T(\Phi^g)$ および $(gT^*)(\Phi^*) = T^*((\Phi^*)^g)$ $(g \in G_{\mathbb{R}}^+)$ により $G_{\mathbb{R}}^+$ を作用させる．$\det \rho(g)^2 = \chi(g)^{\frac{2n}{d}}$ であるから $d(\rho(g)x) = |\det \rho(g)|dx = |\chi(g)|^{n/d}dx$ となる．一方

$$|f(\rho(g)x)|^{n/d} = |\chi(g)|^{n/d}|f(x)|^{n/d} \quad (g \in G_{\mathbb{R}}^+)$$

でもあるから，$dx/|f(x)|^{n/d}$ は $V_{\mathbb{R}} - S_{\mathbb{R}} = V_1 \cup \cdots \cup V_l$ の上の $G_{\mathbb{R}}^+$-不変な測度であり，$\Omega(x) = (1/|f(x)|^{n/d})dx_1 \wedge \cdots \wedge dx_n$ は $G_{\mathbb{R}}^+$-不変な $V_{\mathbb{R}} - S_{\mathbb{R}}$ 上の $n$ 次微分形式である．

**定理 4.8** $V_j$ を $V_{\mathbb{R}} - S_{\mathbb{R}}$ の連結成分の一つとして超関数 $T : C_0^\infty(V_j) \to \mathbb{C}$ が $gT = |\chi(g)|^{s-(n/d)} \cdot T$ $(g \in G_{\mathbb{R}}^+)$ を満たせば $s$ に依存する $\Phi$ によらない定数 $c(s) \in \mathbb{C}^\times$ が存在して

$$T(\Phi) = c(s) \cdot \int_{V_j} |f(x)|^{-s} \Phi(x) dx \quad (\Phi \in C_0^\infty(V_j))$$

が成り立つ．

[証明] $\widetilde{T} = |f(x)|^{s-(n/d)} \cdot T$ とおくと

$$\begin{aligned}
(g\widetilde{T})(\Phi) &= \widetilde{T}(\Phi^g) = T(|f(x)|^{s-(n/d)} \cdot \Phi(\rho(g)x)) \\
&= |\chi(g)|^{(n/d)-s} \cdot T((|f(x)|^{s-(n/d)} \cdot \Phi(x))^g) \\
&= T((|f(x)|^{s-(n/d)} \cdot \Phi(x))) \\
&= \widetilde{T}(\Phi)
\end{aligned}$$

であるから，$\widetilde{T}$ は $V_j$ 上の $G_{\mathbb{R}}^+$-不変超関数であり，定理 3.24 により

$$\widetilde{T}(\Phi') = c(s) \int_{V_j} \Phi'(x) dx / |f(x)|^{n/d} \quad (\Phi' \in C_0^\infty(V_j))$$

となる．$\Phi(x) = |f(x)|^{s-(n/d)} \cdot \Phi'(x)$ とおくと $T(\Phi) = \widetilde{T}(\Phi') = c(s) \int_{V_j} |f(x)|^{-s} \cdot \Phi(x) dx$ を得る．∎

§4.1 基本定理の証明

**命題 4.9** $\Phi \in \mathcal{S}(V_\mathbb{R})$ に対して，$T(\Phi) = F_i^*(s-(n/d), \widehat{\Phi})$ とおくと，$gT = |\chi(g)|^{s-(n/d)} T$ $(g \in G_\mathbb{R}^+)$ である．

［証明］

$$(\widehat{\Phi^g})(y) = \int_{V_\mathbb{R}} \Phi(\rho(g)x) e^{2\pi\sqrt{-1}\langle x, y\rangle} dx$$

において，$\rho(g)x = x'$ とおくと $dx = |\chi(g)|^{-n/d} dx'$ および $\langle x, y\rangle = \langle x', \rho^*(g)y\rangle$ であるから

$$(\widehat{\Phi^g})(y) = \int_{V_\mathbb{R}} \Phi(x') e^{2\pi\sqrt{-1}\langle x', \rho^*(g)y\rangle} \cdot |\chi(g)|^{-\frac{n}{d}} dx' = |\chi(g)|^{-\frac{n}{d}} \cdot (\widehat{\Phi})^g(y)$$

となる．したがって

$$\begin{aligned}
(gT)(\Phi) = T(\Phi^g) &= F_i^*\left(s - \frac{n}{d}, (\widehat{\Phi^g})\right) \\
&= F_i^*\left(s - \frac{n}{d}, |\chi(g)|^{-\frac{n}{d}} \cdot (\widehat{\Phi})^g\right) \\
&= \frac{|\chi(g)|^{-\frac{n}{d}}}{\gamma\left(s - \frac{n}{d}\right)} \cdot \int_{V_i^*} |f^*(y)|^{s-\frac{n}{d}} \cdot \widehat{\Phi}(\rho^*(g)y) dy
\end{aligned}$$

を得るが，ここで $\rho^*(g)y = y'$ とおくと

$$dy = |\det \rho^*(g)|^{-1} \cdot dy' = |\det \rho(g)| dy' = |\chi(g)|^{\frac{n}{d}} dy'$$

および

$$|f^*(y)|^{s-\frac{n}{d}} = |f^*(\rho^*(g^{-1})y')|^{s-\frac{n}{d}} = |\chi(g)|^{s-\frac{n}{d}} \cdot |f^*(y')|^{s-\frac{n}{d}}$$

ゆえ

$$(gT)(\Phi) = |\chi(g)|^{s-\frac{n}{d}} F_i^*\left(s - \frac{n}{d}, \widehat{\Phi}\right) = |\chi(g)|^{s-\frac{n}{d}} T(\Phi)$$

を得る． ∎

さて $V_\mathbb{R} - S_\mathbb{R} = V_1 \cup \cdots \cup V_l$ であったが，$\Phi \in C_0^\infty(V_\mathbb{R} - S_\mathbb{R})$ に対して

$$\Phi_j(x) = \begin{cases} \Phi(x) & (x \in V_j) \\ 0 & (x \notin V_j) \end{cases}$$

とおくと $\Phi_j \in C_0^\infty(V_j)$ で $\Phi = \Phi_1 + \cdots + \Phi_l$ となるから $\widehat{\Phi} = \widehat{\Phi_1} + \cdots + \widehat{\Phi_l}$ であり

$$F_i^*\left(s - \frac{n}{d}, \widehat{\Phi}\right) = F_i^*\left(s - \frac{n}{d}, \widehat{\Phi_1}\right) + \cdots + F_i^*\left(s - \frac{n}{d}, \widehat{\Phi_l}\right)$$

を得る．いま $i$ と $j$ を固定しておいて，$\Phi_j \in C_0^\infty(V_j)$ に対して $T(\Phi_j) = F_i^*(s-(n/d), \widehat{\Phi_j})$ $(\Phi_j \in C_0^\infty(V_j))$ とおくと，$T: C_0^\infty(V_j) \to \mathbb{C}$ は命題4.9より $gT = |\chi(g)|^{s-(n/d)} \cdot T$ $(g \in G_\mathbb{R}^+)$ を満たすから定理4.8により $s$ に依存して $\Phi_j \in C_0^\infty(V_j)$ によらない $c_{ij}(s) \in \mathbb{C}^\times$ が存在して

$$F_i^*\left(s - \frac{n}{d}, \widehat{\Phi_j}\right) = T(\Phi_j) = c_{ij}(s) \int_{V_j} |f(x)|^{-s} \cdot \Phi_j(x) dx$$
$$= c_{ij}(s) \int_{V_j} |f(x)|^{-s} \cdot \Phi(x) dx$$

を得る．結局

$$F_i^*\left(s - \frac{n}{d}, \widehat{\Phi}\right) = \sum_{j=1}^{l} F_i^*\left(s - \frac{n}{d}, \widehat{\Phi_j}\right) = \sum_{j=1}^{l} c_{ij}(s) \int_{V_j} |f(x)|^{-s} \cdot \Phi(x) dx$$

($\Phi \in C_0^\infty(V_\mathbb{R} - S_\mathbb{R})$) を得る．この $c_{ij}(s)$ について次のことがいえる．

**補題 4.10** $c_{ij}(s)$ は $s$ の整関数である．

［証明］任意の $\Phi \in C_0^\infty(V_j)$ に対して命題4.7(1)により $F_i^*(s-(n/d), \widehat{\Phi})$ は $s$ の整関数である．また $\mathrm{supp}\,\Phi$ 上で $0 < m \leq |f(x)| \leq M < +\infty$ $(x \in \mathrm{supp}\,\Phi)$ となる $m, M$ が存在するから $\int_{V_j} |f(x)|^{-s} \cdot \Phi(x) dx$ も $s$ の整関数である．各 $s$ に対して $\int_{V_j} |f(x)|^{-s} \cdot \Phi(x) dx \neq 0$ なる $\Phi$ が存在するから，

$$c_{ij}(s) = \frac{F_i^*\left(s - \frac{n}{d}, \widehat{\Phi}\right)}{\int_{V_j} |f(x)|^{-s} \cdot \Phi(x) dx}$$

は整関数であることがわかる． ■

**命題 4.11** $s$ は $0 > \mathrm{Re}\,s \geq -1$ で定まる領域内のコンパクト集合を動くとする．$\Phi \in \mathcal{S}(V_\mathbb{R})$ に対して

$$T_s(\Phi) = F_i^*\left(s - \frac{n}{d}, \widehat{\Phi}\right) - \sum_{j=1}^{l} c_{ij}(s) \int_{V_j} |f(x)|^{-s} \cdot \Phi(x) dx$$

とおくと

（1）　$\operatorname{supp} T_s \subset S_{\mathbb{R}} = \{x \in V_{\mathbb{R}};\ f(x)=0\}$.

（2）　$s$ に依存しない定数 $c>0$ と $M$ が存在して

$$|T_s(\varPhi)| \leqq c \cdot \nu(M,M)(\varPhi) \quad (\varPhi \in \mathcal{S}(V_{\mathbb{R}}))$$

が成り立つ.

［証明］　任意の $\varPhi \in C_0^\infty(V_{\mathbb{R}} - S_{\mathbb{R}})$ に対して $T_s(\varPhi)=0$ を示したが，これは（1）を意味する. 命題 4.7 の（3）により

$$\left| F_i^*\left(s - \frac{n}{d}, \widehat{\varPhi}\right) \right| \leqq c' \cdot \nu(M', M')(\varPhi) \quad (\varPhi \in \mathcal{S}(V_{\mathbb{R}}))$$

なる $s$ に依存しない定数 $c'>0$ と $M'$ が存在する. $-\operatorname{Re} s \geqq 0$ であるから $|f(x)| \leqq c_1(1+\|x\|^2)^{d/2}$ とすると $|f(x)|^{-\operatorname{Re} s} \leqq c_1^{-\operatorname{Re} s} \cdot (1+\|x\|^2)^{-(d/2) \cdot \operatorname{Re} s}$ となり，

$$\left| \int_{V_j} |f(x)|^{-s} \cdot \varPhi(x) dx \right|$$
$$\leqq \int_{V_j} |f(x)|^{-\operatorname{Re} s} \cdot |\varPhi(x)| dx$$
$$\leqq c_1^{-\operatorname{Re} s} \cdot \left\{ \sup_{x \in V_{\mathbb{R}}} (1+\|x\|^2)^{-\frac{d}{2} \cdot \operatorname{Re} s + n} \cdot |\varPhi(x)| \right\} \cdot \int_{V_j} (1+\|x\|^2)^{-n} dx$$
$$\leqq \pi^n \cdot c_1^{-\operatorname{Re} s} \cdot \nu\left( -\frac{d}{2} \cdot \operatorname{Re} s + n, 0 \right)(\varPhi)$$

を得る. 整関数 $c_{ij}(s)$ はコンパクト集合の上で最大値をとるから

$$c > c' + \pi^n \cdot c_1^{-\operatorname{Re} s} \cdot \sum_{j=1}^l |c_{ij}(s)|$$

なる $c$ が存在する. ここで $M > \max(M', -(d/2) \cdot \operatorname{Re} s + n)$ にとると

$$|T_s(\varPhi)| \leqq \left| F_i^*\left( s - \frac{n}{d}, \widehat{\varPhi} \right) \right| + \sum_{j=1}^l |c_{ij}(s)| \cdot \left| \int_{V_j} |f(x)|^{-s} \cdot \varPhi(x) dx \right|$$
$$\leqq c' \cdot \nu(M,M)(\varPhi) + \sum_{j=1}^l |c_{ij}(s)| \cdot \pi^n \cdot c_1^{-\operatorname{Re} s} \cdot \nu(M,M)(\varPhi)$$
$$\leqq c \cdot \nu(M,M)(\varPhi) \quad (\varPhi \in \mathcal{S}(V_{\mathbb{R}}))$$

が成り立つ. ■

**系 4.12**　自然数 $L$ で $f^L T_s = 0$ なるものが存在する. ただし $s$ は $0 > \operatorname{Re} s \geqq -1$ の定める領域内のコンパクト集合を動き，

である.

[証明] これは命題 3.14 と命題 4.11 により得られる.

**補題 4.13** $\Phi \in \mathcal{S}(V_{\mathbb{R}})$ に対して

$$\widehat{f\Phi}(y) = (2\pi\sqrt{-1})^{-d} \cdot f(D_y)\widehat{\Phi}(y).$$

[証明]

$$f(D_y)e^{2\pi\sqrt{-1}\langle x,y\rangle} = (2\pi\sqrt{-1})^d f(x)e^{2\pi\sqrt{-1}\langle x,y\rangle}$$

であるから,

$$\begin{aligned}
\widehat{f\Phi}(y) &= \int_{V_{\mathbb{R}}} f(x)\Phi(x)e^{2\pi\sqrt{-1}\langle x,y\rangle}dx \\
&= (2\pi\sqrt{-1})^{-d} \cdot \int \Phi(x)\cdot f(D_y)e^{2\pi\sqrt{-1}\langle x,y\rangle}dx \\
&= (2\pi\sqrt{-1})^{-d} f(D_y)\widehat{\Phi}(y)
\end{aligned}$$

となる.

**補題 4.14**

$$F_i^*(s,\widehat{f\Phi}) = \varepsilon_i^* b_0(-2\pi\sqrt{-1})^{-d} \cdot F_i^*(s-1,\widehat{\Phi}).$$

[証明] 補題 4.13 により

$$\begin{aligned}
F_i^*(s,\widehat{f\Phi}) &= (2\pi\sqrt{-1})^{-d} F_i^*(s, f(D_y)\widehat{\Phi}) \\
&= (2\pi\sqrt{-1})^{-d} \cdot \int_{V_i^*} \left(\frac{|f^*(y)|^s}{\gamma(s)}\right) f(D_y)\widehat{\Phi}(y)dy
\end{aligned}$$

であるが, 部分積分を $d$ 回施して補題 4.6 を使うと

$$\begin{aligned}
&= (-2\pi\sqrt{-1})^{-d} \cdot \int_{V_i^*} \left[f(D_y)\left(\frac{|f^*(y)|^s}{\gamma(s)}\right)\right] \cdot \widehat{\Phi}(y)dy \\
&= \varepsilon_i^* b_0 (-2\pi\sqrt{-1})^{-d} \cdot \int_{V_i^*} \left(\frac{|f^*(y)|^{s-1}}{\gamma(s-1)}\right) \cdot \widehat{\Phi}(y)dy \\
&= \varepsilon_i^* b_0 (-2\pi\sqrt{-1})^{-d} \cdot F_i^*(s-1,\widehat{\Phi})
\end{aligned}$$

を得る.

## §4.1 基本定理の証明

**命題 4.15**
$$c_{ij}(s) = \varepsilon_i^* \varepsilon_j b_0 (-2\pi\sqrt{-1})^{-d} \cdot c_{ij}(s-1).$$

［証明］ $\varPhi \in C_0^\infty(V_j)$ をとると命題 4.11 の (1) により
$$\begin{aligned}F_i^*\left(s-\frac{n}{d},\widehat{f\varPhi}\right) &= c_{ij}(s)\int_{V_j}|f(x)|^{-s}\cdot f(x)\varPhi(x)dx\\&= c_{ij}(s)\cdot\varepsilon_j\int_{V_j}|f(x)|^{1-s}\cdot\varPhi(x)dx\end{aligned}$$

であるが，一方，補題 4.14 により
$$\begin{aligned}F_i^*\left(s-\frac{n}{d},\widehat{f\varPhi}\right) &= \varepsilon_i^* b_0(-2\pi\sqrt{-1})^{-d}\cdot F_i^*\left(s-1-\frac{n}{d},\widehat{\varPhi}\right)\\&= \varepsilon_i^* b_0(-2\pi\sqrt{-1})^{-d}\cdot c_{ij}(s-1)\cdot\int_{V_j}|f(x)|^{1-s}\cdot\varPhi(x)dx\end{aligned}$$

でもあるから，係数を比較して $c_{ij}(s)=\varepsilon_i^*\varepsilon_j b_0(-2\pi\sqrt{-1})^{-d}\cdot c_{ij}(s-1)$ を得る． ∎

**命題 4.16**
$$T_s(\varPhi) = F_i^*\left(s-\frac{n}{d},\widehat{\varPhi}\right) - \sum_{j=1}^l c_{ij}(s)\int_{V_j}|f(x)|^{-s}\cdot\varPhi(x)dx$$

とおくと任意の自然数 $L$ に対して
$$f^L T_s = (-2\pi\sqrt{-1})^{-dL}\cdot(\varepsilon_i^* b_0)^L \cdot T_{s-L}$$

が成り立つ．

［証明］ 補題 4.14 と命題 4.15 により
$$\begin{aligned}(fT_s)(\varPhi) &= F_i^*\left(s-\frac{n}{d},\widehat{f\varPhi}\right) - \sum_{j=1}^l c_{ij}(s)\int_{V_j}|f(x)|^{-s}\cdot f(x)\varPhi(x)dx\\&= \varepsilon_i^* b_0(-2\pi\sqrt{-1})^{-d}\cdot F_i^*\left(s-1-\frac{n}{d},\widehat{\varPhi}\right)\\&\quad - \sum_{j=1}^l[\varepsilon_i^*\varepsilon_j b_0(-2\pi\sqrt{-1})^{-d}\cdot c_{ij}(s-1)]\cdot\varepsilon_j\int_{V_j}|f(x)|^{1-s}\varPhi(x)dx\\&= (-2\pi\sqrt{-1})^{-d}\cdot\varepsilon_i^* b_0 T_{s-1}(\varPhi)\end{aligned}$$

を得るが，これを $L$ 回繰り返して $f^L T_s = (-2\pi\sqrt{-1})^{-dL}\cdot(\varepsilon_i^* b_0)^L\cdot T_{s-L}$ を得る． ∎

**定理 4.17**(基本定理;佐藤幹夫(1961)) $(G,\rho,V)$ を $\mathbb{R}$ 上定義された簡約可能概均質ベクトル空間で特異集合 $S$ が $d$ 次の既約多項式 $f(x)$ の零点集合 $S=\{x\in V;\ f(x)=0\}$ であるとする.ただし $f$ は $f(V_{\mathbb{R}})\subset\mathbb{R}$ となるように選ぶ.$n=\dim V$ とする.このとき双対三つ組 $(G,\rho^*,V^*)$ も $(G,\rho,V)$ と同じ条件を満たす概均質ベクトル空間でその特異集合 $S^*$ は $d$ 次既約多項式 $f^*(y)$ の零点集合 $S^*=\{y\in V^*;\ f^*(y)=0\}$ となる.ただし $f^*$ は $f^*(V_{\mathbb{R}}^*)\subset\mathbb{R}$ となるように選ぶ.$f$ は相対不変式で,対応する指標を $\chi$ とすると $f^*$ は $\chi^{-1}$ に対応する相対不変式である.$V_{\mathbb{R}}-S_{\mathbb{R}}=V_1\cup\cdots\cup V_l$ および $V_{\mathbb{R}}^*-S_{\mathbb{R}}^*=V_1^*\cup\cdots\cup V_l^*$ を連結成分への分解とする.

$$f^*(D_x)f(x)^{s+1}=b(s)f(x)^s, \quad b(s)=b_0\prod_{i=1}^{d}(s+\alpha_i)$$

に対して $\gamma(s)=\prod_{i=1}^{d}\Gamma(s+\alpha_i)$ とおく.このとき $i,j=1,\cdots,l$ に対し $\int_{V_j}|f(x)|^s\cdot\Phi(x)dx$ ($\Phi\in\mathcal{S}(V_{\mathbb{R}})$) や $\int_{V_i^*}|f^*(y)|^s\Phi^*(y)dy$ ($\Phi^*\in\mathcal{S}(V_{\mathbb{R}}^*)$) は全 $s$ 平面に解析接続され,これらに整関数 $\gamma(s)^{-1}$ をかけた $F_j(s,\Phi)=\gamma(s)^{-1}\int_{V_j}|f(x)|^s\cdot\Phi(x)dx$ や $F_i^*(s,\Phi^*)=\gamma(s)^{-1}\int_{V_i^*}|f^*(y)|^s\Phi^*(y)dy$ は整関数になる.そして

$$\int_{V_i^*}|f^*(y)|^{s-\frac{n}{d}}\widehat{\Phi}(y)dy = \gamma\left(s-\frac{n}{d}\right)\cdot\sum_{j=1}^{l}c_{ij}(s)\int_{V_j}|f(x)|^{-s}\Phi(x)dx$$
$$(\Phi\in\mathcal{S}(V_{\mathbb{R}}))$$

が成り立つ.ここで $c_{ij}(s)$ は $\Phi\in\mathcal{S}(V_{\mathbb{R}})$ によらない整関数である.

[証明] 系 4.12 と命題 4.16 により $s$ が $0>\operatorname{Re} s\geq -1$ の定める領域内のコンパクト集合を動くとき

$$T_s(\Phi)=F_i^*\left(s-\frac{n}{d},\widehat{\Phi}\right)-\sum_{j=1}^{l}c_{ij}(s)\int_{V_j}|f(x)|^{-s}\cdot\Phi(x)dx \quad (\Phi\in\mathcal{S}(V_{\mathbb{R}}))$$

に対して,$0=f^L T_s=(-2\pi\sqrt{-1})^{-dL}\cdot(\varepsilon_i^* b_0)^L\cdot T_{s-L}$ となる自然数 $L$ が存在する.すなわち $T_{s-L}=0$ を得るが,各 $\Phi\in\mathcal{S}(V_{\mathbb{R}})$ に対し $T_s(\Phi)$ は全 $s$ 平面の有理型関数であるから,一致の定理によりすべての $s\in\mathbb{C}$ に対して $T_s(\Phi)=0$ となる.すなわちすべての $s\in\mathbb{C}$ に対して $T_s=0$ となる. ∎

**注意 4.1** この基本定理は十分大きな $M_0$ に対して $\nu(M_0+1,M_0)(\Phi)<+\infty$ となる $\Phi\in C^{\infty}(V_{\mathbb{R}})$ に対しても成り立つことを補題 4.30 で示す.

§4.1 基本定理の証明

この基本定理から直ちに $b$-関数の関数等式が得られるのでそれを示しておこう.

**補題 4.18** $\Phi \in \mathcal{S}(V_\mathbb{R})$ に対して
$$(\widehat{f^*(D_x)}\Phi)(y) = (-2\pi\sqrt{-1})^d f^*(y)\widehat{\Phi}(y)$$
が成り立つ.

[証明] 部分積分により
$$\begin{aligned}
(\widehat{f^*(D_x)}\Phi)(y) &= \int_{V_\mathbb{R}} (f^*(D_x)\Phi(x))e^{2\pi\sqrt{-1}\langle x,y\rangle}dx \\
&= (-1)^d \int_{V_\mathbb{R}} \Phi(x) f^*(D_x) e^{2\pi\sqrt{-1}\langle x,y\rangle}dx \\
&= (-2\pi\sqrt{-1})^d f^*(y) \int_{V_\mathbb{R}} \Phi(x) e^{2\pi\sqrt{-1}\langle x,y\rangle}dx \\
&= (-2\pi\sqrt{-1})^d f^*(y) \widehat{\Phi}(y)
\end{aligned}$$
を得る. ∎

**命題 4.19**($b$-関数の関数等式) $(G, \rho, V)$ を簡約可能概均質ベクトル空間で特異集合 $S$ が $d$ 次既約多項式 $f(x)$ の零点集合 $S = \{x \in V;\ f(x) = 0\}$ であるとすると, その双対三つ組 $(G, \rho^*, V^*)$ も同じ条件を満たす概均質ベクトル空間でその特異集合 $S^*$ は $d$ 次既約多項式 $f^*(y)$ の零点集合 $S^* = \{y \in V^*; f^*(y) = 0\}$ となる. $n = \dim V$ とする. $(G, \rho, V)$ の $b$-関数 $b(s)$ は $f^*(D_x)f(x)^{s+1} = b(s)f(x)^s$ で定義されるが,
$$b(s) = (-1)^d \cdot b\left(-s - \frac{n}{d} - 1\right)$$
という関数等式を満たす.

[証明] $b$-関数 $b(s)$ は $(G, \rho, V)$ の $\mathbb{R}$-構造にはよらないので $(G, \rho, V)$ は $\mathbb{R}$ 上定義されている場合を考える. $\Phi \in C_0^\infty(V_j)$ に対して, 基本定理により
$$\begin{aligned}
F_i^*\left(s - \frac{n}{d}, \widehat{f^*(D_x)}\Phi\right) &= c_{ij}(s) \int_{V_j} |f(x)|^{-s} \cdot f^*(D_x)\Phi(x) dx \\
&= (-1)^d \cdot c_{ij}(s) \cdot \int_{V_j} [f^*(D_x)|f(x)|^{-s}] \cdot \Phi(x) dx \\
&= (-1)^d \cdot c_{ij}(s) \cdot \varepsilon_j \cdot b(-s-1) \int_{V_j} |f(x)|^{-s-1} \cdot \Phi(x) dx
\end{aligned}$$

を得るが，一方，命題 4.15 と補題 4.18 により

$$
\begin{aligned}
& F_i^* \left( s - \frac{n}{d}, \widehat{f^*(D_x)\Phi} \right) \\
&= (-2\pi\sqrt{-1})^d F_i^* \left( s - \frac{n}{d}, f^*\widehat{\Phi} \right) \\
&= \frac{(-2\pi\sqrt{-1})^d}{\gamma\left(s - \frac{n}{d}\right)} \cdot \int_{V_i^*} |f^*(y)|^{s - \frac{n}{d}} \cdot f^*(y)\widehat{\Phi}(y) dy \\
&= \frac{\gamma\left(s + 1 - \frac{n}{d}\right)}{\gamma\left(s - \frac{n}{d}\right)} \cdot (-2\pi\sqrt{-1})^d \cdot \varepsilon_i^* \\
&\quad \times \frac{1}{\gamma\left(s + 1 - \frac{n}{d}\right)} \int_{V_i^*} |f^*(y)|^{s + 1 - \frac{n}{d}} \cdot \widehat{\Phi}(y) dy \\
&= \varepsilon_i^* \cdot b_0^{-1} \cdot b\left(s - \frac{n}{d}\right)(-2\pi\sqrt{-1})^d \cdot F_i^*\left(s + 1 - \frac{n}{d}, \widehat{\Phi}\right) \\
&= \varepsilon_i^* \cdot b_0^{-1} \cdot b\left(s - \frac{n}{d}\right)(-2\pi\sqrt{-1})^d \cdot c_{ij}(s+1) \int_{V_j} |f(x)|^{-s-1} \cdot \Phi(x) dx \\
&= b\left(s - \frac{n}{d}\right) \cdot \varepsilon_j \cdot c_{ij}(s) \int_{V_j} |f(x)|^{-s-1} \cdot \Phi(x) dx
\end{aligned}
$$

でもあるから，係数を比較して $b(s-(n/d))=(-1)^d b(-s-1)$，すなわち $b(s) = (-1)^d \cdot b(-s-(n/d)-1)$ を得る． ∎

## §4.2 基本定理の例

### (a) 例1

まず一番簡単な概均質ベクトル空間 $(\mathbb{C}^\times, \mathbb{C})$ を考えよう．これは §2.4 の例 2.1 で $m=1$, $H=\{1\}$ としたものである．$S=\{0\}$ で $f(x)=x$ は $\chi(g)=g$ $(g \in \mathbb{C}^\times)$ に対応する相対不変式である．よって $n = \dim \mathbb{C} = 1$, $d = \deg f = 1$ である．$dx^{s+1}/dx = (s+1)x^s$ であるから $b(s) = (s+1)$ で

$$V_{\mathbb{R}} - S_{\mathbb{R}} = \mathbb{R}^\times = V_1 \cup V_2, \quad V_1 = \mathbb{R}_+^\times, \quad V_2 = -\mathbb{R}_+^\times$$

となっている．

**命題 4.20** $1>\operatorname{Re} s>0$, $y\neq 0$ のとき

$$\int_0^\infty x^{s-1}e^{2\pi\sqrt{-1}xy}dx=(2\pi)^{-s}\cdot\Gamma(s)\cdot e^{\frac{\pi\sqrt{-1}s}{2}(\operatorname{sgn} y)}\cdot|y|^{-s}.$$

ただし

$$\operatorname{sgn} y=\begin{cases} 1 & (y>0) \\ -1 & (y<0) \end{cases}$$

である．したがって全 $s$ 平面上の有理型関数として両辺は一致する．

［証明］$y>0$ のときを考える．$z$ の関数として $z^{s-1}e^{2\pi\sqrt{-1}yz}$ は閉曲線 $C=C_1\cup C_2\cup C_3\cup C_4$ の内部で正則であるから（図 4.1），Cauchy の積分定理により

$$0=\int_C z^{s-1}e^{2\pi\sqrt{-1}yz}dz=\int_{C_1}+\int_{C_2}+\int_{C_3}+\int_{C_4}$$

となる．$\int_{C_1}=\int_\varepsilon^R x^{s-1}e^{2\pi\sqrt{-1}xy}dx$ ゆえ

$$\lim_{R\to\infty,\,\varepsilon\to 0}\int_{C_1}=\int_0^\infty x^{s-1}e^{2\pi\sqrt{-1}xy}dx$$

である．次に $C_2$ 上では $z=Re^{\sqrt{-1}\theta}$ なら $dz=Re^{\sqrt{-1}\theta}\cdot\sqrt{-1}d\theta=z\sqrt{-1}d\theta$ であるから

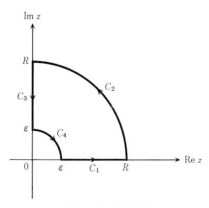

図 **4.1** 積分路

$$\int_{C_2} = \int_0^{\frac{\pi}{2}} (Re^{\sqrt{-1}\theta})^s \cdot e^{2\pi\sqrt{-1}yR(\cos\theta + \sqrt{-1}\sin\theta)} \cdot \sqrt{-1} d\theta$$

となる. $0 \leqq \theta \leqq \pi/2$ で $\sin\theta \geqq (2/\pi)\theta$ であるから

$$|(Re^{\sqrt{-1}\theta})^s \cdot e^{2\pi\sqrt{-1}yR(\cos\theta + \sqrt{-1}\sin\theta)}\sqrt{-1}| = R^{\mathrm{Re}\,s} \cdot e^{-\theta \mathrm{Im}\,s} \cdot e^{-2\pi yR\sin\theta}$$
$$\leqq R^{\mathrm{Re}\,s} \cdot e^{(-\mathrm{Im}\,s - 4yR)\theta}$$

となり,

$$\left|\int_{C_2}\right| \leqq \int_0^{\frac{\pi}{2}} R^{\mathrm{Re}\,s} \cdot e^{(-\mathrm{Im}\,s - 4yR)\theta} d\theta$$
$$= R^{\mathrm{Re}\,s} \cdot \frac{e^{(-\mathrm{Im}\,s - 4yR)\frac{\pi}{2}} - 1}{-\mathrm{Im}\,s - 4yR}$$

となるが, $\mathrm{Re}\,s < 1$ ゆえ $\lim_{R \to \infty} R^{\mathrm{Re}\,s}/R = 0$ であるから $\lim_{R \to \infty} \int_{C_2} = 0$ となる.

次に

$$\int_{C_3} = \int_{\sqrt{-1}R}^{\sqrt{-1}\varepsilon} (\sqrt{-1}t)^{s-1} e^{2\pi\sqrt{-1}y(\sqrt{-1}t)} d(\sqrt{-1}t)$$
$$= e^{\frac{\pi\sqrt{-1}}{2}s} \int_R^{\varepsilon} t^{s-1} e^{-2\pi yt} dt$$

で $T = 2\pi yt$ とおくと

$$\int_{C_3} = e^{\frac{\pi\sqrt{-1}}{2}s} (2\pi)^{-s} y^{-s} \int_R^{\varepsilon} T^{s-1} e^{-T} dT$$

となる. $\mathrm{Re}\,s > 0$ であるから定理 3.16 により

$$\lim_{\varepsilon \to 0, R \to \infty} \int_R^{\varepsilon} T^{s-1} e^{-T} dT = -\Gamma(s)$$

と収束する. すなわち

$$\lim_{R \to \infty, \varepsilon \to 0} \int_{C_3} = -(2\pi)^{-s} \Gamma(s) e^{\frac{\pi\sqrt{-1}}{2}s} \cdot y^{-s}$$

となる.

$$\int_{C_4} = \int_{\frac{\pi}{2}}^0 (\varepsilon e^{\sqrt{-1}\theta})^s \cdot e^{2\pi\sqrt{-1}y\varepsilon(\cos\theta + \sqrt{-1}\sin\theta)} \sqrt{-1} d\theta$$

で
$$\left|(\varepsilon e^{\sqrt{-1}\theta})^s \cdot e^{2\pi\sqrt{-1}y\varepsilon(\cos\theta+\sqrt{-1}\sin\theta)}\sqrt{-1}\right|$$
$$=\varepsilon^{\mathrm{Re}\,s}\cdot e^{-\theta\mathrm{Im}\,s}\cdot e^{-2\pi y\varepsilon\sin\theta}$$
$$\leqq \varepsilon^{\mathrm{Re}\,s}\cdot e^{-\theta\mathrm{Im}\,s}$$

であるから $\mathrm{Re}\,s > 0$ に注意すると
$$\left|\int_{C_4}\right| \leqq \varepsilon^{\mathrm{Re}\,s}\int_{\frac{\pi}{2}}^{0} e^{-\theta\,\mathrm{Im}\,s}d\theta \to 0 \quad (\varepsilon\to 0).$$

結局
$$0 = \lim_{\varepsilon\to 0, R\to 0}\int_C z^{s-1}e^{2\pi\sqrt{-1}yz}dz$$
$$= \int_0^\infty x^{s-1}e^{2\pi\sqrt{-1}xy}dx - (2\pi)^{-s}\Gamma(s)e^{\frac{\pi\sqrt{-1}s}{2}}\cdot y^{-s}$$

を得る．$y<0$ の場合は，図 4.2 のような $C=C_1\cup C_2\cup C_3\cup C_4$ について同様にやればよい．

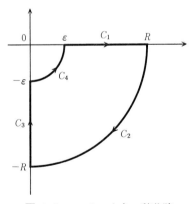

図 **4.2** $y<0$ のときの積分路

そこで
$$F_1^*(s-1,\widehat{\varPhi}) = \frac{1}{\Gamma(s)}\int_0^\infty x^{s-1}\widehat{\varPhi}(x)dx$$

$$= \frac{1}{\Gamma(s)} \int_0^\infty x^{s-1} \left( \int_{-\infty}^\infty \Phi(y) e^{2\pi\sqrt{-1}xy} dy \right) dx$$

$$= \frac{1}{\Gamma(s)} \int_{-\infty}^\infty \Phi(y) \left( \int_0^\infty x^{s-1} e^{2\pi\sqrt{-1}xy} dx \right) dy$$

$$= (2\pi)^{-s} \int_{-\infty}^\infty \Phi(y) e^{\frac{\pi\sqrt{-1}s}{2}(\operatorname{sgn} y)} |y|^{-s} dy$$

$$= (2\pi)^{-s} e^{\frac{\pi\sqrt{-1}s}{2}} \int_0^\infty |y|^{-s} \Phi(y) dy$$

$$+ (2\pi)^{-s} e^{-\frac{\pi\sqrt{-1}s}{2}} \int_{-\infty}^0 |y|^{-s} \Phi(y) dy$$

を得る. 同様に

$$F_2^*(s-1, \widehat{\Phi}) = \frac{1}{\Gamma(s)} \int_{-\infty}^0 |x|^{s-1} \widehat{\Phi}(x) dx$$

$$= \frac{1}{\Gamma(s)} \int_0^\infty x^{s-1} \widehat{\Phi}(-x) dx$$

$$= (2\pi)^{-s} \int_{-\infty}^\infty \Phi(y) e^{\frac{\pi\sqrt{-1}s}{2}(\operatorname{sgn}(-y))} |y|^{-s} dy$$

$$= (2\pi)^{-s} e^{-\frac{\pi\sqrt{-1}s}{2}} \int_0^\infty |y|^{-s} \Phi(y) dy$$

$$+ (2\pi)^{-s} e^{\frac{\pi\sqrt{-1}s}{2}} \int_{-\infty}^0 |y|^{-s} \Phi(y) dy$$

であるから, 以上をまとめて次を得る.

**命題 4.21** $G=\mathbb{C}^\times$, $V=\mathbb{C}$, $\rho(g)x=gx$ なる概均質ベクトル空間 $(G,\rho,V)$ では $b(s)=s+1$ で

$$V_\mathbb{R} - S_\mathbb{R} = V_\mathbb{R}^* - S_\mathbb{R}^* = \mathbb{R}^\times = V_1 \cup V_2, \quad V_1 = V_1^* = \mathbb{R}_+^\times, \quad V_2 = V_2^* = -\mathbb{R}_+^\times$$

とすると, 基本定理は具体的に

$$\begin{pmatrix} \int_0^\infty |x|^{s-1} \widehat{\Phi}(x) dx \\ \int_{-\infty}^0 |x|^{s-1} \widehat{\Phi}(x) dx \end{pmatrix} = (2\pi)^{-s} \cdot \Gamma(s) \begin{pmatrix} e^{\frac{\pi\sqrt{-1}s}{2}} & e^{-\frac{\pi\sqrt{-1}s}{2}} \\ e^{-\frac{\pi\sqrt{-1}s}{2}} & e^{\frac{\pi\sqrt{-1}s}{2}} \end{pmatrix}$$

$$\times \begin{pmatrix} \int_0^\infty |y|^{-s} \Phi(y) dy \\ \int_{-\infty}^0 |y|^{-s} \Phi(y) dy \end{pmatrix}$$

と表わされる．また $\Phi$ を使わずに

$$\begin{pmatrix} \widehat{|x|_1^{s-1}} \\ \widehat{|x|_2^{s-1}} \end{pmatrix} = (2\pi)^{-s} \Gamma(s) \begin{pmatrix} e^{\frac{\pi\sqrt{-1}s}{2}} & e^{-\frac{\pi\sqrt{-1}s}{2}} \\ e^{-\frac{\pi\sqrt{-1}s}{2}} & e^{\frac{\pi\sqrt{-1}s}{2}} \end{pmatrix} \begin{pmatrix} |y|_1^{-s} \\ |y|_2^{-s} \end{pmatrix}$$

と記すこともある．ただし一般に連続関数

$$|f(x)|_i^s = \begin{cases} |f(x)|^s & (x \in V_i) \\ 0 & (x \notin V_i) \end{cases}$$

($\mathrm{Re}\,s > 0$) を超関数とみて $s$ に関して解析接続したものを同じ $|f(x)|_i^s$ で表わす． □

**(b) 例2**

$A$ を $n$ 次正値実対称行列($n \geq 3$) として $\mathbb{C}^n$ 上の正値2次形式 $P(x) = {}^t x A x$ と $Q(x) = {}^t x A^{-1} x$ $(x \in \mathbb{C}^n)$ を考えよう．$SO_n(A) = \{X \in SL_n;\ {}^t X A X = A\}$ とおき，$G = GL_1 \times SO_n(A)$ の $V = V^* = \mathbb{C}^n$ への作用 $\rho$, $\rho^*$ をそれぞれ $\rho(\alpha, g)x = \alpha g x$, $\rho^*(\alpha, g)x = \alpha^{-1} {}^t g^{-1} x$ ($\alpha \in GL_1$, $g \in SO_n(A)$, $x \in \mathbb{C}^n$) で定めて $(G, \rho, V)$ とその双対 $(G, \rho^*, V^*)$ を考えよう．

§2.4 の注意2.8でみたように $A = {}^t B B$ なる $B \in GL_n$ が存在するが，$A$ が正値実対称行列ゆえ $B \in GL_n(\mathbb{R})$ にとれる．このとき $B^{-1} \cdot SO_n \cdot B = SO_n(A)$ となるから $(G, \rho, V)$ は §2.4 の例2.15 で $m = 1$ としたものと $\mathbb{R}$ 上同型である．$b$-関数 $b(s)$ を計算しよう．$Q(D_x) P(x)^{s+1} = b(s) P(x)^s$ であるが $y = Bx$ とおくと §2.2 で示したように $\partial/\partial y = {}^t B^{-1} \cdot (\partial/\partial x)$ である．ただし $\partial/\partial y = {}^t(\partial/\partial y_1, \cdots, \partial/\partial y_n)$ とする．そのとき $P(x) = {}^t x {}^t B B x = {}^t y y = y_1^2 + \cdots + y_n^2$ で

$$Q(D_x) = {}^t\!\left(\frac{\partial}{\partial x}\right) B^{-1} \cdot {}^t B^{-1} \left(\frac{\partial}{\partial x}\right) = {}^t\!\left(\frac{\partial}{\partial y}\right) \cdot \left(\frac{\partial}{\partial y}\right)$$
$$= \frac{\partial^2}{\partial y_1^2} + \cdots + \frac{\partial^2}{\partial y_n^2}$$

となる．$x$ には $SO_n(A)$ が作用するが，そのとき $y = Bx$ には $SO_n$ が作用する．そして

$$\frac{\partial}{\partial y_i}(y_1^2 + \cdots + y_n^2)^{s+1} = (s+1)(y_1^2 + \cdots + y_n^2)^s \cdot 2y_i,$$

$$\left(\frac{\partial}{\partial y_i}\right)^2 \cdot (y_1^2 + \cdots + y_n^2)^{s+1}$$
$$= (s+1)s(y_1^2 + \cdots + y_n^2)^{s-1} \cdot (2y_i)^2 + 2(s+1)(y_1^2 + \cdots + y_n^2)^s$$

ゆえ

$$Q(D_x)P(x)^{s+1} = \sum_{i=1}^{n}\left(\frac{\partial}{\partial y_i}\right)^2 \cdot (y_i^2 + \cdots + y_n^2)^{s+1} = 4(s+1)\left(s+\frac{n}{2}\right)P(x)^s$$

を得る．すなわち

$$b(s) = 4(s+1)\left(s+\frac{n}{2}\right)$$

である．

**命題 4.22** $0 < \operatorname{Re} s < 1/2$ ならば

$$\int_{\mathbb{R}^n} P(x)^{s-\frac{n}{2}} e^{2\pi\sqrt{-1}\langle x,y\rangle} dx = \frac{1}{\sqrt{\det P}} \pi^{\frac{n}{2}-2s} \cdot \frac{\Gamma(s)}{\Gamma\left(\dfrac{n}{2}-s\right)} \cdot Q(y)^{-s}$$

が成り立つ．ただし $\langle x,y\rangle = x_1y_1 + \cdots + x_ny_n$ で $P(x) = {}^txAx$ のとき，$\det P = \det A$ を意味する．したがって全 $s$ 平面上の有理型関数としてこの等式が成り立つ．□

これを示すには次を示せばよい．

**命題 4.23** $0 < \operatorname{Re} s < 1/2$ ならば

$$\int_{\mathbb{R}^n} \langle x,x\rangle^{s-\frac{n}{2}} e^{2\pi\sqrt{-1}\langle x,y\rangle} dx = \pi^{\frac{n}{2}-2s} \cdot \frac{\Gamma(s)}{\Gamma\left(\dfrac{n}{2}-s\right)} \cdot \langle y,y\rangle^{-s}.$$

[命題 4.23 $\Rightarrow$ 命題 4.22 の証明] $x' = Bx$ ならば $dx = dx'/\sqrt{\det P}$ であり $\langle B^{-1}x', y\rangle = \langle x', {}^tB^{-1}y\rangle$ ゆえ

$$\int_{\mathbb{R}^n} P(x)^{s-\frac{n}{2}} e^{2\pi\sqrt{-1}\langle x,y\rangle} dx$$
$$= \int_{\mathbb{R}^n} \langle x',x'\rangle^{s-\frac{n}{2}} e^{2\pi\sqrt{-1}\langle B^{-1}x',y\rangle} \frac{dx'}{\sqrt{\det P}}$$
$$= \frac{1}{\sqrt{\det P}} \cdot \pi^{\frac{n}{2}-2s} \cdot \frac{\Gamma(s)}{\Gamma\left(\dfrac{n}{2}-s\right)} \cdot \langle {}^tB^{-1}y, {}^tB^{-1}y\rangle^{-s}$$

$$= \frac{\pi^{\frac{n}{2}-2s}}{\sqrt{\det P}} \cdot \frac{\Gamma(s)}{\Gamma\left(\dfrac{n}{2}-s\right)} Q(y)^{-s}$$

を得る. ∎

［命題 4.23 の証明］ $\mathbb{R}^n \ni x = r\xi$, $\langle \xi, \xi \rangle = 1$ と表わすと

$$dx = dx_1 \wedge \cdots \wedge dx_n = d(r\xi_1) \wedge \cdots \wedge d(r\xi_n) = r^{n-1} dr \wedge \omega_n(\xi),$$

ただし

$$\omega_n(\xi) = \sum_{i=1}^{n} (-1)^{i+1} \xi_i d\xi_1 \wedge \cdots \wedge d\xi_{i-1} \wedge d\xi_{i+1} \wedge \cdots \wedge d\xi_n$$

となる. ここで一般に $\mathbb{R}^n$ 上の $(n-1)$ 次微分形式

$$\omega_n(x) = \sum_{i=1}^{n} (-1)^{i+1} x_i dx_1 \wedge \cdots \wedge dx_{i-1} \wedge dx_{i+1} \wedge \cdots \wedge dx_n$$

は

(4.2) $\qquad \omega_n(gx) = \det g \cdot \omega_n(x) \quad (g \in GL_n)$

を満たすことを示そう. $GL_n$ は基本行列で生成されるから基本行列について確かめればよいが, まず対角行列 $g = \mathrm{diag}(a_1, \cdots, a_n)$ については明らかに $\omega_n(gx) = a_1 \cdots a_n \omega_n(x) = \det g \cdot \omega_n(x)$ で成り立つ. 次に $g$ を $x_i \mapsto x_j$, $x_j \mapsto x_i$ $(i<j)$, $x_k \mapsto x_k$ $(k \neq i, j)$ なる行列とすると

$$(-1)^{i+1} x_i dx_1 \wedge \cdots \wedge d\check{x}_i \wedge \cdots \wedge dx_n$$
$$+ (-1)^{j+1} x_j dx_1 \wedge \cdots \wedge d\check{x}_j \wedge \cdots \wedge dx_n$$
$$\mapsto -(-1)^{j+1} x_j dx_1 \wedge \cdots \wedge d\check{x}_j \wedge \cdots \wedge dx_n$$
$$- (-1)^{i+1} x_i dx_1 \wedge \cdots \wedge d\check{x}_i \wedge \cdots \wedge dx_n$$

で $k \neq i, j$ については $(-1)^{k+1} x_k dx_1 \wedge \cdots \wedge d\check{x}_k \wedge \cdots \wedge dx_n$ が符号を換えるので, $\omega_n(gx) = -\omega_n(x) = \det g \cdot \omega_n(x)$ が成り立つ. 最後に $g : x_i \mapsto x_i + tx_j$ $(i \neq j)$, $x_k \mapsto x_k$ $(k \neq i)$ について $(-1)^{i+1} x_i dx_1 \wedge \cdots \wedge d\check{x}_i \wedge \cdots \wedge dx_n + (-1)^{j+1} x_j dx_1 \wedge \cdots \wedge d\check{x}_j \wedge \cdots \wedge dx_n$ および $(-1)^{k+1} x_k dx_1 \wedge \cdots \wedge d\check{x}_k \wedge \cdots \wedge dx_n$ $(k \neq i, j)$ が不

変であることは容易に確かめられるから，$\omega_n(gx)=\omega_n(x)=\det g\cdot\omega_n(s)$ が成り立ち，結局 $\omega_n(gx)=\det g\cdot\omega_n(x)\ (g\in GL_n)$ が示された.

$\omega_n(\xi)$ に対応する測度を $|\omega_n(\xi)|$ と記すことにする．$\langle x,x\rangle=r^2$ である.

$$\int_{\mathbb{R}^n}\langle x,x\rangle^{s-\frac{n}{2}}e^{2\pi\sqrt{-1}\langle x,y\rangle}dx=\int_{\langle\xi,\xi\rangle=1}|\omega_n(\xi)|\left(\int_0^\infty r^{2s-1}e^{2\pi\sqrt{-1}r\langle\xi,y\rangle}dr\right)$$

であるが，$0<\operatorname{Re}2s<1$ であるから命題 4.20 により

$$\int_0^\infty r^{2s-1}e^{2\pi\sqrt{-1}r\langle\xi,y\rangle}dr=(2\pi)^{-2s}\Gamma(2s)e^{\pi\sqrt{-1}s\operatorname{sgn}\langle\xi,y\rangle}\cdot|\langle\xi,y\rangle|^{-2s}$$

であるから，

$$=(2\pi)^{-2s}\Gamma(2s)\int_{\langle\xi,\xi\rangle=1}e^{\pi\sqrt{-1}s\operatorname{sgn}\langle\xi,y\rangle}|\langle\xi,y\rangle|^{-2s}|\omega_n(\xi)|$$
$$=(2\pi)^{-2s}\cdot\Gamma(2s)\cdot\{e^{\pi\sqrt{-1}s}F_+(y)+e^{-\pi\sqrt{-1}s}\cdot F_-(y)\}$$

となる．ただし

$$F_\pm(y)=\int_{\langle\xi,\xi\rangle=1,\ \pm\langle\xi,y\rangle>0}|\langle\xi,y\rangle|^{-2s}|\omega_n(\xi)|$$

とおく．$t>0$ に対して $F_\pm(ty)=t^{-2s}F_\pm(y)$ で，$g\in SO_n$ に対しては (4.2) より $\omega_n(g\xi)=\omega_n(\xi)$ であるから，$F_\pm(gy)=F_\pm(y)$ が成り立つ.

さて任意の $\xi_{(1)}\in S^{n-1}=\{\xi\in\mathbb{R}^n;\ \langle\xi,\xi\rangle=1\}$ に対し $\mathbb{R}^n$ の正規直交基底 $\xi_{(1)},\cdots,\xi_{(n)}$ をとり $C=(\xi_{(1)},\cdots,\xi_{(n)})\in M_n(\mathbb{R})$ とすると ${}^tCC=I_n$ より $C\in O_n$ である．もし $\det C=-1$ なら $C\cdot\operatorname{diag}(1,1,\cdots,1,-1)$ を考えることにより，$C\in SO_n$ で $C{}^t(1,0,\cdots,0)=\xi_{(1)}$ となる．したがって $SO_n$ が $S^{n-1}$ に推移的に作用していることがわかる．したがって $y=\|y\|\cdot gy_0$, $g\in SO_n$, $y_0={}^t(1,0,\cdots,0)$ と表わすことができる．このとき

$$F_\pm(y)=\|y\|^{-2s}\cdot F_\pm(y_0)=\langle y,y\rangle^{-s}\cdot F_\pm(y_0)$$

となる．結局

$$\int_{\mathbb{R}^n}\langle x,x\rangle^{s-\frac{n}{2}}e^{2\pi\sqrt{-1}\langle x,y\rangle}dx$$
$$=(2\pi)^{-2s}\cdot\Gamma(2s)\cdot\{e^{\pi\sqrt{-1}s}\cdot F_+(y_0)+e^{-\pi\sqrt{-1}s}F_-(y_0)\}\langle y,y\rangle^{-s}$$

が示された.

次に $F_\pm(y_0)$ を計算しよう. $\xi={}^t(\xi_1,\cdots,\xi_n)$ とすると $\langle\xi,y_0\rangle=\xi_1$ ゆえ

$$F_\pm(y_0)=\int_{\pm\xi_1>0,\,\langle\xi,\xi\rangle=1}|\xi_1|^{-2s}\omega(\xi)$$

である. ここで $\xi=\xi_1\cdot(1,\xi_2',\cdots,\xi_n')=\xi_1\cdot\xi'$ とすると $2\leqq i\leqq n$ に対して $d\xi_i=\xi_1\cdot d\xi_i'+\xi_i'\cdot d\xi_1$ ゆえ

$$\begin{aligned}\omega_n(\xi)&=\xi_1 d\xi_2\wedge\cdots\wedge d\xi_n\\&\quad+\sum_{i=2}^n(-1)^{i+1}\xi_i'\xi_1^{n-1}d\xi_1\wedge d\xi_2'\wedge\cdots\wedge d\check\xi_i'\wedge\cdots\wedge d\xi_n'\end{aligned}$$

であるが, 一方

$$\begin{aligned}\xi_1 d\xi_2\wedge\cdots\wedge d\xi_n&=\xi_1^n d\xi_2'\wedge\cdots\wedge d\xi_n'\\&\quad+\sum_{i=2}^n(-1)^i\xi_i'\xi_1^{n-1}d\xi_1\wedge d\xi_2'\wedge\cdots\wedge d\check\xi_i'\wedge\cdots\wedge d\xi_n'\end{aligned}$$

ゆえ $\omega_n(\xi)=\xi_1^n d\xi_2'\wedge\cdots\wedge d\xi_n'$ を得る. そして $1=\langle\xi,\xi\rangle=\xi_1^2\langle\xi',\xi'\rangle=|\xi_1|^2\cdot(1+\xi_2'^2+\cdots+\xi_n'^2)$ より $|\xi_1|=(1+\xi_2'^2+\cdots+\xi_n'^2)^{-1/2}$ となり

$$|\omega_n(\xi)|=|\xi_1|^n\cdot d\xi_2'\cdots d\xi_n'=(1+\xi_2'^2+\cdots+\xi_n'^2)^{-n/2}d\xi_2'\cdots d\xi_n'$$

を得る. したがって

$$F_\pm(y_0)=\int_{\mathbb{R}^{n-1}}(1+\xi_2'^2+\cdots+\xi_n'^2)^{s-\frac{n}{2}}d\xi_2'\cdots d\xi_n'$$

となる. $\xi'=t\eta$ ($t\in\mathbb{R}_+^\times$, $\eta\in S^{n-2}$) とすると $d\xi_2'\cdots d\xi_n'=t^{n-2}dt|\omega_{n-1}(\eta)|$ で

(4.3)
$$\int_{S^{n-2}}|\omega_{n-1}(\eta)|=\frac{2\pi^{\frac{n-1}{2}}}{\Gamma\left(\frac{n-1}{2}\right)}\quad(=S^{n-2}\text{ の表面積})$$

となることを示そう. 実際 $n$ 次元単位球の体積を $V_n$ とすると半径 $R$ の球の体積は

$$V_n R^n=\int_{x_1^2+\cdots+x_n^2\leqq R^2}dx=\int_0^R r^{n-1}dr\int_{S^{n-1}}|\omega_n(\eta)|=\frac{R^n}{n}\int_{S^{n-1}}|\omega_n(\eta)|$$

であるから $\int_{S^{n-1}}|\omega_n(\eta)|=nV_n$ となる.そこで $V_n$ を計算しよう.

$n$ 次元単位球の第 1 座標 $x_1$ での切断面は半径 $\sqrt{1-x_1^2}$ の $(n-1)$ 次元の球ゆえ,その体積は $V_{n-1}(\sqrt{1-x_1^2})^{n-1}$ であり

$$V_n=\int_{-1}^1 V_{n-1}(1-x_1^2)^{\frac{n-1}{2}}dx_1=2V_{n-1}\int_0^1(1-x_1^2)^{\frac{n-1}{2}}dx_1$$

を得る.ベータ関数 $B(s,t)=\int_0^1 x^{s-1}(1-x)^{t-1}dx$ において $x=x_1^2$ とおくと,$B(s,t)=2\int_0^1 x_1^{2s-1}(1-x_1^2)^{t-1}dx_1$ ゆえ,命題 3.19 により

$$V_n=V_{n-1}B\left(\frac{1}{2},\frac{n+1}{2}\right)=V_{n-1}\frac{\Gamma\left(\frac{1}{2}\right)\Gamma\left(\frac{n+1}{2}\right)}{\Gamma\left(\frac{n+2}{2}\right)},$$

すなわち $C_n=V_n\Gamma((n+2)/2)$ とおくと $C_n=\sqrt{\pi}C_{n-1}$,よってこれをくり返して $C_n=(\sqrt{\pi})^{n-2}C_2=\pi^{n/2}$ を得る.このことから $V_n=\pi^{n/2}/\Gamma((n+2)/2)$ $=2\pi^{n/2}/n\Gamma(n/2)$ ゆえ $\int_{S^{n-1}}|\omega_n(\eta)|=nV_n=2\pi^{n/2}/\Gamma(n/2)$,すなわち (4.3) が示された.したがって,

$$F_{\pm}(y_0)=\int_0^\infty(1+t^2)^{s-\frac{n}{2}}\cdot t^{n-2}dt\int_{S^{n-2}}|\omega_{n-1}(\eta)|$$
$$=\frac{2\pi^{\frac{n-1}{2}}}{\Gamma\left(\frac{n-1}{2}\right)}\int_0^\infty(1+t^2)^{s-\frac{n}{2}}\cdot t^{n-2}dt$$

を得る.ここで $\tau=(1+t^2)^{-1}$ とおくと,

$$t=\left(\frac{1-\tau}{\tau}\right)^{\frac{1}{2}},\quad dt=-\frac{1}{2\tau^2}\left(\frac{1-\tau}{\tau}\right)^{-\frac{1}{2}}d\tau$$

であるから

$$\int_0^\infty(1+t^2)^{s-\frac{n}{2}}\cdot t^{n-2}dt$$
$$=\int_1^0 \tau^{\frac{n}{2}-s}\left(\frac{1-\tau}{\tau}\right)^{\frac{n-2}{2}}\left[-\frac{1}{2\tau^2}\left(\frac{1-\tau}{\tau}\right)^{-\frac{1}{2}}d\tau\right]$$
$$=\frac{1}{2}\int_0^1 \tau^{(\frac{1}{2}-s)-1}(1-\tau)^{\frac{n-1}{2}-1}d\tau=\frac{1}{2}B\left(\frac{1}{2}-s,\frac{n-1}{2}\right)$$

§4.2 基本定理の例

で，これは命題 3.19 により

$$\frac{1}{2}\frac{\Gamma\left(\frac{1}{2}-s\right)\Gamma\left(\frac{n-1}{2}\right)}{\Gamma\left(\frac{n}{2}-s\right)}$$

に等しい．したがって

$$F_{\pm}(y_0)=\frac{1}{2}\frac{\Gamma\left(\frac{1}{2}-s\right)\Gamma\left(\frac{n-1}{2}\right)}{\Gamma\left(\frac{n}{2}-s\right)}\cdot\frac{2\pi^{\frac{n-1}{2}}}{\Gamma\left(\frac{n-1}{2}\right)}=\pi^{\frac{n-1}{2}}\frac{\Gamma\left(\frac{1}{2}-s\right)}{\Gamma\left(\frac{n}{2}-s\right)}$$

となる．そこで

$$\int_{\mathbb{R}^n}\langle x,x\rangle^{s-\frac{n}{2}}e^{2\pi\sqrt{-1}\langle x,y\rangle}dx$$
$$=(2\pi)^{-2s}\Gamma(2s)\{e^{\pi\sqrt{-1}s}+e^{-\pi\sqrt{-1}s}\}\pi^{\frac{n-1}{2}}\frac{\Gamma\left(\frac{1}{2}-s\right)}{\Gamma\left(\frac{n}{2}-s\right)}\langle y,y\rangle^{-s}$$

を得る．定理 3.20 を使うと

$$e^{\pi\sqrt{-1}s}+e^{-\pi\sqrt{-1}s}=2\cos\pi s=2\sin\left(\frac{1}{2}-s\right)\pi$$
$$=\frac{2\pi}{\Gamma\left(\frac{1}{2}-s\right)\Gamma\left(s+\frac{1}{2}\right)}$$

であり，これと定理 3.18 を使うと

$$\int_{\mathbb{R}^n}\langle x,x\rangle^{s-\frac{n}{2}}e^{2\pi\sqrt{-1}\langle x,y\rangle}dx$$
$$=(2\pi)^{-2s}\cdot\left(2^{2s-1}\pi^{-\frac{1}{2}}\Gamma(s)\Gamma\left(s+\frac{1}{2}\right)\right)\cdot\frac{2\pi}{\Gamma\left(\frac{1}{2}-s\right)\Gamma\left(s+\frac{1}{2}\right)}\pi^{\frac{n-1}{2}}$$
$$\times\frac{\Gamma\left(\frac{1}{2}-s\right)}{\Gamma\left(\frac{n}{2}-s\right)}\langle y,y\rangle^{-s}$$
$$=\pi^{\frac{n}{2}-2s}\cdot\frac{\Gamma(s)}{\Gamma\left(\frac{n}{2}-s\right)}\langle y,y\rangle^{-s}$$

を得る.

$n \geqq 3$ ならば $P(x)$ は絶対既約(すなわち $\mathbb{C}$ 上既約な多項式)で, $P(x)$ は正定値ゆえ, $x \in V_\mathbb{R}$ について $P(x)=0$ は $x=0$ を意味する. したがって $V_\mathbb{R}-S_\mathbb{R}=\mathbb{R}^n-\{0\}$ となり, これは $n \geqq 3$ としているので連結. したがって一つの $G_\mathbb{R}^+$-軌道である.

$$F(s,\Phi)=\frac{1}{\Gamma(s+1)\Gamma\left(s+\frac{n}{2}\right)}\int_{\mathbb{R}^n-\{0\}}P(x)^s\Phi(x)dx$$

とおくと命題 4.22 より

$$F\left(s-\frac{n}{2},\widehat{\Phi}\right)=\frac{1}{\Gamma\left(s+1-\frac{n}{2}\right)\Gamma(s)}\cdot\frac{1}{\sqrt{\det P}}\cdot\pi^{\frac{n}{2}-2s}$$
$$\times\frac{\Gamma(s)}{\Gamma\left(\frac{n}{2}-s\right)}\int_{V_\mathbb{R}}Q(y)^{-s}\Phi(y)dy$$
$$=c_{11}(s)\int_{V_\mathbb{R}-\{0\}}Q(y)^{-s}\Phi(y)dy$$

ゆえ

(4.4)
$$c_{11}(s)=\frac{1}{\sqrt{\det P}}\cdot\pi^{\frac{n}{2}-2s}\cdot\frac{1}{\Gamma\left(s+1-\frac{n}{2}\right)\Gamma\left(\frac{n}{2}-s\right)}$$
$$=\frac{1}{\sqrt{\det P}}\pi^{\frac{n}{2}-2s}\cdot\frac{\sin\left(\frac{n}{2}-s\right)\pi}{\pi}$$
$$=\frac{1}{\sqrt{\det P}}\pi^{\frac{n}{2}-1-2s}\cdot\frac{e^{\sqrt{-1}\left(\frac{n}{2}-s\right)\pi}-e^{-\sqrt{-1}\left(\frac{n}{2}-s\right)\pi}}{2\sqrt{-1}}$$
$$=\frac{1}{\sqrt{\det P}}\pi^{\frac{n}{2}-1-2s}\cdot\frac{(\sqrt{-1})^{n-1}}{2}\cdot\left\{e^{-s\sqrt{-1}\pi}+(-1)^{n-1}e^{s\sqrt{-1}\pi}\right\}$$

となる. ここで $c_{11}(s)$ は基本定理(定理 4.17)における記号である.

## §4.3　基本定理の補足

ここでは基本定理に現れる $c_{ij}(s)$ に関する次の定理を証明することを目標にする.

**定理 4.24**（新谷卓郎）

$$c_{ij}(s) = (2\pi)^{-ds}|b_0|^s e^{\frac{\pi\sqrt{-1}}{2}ds} \varepsilon_{ij}(s) t_{ij}(s),$$

ただし

$$\varepsilon_{ij}(s) = e^{-\frac{\pi\sqrt{-1}}{2}s(1-\operatorname{sgn}\varepsilon_i^*\varepsilon_j b_0)}$$
$$= \begin{cases} 1 & (\varepsilon_i^*\varepsilon_j b_0 > 0), \\ e^{-\pi\sqrt{-1}s} & (\varepsilon_i^*\varepsilon_j b_0 < 0). \end{cases}$$

$t_{ij}(s)$ は $e^{-2\pi\sqrt{-1}s}$ の多項式で，その次数は

$$\begin{cases} \left[\dfrac{d}{2}\right] & (\varepsilon_i^*\varepsilon_j b_0 > 0) \\ \left[\dfrac{d-1}{2}\right] & (\varepsilon_i^*\varepsilon_j b_0 < 0) \end{cases}$$

を越えない. □

まずいくつかの補題を準備する.

**補題 4.25**（**Mellin 逆変換**）　$\lambda(s)$ が $\operatorname{Re} s < 0$ で $\exp(-\sqrt{|\operatorname{Im} s|}/2) > |\lambda(s)|$ をみたす正則な関数であるとき，$t > 0$ に対し

$$q(t) = \frac{1}{2\pi\sqrt{-1}} \int_{\operatorname{Re} s = \sigma_0 < 0} \lambda(s) t^{-s} ds$$

とおくと

$$\lambda(s) = \int_0^\infty t^{s-1} q(t) dt$$

となる.

[証明] まず

$$|q(t)| \leqq \frac{1}{2\pi}\int_{\sigma=\sigma_0<0}|\lambda(s)|\cdot t^{-\sigma_0}d\tau$$
$$< \frac{t^{-\sigma_0}}{2\pi}\int_{-\infty}^{\infty}\exp\left(-\frac{1}{2}\sqrt{|\tau|}\right)d\tau$$
$$= \frac{t^{-\sigma_0}}{\pi}\int_{0}^{\infty}\exp\left(-\frac{\sqrt{\tau}}{2}\right)d\tau = \frac{8}{\pi}t^{-\sigma_0}$$

となり $q(t)$ は絶対収束することがわかる.

$s=2\pi(c+\sqrt{-1}r)$, $\sigma_0=2\pi c$, $t=e^u$ とおくと

$$q(e^u) = \int_{-\infty}^{\infty}\lambda(2\pi c+2\pi\sqrt{-1}r)e^{-2\pi cu}\cdot e^{-2\pi\sqrt{-1}ru}dr$$

であるから

$$F(u)=q(e^u)e^{2\pi cu}, \quad G(r)=\lambda(2\pi c+2\pi\sqrt{-1}r)$$

とおくと $F(u)=\widehat{G}(-u)$ となる. 命題 3.10 と同様にして

$$\lambda(s) = G(r) = \widehat{\widehat{G}}(-r) = \widehat{F}(r)$$
$$= \int_{-\infty}^{\infty}q(e^u)e^{2\pi cu}\cdot e^{2\pi\sqrt{-1}ru}du$$
$$= \int_{0}^{\infty}q(t)t^{s-1}dt$$

を得る. ∎

**補題 4.26** 次の 2 条件を満たす $q(t)\in C^{\infty}(\mathbb{R})$ が存在する.
(1) $t<1$ ならば $q(t)=0$ で,$q$ の各階の導関数は $\mathbb{R}$ 上有界.
(2)

$$\lambda(s) = \int_{0}^{\infty}t^{s-1}q(t)dt \qquad (\operatorname{Re} s < 0)$$

は適当に $c>0$ をとれば,$-1\leqq \operatorname{Re} s<0$ において

$$\exp\left(\frac{-\sqrt{|\operatorname{Im} s|}}{2}\right) > |\lambda(s)| > c\exp\{-\sqrt{|\operatorname{Im} s|}\}$$

となる.

($\mathrm{Im}\, s$ は "$t^{s-1}=|t^{s-1}|\cdot e^{\sqrt{-1}\cdot \mathrm{Im}\, s\cdot \log t}$ の値が $t$ の変動にともなってどのように振動するか"ということに関係してくる量であり (2) のような評価を得ることは自明なことではないことに注意しよう).

［証明］ $z=x+\sqrt{-1}\,y\ (y>0)$ に対して

$$\varphi(z)=-\frac{1}{\pi}\int_{-\infty}^{\infty}\sqrt{|t|}\,\frac{1+tz}{\sqrt{-1}\,(t-z)}\cdot\frac{dt}{1+t^2}$$

とおく.すべての $t\in\mathbb{R}$ に対して $t-z\neq 0$ であり

$$\lim_{|t|\to\infty}|t|^{\frac{3}{2}}\cdot\left|\sqrt{|t|}\cdot\frac{1+tz}{\sqrt{-1}\,(t-z)}\cdot\frac{1}{1+t^2}\right|<+\infty,$$

$$\int_M^{\infty}\frac{dt}{t^{\frac{3}{2}}}=2M^{-\frac{1}{2}}<+\infty$$

などから,$\varphi(z)$ は上半平面 $H=\{z\in\mathbb{C};\ \mathrm{Im}\, z>0\}$ で正則な関数であることがわかる.$t\in\mathbb{R}$ に対して

$$\frac{1+tz}{\sqrt{-1}\,(t-z)}=\frac{(1+t^2)y}{(t-x)^2+y^2}+\sqrt{-1}\cdot\frac{ty^2-(1+tx)(t-x)}{(t-x)^2+y^2}$$

であるから

$$\mathrm{Re}\,\varphi(z)=-\frac{1}{\pi}\int_{-\infty}^{\infty}\sqrt{|t|}\cdot\frac{y}{(t-x)^2+y^2}\,dt$$

$$=-\frac{\sqrt{y}}{\pi}\int_{-\infty}^{\infty}\frac{\sqrt{\left|t+\dfrac{x}{y}\right|}}{1+t^2}\,dt$$

(これは $t=yt'+x$ と変数変換してから,改めて $t'$ を $t$ とおいたもの)を得る.

さて $\sqrt{|t+X|}\leq\sqrt{|t|}+\sqrt{|X|}$ ゆえ

$$\delta_1=\int_{-\infty}^{\infty}\frac{\sqrt{|t|}}{1+t^2}\,dt$$

とおくと

$$\int_{-\infty}^{\infty}\frac{\sqrt{|t+X|}}{1+t^2}\,dt\leq\sqrt{|X|}\int_{-\infty}^{\infty}\frac{dt}{1+t^2}+\int_{-\infty}^{\infty}\frac{\sqrt{|t|}}{1+t^2}\,dt=\pi\sqrt{|X|}+\delta_1.$$

一方,$X\geq 0$ ならば

$$\int_{-\infty}^{\infty} \frac{\sqrt{|t+X|}}{1+t^2} dt > \int_{0}^{\infty} \frac{\sqrt{|t+X|}}{1+t^2} dt > \sqrt{|X|} \int_{0}^{\infty} \frac{dt}{1+t^2} = \frac{\pi}{2} \sqrt{|X|}$$

であり $X<0$ のときも

$$\int_{-\infty}^{\infty} \frac{\sqrt{|t+X|}}{1+t^2} dt > \int_{-\infty}^{0} \frac{\sqrt{|t+X|}}{1+t^2} dt > \sqrt{|X|} \int_{-\infty}^{0} \frac{dt}{1+t^2} = \frac{\pi}{2} \sqrt{|X|}$$

となり,いずれにしても

$$-\frac{\pi}{2}\sqrt{|X|} > -\int_{-\infty}^{\infty} \frac{\sqrt{|t+X|}}{1+t^2} dt > -\pi\sqrt{|X|} - \delta_1$$

となり

$$-\frac{1}{2}\sqrt{|x|} = -\frac{\sqrt{y}}{\pi} \cdot \frac{\pi}{2}\sqrt{\left|\frac{x}{y}\right|} > \operatorname{Re}\varphi(x+\sqrt{-1}y)$$

$$= -\frac{\sqrt{y}}{\pi} \int_{-\infty}^{\infty} \frac{\sqrt{\left|t+\frac{x}{y}\right|}}{1+t^2} dt > -\frac{\sqrt{y}}{\pi}\left\{\pi\sqrt{\left|\frac{x}{y}\right|} + \delta_1\right\}$$

$$= -\sqrt{|x|} - \frac{\delta_1}{\pi}\sqrt{y}$$

を得る.

$s = \sigma + \sqrt{-1}\tau$ に対して $\lambda(s) = \exp\varphi(-\sqrt{-1}s)$ とおくと,$\lambda(s)$ は領域 $\operatorname{Im}(-\sqrt{-1}s) = -\sigma > 0$,すなわち $\operatorname{Re} s = \sigma < 0$ で正則であり,

$$|\lambda(s)| = \exp\operatorname{Re}\varphi(-\sqrt{-1}s) = \exp\operatorname{Re}\varphi(\tau - \sqrt{-1}\sigma)$$

となる.したがって,いま示したことにより

$$-\frac{1}{2}\sqrt{|\tau|} > \operatorname{Re}\varphi(\tau - \sqrt{-1}\sigma) > -\sqrt{|\tau|} - \frac{\delta_1}{\pi}\sqrt{|\sigma|}$$

であるから

$$\exp\left(-\frac{1}{2}\sqrt{|\tau|}\right) > |\lambda(s)| > \exp\left(-\sqrt{|\tau|} - \frac{\delta_1}{\pi}\sqrt{|\sigma|}\right)$$

を得る.とくに $\lambda(s)$ は補題 4.25 の条件を満たすので $\lambda(s)$ に対して補題 4.25 を適用できる.

いま $t>0$ に対して

§4.3 基本定理の補足

$$q(t) = \frac{1}{2\pi\sqrt{-1}} \int_{\sigma=\sigma_0<0} \lambda(s) t^{-s} ds$$

とおく．図 4.3 のような積分路 $C = C_1 \cup C_2 \cup C_3 \cup C_4$ を考えると Cauchy の積分定理により $\int_C \lambda(s) t^{-s} ds = 0$ であるが $|\lambda(s)| < \exp(-(1/2)\sqrt{|\tau|})$ より $C_2$, $C_4$ での積分は $\lim_{|\tau|\to\infty}$ により 0 となる．したがって $q(t)$ の定義において，$q(t)$ は $\sigma_0$ に依存しない．

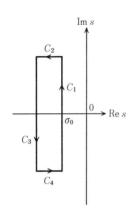

図 **4.3** 積分路

一方，補題 4.25 の証明の中で示したように $|q(t)| \leq (8/\pi) t^{-\sigma_0}$ で $0 < t < 1$ なら $\lim_{\sigma_0 \to -\infty} t^{-\sigma_0} = 0$ ゆえ $q(t) = 0$ を得る．$t \leq 0$ でも $q(t) = 0$ と定義すれば $q(t) = 0 \ (t < 1)$ となる．とくに $d^m q/dt^m(t) = 0 \ (t < 1)$ である．$t \geq 1$ なら

$$\frac{d^m}{dt^m} q(t) = \frac{1}{2\pi\sqrt{-1}} \int_{\sigma=\sigma_0<0} \lambda(s)(-s)(-s-1)\cdots(-s-m+1) t^{-s-m} ds$$

ゆえ

$$\left|\frac{d^m}{dt^m} q(t)\right| \leq \frac{t^{-\sigma_0-m}}{2\pi} \int_{\sigma=\sigma_0<0} |\lambda(s) s(s+1)\cdots(s+m-1)| d\tau$$

であるが，各 $t$ に対して $\sigma_0 < 0$ を十分 0 に近くとって $|t^{-\sigma_0-m}| < 2$ とすることができる．したがって $(d^m q/dt^m)(t) \ (m = 0, 1, 2, \cdots)$ は有界であり，$q(t)$ は条件 (1) を満たすことが示された．

$$q(t) = \frac{1}{2\pi\sqrt{-1}} \int_{\sigma=\sigma_0<0} \lambda(s) t^{-s} ds$$

の Mellin 逆変換（補題 4.25）により

$$\lambda(s) = \int_0^\infty t^{s-1} q(t) dt$$

となる．$\lambda(s)$ は $\operatorname{Re} s < 0$ で正則であり，

$$|\lambda(s)| > \exp\left(-\frac{\delta_1}{\pi}\sqrt{|\operatorname{Re} s|}\right) \cdot \exp(-\sqrt{|\operatorname{Im} s|})$$

であったから $-1 \leq \operatorname{Re} s < 0$ ならば $|\lambda(s)| > c \exp(-\sqrt{|\operatorname{Im} s|})$ となる $c > 0$ がとれることがわかる． ∎

**補題 4.27**

$$t_{ij}(s) = (2\pi)^{ds}|b_0|^{-s} e^{-\frac{\pi\sqrt{-1}}{2}ds} \cdot \varepsilon_{ij}(s)^{-1} \cdot c_{ij}(s),$$

ただし

$$\varepsilon_{ij}(s) = e^{-\frac{\pi\sqrt{-1}}{2}s(1-\operatorname{sgn} \varepsilon_i^* \varepsilon_j b_0)}$$

$$= \begin{cases} 1 & (\varepsilon_i^* \varepsilon_j b_0 > 0) \\ e^{-\pi\sqrt{-1}s} & (\varepsilon_i^* \varepsilon_j b_0 < 0) \end{cases}$$

とおくと

$$t_{ij}(s+1) = t_{ij}(s).$$

［証明］ 命題 4.15 により

$$c_{ij}(s+1) = \varepsilon_i^* \varepsilon_j b_0 (-2\pi\sqrt{-1})^{-d} c_{ij}(s)$$

であるから

$$t_{ij}(s+1) = (2\pi)^d |b_0|^{-1} \cdot e^{-\frac{\pi\sqrt{-1}}{2}d} \cdot e^{-\frac{\pi\sqrt{-1}}{2}(1-\operatorname{sgn} \varepsilon_i^* \varepsilon_j b_0)}$$
$$\times \varepsilon_i^* \varepsilon_j b_0 (-2\pi\sqrt{-1})^{-d} t_{ij}(s)$$

となるが，

$$(2\pi)^d e^{-\frac{\pi\sqrt{-1}}{2}d} (-2\pi\sqrt{-1})^{-d} = 1$$

と

§4.3 基本定理の補足

$$e^{\frac{\pi\sqrt{-1}}{2}(1-\mathrm{sgn}\,\varepsilon_i^*\varepsilon_j b_0)}\varepsilon_i^*\varepsilon_j b_0 = |b_0|$$

により $t_{ij}(s+1)=t_{ij}(s)$.  ∎

**補題 4.28** $1/2 < \mathrm{Re}\,s < c_1$ のとき

$$\frac{1}{|\Gamma(s)|} \leq c_2 e^{\frac{\pi}{2}|\mathrm{Im}\,s|}$$

となる定数 $c_2$ が存在する. ただし $|\arg s| < \pi/2$ とする.

[証明] E. T. Whittaker and G. N. Watson, A course of modern analysis, Cambridge University Press, 1927 の 251 頁に, $\mathrm{Re}\,z > 0$ のとき,

$$\log \Gamma(z) = \left(z - \frac{1}{2}\right)\log z - z + \frac{1}{2}\log(2\pi) + 2\int_0^\infty \frac{\arctan\left(\frac{t}{z}\right)}{e^{2\pi t}-1}dt,$$

ただし $\arctan u = \int_0^u dt/(1+t^2)$, という公式が書かれている. すなわち

$$\log \Gamma(s) = \left(s - \frac{1}{2}\right)\log s - s + \frac{1}{2}\log(2\pi) + \phi(s) \quad (\mathrm{Re}\,s > 0),$$

ただし

$$\phi(s) = 2\int_0^\infty \frac{1}{e^{2\pi t}-1}\left(\int_0^t \frac{s^2}{s^2+u^2}\cdot\frac{du}{s}\right)dt,$$

であるが, これを認めて証明しよう (この証明は行者明彦氏による). ここで $\log \Gamma(s)$ や $\log s$ は自然な分枝をとる.

$$K_s = \sup_{u\geq 0}\left|\frac{s^2}{s^2+u^2}\right| = \frac{|s^2|}{\inf_{u\geq 0}|s^2+u^2|}$$

とおき $0 < \varepsilon < \pi/4$ を任意にとる. $|\arg(s)| \leq (\pi/2) - \varepsilon$ ならば $|\arg(s^2)| \leq \pi - 2\varepsilon$ で, $\mathrm{Re}(s^2) \geq 0$ ならば $K_s = 1$ である. $\mathrm{Re}(s^2) < 0$ ならば $\mathrm{Re}(s^2+u_0^2) = 0$ となる $u_0 > 0$ が存在し $\inf|s^2+u^2| = |s^2+u_0^2|$ であるから, $\pi - |\arg(s^2)| = \beta$ とおくと図 4.4 のように,

$$K_s = \frac{|s^2|}{|s^2+u_0^2|} = \frac{1}{\sin\beta} \qquad \left(\frac{\pi}{2} > \beta \geq 2\varepsilon\right)$$

と表わせる. したがって, いずれにしても $K_s \leq 1/\sin 2\varepsilon$ となる. ゆえに $0 < \varepsilon < \pi/4$ なる $\varepsilon$ に対し $|\arg(s)| \leq (\pi/2) - \varepsilon$ ならば

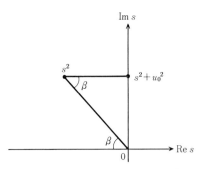

図 4.4 $K_s$ と $\sin\beta$ との関係

$$|\phi(s)| \leqq 2\int_0^\infty \frac{1}{e^{2\pi t}-1}\left(\int_0^t \frac{1}{\sin 2\varepsilon}\cdot\frac{du}{|s|}\right)dt = \frac{c_3}{|s|\cdot\sin 2\varepsilon}$$

となる．ここで $c_3 = 2\int_0^\infty tdt/(e^{2\pi t}-1)$ とおいた．さてわれわれは $1/2 < \mathrm{Re}\, s < c_1$ と仮定しているから，$\varepsilon = (\pi/2) - |\arg(s)|$ とおくと $|\mathrm{Im}\, s|$ が十分大きければ $0 < \varepsilon < \pi/4$ となるので，不等式 $|\phi(s)| \leqq c_3/(|s|\cdot\sin 2\varepsilon)$ が成り立つ．$\varepsilon = (\pi/2) - |\arg(s)|$ より $(1/2<)\mathrm{Re}\, s = |s|\sin\varepsilon$ となり，$1/(|s|\sin\varepsilon) < 2$ を得る．よって

$$|\phi(s)| \leqq \frac{c_3}{|s|\sin\varepsilon}\cdot\frac{\sin\varepsilon}{\sin 2\varepsilon} \leqq 2c_3\cdot\frac{1}{2\cos\varepsilon} \leqq \frac{c_3}{\cos\frac{\pi}{4}} = \sqrt{2}c_3$$

となる．$\log\Gamma(s) = \log|\Gamma(s)| + \sqrt{-1}\arg\Gamma(s)$ ゆえ

$$\log|\Gamma(s)| \geqq \mathrm{Re}\left\{\left(s-\frac{1}{2}\right)\log s\right\} - \mathrm{Re}\, s + \frac{1}{2}\log(2\pi) - |\phi(s)|$$
$$\geqq \mathrm{Re}\left\{\left(s-\frac{1}{2}\right)\log s\right\} - c_4,$$

ただし $c_4 = c_1 - (1/2)\log(2\pi) + \sqrt{2}c_3$，となる．これより

$$\frac{1}{|\Gamma(s)|} \leqq e^{-\mathrm{Re}\left\{\left(s-\frac{1}{2}\right)\log s\right\}} \cdot e^{c_4}$$

を得る．

$$\left(s-\frac{1}{2}\right)\log s = \left\{\left(\mathrm{Re}\, s - \frac{1}{2}\right) + \sqrt{-1}\,\mathrm{Im}\, s\right\}\cdot\{\log|s| + \sqrt{-1}\arg s\}$$

であるから，$-\mathrm{Re}\{(s-(1/2))\log s\}=-(\mathrm{Re}\,s-(1/2))\log|s|+(\mathrm{Im}\,s)(\arg s)$ で $(\mathrm{Im}\,s)(\arg s)<(\pi/2)|\mathrm{Im}\,s|$ ゆえ

$$\frac{1}{|\varGamma(s)|}\leqq e^{c_4}\cdot|s|^{\frac{1}{2}-\mathrm{Re}\,s}\cdot e^{(\mathrm{Im}\,s)(\arg s)}\leqq c_2 e^{\frac{\pi}{2}|\mathrm{Im}\,s|}$$

なる $c_2>0$ が存在する（$(1/2)-\mathrm{Re}\,s<0$ であるから $|\mathrm{Im}\,s|$ が十分大きければ $|s|^{(1/2)-\mathrm{Re}\,s}\leqq 1$ である）．以上は $|\mathrm{Im}\,s|$ が十分大きいとして証明した．もし $|\mathrm{Im}\,s|\geqq M$ で，この補題が成り立てば $A=\{s\in\mathbb{C};\ |\mathrm{Im}\,s|\leqq M,\ (1/2)\leqq \mathrm{Re}\,s\leqq c_1\}$ はコンパクト集合で，$1/|\varGamma(s)|$ は $A$ 上連続関数ゆえ最大値 $\alpha$ をとる．そこで $c_2$ を $\alpha\leqq c_2$ となるようにとり直せば，$|\mathrm{Im}\,s|$ に関する条件は不要になる． ∎

準備ができたので定理 4.24 の証明に入ろう．$V_\mathbb{R}-S_\mathbb{R}=\{x\in V_\mathbb{R};\ f(x)\neq 0\}$ の上の微分形式 $\omega$ で $dx(=dx_1\wedge\cdots\wedge dx_n)=df\wedge\omega$ となるものをとる．例えば，

$$\omega=\frac{1}{\deg f}\sum_{i=1}^{n}\frac{(-1)^{i-1}}{f(x)}x_i dx_1\wedge\cdots\wedge dx_{i-1}\wedge dx_{i+1}\wedge\cdots\wedge dx_n$$

とおくと，斉次多項式 $f(x)$ に対する Euler の恒等式 $\sum_{k=1}^{n}x_k\partial f/\partial x_k=\deg f\cdot f(x)$ と

$$(-1)^{i-1}dx_k\wedge dx_1\wedge\cdots\wedge dx_{i-1}\wedge dx_{i+1}\wedge\cdots\wedge dx_n=\begin{cases}dx & (k=i)\\ 0 & (k\neq i)\end{cases}$$

により

(4.5) $$df\wedge\omega=\left(\sum_{k=1}^{n}\frac{\partial f}{\partial x_k}dx_k\wedge\omega\right)=dx$$

となる．この $\omega(x)$ は §4.2 の $\omega_n(x)$ を使うと $\omega(x)=(\deg f\cdot f(x))^{-1}\omega_n(x)$ で $g\in G_\mathbb{R}^+$ に対して $\omega_n(\rho(g)x)=\det\rho(g)\omega_n(x)=\chi(g)^{n/d}\omega_n(x)$ および $f(\rho(g)x)=\chi(g)f(x)$ であったから，$\omega(\rho(g)x)=\chi(g)^{(n/d)-1}\omega(x)$ $(g\in G_\mathbb{R}^+)$ を得る．ただし $d=\deg f$ である．さて $\varepsilon_j\,(=\pm 1)$ を $f(x)$ の $V_j$ における符号とする．$V_j$ は $G_\mathbb{R}^+$-軌道であるから，$x,y\in V_j$ に対し $y=\rho(g)x$ となる $g\in G_\mathbb{R}^+$ が存在するが，$f(x)=f(y)=\varepsilon_j$ ならば $f(y)=\chi(g)f(x)$ より $\chi(g)=1$，したがって $G_1^+=\{g\in G_\mathbb{R}^+;\ \chi(g)=1\}$ は $K_j=\{x\in V_j;\ f(x)=\varepsilon_j\}$ に推移的に作用している．$K_j$ は $\mathbb{R}$ の部分多様体で $(n-1)$ 次元である．$\mathbb{R}^n$ の基底 $u_1,\cdots,u_n$ を $u_2,\cdots,u_n$

が $K_j$ の接空間 $T_x K_j\,(\subset T_x\mathbb{R}^n = \mathbb{R}^n)$ の基底になるように選ぶと, $\langle df, u_2\rangle = \cdots = \langle df, u_n\rangle = 0$ かつ $\langle dx_i, u_j\rangle$ は $u_j$ の第 $i$ 成分であるから

$$0 \neq \det(u_1|\cdots|u_n) = \langle dx_1 \wedge \cdots \wedge dx_n, u_1 \wedge \cdots \wedge u_n\rangle$$
$$= \langle df \wedge \omega(x), u_1 \wedge \cdots \wedge u_n\rangle$$
$$= \langle df, u_1\rangle \cdot \langle \omega(x), u_2 \wedge \cdots \wedge u_n\rangle$$

となり, すべての $x \in K_j$ に対して $\omega(x) \neq 0$ であることがわかる. とくに $K_j$ は向きづけ可能であるので, $\omega > 0$ となるように $K_j$ を向きづける. すなわち $\omega$ は $K_j$ の体積要素になる. そこで $h_j \in C_0^\infty(K_j)$ を $h_j \geq 0$ かつ $\int_{K_j} h_j(x)\omega(x) = 1$ を満たすようにとり, 自然数 $L$ に対して $f_j^{(L)} \in C^\infty(V_\mathbb{R})$ を

$$f_j^{(L)}(x) = \begin{cases} 0 & (x \notin V_j) \\ \dfrac{1}{|f(x)|^L} \cdot q(|f(x)|) \cdot h_j\left(\dfrac{x}{|f(x)|^{1/d}}\right) & (x \in V_j) \end{cases}$$

と定める. ここで $q(x)$ は補題 4.26 で存在が保証された関数で $x/|f(x)|^{1/d} \in K_j$ であり, また $x \in V_j$ では $|f(x)| = \varepsilon_j \cdot f(x)$ であることに注意しよう.

**補題 4.29** 任意に与えられた $M_0, M_0' > 0$ に対して自然数 $L$ を $L > (2/d)M_0' + M_0$ ととると, $\nu(M_0', M_0)(f_j^{(L)}) < +\infty$ となる.

[証明] $\operatorname{supp} h_j$ はコンパクトであるから $c_1 = \max\{\|y\|^2;\, y \in \operatorname{supp} h_j\} < +\infty$ である. $x \in \operatorname{supp} f_j^{(L)}$ ならば $x/|f(x)|^{1/d} \in \operatorname{supp} h_j$ ゆえ

$$\left\|\frac{x}{|f(x)|^{\frac{1}{d}}}\right\|^2 = \frac{\|x\|^2}{|f(x)|^{\frac{2}{d}}} \leq c_1$$

となる. 一方, $x \in \operatorname{supp} f_j^{(L)}$ ならば $q(|f(x)|) \neq 0$ であるが, $t < 1$ ならば $q(t) = 0$ であるから $|f(x)| \geq 1$ である. したがって $x \in \operatorname{supp} f_j^{(L)}$ ならば

$$(1 + \|x\|^2) \leq |f(x)|^{\frac{2}{d}} + c_1 |f(x)|^{\frac{2}{d}} = (1 + c_1)|f(x)|^{\frac{2}{d}}$$

となる. $h_j$ はコンパクトな台をもつ $C^\infty$ 関数ゆえ各階の導関数は有界であり, 補題 4.26 により $q(t)$ の各階の導関数も有界であるから, 定数 $c_2$ が存在して $\gamma = (\gamma_1, \cdots, \gamma_n) \in \mathbb{Z}_{\geq 0}^n$, $b \in \mathbb{Z}_{\geq 0}$ が $|\gamma| + b \leq M_0$ を満たせば

§4.3 基本定理の補足

$$\left|\frac{d^b q}{dt^b}(t)\right| \cdot \left|(D^\gamma h_j)\left(\frac{x}{|f(x)|^{\frac{1}{d}}}\right)\right| \leqq c_2 \quad (t \in \mathbb{R}, \, x \in V_j)$$

となる. $D^p f_j^{(L)}(x)$ $(x \in V_j, \, |p| \leqq M_0)$ は

$$\left(\frac{x^\alpha}{|f(x)|^{L+a}}\right) \cdot \left(x^\beta \cdot \frac{d^b q}{dt^b}(|f(x)|)\right)$$
$$\cdot \left(x^\delta \cdot |f(x)|^{-\left(\frac{1}{d}+1\right)|\gamma|-c} \cdot (D^\gamma h_j)\left(\frac{x}{|f(x)|^{\frac{1}{d}}}\right)\right)$$

(ただし $|\alpha| \leqq (d-1)a$, $|\beta| \leqq (d-1)b$, $|\delta| \leqq (d-1)c + d|\gamma|$, $a+b+c+|\gamma| \leqq M_0$) の $\mathbb{R}$-係数 1 次結合で書ける. すべての $p$ ($|p| \leqq M_0$) に対するこれらの係数の絶対値の和を $c_3$ とする.

$$|\alpha| + |\beta| + |\delta| \leqq (d-1)a + (d-1)b + (d-1)c + d|\gamma|$$
$$\leqq d(a+b+c+|\gamma|) \leqq dM_0$$

であるから, $x \in \mathrm{supp}\, f_j^{(L)}$ ならば

$$(1+\|x\|^2)^{M_0'} \cdot |x^{\alpha+\beta+\delta}| \leqq (1+\|x\|^2)^{M_0'} \cdot \sqrt{(1+\|x\|^2)}^{dM_0}$$
$$\leqq (1+c_1)^{M_0' + \frac{d}{2}M_0} |f(x)|^{\frac{2}{d}M_0' + M_0}$$

となり, したがって $c_4 = (1+c_1)^{M_0' + (d/2)M_0} \cdot c_2 c_3$ とおくと

$$(1+\|x\|^2)^{M_0'} \cdot |D^p f_j^{(L)}(x)| \leqq c_4 |f(x)|^{\frac{2}{d}M_0' + M_0 - L - a - \left(\frac{1}{d}+1\right)|\gamma| - c}$$
$$(x \in \mathrm{supp}\, f_j^{(L)}, \, |p| \leqq M_0)$$

を得る. $L \geqq (2/d)M_0' + M_0$ とすると $|f(x)|$ の巾は $\leqq 0$ となるが $x \in \mathrm{supp}\, f_j^{(L)}$ なら $|f(x)| \geqq 1$ であったから, 右辺は $\leqq c_4$ となる. すなわち $\nu(M_0', M_0)(f_j^{(L)}) < +\infty$. ∎

さて命題 4.7 より $s$ が $-1 \leqq \mathrm{Re}\, s < 0$ で定まる領域内のコンパクト集合を動くとき, 十分大きな $M_0$ に対して定数 $c$ が存在して $\varPhi \in C^\infty(V_\mathbb{R})$ が $\nu(M_0, M_0)(\varPhi) < +\infty$ を満たすならば

(4.6) $\quad \left|F_i^*\left(s - \frac{n}{d}, \widehat{\varPhi}\right)\right| \leqq c \cdot \nu(M_0, M_0)(\varPhi) < +\infty$

および

(4.7) $\left| \int_{V_j} |f(x)|^{-s} \cdot \Phi(x) dx \right| \leq c \cdot \nu(M_0, M_0)(\Phi) < +\infty$

が成り立つ.

**補題 4.30** $\Phi \in C^\infty(V_\mathbb{R})$ が十分大きな $M_0$ に対して $\nu(M_0+1, M_0)(\Phi) < +\infty$ を満たすならば, $\Phi \notin \mathcal{S}(V_\mathbb{R})$ であっても基本定理

$$\int_{V_j^*} |f^*(y)|^{s-\frac{n}{d}} \cdot \widehat{\Phi}(y) dy = \gamma\left(s - \frac{n}{d}\right) \sum_{j=1}^{l} c_{ij}(s) \int_{V_j} |f(x)|^{-s} \cdot \Phi(x) dx$$

が成り立つ.

[証明] $V_\mathbb{R}$ と $\mathbb{R}^n$ を同一視して, 自然数 $m$ に対して $\varphi_m \in C_0^\infty(\mathbb{R}^n)$ を命題 3.5 で与えられた関数とする. $\Phi_m(x) = \varphi_m(x)\Phi(x)$ とおくと $\Phi_m \in C_0^\infty(\mathbb{R}^n)$ であるから, 定理 4.17 により

$$F_i^*\left(s - \frac{n}{d}, \widehat{\Phi_m}\right) = \sum_{j=1}^{l} c_{ij}(s) \int_{V_j} |f(x)|^{-s} \cdot \Phi_m(x) dx$$

が成り立つ. $m \to +\infty$ のとき $\nu(M_0, M_0)(\Phi - \Phi_m) \to 0$ となることを示そう. $|p| \leq M_0$ なる $p$ は有限個しかないから, 各 $p$ について $m \to +\infty$ のとき

$$\sup_{x \in \mathbb{R}^n} [(1 + \|x\|^2)^{M_0} \cdot |D^p(\Phi - \Phi_m)(x)|] \to 0$$

を示せばよい.

$$(1 + \|x\|^2)^{M_0} \cdot |D^p(\Phi - \Phi_m)(x)|$$
$$= (1 + \|x\|^2)^{M_0} \cdot |D^p(\Phi(x)(1 - \varphi_m(x)))|$$
$$\leq (1 + \|x\|^2)^{M_0} \cdot \sum_{q,r,q+r=p} \binom{p}{q} |D^q\Phi(x) \cdot D^r(1 - \varphi_m(x))|$$

となるが, $\|x\| \leq m$ ならば $1 - \varphi_m(x) = 0$ ゆえ, この値は 0 に等しい. $\|x\| \geq m$ ならば, $D^r(1 - \varphi_m(x))$ が有界なことと

$$\nu(M_0+1, M_0)(\Phi) = \sup_{x \in \mathbb{R}^n}\left[(1 + \|x\|^2)^{M_0+1} \sum_{\substack{q \\ |q| \leq M_0}} |D^q\Phi(x)|\right] < +\infty$$

であることより, ある定数 $c' > 0$ が存在して

§4.3 基本定理の補足

$$(1+\|x\|^2)^{M_0} \cdot |D^p(\varPhi-\varPhi_m)(x)| \leqq \frac{c'}{1+\|x\|^2} \leqq \frac{c'}{1+m^2} \to 0 \quad (m\to+\infty)$$

となり,結局 $\nu(M_0,M_0)(\varPhi-\varPhi_m)\to 0\ (m\to+\infty)$ が示された.$s$ が $0>\mathrm{Re}\,s\geqq -1$ で定まる領域内のコンパクト集合を動くとき,(4.6) と (4.7) により $F_i^*(s-(n/d),\widehat{\varPhi})$ と $\displaystyle\int_{V_j}|f(x)|^{-s}\varPhi(x)dx$ は収束する.そして $\varPhi_m$ に関しては基本定理が成り立つから

$$\left| F_i^*\left(s-\frac{n}{d},\widehat{\varPhi}\right) - \sum_{j=1}^{l} c_{ij}(s)\int_{V_j}|f(x)|^{-s}\cdot\varPhi(x)dx \right|$$
$$= \left| F_i^*\left(s-\frac{n}{d},\widehat{\varPhi}-\widehat{\varPhi_m}\right) - \sum_{j=1}^{l} c_{ij}(s)\int_{V_j}|f(x)|^{-s}\cdot(\varPhi(x)-\varPhi_m(x))dx \right|$$

となるが,再び (4.6) と (4.7) により

$$\leqq c\cdot\nu(M_0,M_0)(\varPhi-\varPhi_m)\left(1+\sum_{j=1}^{l}|c_{ij}(s)|\right)\to 0 \quad (m\to+\infty)$$

となり

$$F_i^*(s-(n/d),\widehat{\varPhi}) = \sum_{j=1}^{l} c_{ij}(s)\int_{V_j}|f(x)|^{-s}\cdot\varPhi(x)dx$$

が $-1\leqq\mathrm{Re}\,s<0$ で定まる領域内のコンパクト集合でいえた.よって一致の定理により両辺を全 $s$ 平面に有理型関数として解析接続したものについても等式は成り立ち

$$\int_{V_j}|f^*(y)|^{s-\frac{n}{d}}\cdot\widehat{\varPhi}(y)dy = \gamma\left(s-\frac{n}{d}\right)\sum_{j=1}^{l} c_{ij}(s)\int_{V_j}|f(x)|^{-s}\cdot\varPhi(x)dx$$

を得る. ∎

補題 4.29 と補題 4.30 により $L$ を十分大きくとれば

$$F_i^*\left(s-\frac{n}{d},\widehat{f_j^{(L)}}\right) = c_{ij}(s)\int_{V_j}|f(x)|^{-s}f_j^{(L)}(x)dx$$
$$= c_{ij}(s)\int_{V_j}|f(x)|^{-s-L}\cdot q(|f(x)|)\cdot h_j\left(\frac{x}{|f(x)|^{\frac{1}{d}}}\right)df\wedge\omega$$

となる.$t>0$ に対して $K_{j,t}=\{x\in V_j;\ f(x)=\varepsilon_j t\}$ とおく.ここで $K_{j,t}\ni x\mapsto y=t^{-1/d}x\in K_{j,1}=K_j$ の対応より $K_{j,t}$ と $K_j$ を同一視すると $\omega|_{K_{j,t}}=t^{(n/d)-1}\omega|_{K_j}$ となる.実際 $\rho(g)=t^{1/d}I_V$ なる $g\in G_{\mathbb{R}}^+$ をとれば $f(\rho(g)x)=f(t^{1/d}x)=$

$tf(x) = \chi(g)f(x)$ より $\chi(g) = t$ であるから $x = \rho(g)y \in K_{j,t}$ に対して $\omega(x) = \omega(\rho(g)y) = \chi(g)^{(n/d)-1}\omega(y) = t^{(n/d)-1}\omega(y)$ となる。したがって

$$\begin{aligned}F^*&\left(s - \frac{n}{d}, \widehat{f_j^{(L)}}\right) \\ &= c_{ij}(s) \int_0^\infty t^{-s-L} \cdot q(t) \left(\int_{K_{j,t}} h_j\left(\frac{x}{t^{1/d}}\right) \omega(x)\right) dt \\ &= c_{ij}(s) \int_0^\infty t^{-s-L+\frac{n}{d}-1} q(t) dt \int_{K_j} h_j(y)\omega(y) \\ &= c_{ij}(s) \int_0^\infty t^{-s-L+\frac{n}{d}-1} q(t) dt \\ &= c_{ij}(s) \lambda\left(-s - L + \frac{n}{d}\right)\end{aligned}$$

となる。ただし

$$\lambda(z) = \int_0^\infty t^{z-1} q(t) dt \qquad (\operatorname{Re} z < 0)$$

である。補題 4.29 において，$-L + (n/d) < -1$ とすると $-1 \leq \operatorname{Re} s < 0$ ならば $\operatorname{Re}(-s - L + (n/d)) < 0$ となり，そこで $\lambda(-s - L + (n/d))$ は正則関数であり

$$\begin{aligned}F_i^*&\left(s - \frac{n}{d}, \widehat{f_j^{(L)}}\right) \\ &= c_{ij}(s) \lambda\left(-s - L + \frac{n}{d}\right) \\ &= (2\pi)^{-ds} |b_0|^s e^{\frac{\pi\sqrt{-1}}{2}ds} \varepsilon_{ij}(s) t_{ij}(s) \lambda\left(-s - L + \frac{n}{d}\right)\end{aligned}$$

となり

$$t_{ij}(s) = \frac{(2\pi)^{ds} |b_0|^{-s} e^{-\frac{\pi\sqrt{-1}}{2}ds}}{\lambda\left(-s - L + \frac{n}{d}\right) \varepsilon_{ij}(s)} \cdot F_i^*\left(s - \frac{n}{d}, \widehat{f_j^{(L)}}\right)$$

を得る。十分大きな $M_0$ に対して $\nu(M_0, M_0)(f_j^{(L)}) < +\infty$ となるように，補題 4.29 にしたがって自然数 $L$ をとると任意の自然数 $N_0 \, (> 1 + (n/d))$ に対して命題 4.7 の (3) により，$0 > \operatorname{Re} s \geq -1$ において

$$\left| F_i^*\left(s - \frac{n}{d}, \widehat{f_j^{(L)}}\right) \right| \leq c \cdot \frac{\nu(M_0, M_0)(f_j^{(L)})}{\left| \gamma\left(s - \frac{n}{d} + N_0\right) \right|}$$

となる $c$ が存在する. $b(s) = b_0 \prod_{i=1}^{d}(s+\alpha_i)$ $(\alpha_i > 0, \alpha_i \in \mathbb{Q})$ に対して $\gamma(s) = \prod_{i=1}^{d} \Gamma(s+\alpha_i)$ であったが, $N_0$ を $-1 \leqq \operatorname{Re} s < 0$ のとき $\operatorname{Re}(s-(n/d)+N_0+\alpha_i) > 1/2$ $(i=1,2,\cdots,d)$ となるように選ぶ. このとき $\operatorname{Im}(s-(n/d)+N_0+\alpha_i) = \operatorname{Im} s$ ゆえ補題 4.28 により

$$\frac{1}{\left|\gamma\left(s-\dfrac{n}{d}+N_0\right)\right|} = \frac{1}{\prod_{i=1}^{d}\left|\Gamma\left(s-\dfrac{n}{d}+N_0+\alpha_i\right)\right|} \leqq c_1 e^{\frac{\pi d}{2}|\operatorname{Im} s|}$$

$(-1 \leqq \operatorname{Re} s < 0)$ なる定数 $c_1$ が存在する. また補題 4.26 により $-1 \leqq \operatorname{Re} s < 0$ のとき $|\lambda(-s-L+(n/d))| \geqq c_2 e^{-\sqrt{|\operatorname{Im} s|}}$ なる $c_2$ がある. そして $|(2\pi)^{ds}|b_0|^{-s}| = (2\pi)^{d \cdot \operatorname{Re} s} \cdot |b_0|^{-\operatorname{Re} s}$ ゆえ

$$|t_{ij}(s)| \leqq c_3 \left|e^{-\frac{\pi\sqrt{-1}}{2}ds}\varepsilon_{ij}(s)^{-1}\right|e^{\frac{\pi d}{2}|\operatorname{Im} s|+\sqrt{|\operatorname{Im} s|}}$$

$(-1 < \operatorname{Re} s \leqq 0)$ なる定数 $c_3$ の存在がわかる. ここで任意に $\pi > \eta > 0$ をとる. $\sqrt{|\operatorname{Im} s|} > 1/\eta$ ならば

$$e^{\frac{\pi d}{2}|\operatorname{Im} s|+\sqrt{|\operatorname{Im} s|}} \leqq e^{\left(\frac{\pi d}{2}+\eta\right)|\operatorname{Im} s|}$$

であり, $|\exp(-\pi\sqrt{-1}/2)ds| = \exp(((\pi d)/2) \cdot \operatorname{Im} s)$ ゆえ

$$|t_{ij}(s)| \leqq c_3 |e^{-\frac{\pi\sqrt{-1}}{2}ds}\varepsilon_{ij}(s)^{-1}| \cdot e^{\left(\frac{\pi d}{2}+\eta\right)|\operatorname{Im} s|}$$

$$= \begin{cases} c_3 e^{(\pi d+\eta)|\operatorname{Im} s|} & (\varepsilon_{ij}(s)=1, \ \operatorname{Im} s \to +\infty) \\ c_3 e^{(\pi(d-1)+\eta)|\operatorname{Im} s|} & (\varepsilon_{ij}(s)=e^{-\pi\sqrt{-1}s}, \ \operatorname{Im} s \to +\infty) \\ c_3 e^{\eta|\operatorname{Im} s|} & (\varepsilon_{ij}(s)=1, \ \operatorname{Im} s \to -\infty) \\ c_3 e^{(\eta+\pi)|\operatorname{Im} s|} & (\varepsilon_{ij}(s)=e^{-\pi\sqrt{-1}s}, \ \operatorname{Im} s \to -\infty) \end{cases}$$

となる.

補題 4.27 により $t_{ij}(s) = \widetilde{t_{ij}}(e^{2\pi\sqrt{-1}s})$ とあらわすことができる. 補題 4.10 より $c_{ij}(s)$ は整関数であり, したがって $t_{ij}(s)$ も整関数であるから, $\widetilde{t_{ij}}(z)$ は $z=0$ を除いて正則になる.

$z = e^{2\pi\sqrt{-1}s}$ において $\operatorname{Im} s > 1/\eta^2$ ならば $|z| = e^{-2\pi \operatorname{Im} s} < e^{-2\pi/\eta^2}$ ゆえ, $A = \{s \in \mathbb{C}; \ -1 < \operatorname{Re} s \leqq 0, \ \operatorname{Im} s > 1/\eta^2\}$ および $B = \{z \in \mathbb{C}^\times; \ |z| < e^{-2\pi/\eta^2}\}$ とお

くとき，$\varphi: A \to B$ を $\varphi(s) = z = e^{2\pi\sqrt{-1}s}$ で定めることができるが，これは全単射である．この対応で上記の不等式により $B$ においては

$$|\widetilde{t_{ij}}(z)| \leqq \begin{cases} c_3 |z|^{-\frac{d}{2} - \frac{\eta}{2\pi}} & (\varepsilon_{ij}(s) = 1) \\ c_3 |z|^{-\frac{d-1}{2} - \frac{\eta}{2\pi}} & (\varepsilon_{ij}(s) = e^{-\pi\sqrt{-1}s}) \end{cases}$$

となるから $z = 0$ は $\widetilde{t_{ij}}(z)$ の極で，その位数は $\varepsilon_{ij}(s) = 1$ なら $[d/2]$ を越えず，$\varepsilon_{ij}(s) = e^{-\pi\sqrt{-1}s}$ ならば $[(d-1)/2]$ を越えない．すなわち $t_{ij}(s)$ において $\varepsilon_{ij}(s) = 1$ ならば $z^{-1} = e^{-2\pi\sqrt{-1}s}$ の $[d/2]$ を越える巾はあらわれず，$\varepsilon_{ij}(s) = e^{-\pi\sqrt{-1}s}$ ならば $[(d-1)/2]$ を越える巾はあらわれない．同様に $z = e^{2\pi\sqrt{-1}s}$ において $\mathrm{Im}\, s < -1/\eta^2$ ならば $\sqrt{|\mathrm{Im}\, s|} > 1/\eta$ であり $|z| = e^{-2\pi \mathrm{Im}\, s} > e^{2\pi/\eta^2}$，すなわち $|z^{-1}| < e^{-2\pi/\eta^2}$ で上記の不等式より

$$|\widetilde{t_{ij}}(z)| \leqq \begin{cases} c_3 |z^{-1}|^{-\frac{\eta}{2\pi}} & (\varepsilon_{ij}(s) = 1) \\ c_3 |z^{-1}|^{-\frac{1}{2} - \frac{\eta}{2\pi}} & (\varepsilon_{ij}(s) = e^{-\pi\sqrt{-1}s}) \end{cases}$$

であるから，$\lim_{z^{-1} \to 0} z^{-1} \widetilde{t_{ij}}(z) = 0$ となり $z^{-1}$ の関数として $\widetilde{t_{ij}}(z)$ は $z^{-1} = 0$ で正則であり，したがって $\widetilde{t_{ij}}(z)$ に $z$ の正巾の項はあらわれない．すなわち $t_{ij}(s)$ に $e^{2\pi\sqrt{-1}s}$ の正巾の項はあらわれない．よって $t_{ij}(s)$ は $e^{-2\pi\sqrt{-1}s}$ の多項式で，その次数は $\varepsilon_{ij}(s) = 1$，すなわち $\varepsilon_i^* \varepsilon_j b_0 > 0$ ならば $[d/2]$ を越えず，$\varepsilon_{ij}(s) = e^{-\pi\sqrt{-1}s}$，すなわち $\varepsilon_i^* \varepsilon_j b_0 < 0$ ならば $[(d-1)/2]$ を越えないことがわかる．これで定理 4.24 が証明された．

**例 4.1** §4.2 の (a) では，$d = 1$, $b_0 = 1$ ゆえ

$$c_{ij}(s) = (2\pi)^{-s} \cdot e^{\frac{\pi\sqrt{-1}}{2}s} \cdot \varepsilon_{ij}(s) \cdot t_{ij}(s)$$

と表わされるはずで，実際 §4.2 により

$$c_{11}(s) = c_{22}(s) = (2\pi)^{-s} e^{\frac{\pi\sqrt{-1}}{2}s}$$
$$c_{12}(s) = c_{21}(s) = (2\pi)^{-s} e^{-\frac{\pi\sqrt{-1}}{2}s}$$

である．

$$\varepsilon_{11}(s) = \varepsilon_{22}(s) = 1, \quad \varepsilon_{12}(s) = \varepsilon_{21}(s) = e^{-\pi\sqrt{-1}s}$$

に注意すれば $t_{ij}(s)=1$ $(i,j=1,2)$ を得る.

§4.2 の (b) では $d=2$, $b_0=4$, $l=1$, $\varepsilon_{11}(s)=1$ であるから定理 4.24 により
$$c_{11}(s) = (2\pi)^{-2s} \cdot |4|^s \cdot e^{\pi\sqrt{-1}s} \cdot t_{11}(s)$$
$$= \pi^{-2s} \cdot e^{\pi\sqrt{-1}s} \cdot t_{11}(s)$$

であるが，(4.4) により
$$c_{11}(s) = \frac{1}{\sqrt{\det P}} \pi^{-2s} e^{\pi\sqrt{-1}s} \cdot \frac{\pi^{\frac{n}{2}-1}}{2} (\sqrt{-1})^{n-1} \{(-1)^{n-1} + e^{-2\pi\sqrt{-1}s}\}$$

であるから
$$t_{11}(s) = \frac{1}{\sqrt{\det P}} \frac{\pi^{\frac{n}{2}-1}}{2} (\sqrt{-1})^{n-1} \{(-1)^{n-1} + e^{-2\pi\sqrt{-1}s}\}$$

を得る. □

## §4.4 Poisson の和公式

概均質ベクトル空間のゼータ関数あるいはゼータ超関数の関数等式は基本定理（定理 4.17）と Poisson（ポアソン）の和公式を使って導かれるので，ここでは Poisson の和公式について論じよう.

$G$ を局所コンパクト abel 群とする．群 $G$ から絶対値 1 の複素数の群 $\mathbb{C}_1^\times = \{z\in\mathbb{C}; |z|=1\}$ への連続準同型 $\chi:G\to\mathbb{C}_1^\times$ を $G$ の**指標**（character）とよぶ．その全体 $G^*$ は，$(\chi_1\chi_2)(g)=\chi_1(g)\chi_2(g)$ $(\chi_1,\chi_2\in G^*, g\in G)$ により abel 群になる．さらに $G$ の任意の compact 部分集合 $C$ と $\mathbb{C}_1^\times$ の任意の開部分集合 $U$ に対して $W(C,U)=\{\chi\in G^*; \chi(C)\subset U\}$ の全体を開集合の基底として $G^*$ に位相を入れると，$G^*$ も局所コンパクト abel 群になることが知られている．群 $G$ の元 $g$ は $\delta(g):G^*\to\mathbb{C}_1^\times$ を $\delta(g)(g^*)=g^*(g)\in\mathbb{C}_1^\times$ と定めることにより $G^*$ の指標 $\delta(g)$ を定めるから，$\delta:G\to(G^*)^*$ なる写像が得られる.

**定理 4.31**（**Pontryagin**（ポントリャーギン）の双対定理） $\delta: G\to(G^*)^*$ は位相群としての同型写像である．すなわち $G\cong(G^*)^*$. □

これにより $(G^*)^*$ を $G$ と同一視することができるから，$G^*$ を $G$ の**双対群**（dual group）ともいう．$G^*$ の双対群は $G$ である．$G$ がコンパクト abel 群

なら，その双対群 $G^*$ はディスクリート abel 群で，$G$ がディスクリート abel 群ならば $G^*$ はコンパクト abel 群である．ただし各点が開集合である位相群をディスクリート位相群と呼ぶ．

**例 4.2** $G=\mathbb{R}^n$ は局所コンパクト abel 群で，$x={}^t(x_1,\cdots x_n)$, $y={}^t(y_1,\cdots,y_n)\in\mathbb{R}^n$ に対して $\langle x,y\rangle=x_1y_1+\cdots+x_ny_n$ とおくとき，$G$ の指標 $\chi_a$ $(a\in\mathbb{R}^n)$ を $\chi_a(x)=e^{2\pi\sqrt{-1}\langle x,a\rangle}$ $(x\in\mathbb{R}^n)$ と定めると，

$$G^*=\{\chi_a;\, a\in\mathbb{R}^n\}\cong\mathbb{R}^n=G$$

となる． □

**例 4.3** $G=\mathbb{R}^n/\mathbb{Z}^n$ はコンパクト abel 群で $x,a\in\mathbb{Z}^n$ なら $e^{2\pi\sqrt{-1}\langle x,a\rangle}=1$ であるから，$a\in\mathbb{Z}^n$ に対し $\chi_a$ は $G$ の指標を与える．実は $G^*=\{\chi_a;\, a\in\mathbb{Z}^n\}\cong\mathbb{Z}^n$ となり，これはディスクリート abel 群である． □

さて $G$ を局所コンパクト abel 群として $G^*$ をその指標群，すなわち双対群とする．$g^*\in G^*$, $g\in G$ に対して $g^*(g)$ を $\langle g,g^*\rangle$ と記すことにする．これは絶対値 1 の複素数である．$dg$ を $G$ の Haar 測度とする．このとき $\Phi:G\to\mathbb{C}$ なる可積分関数 $\Phi$ の Fourier 変換 $\widehat{\Phi}:G^*\to\mathbb{C}$ を

$$\widehat{\Phi}(g^*)=\int_G \Phi(g)\langle g,g^*\rangle dg$$

で定める．$G=\mathbb{R}^n$, $dg=dx$ で $\Phi:\mathbb{R}^n\to\mathbb{C}$ が急減少関数のときは §3.2 の Fourier 変換になるから，これはその一般化と考えられる．

さらに $\widehat{\Phi}$ が $G^*$ 上で可積分として，$dg^*$ を $G^*$ 上の Haar 測度とすると，$\Phi$ と無関係な定数 $c>0$ が存在して

$$\widehat{\widehat{\Phi}}(g)=\int_{G^*}\widehat{\Phi}(g^*)\langle g,g^*\rangle dg^*=c\Phi(-g)$$

がすべての $\Phi$ に対して成り立つことが知られている．これは命題 3.10 の一般化といえる．ただし $G$ の演算は加法的に表わし，$-g$ は $g$ の逆元を意味する．

$G$ の Haar 測度 $dg$ と $G^*$ の Haar 測度 $dg^*$ の定数倍を調節して $c=1$ とすることができる．このとき $dg$ と $dg^*$ は**互いに双対な測度**であるという．$dg$ と $dg^*$ が双対ならば

$$\widehat{\widehat{\Phi}}(g)=\Phi(-g)\qquad(g\in G)$$

が成り立つ.

**命題 4.32** $dg$ をコンパクト abel 群 $G$ 上の Haar 測度とする. $G$ の双対であるディスクリート abel 群 $G^*$ 上の測度 $dg^*$ を

$$\int_{\{0\}} dg^* = \frac{1}{\int_G dg}$$

により定めると $dg^*$ は $dg$ の双対測度である.

［証明］ $G$ がコンパクトであるから, 定数関数 $\varPhi(g)=1$ $(g\in G)$ は可積分で, その Fourier 変換は $\widehat{\varPhi}(g^*)=\int_G \langle g,g^*\rangle dg$ となる. $\langle g,0\rangle=1$ $(g\in G)$ ゆえ $\widehat{\varPhi}(0)=\int_G dg$ である. $g^*\ne 0$ ならば $\langle g_0,g^*\rangle\ne 1$ となる $g_0\in G$ が存在するが, $dg$ は Haar 測度ゆえ $d(g_0+g)=dg$ となるから

$$\widehat{\varPhi}(g^*)=\int_G \langle g_0+g,\ g^*\rangle d(g_0+g)=\langle g_0,g^*\rangle\int_G \langle g,g^*\rangle dg=\langle g_0,g^*\rangle\widehat{\varPhi}(g^*)$$

かつ $\langle g_0,g^*\rangle\ne 1$ を得る. これより $\widehat{\varPhi}(g^*)=0$ $(g^*\ne 0)$ となる. そこで $\widehat{\widehat{\varPhi}}(g)=c\varPhi(-g)$ に $\varPhi=1$ を適用して

$$c=\widehat{\widehat{\varPhi}}(g)=\int_{G^*}\widehat{\varPhi}(g^*)\langle g,g^*\rangle dg^*$$
$$=\int_{\{0\}}\widehat{\varPhi}(0)dg^*=\left(\int_G dg\right)\left(\int_{\{0\}}dg^*\right)=1,$$

すなわち $dg^*$ は $dg$ の双対測度である. ∎

さて $V_{\mathbb{R}}$ を $\mathbb{R}$ 上の有限次元ベクトル空間, $L$ を (加法群としての) そのディスクリート部分群とする. $L$ が**格子** (lattice) であるとは $V_{\mathbb{R}}/L$ がコンパクトであることで, このとき $V_{\mathbb{R}}$ の基底を適当にとると, $V_{\mathbb{R}}\cong \mathbb{R}^n \supset \mathbb{Z}^n \cong L$ となることが知られている. $V_{\mathbb{R}}^*$ を $V_{\mathbb{R}}$ の双対ベクトル空間として

$$L^*=\{y\in V_{\mathbb{R}}^*;\ \text{すべての } x\in L \text{ に対し } \langle x,y\rangle\in\mathbb{Z}\}$$

を $L$ の**双対格子** (dual lattice) とよぶ. $y\in L^*$ に対し局所コンパクト abel 群 $V_{\mathbb{R}}/L$ の指標 $\chi_y:V_{\mathbb{R}}/L\to \mathbb{C}_1^\times$ を

$$\chi_y(x \bmod L)=e^{2\pi\sqrt{-1}\langle x,y\rangle}$$

で定めると，この対応により $L^*$ は $V_\mathbb{R}/L$ の双対 abel 群と考えることができる．

さて $\Phi \in \mathcal{S}(V_\mathbb{R})$ に対して $\varphi(x) = \sum_{\xi \in L} \Phi(x+\xi)$ とおく．

**補題 4.33**

$$\sum_{\xi \in L} |\Phi(x+\xi)| < +\infty,$$

とくに $\varphi(x) = \sum_{\xi \in L} \Phi(x+\xi) \in C^\infty(V_\mathbb{R})$ である．

［証明］ $V_\mathbb{R}$ の基底を適当にとって，$V_\mathbb{R} = \mathbb{R}^n \supset \mathbb{Z}^n = L$ としてよい．$\Phi \in \mathcal{S}(V_\mathbb{R})$ ゆえ

$$\sup_{x \in V_\mathbb{R}} (1+\|x\|^2)^n |\Phi(x)| = \nu(n,0)(\Phi) = c < +\infty$$

であるから

$$|\Phi(x+\xi)| \leqq \frac{c}{(1+\|x+\xi\|^2)^n} \qquad (x \in \mathbb{R}^n,\ \xi \in \mathbb{Z}^n)$$

となる．いま

$$\{x\} = \begin{cases} 1 & (x=0), \\ x & (x \neq 0), \end{cases}$$

とおくと

$$(1+\|x+\xi\|^2)^n = (1+(x_1+\xi_1)^2+\cdots+(x_n+\xi_n)^2)^n$$
$$\geqq \{x_1+\xi_1\}^2 \cdots \{x_n+\xi_n\}^2$$

であるから

$$\sum_{\xi \in L} \frac{1}{(1+\|x+\xi\|^2)^n} \leqq \sum_{\xi_1,\cdots,\xi_n \in \mathbb{Z}} \frac{1}{\{x_1+\xi_1\}^2 \cdots \{x_n+\xi_n\}^2}$$
$$= \prod_{i=1}^n \sum_{\xi_i \in \mathbb{Z}} \frac{1}{\{x_i+\xi_i\}^2}$$

となるが，

$$\sum_{\xi_i \in \mathbb{Z}} \frac{1}{\{x_i + \xi_i\}^2}$$
$$= \sum_{n=2}^{\infty} \frac{1}{\{x_i - [x_i] - n\}^2} + \frac{1}{\{x_i - [x_i] - 1\}^2} + \frac{1}{\{x_i - [x_i]\}^2}$$
$$+ \sum_{n=1}^{\infty} \frac{1}{\{x_i - [x_i] + n\}^2}$$

において

$$\sum_{n=2}^{\infty} \frac{1}{\{x_i - [x_i] - n\}^2} \leq \sum_{n=2}^{\infty} \frac{1}{\{1-n\}^2} = \sum_{n=1}^{\infty} \frac{1}{n^2} = \frac{\pi^2}{6}$$

かつ

$$\sum_{n=1}^{\infty} \frac{1}{\{x_i - [x_i] + n\}^2} \leq \sum_{n=1}^{\infty} \frac{1}{n^2} = \frac{\pi^2}{6}$$

であるから,結局 $\sum_{\xi \in L} |\Phi(x+\xi)| < +\infty$ が示された.さらに $\varphi(x) = \sum_{\xi \in L} \Phi(x+\xi)$ は絶対一様収束することもわかった.以上の議論は $\Phi$ の導関数についても成立するから,$\varphi(x) \in C^{\infty}(V_{\mathbb{R}})$ を得る.なお $\sum_{n=1}^{\infty} 1/n^2 = \pi^2/6$ を示すには,例えば $\sin \pi s = (\pi/-s) \cdot (\Gamma(s)\Gamma(-s))^{-1}$(定理3.20)と $\Gamma(s)^{-1} = e^{Cs} \cdot s \cdot \prod_{n=1}^{\infty} (1+(s/n))e^{-s/n}$ より

$$\sin \pi s = \pi s \cdot \prod_{n=1}^{\infty} \left(1 - \frac{s^2}{n^2}\right) = \pi s - \left(\sum_{n=1}^{\infty} \frac{1}{n^2}\right) \pi s^3 + \cdots$$

を得る.この両辺を $s$ で3回微分して $s=0$ とおくと $-\pi^3 = -6\pi(\sum_{n=1}^{\infty}(1/n^2))$,すなわち $\sum_{n=1}^{\infty} 1/n^2 = \pi^2/6$ となる. ∎

さて $\varphi(x+\xi) = \varphi(x)$ が任意の $\xi \in L$ に対して成り立つから,$\varphi(x)$ は $V_{\mathbb{R}}/L$ 上の関数と考えることができる.この Fourier 変換は,$\eta \in L^*$ に対して

$$\widehat{\varphi}(\eta) = \int_{V_{\mathbb{R}}/L} \left(\sum_{\xi \in L} \Phi(x+\xi)\right) e^{2\pi\sqrt{-1}\langle x, \eta \rangle} dx$$

であるが $\langle x, \eta \rangle = \langle x+\xi, \eta \rangle$ で $d(x+\xi) = dx$ であるから

$$\widehat{\varphi}(\eta) = \int_{V_{\mathbb{R}}} \Phi(x) e^{2\pi\sqrt{-1}\langle x, \eta \rangle} = \widehat{\Phi}(\eta)$$

となる．$V_\mathbb{R}/L$ はコンパクトであるから $\int_{V_\mathbb{R}/L} dx < +\infty$ で，$\mathrm{vol}(L) = \int_{V_\mathbb{R}/L} dx$ とおくと，命題 4.32 により $L^*$ 上の，$dx$ の双対測度は1点の体積が $1/\mathrm{vol}(L)$ であるもので，したがって

$$\sum_{\xi \in L} \Phi(\xi - x) = \varphi(-x) = \widehat{\widehat{\varphi}}(x)$$
$$= \frac{1}{\mathrm{vol}(L)} \sum_{\eta \in L^*} \widehat{\varphi}(\eta) e^{2\pi\sqrt{-1}\langle \eta, x \rangle}$$
$$= \frac{1}{\mathrm{vol}(L)} \sum_{\eta \in L^*} \widehat{\Phi}(\eta) e^{2\pi\sqrt{-1}\langle \eta, x \rangle}$$

を得る．ここで $x=0$ とおくと

$$\sum_{\xi \in L} \Phi(\xi) = \frac{1}{\mathrm{vol}(L)} \sum_{\eta \in L^*} \widehat{\Phi}(\eta)$$

という有名な **Poisson の和公式**を得る．以上をまとめて次を得る．

**定理 4.34**（**Poisson の和公式**） $L$ を $V_\mathbb{R}$ の格子，$\mathrm{vol}(L) = \int_{V_\mathbb{R}/L} dx$, $L^* = \{y \in V_\mathbb{R};\ $ すべての $x \in L$ に対して $\langle y, x \rangle \in \mathbb{Z}\}$ を $L$ の双対格子，$\Phi \in \mathcal{S}(V_\mathbb{R})$ の Fourier 変換を

$$\widehat{\Phi}(y) = \int_{V_\mathbb{R}} \Phi(x) e^{2\pi\sqrt{-1}\langle x, y \rangle} dx$$

で定義すると，

$$\sum_{\xi \in L} \Phi(\xi - x) = \frac{1}{\mathrm{vol}(L)} \sum_{\eta \in L^*} \widehat{\Phi}(\eta) e^{2\pi\sqrt{-1}\langle x, \eta \rangle},$$

とくに

$$\sum_{\xi \in L} \Phi(\xi) = \frac{1}{\mathrm{vol}(L)} \sum_{\eta \in L^*} \widehat{\Phi}(\eta)$$

が成り立つ． □

**系 4.35** $(G, \rho, V)$ を §4.1 の仮定を満たす概均質ベクトル空間とする．$g \in G_\mathbb{R}^+$ と $\Phi \in \mathcal{S}(V_\mathbb{R})$ に対して

$$\sum_{x \in L} \Phi(\rho(g)x) = \frac{1}{\mathrm{vol}(L)} \cdot |\chi(g)|^{-\frac{n}{d}} \sum_{y \in L^*} \widehat{\Phi}(\rho^*(g)y)$$

が成り立つ．

[証明] 命題 4.9 の証明で示したように

$$\widehat{\Phi^{\rho(g)}} = |\chi(g)|^{-\frac{n}{d}} \left(\widehat{\Phi}\right)^{\rho^*(g)}$$

が $g\in G_{\mathbb{R}}^+$ に対して成り立つから定理 4.34 の $\Phi$ として $\Phi^{\rho(g)}$ を使えばよい. ∎

## §4.5 ゼータ超関数

概均質ベクトル空間の基本定理を証明したあとに佐藤幹夫は超関数としてのゼータ関数を定義してその関数等式を証明した. この部分は歴史的に見て重要だった時期があり,その後,解析関数としてのゼータ関数が新谷卓郎により得られてからは,数論との関係もはっきりしないままに忘れられつつあるのが現状である. これに関する文献も「数学の歩み, 15–1」[26] しかないようなので, ここで記しておくことにするが, 読者は第 5 章へ移っても差しつかえない.

さて §4.1 と同じ記号で $V_{\mathbb{R}} - S_{\mathbb{R}} = V_1 \cup \cdots \cup V_l$ とする. $L$ を $V_{\mathbb{R}}$ の格子, その双対格子を $L^*$ とするとき, $V_{\mathbb{R}} \times V_{\mathbb{R}}^*$ 上の緩増加超関数 $\widetilde{\zeta}_j(L,s)$ および $\widetilde{\zeta}_k^*(L^*,s)$ $(j,k=1,\cdots,l)$ を $\varphi \in \mathcal{S}(V_{\mathbb{R}} \times V_{\mathbb{R}}^*)$ に対して

$$\widetilde{\zeta}_j(L,s)(\varphi) = \sum_{\nu \in L} \int_{V_j \times V_{\mathbb{R}}^*} |f(x)|^s \cdot \varphi(\nu-x,y) \cdot e^{2\pi\sqrt{-1}\langle x,y\rangle} dx dy,$$

$$\widetilde{\zeta}_k^*(L^*,s)(\varphi) = \sum_{\nu^* \in L^*} \int_{V_{\mathbb{R}} \times V_k^*} |f^*(y)|^s e^{2\pi\sqrt{-1}\langle x,\nu^*\rangle} \varphi(x,y-\nu^*) dx dy,$$

で定める. 形式的には $\sum_{\nu \in L} |f(\nu-x)|_j^s \cdot e^{2\pi\sqrt{-1}\langle\nu-x,y\rangle}$ および $\sum_{\nu^* \in L^*} |f^*(y+\nu^*)|_k^s \cdot e^{2\pi\sqrt{-1}\langle x,\nu^*\rangle}$ を超関数とみたものがそれぞれ $\widetilde{\zeta}_j(L,s)$ および $\widetilde{\zeta}_k^*(L^*,s)$ である. また

$$T_j(s,\varphi) = \frac{1}{\gamma(s)} \sum_{\nu^* \in L^*} \int_{V_j} e^{2\pi\sqrt{-1}\langle x,\nu^*\rangle} \cdot |f(x)|^s \cdot \varphi(x,\nu^*) dx$$

とおくと §4.1 と同様にして, $s$ に正則に依存する $V_{\mathbb{R}} \times V_{\mathbb{R}}^*$ 上の緩増加超関数を定めることがわかる.

さて $\varphi \in \mathcal{S}(V_{\mathbb{R}} \times V_{\mathbb{R}})^*$ に対して,

$$\widetilde{\varphi}(x,y) = \int_{V_{\mathbb{R}} \times V_{\mathbb{R}}^*} \varphi(\xi,\eta) \cdot e^{2\pi\sqrt{-1}\{\langle x,\eta\rangle + \langle y,\xi\rangle\}} \cdot d\xi d\eta$$

とおく. $\langle x,\xi\rangle$, $\langle y,\eta\rangle$ ではなく $\langle x,\eta\rangle$, $\langle y,\xi\rangle$ を考えていることに注意しよう.

**補題 4.36**
$$T_j(s,\widetilde{\varphi}) = \frac{\text{vol}(L)}{\gamma(s)}\widetilde{\zeta}_j(L,s)(\varphi).$$

［証明］ $F_\eta(\xi) = \varphi(\xi,\eta)$ とおくと
$$\begin{aligned}\widetilde{\varphi}(x,\nu^*) &= \iint \varphi(\xi,\eta) e^{2\pi\sqrt{-1}(\langle x,\eta\rangle + \langle \nu^*,\xi\rangle)} d\xi d\eta \\ &= \int e^{2\pi\sqrt{-1}\langle x,\eta\rangle} \left( \int F_\eta(\xi) e^{2\pi\sqrt{-1}\langle \nu^*,\xi\rangle} d\xi \right) d\eta \\ &= \int_{V_\mathbb{R}^*} e^{2\pi\sqrt{-1}\langle x,\eta\rangle} \widehat{F_\eta}(\nu^*) d\eta \end{aligned}$$

であるから,
$$\begin{aligned}&T_j(s,\widetilde{\varphi}) \\ &= \frac{1}{\gamma(s)} \int_{V_j} \sum_{\nu^*\in L^*} e^{2\pi\sqrt{-1}\langle x,\nu^*\rangle} \cdot |f(x)|^s \cdot \widetilde{\varphi}(x,\nu^*) dx \\ &= \frac{1}{\gamma(s)} \int_{V_j} |f(x)|^s \int_{V_\mathbb{R}^*} e^{2\pi\sqrt{-1}\langle x,\eta\rangle} \left( \sum_{\nu^*\in L^*} e^{2\pi\sqrt{-1}\langle x,\nu^*\rangle} \widehat{F_\eta}(\nu^*) \right) d\eta dx \end{aligned}$$

となる. 定理 4.34 により,
$$\begin{aligned}\sum_{\nu^*\in L^*} e^{2\pi\sqrt{-1}\langle x,\nu^*\rangle} \widehat{F_\eta}(\nu^*) &= \text{vol}(L) \cdot \sum_{\nu\in L} F_\eta(\nu - x) \\ &= \text{vol}(L) \sum_{\nu\in L} \varphi(\nu-x,\eta)\end{aligned}$$

が成り立つから,
$$\begin{aligned}T_j(s,\widetilde{\varphi}) &= \frac{\text{vol}(L)}{\gamma(s)} \sum_{\nu\in L} \int_{V_j \times V_\mathbb{R}^*} |f(x)|^s \cdot \varphi(\nu-x,\eta) \cdot e^{2\pi\sqrt{-1}\langle x,\eta\rangle} dx d\eta \\ &= \frac{\text{vol}(L)}{\gamma(s)} \cdot \widetilde{\zeta}_j(L,s)(\varphi)\end{aligned}$$

を得る. ■

**補題 4.37**

（1） $y \in V_\mathbb{R}^*$ に対して
$$\Phi(y) = \sum_{\nu^*\in L^*} \int_{V_\mathbb{R}} \varphi(x,y-\nu^*) e^{2\pi\sqrt{-1}\langle x,\nu^*\rangle} dx$$

とおくと $z \in V_{\mathbb{R}}$ に対して

$$\widehat{\Phi}(z) = \sum_{\nu^* \in L^*} \widetilde{\varphi}(z, \nu^*) e^{2\pi\sqrt{-1}\langle \nu^*, z \rangle}.$$

（2）

$$F_j(s, \widehat{\Phi}) = \frac{\mathrm{vol}(L)}{\gamma(s)} \widetilde{\zeta}_j(L, s)(\varphi).$$

［証明］

$$\widehat{\Phi}(z) = \sum_{\nu^* \in L^*} \int_{V_{\mathbb{R}}} \int_{V_{\mathbb{R}}^*} \varphi(x, y - \nu^*) e^{2\pi\sqrt{-1}\langle x, \nu^* \rangle} \cdot e^{2\pi\sqrt{-1}\langle y, z \rangle} dx dy$$

において，$y' = y - \nu^*$ とおくと $e^{2\pi\sqrt{-1}\langle y, z \rangle} = e^{2\pi\sqrt{-1}\langle y', z \rangle} \cdot e^{2\pi\sqrt{-1}\langle \nu^*, z \rangle}$ で $dy = dy'$ であるから，

$$\widehat{\Phi}(z) = \sum_{\nu^* \in L^*} e^{2\pi\sqrt{-1}\langle \nu^*, z \rangle} \cdot \int_{V_{\mathbb{R}} \times V_{\mathbb{R}}^*} \varphi(x, y') e^{2\pi\sqrt{-1}\{\langle x, \nu^* \rangle + \langle y', z \rangle\}} dx dy'$$
$$= \sum_{\nu^* \in L^*} e^{2\pi\sqrt{-1}\langle \nu^*, z \rangle} \widetilde{\varphi}(z, \nu^*)$$

となり（1）を得る．

補題 4.36 により

$$\frac{\mathrm{vol}(L)}{\gamma(s)} \widetilde{\zeta}_j(L, s)(\varphi) = T_j(s, \widetilde{\varphi})$$
$$= \frac{1}{\gamma(s)} \int_{V_j} |f(x)|^s \sum_{\nu^* \in L^*} e^{2\pi\sqrt{-1}\langle x, \nu^* \rangle} \widetilde{\varphi}(x, \nu^*) dx$$
$$= \frac{1}{\gamma(s)} \int_{V_j} |f(x)|^s \cdot \widehat{\Phi}(x) dx = F_j(s, \widehat{\Phi})$$

により（2）を得る． ∎

**定理 4.38**（ゼータ超関数の関数等式；佐藤幹夫） $(1/\gamma(s))\widetilde{\zeta}_j(L, s)$ は全 $s$ 平面で正則な超関数で

$$\frac{1}{\gamma\left(s - \frac{n}{d}\right)} \widetilde{\zeta}_j\left(L, s - \frac{n}{d}\right) = \frac{1}{\mathrm{vol}(L)} \sum_{k=1}^{l} c_{jk}(s) \widetilde{\zeta}_k^*(L^*, -s)$$

なる関数等式を満たす．

[証明] 補題 4.37 の (2) と定理 4.17 により

$$\frac{\mathrm{vol}(L)}{\gamma\left(s-\dfrac{n}{d}\right)}\cdot\widetilde{\zeta}_j\left(L,s-\dfrac{n}{d}\right)(\varphi)$$
$$=F_j\left(s-\dfrac{n}{d},\widehat{\varPhi}\right)$$
$$=\sum_k c_{jk}(s)\int_{V_k^*}|f^*(y)|^{-s}\cdot\varPhi(y)dy$$
$$=\sum_k c_{jk}(s)\int_{V_\mathbb{R}\times V_k^*}|f^*(y)|^{-s}\cdot\sum_{\nu^*\in L^*}e^{2\pi\sqrt{-1}\langle x,\nu^*\rangle}\cdot\varphi(x,y-\nu^*)dxdy$$
$$=\sum_k c_{jk}(s)\widetilde{\zeta}_k^*(L^*,-s)(\varphi)$$

を得る. ∎

# 第5章
# 概均質ベクトル空間のゼータ関数

1変数解析関数としてのゼータ関数は新谷卓郎により構成された．新谷氏は筆者に「1変数と多変数の間には本質的なギャップがあってなかなか多変数の場合がうまくいかない」とよく話していたが，結局多変数ゼータ関数の理論は佐藤文広によって構成された．本書は入門書なので1変数の場合を扱うが，その場合に佐藤文広氏による明解な説明が，概均質ベクトル空間のゼータ関数入門, 京大数理研講究録924 (1995), 46–60 にある．そこで本書のこの章は佐藤文広氏の解説に沿って，多少説明を補いながら進めることにする．

## §5.1 群論的準備

$GL_n(\mathbb{C})$ の部分群 $G$ が $\mathbb{Q}$ 上定義された代数群であるとする．このとき $G_\mathbb{R} = G \cap GL_n(\mathbb{R})$ である．$\mathbb{R}^n$ の格子 $\mathbb{Z}^n$ を不変にする $GL_n(\mathbb{R})$ の部分群は

$$GL_n(\mathbb{Z}) = \{A \in M_n(\mathbb{Z}); \det A = \pm 1\}$$

であり，$G_\mathbb{Z} = G \cap GL_n(\mathbb{Z})$ とおく．すなわち $G_\mathbb{R}$ の元で格子 $\mathbb{Z}^n$ を不変にするものの全体が $G_\mathbb{Z}$ である．

**命題 5.1** $G (\subset GL_n(\mathbb{C}))$ を $\mathbb{Q}$ 上定義された連結代数群とし，$\rho: G \to GL(V)$ を $\mathbb{Q}$-有理表現，$L$ を $V_\mathbb{Q}$ 内の格子，そして $\Gamma = \{g \in G_\mathbb{Z}; \rho(g)L = L\}$ とおくと $[G_\mathbb{Z} : \Gamma] < +\infty$ である．

[証明] $G_\mathbb{Z}$ の元は $\det = \pm 1$ であるから $[G_\mathbb{Z} : G_\mathbb{Z} \cap SL_n(\mathbb{C})] \leq 2$ である. そこで $G$ のかわりに $G \cap SL_n(\mathbb{C})$ の連結成分を考えればよいから $G \subset SL_n(\mathbb{C})$ と仮定してよい. そのとき $L$ の $\mathbb{Z}$-基底をとって $V = \mathbb{C}^N \supset L = \mathbb{Z}^N$, $GL(V) = GL_N(\mathbb{C})$ とすると, $\rho(g) = (\rho(g)_{st})$ において $\rho(g)_{st}$ は $g = (g_{ij})$ の多項式になる. 一般にはこれと $(\det g)^{-1}$ の多項式になるが, いま $G \subset SL_n(\mathbb{C})$ としていることに注意.

いま $g'_{ij} = g_{ij} - \delta_{ij}$ (ただし $i = j$ なら $\delta_{ij} = 1$ で $i \neq j$ なら $\delta_{ij} = 0$) とおくと $\mathbb{Q}$ 係数 $n^2$ 変数の多項式 $P_{st}$ が存在して $\rho(g)_{st} - \delta_{st} = P_{st}(g'_{11}, g'_{12}, \cdots, g'_{nn})$ と表わせる. 自然数 $m$ で $mP_{st}$ が $\mathbb{Z}$-係数多項式になるものをとる. $P_{st}(0, \cdots, 0) = 0$ ゆえ $P_{st}$ は定数項がないから, もしすべての $g'_{ij}$ が $m\mathbb{Z}$ に属するなら

$$P_{st}(g'_{11}, g'_{12}, \cdots, g'_{nn}) \in \mathbb{Z}$$

となることに注意しよう. $M = \{g \in G_\mathbb{Z}; g \equiv 1_n \pmod{m}\}$ は $G_\mathbb{Z}$ の指数有限な正規部分群で $g = (g_{ij}) \in M$ なら $g'_{ij} \in m\mathbb{Z}$ (すべての $i, j = 1, \cdots, n$) となるから, $\rho(g)_{st} \in \mathbb{Z}$ となり $\rho(M)L = L$, したがって $M \subset \Gamma$ となる. とくに $[G_\mathbb{Z} : \Gamma] < +\infty$ である. ∎

とくに $\rho$ が単射の場合を考えると, $\Gamma = G_\mathbb{Z} \cap \rho^{-1}(\rho(G)_\mathbb{Z})$ であるから

$$[\rho(G_\mathbb{Z}) : \rho(G_\mathbb{Z}) \cap \rho(G)_\mathbb{Z}] = [G_\mathbb{Z} : \Gamma] < +\infty$$

となる. 次に $G$ のかわりに $\rho(G)$ を考え, $\rho$ のかわりに $\rho^{-1}$ を考えると, $G_\mathbb{Z}$ は $\rho(G)_\mathbb{Z}$ に, $\Gamma$ は $\rho(G)_\mathbb{Z} \cap \rho(G_\mathbb{Z})$ となるから

$$[\rho(G)_\mathbb{Z} : \rho(G_\mathbb{Z}) \cap \rho(G)_\mathbb{Z}] < +\infty$$

という関係も得られる. そこで, 一般に群 $G$ の部分群 $H_1$ と $H_2$ が**通約的**(commensurable)であるということを $[H_1 : H_1 \cap H_2] < +\infty$ かつ $[H_2 : H_1 \cap H_2] < +\infty$ と定めれば, $\rho(G_\mathbb{Z})$ と $\rho(G)_\mathbb{Z}$ は通約的であることがわかる. この通約的という関係は同値関係である. すなわち

**補題 5.2** $H_1$ と $H_2$, および $H_2$ と $H_3$ が通約的ならば $H_1$ と $H_3$ も通約的である.

［証明］ $[H_1:H_1\cap H_3]<+\infty$ を示すには

$$[H_1:H_1\cap H_2\cap H_3]=[H_1:H_1\cap H_2][H_1\cap H_2:H_1\cap H_2\cap H_3]$$

の有限性, すなわち $[H_1\cap H_2:H_1\cap H_2\cap H_3]<+\infty$ を示せばよく, それには写像

$$\varphi:H_1\cap H_2/H_1\cap H_2\cap H_3\to H_2/H_2\cap H_3$$

が単射であることをみればよい. ただし

$$\varphi(a(H_1\cap H_2\cap H_3))=a(H_2\cap H_3)$$

とする. もし $a(H_2\cap H_3)=b(H_2\cap H_3)$ $(a,b\in H_1\cap H_2)$ ならば $b^{-1}a\in H_1\cap H_2\cap H_3$ ゆえ, $a(H_1\cap H_2\cap H_3)=b(H_1\cap H_2\cap H_3)$ となり $\varphi$ は単射である. ∎

$G_\mathbb{Z}$ と通約的な $G_\mathbb{R}$ の部分群を**数論的部分群** (arithmetic subgroup) とよぶ. $G_\mathbb{Z}$ は座標系による概念であるが, 数論的部分群という概念は座標によらないことが次の定理からわかる.

**定理 5.3** $G$, $G'$ が $\mathbb{Q}$ 上定義された代数群で, $\varphi:G\to G'$ を $\mathbb{Q}$ 上定義された有理同型写像, $\Gamma$ を $G$ の数論的部分群とすれば, $\varphi(\Gamma)$ は $G'$ の数論的部分群である.

［証明］ $G_\mathbb{Z}$ と $\Gamma$ は通約的で $\varphi$ は同型写像ゆえ $\varphi(G_\mathbb{Z})$ と $\varphi(\Gamma)$ は通約的である. 一方, 命題 5.1 のあとの注意により $\varphi(G_\mathbb{Z})$ と $\varphi(G)_\mathbb{Z}=G'_\mathbb{Z}$ は通約的である. したがって補題 5.2 により $\varphi(\Gamma)$ は $G'_\mathbb{Z}$ と通約的, すなわち $\varphi(\Gamma)$ は $G'$ の数論的部分群である. ∎

さて $V_\mathbb{Q}$ 内の格子 $L$ が与えられたとき, $L\cong\mathbb{Z}^n$ となる基底をとって $G_\mathbb{Z}$ を考えると, $G_\mathbb{Z}$ は $L$ を不変にする $G_\mathbb{Q}$ の数論的部分群であるが, 逆に $\Gamma$ が $G_\mathbb{Q}$ の任意の数論的部分群とすると, $\Gamma$ で不変な格子 $L$ の存在が次の命題からわかる.

**命題 5.4** $G(\subset GL_n(\mathbb{C}))$ を $\mathbb{Q}$ 上定義された代数群, $\Gamma$ が $G_\mathbb{Q}$ の数論的部分群とすると $\mathbb{Q}^n$ 内に $\Gamma$-不変な格子 $L$ が存在し, $L$ を不変にする $G$ の元全体のなす群を $G^L$ とすると $[G^L:\Gamma]<+\infty$ である.

［証明］ $M=\mathbb{Z}^n$ とすると $[\Gamma:G_\mathbb{Z}\cap\Gamma]<+\infty$ であるから $\gamma(M)\,(\gamma\in\Gamma)$ は有限個，したがって $\cup_{\gamma\in\Gamma}\gamma(M)$ の生成する部分群 $L$ は有限生成で，しかも基底を含むから格子である．$L$ は明らかに $\Gamma$-不変であり，したがって $\Gamma\subset G^L$ であるが共に数論的部分群であるから $[G^L:\Gamma]<+\infty$ である． ∎

さて対角成分がすべて 1 である上三角行列全体のなす $GL_n(\mathbb{C})$ の部分群を $U'_n(\mathbb{C})$ とする．$GL_n(\mathbb{C})$ の部分代数群 $U$ が**ユニポテント代数群**（unipotent algebraic group）であるとは $g^{-1}Ug\subset U'_n(\mathbb{C})$ となる $g\in GL_n(\mathbb{C})$ が存在することである．例えば，

$$\left(\begin{array}{c|c}I_n & A \\ \hline 0 & I_n\end{array}\right)\left(\begin{array}{c|c}I_n & B \\ \hline 0 & I_n\end{array}\right)=\left(\begin{array}{c|c}I_n & A+B \\ \hline 0 & I_n\end{array}\right)$$

であるから

$$U=\left\{\left(\begin{array}{c|c}I_n & A \\ \hline 0 & I_n\end{array}\right)\in GL_{2n}(\mathbb{C});\ A\in M_n(\mathbb{C})\right\}$$

は加法群 $M_n(\mathbb{C})$ と同型なユニポテント代数群である．とくに $n=1$ の場合，$\chi\left(\left(\begin{smallmatrix}1 & x \\ 0 & 1\end{smallmatrix}\right)\right)=e^x$ は $U$ から $GL_1=\mathbb{C}^\times$ への準同型になるが，これは有理写像ではない．ユニポテント群の有理指標は 1 のみである．すなわち $X(U)=\{1\}$．これはユニポテントな元の有理準同型像はユニポテントという事実と $GL_1(\mathbb{C})$ のユニポテントな元は 1 のみという事実から得られる．さらに $U$ が $\mathbb{Q}$ 上定義されたユニポテント代数群ならば，$U_\mathbb{R}/U_\mathbb{Z}$ はコンパクトになることが知られている．さきほどの $U\cong M_n(\mathbb{C})$ の例では $U_\mathbb{R}/U_\mathbb{Z}\cong(\mathbb{R}/\mathbb{Z})^{n^2}$ である．

**定理 5.5** 一般に標数 0 の体 $k$ 上で定義された連結線形代数群 $G$ は $k$ 上定義された簡約可能代数群 $H$ とユニポテント正規部分代数群 $U$ との半直積 $G=H\cdot U$ となる．

［証明］ 例えば G. D. Mostow, Fully reducible subgroups of algebraic groups, Amer. J. Math. **78** (1956), 200–221 の Theorem 7.1（217 頁）を参照． ∎

そこで簡約可能な代数群 $G$ を考えよう．その連結成分 $G^\circ$ は $T\cdot G'$ と表わされる．$T$ は $G^\circ$ の中心に含まれる（すなわち $G^\circ$ のすべての元と可換な）代数的トーラス $T\cong GL_1(\mathbb{C})^n$ で $G'$ は半単純代数群，$T\cap G'$ は有限集合，となる．

$\chi: G' \to GL_1$ が $\chi \neq 1$ なる有理指標とすると $\ker \chi = \{g' \in G'; \chi(g') = 1\}$ は $G'$ の余次元1の正規部分群になるが,$G'$ は半単純代数群ゆえ,そのような部分群は存在しない.したがって,$X(G') = \{1\}$ である.

さて定理3.1により局所コンパクト群 $G$ には正の定数倍を除いて唯一の Haar 測度 $d\mu(g)$(すなわち $d\mu(g'g) = d\mu(g)$)が存在するが,$g_1 \in G$ を任意に固定して $d\mu_1(g) = d\mu(gg_1)$ とすると,これも Haar 測度であるから $d\mu_1$ と $d\mu$ は正の定数倍 $\Delta(g_1)$ を除いて一致する:$d\mu(gg_1) = \Delta(g_1)d\mu(g)$.この $\Delta$ は $G$ から $\mathbb{R}_+^\times = \{r \in \mathbb{R}; r > 0\}$ への連続準同型を与え,$G$ の**モジュール**(module)とよばれる.$\Delta = 1$ となる $G$ を**ユニモジュラー群**(unimodular group)とよぶ.そこには不変測度,すなわち左不変かつ右不変な測度が存在する.

とくに $\mathbb{Q}$ 上定義された代数群 $G$ の $\mathbb{R}$-有理点のなす群 $G_\mathbb{R}$ は局所コンパクト群というだけではなく,Lie 群の構造ももち,この場合は §3.6 で見たように $\Delta(g) = |\det \mathrm{Ad}(g^{-1})|$ となる.ここで $\mathrm{Ad}(g): \mathfrak{g} \to \mathfrak{g}$($\mathfrak{g}$ は $G_\mathbb{R}$ の Lie 環)は $\mathrm{Ad}(g)X = gXg^{-1}$ で定義される,いわゆる $G$ の随伴表現である.

$G_\mathbb{R}$ のディスクリート部分群 $\Gamma$ に対して,$G_\mathbb{R}$ 上の Haar 測度は $\Gamma \backslash G_\mathbb{R}$ 上の測度 $\mu$ のうち可測集合 $E \subset \Gamma \backslash G_\mathbb{R}$ に対して $\mu(Eg) = \Delta(g) \cdot \mu(E)$ となるものを与える.もし $\mu(\Gamma \backslash G_\mathbb{R}) < +\infty$ ならば,$\mu((\Gamma \backslash G_\mathbb{R}) \cdot g) = |\Delta(g)| \cdot \mu(\Gamma \backslash G_\mathbb{R})$ より $\Delta(g) = 1$ $(g \in G_\mathbb{R})$ となるから,$\mu$ は不変測度であり,$G_\mathbb{R}$ はユニモジュラーとなることに注意しよう.

$G'$ が $\mathbb{Q}$ 上定義された半単純代数群ならば,$G'_\mathbb{R}$ 上の Haar 測度 $\mu$ に関して $\mu(G'_\mathbb{R}/G'_\mathbb{Z}) < +\infty$ が知られている(A. Borel and Harish-Chandra [1] の 519 頁を参照).

一般に $K$ が代数群 $G$ の定義体であるとき,$G$ から $GL(1)$ への $K$ 上定義された有理指標の全体を $X_K(G)$ と表わそう.

さて代数群 $T$ が**トーラス**とは $\mathbb{C}$ 上で $T \cong GL_1(\mathbb{C})^n = (\mathbb{C}^\times)^n$ となることである.$T$ が $\mathbb{C}$ の部分体 $k$ 上で定義され,しかも $k$ 上で $T \cong GL_1(\mathbb{C})^n$ となるならば,$T$ は $k$ 上**分裂**(split)するという.ただし,ここで $GL_1(\mathbb{C})$ の $k$-構造は自明なもの $GL_1(\mathbb{C})_k = GL_1(k)$ を考える.

**命題 5.6** $T$ を $\mathbb{Q}$ 上定義されたトーラスとする.$X_\mathbb{Q}(T) = \{1\}$ ならば $T_\mathbb{R}/T_\mathbb{Z}$ はコンパクトである.とくに $T_\mathbb{R}$ 上の不変測度を $\mu$ とするとき,$\mu(T_\mathbb{R}/T_\mathbb{Z}) < +\infty$

である.逆に $X_{\mathbb{Q}}(T) \neq \{1\}$ ならば $\mu(T_{\mathbb{R}}/T_{\mathbb{Z}}) = +\infty$.

［証明］ 例えば V. Platonov and A. Rapinchuk [18] の Theorem 4.11 を参照. これは小野孝により得られた. ∎

**例 5.1** $m \in \mathbb{Z}$, $\sqrt{m} \notin \mathbb{Q}$ となる $m$ に対して

$$T = \left\{ \begin{pmatrix} x & my \\ y & x \end{pmatrix} \in GL_2(\mathbb{C}); \ x^2 - my^2 = 1 \right\},$$

$$A = \begin{pmatrix} \sqrt{m} & -\sqrt{m} \\ 1 & 1 \end{pmatrix},$$

とおくと

$$A^{-1} \begin{pmatrix} x & my \\ y & x \end{pmatrix} A = \begin{pmatrix} x + \sqrt{m}\,y & 0 \\ 0 & x - \sqrt{m}\,y \end{pmatrix}$$

であるから $T$ は $\mathbb{Q}$ 上定義された 1 次元トーラスで,$\chi\left(\begin{pmatrix} x & my \\ y & x \end{pmatrix}\right) = x + \sqrt{m}\,y$ とおくと $X(T) = \{\chi^n; n \in \mathbb{Z}\}$, $X_{\mathbb{Q}}(T) = \{1\}$ である.$\chi$ は $\mathbb{Q}(\sqrt{m})$ 上定義されているが,$\mathbb{Q}$ 上では定義されない.$\chi: T \cong GL_1(\mathbb{C})$ ゆえ $T$ は $\mathbb{Q}(\sqrt{m})$ 上分裂している.$m < 0$ なら $T_{\mathbb{R}}$ は $\{(x,y) \in \mathbb{R}^2; x^2 + |m| \cdot y^2 = 1\}$ と同相ゆえコンパクトである.$m = 2$ なら $T_{\mathbb{R}}$ は $\{(x,y) \in \mathbb{R}^2; x^2 - 2y^2 = 1\}$ と同相ゆえコンパクトではないが,$\left\{ \begin{pmatrix} 3 & 4 \\ 2 & 3 \end{pmatrix}^n; n \in \mathbb{Z} \right\} \subset T_{\mathbb{Z}}$ であり,$T_{\mathbb{R}}/T_{\mathbb{Z}}$ がコンパクトになることがわかる.なお $T' = \left\{ \begin{pmatrix} x & my \\ y & x \end{pmatrix} \in GL_2(\mathbb{C}); x^2 - my^2 \neq 0 \right\}$ は 2 次元トーラスで,$\chi_{\pm}\left(\begin{pmatrix} x & my \\ y & x \end{pmatrix}\right) = x \pm \sqrt{m}\,y$ とおくと $X(T') = \langle \chi_+, \chi_- \rangle$ で $X_{\mathbb{Q}}(T') = \langle (\chi_+ \chi_-) \rangle$ となっている.そして,

$$S_1 = \left\{ \begin{pmatrix} x & 0 \\ 0 & x \end{pmatrix}; x \in GL_1(\mathbb{C}) \right\}$$

とおくと $S_1$ は $T'$ の部分トーラスで $\mathbb{Q}$ 上分裂している.さらに $T' = S_1 \cdot T$, $S_1 \cap T = \{\pm I_2\}$ となっている. ∎

一般に $\mathbb{Q}$ 上定義された任意のトーラス $T'$ について,$X_{\mathbb{Q}}(T') \neq \{1\}$ と $\mathbb{Q}$ 上分裂する部分トーラス $S_1 \neq \{e\}$ の存在は同値で,このとき $\mathbb{Q}$ 上定義される部分トーラス $S_2$ で $T' = S_1 \cdot S_2$, $S_1 \cap S_2$ は有限群,となるものが存在する.一方,

$T = \mathbb{C}^\times$ が1次元 $\mathbb{Q}$-分裂トーラスなら $T_\mathbb{R} = \mathbb{R}^\times$, $T_\mathbb{Z} = \{\pm 1\}$ ゆえ $T_\mathbb{R}/T_\mathbb{Z} = \mathbb{R}_+^\times$ で，これは不変測度 $\mu = dx/x$ で量って $\mu(T_\mathbb{R}/T_\mathbb{Z}) = +\infty$ となる．

**定理 5.7** (A. Borel and Harish-Chandra [1], 522頁) $G$ を $\mathbb{Q}$ 上定義された代数群とすると次は同値である．
(1) $X_\mathbb{Q}(G^\circ) = \{1\}$,
(2) $G_\mathbb{R}$ 上の不変測度 $\mu$ について $\mu(G_\mathbb{R}/G_\mathbb{Z}) < +\infty$.

とくにこのとき $G_\mathbb{R}$ はユニモジュラーになる．

[略証] $G$ はトーラス $T$，半単純代数群 $G'$，ユニポテント代数群 $U$ により $G^\circ = (T \cdot G') \cdot U$ と表わせ $X(G') = \{1\}$, $X(U) = \{1\}$ で $U_\mathbb{R}/U_\mathbb{Z}$ はコンパクト，とくに測度有限，また $G'_\mathbb{R}/G'_\mathbb{Z}$ も測度有限であった．$T$ に関しては命題 5.6 により $X_\mathbb{Q}(T) = 1$ と $T_\mathbb{R}/T_\mathbb{Z}$ が測度有限になることが同値であった． ■

## §5.2 ゼータ関数の定義

この章では，以下考える概均質ベクトル空間 $(G, \rho, V)$ に次の仮定をおくことにする．$\Omega = \mathbb{C}$ とする．まず議論が無用に複雑になることをさけるために次のことを仮定する．

**仮定 0** $\ker \rho = \{g \in G; \rho(g) = 1_V\}$ は有限群．

次の三つの仮定はより本質的である．

**仮定 1** $G$ は簡約可能代数群である．

**仮定 2** 特異集合 $S$ は既約多項式 $f$ で定義される既約超曲面である：
$$S = \{x \in V; f(x) = 0\}.$$

**仮定 3** $(G, \rho, V)$ は有理数体 $\mathbb{Q}$ 上定義されている．

ゼータ関数を考える上で次の仮定は基本的である．

**仮定 4** 任意の $x \in (V - S) \cap V_\mathbb{Q}$ に対して $X_\mathbb{Q}(G_x^\circ) = \{1\}$. ただし $G_x = \{g \in G; \rho(g)x = x\}$ は $x$ における等方部分群で $G_x^\circ$ はその連結成分である．

このとき命題 2.18 より $n = \dim V$, $d = \deg f$ とすると $m = 2n/d \in \mathbb{Z}$ で $f(\rho(g)x) = \chi(g)f(x)$ かつ $\chi(g)^m = \det \rho(g)^2$ ($g \in G$) が成り立つ．また $(G, \rho,$

$V$) の双対 $(G, \rho^*, V^*)$ も同様の仮定を満たす. $S^* = \{y \in V^*; f^*(y) = 0\}$ が既約多項式 $f^*$ で定義される, その特異集合なら $f^*(\rho^*(g)y) = \chi(g)^{-1} f^*(y)$ であった. $V_\mathbb{Q}$ を $V$ の $\mathbb{Q}$-構造とするとき, $V_\mathbb{Q}$ 上で $\mathbb{Q}$ に値をとる $V^*$ の元のなす $\mathbb{Q}$ 上のベクトル空間を $V_\mathbb{Q}^*$ として自然に $V^*$ に $\mathbb{Q}$-構造が定まり, この $\mathbb{Q}$-構造に関して $(G, \rho^*, V^*)$ も $\mathbb{Q}$ 上定義されているのである. $V_\mathbb{Q}$ の基底をとって $V_\mathbb{Q} = \mathbb{Q}^n \subset \mathbb{R}^n = V_\mathbb{R}$ と同一視して $\mathbb{R}^n$ 上の Lebesgue 測度 $dx$ を $V_\mathbb{R}$ 上の測度と考える.

**命題 5.8** $V_\mathbb{Q}$ の基底をとって $V_\mathbb{Q} = \mathbb{Q}^n$ としたとき, $V_\mathbb{Z} = \mathbb{Z}^n$ とおく. このとき $f(x)$ の定数倍を適当にとって $f(V_\mathbb{Q}) \subset \mathbb{Q}$, および $f(V_\mathbb{Z}) \subset \mathbb{Z}$ とすることができる.

［証明］ $\sigma \in \mathrm{Aut}(\mathbb{C}/\mathbb{Q})$ と $g \in G$ に対して $G_x \ni g$ は $\rho(g)x = x$ を意味するから両辺に $\sigma$ を施して $\rho(g)^\sigma x^\sigma = x^\sigma$ を得る. $\rho$ は $\mathbb{Q}$ 上定義されているから $\rho(g)^\sigma = \rho(g^\sigma)$ であり, したがって $g^\sigma \in G_{x^\sigma}$ となり, 結局 $(G_x)^\sigma = G_{x^\sigma}$ を得る. $x \in S$ は $\dim G_x > \dim G - \dim V$ と同値であったが, $\dim G_{x^\sigma} = \dim (G_x)^\sigma = \dim G_x$ ゆえ $\dim G_{x^\sigma} > \dim G - \dim V$ となり, $x^\sigma \in S$ とも同値になる. したがって $S^\sigma = S$ がすべての $\sigma \in \mathrm{Aut}(\mathbb{C}/\mathbb{Q})$ で成り立ち, $S$ は $\mathbb{Q}$-閉, すなわち $S$ は $\mathbb{Q}$ 係数多項式の零点となり $f(x)$ が $\mathbb{Q}$ 係数としてよい. よって $f(V_\mathbb{Q}) \subset \mathbb{Q}$. さらに $\mathbb{Q}$ による適当なスカラー倍により $f(x)$ は $\mathbb{Z}$ 係数にできる. すなわち $f(V_\mathbb{Z}) \subset \mathbb{Z}$ となる. ∎

さて
$$V_\mathbb{R} - S_\mathbb{R} = V_1 \cup \cdots \cup V_l$$
を連結成分への分解とすると, 各 $V_i$ は $\rho(G_\mathbb{R}^+)$-軌道であった. ただし, $G_\mathbb{R}^+$ は $G_\mathbb{R}$ の単位元を含む連結成分である.

このとき $\Omega(x) = dx/|f(x)|^{n/d}$ は $|\chi(g)|^{n/d} = |\det \rho(g)|$ $(g \in G_\mathbb{R}^+)$ より $V_\mathbb{R} - S_\mathbb{R}$ 上の $G_\mathbb{R}^+$-不変測度である. ここで $L$ を $V_\mathbb{Q}$ 内の格子として
$$\Gamma = \{g \in G_\mathbb{R}^+; \rho(g)L = L\}$$
とおく. もっと一般に $G_\mathbb{R}^+$ に含まれる $G_\mathbb{R}$ の数論的部分群 $\Gamma$ で $\rho(\Gamma)$ が $L$ を不変にするものでも, 以下の議論はそのまま成立するが, $\Gamma$ を一般にしても

何の利点もない．

**補題 5.9** $G_{\mathbb{R}}^+ \supset \Gamma = \{g \in G_{\mathbb{R}}^+; \rho(g)L = L\}$ はディスクリート部分群で $\chi|_\Gamma = 1$ である．

［証明］ 仮定 0 より $L$ の $\mathbb{Z}$-基底をとって $G_{\mathbb{R}}^+ \subset GL_n(\mathbb{R})$ としてよい．このとき $\Gamma$ は $(G_{\mathbb{R}}^+)_{\mathbb{Z}} = G_{\mathbb{R}}^+ \cap G_{\mathbb{Z}}$ に他ならないからディスクリート群である．命題 5.8 より $f(L) \subset \mathbb{Z}$ としてよいから $m_0 = |f(x_0)| > 0$ が最小となるよう $x_0 \in L$ をとる．$g \in \Gamma$ に対して $b = f(\rho(g)x_0)$ と $c = f(\rho(g^{-1})x_0)$ は共に $\mathbb{Z}$ の元で $|b|, |c| \geqq m_0$．そして $|\chi(g)| = |b|/m_0$, $|\chi(g^{-1})| = |c|/m_0$ より $|b| \cdot |c|/m_0^2 = 1$ であるから $|b| = |c| = m_0$, $|\chi(g)| = 1$ を得る．命題 4.1 により $\chi(g) \in \mathbb{R}$ であるから $\chi(g) = \pm 1$ を得るが，$G_{\mathbb{R}}^+$ は $G_{\mathbb{R}}$ の連結成分ゆえ $\chi(G_{\mathbb{R}}^+) \subset \mathbb{R}_+^\times$ となり，$g \in \Gamma$ なら $\chi(g) = 1$ となる．  ∎

次に仮定 4 について考えてみよう．例えば $(G, \rho, V)$ を §2.4 の例 2.2 で $n=2$ としたもの，すなわち $G = GL_2$, $V = \{x \in M(2); {}^tx = x\}$, $\rho(g)x = gx{}^tg$ ($g \in G$, $x \in V$) とするとき，$x \in (V-S) \cap V_{\mathbb{Q}}$ に対し $-\det x \in \mathbb{Q}^2$ ならば $X_{\mathbb{Q}}(G_x^\circ) \neq \{1\}$ で，$-\det x \notin \mathbb{Q}^2$ ならば $X_{\mathbb{Q}}(G_x^\circ) = \{1\}$ である．例えば $x_0 = \begin{pmatrix} 0 & 1 \\ 1 & 0 \end{pmatrix}$ に対して $G_{x_0}^\circ = \left\{ \begin{pmatrix} a & 0 \\ 0 & a^{-1} \end{pmatrix}; a \in GL_1 \right\}$ で $\chi\left(\begin{pmatrix} a & 0 \\ 0 & a^{-1} \end{pmatrix}\right) = a$ とおくと $X_{\mathbb{Q}}(G_{x_0}^\circ) = \langle \chi \rangle \neq \{1\}$. 一方，$x_0' = I_2$ に対しては

$$G_{x_0'}^\circ = SO_2 = \left\{ \begin{pmatrix} a & b \\ c & d \end{pmatrix}; a = d = \frac{t+t^{-1}}{2}, \right.$$
$$\left. b = -c = \left(\frac{t-t^{-1}}{2}\right)\sqrt{-1}, \quad t \neq 0 \right\}$$

ゆえ $\chi'\left(\begin{pmatrix} a & b \\ c & d \end{pmatrix}\right) = a + b\sqrt{-1}$ とおくと $X(G_{x_0'}^\circ) = \langle \chi' \rangle$ であるが，$\chi'$ は $\mathbb{Q}$ 上定義されていないので，$X_{\mathbb{Q}}(G_{x_0'}^\circ) = \{1\}$ となる．

また，§2.4 の例 2.15 で $n=3$, $m=1$ とした $(SO_3 \times GL_1, \Lambda_1 \otimes \Lambda_1, V(3) \otimes V(1))$ を考える．ここで $f(x,y,z)$ を非退化な $\mathbb{Q}$-係数 3 変数 2 次形式とし，$SO_3$ として $f$ を不変にする特殊直交群 $SO_3(f) = \{A \in SL_3; f(AX) = f(X)\}$ をとる．このとき仮定 4 が満たされる必要十分条件は $\{(x,y,z) \in \mathbb{Q}^3; f(x,y,z) = 0\} = \{(0,0,0)\}$ となることである．それ以外のときは $X_{\mathbb{Q}}(G_x^\circ) \neq \{1\}$ となる点 $x \in (V-S) \cap V_{\mathbb{Q}}$ が存在する．

さて一般に $m$ 次元多様体 $X$ 上，いたるところ正則で零にならない $m$ 次代数的微分形式（係数が有理関数で座標関数も有理関数であるとき代数的という）を**ゲージ形式**（gauge form）という．$X, Y$ をそれぞれ $m, n \ (m \geqq n)$ 次元多様体，$f: X \to Y$ を各点 $x \in X$ で $\mathrm{rank}(df)_x = n$ となる全射可微分写像，$\omega_X, \omega_Y$ を $X$, $Y$ 上のゲージ形式とすると $\omega_X = f^*\omega_Y \wedge \omega$ となる $X$ 上の $(m-n)$ 次微分形式 $\omega$ が存在する．これは一般に一意的ではないが，各 $y \in Y$ に対して $\omega|_{f^{-1}(y)}$ は一意的である．これを $\omega_X / f^*\omega_Y$ と表わす（A. Weil, Sur la formule de Siegel dans la théorie des groupes classiques, Acta Math. **113**（1965）の 12 頁参照）．$x \in V - S$ に対して $\pi_x : G \to V - S$ を $\pi_x(h) = \rho(h)x \ (h \in G)$ で定め，$h \in G$ に対し $\rho_h : V - S \to V - S$ を $\rho_h(x) = \rho(h)x \ (x \in V - S)$ で定める．$\Omega(x) = |f(x)|^{-n/d} \cdot dx_1 \wedge \cdots \wedge dx_n$ は $\rho_h^* \Omega = \Omega \ (h \in G)$ を満たす $V - S$ 上のゲージ形式である．$dg$ を $G$ 上の不変ゲージ形式とすると $G_x$ 上の不変ゲージ形式 $d\mu_x = dg / (\pi_x)^* \Omega$ が得られる．$h \in G$ に対して $\iota_h : G \to G$ を $\iota_h(g) = hgh^{-1} \ (g \in G)$ で定めると，$\pi_{\rho(h)x} \circ \iota_h = \rho_h \circ \pi_x : G \to V - S$ ゆえ $\iota_h^* \circ (\pi_{\rho(h)x})^* = \pi_x^* \circ \rho_h^*$ となる．したがって，$\iota_h : G_x \to G_{\rho(h)x}$ により

$$(\iota_h)^* d\mu_{\rho(h)x} = \frac{(\iota_h)^*(dg)}{(\iota_h)^*(\pi_{\rho(h)x})^* \Omega} = \frac{dg}{(\pi_x)^*(\rho_h^* \Omega)} = d\mu_x$$

となる．したがって $d\mu_x$ から定まる $(G_\mathbb{R}^+)_x = G_\mathbb{R}^+ \cap G_x$ の上の Haar 測度 $|d\mu_x|_\infty$ と $(G_\mathbb{R}^+)_{x'}$ 上の Haar 測度 $|d\mu_{x'}|_\infty$ は自然に対応しており，$G_\mathbb{R}^+$ 上の任意の可積分関数 $F$ に対して

(5.1)
$$\int_{G_\mathbb{R}^+} F(g)|dg|_\infty = \int_{V_i \ (= G_\mathbb{R}^+ / (G_\mathbb{R}^+)_x)} \Omega(\rho(g)x) \int_{(G_\mathbb{R}^+)_x} F(gh) |d\mu_x(h)|_\infty$$

が成り立つ．仮定 4 が成り立つとき定理 5.7 により $(G_\mathbb{R}^+)_x = G_\mathbb{R}^+ \cap G_x$ はユニモジュラーでその不変測度 $|d\mu_x|_\infty$ に関して $\mu(x) = \int_{(G_\mathbb{R}^+)_x / \Gamma_x} |d\mu_x|_\infty < +\infty$ となる．ここで $\Gamma_x = \Gamma \cap G_x$ であり，$x \in V_\mathbb{Q} - S_\mathbb{Q}$ とする．

**補題 5.10** $x \in L \cap V_i$, $\gamma \in \Gamma$ および $\mu(x) = \int_{(G_\mathbb{R}^+)_x / \Gamma_x} |d\mu_x|_\infty$ に対して等式 $\mu(\rho(\gamma)x) = \mu(x)$ が成り立つ．

§5.2 ゼータ関数の定義

[証明] (5.1) より

(5.2)
$$\int_{G_{\mathbb{R}}^+/\Gamma_x} F(g)|dg|_\infty = \int_{G_{\mathbb{R}}^+/(G_{\mathbb{R}}^+)_x} \Omega(\rho(g)x) \int_{(G_{\mathbb{R}}^+)_x/\Gamma_x} F(gh)|d\mu_x(h)|_\infty$$

が成り立つ. 実際 $\psi \in L^1(G_{\mathbb{R}}^+)$ で $F(g) = \sum_{\gamma \in \Gamma_x} \psi(g\gamma)$ となるものが存在し (例えば A. Weil [30] を参照), $G_{\mathbb{R}}^+$ はユニモジュラーゆえ (5.1) より

$$\int_{G_{\mathbb{R}}^+/\Gamma_x} F(g)|dg|_\infty$$
$$= \int_{G_{\mathbb{R}}^+/\Gamma_x} \left(\sum_{\gamma \in \Gamma_x} \psi(g\gamma)\right)|d(g\gamma)|_\infty = \int_{G_{\mathbb{R}}^+} \psi(g)|dg|_\infty$$
$$= \int_{G_{\mathbb{R}}^+/(G_{\mathbb{R}}^+)_x} \Omega(\rho(g)x) \int_{(G_{\mathbb{R}}^+)_x} \psi(gh)|d\mu_x(h)|_\infty$$

となるが, $(G_{\mathbb{R}}^+)_x$ もユニモジュラーゆえ

$$\int_{(G_{\mathbb{R}}^+)_x} \psi(gh)|d\mu_x(h)|_\infty = \int_{(G_{\mathbb{R}}^+)_x/\Gamma_x} \left(\sum_{\gamma \in \Gamma_x} \psi(gh\gamma)\right)|d\mu_x(h\gamma)|_\infty$$
$$= \int_{(G_{\mathbb{R}}^+)_x/\Gamma_x} F(gh)|d\mu_x(h)|_\infty$$

であるから (5.2) を得る.

いま $F$ がすべての $h \in (G_{\mathbb{R}}^+)_x$ に対して $F(gh) = F(g)$ を満たすようにとれば, $F(g) = F_1(\rho(g)x)$ と表わせるから (5.2) より

(5.3)
$$\int_{G_{\mathbb{R}}^+/\Gamma_x} F(g)|dg|_\infty = \mu(x) \int_{V_i} F_1(z)\Omega(z)$$

となる.

さて $\gamma \in \Gamma$ に対して $\varphi_\gamma : G_{\mathbb{R}}^+ \to G_{\mathbb{R}}^+$ を $\varphi_\gamma(g) = \gamma g \gamma^{-1}$ で定めると, $\varphi_\gamma(g\Gamma_x) = (\gamma g \gamma^{-1})(\gamma \Gamma_x \gamma^{-1}) = \varphi_\gamma(g) \Gamma_y$ $(y = \rho(\gamma)x)$ であるから, $\varphi_\gamma$ は全単射写像 $\overline{\varphi_\gamma} : G_{\mathbb{R}}^+/\Gamma_x \to G_{\mathbb{R}}^+/\Gamma_y$ をひきおこす. いま $F(g) = H(\varphi_\gamma(g))$ で $H$ を定めると

(5.4)
$$\int_{G_{\mathbb{R}}^+/\Gamma_x} F(g)|dg|_\infty = \int_{\overline{\varphi_\gamma}(G_{\mathbb{R}}^+/\Gamma_x)} H(\varphi_\gamma(g))|d\varphi_\gamma(g)|_\infty$$
$$= \int_{G_{\mathbb{R}}^+/\Gamma_y} H(g')|dg'|_\infty \qquad (g' = \varphi_\gamma(g))$$

を得る．また $(G_{\mathbb{R}}^+)_y = \gamma (G_{\mathbb{R}}^+)_x \gamma^{-1}$ の任意の元 $h' = \gamma h \gamma^{-1}$ $(h \in (G_{\mathbb{R}}^+)_x)$ に対して

$$H(g'h') = H(\gamma g h \gamma^{-1}) = F(gh) = F(g) = H(g')$$

が成り立つから，$H(g') = H_1(\rho(g')y)$ と表わせて (5.3) と同様にして

(5.5)
$$\int_{G_{\mathbb{R}}^+/\Gamma_y} H(g')|dg'|_\infty = \mu(y) \int_{V_i} H_1(w)\Omega(w) \qquad (y = \rho(\gamma)x)$$

が成り立つ．(5.3), (5.4), (5.5) より

(5.6)
$$\mu(x) \int_{V_i} F_1(z)\Omega(z) = \mu(y) \int_{V_i} H_1(w)\Omega(w)$$

であるが，$F_1(z) = F_1(\rho(g)x) = F(g) = H(\varphi_\gamma(g)) = H_1(\rho(g')y) = H_1(w)$ で $w = \rho(\gamma)z$，$\Omega(w) = \Omega(\rho(\gamma)z) = \Omega(z)$ であるから

(5.7)
$$\int_{V_i} F_1(z)\Omega(z) = \int_{V_i} H_1(w)\Omega(w)$$

となり，(5.6) より $\mu(x) = \mu(y)$ $(y = \rho(\gamma)x)$ を得る． ∎

この補題 5.10 により $\mu(x)$ は $\rho(\Gamma)x$ にのみ依存することがわかる．この $\mu(x)$ を $\mu(\rho(\Gamma)x)$ とも書いて $x$ の属す $\Gamma$-軌道 $\rho(\Gamma)x$ の**密度** (density) とよぶ．

**命題 5.11** $x \in L \cap V_i$, $\gamma \in \Gamma$ に対して

$$\frac{\mu(x)}{|f(x)|^s} = \frac{\mu(\rho(\gamma)x)}{|f(\rho(\gamma)x)|^s}.$$

[証明] 補題 5.9 と補題 5.10 から明らかである． ∎

**定義 5.12** $V_{\mathbb{R}} - S_{\mathbb{R}}$ の各連結成分 $V_i$ $(1 \leqq i \leqq l)$ ごとに**ゼータ関数** (zeta function) $\zeta_i(L,s)$ を

$$\zeta_i(L,s) = \sum_{x \in \Gamma \backslash (L \cap V_i)} \frac{\mu(x)}{|f(x)|^s}$$

によって定義する．ここで和は $L \cap V_i$ における $\rho(\Gamma)$-軌道の完全代表系にわたる和であり，命題 5.11 により，$\zeta_i(L,s)$ は完全代表系のとり方に依存しないで定まる． ∎

このゼータ関数が収束するかどうかは第 6 章で論じることにして，とりあえず $\zeta_i(L,s)$ $(1 \leqq i \leqq l)$ が $\mathrm{Re}\, s \gg 0$ で，すなわち $\mathrm{Re}\, s$ が十分大きいときに絶対収束すると仮定して話を進めよう．まずこのゼータ関数の意味を少し考えてみよう．

われわれの概均質ベクトル空間 $(G, \rho, V)$ は四つの仮定を満たすから，とくに相対不変式 $f(x)$ に対応する指標 $\chi$ も $\mathbb{Q}$ 上定義されている．したがって $H = \{g \in G;\ \chi(g) = 1\}$ も $\mathbb{Q}$ 上定義された簡約可能代数群である．$t \neq 0$ に対し $X = \{x \in V;\ f(x) = t\}$ は $H$ の閉軌道である．実際 $f(x) - t = 0$ で定義されるから閉集合であることは明らかで，$x, y \in X (\subset V - S)$ ならば $y = \rho(g)x$ となる $g \in G$ が存在し，$t = f(y) = f(\rho(g)x) = \chi(g) f(x) = \chi(g) t$ $(t \neq 0)$ より $\chi(g) = 1$ すなわち $g \in H$ となる．補題 5.9 より $H_{\mathbb{Z}}^+ = G_{\mathbb{Z}}^+$ であるが，一般に次の定理が成り立つ．

**定理 5.13** $H$ を $\mathbb{Q}$ 上定義された簡約可能代数群，$\rho: H \to GL(V)$ を $\mathbb{Q}$ 上定義された有理表現，$X$ を $H$ の閉軌道とする．$H_{\mathbb{Z}}$ で不変な $V_{\mathbb{Q}}$ 内の格子 $L$ について $X \cap L$ は有限個の $H_{\mathbb{Z}}$-軌道からなる．

［証明］ A. Borel and Harish-Chandra [1] の 510 頁，Theorem 6.9 を参照. ∎

これにより $\{x \in L;\ f(x) = t\}$ は有限個の $\Gamma$-軌道に分解することがわかる．

さて $f(L) \subset \mathbb{Z}$ であった．一方，$V_i$ は連結であるから $f(x)$ の符号 $\varepsilon_i (= \pm 1)$ は $V_i$ 上で一定である．そこで自然数 $m(=1, 2, \cdots)$ に対して $\{x \in L \cap V_i;\ f(x) = \varepsilon_i m\}$ における $\Gamma$-軌道は有限個であるから，その完全代表系をわたる有限和を

$$N_i(L, m) = \sum_x \mu(x)$$

とおく．

このときゼータ関数は

(5.8) $$\zeta_i(L, s) = \sum_{m=1}^{\infty} \frac{N_i(L, m)}{m^s}$$

と表わせるので，ゼータ関数の意味を知るために $N_i(L, m)$ について考えてみよう．

まず簡単な場合として，群 $(G_{\mathbb{R}}^+)_1=\{g\in G_{\mathbb{R}}^+; \chi(g)=1\}$ がコンパクトになるときを考えよう．そのような典型的な例としては，§2.4 の例 2.15 で $m=1$ としたもので，

$$G=GL_1(\mathbb{C})\times SO_n(\mathbb{C}),$$

ただし $SO_n(\mathbb{C})=\{g\in SL_n(\mathbb{C}); {}^tgg=I_n\}$ が $V=\mathbb{C}^n$ に対し $\rho((\alpha,A))x=\alpha Ax$ ($\alpha\in GL_1(\mathbb{C})$, $A\in SO_n(\mathbb{C})$, $x\in\mathbb{C}^n$) と作用して得られる概均質ベクトル空間 $(G,\rho,V)$ がある．このとき $f(x)=x_1^2+\cdots+x_n^2$, $\chi((\alpha,A))=\alpha^2$, $G_{\mathbb{R}}^+=\mathbb{R}_+^\times\times SO_n(\mathbb{R})$ ゆえ $(G_{\mathbb{R}}^+)_1=SO_n(\mathbb{R})=\{g\in SL_n(\mathbb{R}); {}^tgg=I_n\}$ となるが，$SO_n(\mathbb{R})$ の元 $g=(g_{ij})$ に対し ${}^tgg=I_n$ の $(i,i)$ 成分は $\sum_{j=1}^n g_{ji}^2=1$ $(1\leqq i\leqq n)$ となり，とくに $|g_{ij}|\leqq 1$ ゆえ $SO_n(\mathbb{R})$ は $M_n(\mathbb{R})$ の有界閉集合，すなわちコンパクトであることがわかる．

補題 5.9 により，$\varGamma$ はコンパクト群 $(G_{\mathbb{R}}^+)_1$ のディスクリート部分群であるから有限群である．一般にコンパクトかつディスクリートな位相空間は有限集合であることが定義より直ちにわかる．$\sharp$ で元の個数を表わすとき，$\varGamma/\varGamma_x$ の元 $\gamma\varGamma_x$ と $\rho(\varGamma)x$ の元 $\rho(\gamma)x$ は 1 対 1 に対応するから，$\sharp(\varGamma/\varGamma_x)=\sharp\rho(\varGamma)x$, すなわち $\sharp\varGamma_x=\sharp\varGamma/(\sharp\rho(\varGamma)x)$ となるから，

$$\mu(x)=\int_{(G_{\mathbb{R}}^+)_x/\varGamma_x}|d\mu_x|_\infty=\frac{\int_{(G_{\mathbb{R}}^+)_x}|d\mu_x|_\infty}{\sharp\varGamma_x}$$

$$=\sharp\rho(\varGamma)x\cdot\frac{\int_{(G_{\mathbb{R}}^+)_x}|d\mu_x|_\infty}{\sharp\varGamma}$$

を得るが，(5.1) とその前の注意により $\int_{(G_{\mathbb{R}}^+)_x}|d\mu_x|_\infty$ は $x\in V_{\mathbb{R}}-S_{\mathbb{R}}$ のとり方によらない．そこで定数 $\int_{(G_{\mathbb{R}}^+)_x}d\mu_x/\sharp\varGamma$ をまとめて $c$ と記すと

$$\{x\in L\cap V_i; f(x)=\varepsilon_i m\}=\rho(\varGamma)x_1\sqcup\cdots\sqcup\rho(\varGamma)x_r$$

とするとき

$$N_i(L,m)=\mu(x_1)+\cdots+\mu(x_r)=c(\sharp\rho(\varGamma)x_1+\cdots+\sharp\rho(\varGamma)x_r)$$
$$=c\cdot\sharp\{x\in L\cap V_i; f(x)=\varepsilon_i m\}$$

を得る.

すなわち $N_i(L,m)$ は本質的には格子点集合 $L\cap V_i$ 内における不定方程式 $f(x)=\varepsilon_i m$ の解の個数を表わしていることがわかる. 結局, ゼータ関数 $\zeta_i(L,s)$ は相対不変式から得られる不定方程式の解の個数の母関数としてはっきりした意味をもっていることがわかる.

実は, このように $\Gamma$ が有限群であるときには $\Gamma$ や $\mu(x)$ を導入する必要はなく, 直接

$$\zeta_i(L,s)=\sum_{x\in L\cap V_i}\frac{1}{|f(x)|^s}$$

と定義すればよかったのである. さきほどの例 $(GL_1\times SO_n,\rho,\mathbb{C}^n)$ の場合には, これはいわゆる **Epstein** のゼータ関数 (§5.5 の (b) 例2を参照) である. しかし, 一般には $\Gamma$ は無限群で格子点の集合 $L\cap V_i$ における不定方程式 $f(x)=\varepsilon_i m$ の解の個数は無限個という場合がある. このような場合でも $\{x\in L\cap V_i; f(x)=\varepsilon_i m\}$ のサイズを計りたい. その目的で Siegel により $\mu(x)$ が導入された.

$\mu(x)$ は定義により $(G_{\mathbb{R}}^+)_x/\Gamma_x$ の体積ゆえ $\Gamma_x$ の大きさの逆数とみなせるが, 全単射 $\Gamma/\Gamma_x\cong\rho(\Gamma)x$ により $\rho(\Gamma)x$ の大きさは $\Gamma_x$ の大きさの逆数に比例している. このことから $\mu(x)$ は $\rho(\Gamma)x$ の大きさを表現する量であると考えることができて, $\mu(x)$ を $\rho(\Gamma)x$ の密度とよぶのである. したがって不定方程式の解集合 $\{x\in L\cap V_i; f(x)=\varepsilon_i m\}$ をいったん $\Gamma$ 軌道にわけてから各 $\Gamma$ 軌道の大きさを $\mu(x)$ で測ってそれらをたしあわせたものが $N_i(L,m)$ にほかならない. すなわち $N_i(L,m)$ は解集合 $\{x\in L\cap V_i; f(x)=\varepsilon_i m\}$ の大きさを表わしていると考えられる. このように考えることにより, 一般に**概均質ベクトル空間のゼータ関数** $\zeta_i(L,s)$ は $m=1,2,\cdots$ に対する不定方程式

$$f(x)=\varepsilon_i m \qquad (x\in L\cap V_i)$$

の解の密度の母関数である, ということができる.

## §5.3 ゼータ積分

$V_{\mathbb{R}}$ 上の急減少関数 $\Phi\in\mathcal{S}(V_{\mathbb{R}})$ と $s\in\mathbb{C}$ に対し, $G_{\mathbb{R}}^+$ 上の関数

$$F(g) = \chi(g)^s \sum_{x \in L - L \cap S} \Phi(\rho(g)x)$$

は $F(g\gamma) = F(g)$ $(\gamma \in \Gamma)$ を満たすことが補題 5.9 と $L - L \cap S$ が $\Gamma$ 不変なことより導かれる. したがって $F(g)$ は $G_{\mathbb{R}}^+/\Gamma$ 上の関数と考えられる. $G_{\mathbb{R}}^+$ はユニモジュラー群であるから, その不変ゲージ形式 $dg$ は $G_{\mathbb{R}}^+/\Gamma$ 上の不変測度を与えるがそれを $|dg|_\infty$ で表わす. このとき積分

$$(5.9) \qquad Z(\Phi, s) = \int_{G_{\mathbb{R}}^+/\Gamma} \chi(g)^s \sum_{x \in L - L \cap S} \Phi(\rho(g)x) |dg|_\infty$$

を**ゼータ積分**とよぶ. この積分はゼータ関数 $\zeta_i(s, L)$ や $\int_{V_i} |f(x)|^s \Phi(x) dx$ と次のような関係にある.

**命題 5.14** 各 $\zeta_i(L, s)$ $(1 \leq i \leq l)$ が $\operatorname{Re} s$ が十分大きいときに絶対収束すると仮定すれば, ゼータ積分 $Z(\Phi, s)$ もすべての $\Phi \in \mathcal{S}(V_{\mathbb{R}})$ に対して $\operatorname{Re} s$ が十分大きいところで絶対収束して

$$(5.10) \qquad Z(\Phi, s) = \sum_{i=1}^{l} \zeta_i(s, L) \cdot \int_{V_i} |f(x)|^{s - \frac{n}{d}} \cdot \Phi(x) dx$$

が成り立つ.

［証明］ 命題 4.1 より $\chi(G_{\mathbb{R}}) \subset \mathbb{R}^\times$ であるが $\chi(G_{\mathbb{R}}^+)$ は連結なので $\mathbb{R}^\times$ の連結成分 $\mathbb{R}_+^\times$ に含まれる. すなわち $\chi(g) = |\chi(g)|$ $(g \in G_{\mathbb{R}}^+)$ であるから $|\chi(g)^s| = \chi(g)^{\operatorname{Re} s}$ $(g \in G_{\mathbb{R}}^+)$ となる.

さて,

$$L - L \cap S = \bigcup_{i=1}^{l} (L \cap V_i) = \bigcup_{i=1}^{l} \bigcup_{x \in \Gamma \backslash L \cap V_i} \rho(\Gamma) x$$
$$= \bigcup_{i=1}^{l} \bigcup_{x \in \Gamma \backslash L \cap V_i} \bigcup_{\gamma \in \Gamma/\Gamma_x} \rho(\gamma) x$$

であるから形式的に変形をして

$$Z(\Phi, s) = \sum_{i=1}^{l} \sum_{x \in \Gamma \backslash L \cap V_i} \int_{G_{\mathbb{R}}^+/\Gamma} \chi(g)^s \sum_{\gamma \in \Gamma/\Gamma_x} \Phi(\rho(g)\rho(\gamma)x) |dg|_\infty$$
$$= \sum_{i=1}^{l} \sum_{x \in \Gamma \backslash L \cap V_i} \int_{G_{\mathbb{R}}^+/\Gamma_x} \chi(g)^s \Phi(\rho(g)x) |dg|_\infty$$

となる.

ここで，$\chi(g)>0$ より $\chi(g)^s=|f(\rho(g)x)|^s/|f(x)|^s$ $(g\in G_{\mathbb{R}}^+)$ であるから，(5.2) より

$$\begin{aligned}
Z(\Phi,s) &= \sum_{i=1}^{l}\sum_{x\in\Gamma\backslash L\cap V_i}\int_{G_{\mathbb{R}}^+/\Gamma_x}\frac{|f(\rho(g)x)|^s}{|f(x)|^s}\cdot\Phi(\rho(g)x)|dg|_{\infty}\\
&= \sum_{i=1}^{l}\sum_{x\in\Gamma\backslash L\cap V_i}\frac{1}{|f(x)|^s}\cdot\int_{G_{\mathbb{R}}^+/(G_{\mathbb{R}}^+)_x}|f(\rho(g)x)|^s\Phi(\rho(g)x)\Omega(\rho(g)x)\\
&\quad\times\int_{(G_{\mathbb{R}}^+)_x/\Gamma_x}d\mu_x\\
&= \sum_{i=1}^{l}\sum_{x\in\Gamma\backslash L\cap V_i}\frac{\mu(x)}{|f(x)|^s}\cdot\int_{V_i}|f(z)|^s\Phi(z)\cdot\frac{dz}{|f(z)|^{n/d}}\\
&= \sum_{i=1}^{l}\zeta_i(L,s)\int_{V_i}|f(z)|^{s-(n/d)}\Phi(z)dz
\end{aligned}$$

となり最後の式は $\mathrm{Re}\,s$ が十分大きいとき絶対収束するから，そのとき形式的変形は正当化され，ゼータ積分 $Z(\Phi,s)$ は絶対収束して (5.10) が成り立つことがわかる（なお絶対値をつけていったん証明を遂行して絶対収束することを示し，それにより今度は絶対値をはずして同じ式変形ができる，という議論でもよいが，上記の議論だと絶対値をつけた式を書かなくて済むという利点がある）．今後もこの論法を使う． ∎

さて，このゼータ積分 $Z(\Phi,s)$ を $Z(\Phi,s)=Z_+(\Phi,s)+Z_-(\Phi,s)$ とわける．ここで

$$(5.11) \qquad Z_+(\Phi,s)=\int_{\substack{G_{\mathbb{R}}^+/\Gamma \\ \chi(g)\geqq 1}}\chi(g)^s\sum_{x\in L-L\cap S}\Phi(\rho(g)x)|dg|_{\infty}$$

$$(5.12) \qquad Z_-(\Phi,s)=\int_{\substack{G_{\mathbb{R}}^+/\Gamma \\ \chi(g)\leqq 1}}\chi(g)^s\sum_{x\in L-L\cap S}\Phi(\rho(g)x)|dg|_{\infty}$$

であるが，これらは $Z(\Phi,s)$ の積分範囲を制限しただけであるから，命題 5.14 の仮定のもとで $\mathrm{Re}\,s$ が十分大きいところでは収束するが，とくに $Z_+(\Phi,s)$ については次のことがいえる．

**命題 5.15** 各 $\zeta_i(L,s)$ $(1\leqq i\leqq l)$ が $\mathrm{Re}\,s$ が十分大きいとき絶対収束すると仮定する．このとき $Z_+(\Phi,s)$ は任意の $s\in\mathbb{C}$ に対して絶対収束して $s$ の整関数を表わす．

[証明] $|\chi(g)^s|=\chi(g)^{\mathrm{Re}\,s}$ $(g\in G_{\mathbb{R}}^+)$ であるから $|Z_+(\Phi,s)|\leqq Z_+(|\Phi|,\mathrm{Re}\,s)$ となる. そこで以下 $s\in\mathbb{R}$ として $Z_+(|\Phi|,s)$ の収束性を調べる. いま $c>0$ を $s>c$ ならば常に $Z_+(|\Phi|,s)$ が絶対収束するようにとる. 任意の $s\in\mathbb{R}$ に対して $M>c-s$ となる $M>0$ をとると, $Z_+(|\Phi|,s)$ の積分領域 $\{g\in G_{\mathbb{R}}^+/\Gamma;\ \chi(g)\geqq 1\}$ の上では $\chi(g)^s$ は $s$ の増加関数ゆえ $\chi(g)^s\leqq\chi(g)^{s+M}$ となり $Z_+(|\Phi|,s)\leqq Z_+(|\Phi|,s+M)$ を得る. しかし, $s+M>c$ であるから $Z_+(|\Phi|,s+M)$ は絶対収束し, したがって $Z_+(|\Phi|,s)$ も広義一様に絶対収束する. $s\in\mathbb{R}$ は任意であったから, 結局 $Z_+(\Phi,s)$ は $s$ の整関数を表わすことがわかる. ∎

さて $(G,\rho,V)$ の双対 $(G,\rho^*,V^*)$ を考えよう. $V^*$ には $V$ の $\mathbb{Q}$-構造 $V_{\mathbb{Q}}$ から自然に $\mathbb{Q}$-構造 $V_{\mathbb{Q}}^*$ が定まることをみたが, さらに $V_{\mathbb{Q}}^*$ に $L$ の双対格子(dual lattice) $L^*$ を

$$(5.13)\qquad L^*=\{y\in V_{\mathbb{Q}}^*;\ \langle y,L\rangle\subset\mathbb{Z}\}$$

で定める. $\varphi_f(=\mathrm{grad}\log f):V-S\to V^*-S^*$ なる全単射写像は $V_{\mathbb{R}}-S_{\mathbb{R}}$ の連結成分 $V_i$ と $V_{\mathbb{R}}^*-S_{\mathbb{R}}^*$ の連結成分 $V_i^*$ との対応を与え $V_{\mathbb{R}}^*-S_{\mathbb{R}}^*=V_1^*\cup\cdots\cup V_l^*$ となる.

また $(G,\rho^*,V^*)$ の基本相対不変式 $f^*$ は $f^*(\rho^*(g)y)=\chi(g)^{-1}f^*(y)$ $(g\in G, y\in V^*)$ を満たすが, さらに $f^*(L^*)\subset\mathbb{Z}$ としてよいことは $(G,\rho,V)$ の場合と同様である. このときゼータ関数

$$(5.14)\qquad \zeta_i^*(L^*,s)=\sum_{y\in\Gamma\backslash(L^*\cap V_i^*)}\frac{\mu(y)}{|f^*(y)|^s}\qquad(1\leqq i\leqq l)$$

やゼータ積分

$$(5.15)\qquad Z^*(\Phi^*,s)=\int_{G_{\mathbb{R}}^+/\Gamma}\chi(g)^{-s}\sum_{y\in L^*-L^*\cap S^*}\Phi^*(\rho^*(g)y)|dg|_{\infty}\qquad(\Phi^*\in\mathcal{S}(V_{\mathbb{R}}^*))$$

も $(G,\rho,V)$ の場合と同様に定義される.

**命題 5.16**(ゼータ積分の関数等式) $\zeta_i(L,s)$, $\zeta_i^*(L^*,s)$ $(1\leqq i\leqq l)$ が $\mathrm{Re}\,s$ が十分大きいとき絶対収束すると仮定する. いま $\Phi^*\in\mathcal{S}(V_{\mathbb{R}}^*)$ が条件

$$(5.16)\qquad \widehat{\Phi^*}|_{S_{\mathbb{R}}}=0\quad\text{かつ}\quad \Phi^*|_{S_{\mathbb{R}}^*}=0$$

を満たすならば, $Z(\widehat{\varPhi^*},s)$ と $Z^*(\varPhi^*,s)$ は $s$ の整関数に解析接続されて

(5.17) $$Z(\widehat{\varPhi^*},s)=\frac{1}{\mathrm{vol}(L)}Z^*\left(\varPhi^*,\frac{n}{d}-s\right)$$

という関数等式を満たす.

**注意 5.1** (5.17) は (5.16) がなくても成り立つことがあとでわかる.

[証明] 命題 5.15 でみたように

$$Z(\widehat{\varPhi^*},s)=Z_+(\widehat{\varPhi^*},s)+Z_-(\widehat{\varPhi^*},s)$$

とするとき $Z_+(\widehat{\varPhi},s)$ は $s$ の整関数であったが, $Z^*(\varPhi^*,s)$ も

(5.18) $$Z_+^*(\varPhi^*,s)=\int_{\substack{G_{\mathbb{R}}^+/\varGamma \\ \chi(g)^{-1}\geqq 1}}\chi(g)^{-s}\sum_{y\in L^*-L^*\cap S^*}\varPhi^*(\rho^*(g)y)|dg|_\infty$$

(5.19) $$Z_-^*(\varPhi^*,s)=\int_{\substack{G_{\mathbb{R}}^+/\varGamma \\ \chi(g)^{-1}\leqq 1}}\chi(g)^{-s}\sum_{y\in L^*-L^*\cap S^*}\varPhi^*(\rho^*(g)y)|dg|_\infty$$

とわけると $Z_+^*(\varPhi^*,s)$ は $s$ の整関数になる. 積分範囲は $Z_+(\widehat{\varPhi^*},s)$ と $Z_-^*(\varPhi^*,s)$ および $Z_-(\widehat{\varPhi^*},s)$ と $Z_+^*(\varPhi^*,s)$ がそれぞれ同一になっていることに注意しよう. さて系 4.35 より

(5.20) $$\sum_{x\in L}\widehat{\varPhi^*}(\rho(g)x)=\frac{1}{\mathrm{vol}(L)}|\chi(g)|^{-n/d}\sum_{y\in L^*}\varPhi^*(\rho^*(g)y)$$

が成り立つが, 仮定 (5.16) と $g\in G_{\mathbb{R}}^+$ に対して $|\chi(g)|=\chi(g)$ ということにより,

(5.21) $$\sum_{x\in L-L\cap S}\widehat{\varPhi^*}(\rho(g)x)=\frac{1}{\mathrm{vol}(L)}\chi(g)^{-n/d}\sum_{y\in L^*-L^*\cap S^*}\varPhi^*(\rho^*(g)y)$$

を得る. したがって $Z_-(\widehat{\varPhi^*},s)$ の収束する範囲で考えて

$$Z_-(\widehat{\varPhi^*},s)=\int_{\substack{G_{\mathbb{R}}^+/\varGamma \\ \chi(g)\leqq 1}}\chi(g)^s\sum_{x\in L-L\cap S}\widehat{\varPhi^*}(\rho(g)x)|dg|_\infty$$

$$= \frac{1}{\operatorname{vol}(L)} \int_{\substack{G_{\mathbb{R}}^+/\Gamma \\ \chi(g) \leqq 1}} \chi(g)^{s-(n/d)} \sum_{y \in L^* - L^* \cap S^*} \Phi^*(\rho(g)y) |dg|_\infty$$

$$= \frac{1}{\operatorname{vol}(L)} Z_+^* \left( \Phi^*, \frac{n}{d} - s \right)$$

が成り立ち, これは $s$ の整関数である. 同様にして $Z_-^*(\Phi^*, x)$ の収束する範囲で

$$\frac{1}{\operatorname{vol}(L)} Z_-^* \left( \Phi^*, \frac{n}{d} - s \right) = Z_+(\widehat{\Phi^*}, s)$$

が成り立ち, これも $s$ の整関数になる. したがって

(5.22)
$$Z(\widehat{\Phi^*}, s) = Z_+(\widehat{\Phi^*}, s) + \frac{1}{\operatorname{vol}(L)} Z_+^* \left( \Phi^*, \frac{n}{d} - s \right) = \frac{1}{\operatorname{vol}(L)} Z^* \left( \Phi^*, \frac{n}{d} - s \right)$$

が成り立ち, $Z(\widehat{\Phi^*}, s)$ と $Z^*(\Phi^*, (n/d)-s)$ が $s$ の整関数として解析接続されることと関数等式 (5.17) を満たすことが同時に示された. ∎

最後に条件 (5.16) を満たす $\Phi^* \in \mathcal{S}(V_{\mathbb{R}}^*)$ の二通りの構成法を示しておこう.

**補題 5.17**(第一の構成法) 任意の $\Phi_1 \in C_0^\infty(V_i)$ に対して

$$\Phi(x) = f^*(D_x) \Phi_1(x) \in C_0^\infty(V_i)$$

とおき, さらに $\Phi^* = \widehat{\Phi}$ とおくと $\Phi^*|_{S_{\mathbb{R}}^*} = 0$ かつ $\widehat{\Phi^*}|_{S_{\mathbb{R}}} = 0$ となる.

(第二の構成法) 任意の $\Phi_1^* \in C_0^\infty(V_i^*)$ に対して $\Phi^*(y) = f(D_x) \Phi_1^*(y) \in C_0^\infty(V_i^*)$ とおくと $\Phi^*|_{S_{\mathbb{R}}^*} = 0$ だが, $\widehat{\Phi^*}|_{S_{\mathbb{R}}} = 0$ でもある.

[証明] 第一の構成法において補題 4.18 により

$$\Phi^*(y) = (-2\pi\sqrt{-1})^d f^*(y) \widehat{\Phi_1}(y)$$

となるから, $\Phi^*|_{S_{\mathbb{R}}^*} = 0$ である.

$$\widehat{\Phi^*}(x) = \widehat{\widehat{\Phi}}(x) = \Phi(-x) \in C_0^\infty(V_i)$$

ゆえ $\widehat{\Phi^*}|_{S_{\mathbb{R}}} = 0$ でもある.

第二の構成法においても同様である. ∎

## §5.4　ゼータ関数の解析接続と関数等式

補題 5.17 の第一の構成法を考える．任意の $\Phi_1 \in C_0^\infty(V_i)$ に対し $\Phi(x) = f^*(D_x)\Phi_1(x) \in C_0^\infty(V_i)$ とすると命題 5.14 と部分積分により

$$Z(\Phi, s) = \zeta_i(L, s) \cdot \int_{V_i} |f(x)|^{s-(n/d)} f^*(D_x)\Phi_1(x) dx$$

$$= (-1)^d \zeta_i(L, s) \cdot \int_{V_i} \{f^*(D_x)|f(x)|^{s-(n/d)}\} \Phi_1(x) dx$$

$$= \varepsilon_i (-1)^d \zeta_i(L, s) \cdot b\left(s - \frac{n}{d} - 1\right) \int_{V_i} |f(x)|^{s-(n/d)-1} \Phi_1(x) dx$$

であるが $b$-関数の関数等式（命題 4.19）により $(-1)^d \cdot b(s-(n/d)-1) = b(-s)$ であるから

$$(5.23) \qquad b(-s)\zeta_i(L, s) = \frac{\varepsilon_i \cdot Z(\Phi, s)}{\int_{V_i} |f(x)|^{s-(n/d)-1} \Phi_1(x) dx}$$

を得る．命題 5.16 と補題 5.17 により $Z(\Phi, s)$ は $s$ の整関数で，各 $s \in \mathbb{C}$ に応じて

$$\int_{V_i} |f(x)|^{s-(n/d)-1} \Phi_1(x) dx \neq 0$$

なる $\Phi_1 \in C_0^\infty(V_i)$ が存在するから (5.23) の左辺は全 $s$ 平面で正則である．したがって次の定理を得る．

**定理 5.18**（ゼータ関数の解析接続）　ゼータ関数 $\zeta_i(L, s)$, $\zeta_i^*(L, s)$ $(1 \leq i \leq l)$ は $\mathrm{Re}\, s$ が十分大きいとき絶対収束すると仮定する．このとき

(1) ゼータ関数 $\zeta_i(L, s)$ および $\zeta_i^*(L^*, s)$ $(1 \leq i \leq l)$ は，全 $s$ 平面へ有理型関数 (meromorphic function) として解析接続される．

(2) $b(s)$ を $(G, \rho, V)$ の $b$-関数，すなわち $f^*(D_x)f(x)^{s+1} = b(s)f(x)^s$ とするとき，$b(-s)\zeta_i(L, s)$, $b(-s)\zeta_i^*(L^*, s)$ は全 $s$ 平面 $\mathbb{C}$ 上いたるところで正則である．$b(s) = \prod_{i=1}^{d}(s + \alpha_i)$ $(\alpha_i \in \mathbb{Q}, \alpha_i > 0)$ と表わされるから，$\zeta_i(L, s), \zeta_i^*(L^*, s)$ は $s = \alpha_1, \cdots, \alpha_d$ 以外に極 (pole) はもたず，$s = \alpha_i$ で

の極の位数は $(s+\alpha_i)$ の $b(s)$ における重複度で押えられる ($s=\alpha_i$ が極ではない可能性もある). □

次に補題 5.17 の第 2 の構成法を考える. すなわち $\Phi_1^* \in C_0^\infty(V_i^*)$ をとり $\Phi^*(y) = f(D_y)\Phi_1^*(y) \in C_0^\infty(V_i^*)$ とおくと命題 5.14 と命題 5.16 より

$$(5.24) \quad Z(\widehat{\Phi^*}, s) = \frac{1}{\mathrm{vol}(L)} Z^*\left(\Phi^*, \frac{n}{d} - s\right)$$
$$= \frac{1}{\mathrm{vol}(L)} \zeta_i^*\left(L^*, \frac{n}{d} - s\right) \cdot \int_{V_i^*} |f^*(y)|^{-s} \Phi^*(y) dy$$

であり, 一方, 命題 5.14 より

$$(5.25) \quad Z(\widehat{\Phi^*}, s) = \sum_{j=1}^{l} \zeta_j(L, s) \int_{V_j} |f(x)|^{s-(n/d)} \widehat{\Phi^*}(x) dx$$

となる. ここで定理 4.17 を $(G, \rho^*, V^*)$ に適用して, $\Phi^* \in C_0^\infty(V_i^*)$ ゆえ

$$(5.26) \quad \int_{V_j} |f(x)|^{s-(n/d)} \widehat{\Phi^*}(x) dx = \gamma\left(s - \frac{n}{d}\right) c_{ji}(s) \int_{V_i^*} |f^*(y)|^{-s} \Phi^*(y) dy$$

を得る. (5.24), (5.25), (5.26) より

$$(5.27) \quad \zeta_i^*\left(L^*, \frac{n}{d} - s\right) \int_{V_i^*} |f^*(y)|^{-s} \Phi^*(y) dy$$
$$= \mathrm{vol}(L) \gamma\left(s - \frac{n}{d}\right) \sum_{j=1}^{l} c_{ji}(s) \zeta_j(L, s) \int_{V_i^*} |f^*(y)|^{-s} \Phi^*(y) dy$$

を得る. 以上により次の定理を得る.

**定理 5.19**(ゼータ関数の関数等式) $\zeta_i(L, s)$, $\zeta_i^*(L^*, s)$ $(1 \leq i \leq l)$ が $\mathrm{Re}\, s$ が十分大きいところで絶対収束すれば, 全 $s$ 平面に解析接続されて

$$(5.28) \quad \zeta_i^*\left(L^*, \frac{n}{d} - s\right) = \mathrm{vol}(L) \cdot \gamma\left(s - \frac{n}{d}\right) \sum_{j=1}^{l} c_{ji}(s) \zeta_j(L, s)$$

なる関数等式を満たす. □

## §5.5 概均質ベクトル空間のゼータ関数の例

概均質ベクトル空間の理論以前にあったゼータ関数たち，例えば Dedekind ゼータ関数，単純多元環のゼータ関数，Koecher のゼータ関数たちは概均質ベクトル空間のゼータ関数としてみることができる．そして概均質ベクトル空間のゼータ関数としていままで知られていなかったものがいろいろ得られている．ここでは基本的な二つの例について解説する．

### (a) 例 1

一番簡単な概均質ベクトル空間 $(\mathbb{C}^\times, \mathbb{C})$，すなわち §2.4 の例 2.1 で $m=1$, $H=\{1\}$ としたものを考えよう．この場合は §4.2 の (a) 例 1 でみたように $V_\mathbb{R} - S_\mathbb{R} = \mathbb{R}^\times = V_1 \cup V_2$, $V_1 = \mathbb{R}_+^\times$, $V_2 = -\mathbb{R}_+^\times$, $G_\mathbb{R}^+ = \mathbb{R}_+^\times$ であったが格子として $L=\mathbb{Z}$ をとると $\mathrm{vol}(L)=1$ であり $\varGamma = \{r \in \mathbb{R}_+^\times; r\mathbb{Z}=\mathbb{Z}\} = \{1\}$ である．また $V_\mathbb{R} - S_\mathbb{R} \ni x$ について $G_x = \{1\}$ であり，したがって $\mu(x)=1$ となる．$V_1 \cap L = \mathbb{N}$, $V_2 \cap L = -\mathbb{N}$ で $\zeta_1(L,s) = \zeta_2(L,s) = \sum_{n=1}^\infty 1/n^s$ はいわゆる **Riemann**（リーマン）**のゼータ関数** $\zeta(s)$ である．$s$ が実数で $s>1$ ならば $x^{-s}$ は単調減少であるから $n^{-s} < \int_{n-1}^n x^{-s} dx$ $(n \geq 2)$ となり，したがって

$$\sum_{n=1}^\infty n^{-s} \leq 1 + \sum_{n=2}^\infty \int_{n-1}^n x^{-s} dx = 1 + \int_1^\infty x^{-s} dx = \frac{s}{s-1} < +\infty$$

である．$s$ が複素数ならば $|n^{-s}| = n^{-\mathrm{Re}\, s}$ であるから，Riemann のゼータ関数は $\mathrm{Re}\, s > 1$ で絶対収束する．§4.2 の (a) 例 1 の結果と定理 5.19 をあわせると

$$\begin{pmatrix} \zeta(1-s) \\ \zeta(1-s) \end{pmatrix} = \varGamma(s) \cdot (2\pi)^{-s} \cdot \begin{pmatrix} e^{\frac{\pi\sqrt{-1}s}{2}} & e^{-\frac{\pi\sqrt{-1}s}{2}} \\ e^{-\frac{\pi\sqrt{-1}s}{2}} & e^{\frac{\pi\sqrt{-1}s}{2}} \end{pmatrix} \begin{pmatrix} \zeta(s) \\ \zeta(s) \end{pmatrix}$$

すなわち

$$\zeta(1-s) = \varGamma(s) \cdot (2\pi)^{-s} \cdot (e^{\frac{\pi\sqrt{-1}s}{2}} + e^{-\frac{\pi\sqrt{-1}s}{2}}) \cdot \zeta(s)$$
$$= 2(2\pi)^{-s} \cdot \cos((\pi s)/2) \cdot \varGamma(s) \cdot \zeta(s)$$

というよく知られた関数等式が得られる．これは 1859 年に Riemann によって得られている．

**(b) 例 2**

次に §2.4 の例 2.15 で $m=1$ とした場合を考える．$SO_n(\mathbb{C})=\{X\in SL_n(\mathbb{C});\ {}^tX^{-1}=X\}$ $(n\geqq 3)$ としたとき，$G=\mathbb{C}^\times\times SO_n(\mathbb{C})$ で $V=V^*=\mathbb{C}^n$ への作用は $\rho(\alpha,A)x=\alpha Ax$ および $\rho^*(\alpha,A)x=(1/\alpha)Ax$ $(\alpha\in\mathbb{C}^\times,\ A\in SO_n(\mathbb{C}))$ で与えられ，$(G,\rho,V)$，$(G,\rho^*,V^*)$ の相対不変式 $f$，$f^*$ は $f(x)=f^*(x)=x_1^2+\cdots+x_n^2$ である．$f$ に対応する指標は $\chi(\alpha,A)=\alpha^2$ $(\alpha\in\mathbb{C}^\times,\ A\in SO_n(\mathbb{C}))$ である．そして §2.4 の例 2.15 で示したように，$x\in\mathbb{Q}^n$，$x\neq 0$ に対して $G_x^\circ\cong SO_{n-1}(\mathbb{C})$ であるから $X_\mathbb{Q}(G_x^\circ)=\{1\}$ となり仮定 4 が満たされる（$n=3$ のときは 215 頁を参照）．

§4.2 の (b) でみたように $V_\mathbb{R}-S_\mathbb{R}=V_1=\mathbb{R}^n-\{0\}$，$S_\mathbb{R}=\{0\}$ である．そして $G_\mathbb{R}=\mathbb{R}^\times\times SO_n(\mathbb{R})$，$G_\mathbb{R}^+=\mathbb{R}_+^\times\times SO_n(\mathbb{R})$ である．格子として $L=L^*=\mathbb{Z}^n$ をとると，$\mathrm{vol}(L)=1$ で $\Gamma=\{g\in G_\mathbb{R}^+;\ \rho(g)\mathbb{Z}^n=\mathbb{Z}^n\}=SO_n(\mathbb{Z})$ はコンパクト群 $SO_n(\mathbb{R})$ のディスクリート部分群であるから有限群である．$V_\mathbb{R}-S_\mathbb{R}$ 上で $f(x)>0$ であるから，この概均質ベクトル空間のゼータ関数は

$$\zeta(\mathbb{Z}^n,s)=\sum_{x\in SO_n(\mathbb{Z})\backslash(\mathbb{Z}^n-\{0\})}\frac{\mu(x)}{f(x)^s}$$

で与えられ，(4.4) により

$$\int_{\mathbb{R}^n-\{0\}}f^*(y)^{s-\frac{n}{2}}\cdot\widehat{\Phi}(y)dy$$
$$=\Gamma(s)\Gamma\left(s+1-\frac{n}{2}\right)c_{11}(s)\int_{\mathbb{R}^n-\{0\}}|f(x)|^{-s}\cdot\Phi(x)dx$$

で

$$c_{11}(s)=\frac{\pi^{\frac{n}{2}-2s}}{\Gamma\left(s+1-\frac{n}{2}\right)\Gamma\left(\frac{n}{2}-s\right)}$$

であったから，定理 5.19 により $\mathrm{Re}\,s\gg 0$ で $\zeta(\mathbb{Z}^n,s)$ が絶対収束すれば，

§5.5 概均質ベクトル空間のゼータ関数の例

$$\zeta\left(\mathbb{Z}^n, \frac{n}{2}-s\right) = \gamma\left(s-\frac{n}{2}\right)c_{11}(s)\zeta(\mathbb{Z}^n, s)$$
$$= \pi^{\frac{n}{2}-2s} \cdot \frac{\Gamma(s)}{\Gamma\left(\frac{n}{2}-s\right)} \cdot \zeta(\mathbb{Z}^n, s)$$

という関数等式を満たすことがわかる.いま $\widetilde{\zeta}(s) = \pi^{-s}\Gamma(s) \cdot \zeta(\mathbb{Z}^n, s)$ とおけば,これは $\widetilde{\zeta}((n/2)-s) = \widetilde{\zeta}(s)$ とも表わされる.さてゼータ関数 $\zeta(\mathbb{Z}^n, s) = \sum_{x \in SO_n(\mathbb{Z}) \backslash (\mathbb{Z}^n - \{0\})} \mu(x)/f(x)^{-s}$ における $\mu(x)$ について調べよう.

**補題 5.20** $x \in \mathbb{Z}^n - \{0\}$ について

$$\mu(x) = \frac{\Gamma\left(\dfrac{n}{2}\right)}{\pi^{\frac{n}{2}}} \cdot \frac{\sharp[\rho(SO_n(\mathbb{Z}))x]}{\sharp SO_n(\mathbb{Z})}.$$

ただし,$\sharp A$ は集合 $A$ の元の個数を表わす.

[証明] 写像 $f: V_\mathbb{R} - S_\mathbb{R} = \mathbb{R}^n - \{0\} \to \mathbb{R}_+^\times$ を $f(y) = y_1^2 + \cdots + y_n^2$ によって定義すると任意の $y \in V_\mathbb{R} - S_\mathbb{R}$ について,ある $\partial f/\partial y_i = 2y_i \neq 0$ であるから常に $\mathrm{rank}(df)_y = 1$ である.そして $f(\rho(g)y) = \chi(g)f(y)$ $(g \in G_\mathbb{R}^+, y \in V_\mathbb{R} - S_\mathbb{R})$ が成り立つ.そこで $V_\mathbb{R} - S_\mathbb{R}$ 上の $G_\mathbb{R}^+$-不変 $n$ 次微分形式 $f(y)^{-(n/2)}dy_1 \wedge \cdots \wedge dy_n$ と $\mathbb{R}_+^\times$ 上の 1 次微分形式 $dt/t$ に関して命題 3.26 を適用することができる.すなわち $\varphi \in C_0^\infty(V_\mathbb{R} - S_\mathbb{R})$ に対して $M[\varphi] \in C_0^\infty(\mathbb{R}^\times)$ が唯一定まって,$\mathbb{R}_+^\times$ 上の連続関数 $\psi$ に対して

$$(5.29) \quad \int_{\mathbb{R}^n - \{0\}} \psi(f(y))\varphi(y) \cdot \frac{dy}{f(y)^{\frac{n}{2}}} = \int_0^\infty \psi(t) \cdot M[\varphi](t) \cdot \frac{dt}{t}$$

が成り立つ.$\varphi^g(y) = \varphi(gy)$ $(g \in G_\mathbb{R}^+)$ とおくと

$$\int_0^\infty \psi(t)M[\varphi^g](t)\frac{dt}{t}$$
$$= \int_{\mathbb{R}^n - \{0\}} \psi(f(y))\varphi(gy) \cdot \frac{dy}{f(y)^{\frac{n}{2}}}$$
$$= \int_{\mathbb{R}^n - \{0\}} \psi(f(g^{-1}y))\varphi(y)\frac{dy}{f(y)^{\frac{n}{2}}} = \int_{\mathbb{R}^n - \{0\}} \psi(\chi(g)^{-1}f(y))\varphi(y)\frac{dy}{f(y)^{\frac{n}{2}}}$$
$$= \int_0^\infty \psi(\chi(g)^{-1}t)M[\varphi](t)\frac{dt}{t} = \int_0^\infty \psi(t)M[\varphi](\chi(g)t)\frac{dt}{t}$$

であるから

(5.30) $$M[\varphi^g](t) = M[\varphi](\chi(g)t) \quad (g \in G_\mathbb{R}^+)$$

がわかる. $\psi$ が可積分であるときは, (5.29) は $\varphi = 1$ に対しても成り立つ. 実際 $f: V_\mathbb{R} - S_\mathbb{R} \to \mathbb{R}_+^\times$ と $V_\mathbb{R} - S_\mathbb{R}$ 上のゲージ形式 $\Omega(y) = dy/f(y)^{n/2}$ および $\mathbb{R}_+^\times$ 上のゲージ形式 $dt/t$ よりコンパクト集合 $f^{-1}(t)$ 上のゲージ形式 $\omega(y) = \Omega(y)/f^*(dt/t)$ を定めると

$$\int_{\mathbb{R}^n - \{0\}} \psi(f(y)) \cdot \frac{dy}{f(y)^{\frac{n}{2}}} = \int_0^\infty \frac{dt}{t} \left( \int_{f^{-1}(t)} \psi(t) \omega(y) \right)$$
$$= \int_0^\infty \psi(t) \left[ \int_{f^{-1}(y)} \omega(y) \right] \frac{dt}{t}$$

ゆえ $M[1](t) = \int_{f^{-1}(t)} \omega(y)$ である. (5.30) より $M[1](t)$ は定数である. この値を計算しよう. 補題 3.6 と定理 3.16 により

$$1 = \int_{\mathbb{R}^n} e^{-\pi f(y)} dy = \int_{\mathbb{R}^n - \{0\}} e^{-\pi f(y)} \cdot f(y)^{\frac{n}{2}} \cdot \frac{dy}{f(y)^{\frac{n}{2}}}$$
$$= M[1] \cdot \int_0^\infty e^{-\pi t} \cdot t^{\frac{n}{2}} \cdot \frac{dt}{t} = M[1] \cdot \pi^{-\frac{n}{2}} \Gamma\left(\frac{n}{2}\right)$$

となり $M[1](t) = \pi^{n/2}/\Gamma(n/2)$ を得る.

さて $(G_\mathbb{R}^+)_1 = \{g \in G_\mathbb{R}^+; \chi(g) = 1\} = SO_n(\mathbb{R})$ はコンパクトであるから, その Haar 測度 $|dg_1|_\infty$ を $\int_{SO_n(\mathbb{R})} |dg_1|_\infty = 1$ となるように選ぶ. $x \in \mathbb{Z}^n - \{0\}$ を任意にとって固定すると $\mathbb{R}^n - \{0\} = \rho(G_\mathbb{R}^+)x \cong G_\mathbb{R}^+/(G_\mathbb{R}^+)_x$ である. そして $G_\mathbb{R}^+$ 上の Haar 測度 $|dg|_\infty$ と $(G_\mathbb{R}^+)_x$ 上の Haar 測度 $|d\mu_x|_\infty$ を次のように正規化する. $G_\mathbb{R}^+$ 上の可積分関数 $F$ に対して

$$\int_{G_\mathbb{R}^+} F(g) |dg|_\infty$$
$$= \int_{G_\mathbb{R}^+/(G_\mathbb{R}^+)_1} \frac{d\chi(\dot{g})}{\chi(\dot{g})} \left( \int_{(G_\mathbb{R}^+)_1} F(\dot{g}g_1) |dg_1|_\infty \right)$$
(ただし $\dot{g} = g \bmod (G_\mathbb{R}^+)_1$)
$$= \int_{G_\mathbb{R}^+/(G_\mathbb{R}^+)_x} \frac{d\rho(\tilde{g})x}{f(\rho(\tilde{g})x)^{\frac{n}{2}}} \int_{(G_\mathbb{R}^+)_x} F(\tilde{g}h) |d\mu_x(h)|_\infty$$
(ただし $\tilde{g} = g \bmod (G_\mathbb{R}^+)_x$)

§5.5 概均質ベクトル空間のゼータ関数の例

ここで $\int_{(G_{\mathbb{R}}^+)_x} F(\tilde{g}h)|d\mu_x(h)|_\infty = \widetilde{F}(\rho(g)x)$ とおく．このとき $F \in C_0^\infty(G_{\mathbb{R}}^+)$ に対して

(5.31)
$$\int_{G_{\mathbb{R}}^+/(G_{\mathbb{R}}^+)_1} \frac{d\chi(\dot{g})}{\chi(\dot{g})} \left( \int_{(G_{\mathbb{R}}^+)_1} F(\dot{g}g_1)|dg_1|_\infty \right)$$
$$= \int_{\mathbb{R}^n - \{0\}} \widetilde{F}(y) \cdot \frac{dy}{f(y)^{\frac{n}{2}}}$$
$$= \int_0^\infty M[\widetilde{F}](t)\frac{dt}{t} = \int_{G_{\mathbb{R}}^+/(G_{\mathbb{R}}^+)_1} \frac{d\chi(\dot{g})}{\chi(\dot{g})} \cdot M[\widetilde{F}](\chi(\dot{g}))$$

を得る．一方，$(G_{\mathbb{R}}^+)_1 = SO_n(\mathbb{R})$ 上の関数 $F$ を $F(t,g) = F(g)$ により $G_{\mathbb{R}}^+ = \mathbb{R}_+^\times \times SO_n(\mathbb{R})$ 上の関数と思うと $F \mapsto I(F) = M[\widetilde{F}](1)$ は $g \in (G_{\mathbb{R}}^+)_1$ に対して $\chi(g) = 1$ だから $I(F^g) = M[\widetilde{F^g}](1) = M[(\widetilde{F})^g](1) = M[\widetilde{F}](\chi(g)) = M[\widetilde{F}](1) = I(F)$ となる．Haar 測度の一意性より定数倍を除いて $\int_{(G_{\mathbb{R}}^+)_1} F(g_1)|dg_1|_\infty$ と一致する．そこで $c \cdot M[\widetilde{F}](1) = \int_{(G_{\mathbb{R}}^+)_1} F(g_1)|dg_1|_\infty$ としよう．$F$ のかわりに $F^g$ $(g \in G_{\mathbb{R}}^+)$ を使えば

$$\int_{(G_{\mathbb{R}}^+)_1} F(gg_1)|dg_1|_\infty = c \cdot M[\widetilde{F}](\chi(g))$$

であるが，(5.31) より $c = 1$ を得る．とくに $F(g_1\gamma) = F(g_1)$ $(g_1 \in (G_{\mathbb{R}}^+)_1, \gamma \in \Gamma_x)$ であれば $\int_{(G_{\mathbb{R}}^+)_1/\Gamma_x} F(g_1)dg_1 = M[\widetilde{\widetilde{F}}](1)$，ただし

$$\widetilde{\widetilde{F}}(\rho(g)x) = \int_{(G_{\mathbb{R}}^+)_x/\Gamma_x} F(\tilde{g}h)|d\mu_x(h)|_\infty \quad (\tilde{g} = g \bmod (G_{\mathbb{R}}^\downarrow)_x)$$

を得る．$(G_{\mathbb{R}}^+)_1 = SO_n(\mathbb{R})$ はコンパクトなので特に $F = 1$ とおくと $\widetilde{\widetilde{F}} = \mu(x)$ であり

$$\frac{1}{\sharp \Gamma_x} = \int_{SO_n(\mathbb{R})/\Gamma_x} |dg_1|_\infty = M[\mu(x)](1) = \mu(x)M[1](1)$$
$$= \mu(x) \cdot \frac{\pi^{\frac{n}{2}}}{\Gamma\left(\frac{n}{2}\right)}$$

を得る．$\sharp[\rho(SO_n(\mathbb{Z}))x] = \sharp SO_n(\mathbb{Z})/\sharp \Gamma_x$ であるから

を得る．

さて **Epstein**（エプシュタイン）のゼータ関数を
$$\zeta_n(s) = \sum_{x \in \mathbb{Z}^n - \{0\}} \frac{1}{f(x)^s} = \sum_{x \in \mathbb{Z}^n - \{0\}} \frac{1}{(x_1^2 + \cdots + x_n^2)^s}$$
で定義する．$\zeta_n(s) = \sum_{m=1}^{\infty} a_m/m^s$, ただし $a_m = \sharp\{x \in \mathbb{Z}^n; f(x) = m\}$, と表わせる．これは $\mathrm{Re}\, s > n/2$ で絶対収束することを示そう．自然数 $k$ に対して
$$A_k = \{x = (x_1, \cdots, x_n) \in \mathbb{Z}^n; |x_i| \leq k \ (1 \leq i \leq n)\}$$
$$B_k = \{x = (x_1, \cdots, x_n) \in A_k; \text{ある } |x_i| = k\}$$
とおくと，$\sharp A_k = (2k+1)^n$ であり，$\sharp B_k = (2k+1)^n - (2k-1)^n = c_0 k^{n-1} + c_1 k^{n-2} + \cdots + c_{n-1}$（すべての $c_j \geq 0$）と表わせる．
$$S_m = \sum_{x \in \mathbb{Z}^n - \{0\}, \text{各 } |x_i| \leq m} \frac{1}{(x_1^2 + \cdots + x_n^2)^s}$$
とおくと $s$ が実数のとき,
$$\sum_{k=1}^{m} \frac{\sharp B_k}{(nk^2)^s} < S_m < \sum_{k=1}^{m} \frac{\sharp B_k}{k^{2s}}$$
であるから
$$S_m < c_0 \sum_{k=1}^{m} \frac{1}{k^{2s-n+1}} + c_1 \sum_{k=1}^{m} \frac{1}{k^{2s-n+2}} + \cdots + c_{n-1} \sum_{k=1}^{m} \frac{1}{k^{2s}}$$
となり $2s - n + 1 > 1$, すなわち $s > n/2$ のとき右辺は $m \to \infty$ で収束する．そして $n/2 \geq s$ なら
$$S_m \geq (c_0/n^s) \sum_{k=1}^{m} 1/k$$
ゆえ $m \to \infty$ で $S_m$ は発散することもわかる．すなわち $s$ が複素数のとき $\zeta_n(s)$ は $\mathrm{Re}\, s > n/2$ で絶対収束する．

## 命題 5.21

$$\zeta(\mathbb{Z}^n, s) = \frac{\Gamma\left(\dfrac{n}{2}\right)}{\pi^{\frac{n}{2}} \cdot \sharp SO_n(\mathbb{Z})} \cdot \zeta_n(s)$$

とくに $\zeta(\mathbb{Z}^n, s)$ は $\mathrm{Re}\, s > n/2$ で絶対収束する.

[証明] $\zeta(\mathbb{Z}^n, s) = \sum\limits_{m=1}^{\infty} b_m/m^s$, ただし $b_m = \sum \mu(x)$ (和は $f(x) = m$ なる $x \in SO_n(\mathbb{Z}) \backslash (\mathbb{Z}^n - \{0\})$ をわたる) と表わされるから補題 5.20 により

$$\begin{aligned} b_m &= \frac{\Gamma\left(\dfrac{n}{2}\right)}{\pi^{\frac{n}{2}} \cdot \sharp SO_n(\mathbb{Z})} \cdot \sum \sharp[\rho(SO_n(\mathbb{Z}))x] \\ &= \frac{\Gamma\left(\dfrac{n}{2}\right)}{\pi^{\frac{n}{2}} \cdot \sharp SO_n(\mathbb{Z})} \cdot a_m \end{aligned}$$

を得る. ∎

とくに Epstein のゼータ関数の関数等式 $\widetilde{\zeta}_n((n/2)-s) = \widetilde{\zeta}_n(s)$, ただし $\widetilde{\zeta}_n(s) = \pi^{-s} \cdot \Gamma(s) \cdot \zeta_n(s)$ が証明されたが, これは Epstein により 1902 年に得られている.

# 第6章

# 概均質ゼータ関数の収束

## §6.1 収束に関する諸定理

$(G,\rho,V)$ を §5.2 の仮定 0〜仮定 4 をみたす概均質ベクトル空間とする. このとき第 5 章でみたように, (概均質)ゼータ関数 $\zeta_i(L,s)$, $\zeta_j^*(L^*,s)$ が定義されたが, H. Saito, Convergence of the zeta functions of prehomogeneous vector spaces, Nagoya Math. J. **170**(2003), 1–31 により, これらは Re$s$ が十分大きいときに絶対収束する. ただし, この論文の程度は入門書としての本書を超えているので, 本書では, 以下の仮定 5 のもとに証明を与える.

$f$ を $\mathbb{Z}$-係数の既約相対不変多項式とし, 対応する指標を $\chi$ とする. 命題 2.18 により $n=\dim V$, $d=\deg f$ に対し $d|2n$ で $\det \rho(g)^2 = \chi(g)^{2n/d}$ $(g\in G)$ が成り立つ. とくに $g\in G_\mathbb{R}^+$ に対し $\det \rho(g) = \chi(g)^{n/d} > 0$ である. $\ker \chi = \{g\in G; \chi(g)=1\}$ の連結成分を $H$ とおき $H_x = \{h\in H; \rho(h)x=x\}$ とする.

**仮定 5** $H_x(x\in V-S)$ は連結半単純代数群(または単位群 $\{e\}$)である.

この条件は生成的等方部分群 $G_x = \{g\in G; \rho(g)x=x\}$ $(x\in V-S)$ が連結半単純代数群であるという仮定よりはるかに弱い仮定であることに注意しよう. 例えば, §2.4 の例 2.2 では $G_x = O_n$ は連結ではないが $H_x = SO_n$ は連結半単純代数群である.

**命題 6.1** $(G,\rho,V)$ を §5.2 の仮定 0〜仮定 3 を満たす概均質ベクトル空間とする. この空間がさらに仮定 5 を満たせば, 次が成り立つ.

(1) $G_x^\circ = H_x$ $(x \in V - S)$, とくに $(G, \rho, V)$ のすべての $\mathbb{Q}$-構造に対して仮定 4 (§5.2) が成り立つ.

(2) $G$ の中心 $T$ は 1 次元 $\mathbb{Q}$-分裂トーラスであり, $G = T \cdot [G, G]$, $\ker \chi = G_1 (= [G, G] \cdot G_x)$, $H = (\ker \chi)^\circ = [G, G]$ となる.

[証明] (1) $G_x \subset \ker \chi$ $(x \in V - S)$ より $G_x^\circ \subset H$ であるから $G_x^\circ \subset H_x \subset G_x$ となるが, 仮定 5 より $H_x$ は連結であるから $G_x^\circ = H_x$ となり, $G_x^\circ$ は連結半単純代数群(または単位群 $\{e\}$)である. したがって $X(G_x^\circ) = \{1\}$, とくに $x \in (V - S) \cap V_\mathbb{Q}$ に対して $X_\mathbb{Q}(G_x^\circ) = \{1\}$ となり仮定 4 が成り立つ.

(2) 仮定 1 より群 $G$ は簡約可能, すなわちユニポテント根基 $R_u(G)$ ($G$ 内の最大連結ユニポテント正規部分群) は $\{1\}$ であるから $G$ の中心はトーラスで, これを $T$ とすると $G = T \cdot [G, G]$ と表わせる. $G_1 = [G, G] \cdot G_x$ に対して $G/G_1 \cong T/T \cap G_1$ で仮定 2 と命題 2.12 より $X(G/G_1) = \langle \chi \rangle$ であるから, $\chi : T/T \cap G_1 \xrightarrow{\sim} GL_1$ は同型を与える (A. Borel [2] の 114 頁参照). したがって $\ker \chi = [G, G] \cdot G_x = G_1$ であり, その連結成分を $H = [G, G] \cdot G_x^\circ$ とおいたのであった. (1) より $G_x^\circ$ は連結半単純代数群であるから $G_x^\circ = [G_x^\circ, G_x^\circ] \subset [G, G]$ となり (系 7.16 参照) $H = [G, G]$ を得る.

よって

$$+\infty > [\ker \chi : (\ker \chi)^\circ]$$
$$= [G_1 : [G, G]] = [X(G/[G, G]) : X(G/G_1)]$$

となる. $G$ は連結ゆえ $X(G) = X(G/[G, G])$ は自由 abel 群である. 実際 $\chi' \in X(G)$ が ord $\chi' = m < +\infty$ ならば $\ker \chi'$ は $G$ の指数 $m$ の正規部分代数群であり, 命題 1.7 により $m = 1$, すなわち $\chi' = 1$ となる. 一方, $X(G/G_1) = \langle \chi \rangle \cong \mathbb{Z}$ であるから rank $X(G) \geqq 2$ ならば $[X(G) : X(G/G_1)] = +\infty$ となり矛盾. よって $X(G) \cong \mathbb{Z}$ でなければならない. これは $T$ が 1 次元トーラスであることを意味するが, $\chi|_T \in X_\mathbb{Q}(T)$ ゆえ $T$ は 1 次元 $\mathbb{Q}$-分裂トーラスであることがわかる (A. Borel [2] の 112 頁参照). ∎

この章の目標は次の定理の証明である.

**定理 6.2** $(G, \rho, V)$ が仮定 0〜仮定 5 を満たす概均質ベクトル空間とすると $\zeta_i(L, s)$ や $\zeta_j^*(L^*, s)$ は Re $s > n/d$ で絶対収束する. ∎

この定理は，F. Sato [21] で多変数の場合も含めて証明された．ただしこの論文が出版されたときは，玉河数に関する Weil の予想が証明されていなかったので，現在では不要になったいくつかの仮定をおいている（注意 6.1 参照）．1993 年に K. Ying は代数体 $k$（すなわち $\mathbb{Q}$ の有限次代数拡大）上の 1 変数加法的アデール・ゼータ関数の収束を仮定 5 のもとに Johns Hopkins 大学の学位論文で示したが，これは実は代数体 $k$ 上の 1 変数概均質ゼータ関数の収束の別証を与えたことになる（定理 6.21 参照）．それは，K. Ying [31] で出版されたが，K. Ying はこの中で次のことも示している．

§2.4 で例 2.1～例 2.29 として与えられた 29 個の既約正則概均質ベクトル空間のうち，次の 21 個（ただし例 (2) と例 (15) には条件がつく）は仮定 0～仮定 5 を満たす．

例 (1) $(H \times GL_m, \rho \otimes \Lambda_1, V(m) \otimes V(m))$ で $H$ は連結半単純代数群（または単位群 $\{e\}$）で $\rho$ はその既約表現．

例 (2) $(GL_n, 2\Lambda_1)$，ただし $n \geq 3$ とする．

例 (3) $(GL_{2m}, \Lambda_2)$ $(m \geq 3)$．

例 (5) $(GL_6, \Lambda_3)$．

例 (6) $(GL_7, \Lambda_3)$．

例 (7) $(GL_8, \Lambda_3)$．

例 (10) $(SL_5 \times GL_3, \Lambda_2 \otimes \Lambda_1)$．

例 (13) $(Sp_n \times GL_{2m}, \Lambda_1 \otimes \Lambda_1)$．

例 (14) $(GL_1 \times Sp_3, \Lambda_1 \otimes \Lambda_3)$．

例 (15) $(SO_n \times GL_m, \Lambda_1 \otimes \Lambda_1)$，ただし "$n \geq 4$, $m=1$" または "$n \geq 2m$ かつ $m, n-m \neq 2$（すなわち $n \geq 2m \geq 6$）" の場合．

例 (16) $(GL_1 \times Spin_7, \Lambda_1 \otimes スピン表現)$．

例 (18) $(Spin_7 \times GL_3, スピン表現 \otimes \Lambda_1)$．

例 (19) $(GL_1 \times Spin_9, \Lambda_1 \otimes スピン表現)$．

例 (20) $(Spin_{10} \times GL_2, 半スピン表現 \otimes \Lambda_1)$．

例 (21) $(Spin_{10} \times GL_3, 半スピン表現 \otimes \Lambda_1)$．

例 (22) $(GL_1 \times Spin_{11}, \Lambda_1 \otimes スピン表現)$．

例 (23) $(GL_1 \times Spin_{12}, \Lambda_1 \otimes 半スピン表現)$．

例 (24) $(GL_1 \times Spin_{14}, \Lambda_1 \otimes$ 半スピン表現$)$.
例 (25) $(GL_1 \times G_2, \Lambda_1 \otimes \Lambda_2)$.
例 (27) $(GL_1 \times E_6, \Lambda_1 \otimes \Lambda_1)$.
例 (29) $(GL_1 \times E_7, \Lambda_1 \otimes \Lambda_6)$.

とくに,これらの概均質ベクトル空間のゼータ関数 $\zeta_i(L,s)$, $\zeta_j^*(L^*,s)$ は $\operatorname{Re} s > n/d$ で絶対収束する.

この節を終える前に,冒頭に述べた H. Saito の結果を正確に述べておこう.

$(G, \rho, V)$ を代数体 $F$ 上定義された概均質ベクトル空間とする.いまは,$G$ が簡約可能であることも,特異集合 $S$ が超曲面であることも仮定していない.$F$-構造 $V_F$ の点 $x$ に対して,$G_x = \{g \in G; \rho(g)x = x\}$ を $x$ における等方部分群として,$G_x^\circ$ をその連結成分とする.$X_F(G_x^\circ)$ を $G_x^\circ$ の $F$ 上定義された有理指標のなす群として,$X^*(F) = \{x \in (V-S)_F; X_F(G_x^\circ) = \{1\}\}$ とおく.$S^1 = \bigcup_{i=1}^r S_i$ を $S$ 内の $F$ 上既約な超曲面 $S_i$ たちの和集合として,$f_i$ を $S_i$ を定義する $F$ 上既約な多項式とする.すなわち,$S_i = \{x \in V; f_i(x) = 0\}$ $(i=1,\ldots,r)$ とする.このとき,定理 2.9 と同様にして,$f_i$ が $(G, \rho, V)$ の相対不変式であること,および任意の $F$ 上有理的な相対不変式は $f_i$ たちの巾積で表されることが証明される.

さて,$\chi_i$ を $f_i$ に対応する指標としよう.$G_\mathbb{A}$, $V_\mathbb{A}$ でそれぞれ $G$, $V$ のアデール化を表し,$V_\mathbb{A}$ 上の Schwartz-Bruhat 関数の空間を $\mathcal{S}(V_\mathbb{A})$ と記す.また,$|dg|_\mathbb{A}$ で $G_\mathbb{A}$ 上の Haar 測度を表わし,$|\chi_i(g)|_\mathbb{A}$ で $\chi_i(g)$ $(g \in G_\mathbb{A})$ のイデール・モジュールを表わす(これらの定義については,§6.4 を参照).このとき,$\Phi \in \mathcal{S}(V_\mathbb{A})$ および $s_1, \ldots, s_r \in \mathbb{C}$ に対して,加法的アデール・ゼータ関数を次のように定義する.

$$Z_a(\Phi; s_1, \ldots, s_r) = \int_{G_\mathbb{A}/G_F} \prod_{i=1}^r |\chi_i(g)|_\mathbb{A}^{s_i} \sum_{\xi \in X^*(F)} \Phi(\rho(g)\xi) |dg|_\mathbb{A}.$$

**定理 6.3**(**H.Saito**) 特異集合 $S$ が超曲面,すなわち $S = S^1$ であるとする.このとき,$\operatorname{Re} s_i$ $(i=1,\ldots,r)$ が十分大きいならば $Z_a(\Phi; s_1, \ldots, s_r)$ は絶対収束する. □

とくに,仮定 0〜4 が成り立てば,(概均質)ゼータ関数 $\zeta_i(L,s)$, $\zeta_j^*(L^*, s)$ は $\operatorname{Re} s$ が十分大きいときに絶対収束することがわかる(定理 6.21 も参照).

$S$ が超曲面という条件は，$G$ が簡約可能かつ $(G,\rho,V)$ が正則ならばみたされるので，定理 6.3 は大変広い範囲の概均質ベクトル空間に適用される．

この章のこれからあとの目標は定理 6.2 の証明である．

まずゼータ関数の収束を他の扱いやすい Dirichlet 級数の収束問題に帰着させることから始めよう．

## §6.2　収束の同値性

ここでは $\sum_{i=1}^{l} \zeta_i(L,s)$ の絶対収束領域が他の Dirichlet 級数

$$\widetilde{A}(s) = \sum_{t \in \mathbb{Z}-\{0\}} A(t) \cdot |t|^{-s+(n/d)-1}$$

の絶対収束領域に等しいことを示し，ゼータ関数の収束を $\widetilde{A}(s)$ の収束に帰着させる．$t \in \mathbb{C}^\times$ に対して $V(t) = \{x \in V ; f(x) = t\}$ とおく．$x, y \in V(t) \subset V - S = \rho(G)x$ より $y = \rho(g)x$ なる $g \in G$ が存在し $t = f(y) = f(\rho(g)x) = \chi(g)f(x) = \chi(g)t$ より $\chi(g) = 1$，すなわち $g \in \ker \chi$ となる．したがって命題 6.1 の (2) より $V(t) = \rho(\ker \chi)x = \rho([G,G] \cdot G_x)x = \rho([G,G])x = \rho(H)x$ となり，$H$ が代数多様体として既約であるから $V(t)$ も既約である．(4.5) より

$$\omega = \frac{1}{d} \sum_{i=1}^{n} \frac{(-1)^{i-1}}{f(x)} x_i dx_1 \wedge \cdots \wedge dx_{i-1} \wedge dx_{i+1} \wedge \cdots \wedge dx_n$$

とおくと $df \wedge \omega = dx_1 \wedge \cdots \wedge dx_n$ であったが

$$\theta_t(x) = \omega|_{V(t)} = \frac{1}{td} \sum_{i=1}^{n} (-1)^{i-1} x_i dx_1 \wedge \cdots \wedge dx_{i-1} \wedge dx_{i+1} \wedge \cdots \wedge dx_n$$

$$\left( = \frac{dx_1 \wedge \cdots \wedge dx_n}{df} \right)$$

なる $V(t)$ 上の微分形式を考えよう．

$\xi \in V(t)$ をとり，$\pi_\xi(h) = \rho(h)\xi$ $(h \in H)$ により $\pi_\xi : H \to V(t)$ を定義する．$dh$ を $H$ 上の $\mathbb{Q}$-有理的な $H$-不変ゲージ形式とし，$H_\xi$ 上の不変ゲージ形式を $d\nu_\xi = \dfrac{dh}{(\pi_\xi)^* \theta_t}$ により定め

$$\nu(\xi) = \int_{H_{\xi,\mathbb{R}}/H_{\xi,\mathbb{Z}}} |d\nu_\xi|_\infty \qquad (\xi \in V_\mathbb{Q} - S_\mathbb{Q})$$

とおく．ここで $|d\nu_\xi|_\infty$ は $d\nu_\xi$ が $H_{\xi,\mathbb{R}}$ 上定める Haar 測度を表わす．仮定 5 から $X_\mathbb{Q}(H_\xi)=\{1\}$ となるので定理 5.7 より $\nu(\xi)<+\infty$ である．

さて $g\in G$ に対して $\rho_g:V-S\to V-S$ を $\rho_g(x)=\rho(g)x\ (x\in V-S)$ で定めれば，(4.2) より $(\rho_g)^*\omega=\det\rho(g)\chi(g)^{-1}\omega$ である．いま $\xi\in V(t),\ \xi'=\rho(g)\xi\in V(t')$ とすれば $t'=\chi(g)t$ であり，$\rho_g:V(t)\to V(t')$ は引き戻し $(\rho_g)^*\theta_{t'}=\det\rho(g)\chi(g)^{-1}\theta_t$ を引き起こす．$g\in G$ に対して $\iota_g:G\to G$ を $\iota_g(x)=gxg^{-1}$ $(x\in G)$ で定めれば，$(\iota_g^*)dh=dh$ となることをみよう．$dg$ を $G$ 上の $\mathbb{Q}$-有理的な $G$-不変ゲージ形式として $\chi:G\to GL_1$ を考えると $dh=dg/\chi^*(dx/x)$ と考えられるが，$g_1\in G$ に対して $\chi\circ\iota_{g_1}=\chi$ より $\iota_{g_1}^*\circ\chi^*=\chi^*$ となるから

$$(\iota_{g_1})^*dh=\frac{(\iota_{g_1})^*dg}{(\iota_{g_1})^*\circ\chi^*\left(\dfrac{dx}{x}\right)}=\frac{dg}{\chi^*\left(\dfrac{dx}{x}\right)}=dh$$

となる．そして $\pi_{\xi'}\circ\iota_g=\rho_g\circ\pi_\xi:H\to V(t')$ となるから $(\iota_g)^*\circ(\pi_{\xi'})^*=(\pi_\xi)^*\circ(\rho_g)^*$ であり，$\iota_g:H_\xi\to H_{\xi'}$ に対して

$$\begin{aligned}(\iota_g)^*d\nu_{\xi'}&=\frac{(\iota_g)^*dh}{(\iota_g)^*\circ(\pi_{\xi'})^*\theta_{t'}}\\&=\frac{dh}{(\pi_\xi)^*\circ(\rho_g)^*\theta_{t'}}=\frac{\chi(g)}{\det\rho(g)}\cdot\frac{dh}{(\pi_\xi)^*\theta_t}=\frac{\chi(g)}{\det\rho(g)}d\nu_\xi\end{aligned}$$

を得る．ここで $|\det\rho(g)^{-1}\chi(g)|=|\chi(g)|^{1-(n/d)}=|(t'/t)|^{1-(n/d)}$ であるから，$\xi,\xi'\in V_\mathbb{R}-S_\mathbb{R}$ のとき，$H_{\xi,\mathbb{R}}$ 上の Haar 測度 $|t|^{(n/d)-1}\cdot|d\nu_\xi|_\infty$ と $H_{\xi',\mathbb{R}}$ 上の Haar 測度 $|t'|^{(n/d)-1}\cdot|d\nu_{\xi'}|_\infty$ が自然に対応しており，とくに $g\in G_\mathbb{R}^+$, $\xi'=\rho(g)\xi\in V(t')$, $\xi\in V(t)$ のときは，$(\iota_g)^*|t'|^{(n/d)-1}d\nu_{\xi'}=|t|^{(n/d)-1}d\nu_\xi$ も成り立つ．一方，

$$\mu(\xi)=\int_{(G_\mathbb{R}^+)_\xi/\Gamma_\xi}|d\mu_\xi|_\infty$$

であり，$\iota_g:G_\xi\to G_{\xi'}$ に対して $(\iota_g)^*d\mu_{\xi'}=d\mu_\xi$ であった（§5.2）．

$H_{\xi,\mathbb{R}}\cap(G_\mathbb{R}^+)_\xi$ 上では Haar 測度の一意性より $|d\mu_\xi|_\infty$ と $|d\nu_\xi|_\infty$ は定数倍を除いて一致するが，$G$ 上の不変測度を適当に定数倍すれば，(5.1) により $|d\mu_\xi|_\infty$ も適当に定数倍されて $|d\mu_\xi|_\infty=|t|^{(n/d)-1}\cdot|d\nu_\xi|_\infty\ (\xi\in V(t))$ とすることができる．そのときすべての $\xi'\in V(t')\subset V_\mathbb{R}-S_\mathbb{R}$ に対して，上述の $|t|^{(n/d)-1}|d\nu_\xi|_\infty$

と $|t'|^{(n/d)-1}|d\nu_{\xi'}|_\infty$ の自然な対応により $|d\mu_{\xi'}|_\infty = |t'|^{(n/d)-1}\cdot|d\nu_{\xi'}|_\infty$ が成り立つ．

さて命題 6.1 の (1) より $H_\xi = G_\xi^\circ$ であるから

$$[H_{\xi,\mathbb{R}} : H_{\xi,\mathbb{R}}\cap(G_\mathbb{R}^+)_\xi] = [G_\xi^\circ\cap G_\mathbb{R} : G_\xi^\circ\cap G_\mathbb{R}^+] \leq [G_\mathbb{R} : G_\mathbb{R}^+] < +\infty$$
$$[(G_\mathbb{R}^+)_\xi : H_{\xi,\mathbb{R}}\cap(G_\mathbb{R}^+)_\xi] = [G_\xi\cap G_\mathbb{R}^+ : G_\xi^\circ\cap G_\mathbb{R}^+] \leq [G_\xi : G_\xi^\circ] < +\infty$$

であり，どちらの不等式も一番右の辺は $\xi$ によらない．$\varGamma'$ が $\varGamma$ の指数有限な部分群ならば

$$\mu(\xi) \leq \mu'(\xi) = \int_{(G_\mathbb{R}^+)_\xi/\varGamma'_\xi} |d\mu_\xi|_\infty \leq [\varGamma:\varGamma']\cdot\mu(\xi)$$

ゆえ

$$\zeta_i(L,s) \leq \sum_{\xi\in\varGamma'\backslash(L\cap V_i)} \frac{\mu'(\xi)}{|f(x)|^s} \leq [\varGamma:\varGamma']^2\cdot\zeta_i(L,s)$$

となり収束性を考える限り $\varGamma$ をそれと通約的な群におきかえてもよいから，$\varGamma = G_\mathbb{Z}\cap G_\mathbb{R}^+$ としてよい．このとき $[H_{\xi,\mathbb{R}}\cap(G_\mathbb{R}^+)_\xi]\cap\varGamma_\xi = H_{\xi,\mathbb{Z}}\cap(G_\mathbb{R}^+)_\xi$ となるから，

$$X_\xi = [H_{\xi,\mathbb{R}}\cap(G_\mathbb{R}^+)_\xi]/[H_{\xi,\mathbb{Z}}\cap(G_\mathbb{R}^+)_\xi],$$
$$Y_\xi = H_{\xi,\mathbb{R}}/H_{\xi,\mathbb{Z}}, \qquad Z_\xi = (G_\mathbb{R}^+)_\xi/\varGamma_\xi$$

とおくと $\iota_1:X_\xi\to Y_\xi$ および $\iota_2:X_\xi\to Z_\xi$ なる自然な単射が存在して $X_\xi$ は $Y_\xi, Z_\xi$ の開領域と同一視される．しかもこの開領域 $X_\xi$ の移動 (translation) の直和 (disjoint union) として $Y_\xi, Z_\xi$ が表わされる：

$$Y_\xi = \bigsqcup_{h\in A_\xi} hX_\xi, \qquad Z_\xi = \bigsqcup_{k\in B_\xi} kX_\xi$$

($A_\xi \subset H_{\xi,\mathbb{R}}$, $B_\xi\subset(G_\mathbb{R}^+)_\xi$)．ここで $\sharp A_\xi \leq [H_{\xi,\mathbb{R}} : H_{\xi,\mathbb{R}}\cap(G_\mathbb{R}^+)_\xi] \leq [G_\mathbb{R} : G_\mathbb{R}^+] < +\infty$ かつ $\sharp B_\xi \leq [(G_\mathbb{R}^+)_\xi : H_{\xi,\mathbb{R}}\cap(G_\mathbb{R}^+)_\xi] \leq [G_\xi : G_\xi^\circ] < +\infty$ であり，$X_\xi$ 上で

$$(\iota_1)^*|t|^{(n/d)-1}d\nu_\xi = (\iota_2)^*d\mu_\xi \ (\xi\in V(t))$$

ゆえ

$$\frac{1}{\sharp A_\xi}\cdot|t|^{(n/d)-1}\nu(\xi)=\frac{1}{\sharp B_\xi}\cdot\mu(\xi)$$

を得る．したがって $A,B>0$ を

$$\frac{1}{[G_\mathbb{R}:G_\mathbb{R}^+]}>A \quad \text{かつ} \quad B>[G_\xi:G_\xi^\circ]$$

にとれば，

(6.1) $$A\nu(\xi)\cdot|t|^{(n/d)-1}<\mu(\xi)<B\nu(\xi)\cdot|t|^{(n/d)-1} \quad (\xi\in V(t)_\mathbb{Q})$$

を満たす．

さて補題 5.10 と同様にして $\nu(\xi)$ の値も $\rho(H_\mathbb{Z})\xi$ にのみ依存することが示せるが，そのとき次が成り立つ．

**命題 6.4** 各 $t\in\mathbb{Z}-\{0\}$ に対して

(6.2) $$A(t)=\sum_{\xi\in H_\mathbb{Z}\backslash V(t)_\mathbb{Z}}\nu(\xi)$$

とおく（定理 5.13 により，これは有限和である）．ここで $V(t)_\mathbb{Z}=V(t)\cap V_\mathbb{Z}$ である．このとき Dirichlet 級数

$$\widetilde{A}(s)=\sum_{t\in\mathbb{Z}-\{0\}}A(t)\cdot|t|^{-s+(n/d)-1}$$

の収束域と（概均質）ゼータ関数 $\sum_{i=1}^{l}\zeta_i(L,s)$ の収束域は一致する．

［証明］ まず命題は $L=V_\mathbb{Z}$ の場合に証明すれば十分であることを示そう．$V_\mathbb{Z}$ の $\mathbb{Z}$-基底を $v_1,\cdots,v_n$ とし任意の格子 $L\,(\subset V_\mathbb{Q})$ の $\mathbb{Z}$-基底を $w_1,\cdots,w_n$ とするとき，共に $V_\mathbb{Q}$ の基底でもあるから $w_i=\sum_{j=1}^{n}c_{ij}v_j$ なる $c_{ij}\in\mathbb{Q}$ が存在する．自然数 $N$ をすべての $i,j$ に対して $Nc_{ij}\in\mathbb{Z}$ となるように選べば，$Nw_i=\sum_{j=1}^{n}(Nc_{ij})v_j\in V_\mathbb{Z}$，すなわち $N\cdot L\subset V_\mathbb{Z}$ となる．よって $\zeta_i(V_\mathbb{Z},s)$ が絶対収束すれば，$\zeta_i(N\cdot L,s)=N^{-ds}\cdot\zeta_i(L,s)$ も絶対収束することがいえるのである．

さて補題 5.9 より $\Gamma\subset\ker\chi$ であるから $L=V_\mathbb{Z}$ のときは，$\Gamma$ は $V(t)_\mathbb{Z}=V(t)\cap V_\mathbb{Z}$ に作用し，$f$ は $\mathbb{Z}$-係数としているから $f(V_\mathbb{Z})\subset\mathbb{Z}$ ゆえ

$$\sum_{i=1}^{l}\zeta_i(V_\mathbb{Z},s)=\sum_{t\in\mathbb{Z}-\{0\}}\left\{\sum_{\xi\in\Gamma\backslash V(t)_\mathbb{Z}}\mu(\xi)\right\}|t|^{-s}$$

となる. $\Gamma \subset \ker \chi$ かつ $H = (\ker \chi)^\circ$ ゆえ

$$[\Gamma : \Gamma \cap H_{\mathbb{Z}}] = [\Gamma \cap (\ker \chi) : \Gamma \cap H] \leq [\ker \chi : (\ker \chi)^\circ] < +\infty$$

および命題 5.1 により

$$[H_{\mathbb{Z}} : \Gamma \cap H_{\mathbb{Z}}] < +\infty$$

であるから $\Gamma$ と $H_{\mathbb{Z}}$ は通約的である. $\rho(\Gamma)\xi$ における $(\Gamma \cap H_{\mathbb{Z}})$-軌道の個数を $c_\xi$ とおくと, $1 \leq c_\xi \leq [\Gamma : \Gamma \cap H_{\mathbb{Z}}]$ ゆえ

$$\sum_{\xi \in \Gamma \backslash V(t)_{\mathbb{Z}}} \mu(\xi) \leq \sum_{\xi \in (\Gamma \cap H_{\mathbb{Z}}) \backslash V(t)_{\mathbb{Z}}} \mu(\xi)$$
$$= \sum_{\xi \in \Gamma \backslash V(t)_{\mathbb{Z}}} c_\xi \cdot \mu(\xi) \leq [\Gamma : \Gamma \cap H_{\mathbb{Z}}] \sum_{\xi \in \Gamma \backslash V(t)_{\mathbb{Z}}} \mu(\xi)$$

であり,同様にして

$$A(t)|t|^{(n/d)-1} \leq \sum_{\xi \in (\Gamma \cap H_{\mathbb{Z}}) \backslash V(t)_{\mathbb{Z}}} \nu(\xi)|t|^{(n/d)-1}$$
$$\leq [H_{\mathbb{Z}} : \Gamma \cap H_{\mathbb{Z}}] A(t)|t|^{(n/d)-1}$$

が成り立つ.これと (6.1) をあわせて

(6.3)
$$\frac{A}{[\Gamma : \Gamma \cap H_{\mathbb{Z}}]} \cdot A(t)|t|^{(n/d)-1} < \sum_{\xi \in \Gamma \backslash V(t)_{\mathbb{Z}}} \mu(\xi) < B[H_{\mathbb{Z}} : \Gamma \cap H_{\mathbb{Z}}] \cdot A(t)|t|^{(n/d)-1}$$

を得る.

したがって,$\sum_{i=1}^{l} \zeta_i(V_{\mathbb{Z}}, s)$ と $\sum_{t \in \mathbb{Z}-\{0\}} A(t) \cdot |t|^{-s+(n/d)-1}$ の収束域は一致する. ∎

そこで以下 $\widetilde{A}(s) = \sum_{t \in \mathbb{Z}-\{0\}} A(t) \cdot |t|^{-s+(n/d)-1}$ の収束性を調べるのであるが,それには $\mathbb{Q}$ 上のアデールを使うのでその準備から始めよう.§6.3 と §6.4 がその準備であるが,ここをよく知っている読者は §6.5 へ進んでよい.

## §6.3  $p$ 進体

素数 $p$ を 1 つ固定して $|0|_p = 0$, $\mathbb{Q}^\times \ni x = p^n \cdot (b/a)$ $(n, a, b \in \mathbb{Z}, p \nmid ab)$ に対して $|x|_p = p^{-n}$ とおくと

(1) $|x|_p \geqq 0$ で等号は $x=0$ のときに限る.
(2) $|xy|_p = |x|_p \cdot |y|_p$
(3) $|x+y|_p \leqq \max(|x|_p, |y|_p)$

を満たす. したがって $d_p(x,y) = |x-y|_p$ は距離の公理を満たし $\mathbb{Q}$ は距離空間, とくに位相空間になる. この位相を **$p$ 進位相**($p$-adic topology)という. $\lim_{n\to\infty} d_p(p^n, 0) = \lim_{n\to\infty} |p^n|_p = \lim_{n\to\infty} p^{-n} = 0$ ゆえこの位相では $\lim_{n\to\infty} p^n = 0$ であり, したがって $1/(1-p) = \sum_{n=0}^{\infty} p^n$ となる. もっと一般に $\mathbb{Q}^\times$ の元はすべて $p$ 進位相で $p$ 進展開 $\sum_{\nu=\mu}^{\infty} a_\nu p_\nu$ ($\mu \in \mathbb{Z}$, $0 \leqq a_\nu \leqq p-1$) される. 例えば $x = b/a > 0$ ($p \nmid ab$) かつ $x \notin \mathbb{Z}$ の場合, $(p,a)=1$ より $p \bmod a \in (\mathbb{Z}/a\mathbb{Z})^\times$ ゆえ $n = \sharp(\mathbb{Z}/a\mathbb{Z})^\times$ に対し $p^n \equiv 1 \bmod a$ となる. したがって $1 - p^n = aa'$ なる $a' \in \mathbb{Z}$ が存在するが, $ba' = c(1-p^n) + d$, $0 < d < p^n$ なる $c, d \in \mathbb{Z}$ をとると $d = d_0 + d_1 p + \cdots + d_{n-1} p^{n-1}$ ($0 \leqq d_j \leqq p-1$) と展開される.

$$x = \frac{b}{a} = \frac{ba'}{aa'} = \frac{c(1-p^n)+d}{1-p^n} = c + d \sum_{m=0}^{\infty} (p^n)^m$$

となるが, $x, d > 0$ かつ $1 - p^n < 0$ より $c \geqq 0$, $c \in \mathbb{Z}$ となり, $c = c_0 + c_1 p + \cdots + c_l p^l$ と表わされる. 結局

$$x = c_0 + c_1 p + \cdots + c_l p^l + (d_0 + d_1 p + \cdots + d_{n-1} p^{n-1}) \sum_{m=0}^{\infty} (p^n)^m$$

と $p$ 進展開され, あるところから先は巡回的(cyclic)になる. 例えば $p=5$, $x=2/3$ ならば

$$\frac{2}{3} = 1 + \frac{8}{1-5^2} = 1 + (3+5)\sum_{m=0}^{\infty} 5^{2m} = 4 + 5 + 3 \cdot 5^2 + 5^3 + 3 \cdot 5^4 + \cdots$$

と展開される. $x = b/a < 0$ のときも自然数 $l$ と $n$ に対して

$$x = \left(p^l + \frac{b}{a}\right) + p^l \sum_{m=0}^{\infty} (p^n - 1)(p^n)^m$$

となることを使うと, 同様に $p$ 進展開され, あるところから先は巡回的になることがわかる. したがって $\mathbb{Q}$ に $p$ 進位相を入れたとき

$$\mathbb{Q} = \left\{ \sum_{\nu=\mu}^{\infty} a_\nu p^\nu ;\ \mu \in \mathbb{Z},\ 0 \leqq a_\nu \leqq p-1,\ \{a_\nu\} \text{ はある所から先は巡回的} \right\}$$

## §6.3 $p$ 進体

となる．$\{a_\nu\}$ たちを勝手にとると巡回的にはならないから，$x_n = \sum_{\nu=\mu}^{n} a_\nu p^\nu \in \mathbb{Q}$ でも $\lim_{n\to\infty} x_n = \sum_{\nu=\mu}^{\infty} a_\nu p^\nu \notin \mathbb{Q}$ となり，$\mathbb{Q}$ はこの距離に関して完備ではない．すなわち Cauchy 列が必ずしも収束しない．$\mathbb{Q}$ の距離 $d_p(x,y)$ による完備化を **$p$ 進体**($p$-adic field) とよび $\mathbb{Q}_p$ と記す．

$$\mathbb{Q}_p = \left\{ \sum_{\nu=\mu}^{\infty} a_\nu p^\nu ;\ \mu \in \mathbb{Z},\ 0 \leq a_\nu \leq p-1 \right\}$$

である．$p$ 進体 $\mathbb{Q}_p$ は $\mathbb{Q}$ を含むから標数は 0 であり，しかも $\mathbb{Q}$ を稠密に含んでいる．$\mathbb{Q}_p \ni x = \sum_{\nu=\mu}^{\infty} a_\nu p^\nu$ ($0 \leq a_\nu \leq p-1$, $a_\mu \neq 0$) に対し $|x|_p = p^{-\mu}$ とすることにより $p$ 進絶対値 $|\ |_p$ は $\mathbb{Q}_p$ へ自然に拡張される．

$$\mathbb{Z}_p = \{ x \in \mathbb{Q}_p;\ |x|_p \leq 1 \} = \left\{ \sum_{\nu=0}^{\infty} a_\nu p^\nu ;\ 0 \leq a_\nu \leq p-1 \right\}$$

は $\mathbb{Q}_p$ の部分環であり **$p$ 進整数環**(the ring of $p$-adic integers) とよばれる．$1 < r < p$ に対して $\mathbb{Z}_p = \{ x \in \mathbb{Q}_p;\ |x|_p < r \}$ であるから $\mathbb{Z}_p$ は $\mathbb{Q}_p$ の開集合(open set)である．$U_\varepsilon(0) = \{ x \in \mathbb{Q}_p;\ d_p(x,0) < \varepsilon \}$ たちが 0 の近傍系をなすが，$1/p^n < \varepsilon \leq 1/p^{n-1}$ ならば $U_\varepsilon(0) = p^n \mathbb{Z}_p$ ゆえ $\{ p^n \mathbb{Z}_p;\ n \in \mathbb{N} \}$ が $\mathbb{Q}_p$ の 0 における基本近傍系になる．したがって $\mathbb{Q}_p \ni a$ に対し $\{ a + p^n \mathbb{Z}_p;\ n \in \mathbb{N} \}$ は $a$ の基本近傍系である．

さて，$\mathbb{Z}/p^n\mathbb{Z} = \{ a_0 + a_1 p + \cdots + a_{n-1} p^{n-1} \bmod p^n;\ 0 \leq a_i \leq p-1 \}$ にディスクリート位相(すなわち各点が開集合)を入れる．$n > m$ のとき準同型 $\varphi_{m,n}: \mathbb{Z}/p^n\mathbb{Z} \to \mathbb{Z}/p^m\mathbb{Z}$ を

$$\varphi_{m,n} \left( \sum_{i=0}^{n-1} a_i p^i \bmod p^n \right) = \sum_{i=0}^{m-1} a_i p^i \bmod p^m$$

で定める．$\mathbb{Z}/p^n\mathbb{Z}$ はコンパクトであるから，$\prod_{n=1}^{\infty} (\mathbb{Z}/p^n\mathbb{Z})$ に直積位相を入れたものは Tikhonov (チコノフ) の定理によりコンパクトになる．その閉部分集合 $\varprojlim (\mathbb{Z}/p^n\mathbb{Z})$ を

$$\varprojlim (\mathbb{Z}/p^n\mathbb{Z}) = \left\{ (\alpha_n) \in \prod_{n=1}^{\infty} (\mathbb{Z}/p^n\mathbb{Z});\ n > m \text{ なら } \varphi_{m,n}(\alpha_n) = \alpha_m \right\}$$

で定義すると，これもコンパクトであり $\{\mathbb{Z}/p^n\mathbb{Z}\}_n$ の **射影的極限**(projective limit) とよばれる．$\varprojlim (\mathbb{Z}/p^n\mathbb{Z})$ の元は

$$(a_0 \bmod p,\ a_0+a_1 p \bmod p^2,\ a_0+a_1 p+a_2 p^2 \bmod p^3, \cdots)$$
$$= a_0+a_1 p+a_2 p^2+\cdots$$

であるから集合として $\varprojlim (\mathbb{Z}/p^n\mathbb{Z})$ と $\mathbb{Z}_p$ は同一視できる. $\varprojlim (\mathbb{Z}/p^n\mathbb{Z})$ の開集合は直積位相の定義から

$$\varprojlim (\mathbb{Z}/p^n\mathbb{Z}) \cap \left\{ (a_0,\ a_0+a_1 p,\ \cdots,\ a_0+\cdots+a_m p^m) \times \prod_{n>m}(\mathbb{Z}/p^n\mathbb{Z}) \right\}$$
$$= (a_0+\cdots+a_m p^m) + p^{m+1}\mathbb{Z}_p \quad (0 \leqq a_i \leqq p-1;\ i=0,1,\cdots,m)$$

の和集合たちであり, したがって $\varprojlim (\mathbb{Z}/p^n\mathbb{Z})$ と $\mathbb{Z}_p$ は位相同型である. とくに $\mathbb{Z}_p$ が $\mathbb{Q}_p$ のコンパクト開部分群であることがわかる. $\mathbb{Q}_p \ni a$ に対し $a+\mathbb{Z}_p$ は $a$ のコンパクト近傍であるから, $\mathbb{Q}_p$ はディスクリートではない局所コンパクト体, いわゆる**局所体** (local field) であることがわかる. どんな体もディスクリートな位相を入れれば局所コンパクトになってしまうのでディスクリートではない所に意味がある. $\mathbb{Q}$ の局所体 $K, K'$ への稠密なうめこみ $i:\mathbb{Q} \to K$ と $i':\mathbb{Q} \to K'$ が同値であるとは同型 $\varphi:K \to K'$ で $i'=\varphi \circ i$ となるものが存在することであるが, その同値類を $\mathbb{Q}$ の**素点** (prime spot, あるいは place) とよぶ. $\mathbb{Q}$ の素点は各素数 $p$ の定める有限素点 $p:\mathbb{Q} \hookrightarrow \mathbb{Q}_p$ と無限素点 $\infty:\mathbb{Q} \hookrightarrow \mathbb{R}$ ですべてであることが知られている. $p\mathbb{Z}_p$ は $\mathbb{Z}_p$ の唯一の極大イデアルであり $\mathbb{Z}_p^\times = \mathbb{Z}_p - p\mathbb{Z}_p$ は $p$ **進単数群** (the group of $p$-adic units) とよばれる.

$p$ 以外のすべての素数 $q$ は $q \in \mathbb{Z}_p^\times$, すなわち $p$ 進単数であることに注意しよう. 加法群 $\mathbb{Q}_p$ は局所コンパクト群であるから定理 3.1 により Haar 測度 $|dx|_p$ が存在する. $|d(a+x)|_p = |dx|_p$ および $|d(ax)|_p = |a|_p \cdot |dx|_p$ が成り立つ $(a \in \mathbb{Q}_p)$. 以下 $\int_{\mathbb{Z}_p} |dx|_p = 1$ となるように Haar 測度を正規化する. $\mathbb{Z}_p = \bigcup_{a=0}^{p-1}(a+p\mathbb{Z}_p)$ で $|dx|_p$ は Haar 測度ゆえ $\int_{(a+p\mathbb{Z}_p)} |dx|_p = \int_{p\mathbb{Z}_p} |dx|_p$ であるから $\int_{p\mathbb{Z}_p} |dx|_p = 1/p$ である. そして $\mathbb{Z}_p^\times = \bigcup_{a=1}^{p-1}(a+p\mathbb{Z}_p)$ より $\int_{\mathbb{Z}_p^\times} |dx|_p = 1-(1/p)$ が得られる.

## §6.4　有理数体上のアデール

　有理数体 $\mathbb{Q}$ を研究するのに各素点 $v$ に対する局所体 $\mathbb{Q}_v$（ただし $\mathbb{Q}_\infty = \mathbb{R}$ とおく）の全体を考えるのは自然で直積 $\prod_v \mathbb{Q}_v$ を考察すればよいと思われるが，これは局所コンパクトにはならないので都合が悪い．そこで局所コンパクトな部分環 $\mathbb{Q}_\mathbb{A}$ を次のように定義する．$\infty$ を含む $\mathbb{Q}$ の素点の任意の有限集合 $S$ に対して $\mathbb{Q}_S = \prod_{v \in S} \mathbb{Q}_v \times \prod_{p \notin S} \mathbb{Z}_p$ とおくと，$\mathbb{Q}_S$ は直積位相で局所コンパクトになる．そして

$$\mathbb{Q}_\mathbb{A} = \bigcup_S \mathbb{Q}_S = \left\{ (x_v) \in \prod_v \mathbb{Q}_v;\ 有限個の素数を除いて\ x_p \in \mathbb{Z}_p \right\}$$

の開集合 $U$ を"すべての $S$ に対し $U \cap \mathbb{Q}_S$ は $\mathbb{Q}_S$ の開集合"で定めて位相を入れると $\mathbb{Q}_S$ は $\mathbb{Q}_\mathbb{A}$ の開集合で $\mathbb{Q}_\mathbb{A}$ も局所コンパクトになる．この $\mathbb{Q}_\mathbb{A}$ の元を（$\mathbb{Q}$ 上の）**アデール**とよび，$\mathbb{Q}_\mathbb{A}$ を $\mathbb{Q}$ の**アデール環**（the adele ring of $\mathbb{Q}$）とよぶ．$x \in \mathbb{Q}$ に対して $x$ の分母に現れない素数 $p$ については，$x \in \mathbb{Z}_p$ であるから $\prod_v \mathbb{Q}_v$ の元 $(x_v)$ をすべての $v$ に対して $x_v = x$ と定めるとアデールになる．これを $x$ と同一視して $\mathbb{Q} \subset \mathbb{Q}_\mathbb{A}$ と考えると，$\mathbb{Q}$ は $\mathbb{Q}_\mathbb{A}$ のディスクリート部分群で $\mathbb{Q}_\mathbb{A}/\mathbb{Q}$ はコンパクトになることが知られている．これは $\mathbb{R}$ と $\mathbb{Z}$ の関係に似ている．

　この $\mathbb{Q}$ のアデール化 $\mathbb{Q}_\mathbb{A}$ の考えを $\mathbb{Q}$ 上定義されたアフィン多様体に適用してみよう．

　$V$ が $\mathbb{Q}[x_1, \cdots, x_n]$ の元 $f_1, \cdots, f_r$ の零点集合として定義される $\Omega^n$ 内のアフィン多様体とするとき，$\mathbb{Q}$ の各素点 $v$ に対して

$$V_{\mathbb{Q}_v} = \{ x \in \mathbb{Q}_v^n;\ f_1(x) = \cdots = f_r(x) = 0 \}$$

とおく．素数 $p$ が $f_1, \cdots, f_r$ の係数の分母に現われなければ $f_1, \cdots, f_r \in \mathbb{Z}_p[x_1, \cdots, x_n]$ で，このとき

$$V_{\mathbb{Z}_p} = \left\{ x \in \mathbb{Z}_p^n;\ f_1(x) = \cdots = f_r(x) = 0 \right\}$$

とおく. これはコンパクトである. そして $\infty$ と, $f_1,\cdots,f_r$ の係数の分母に現われる素数をすべて含む素点の任意の有限集合 $S$ に対して

$$V_S = \prod_{v \in S} V_{\mathbb{Q}_v} \times \prod_{p \notin S} V_{\mathbb{Z}_p}$$

とおくと, これは直積位相で局所コンパクトになる. そして $\mathbb{Q}_A$ のときと同様に

$$V_\mathbb{A} = \bigcup_S V_S$$

に位相を入れると $V_S$ は $V_\mathbb{A}$ の開集合で $V_\mathbb{A}$ は局所コンパクトになるが, $V_\mathbb{A}$ を $V$ の($\mathbb{Q}$ 上の)**アデール化**, または $V$ に付随する $\mathbb{Q}$ 上の**アデール空間**とよぶ.

例えば, $GL_1 \cong \{(x,y) \in \Omega^2; xy-1=0\}$ に対して $(GL_1)_{\mathbb{Q}_v} = \mathbb{Q}_v^\times$ であり, $(GL_1)_{\mathbb{Z}_p} \cong \{(x,y) \in \mathbb{Z}_p^2; xy-1=0\}$ は $\mathbb{Z}_p^\times$ にほかならず

$$(GL_1)_\mathbb{A} = \left\{ x=(x_v) \in \prod \mathbb{Q}_v^\times; \begin{array}{l} \text{ほとんどすべての } p \text{ (有限個を除いた } p) \\ \text{に対し } x_p \in \mathbb{Z}_p^\times \end{array} \right\}$$

となる. これを $\mathbb{Q}_\mathbb{A}^\times$ とも書いて, その元を**イデール**(idele), $\mathbb{Q}_\mathbb{A}^\times$ を $\mathbb{Q}$ の**イデール群**(idele group)とよぶ. $x=(x_v)$ がイデールならほとんどすべての $p$ に対し $x_p \in \mathbb{Z}_p^\times$, すなわち $|x_p|_p=1$ であるから $|x|_\mathbb{A} = \prod_v |x_v|_v$ は実質的に有限個の積である. これを**イデール・モジュール**(idele module)とよぶ.

さて $V=\Omega^n$ がベクトル空間のとき $V_\mathbb{A}$ 上の Schwartz-Bruhat 関数を定義しよう. $\Phi_\infty: \mathbb{R}^n \to \mathbb{C}$ を急減少関数(§3.2 参照), すなわち $\Phi_\infty \in \mathcal{S}(\mathbb{R}^n)$ とし, 素数 $p$ に対しては $\Phi_p: \mathbb{Q}_p^n \to \mathbb{C}$ をコンパクトな台をもつ局所定数関数($\Phi_p(x)=a$ なら $x$ のある近傍の上で $\Phi_p=a$)とし, さらに有限個の $p$ を除いて $\Phi_p$ は $\mathbb{Z}_p^n$ の特性関数 $\mathrm{ch}_{\mathbb{Z}_p^n}$ とする. すなわち

$$\mathrm{ch}_{\mathbb{Z}_p^n}(x) = \begin{cases} 1 & (x \in \mathbb{Z}_p^n) \\ 0 & (x \notin \mathbb{Z}_p^n). \end{cases}$$

このとき $V_\mathbb{A}$ 上の関数 $\Phi = \otimes_v \Phi_v$ を $x=(x_v)$ に対して $\Phi(x) = \prod_v \Phi_v(x_v)$ とおく. このような $\otimes_v \Phi_v$ の1次結合で表わされる $V_\mathbb{A}$ 上の関数を **Schwartz-Bruhat**(シュワルツ-ブリュア)**関数**(Schwartz-Bruhat function)とよび, その全体を $\mathcal{S}(V_\mathbb{A})$ で表わす. これは $V_\mathbb{A}$ 上の急減少関数ともいうべきものである.

## §6.4 有理数体上のアデール

次にアデール空間における測度を考えよう.$\mathbb{Q}_\mathbb{A}$ は局所コンパクト群であるから Haar 測度が存在するが,まずそれを構成しよう.

$|dx_\infty|_\infty$ で $\mathbb{R}$ 上の Lebesgue 測度を表わし,素数 $p$ に対し $|dx_p|_p$ により $\mathbb{Q}_p$ 上の Haar 測度で $\int_{\mathbb{Z}_p}|dx_p|_p=1$ となるものを表わそう. $\mathbb{Q}_S=\prod_{v\in S}\mathbb{Q}_v\times\prod_{p\notin S}\mathbb{Z}_p$ において $d\mu_1=\prod_{v\in S}|dx_v|_v$ を積測度とする.そして $d\mu_2$ をコンパクト群 $\prod_{p\notin S}\mathbb{Z}_p$ 上の Haar 測度で

$$\int_{\prod_{p\notin S}\mathbb{Z}_p}d\mu_2=1$$

なるものとする. $\int_{\mathbb{Z}_p}|dx_p|_p=1$ ゆえ $d\mu_2=\prod_{p\notin S}|dx_p|_p$ と考えることができて,結局 $\mathbb{Q}_S$ 上に(収束)積測度 $d\mu_S=d\mu_1\times d\mu_2=\prod_v|dx_v|_v$ が存在することがわかる. $\mathbb{Q}_\mathbb{A}$ 上には定数倍を除いて唯一の Haar 測度 $\omega_\mathbb{A}$ が存在するが,ある $S$ について $\omega_\mathbb{A}|_{\mathbb{Q}_S}$ と $d\mu_S$ は $\mathbb{Q}_S$ の Haar 測度ゆえ定数倍を除いて一致する.したがって $\omega_\mathbb{A}|_{\mathbb{Q}_S}=d\mu_S$ となる $\mathbb{Q}_\mathbb{A}$ 上の Haar 測度 $\omega_\mathbb{A}$ が唯一つ存在するが, $S\subset S'$ なら $\mathbb{Q}_S\subset\mathbb{Q}_{S'}$ かつ $d\mu_{S'}|_{\mathbb{Q}_S}=d\mu_S$ となるので,任意の $S$ に対して $\omega_\mathbb{A}|_{\mathbb{Q}_S}=d\mu_S$ となる.これを $\mathbb{Q}_\mathbb{A}$ の自然な Haar 測度(canonical Haar measure)という.

さて $V$ を $\mathbb{Q}$ 上定義された非特異アファイン多様体として, $\omega$ を $V$ 上の $\mathbb{Q}$-有理的なゲージ形式とする. $\mathbb{Q}$ 上定義された局所座標 $(x_1,\cdots,x_n)$ をとると, $\omega=\varphi(x)dx_1\wedge\cdots\wedge dx_n$ と表わされる.ここで $\varphi(x)$ は座標近傍上の $\mathbb{Q}$-係数のレギュラー関数である. $\mathbb{Q}$ の素点 $v$ に対して測度 $\omega_v$ を $|\varphi(x)|_v\cdot(dx_1)_v\cdots(dx_n)_v$ で定めるとこれは局所座標系のとり方によらず well-defined で $V_{\mathbb{Q}_v}$ 上の測度 $\omega_v$ が定まる.有限素点 $p$ に対し $V_{\mathbb{Z}_p}$ はコンパクトであるから $\int_{V_{\mathbb{Z}_p}}\omega_p<+\infty$ である.

$\mathbb{Q}$ の各素点 $v$ に対して $\lambda_v>0$ が定まって

$$\prod_p\lambda_p^{-1}\int_{V_{\mathbb{Z}_p}}\omega_p<+\infty$$

となるとき $\{\lambda_v\}_v$ を $V$ の**収束因子**(convergence factor for $V$)とよぶ.別のゲージ形式 $\omega'$ をとってきても,ほとんどすべての $p$ に対して $\int_{V_{\mathbb{Z}_p}}\omega_p=\int_{V_{\mathbb{Z}_p}}\omega'_p$ となるのでこの概念はゲージ形式のとり方によらない. $V$ の収束因子 $\{\lambda_v\}$ を

使って $\omega$ から得られる $V_\mathbb{A}$ 上の**玉河測度**（Tamagawa measure）とは，その各 $V_S = \prod_{v \in S} V_{\mathbb{Q}_v} \times \prod_{p \notin S} V_{\mathbb{Z}_p}$ への制限が積測度 $\prod_v (\lambda_v^{-1} \omega_v)$ となるものと定義する．ここで積測度 $d\mu_1 = \prod_{v \in S} \lambda_v^{-1} \omega_v$ とコンパクト集合 $\prod_{p \notin S} V_{\mathbb{Z}_p}$ の上の Radon 測度 $d\mu_2$ で

$$\int_{\prod_{p \notin S} V_{\mathbb{Z}_p}} d\mu_2 = \prod_{p \notin S} \lambda_p^{-1} \int_{V_{\mathbb{Z}_p}} \omega_p < +\infty$$

となるものの積 $d\mu_1 \times d\mu_2$ が $\prod_v (\lambda_v^{-1} \omega_v)$ である．

さて $V$ が $N$ 次元アファイン空間の中で $F_1, \cdots, F_{N-n} \in \mathbb{Q}[x_1, \cdots, x_N]$ の零点集合として定義される $n$ 次元非特異アファイン多様体とする．さらに $x_1, \cdots, x_n$ が $V$ の局所座標で

$$\Delta(x) = \det \left( \frac{\partial F_i}{\partial x_j}(x) \right) \quad (1 \leq i \leq N-n, \; n+1 \leq j \leq N)$$

が $V$ 上のレギュラー関数で，いたるところ零にならないとする．これは $\Delta(x)$, $\Delta(x)^{-1}$ が $x_1, \cdots, x_N$ の多項式として表わされることを意味する．$p$ 進絶対値を $\mathbb{Q}_p$ の代数閉包 $\overline{\mathbb{Q}_p}$ にまで自然に拡張することができるが，このとき $\mathcal{O}_p = \{x \in \overline{\mathbb{Q}_p}; \; |x|_p \leq 1\}$ とおく．

さて $S$ を $\infty$ と $F_1, \cdots, F_{N-n}, \Delta(x), \Delta(x)^{-1}$ の分母に表われるすべての素数を含む有限集合とすると，$p \notin S$ に対して $V_{\mathcal{O}_p} = \{x \in \mathcal{O}_p^N; \; F_1(x) = \cdots F_{N-n}(x) = 0\}$ とおくとき $F_1, \cdots, F_{N-n} \in \mathbb{Z}_p[x_1, \cdots, x_N]$ かつ $|\Delta(x)|_p = 1 \; (x \in V_{\mathcal{O}_p})$ となる．$\mathbb{Z}_p / p\mathbb{Z}_p \cong \mathbb{Z}/p\mathbb{Z} = \mathbb{F}_p$ であるから

$$\overline{F}_i = F_i \bmod p\mathbb{Z}_p \in \mathbb{F}_p[x_1, \cdots, x_N] \quad (1 \leq i \leq N-n)$$

に対して

$$V^{(p)} = \left\{ x \in \overline{\mathbb{F}_p}^N; \; \overline{F}_1(x) = \cdots = \overline{F}_{N-n}(x) = 0 \right\}$$

とおき，これを $V$ の $p$ を法とした**還元**（reduction mod $p$）とよぶ．ただし $\overline{\mathbb{F}_p}$ は $\mathbb{F}_p$ の代数閉包を表わす．$|\Delta(x)|_p = 1$ であるから $V^{(p)}$ は $\mathbb{F}_p$ 上定義された非特異代数多様体である．さて $\omega$ が $V$ 上の $\mathbb{Q}$-有理的なゲージ形式とすると $\omega = \varphi(x) dx_1 \wedge \cdots \wedge dx_n$ と表わされるが，$\varphi(x)$ と $\varphi(x)^{-1}$ は $V$ 上い

たるところで定義された有理関数ゆえ共に $x_1,\cdots,x_N$ の多項式である．$S$ に $\varphi(x),\varphi(x)^{-1}$ の係数の分母に表われる素数もすべて含めれば $p\notin S$ に対して $|\varphi(x)|_p=1\ (x\in V_{\mathcal{O}_p})$ となる．

$p\notin S$ ならば，$V_{\mathbb{Z}_p}\ni x=(x_1,\cdots,x_N),\ y=(y_1,\cdots,y_N)$ に対して $x_i\equiv y_i$ mod $p\mathbb{Z}_p\ (1\leqq i\leqq N)$ のとき $x\equiv y$ mod $p$ ということにすると，$V_{\mathbb{Z}_p}$ の mod $p$ の同値類と $V^{(p)}$ の $\mathbb{F}_p$-有理点の集合

$$V_{\mathbb{F}_p}^{(p)}=\left\{x\in\mathbb{F}_p^N;\ \overline{F}_1(x)=\cdots=\overline{F}_{N-n}(x)=0\right\}$$

の点は 1 対 1 に対応することが知られている（例えばボレビッチ–シャファレビッチ，整数論，吉岡書店，第 1 章，§5 を参照）．

これを使って $p\notin S$ に対して $\int_{V_{\mathbb{Z}_p}}\omega_p$ を計算しよう．

$$\int_{V_{\mathbb{Z}_p}}\omega_p=\sum_{\bar{a}\in V_{\mathbb{F}_p}^{(p)}}\int_{x\equiv a\bmod p}\omega_p$$

であるが $\omega_p=|\varphi(x)|_p\cdot|dx_1|_p\cdots|dx_n|_p=|dx_1|_p\cdots|dx_n|_p$ であり，$V_{\mathbb{Z}_p}$ から $(x_1,\cdots x_n)\in\mathbb{Z}_p^n$ への射影は $\{x\in V_{\mathbb{Z}_p};\ x\equiv a\bmod p\}$ の上では同型であるから

$$\int_{x\equiv a\bmod p}\omega_p=\int_{\substack{x\in V_{\mathbb{Z}_p}\\ x\equiv a\bmod p}}|dx_1|_p\cdots|dx_n|_p$$
$$=\prod_{i=1}^{n}\left(\int_{\substack{x_i\in\mathbb{Z}_p\\ x_i\equiv a_i\bmod p}}|dx_i|_p\right)=p^{-n}$$

となる (A. Weil, Adeles and algebraic groups, Progress in Math. **23**, Birkhäuser, Boston, 1982.)．

したがって次の命題が得られた．

**命題 6.5** $V$ が $\mathbb{Q}$ 上定義された非特異アファイン多様体，$\omega$ を $V$ 上のゲージ形式とすると，ほとんどすべての素数 $p$ に対して $p$ を法とする還元 $V^{(p)}$ も非特異多様体で

$$\int_{V_{\mathbb{Z}_p}}\omega_p=p^{-\dim V}\cdot\sharp V_{\mathbb{F}_p}^{(p)}$$

となる．$\sharp$ は元の個数を表わす． □

さて $G$ を $\mathbb{Q}$ 上定義された連結線形代数群とし $G=TS'U$ を $G$ の $\mathbb{Q}$ 上の Chevalley 分解,すなわち $T$ は $G$ の Levi 部分 $TS'$ の中心(これはトーラス), $S'$ は半単純代数群, $U$ はユニポテント正規部分群であるとする.このとき $T=\{1\}$ と $X(G)=\{1\}$ は同値である.

T. Ono [17] の Theorem 2.1 により次の命題を得る.後半は命題 6.5 による.なお連絡半単純代数群 $G$ に対する (1) は補題 6.14 の証明で使われる Steinberg の定理からも得られる.

**命題 6.6** $G$ が $\mathbb{Q}$ 上定義された連結線形代数群とすると次は同値である.
(1) ある素点の有限集合 $S$ が存在して $\prod_{p\notin S} p^{-\dim G}\cdot \sharp G_{\mathbb{F}_p}^{(p)} < +\infty$,
(2) $X(G)=\{1\}$  $(\Longleftrightarrow T=\{1\})$.

とくに $G=S'\cdot U$ ($S'$ は半単純代数群,$U$ はユニポテント正規部分群)上の左不変 $\mathbb{Q}$-有理的ゲージ形式 $\omega$ に対して

$$\prod_{p\notin S}\int_{G_{\mathbb{Z}_p}}\omega_p < +\infty$$

となる. □

**命題 6.7 (S. Lang)** 連結代数群 $G$ が代数多様体 $Y$ に推移的に作用しているとする.ある素数 $p$ について還元 $G^{(p)}$ も $Y^{(p)}$ に推移的に作用し,$\xi \in Y_{\mathbb{Q}}\cap Y_{\mathbb{Z}_p}$ に対し $(G_\xi)^{(p)}$ と $(G^{(p)})_{\bar\xi}$ ($\bar\xi=\xi \bmod p \in Y_{\mathbb{F}_p}^{(p)}$) が一致して(このとき $G_\xi^{(p)}$ と記す)連結ならば,$G_{\mathbb{F}_p}^{(p)}$ は $Y_{\mathbb{F}_p}^{(p)}$ に推移的に作用する.

[略証] $\sigma$ を Frobenius 自己準同型,すなわち $t\in \overline{\mathbb{F}_p}$ に対して $t^\sigma=t^p$ とすると,これは $G^{(p)},G_\xi^{(p)},Y^{(p)}$ に自然に作用する.最初に任意の $g\in G_\xi^{(p)}$ に対して $g=z^{-1}z^\sigma$ となる $z\in G_\xi^{(p)}$ の存在を示そう.

$g\in G_\xi^{(p)}$ に対し $\varphi_g:G_\xi^{(p)}\to G_\xi^{(p)}$ を $\varphi_g(x)=x^{-1}gx^\sigma$ で定義すると,その微分写像は全射になる.例えば $G_\xi=GL_1$ ならば

$$\frac{d}{dx}(x^{-1}gx^\sigma)=\frac{dx^{-1}}{dx}gx^p+x^{-1}g\cdot p\cdot \frac{dx^{p-1}}{dx}=\frac{dx^{-1}}{dx}\cdot g\cdot x^p$$

となる.したがって $\varphi_g(G_\xi^{(p)})$ は $G_\xi^{(p)}$ の開集合を含む(証明にはならないが,補題 3.28 を参照すればおおよその感じはつかめるであろう.詳しくは V. Platonov and A. Rapinchuk [18] の Lemma 6.2 を参照).$G_\xi^{(p)}$ は既約ゆ

§6.4 有理数体上のアデール

え空でない開集合は交わるので $\varphi_g(G_\xi^{(p)}) \cap \varphi_e(G_\xi^{(p)}) \neq \emptyset$ となる．したがって $x,y \in G_\xi^{(p)}$ で $x^{-1}gx^\sigma = y^{-1}ey^\sigma$ となるものがある．$z = yx^{-1} \in G_\xi^{(p)}$ とおくと $g = z^{-1}z^\sigma$ を得る．

次にこれを使って $G_{\mathbb{F}_p}^{(p)}$ が $Y_{\mathbb{F}_p}^{(p)}$ に推移的に作用することを示す．任意の $\eta \in Y_{\mathbb{F}_p}^{(p)}$ をとると，$G^{(p)}$ は $Y^{(p)}$ に推移的に作用しているから $\eta = g\xi$ となる $g \in G^{(p)}$ が存在する．$\overline{\mathbb{F}_p}$ の元 $t$ に対しては $t^\sigma = t$ と $t \in \mathbb{F}_p$ は同値であるから，$g\xi = \eta = \eta^\sigma = g^\sigma \xi^\sigma = g^\sigma \xi$ となり $g^{-1}g^\sigma \in G_\xi^{(p)}$ を得る．そこで $g^{-1}g^\sigma = z^{-1}z^\sigma$ なる $z \in G_\xi^{(p)}$ をとると $gz^{-1} = (gz^{-1})^\sigma$ すなわち $gz^{-1} \in G_{\mathbb{F}_p}^{(p)}$ であり，しかも $\eta = g\xi = (gz^{-1})\xi$ ($z \in G_\xi^{(p)}$ ゆえ $z^{-1}\xi = \xi$) を得る． ∎

**系 6.8** $X(G) = \{1\}$ なる連結線形代数群 $G$ が代数多様体 $Y$ に推移的に作用し，すべて $\mathbb{Q}$ 上定義されているとする．さらに $Y_\mathbb{Q} \neq \emptyset$ と仮定し $\xi \in Y_\mathbb{Q}$ に対し $G_\xi$ も $X(G_\xi) = \{1\}$ なる連結線形代数群と仮定する．このとき適当な素点の有限集合 $S$ に対して

$$\prod_{p \notin S} \left( p^{-\dim Y} \cdot \sharp Y_{\mathbb{F}_p}^{(p)} \right) < +\infty$$

となる．とくに $Y$ 上の $\mathbb{Q}$-有理的ゲージ形式 $\omega$ に対して

$$\prod_{p \notin S} \int_{Y_{\mathbb{Z}_p}} \omega_p < +\infty$$

である．

[証明] ほとんどすべての $p$ に対して $p$ を法とする還元をとると $G^{(p)}$ は $Y^{(p)}$ に推移的に作用し，その $\overline{\xi} = \xi \bmod p \in Y_{\mathbb{F}_p}^{(p)}$ における等方部分群 $(G^{(p)})_{\overline{\xi}}$ は $(G_\xi)^{(p)}$ になり $G^{(p)}$ も $G_\xi^{(p)}$ も連結になる（補題 6.12 参照）．したがって，命題 6.7 より

$$\sharp Y_{\mathbb{F}_p}^{(p)} = \frac{\sharp G_{\mathbb{F}_p}^{(p)}}{\sharp G_{\xi,\mathbb{F}_p}^{(p)}} \quad \text{および} \quad p^{-\dim Y} = \frac{p^{-\dim G}}{p^{-\dim G_\xi}}$$

となるから命題 6.6 より

$$\prod_{p \notin S} \left( p^{-\dim Y} \cdot \sharp Y_{\mathbb{F}_p}^{(p)} \right) < +\infty$$

を得る． ∎

## §6.5　$A(t)$ の評価

記号は §6.2 に戻そう．$H_{\mathbb{A}}, V_{\mathbb{A}}, V(t)_{\mathbb{A}}$ を $H, V, V(t)$ の $\mathbb{Q}$ 上のアデール化とする．$\rho$ は $V_{\mathbb{A}}$ 上の，したがって $V(t)_{\mathbb{A}}$ 上の $H_{\mathbb{A}}$ の作用を引き起こすが，それも同じ $\rho$ で表わす．$x, y \in V_{\mathbb{Q}}$ が同じ $H_{\mathbb{Q}}$-軌道に属すとき $x$ と $y$ は**大域的同値** (globally equivalent) といい，同じ $H_{\mathbb{A}}$-軌道に属すとき，$x$ と $y$ は**局所的同値** (locally equivalent) という．$x \in V_{\mathbb{Q}}$ と局所的同値な $V_{\mathbb{Q}}$ の点全体を $\Theta_x = V_{\mathbb{Q}} \cap \rho(H_{\mathbb{A}})x$ と記し $\sim \backslash \Theta_x$ で $\Theta_x$ における大域的同値類を表わすことにする．$\sharp(\sim \backslash \Theta_x) < +\infty$ であることが知られている (T. Ono [17] の Lemma 6.2 参照)．

$\mathbb{Q}$ 上定義された半単純代数群 $G$ 上の不変 $\mathbb{Q}$-有理的ゲージ形式 $dg$ に対し，命題6.6により $|dg|_{\mathbb{A}} = \prod_v |dg|_v$ は $G_{\mathbb{A}}$ 上の測度を定義するが ($|dg|_{\mathbb{A}}$ は玉河測度である)，

$$\tau(G) = \int_{G_{\mathbb{A}}/G_{\mathbb{Q}}} |dg|_{\mathbb{A}}$$

を**玉河数** (Tamagawa number) とよぶ．$\tau(G) < +\infty$ である．

T. Ono, On the relative theory of Tamagawa numbers, Ann. of Math. **82** (1965), 88–111 において $G$ が連結半単純な $k$-群 (われわれの場合は $k = \mathbb{Q}$) で $\pi: \widetilde{G} \to G$ が普遍的 $k$-被覆 (universal $k$-covering), $\ker \pi$ を $G$ の基本群とし，$X(\ker \pi)$ をその指標群とすると

$$\tau(G) = \tau(\widetilde{G}) \cdot \frac{\sharp X(\ker \pi)_k}{i^1(X(\ker \pi))}$$

となることが証明されている．ここで $i^1(X(\ker \pi))$ は自然な写像

$$H^1(k, X(\ker \pi)) \to \prod_v H^1(k_v, X(\ker \pi))$$

の核の位数である (Serre, Cohomologie Galoisienne, Lecture Note in Math. **5** (1994), 5th Edition, Springer-Verlag.)．したがって単連結半単純代数群について $\tau(\widetilde{G})$ を計算すればよいが，A. Weil は $\tau(\widetilde{G}) = 1$ を予想した．これは

R. Kottwitz, Tamagawa numbers, Ann. of Math. **127** (1988), 629-646, により単連結半単純代数群のガロア・コホモロジーの Hasse 原理を仮定して証明されたが, V. I. Chernousov, On the Hasse principle for groups of type $E_8$, Soviet Math. Dokl. **39** (1989), 592-596, により未解決だった $E_8$ 型の群の Hasse 原理が証明され, 結局 Weil の予想が一般に証明された.

**補題 6.9**

$$\tau(\Theta_x) = \sum_{\xi \in \sim \backslash \Theta_x} \tau(H_\xi)$$

とおくと $x$ によらない定数 $c>0$ が存在して $\tau(\Theta_x) < c$ $(x \in V_\mathbb{Q} - S_\mathbb{Q})$ となる.

□

**注意 6.1** これは F. Sato [21] の Lemma 2.2 で証明されているが, 当時 Weil の予想はまだ証明されておらず仮定をつけている. そこでの仮定 (H) は前述の Chernousov の結果により不要になり, 仮定 (W) は前述の Kottwitz の結果から不要である. また K. Ying [31] の 467 頁, Theorem 1 も参照.

命題 6.1 の (2) により $H = [G, G]$ ゆえ $X(H) = \{1\}$ である. $t \in \mathbb{Q}^\times$ に対して $H$ は $V(t)$ に作用し, その等方部分群 $H_\xi$ は仮定 5 より連結半単純代数群 (または単位群 $\{e\}$) であるから, 系 6.8 の条件が満たされ $|\theta_t|_\mathbb{A} = \prod_v |\theta_t|_v$ は $V(t)_\mathbb{A}$ 上の測度を定義する.

また命題 6.6 により $H_\mathbb{A}$ 上の玉河測度は $|dh|_\mathbb{A} = \prod_v |dh|_v$ で与えられ $H_{\xi, \mathbb{A}}$ ($\xi \in V_\mathbb{Q} - S_\mathbb{Q}$) 上の玉河測度は $|d\nu_\xi|_\mathbb{A} = \prod_v |d\nu_\xi|_v$ で与えられる.

さて一般に $V(t)_\mathbb{A}$ ($t \in \mathbb{Q}^\times$) 上の関数 $\Phi$ に対して $\Psi(h) = \sum_{\xi \in V(t)_\mathbb{Q}} \Phi(\rho(h)\xi)$ ($h \in H_\mathbb{A}$) とおくと, $h_1 \in H_\mathbb{Q}$ に対して $\rho(h_1) V(t)_\mathbb{Q} = V(t)_\mathbb{Q}$ ゆえ $\Psi(hh_1) = \Psi(h)$, すなわち $\Psi(h)$ は $H_\mathbb{A}/H_\mathbb{Q}$ 上の関数と考えることができる. $H_\mathbb{Q}$ は $H_\mathbb{A}$ のディスクリート部分群である.

**補題 6.10** $\Phi$ を $V(t)_\mathbb{A}$ ($t \in \mathbb{Q}^\times$) 上の $|\theta_t|_\mathbb{A}$ に関するいたるところ非負な可積分関数として

$$I(\Phi, t) = \int_{H_\mathbb{A}/H_\mathbb{Q}} \sum_{\xi \in V(t)_\mathbb{Q}} \Phi(\rho(h)\xi) |dh|_\mathbb{A}$$

とおくと $t$ や $\Phi$ によらない定数 $c_1 > 0$ が存在して

$$I(\Phi,t) < c_1 \int_{V(t)_{\mathbb{A}}} \Phi(x)|\theta_t(x)|_{\mathbb{A}}$$

となる.

[証明]

$$\begin{aligned}
I(\Phi,t) &= \int_{H_{\mathbb{A}}/H_{\mathbb{Q}}} \sum_{\xi \in H_{\mathbb{Q}}\backslash V(t)_{\mathbb{Q}}} \left( \int_{H_{\mathbb{Q}}/(H_{\mathbb{Q}})_\xi} \Phi(\rho(hh')\xi)|dh'| \right) |dh|_{\mathbb{A}} \\
&= \sum_{\xi \in H_{\mathbb{Q}}\backslash V(t)_{\mathbb{Q}}} \int_{H_{\mathbb{A}}/(H_{\mathbb{Q}})_\xi} \Phi(\rho(h)\xi)|dh|_{\mathbb{A}} \\
&= \sum_{\xi \in H_{\mathbb{Q}}\backslash V(t)_{\mathbb{Q}}} \int_{H_{\mathbb{A}}/(H_{\mathbb{A}})_\xi (=\rho(H_{\mathbb{A}})\xi)} |\theta_t(x)|_{\mathbb{A}} \cdot \int_{(H_{\mathbb{A}})_\xi/(H_{\mathbb{Q}})_\xi} \Phi(\rho(h)\xi)|d\nu_\xi|_{\mathbb{A}} \\
&= \sum_{\xi \in H_{\mathbb{Q}}\backslash V(t)_{\mathbb{Q}}} \tau(H_\xi) \cdot \int_{\rho(H_{\mathbb{A}})\xi} \Phi(x)|\theta_t(x)|_{\mathbb{A}}
\end{aligned}$$

となる. ただし $\tau(H_\xi) = \int_{(H_\xi)_{\mathbb{A}}/(H_\xi)_{\mathbb{Q}}} |d\nu_\xi|_{\mathbb{A}}$ は $H_\xi$ の玉河数であり, $\rho(H_{\mathbb{A}})\xi$ は $V(t)_{\mathbb{A}}$ の開集合になる (T. Ono [17] の lemma 5.2 を参照). また $|dh'|$ はディスクリート測度である. $\int_{\rho(H_{\mathbb{A}})\xi} \Phi(x)|\theta_t(x)|_{\mathbb{A}}$ は $\xi$ の局所的同値類にのみ依存するから $\tau(\Theta_x) = \sum_{\xi \in \sim\backslash\Theta_x} \tau(H_\xi)$ とおくと

$$I(\Phi,t) = \sum_{\xi \in H_{\mathbb{A}}\backslash V(t)_{\mathbb{Q}}} \tau(\Theta_\xi) \int_{\rho(H_{\mathbb{A}})\xi} \Phi(x)|\theta_t(x)|_{\mathbb{A}}$$

となるが, 補題 6.9 より $\tau(\Theta_\xi) < c_1$ $(\xi \in V_{\mathbb{Q}} - S_{\mathbb{Q}})$ なる $c_1 > 0$ が存在するから

$$I(\Phi,t) < c_1 \int_{\rho(H_{\mathbb{A}})\cdot V(t)_{\mathbb{Q}}} \Phi(x) \cdot |\theta_t(x)|_{\mathbb{A}} \leqq c_1 \int_{V(t)_{\mathbb{A}}} \Phi(x)|\theta_t(x)|_{\mathbb{A}}$$

を得る. ∎

**命題 6.11** 整数 $t\,(\neq 0)$ によらない定数 $c_2 > 0$ が存在して

$$A(t) < c_2 \cdot \prod_p \int_{V(t)_{\mathbb{Z}_p}} |\theta_t(x_p)|_p$$

が成り立つ. ただし積はすべての素数 $p$ にわたる. ここで $A(t)$ は (6.2) で与えられる.

[証明] 基底をとって $H\subset GL_n$, $V(t)\subset \Omega^n$ とし，すべての $p$ に対して $H_{\mathbb{Z}_p}=H\cap GL_n(\mathbb{Z}_p)$, $V(t)_{\mathbb{Z}_p}=V(t)\cap \mathbb{Z}_p^n$ とおけば，ほとんどすべての $p$ に対して $H_{\mathbb{Z}_p}, V(t)_{\mathbb{Z}_p}$ は前に定義したものと一致する．

$$H_{\mathbb{A}} \supset (H_{\mathbb{R}} \times \prod_p H_{\mathbb{Z}_p}) \cdot H_{\mathbb{Q}} = \bigcup_{h\in H_{\mathbb{Q}}} (H_{\mathbb{R}} \times \prod_p H_{\mathbb{Z}_p})h$$

は開集合で $H_{\mathbb{A}}/H_{\mathbb{Q}} \supset (H_{\mathbb{R}} \times \prod_p H_{\mathbb{Z}_p}) \cdot H_{\mathbb{Q}}/H_{\mathbb{Q}}$ となる．$H_{\mathbb{R}} \times \prod_p H_{\mathbb{Z}_p} \ni (h_\infty, h_f)$, $(h'_\infty, h'_f)$ について $h\in H_{\mathbb{Q}}$ により $(h'_\infty, h'_f) = (h_\infty h, h_f h)$ となれば $h\in \prod_p H_{\mathbb{Z}_p} \cap H_{\mathbb{Q}} = H_{\mathbb{Z}}$ であり，したがって $(H_{\mathbb{R}} \times \prod_p H_{\mathbb{Z}_p}) \cdot H_{\mathbb{Q}}/H_{\mathbb{Q}} = H_{\mathbb{R}}/H_{\mathbb{Z}} \times \prod_p H_{\mathbb{Z}_p}$ と考えることができて，$D = H_{\mathbb{R}}/H_{\mathbb{Z}} \times \prod_p H_{\mathbb{Z}_p}$ は $H_{\mathbb{A}}/H_{\mathbb{Q}}$ の開集合とみなせる．

$\Phi = \otimes_v \Phi_v \in \mathcal{S}(V_{\mathbb{A}})$ を素数 $p$ に対しては $\Phi_p = \mathrm{ch}_{V_{\mathbb{Z}_p}}$ ($V_{\mathbb{Z}_p}$ の特性関数) をとり，$\Phi_\infty \in C_0^\infty(V_{\mathbb{R}} - S_{\mathbb{R}})$, $\Phi_\infty \geq 0$, で定めると $\Phi$ の $V(t)_{\mathbb{A}}$ への制限は測度 $|\theta_t(x)|_{\mathbb{A}}$ に関して可積分であり

$$\begin{aligned}I(\Phi, t) &= \int_{H_{\mathbb{A}}/H_{\mathbb{Q}}} \sum_{\xi \in V(t)_{\mathbb{Q}}} \Phi(\rho(h)\xi) |dh|_{\mathbb{A}} \\ &\geq \int_D \sum_{\xi \in V(t)_{\mathbb{Z}}} \Phi(\rho(h)\xi) |dh|_{\mathbb{A}}\end{aligned}$$

である．$H'_{\mathbb{Z}_p} = \{h_p \in H_{\mathbb{Z}_p}; \rho(h_p) V(t)_{\mathbb{Z}} \subset V_{\mathbb{Z}_p}\}$ とおくと $D' = H_{\mathbb{R}}/H_{\mathbb{Z}} \times \prod_p H'_{\mathbb{Z}_p}$ 上では

$$\sum_{\xi \in V(t)_{\mathbb{Z}}} \Phi(\rho(h)\xi) = \sum_{\xi \in V(t)_{\mathbb{Z}}} \Phi_\infty(\rho(h_\infty)\xi)$$

であるから

(6.4)
$$\begin{aligned}I(\Phi, t) &\geq \int_{D'} \sum_{\xi \in V(t)_{\mathbb{Z}}} \Phi_\infty(\rho(h_\infty)\xi) |dh_\infty|_\infty \\ &= \prod_p \int_{H'_{\mathbb{Z}_p}} |dh_p|_p \times \int_{H_{\mathbb{R}}/H_{\mathbb{Z}}} \sum_{\xi \in V(t)_{\mathbb{Z}}} \Phi_\infty(\rho(h_\infty)\xi) |dh_\infty|_\infty\end{aligned}$$

となる．$\rho$ の係数の分母に現われる有限個の素数 $p$ を除いて $H'_{\mathbb{Z}_p} = H_{\mathbb{Z}_p}$ であり，$H$ は半単純代数群なので命題 6.6 により $\prod_p \int_{H_{\mathbb{Z}_p}} |dh_p|_p < +\infty$ ゆえ，$\prod_p \int_{H'_{\mathbb{Z}_p}} |dh_p|_p < +\infty$ となる．

さて $V(t)_\mathbb{R} = V(t)_{1,\mathbb{R}} \cup \cdots \cup V(t)_{m,\mathbb{R}}$ を $H_\mathbb{R}$-軌道による分解とする. $V_\mathbb{R} - S_\mathbb{R}$ の任意の $G_\mathbb{R}$-軌道 $U$ と $t \in \mathbb{R}^\times$ で $V(t)_\mathbb{R} \cap U \neq \emptyset$ となるものに対して $V(t)_\mathbb{R} \cap U$ 内の $H_\mathbb{R}$-軌道の個数は $t$ によらず $U$ だけで定まる. なぜなら $V(t')_\mathbb{R} \cap U \neq \emptyset$ なら $\rho(g)V(t)_\mathbb{R} = V(t')_\mathbb{R}$ なる $g \in G_\mathbb{R}$ が存在するが $H_\mathbb{R}$ が $G_\mathbb{R}$ の正規部分群であることから, $\rho(g) \cdot \rho(H_\mathbb{R})x = \rho(gH_\mathbb{R})x = \rho(H_\mathbb{R}g)x = \rho(H_\mathbb{R}) \cdot \rho(g)x$ となり, $V(t)_\mathbb{R}$ の $H_\mathbb{R}$-軌道と $V(t')_\mathbb{R}$ の $H_\mathbb{R}$-軌道が $1:1$ に対応するからである.

$U$ は有限個しかないから, $t$ によらない定数 $M > 0$ が存在して $V(t)_\mathbb{R}$ 内の $H_\mathbb{R}$-軌道の個数 $m$ は常に $m \leq M$ となる.

さて $V(t)_{i,\mathbb{Z}} = V(t)_{i,\mathbb{R}} \cap V(t)_\mathbb{Z}$ $(1 \leq i \leq m)$ とし, $(\operatorname{supp} \Phi_\infty) \cap V(t)_\mathbb{R} \subset V(t)_{i,\mathbb{R}}$ と仮定する.

$$A(t)_i = \sum_{\xi \in H_\mathbb{Z} \backslash V(t)_{i,\mathbb{Z}}} \nu(\xi)$$

とおくとき

$$\int_{H_\mathbb{R}/H_\mathbb{Z}} \sum_{\xi \in V(t)_\mathbb{Z}} \Phi_\infty(\rho(h_\infty)\xi) |dh_\infty|_\infty$$

$$= \int_{H_\mathbb{R}/H_\mathbb{Z}} \sum_{\xi \in V(t)_{i,\mathbb{Z}}} \Phi_\infty(\rho(h_\infty)\xi) |dh_\infty|_\infty$$

$$= \sum_{\xi \in H_\mathbb{Z} \backslash V(t)_{i,\mathbb{Z}}} \int_{H_\mathbb{R}/H_\mathbb{Z}} \left( \int_{H_\mathbb{Z}/(H_\mathbb{Z})_\xi} \Phi_\infty(\rho(h_\infty h')\xi) |dh'| \right) |dh_\infty|_\infty$$

（$|dh'|$ はディスクリート測度）

$$= \sum_{\xi \in H_\mathbb{Z} \backslash V(t)_{i,\mathbb{Z}}} \int_{H_\mathbb{R}/(H_\mathbb{Z})_\xi} \Phi_\infty(\rho(h_\infty)\xi) |dh_\infty|_\infty$$

$$= \sum_{\xi \in H_\mathbb{Z} \backslash V(t)_{i,\mathbb{Z}}} \int_{(H_\mathbb{R})/(H_\mathbb{R})_\xi (=V(t)_{i,\mathbb{R}})} \Phi_\infty(x) |\theta_t(x)|_\infty \cdot \int_{(H_\mathbb{R})_\xi / (H_\mathbb{Z})_\xi} |d\nu_\xi|_\infty$$

$$= \left[ \sum_{\xi \in H_\mathbb{Z} \backslash V(t)_{i,\mathbb{Z}}} \nu(\xi) \right] \cdot \int_{V(t)_\mathbb{R}} \Phi_\infty(x) \cdot |\theta_t(x)|_\infty$$

（$\operatorname{supp} \Phi_\infty(x) \subset V(t)_{i,\mathbb{R}} = H_\mathbb{R}/(H_\mathbb{R})_\xi \subset V(t)_\mathbb{R}$ である）

$$= A(t)_i \cdot \int_{V(t)_\mathbb{R}} \Phi_\infty(x) \cdot |\theta_t(x)|_\infty$$

であるから, これを (6.4) に代入して

$$I(\varPhi,t) \geqq A(t)_i \cdot \left\{\prod_p \int_{H'_{\mathbb{Z}_p}} |dh|_p\right\} \cdot \int_{V(t)_{\mathbb{R}}} \varPhi_\infty(x)|\theta_t(x)|_\infty$$

を得る．補題 6.10 により

$$\begin{aligned}I(\varPhi,t) &< c_1 \int_{V(t)_{\mathbb{A}}} \varPhi(x)|\theta_t(x)|_{\mathbb{A}} \\ &= c_1 \cdot \int_{V(t)_{\mathbb{R}}} \varPhi_\infty(x)|\theta_t(x)|_\infty \cdot \prod_p \int_{V(t)_{\mathbb{Z}_p}} |\theta_t(x)|_p\end{aligned}$$

であるから，すべての $i$ について

$$A(t)_i \leqq c_1 \cdot \left\{\prod_p \int_{H'_{\mathbb{Z}_p}} |dh|_p\right\}^{-1} \cdot \prod_p \int_{V(t)_{\mathbb{Z}_p}} |\theta_t(x)|_p$$

を得る．そこで $c_2 = M \cdot c_1 \cdot \left\{\prod_p \int_{H'_{\mathbb{Z}_p}} |dh|_p\right\}^{-1}$ とおけば

$$A(t) = \sum_{i=1}^m A(t)_i \leqq c_2 \cdot \prod_p \int_{V(t)_{\mathbb{Z}_p}} |\theta_t(x)|_p$$

を得る． ∎

したがって $A(t)$ の評価は $\int_{V(t)_{\mathbb{Z}_p}} |\theta_t(x)|_p$ の評価に帰着する．

## §6.6 積分の評価

ここでは積分 $\int_{V(t)_{\mathbb{Z}_p}} |\theta_t(x)|_p$ の評価を目標とする．

さて §5.2 と §6.1 の（仮定 0）〜（仮定 5）を満たす $(G,\rho,V)$ について，次のことが成り立つことが知られている．

**補題 6.12** 有限個の素数の集合 $\mathbb{P}_1$ が存在して $p \notin \mathbb{P}_1$ なる素数 $p$ について，次が成り立つ．

(1) $G^{(p)}$ は $\mathbb{F}_p$ 上定義された連結線形代数群．

(2) $\rho$ の還元 $\rho^{(p)}$ は $G^{(p)}$ の $V^{(p)}$ における $\mathbb{F}_p$ 上定義された表現を与え，$\rho^{(p)}(G^{(p)})$ は $V^{(p)} - S^{(p)}$ に推移的に作用する．

(3) $S^{(p)} = \{x \in V^{(p)};\ f^{(p)}(x) = 0\}$ である．

(4) $H^{(p)}$ は $\mathbb{F}_p$ 上定義された連結半単純代数群である.
(5) $\theta_t$ の $p$ を法とする還元 $\theta_t^{(p)}$ は $V(t)^{(p)}$ 上のゲージ形式.
(6) 任意の $t\in\mathbb{Z}$ について, $p\notin\mathbb{P}_1$ かつ $(p,t)=1$ ならば $H^{(p)}_{\mathbb{F}_p}$ は $V(t)^{(p)}_{\overline{\mathbb{F}}_p}$ に推移的に作用する.

[略証] A. Grothendieck, Elements de Geometrie Algebrique(I.H.E.S) を EGA と略記する. (1) は EGA(IV,9.7.7), (2) は EGA(IV,9.6.1,(i)) を参照. (3) は自明. (4) に関しては C. Chevalley, Certains schemas de groupes semi-simples, Seminaire Bourbaki (1961), $n^\circ 219$ に

(i) $H$ にうまく $\mathbb{Z}$-構造をいれると, すべての素数 $p$ に対して $H^{(p)}$ が連結半単純になる,

ことが示されており, これと次の二つの事実 (ii), (iii) を組み合わせて (4) を得る.

(ii) $H$ の二つの $\mathbb{Q}$-構造に対し, ある代数体 $K$ が存在し二つの $\mathbb{Q}$-構造から引き起こされる二つの $K$-構造は同じ.

(iii) $K$ の整数環を $\mathcal{O}$ とする. 二つの $\mathcal{O}$-構造が与えられて, それから引き起こされる二つの $K$-構造が同じなら, ほとんどすべての素点 $\mathfrak{p}$ に対して $H^{(\mathfrak{p})}$ は同じ.

(5) は自明. (6) について示そう. $\xi\in(V-S)\cap V_\mathbb{Z}$ を一つ固定して $f(\xi)=\tau$ とする. $\mathbb{P}_1$ を大きくとって次の (7), (8) も満たすようにとる.

(7) $p\notin\mathbb{P}_1$ ならば $(p,\tau)=1$ で $H^{(p)}$ は $V(\tau)^{(p)}$ に推移的に作用する.

(8) $p\notin\mathbb{P}_1$ ならば $(H_\xi)^{(p)}$ は連結半単純代数群で, $H^{(p)}_{\overline{\xi}}=\{g\in H^{(p)};\rho^{(p)}(g)\overline{\xi}=\overline{\xi}\}$ と一致する. ただし $\overline{\xi}=\xi \bmod p$.

$t\in\mathbb{Z}$ と $p\notin\mathbb{P}_1$, $(p,t)=1$ なる素数 $p$ を考えると $t \bmod p\neq 0$ ゆえ $V(t)^{(p)}\subset V^{(p)}-S^{(p)}$ であり, $G^{(p)}$ は $V^{(p)}-S^{(p)}$ に推移的に作用するから, $\eta\in V(t)^{(p)}_{\overline{\mathbb{F}}_p}$ に対して $\rho^{(p)}(g)\overline{\xi}=\eta$ となる $g\in G^{(p)}$ が存在する. (7) により $H^{(p)}$ は $V(\tau)^{(p)}$ に推移的に作用するから $gH^{(p)}g^{-1}=H^{(p)}$ は $\rho^{(p)}(g)V(\tau)^{(p)}=V(t)^{(p)}$ に推移的に作用する. (8) により $H^{(p)}_\eta=gH^{(p)}_{\overline{\xi}}g^{-1}$ も連結である. よって命題 6.7 より $H^{(p)}_{\mathbb{F}_p}$ は $V(t)^{(p)}_{\overline{\mathbb{F}}_p}$ に推移的に作用する. すなわち (6) が示された.

この (6) のポイントは各 $t$ に対し (7), (8) を満たす素数の有限除外集合 $\mathbb{P}_t$

をとると，命題 6.7 により $p\notin\mathbb{P}_t$, $(p,t)=1$ ならば $H_{\mathbb{F}_p}^{(p)}$ は $V(t)_{\mathbb{F}_p}^{(p)}$ に推移的に作用することがいえるが，$G^{(p)}$ が $V^{(p)}-S^{(p)}$ に推移的に作用するおかげで，この $\mathbb{P}_t$ が $t$ によらずに一定 ($\mathbb{P}_t=\mathbb{P}_\tau=\mathbb{P}_1$) にとれる，というところである．■

**補題 6.13** ($\mathbb{P}_1$ を必要に応じて大きくとり直すと) $p\notin\mathbb{P}_1$ かつ $\tau\in\mathbb{Z}_p^\times$ ならば
$$\int_{V(\tau)_{\mathbb{Z}_p}}|\theta_\tau(x)|_p = p^{-(n-1)}\cdot\sharp(H_{\mathbb{F}_p}^{(p)})/\sharp(H_{\eta,\mathbb{F}_p}^{(p)}).$$

［証明］$p\notin\mathbb{P}_1$ で $\tau\in\mathbb{Z}_p^\times$ ならば $t\in\mathbb{Z}$, $t\equiv\tau \bmod p$ に対し $V(t)^{(p)}=V(\tau)^{(p)}$ ゆえ，補題 6.12 の (6) により $\sharp(V(\tau)_{\mathbb{F}_p}^{(p)})=\sharp(H_{\mathbb{F}_p}^{(p)})/\sharp(H_{\eta,\mathbb{F}_p}^{(p)})$ となる．$\mathbb{P}_1$ を大きくとって $p\notin\mathbb{P}_1$ なら $\mathrm{grad}\,f^{(p)}\not\equiv 0$ となるようにしておくと $H^{(p)}$ は $V(t)^{(p)}$ に推移的に作用するから，$V(t)^{(p)}$ の各点は単点である．$\dim V(t)=n-1$ ゆえ命題 6.5 により
$$\begin{aligned}\int_{V(\tau)_{\mathbb{Z}_p}}|\theta_\tau(x)|_p &= p^{-(n-1)}\cdot\sharp(V(\tau)_{\mathbb{F}_p}^{(p)})\\ &= p^{-(n-1)}\cdot\sharp(H_{\mathbb{F}_p}^{(p)})/\sharp(H_{\eta,\mathbb{F}_p}^{(p)})\end{aligned}$$
を得る．■

**補題 6.14** 正定数 $c_3>0$ が存在して $t\in\mathbb{Z}-\{0\}$ に対し
$$\prod_{\substack{p\notin\mathbb{P}_1\\(p,t)=1}}\int_{V(t)_{\mathbb{Z}_p}}|\theta_t|_p \leq c_3\prod_{\substack{p\notin\mathbb{P}_1\\(p,t)=1}}\int_{\Gamma_p(1)}(1-p^{-1})^{-1}|dx_p|_p$$
が成り立つ．ここで $\Gamma_p(1)=\{x\in V_{\mathbb{Z}_p};\,f(x)\in\mathbb{Z}_p^\times\}$ である．

［証明］一般に有限体 $\mathbb{F}_q$ ($q$ は $p$ の巾) 上定義された連結半単純代数群 $L$ に対し $r=\mathrm{rank}\,L$ (すなわち $L$ 内のトーラスの次元の最大値) とおくと，$L$ の exponent とよばれる $r$ 個の自然数 $m_1,\cdots,m_r$ が定まり，ある 1 の巾根 $\epsilon_j$ ($1\leq j\leq r$) を用いて
$$\sharp L_{\mathbb{F}_p}=q^N\prod_{j=1}^r(q^{m_j+1}-\epsilon_j),\qquad N=\dim L-\sum_{j=1}^r(m_j+1)$$
と表わせることが知られている (R. Steinberg, Endomorphisms of linear algebraic groups, Mem. Amer. Math. Soc. **80** (1968), 1–108 の 11.16 を参照)．したがって

$$\prod_{j=1}^{r}(1-q^{-m_j-1}) \leqq q^{-\dim L} \cdot \sharp L_{\mathbb{F}_p} \leqq \prod_{j=1}^{r}(1+q^{-m_j-1})$$

となることに注意しよう.

$H^{(p)}$ と $H_\eta^{(p)}$ $(\eta \in V(\tau)_{\mathbb{F}_p}^{(p)})$ は $p \notin \mathbb{P}_1$ かつ $\tau \in \mathbb{Z}_p^\times$ に対しては連結半単純代数群であるから, $r = \mathrm{rank}\, H^{(p)}$, $r' = \mathrm{rank}\, H_\eta^{(p)}$ とおくと $a(i), b(i) \geqq 2$ が存在して

$$\prod_{i=1}^{r}(1-p^{-a(i)}) \leqq p^{-\dim H^{(p)}} \cdot \sharp(H_{\mathbb{F}_p}^{(p)}) \leqq \prod_{i=1}^{r}(1+p^{-a(i)})$$

および

$$\prod_{i=1}^{r'}(1-p^{-b(i)}) \leqq p^{-\dim H_\eta^{(p)}} \cdot \sharp(H_{\eta,\mathbb{F}_p}^{(p)}) \leqq \prod_{i=1}^{r'}(1+p^{-b(i)})$$

が成り立つ. 定数 $b(1), \cdots, b(r')$ と $r'$ は $\eta$ や $p$ にはよらない. 補題 6.13 より

$$\frac{p^{-\dim H^{(p)}} \cdot \sharp(H_{\mathbb{F}_p}^{(p)})}{p^{-\dim H_\eta^{(p)}} \cdot \sharp(H_{\eta,\mathbb{F}_p}^{(p)})} = \int_{V(\tau)_{\mathbb{Z}_p}} |\theta_\tau|_p$$

ゆえ

$$\frac{\prod_{i=1}^{r}(1-p^{-a(i)})}{\prod_{i=1}^{r'}(1+p^{-b(i)})} \leqq \int_{V(\tau)_{\mathbb{Z}_p}} |\theta_\tau|_p \leqq \frac{\prod_{i=1}^{r}(1+p^{-a(i)})}{\prod_{i=1}^{r'}(1-p^{-b(i)})}$$

が任意の $p \notin \mathbb{P}_1$ と $\tau \in \mathbb{Z}_p^\times$ に対して成り立つ.

さて $p \notin \mathbb{P}_1$ で $(p,t)=1$ となるものと任意の $\tau_p \in \mathbb{Z}_p^\times$ に対して

$$\frac{\prod_{i=1}^{r}(1-p^{-a(i)})}{\prod_{i=1}^{r'}(1+p^{-b(i)})} \leqq \int_{V(\tau_p)_{\mathbb{Z}_p}} |\theta_{\tau_p}|_p$$

ゆえ

$$1 \leqq \frac{\prod_{i=1}^{r'}(1+p^{-b(i)})}{\prod_{i=1}^{r}(1-p^{-a(i)})} \int_{V(\tau_p)_{\mathbb{Z}_p}} |\theta_{\tau_p}|_p$$

となるから, これと

§6.6 積分の評価

$$\int_{V(t)_{\mathbb{Z}_p}}|\theta_t|_p \leqq \frac{\prod_{i=1}^{r}(1+p^{-a(i)})}{\prod_{i=1}^{r'}(1-p^{-b(i)})}$$

より

$$\int_{V(t)_{\mathbb{Z}_p}}|\theta_t|_p \leqq \left\{\prod_{i=1}^{r}\frac{(1+p^{-a(i)})}{(1-p^{-a(i)})}\right\}\left\{\prod_{i=1}^{r'}\frac{(1+p^{-b(i)})}{(1-p^{-b(i)})}\right\}\cdot\int_{V(\tau_p)_{\mathbb{Z}_p}}|\theta_{\tau_p}|_p$$

を得る. そこで

$$c_3 = \prod_{p;\text{素数}}\left\{\prod_{i=1}^{r}\frac{(1+p^{-a(i)})}{(1-p^{-a(i)})}\right\}\left\{\prod_{i=1}^{r'}\frac{(1+p^{-b(i)})}{(1-p^{-b(i)})}\right\}$$

とおくと, $s>1$ なら $\zeta(s)=\prod_{p;\text{素数}}(1-p^{-s})^{-1}<+\infty$ ゆえ

$$c_3 = \prod_{i=1}^{r}\frac{\zeta(a(i))^2}{\zeta(2a(i))}\cdot\prod_{i=1}^{r'}\frac{\zeta(b(i))^2}{\zeta(2b(i))}<+\infty$$

である. そして

$$\prod_{\substack{p\notin\mathbb{P}_1 \\ (p,t)=1}}\int_{V(t)_{\mathbb{Z}_p}}|\theta_t|_p \leqq c_3\prod_{\substack{p\notin\mathbb{P}_1 \\ (p,t)=1}}\int_{V(\tau_p)_{\mathbb{Z}_p}}|\theta_{\tau_p}|_p$$

となる. $\int_{\mathbb{Z}_p^\times}|d\tau_p|_p=1-1/p$ であるから $\int_{\mathbb{Z}_p^\times}(1-p^{-1})^{-1}|d\tau_p|_p=1$ であり

$$\prod_{\substack{p\notin\mathbb{P}_1 \\ (p,t)=1}}\int_{V(t)_{\mathbb{Z}_p}}|\theta_t|_p = \prod_{\substack{p\notin\mathbb{P}_1 \\ (p,t)=1}}\int_{\mathbb{Z}_p^\times}(1-p^{-1})^{-1}|d\tau_p|_p\int_{V(t)_{\mathbb{Z}_p}}|\theta_t|_p$$

$$\leqq c_3\cdot\prod_{\substack{p\notin\mathbb{P}_1 \\ (p,t)=1}}\int_{\mathbb{Z}_p^\times}(1-p^{-1})^{-1}|d\tau_p|_p\int_{V(\tau_p)_{\mathbb{Z}_p}}|\theta_{\tau_p}|_p$$

$$= c_3\cdot\prod_{\substack{p\notin\mathbb{P}_1 \\ (p,t)=1}}\int_{\Gamma_p(1)}(1-p^{-1})^{-1}|dx_p|_p$$

を得る. ∎

さて $T$ を $G$ の中心とする. $(G,\rho,V)$ は $\mathbb{Q}$ 上定義されており命題 6.1 の (2) より $T$ は 1 次元の $\mathbb{Q}$-分裂トーラスである. $T$ の有理指標群 $X(T)$ の生成元を $\psi$ として $\chi=\psi^a$ $(a\in\mathbb{Z})$ とする. $\psi:T\to GL_1$ で $T$ と $GL_1$ を同一視する. 任

意の素数 $p$ に対して $T_{\mathbb{Z}_p}=\psi^{-1}(\mathbb{Z}_p^\times)$ とおき，$i_p=[\rho(T_{\mathbb{Z}_p}):\rho(T_{\mathbb{Z}_p})\cap GL(V)_{\mathbb{Z}_p}]$ とおく．$\rho(T_{\mathbb{Z}_p})$ は $GL(V)_{\mathbb{Q}_p}$ のコンパクト部分群で，$\rho(T_{\mathbb{Z}_p})\cap GL(V)_{\mathbb{Z}_p}$ はその開部分群ゆえ $i_p$ はすべての $p$ に対して有限であり，有限個の例外の $p$ を除いて $i_p=1$ である．実際 $\varphi:GL_1\xrightarrow{\psi^{-1}}T\xrightarrow{\rho}GL(V)\cong GL_n$ は $\mathbb{Q}$ 上定義されており，ある $g\in GL_n(\mathbb{Q})$ により $g\cdot\varphi(GL_1)\cdot g^{-1}\subset\mathrm{Diag}_n(=n$ 次の対角行列群) となるので (A. Borel [2] Chapter III, §8 を参照)，これにより $\psi':GL_1\to\mathrm{Diag}_n$ が得られる．$\psi'(t)=\mathrm{Diag}(\psi'_1(t),\cdots,\psi'_n(t))$ $(t\in GL_1)$ とすると $\psi'_i(t)$ は $GL_1$ の有理指標ゆえ，ある $m_i\in\mathbb{Z}$ により $\psi'_i(t)=t^{m_i}$ $(t\in GL_1)$ と表わせる (§2.4 の例 2.1 の直前の注意を参照)．よって

$$\rho(T_{\mathbb{Z}_p})=\varphi(\mathbb{Z}_p^\times)=\left\{g^{-1}\begin{pmatrix}t^{m_1} & & O \\ & \ddots & \\ O & & t^{m_n}\end{pmatrix}g;\,t\in\mathbb{Z}_p^\times\right\}$$

となるが $g=(g_{ij})\in GL_n(\mathbb{Q})$ のある要素 $g_{ij}$ の分母に現われる有限個の素数や $\det g$ の素因子以外の素数 $p$ については $g\in GL_n(\mathbb{Z}_p)=GL(V)_{\mathbb{Z}_p}$ となり，$\rho(T_{\mathbb{Z}_p})\cap GL(V)_{\mathbb{Z}_p}=\varphi(\mathbb{Z}_p^\times)=\rho(T_{\mathbb{Z}_p})$，すなわち $i_p=1$ となる．

$u^a=\chi(\psi^{-1}(u))$ $(u\in GL_1)$ であるから，$\chi(T_{\mathbb{Z}_p})\subset\mathbb{Z}_p^\times$ となり

$$V_{t,\mathbb{Z}_p}=\{\gamma x;\,x\in V(t)_{\mathbb{Z}_p},\,\gamma\in\rho(T_{\mathbb{Z}_p})\cap GL(V)_{\mathbb{Z}_p}\}$$

は $\Gamma_p(t)=\{x\in V_{\mathbb{Z}_p};\,|f(x)|_p=|t|_p\}$ に含まれる．

$$v_p=\int_{\{\tau=u^a;\,u\in\mathbb{Z}_p^\times\}}|d\tau|_p$$

とおく．

**補題 6.15** 任意の素数 $p$ と任意の $t\in\mathbb{Z}-\{0\}$ に対して

$$\int_{V(t)_{\mathbb{Z}_p}}|\theta_t|_p\leq\left(\frac{i_p}{v_p}\right)|t|_p^{-1}\cdot\int_{\Gamma_p(t)}|dx|_p$$

[証明] $u\in\mathbb{Z}_p^\times$ で $\rho(\psi^{-1}(u))\in GL(V)_{\mathbb{Z}_p}$ となるものをとると，$\tau=u^a t=\chi(\psi^{-1}(u))t$ に対して $\rho(\psi^{-1}(u))$ は $V(t)_{\mathbb{Z}_p}$ から $V(\tau)_{\mathbb{Z}_p}$ への位相同型を引き起こし，$\int_{V(t)_{\mathbb{Z}_p}}|\theta_t|_p=\int_{V(\tau)_{\mathbb{Z}_p}}|\theta_\tau|_p$ を得る．

§6.6 積分の評価

$$A = \{\tau = u^a t;\ u \in \mathbb{Z}_p^\times,\ \rho(\psi^{-1}(u)) \in GL(V)_{\mathbb{Z}_p}\},$$
$$B = \{\tau = u^a t;\ u \in \mathbb{Z}_p^\times\}$$

とおくと $i_p = [\rho(\psi^{-1}(\mathbb{Z}_p^\times)) : \rho(\psi^{-1}(\mathbb{Z}_p^\times)) \cap GL(V)_{\mathbb{Z}_p}]$ であるから

$$\int_A |d\tau|_p \geqq \frac{1}{i_p} \int_B |d\tau|_p = \frac{|t|_p}{i_p} \int_{\{\tau = u^a;\ u \in \mathbb{Z}_p^\times\}} |d\tau|_p$$
$$= |t|_p \cdot \frac{v_p}{i_p}$$

を得る.したがって $1 \leqq (i_p v_p^{-1}) |t|_p^{-1} \int_A |d\tau|_p$ で,$\int_{V(t)_{\mathbb{Z}_p}} |\theta_t|_p = \int_{V(\tau)_{\mathbb{Z}_p}} |\theta_\tau|_p$ とあわせて

$$\int_{V(t)_{\mathbb{Z}_p}} |\theta_t|_p \leqq \left(\frac{i_p}{v_p}\right) |t|_p^{-1} \int_A |d\tau|_p \int_{V(\tau)_{\mathbb{Z}_p}} |\theta_\tau|_p$$
$$= \left(\frac{i_p}{v_p}\right) |t|_p^{-1} \int_{V_{t,\mathbb{Z}_p}} |dx|_p \leqq \left(\frac{i_p}{v_p}\right) |t|_p^{-1} \int_{\Gamma_p(t)} |dx|_p$$

を得る.実際 $u \in \mathbb{Z}_p^\times$, $\rho(\psi^{-1}(u)) \in GL(V)_{\mathbb{Z}_p}$ のとき,$A \ni \tau = u^a t$ に対し $\gamma = \rho(\psi^{-1}(u))$ とおくと,$\gamma \in \rho(T_{\mathbb{Z}_p}) \cap GL(V)_{\mathbb{Z}_p}$ で $x \in V(t)_{\mathbb{Z}_p}$ に対し

$$f(\gamma x) = \chi(\psi^{-1}(u)) f(x) = u^a t = \tau$$

ゆえ $\gamma x \in V(\tau)_{\mathbb{Z}_p}$,すなわち

$$\bigcup_{\tau \in A} V(\tau)_{\mathbb{Z}_p} = \{\gamma x;\ x \in V(t)_{\mathbb{Z}_p},\ \gamma \in \rho(T_{\mathbb{Z}_p}) \cap GL(V)_{\mathbb{Z}_p}\} = V_{t,\mathbb{Z}_p} \subset \Gamma_p(t)$$

である. ∎

**系 6.16** $(p, a) = 1$ ならば

$$\int_{V(t)_{\mathbb{Z}_p}} |\theta_t|_p \leqq i_p(a, p-1) |t|_p^{-1} \int_{\Gamma_p(t)} (1 - p^{-1})^{-1} |dx_p|_p$$

が成り立つ.ただし $X(T) = \langle \psi \rangle$, $\chi = \psi^a$ である.

[証明] $(p, a) = 1$ ならば,$(1 + p\mathbb{Z}_p)^a = 1 + p\mathbb{Z}_p$ が知られており,$\mathbb{Z}_p^\times \cong W \cdot (1 + p\mathbb{Z}_p)$, $W \cong \mathbb{F}_p^\times$ ゆえ $[\mathbb{Z}_p^\times : (\mathbb{Z}_p^\times)^a] = [\mathbb{F}_p^\times : (\mathbb{F}_p^\times)^a] = (a, p-1)$ である.よって $v_p = \int_{(\mathbb{Z}_p^\times)^a} |d\tau|_p = (1 - p^{-1})/(a, p-1)$ となるから,補題 6.15 より

$$\int_{V(t)_{\mathbb{Z}_p}} |\theta_t|_p \leqq i_p(a, p-1)|t|_p^{-1} \int_{\Gamma_p(t)} (1-p^{-1})^{-1} |dx_p|_p$$

を得る. ∎

さて $\mathbb{P}_2 = \mathbb{P}_1 \cup \{p; p|a\} \cup \{p; i_p \geqq 2\}$ とおく. $\mathbb{P}_1$ は補題 6.12 で与えられた, 素数の有限集合である. まず補題 6.15 より

$$\prod_{p \in \mathbb{P}_2} \int_{V(t)_{\mathbb{Z}_p}} |\theta_t|_p \leqq \left\{\prod_{p \in \mathbb{P}_2} i_p(1-p^{-1})/v_p\right\} \cdot \prod_{p \in \mathbb{P}_2} |t|_p^{-1} \int_{\Gamma_p(t)} (1-p^{-1})^{-1} |dx_p|_p$$

であり, $p \notin \mathbb{P}_2$ なら $i_p = 1$ かつ $(p, a) = 1$ ゆえ, 系 6.16 から

$$\prod_{\substack{p \notin \mathbb{P}_2 \\ p|t}} \int_{V(t)_{\mathbb{Z}_p}} |\theta_t|_p \leqq \left\{\prod_{\substack{p \notin \mathbb{P}_2 \\ p|t}} (a, p-1)\right\} \prod_{\substack{p \notin \mathbb{P}_2 \\ p|t}} |t|_p^{-1} \int_{\Gamma_p(t)} (1-p^{-1})^{-1} |dx_p|_p$$

を得る. 最後に補題 6.14 において $\mathbb{P}_1$ を大きくして $\mathbb{P}_2$ にしてもそのまま成り立つことと, $(p, t) = 1$ なら $|t|_p = 1$ より $\Gamma_p(1) = \Gamma_p(t)$ となるから

$$\prod_{\substack{p \notin \mathbb{P}_2 \\ (p,t)=1}} \int_{V(t)_{\mathbb{Z}_p}} |\theta_t|_p \leqq c_3 \prod_{\substack{p \notin \mathbb{P}_2 \\ (p,t)=1}} |t|_p^{-1} \int_{\Gamma_p(t)} (1-p^{-1})^{-1} |dx_p|_p$$

を得る. したがって

(6.5)
$$\prod_p \int_{V(t)_{\mathbb{Z}_p}} |\theta_t|_p \leqq c_3 \cdot \left\{\prod_{p \in \mathbb{P}_2} i_p(1-p^{-1})/v_p\right\} \cdot \left\{\prod_{\substack{p \notin \mathbb{P}_2 \\ p|t}} (a, p-1)\right\}$$
$$\times \prod_p |t|_p^{-1} \int_{\Gamma_p(t)} (1-p^{-1})^{-1} |dx_p|_p$$

を得る.

**補題 6.17** $a \in \mathbb{Z}$, $a > 0$ とすると任意の $\varepsilon > 0$ に対して定数 $c_\varepsilon > 0$ が存在してすべての $t \in \mathbb{Z} - \{0\}$ に対して

$$\prod_{p|t} (a, p-1) < c_\varepsilon |t|^\varepsilon$$

を満たす.

§6.6 積分の評価

[証明] $\log a < \varepsilon \log p_0$ なる素数 $p_0$ をとり $m_0 = \sharp\{p\,\text{素数};\, p \leqq p_0\}$, $|t| = p_1^{r_1} \cdots p_m^{r_m}$ $(p_1 < \cdots < p_m,\, r_i \geqq 1)$ とおく. $m \leqq m_0$ のときは $\prod_{p|t}(a, p-1) \leqq a^m \leqq a^{m_0}$ である. $m > m_0$ のときは $\log |t| = \sum_{i=1}^{m} r_i \log p_i > m_0 \log 2 + (m-m_0)\log p_0$ であるから, $\varepsilon > (\log a)/(\log p_0)$ を使うと

$$\varepsilon \log |t| + m_0 \log a \geqq \log a \left( \frac{\log |t|}{\log p_0} + m_0 \right)$$
$$\geqq \log a \left( m_0 \frac{\log 2}{\log p_0} + m - m_0 + m_0 \right) > m \log a$$

となり, $\prod_{p|t}(a, p-1) \leqq a^m = e^{m \log a} \leqq \exp[\varepsilon \log |t| + m_0 \log a] = a^{m_0} \cdot |t|^\varepsilon$ を得る. そこで $c_\varepsilon > a^{m_0}$ にとれば, すべての $t \in \mathbb{Z} - \{0\}$ に対して

$$\prod_{p|t}(a, p-1) < c_\varepsilon |t|^\varepsilon$$

となる. ∎

さて $t \in \mathbb{Z} - \{0\}$ に対して $|t| = p_1^{e_1} \cdots p_r^{e_r}$ とすると $|t|_{p_i} = p_i^{-e_i}$ $(1 \leqq i \leqq r)$ で $p \neq p_1, \cdots p_r$ ならば $|t|_p = 1$ ゆえ積公式 $|t| \cdot \prod_p |t|_p = 1$ が成り立つ. したがって補題 6.17 より

$$\prod_{\substack{p \notin \mathbb{P}_2 \\ p|t}}(a, p-1) \leqq \prod_{p|t}(a, p-1) \leqq c_\varepsilon \prod_p |t|_p^{-\varepsilon}$$

となり, $c'_\varepsilon = c_3 \cdot c_\varepsilon \cdot \left\{ \prod_{p \in \mathbb{P}_2} i_p(1-p^{-1})/v_p \right\}$ とおくと (6.5) より

(6.6)
$$\prod_p \int_{V(t)_{\mathbb{Z}_p}} |\theta_t|_p < c'_\varepsilon \cdot \prod_p \left[ |t|_p^{-1-\varepsilon} \int_{\Gamma_p(t)} (1-p^{-1})^{-1} |dx_p|_p \right]$$

を得る. 再び積公式により $|t|^{-s+(n/d)-1} = \prod_p |t|_p^{s-(n/d)+1}$ が成り立つから, 命題 6.11 と (6.6) により

$$\sum_{t \in \mathbb{Z}-\{0\}} A(t)|t|^{-s+(n/d)-1}$$
$$< c_2 \sum_{t \in \mathbb{Z}-\{0\}} \prod_p |t|_p^{s-(n/d)+1} \cdot \int_{V(t)_{\mathbb{Z}_p}} |\theta_t|_p$$

$$< c_2 c'_\varepsilon \sum_{t \in \mathbb{Z}-\{0\}} \prod_p \left[ |t|_p^{s-(n/d)-\varepsilon} \int_{\Gamma_p(t)} (1-p^{-1})^{-1} |dx_p|_p \right]$$

（ここで $\Gamma_p(t) = \{x \in V_{\mathbb{Z}_p}; |f(x)|_p = |t|_p\}$ であるから $\Gamma_p(t)$ 上で $|t|_p = |f(x)|_p$ であり，また $|t|_p = |-t|_p$ であり，$\bigsqcup_{t=1}^{\infty} \prod_p \Gamma_p(t)$ (disjoint union) $\subset \prod_p V_{\mathbb{Z}_p}$ ゆえ）

$$= 2c_2 c'_\varepsilon \sum_{t=1}^{\infty} \prod_p \int_{\Gamma_p(t)} |f(x_p)|_p^{s-(n/d)-\varepsilon} \cdot (1-p^{-1})^{-1} |dx_p|_p$$

$$\leqq 2c_2 c'_\varepsilon \prod_p \int_{V_{\mathbb{Z}_p}} |f(x_p)|_p^{s-(n/d)-\varepsilon} \cdot (1-p^{-1})^{-1} |dx_p|_p$$

を得る．すなわち $c = 2c_2 c'_\varepsilon$ とおくと，

(6.7)
$$\sum_{t \in \mathbb{Z}-\{0\}} A(t)|t|^{-s+(n/d)-1} < c \prod_p \int_{V_{\mathbb{Z}_p}} |f(x_p)|_p^{s-(n/d)-\varepsilon} \cdot (1-p^{-1})^{-1} |dx_p|_p$$

となり，結局

$$\sum_{t \in \mathbb{Z}-\{0\}} A(t)|t|^{-s+(n/d)-1}$$

の収束性は

$$\prod_p \int_{V_{\mathbb{Z}_p}} |f(x_p)|_p^{s-(n/d)-\varepsilon} \cdot (1-p^{-1})^{-1} |dx_p|_p$$

の収束性に帰着した．

## §6.7　乗法的アデール・ゼータ関数の収束

さて $S = \{x \in V; f(x) = 0\}$ は超曲面ゆえ $V - S$ は $\{(x,y) \in V \oplus \Omega; yf(x) - 1 = 0\}$ と同型で（命題 1.6 参照），したがって $(V-S)_{\mathbb{Z}_p}$ は $\{(x,y) \in V_{\mathbb{Z}_p} \oplus \mathbb{Z}_p; yf(x) - 1 = 0\}$ と同一視されるから，$(V-S)_{\mathbb{Z}_p} = \{x \in V_{\mathbb{Z}_p}; |f(x)|_p = 1\}$ となる．これは $V_{\mathbb{Z}_p} - V_{\mathbb{Z}_p} \cap S$ とは異なることに注意しよう．例えば $V = \Omega$, $S = \{0\}$ の場合は $(V-S)_{\mathbb{Z}_p} = \mathbb{Z}_p^{\times}$ で $V_{\mathbb{Z}_p} - V_{\mathbb{Z}_p} \cap S = \mathbb{Z}_p - \{0\}$ である．

**補題 6.18**

$$\lambda_v = \begin{cases} 1 - p^{-1} & (v = p \, ; \, 素数) \\ 1 & (v = \infty) \end{cases}$$

とおくと $\{\lambda_v\}$ は $V-S$ の収束因子である．すなわち

$$0 < \prod_p \lambda_p^{-1} \int_{(V-S)_{\mathbb{Z}_p}} |dx_p|_p < +\infty$$

［証明］　有理数体 $\mathbb{Q}$ 上の素点 $v$ の有限集合 $\mathbb{P}$ を次のように選ぶ．
（1）　$\mathbb{P} \ni \infty$．
（2）　$f$ は $\mathbb{Z}$-係数であったが $p \notin \mathbb{P}$ ならば $p$ を法とした還元 $f^{(p)}$ も既約多項式．
（3）　$p \notin \mathbb{P}$ ならば（命題 6.5 を参照），

$$\int_{(V-S)_{\mathbb{Z}_p}} |dx_p|_p = p^{-n} \cdot \sharp[(V-S)_{\mathbb{F}_p}^{(p)}].$$

さて $p \notin \mathbb{P}$ なる素数 $p$ について $N^{(p)} = \sharp\{x \in \mathbb{F}_p^n; f^{(p)}(x) = 0\}$ とおくと $\sharp(V-S)_{\mathbb{F}_p}^{(p)} = p^n - N^{(p)}$ である．$f^{(p)} \not\equiv 0$ である限り

$$\sharp\{x \in \mathbb{F}_{p^m}^n; f^{(p)}(x) = 0\} = (p^{n-1})^m + \sum_{i=0}^{2n-3} \sum_{j=1}^{w_j} \epsilon_{i,j} \alpha_{i,j}^m,$$
$$\epsilon_{i,j} = \pm 1, \quad |\alpha_{i,j}| = p^{i/2}$$

と表わせる．ここで，ほとんどすべての $p$ に対し $w_j$ や $\epsilon_{i,j}$ は $p$ によらない（P. Deligne, Poids dans la cohomologie des variétés algebriques, ICM (1974) の 84 頁を参照）．これよりある定数 $c_1 > 0$ が存在して，すべての素数 $p$ に対し

$$|N^{(p)} - p^{n-1}| \leq c_1 p^{n-(3/2)}$$

となることがわかる (S. Lang and A. Weil, Numbers of points of varieties in finite fields, Amer. J. Math. **76** (1954), 819–827 (=A. Weil 全集 [1954f]) も参照)．$(1-p^{-1})^{-1} = 1 + (p-1)^{-1} \leq 2$ ゆえ $p \notin \mathbb{P}$ ならば

$$\lambda_p^{-1} \int_{(V-S)_{\mathbb{Z}_p}} |dx_p|_p = (1-p^{-1})^{-1} \cdot p^{-n} \cdot (p^n - N^{(p)})$$
$$= 1 + (1-p^{-1})^{-1} p^{-n} (p^{n-1} - N^{(p)})$$
$$\leq 1 + 2p^{-n}(p^{n-1} - N^{(p)})$$

より
(6.8)
$$\left|1-\lambda_p^{-1}\int_{(V-S)_{\mathbb{Z}_p}}|dx_p|_p\right|\leq 2p^{-n}\cdot(c_1p^{n-(3/2)})=2c_1p^{-(3/2)}$$

となる．一般に無限積 $\prod_{n=1}^{\infty}(1+u_n)$ は $\sum_{n=1}^{\infty}|u_n|<+\infty$ のとき絶対収束して有限確定値をもち，各 $1+u_n$ が 0 でなければ $\prod_{n=1}^{\infty}(1+u_n)\neq 0$ である（119 頁参照）．$\sum_p p^{-(3/2)}<\sum_{n=1}^{\infty}n^{-(3/2)}=\zeta\left(\dfrac{3}{2}\right)<+\infty$ であるから無限積

$$\prod_p \lambda_p^{-1}\int_{(V-S)_{\mathbb{Z}_p}}|dx_p|_p$$

は収束する． ∎

そこで $(V-S)_{\mathbb{A}}$ の上の測度を $|\lambda^{-1}dx|_{\mathbb{A}}=\prod_v \lambda_v^{-1}|dx_v|_v$ で定めることができて，$V_{\mathbb{A}}$ 上の Schwartz-Bruhat 関数 $\Phi\in\mathcal{S}(V_{\mathbb{A}})$ に対して

$$Z_m(\Phi,s)=\int_{(V-S)_{\mathbb{A}}}|f(x)|_{\mathbb{A}}^s\cdot\Phi(x)\cdot|\lambda^{-1}dx|_{\mathbb{A}}$$

を概均質ベクトル空間 $(G,\rho,V)$ の**乗法的なアデール・ゼータ関数** (multiplicative adelic zeta function) とよぶ．この収束は T. Ono, An integral attached to a hypersurface, Amer. J. Math. **90** (1968), 1224–1236 により得られ，多変数の場合への拡張は F. Sato [21] (Lemma 2. 10) により得られた．

**定理 6.19** $\mathrm{Re}\,s>0$ ならば

$$\prod_p\int_{V_{\mathbb{Z}_p}}|f(x_p)|_p^s\lambda_p^{-1}|dx_p|_p$$

は絶対収束する．

［証明］ $E_0=\{x\in V_{\mathbb{Z}_p};\ f(x)\not\equiv 0\bmod p\}=(V-S)_{\mathbb{Z}_p}$ および $E_1=V_{\mathbb{Z}_p}-E_0$ とおく．$E_0$ 上では $|f(x)|_p=1$ ゆえ

$$\int_{E_0}|f(x)|_p^s\lambda_p^{-1}|dx|_p=\lambda_p^{-1}\int_{(V-S)_{\mathbb{Z}_p}}|dx|_p$$

となるから (6.8) より

$$\left|1-\int_{E_0}|f(x)|_p^s\cdot\lambda_p^{-1}|dx|_p\right|\leq 2c_1p^{-(3/2)}$$

となる.一方,$N^{(p)}=\sharp\{x\in\mathbb{F}_p^n;\ f^{(p)}(x)=0\}$ に対し $|N^{(p)}-p^{n-1}|\leqq c_1 p^{n-(3/2)}$ であったから $N^{(p)}\leqq(1+c_1)p^{n-1}$. いま $\operatorname{Re}s\geqq\varepsilon$ とすると $E_1$ 上では $\big||f(x)|_p^s\big|=|f(x)|_p^{\operatorname{Re}s}\leqq p^{-\operatorname{Re}s}\leqq p^{-\varepsilon}\ (x\in E_1)$ であるから命題 6.5 より

$$\int_{E_1}\big||f(x)|_p^s\big|\lambda_p^{-1}|dx|_p\leqq\lambda_p^{-1}p^{-n-\varepsilon}\cdot N^{(p)}\leqq(1+c_1)\lambda_p^{-1}p^{-1-\varepsilon}$$

となるが,$\lambda_p^{-1}=(1-p^{-1})^{-1}\leqq 2$ であるから $c_2=2(1+c_1)$ とおくと

$$\int_{E_1}\big||f(x)|_p^s\big|\lambda_p^{-1}|dx|_p\leqq c_2 p^{-1-\varepsilon}$$

となる.したがって $0<\varepsilon<(1/2)$ とすれば

$$\begin{aligned}&\left|1-\int_{V_{\mathbb{Z}_p}}|f(x)|_p^s\lambda_p^{-1}|dx|_p\right|\\&\leqq\left|1-\int_{E_0}|f(x)|_p^s\lambda_p^{-1}|dx|_p\right|+\left|\int_{E_1}|f(x)|_p^s\lambda_p^{-1}|dx|_p\right|\\&\leqq 2c_1 p^{-(3/2)}+c_2 p^{-1-\varepsilon}<c_3 p^{-1-\varepsilon}\end{aligned}$$

なる定数 $c_3>0$ が $p\notin\mathbb{P},\ \operatorname{Re}s\geqq\varepsilon$ で存在することがわかる.

$$\sum_p p^{-1-\varepsilon}<\sum_{n=1}^{\infty}n^{-1-\varepsilon}=\zeta(1+\varepsilon)<+\infty$$

であるから $\operatorname{Re}s\geqq\varepsilon$ で無限積は絶対一様収束する. ■

**定理 6.20** $Z_m(\varPhi,s)$ は $\operatorname{Re}s>0$ で絶対収束し $\varPhi=\otimes_v\varPhi_v\in\mathcal{S}(V_{\mathbb{A}})$ の場合は

$$Z_m(\varPhi,s)=\prod_v\int_{(V-S)_{\mathbb{Q}_v}}|f(x_v)|_v^s\cdot\varPhi_v(x_v)\cdot\lambda_v^{-1}|dx_v|_v$$

となる.

［証明］ $\mathbb{P}_n=\{\infty\}\cup\{p\text{ は素数},\ p\leqq n\}$ とおき,$p\notin\mathbb{P}_{n_0}$ なら $\varPhi_p=\operatorname{ch}_{V_{\mathbb{Z}_p}}$ としよう.ただし $\mathbb{P}_{n_0}$ が補題 6.18 の証明中の $\mathbb{P}$ を含むように $n_0$ を大きくとっておく.$n>n_0$ に対して

$$\begin{aligned}&\int_{(V-S)_{\mathbb{P}_n}}|f(x)|_{\mathbb{A}}^s\varPhi(x)|\lambda^{-1}dx|_{\mathbb{A}}\\&=\prod_{v\in\mathbb{P}_n}\int_{(V-S)_{\mathbb{Q}_v}}|f(x_v)|_v^s\varPhi_v(x_v)\lambda_v^{-1}|dx_v|_v\times\prod_{p\notin\mathbb{P}_n}\lambda_p^{-1}\int_{(V-S)_{\mathbb{Z}_p}}|dx_p|_p\end{aligned}$$

であるが,$\operatorname{Re}s>0$ なら $|0|_v^s=0$ であるから定理 6.19 より

$$\lim_{n\to\infty}\prod_{v\in \mathbb{P}_n-\mathbb{P}_{n_0}}\int_{(V-S)_{\mathbb{Q}_v}}|f(x_v)|_v^s\Phi_v(x_v)\lambda_v^{-1}|dx_v|_v$$
$$=\lim_{n\to\infty}\prod_{p\in \mathbb{P}_n-\mathbb{P}_{n_0}}\int_{V_{\mathbb{Z}_p}}|f(x_p)|_p^s\lambda_p^{-1}|dx_p|_p$$

は収束し，$\lim_{n\to\infty}\prod_{p\notin \mathbb{P}_n}\lambda_p^{-1}\int_{(V-S)_{\mathbb{Z}_p}}|dx_p|_p=1$ ゆえ

$$\int_{(V-S)_\mathbb{A}}|f(x)|_\mathbb{A}^s\Phi(x)\lambda^{-1}dx|_\mathbb{A}$$
$$=\lim_{n\to\infty}\int_{(V-S)_{\mathbb{P}_n}}|f(x)|_\mathbb{A}^s\Phi(x)\lambda^{-1}dx|_\mathbb{A}$$
$$=\prod_v\int_{(V-S)_{\mathbb{Q}_v}}|f(x_v)|_v^s\Phi_v(x_v)\lambda_v^{-1}|dx_v|_v$$

となる．

さて (6.7) より

$$\sum_{t\in\mathbb{Z}-\{0\}}A(t)|t|^{-s+(n/d)-1}<c\prod_p\int_{V_{\mathbb{Z}_p}}|f(x_p)|_p^{s-(n/d)-\varepsilon}\lambda_p^{-1}|dx_p|_p$$

であったが，定理 6.19 により右辺は $\mathrm{Re}\,s>(n/d)$ なら $\mathrm{Re}(s-(n/d)-\varepsilon)>0$ となるように $\varepsilon>0$ をとれるから収束する．したがって $\mathrm{Re}\,s>(n/d)$ で

$$\sum_{t\in\mathbb{Z}-\{0\}}A(t)|t|^{-s+(n/d)-1}$$

が収束し，命題 6.4 より

$$\sum_{i=1}^l\zeta_i(L,s)$$

は絶対収束する．したがって定理 6.2 が証明された．

## §6.8 加法的アデール・ゼータ関数の収束

$(G,\rho,V)$ を §5.2 の仮定 0〜仮定 4 を満たす概均質ベクトル空間として，既約相対不変多項式 $f$ に対して有理指標 $\chi$ が対応しているとする．

$\mathcal{S}(V_\mathbb{A})$ を $V$ の ($\mathbb{Q}$ 上の) アデール化 $V_\mathbb{A}$ 上の Schwartz-Bruhat 関数全体 (§6.4 参照) とする．さらに $G$ は $GL_m$ の $\mathbb{Q}$ 上定義された部分群であるとしてお

§6.8 加法的アデール・ゼータ関数の収束

く．$|dg|_\mathbb{A}$ で $G$ のアデール化 $G_\mathbb{A}$ 上の Haar 測度を表わし，$|\chi(g)|_\mathbb{A}$ でイデール $\chi(g)$ $(g\in G_\mathbb{A})$ のイデール・モジュール（§6.4 参照）を表わす．$g_1\in G_\mathbb{Q}$ なら $|\chi(g_1)|_\mathbb{A}=1$ ゆえ $\Psi(g)=|\chi(g)|_\mathbb{A}^s\sum_{\xi\in V_\mathbb{Q}-S_\mathbb{Q}}\Phi(\rho(g)\xi)|dg|_\mathbb{A}$ とおくと $\Psi(gg_1)=\Psi(g)$ $(g_1\in G_\mathbb{Q})$ となり，$\Psi(g)$ は $G_\mathbb{A}/G_\mathbb{Q}$ 上の関数と見なすことができる．このとき

$$Z_a(\Phi,s)=\int_{G_\mathbb{A}/G_\mathbb{Q}}|\chi(g)|_\mathbb{A}^s\sum_{\xi\in V_\mathbb{Q}-S_\mathbb{Q}}\Phi(\rho(g)\xi)|dg|_\mathbb{A}$$

を**加法的なアデール・ゼータ関数**（additive adelic zeta function）とよぶ．

この関数の収束と概均質ゼータ関数の収束が同値であることを示すのがこの §6.8 の目標である．

とくに $\Phi=\Phi_\infty\otimes(\otimes_{p<\infty}\Phi_p)$，ただし有限個の素数 $p$ を除いて $\Phi_p$ は $V_{\mathbb{Z}_p}$ の特性関数，である場合を考える．一般の Schwartz-Bruhat 関数はこれらの 1 次結合で表わされる．各素数 $p$ に対して $G_{\mathbb{Q}_p}$ を $G$ の $\mathbb{Q}_p$-有理点のなす群として $K_p$ を $G_{\mathbb{Q}_p}\cap GL_m(\mathbb{Z}_p)$ の開部分群で $\Phi_p$ を不変にするものとする．有限個の素数 $p$ を除いて $K_p=G_{\mathbb{Q}_p}\cap GL_m(\mathbb{Z}_p)$ とすることができる．実際 $\rho(g)=(\rho_{ij}(g))$ において $\rho_{ij}$ の係数の分母に出てくる有限個の素数 $p$ を除けば $\rho(G_{\mathbb{Q}_p}\cap GL_m(\mathbb{Z}_p))\subset GL_n(\mathbb{Z}_p)$ $(n=\dim V)$ となるが，有限個の素数 $p$ を除いて $\Phi_p$ は $V_{\mathbb{Z}_p}\cong\mathbb{Z}_p^n$ の特性関数ゆえ $GL_n(\mathbb{Z}_p)$ の作用で不変だからである．

一般には $\Phi_p=\sum_{i=1}^r c_i\Phi_p^{(i)}$，ただし $\Phi_p^{(i)}$ は $a+p^e V_{\mathbb{Z}_p}$ の形の特性関数，とおける．もし各 $\Phi_p^{(i)}$ に対し条件を満たす開部分群 $K_p^{(i)}$ がとれれば $K_p=\bigcap_{i=1}^r K_p^{(i)}$ は $\Phi_p$ を不変にする開部分群になる．よって始めから $\Phi_p$ を $a+p^e V_{\mathbb{Z}_p}$ の特性関数と仮定してよい（$a={}^t(a_1,\cdots,a_n)\in V_{\mathbb{Q}_p}\cong\mathbb{Q}_p^n$）．

$K'=\{g=(g_{ij})\in GL(V)_{\mathbb{Z}_p}\cong GL_n(\mathbb{Z}_p);\ ga\equiv a\bmod p^e\}$ は $GL(V)_{\mathbb{Q}_p}$ の部分群であるが

$$K'\supset\left\{g=(g_{ij})\in GL(V)_{\mathbb{Z}_p};\ \begin{array}{l}g_{ij}a_j\in p^e\mathbb{Z}_p\ (i\neq j)\ \text{かつ}\\(g_{ii}-1)a_i\in p^e\mathbb{Z}_p\ (i=1,\cdots,n)\end{array}\right\}$$

ゆえ $K'$ は開部分群で $\Phi_p(kx)=\Phi_p(x)$ $(k\in K')$ を満たす．そこで $K_p=G_{\mathbb{Q}_p}\cap GL_m(\mathbb{Z}_p)\cap\rho^{-1}(K')$ とおけばよい．

$K_f=\prod_{p<\infty}K_p$ とおくと $G_\mathbb{R}\cdot K_f$ は $G_\mathbb{A}$ の部分群であるが，これと $G_\mathbb{Q}$ によ

る両側剰余類 $G_{\mathbb{R}} \cdot K_f \backslash G_{\mathbb{A}}/G_{\mathbb{Q}}$ は有限集合, すなわち $\sharp(G_{\mathbb{R}} \cdot K_f \backslash G_{\mathbb{A}}/G_{\mathbb{Q}}) < +\infty$ が知られている. 例えば A. Borel, Some finiteness properties of adele groups over number fields, Publ. Math. I.H.E.S. 16 (1963), 101–126 または V. Platonov and A. Rapinchuk [18] の 441 頁を参照. そこで

$$G_{\mathbb{A}} = \bigsqcup_{i=1}^{h} (G_{\mathbb{R}} \cdot K_f) \cdot g_i \cdot G_{\mathbb{Q}}$$

(ただし $g_1 = 1$ としておく)と表わすことができる. ここで $G_{\mathbb{R}}$ が左側にあるので代表元 $g_i \in G_{\mathbb{A}}$ の $G_{\mathbb{R}}$ 部分 $g_{i,\infty}$ は 1 であると仮定してよい.

$$G_{\mathbb{A}}/G_{\mathbb{Q}} = \bigsqcup_{i=1}^{h} (G_{\mathbb{R}} K_f g_i G_{\mathbb{Q}})/G_{\mathbb{Q}}$$

であるから

$$Z_{a,i}(\varPhi, s) = \int_{(G_{\mathbb{R}} K_f g_i G_{\mathbb{Q}})/G_{\mathbb{Q}}} |\chi(g)|_{\mathbb{A}}^{s} \cdot \sum_{\xi \in V_{\mathbb{Q}} - S_{\mathbb{Q}}} \varPhi(\rho(g)\xi) |dg|_{\mathbb{A}}$$

とおくと, $Z_a(\varPhi, s) = Z_{a,1}(\varPhi, s) + \cdots + Z_{a,h}(\varPhi, s)$ となる.

そこで $(G_{\mathbb{R}} K_f g_i G_{\mathbb{Q}})/G_{\mathbb{Q}}$ を考えよう. 代表元たちは $g_{\infty} k g_i$ ($g_{\infty} \in G_{\mathbb{R}}$, $k \in K_f$) の形にとれるが, $g_{\infty} k g_i$ と $g'_{\infty} k' g_i$ が $G_{\mathbb{Q}}$ の元で移りあうなら $g'_{\infty} k' g_i = g_{\infty} k g_i \gamma$ なる $\gamma \in G_{\mathbb{Q}}$ が存在する. ここで $G_{\mathbb{Q}}$ の元は対角形 $(\cdots, \gamma, \gamma, \gamma, \cdots)$ で $G_{\mathbb{A}}$ にうめこまれているから $(g'_{\infty}, k' g_i) = (g_{\infty} \gamma, k g_i \gamma)$ となる. よって各 $p$ 成分は $k'_p g_{ip} = k_p g_{ip} \gamma$ となり, $\gamma = g_{ip}^{-1} k_p^{-1} k'_p g_{ip} \in g_{ip}^{-1} K_p g_{ip}$ を得る. すなわち

$$\Gamma_i = G_{\mathbb{Q}} \cap \prod_{p < \infty} g_{ip}^{-1} K_p g_{ip} = G_{\mathbb{Q}} \cap g_i^{-1} K_f g_i$$

とおくと, これは $G_{\mathbb{R}}$ の数論的部分群であり $\gamma \in \Gamma_i$ となる. そこで $g_{\infty}$ を $G_{\mathbb{R}}/\Gamma_i$ の代表からとれば, 代表元 $g_{\infty} k g_i$ の有限部分 $k g_i$ は一意的に定まってしまう. したがって $(G_{\mathbb{R}} K_f g_i G_{\mathbb{Q}})/G_{\mathbb{Q}}$ の基本領域として $G_{\mathbb{R}}/\Gamma_i \times K_f g_i$ をとることができる. すなわち

$$Z_{a,i}(\varPhi, s) = \int_{G_{\mathbb{R}}/\Gamma_i \times K_f g_i} |\chi(g)|_{\mathbb{A}}^{s} \cdot \sum_{\xi \in V_{\mathbb{Q}} - S_{\mathbb{Q}}} \prod_{p \leqq \infty} \varPhi_p(\rho(g_p)\xi) |dg|_{\mathbb{A}}$$

となる. ここで $p < +\infty$ の場合には $\varPhi_p$ は $K_p$-不変であるから $\varPhi_p(\rho(k_p g_{ip})\xi) = \varPhi_p(\rho(g_{ip})\xi)$ ($k_p \in K_p$) となる. 一方, $K_f$ はコンパクト群であるから $|\chi(K_f)|_{\mathbb{A}_f}$ ($\mathbb{A}_f$ はイデール群の有限部分を表わす. すなわち $\mathbb{Q}_{\mathbb{A}}^{\times} = \mathbb{R}^{\times} \times \mathbb{A}_f$) は $\mathbb{R}_{+}^{\times}$ のコン

§6.8 加法的アデール・ゼータ関数の収束

パクト部分群ゆえ $\{1\}$ となる．したがって $|\chi(g_\infty, kg_i)|_\mathbb{A}^s = |\chi(g_\infty)|_\infty^s \times |\chi(g_i)|_\mathbb{A}^s$ となる．$g_{i,\infty}=1$ ゆえ $|\chi(g_i)|_{\mathbb{A}_f} = |\chi(g_i)|_\mathbb{A}$ である．以上により

$$Z_{a,i}(\varPhi, s)$$
$$= \left(\int_{K_f} |dg|_{\mathbb{A}_f}\right) \cdot |\chi(g_i)|_\mathbb{A}^s$$
$$\times \int_{G_\mathbb{R}/\varGamma_i} |\chi(g_\infty)|_\infty^s \cdot \sum_{\xi \in V_\mathbb{Q} - S_\mathbb{Q}} \varPhi_\infty(\rho(g_\infty)\xi) \cdot \prod_{p<\infty} \varPhi_p(\rho(g_{ip})\xi) |dg_\infty|_\infty$$

となることがわかる．

さて $Z_a(\varPhi, s)$ $(\varPhi \in \mathcal{S}(V_\mathbb{A}))$ が絶対収束すれば

$$Z_{a,1}(\varPhi, s) = \mathrm{vol}(K_f) \cdot \int_{G_\mathbb{R}/\varGamma_1} |\chi(g_\infty)|_\infty^s$$
$$\times \sum_{\xi \in V_\mathbb{Q} - S_\mathbb{Q}} \varPhi_\infty(\rho(g_\infty)\xi) \cdot \prod_{p<\infty} \varPhi_p(\xi) |dg_\infty|_\infty$$

も絶対収束する．ここですべての素数 $p$ に対して $\varPhi_p$ を $V_{\mathbb{Z}_p}$ の特性関数にとれば

$$Z_{a,1}(\varPhi, s) = \mathrm{vol}(K_f) \int_{G_\mathbb{R}/\varGamma_1} |\chi(g_\infty)|_\infty^s \cdot \sum_{\xi \in V_\mathbb{Z} - S_\mathbb{Z}} \varPhi_\infty(\rho(g_\infty)\xi) |dg_\infty|_\infty$$

となる．$V_\mathbb{Z} - S_\mathbb{Z}$ は $G_\mathbb{Z}$ で不変で $G_\mathbb{Z}$ と $\varGamma_1$ は通約的ゆえ

$$Z_{a,1}(\varPhi, s) = \mathrm{vol}(K_f) \frac{[G_\mathbb{Z} : G_\mathbb{Z} \cap \varGamma_1]}{[\varGamma_1 : G_\mathbb{Z} \cap \varGamma_1]}$$
$$\times \int_{G_\mathbb{R}/G_\mathbb{Z}} |\chi(g_\infty)|_\infty^s \cdot \sum_{\xi \in V_\mathbb{Z} - S_\mathbb{Z}} \varPhi_\infty(\rho(g_\infty)\xi) |dg_\infty|_\infty$$

の絶対収束性が得られ，とくに §5.3 のゼータ積分

$$Z(\varPhi, s) = \int_{G_\mathbb{R}^+/\varGamma} \chi(g)^s \sum_{x \in L - L \cap S} \varPhi(\rho(g)x) dg \qquad (\varPhi \in \mathcal{S}(V_\mathbb{R}))$$

の絶対収束性が得られるが，命題 5.14 より $\mathrm{Re}\, s > n/d$ での $\zeta_i(L, s)$ たちの絶対収束性が得られる．

逆にゼータ関数 $\zeta_i(L, s)$ たちが絶対収束すればゼータ積分も絶対収束して，自然数 $m$ に対して

$$\int_{G_\mathbb{R}/G_\mathbb{Z}} |\chi(g_\infty)|_\infty^s \sum_{\xi \in (1/m)V_\mathbb{Z} - S_\mathbb{Q}} \varPhi_\infty(\rho(g_\infty)\xi) |dg_\infty|_\infty$$

の絶対収束がいえる．このとき各 $i$ について
$$\int_{G_{\mathbb{R}}/\Gamma_i} |\chi(g_\infty)|_\infty^s \cdot \sum_{\xi \in V_{\mathbb{Q}} - S_{\mathbb{Q}}} \Phi_\infty(\rho(g_\infty)\xi) \cdot \prod_{p<\infty} \Phi_p(\rho(g_{ip})\xi) |dg_\infty|_\infty$$
の絶対収束性を示せば，$Z_a(\Phi, s)$ の絶対収束がいえる．

ほとんどすべての $p$ に対し $\Phi_p(\rho(g_{ip})\xi)$ は $\xi$ の関数として $V_{\mathbb{Z}_p}$ の特性関数であり，一般には $a_p + p^{e_p} \cdot V_{\mathbb{Z}_p}$ $(a_p \in V_{\mathbb{Q}_p})$ の特性関数の 1 次結合という形で表わされる．

有限個の積 $\prod_{i=1}^r \mathbb{Q}_{p_i}$ の中に $\mathbb{Q}$ を対角形に埋め込むと稠密であることが知られているので，素数の有限集合 $\mathbb{P}$ が存在して $\xi \in V_{\mathbb{Q}}$ に対して $N = \prod_{p \in \mathbb{P}} p^{e_p}$ とおくとき，
$$\prod_{p<\infty} \Phi_p(\rho(g_{i,p})\xi) = \begin{cases} 1 & \begin{array}{l}(p \in \mathbb{P} \text{ に対し } \xi \equiv a_p \bmod p^{e_p}, \\ p \notin \mathbb{P} \text{ に対し } \xi \in V_{\mathbb{Z}_p})\end{array} \\ 0 & (\text{その他}) \end{cases}$$
$$= \begin{cases} 1 & (\xi \in a + NV_{\mathbb{Z}}) \\ 0 & (\text{その他}) \end{cases}$$
となる $a \in V_{\mathbb{Q}}$ が存在する．そのとき
$$Z_{a,i}(\Phi, s) = \mathrm{vol}(K_f) \cdot |\chi(g_i)|_{\mathbb{A}_f}^s \cdot$$
$$\times \int_{G_{\mathbb{R}}/\Gamma_i} |\chi(g_\infty)|_\infty^s \cdot \sum_{\xi \in (a+NV_{\mathbb{Z}}) \setminus S_{\mathbb{Q}}} \Phi_\infty(\rho(g_\infty)\xi) dg_\infty$$
である．自然数 $m$ を十分大きくとって $m(a+NV_{\mathbb{Z}}) \subset V_{\mathbb{Z}}$，すなわち $a+NV_{\mathbb{Z}} \subset (1/m)V_{\mathbb{Z}}$ とすることができるから
$$|Z_{a,i}(\Phi, s)| \leqq \left| \mathrm{vol}(K_f) \cdot |\chi(g_i)|_{\mathbb{A}_f}^s \right|$$
$$\times \int_{G_{\mathbb{R}}/\Gamma_i} \left| |\chi(g_\infty)|_\infty^s \right| \sum_{(1/m)V_{\mathbb{Z}} - S_{\mathbb{Q}}} \left| \Phi_\infty(\rho(g_\infty)\xi) \right| \cdot |dg_\infty|_\infty$$
となる．$(1/m)V_{\mathbb{Z}} - S_{\mathbb{Q}}$ は $G_{\mathbb{Z}}$ で不変で，$\Gamma_i$ と $G_{\mathbb{Z}}$ は通約的であるから
$$\int_{G_{\mathbb{R}}/\Gamma_i} |\chi(g_\infty)|_\infty^s \sum_{\xi \in (1/m)V_{\mathbb{Z}} - S_{\mathbb{Q}}} \Phi_\infty(\rho(g_\infty)\xi) |dg_\infty|_\infty$$
$$= \frac{[G_{\mathbb{Z}} : \Gamma_i \cap G_{\mathbb{Z}}]}{[\Gamma_i : \Gamma_i \cap G_{\mathbb{Z}}]} \cdot \int_{G_{\mathbb{R}}/G_{\mathbb{Z}}} |\chi(g_\infty)|_\infty^s \cdot \sum_{\xi \in (1/m)V_{\mathbb{Z}} - S_{\mathbb{Q}}} \Phi_\infty(\rho(g_\infty)\xi) |dg_\infty|_\infty$$

となり，これは絶対収束する．よって $Z_a(\Phi,s)$ は絶対収束する．以上より次を得る．

**定理 6.21** $(G,\rho,V)$ を仮定 0 から仮定 4 を満たす概均質ベクトル空間とする．そのとき（概均質）ゼータ関数 $\zeta_i(L,s)$ $(1 \leq i \leq l)$ たちが絶対収束する必要十分条件は加法的アデール・ゼータ関数 $Z_a(\Phi,s)$ が収束することである．□

さて，一般に加法的アデール・ゼータ関数 $Z_a(\Phi,s)$ はその形からアデール的な Poisson の和公式を使って関数等式を証明することができる場合が多い．一方，乗法的アデール・ゼータ関数 $Z_m(\Phi,s)$ は定理 6.20 の形の Euler（オイラー）積をもつ．一般には $Z_a(\Phi,s)$ と $Z_m(\Phi,s)$ はまったく異なるが，例えば一番簡単な概均質ベクトル空間 $(GL_1,\Lambda_1,V(1))$ の場合には，$Z_a(\Phi,s)=Z_m(\Phi,s)$ となり，Euler 積の関数等式が得られ，これから Hecke の量指標の L-関数の関数等式の証明が得られる．これがいわゆる岩澤-Tate の理論である．(K. Iwasawa, A letter to J. Diedonné (1952), Appendix in Adv. Stud. Pure Math. **21** (1992)，および J. Tate, Fourier analysis in number fields and Hecke's zeta functions, Ph. D.thesis, Princeton (1950), Algebraic Number Theory (Cassels and Fröhlich, eds.), Thompson. Washington D. C., 1967, 305-347 を参照).

もっと一般に既約正則概均質ベクトル空間 $(G,\rho,V)$ が**普遍推移性**(universal transitivity)をもてば，すなわち，すべての局所体 $K$ に対して，$V_K - S_K$ が $\rho(G)_K$-軌道ならば $Z_a(\Phi,s)=\tau Z_m(\Phi,s)$ なる定数 $\tau$ が存在することが，J.-I. Igusa, Zeta distributions associated with some invariants, Amer. J. Math. **109**(1987), 1-34 で示されている．一般に $Z_a(\Phi,s)=\tau Z_m(\Phi,s)$ なる定数が存在するとき，もし井草局所ゼータ関数がわかっていれば，岩澤-Tate 理論と同様の考えにより，$\mathbb{R}$ 上で $f(x)^s$ の Fourier 変換が求まる (T. Kimura, Arithmetic calculus of Fourier transforms by Igusa local zeta functions, Trans. Amer. Math. Soc. **346** (1994), 297-306).

# 第7章

# 分類理論

## §7.1 裏返し変換

この章ではすべて複素数体 $\mathbb{C}$ の上で考えることにする.

**命題 7.1** $\rho: H \to GL(V)$ を任意の有限次元有理表現, $n$ を $n \geq \dim V$ なる任意の自然数とすると, 三つ組 $(H \times GL_n, \rho \otimes \Lambda_1, V \otimes V(n))$ は常に概均質ベクトル空間である.

[証明] $m = \dim V$ とすると $V \otimes V(n)$ は $M(m, n)$ ($m \times n$ 行列全体) と同一視できるが, このとき $\rho \otimes \Lambda_1$ は $X \mapsto \rho(A) X {}^t B$ ($X \in M(m, n)$, $(A, B) \in H \times GL_n$) となる. もし $\text{rank} X = m$ ならば, ある $X' \in M(n-m, n)$ で $C = \begin{bmatrix} X \\ X' \end{bmatrix} \in GL_n$ となるものがある. そこで $B = {}^t C^{-1} \in GL_n$ をとると, $\begin{bmatrix} X \\ X' \end{bmatrix} {}^t B = C {}^t B = I_n = \begin{bmatrix} I_m & 0 \\ 0 & I_{n-m} \end{bmatrix}$ となる. すなわち $X {}^t B = [I_m \, 0]$ となる. したがって $S = \{X \in M(m, n);\ \text{rank} X \leq m-1\}$ とおくと, これは小行列式たちの零点集合であるから Zariski 閉集合で,

$$V \otimes V(n) - S = (\rho \otimes \Lambda_1)(H \times GL_n) \cdot [I_m \, 0]$$

は一つの軌道, すなわちこの三つ組は概均質ベクトル空間である. ■

命題 7.1 のタイプの概均質ベクトル空間を**自明な概均質ベクトル空間** (trivial prehomogeneous vector space) とよぶ.

次に $n < \dim V$ のときは三つ組 $(H \times GL_n, \rho \otimes \Lambda_1, V \otimes V(n))$ の概均質性はどうなっているだろうか？ これを調べるために，まず次の補題を証明しよう（この補題は命題 7.6 で一般化される．とくに条件(3)は不要であることが命題 7.6 よりわかる）．

**補題 7.2** 既約代数多様体 $W$ と $W'$ に代数群 $G$ が作用しているとする．そして射 $\varphi : W \to W'$ が

(1) $\varphi(gw) = g\varphi(w)$ $(g \in G, w \in W)$,
(2) $\overline{\varphi(W)} = W'$,
(3) 各ファイバー $\varphi^{-1}(w') = \{w \in W; \varphi(w) = w'\}$ $(w' \in W')$ は既約,

を満たすとする．このとき次の (I)，(II) は同値である．

(I) ある $w \in W$ に対して $W = \overline{G \cdot w}$，すなわち $W$ は $G$-概均質．
(II) (a) ある $w' \in W'$ に対して $W' = \overline{G \cdot w'}$,
　　(b) （上の $w' \in W'$ に対して）$\varphi^{-1}(w') = \overline{G_{w'} w}$ なる $w \in \varphi^{-1}(w')$ が存在する．ただし $G_{w'} = \{g \in G; gw' = w'\}$ は $w'$ における $G$ の等方部分群.

[証明] (I) $\Rightarrow$ (II)：$\varphi$ は Zariski 位相で連続ゆえ，

$$\varphi(W) = \varphi(\overline{G \cdot w}) \subset \overline{\varphi(G \cdot w)} = \overline{G \cdot \varphi(w)} \subset W'$$

であり，閉包をとると $W' = \overline{\varphi(W)} \subset \overline{G \cdot \varphi(w)} \subset W'$，すなわち $W' = \overline{G \cdot w'}$ となる．ただし $w' = \varphi(w)$ とおく．とくに $\dim W' = \dim G \cdot w' = \dim G - \dim G_{w'}$ となる．一方，$W = \overline{G \cdot w}$ より $\dim W = \dim G \cdot w = \dim G - \dim G_w$ ゆえ $\dim G_{w'} \cdot w = \dim G_{w'} - \dim G_w = \dim W - \dim W'$ を得る．$W'$ の稠密な開集合 $W_0$ が存在して，任意の $w'' \in W_0$ に対し $\dim \varphi^{-1}(w'') = \dim W - \dim W'$ となることが知られているが，$W_0 \cap Gw' \neq \emptyset$ ゆえ $\varphi(g_0 w) = g_0 w' \in W_0$ なる $g_0$ が存在する．$g_0 \cdot \varphi^{-1}(w') = \varphi^{-1}(g_0 w')$ ゆえ $\dim \varphi^{-1}(w') = \dim \varphi^{-1}(g_0 w') = \dim W - \dim W'$，すなわち $\dim G_{w'} \cdot w = \dim \varphi^{-1}(w')$ を得る．$\varphi^{-1}(w')$ は既約ゆえ命題 1.3 より $\varphi^{-1}(w') = \overline{G_{w'} \cdot w}$.

(II) $\Rightarrow$ (I)：(a) より $\dim W' = \dim G \cdot w' = \dim G - \dim G_{w'}$ で，(b) より $\dim W - \dim W' = \dim \varphi^{-1}(w') = \dim G_{w'} \cdot w = \dim G_{w'} - \dim G_w$ がある $w \in W$ に対して成り立つから，$\dim W = \dim G - \dim G_w = \dim G \cdot w$ を得

る. $W$ は既約であるから命題 1.3 より $W = \overline{G \cdot w}$.

さて $\rho: H \to GL(V)$ を有限次有理表現, $m = \dim V > n \geq 1$, として三つ組 $(H \times GL_n, \rho \otimes \Lambda_1, V \otimes V(n))$ を考察しよう. $V \otimes V(n) = V \overset{n}{\oplus \cdots \oplus} V$ と考えられるから,

$$W = \{(x_1, \cdots, x_n) \in V \oplus \cdots \oplus V; \; x_1, \cdots, x_n \text{ は一次独立}\}$$

とおく. これは $V \otimes V(n)$ の Zariski 稠密開集合でしかも群の作用で不変である. 一方, $W'$ として **Grassmann**(グラスマン)**多様体** $\mathrm{Grass}_n(V)$ をとる. これは $V$ の $n$ 次元部分空間全体の集合であり代数多様体の構造をもつ. $W \ni x = (x_1, \cdots, x_n)$ に対して $x_1, \cdots, x_n$ の生成する $V$ の $n$ 次元部分空間 $\langle x \rangle = \langle x_1, \cdots, x_n \rangle$ を対応させる写像 $\varphi: W \to W'$ は全射で

$$\langle \rho(A) x^t B \rangle = \langle \rho(A) x \rangle \quad (A \in H, B \in GL_n)$$

であるから, $H$ の $W'$ への作用を $\langle x \rangle \mapsto \langle \rho(A) x \rangle$ $(A \in H)$ で定めれば補題 7.2 の条件 (1), (2) を満たす.

$n$ 次元ベクトル空間の基底は $GL_n$ の作用で一意的に移りあうから $\varphi^{-1}(w')$ $(w' \in W')$ は $GL_n$ と 1 対 1 に対応する $GL_n$ の軌道, したがって補題 7.2 の条件 (3) と (II) (b) は満たされている. ゆえに,

(7.1) $\qquad (H \times GL_n, \rho \otimes \Lambda_1, V \otimes V(n))$ が概均質ベクトル空間

(7.2) $\qquad \Longleftrightarrow W$ が $H \times GL_n$-概均質

(7.3) $\qquad \Longleftrightarrow W' = \mathrm{Grass}_n(V)$ が $\rho(H)$-概均質,

となる.

$(H \times GL_n, \rho \otimes \Lambda_1, V \otimes V(n))$ の生成点 $w$ は $W$ の点であるが, そこにおける等方部分群を $(H \times GL_n)_w$ とする. $w' = \varphi(w)$ における等方部分群を $H_{w'}$ とすると, $\pi: (H \times GL_n)_w \to H_{w'}$ が $\pi((h, g)) = h$ $(h \in H, g \in GL_n)$ により定まる. 一方, $h \in H_{w'}$ に対し $\rho(h) w \in \varphi^{-1}(w')$ で $GL_n$ の元 $g_h$ が唯一定まって, $\rho(h) w^t g_h = w$ となり $s(h) = (h, g_h)$ により $s: H_{w'} \to (H \times GL_n)_w$ が定まる. $\pi$ と $s$ は互いに逆写像で, したがって $(H \times GL_n)_w \cong H_{w'}$ となる. $V \supset U$ を $n$ 次元部分空間とすると, $U^\perp = \{v^* \in V^*; \text{ すべての } u \in U \text{ に対して } (u, v^*) = 0\}$

は $V^*$ の $(m-n)$ 次元部分空間であり，$(U^\perp)^\perp = U$ であるから，この対応により $\mathrm{Grass}_n(V)$ と $\mathrm{Grass}_{m-n}(V^*)$ を同一視することができる．

$$(\rho(A)v, \rho^*(A)v^*) = (v, v^*) \quad (v \in V,\ v^* \in V^*)$$

であるから，$A \in H$ に対して $(\rho(A)U)^\perp = \rho^*(A)U^\perp$．よって(7.3)と

(7.4) $\qquad \mathrm{Grass}_{m-n}(V^*)$ が $\rho^*(H)$-概均質

が同値となる．$\mathrm{Grass}_n(V)$ の元 $w'$ と $\mathrm{Grass}_{m-n}(V)$ の元 $w'^*$ が対応すれば，そこでの等方部分群たち $H_{w'}$ と $H_{w'^*}$ たちは明らかに同型である．(7.1) と (7.3) の関係を (7.4) に適用すると (7.4) は

(7.5)
$\qquad (H \times GL_{m-n},\ \rho^* \otimes \Lambda_1,\ V^* \otimes V(m-n))$ が概均質ベクトル空間，

と同値である．以上により次の定理が証明された．

**定理 7.3**（佐藤幹夫） $m = \dim V > n \geqq 1$ とするとき，次は同値である．
(I) $(H \times GL_n,\ \rho \otimes \Lambda_1,\ V \otimes V(n))$ は概均質ベクトル空間．
(II) $(H \times GL_{m-n},\ \rho^* \otimes \Lambda_1,\ V^* \otimes V(m-n))$ は概均質ベクトル空間．
しかも，このとき (I) と (II) の生成的等方部分群は同型である． □

(I), (II) は互いに他の**裏返し変換**（castling transform）であるという．

なお §7.6 で定理 7.3 の弱球等質空間を使った別証を与える．

**系 7.4**（Grassmann 構成） 任意の概均質ベクトル空間 $(G, \rho, V)$ に対して $(G \times GL_{m-1},\ \rho^* \otimes \Lambda_1,\ V^* \otimes V(m-1))$ も概均質ベクトル空間である．ただし $m = \dim V$．とくに $G$ が簡約可能ならば，$(G \times GL_{m-1},\ \rho \otimes \Lambda_1,\ V \otimes V(m-1))$ も概均質ベクトル空間である．

［証明］ 群の作用を大きくしても概均質性は保たれるから $(G \times GL_1,\ \rho \otimes \Lambda_1,\ V \otimes V(1))$ とその裏返し変換も概均質ベクトル空間である．後半は命題 2.21（または命題 7.40）による． ■

**例 7.1** §2.4 の例 2.15 により $(SO_3 \times GL_1,\ \Lambda_1 \otimes \Lambda_1,\ V(3) \otimes V(1))$ は概均質ベクトル空間ゆえ，その裏返し変換 $(SO_3 \times GL_2,\ \Lambda_1 \otimes \Lambda_1,\ V(3) \otimes V(2))$ も概均質ベクトル空間である．この空間は $(SO_3 \times SL_2 \times GL_1,\ \Lambda_1 \otimes \Lambda_1 \otimes \Lambda_1,\ V(3) \otimes V(2) \otimes V(1))$ とみなすことができて新しい裏返し変換 $(SO_3 \times SL_2 \times$

$GL_5, \Lambda_1 \otimes \Lambda_1 \otimes \Lambda_1, V(3) \otimes V(2) \otimes V(5))$ が得られる．この空間からは次のようにして二つの新しい裏返し変換が得られる．

一つは $(SO_3 \times SL_5 \times GL_2, \Lambda_1 \otimes \Lambda_1 \otimes \Lambda_1, V(3) \otimes V(5) \otimes V(2))$ とみて得られる裏返し変換 $(SO_3 \times SL_5 \times GL_{13}, \Lambda_1 \otimes \Lambda_1 \otimes \Lambda_1, V(3) \otimes V(5) \otimes V(13))$ であり，他は $(SO_3 \times SL_2 \times SL_5 \times GL_1, \Lambda_1 \otimes \Lambda_1 \otimes \Lambda_1 \otimes \Lambda_1, V(3) \otimes V(2) \otimes V(5) \otimes V(1))$ とみなして得られる $(SO_3 \times SL_2 \times SL_5 \times GL_{29}, \Lambda_1 \otimes \Lambda_1 \otimes \Lambda_1 \otimes \Lambda_1, V(3) \otimes V(2) \otimes V(5) \otimes V(29))$ である．

一般に $(SO_3 \times SL_{m_1} \times \cdots \times SL_{m_{n-1}} \times GL_{m_n}, \Lambda_1 \otimes \cdots \otimes \Lambda_1, V(3) \otimes V(m_1) \otimes \cdots \otimes V(m_n))$ を $(3, m_1, \cdots m_n)$ と略記すると図 7.1 のような裏返し変換による木 (tree) ができて，無限個の新しい概均質ベクトル空間が得られるのである (図 7.1)．定理 7.3 により，これらの等方部分群はすべて同型 ($\cong SO_2$) である． □

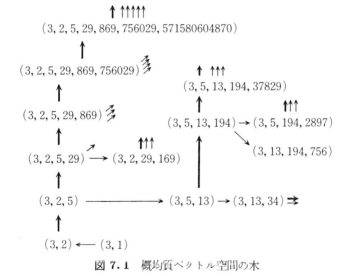

図 7.1　概均質ベクトル空間の木

以上のことから自然に次の定義にたどりつく．

二つの三つ組 $(G, \rho, V)$ と $(G', \rho', V')$ が**裏返し同値** (castling equivalent) であるとは，片方から他方が有限回の裏返し変換によって得られることである．三つ組 $(G, \rho, V)$ が**被約** (reduced) であるとは，$(G, \rho, V)$ の任意の裏返し変換

$(G', \rho', V')$ について $\dim V' \geqq \dim V$ が成り立つことである.

どのような三つ組 $(G, \rho, V)$ も裏返し変換で空間の次元を下げていくと次元は有限であるから有限回の裏返し変換で被約な三つ組に達する. いいかえると, すべての三つ組は被約な三つ組と裏返し同値であることがわかる. したがって定理 7.3 によりすべての概均質ベクトル空間は被約概均質ベクトル空間と裏返し同値である.

そこで分類問題は被約概均質ベクトル空間の分類に帰着する. なお $\rho$ が既約表現のときは, 各裏返し同値類 (castling class) は同型を除いて唯一の被約概均質ベクトル空間を含むことがあとで示される.

さて定理 7.3 において, 概均質ベクトル空間 (I) の裏返し変換 (II) は同型な生成的等方部分群をもつから $H$ が簡約可能のときは定理 2.28 により (I) が正則概均質ベクトル空間であることと, (II) が正則概均質ベクトル空間であることの同値性が導かれる. しかし $H$ が簡約可能を仮定しなくても, 例えば T. Kimura, S. Kasai, M. Taguchi and M. Inuzuka, Some P.V.-equivalences and a classification of 2-simple prehomogeneous vector spaces of type II, Trans. Amer. Math. Soc. **308** (1988) の 446 頁の Theorem 1.30 で正則概均質ベクトル空間の裏返し変換も正則概均質ベクトル空間になることの佐藤幹夫による証明が与えられている.

裏返し変換による相対不変式の対応を調べてみよう. $V \otimes V(n)$ を $V \overbrace{\oplus \cdots \oplus}^{n} V$ と同一視して $V^* \otimes V(m-n)$ を $V^* \overbrace{\oplus \cdots \oplus}^{m-n} V^*$ と同一視する. $f$ が $(H \times GL_n, \rho \otimes \Lambda_1, V \otimes V(n))$ の相対不変多項式とすると, $f$ は $SL_n$ の作用に関して絶対不変式である. $SL_n$ に関する不変式論の第一基本定理 (H. Weyl; Classical groups, Princeton University Press 参照) により $\varphi: V \overbrace{\oplus \cdots \oplus}^{n} V = V \otimes V(n) \to \overset{n}{\wedge} V$ を $\varphi(v_1, \cdots, v_n) = v_1 \wedge \cdots \wedge v_n$ で定義するとき, $\overset{n}{\wedge} V$ 上の $H$-相対不変な多項式 $f_0: \overset{n}{\wedge} V \to \mathbb{C}$ が存在して $f = f_0 \circ \varphi$ と表わされる. $d = \deg f_0$ とすれば $\deg f = nd$ である. すなわち $(H \times GL_n, \rho \otimes \Lambda_1, V \otimes V(n))$ の相対不変式の次数は常に $n$ の倍数である.

さて $V$ の基底 $u_1, \cdots, u_m$ を 1 つ固定するとき $\overset{m-n}{\wedge} V$ は $(v_1 \wedge \cdots \wedge v_n) \wedge (v_{n+1} \wedge \cdots \wedge v_m) = \langle v_1 \wedge \cdots \wedge v_n, v_{n+1} \wedge \cdots \wedge v_m \rangle u_1 \wedge \cdots \wedge u_m$ により $\overset{n}{\wedge} V$ の双対ベク

トル空間 $(\bigwedge^n V)^*$ とみなされる．一方，$\bigwedge^{m-n} V^*$ は

$$\langle v_1 \wedge \cdots \wedge v_{m-n} v_1^* \wedge \cdots \wedge v_{m-n}^* \rangle = \det(\langle v_i, v_j^* \rangle)$$

により $\bigwedge^{m-n} V$ の双対ベクトル空間 $(\bigwedge^{m-n} V)^*$ とみなされる．したがって $\bigwedge^{m-n} V^*$ $= (\bigwedge^{m-n} V)^* = (\bigwedge^n V)^{**} \cong \bigwedge^n V$ により $\bigwedge^{m-n} V^*$ と $\bigwedge^n V$ は自然に同一視される．したがって $f_0: \bigwedge^{m-n} V^* = \bigwedge^n V \to \mathbb{C}$ と考えられるが $\varphi^*: V^* \overbrace{\oplus \cdots \oplus}^{m-n} V^* \to \bigwedge^{m-n} V^* = \bigwedge^n V$ を $\varphi^*(v_1^*, \cdots, v_{m-n}^*) = v_1^* \wedge \cdots \wedge v_{m-n}^*$ と定義すると $f^* = f_0 \circ \varphi^*$ は $(G \times GL_{m-n}, \rho^* \otimes \Lambda_1, V^* \otimes V(m-n))$ の $(m-n)d$ 次の相対不変多項式になる．この対応 $f \leftrightarrow f^*$ により裏返し変換（I）と（II）の相対不変式は 1 対 1 に対応する．以上をまとめて次を得る．

**命題 7.5** $m = \dim V > n \geqq 1$ とする．

(I) $\qquad (H \times GL_n, \rho \otimes \Lambda_1, V \otimes V(n))$

の相対不変多項式 $f(x)$ の次数は常に $n$ の倍数で $\deg f = dn$ とすると，（I）の裏返し変換

(II) $\qquad (H \times GL_{m-n}, \rho^* \otimes \Lambda_1, V^* \otimes V(m-n))$

に $\deg f^* = d(m-n)$ なる相対不変多項式が存在して，対応 $f \mapsto f^*$ は（I）と（II）の相対不変多項式たちの 1 対 1 対応を与える． □

裏返し変換による $b$-関数や Fourier 変換の関係は新谷卓郎により得られた．Fourier 変換に関してその証明を補い，さらに多変数に一般化したものに F. Sato and H. Ochiai, Castling transforms of prehomogeneous vector spaces and functional equations, Comment. Math. Univ. St. Pauli, **40** (1991), 61–82 頁，がある．裏返し変換による正則性の不変性の別証も与えられている．

補題 7.2 は大変役に立つので，もう少し一般化しておこう．

**命題 7.6** 代数多様体 $W$ と $W'$ に代数群 $G$ が作用し，射 $\varphi: W \to W'$ が
(1) $\varphi(gw) = g\varphi(w) \quad (g \in G, w \in W)$,
(2) $\overline{\varphi(W)} = W'$, かつ $W$ の各既約成分 $W_i$ に対し $\overline{\varphi(W_i)}$ は $W'$ の既約成分,

を満たせば，次の（I）と（II）は同値である．

(I)　ある $w \in W$ に対し $W = \overline{G \cdot w}$,
(II)　(a)　ある $w' \in W'$ に対して $W' = \overline{G \cdot w'}$,
　　　(b)　(上の $w'$ に対して) $\varphi^{-1}(w') = \overline{G_{w'} w}$ なる $w \in \varphi^{-1}(w')$ が存在する. ただし, $G_{w'} = \{g \in G;\ gw' = w'\}$.

[証明]　(I)⇒(II); $w' = \varphi(w)$ とおくと(a)については補題 7.2 の証明がそのまま適用できる. (b)を示す. $W'$ の稠密な開集合 $W_0$ が存在して $\varphi^{-1}(w'')$ ($w'' \in W_0$) の各既約成分の次元が $\dim W - \dim W'$ となることが知られている(例えば D. Mumford [16] Chapter I, §8 の Theorem 3 の Corollary 1 を参照).

$\varphi^{-1}(w') = X_1 \cup \cdots \cup X_r$ を既約分解とする. (a)より $\varphi(Gw) = Gw'$ は $W'$ で稠密ゆえ, $g_0 w' = \varphi(g_0 w) \in W_0 \cap \varphi(Gw)$ なる $g_0 \in G$ が存在するが, $\varphi^{-1}(g_0 w') = g_0 X_1 \cup \cdots \cup g_0 X_r$ ゆえ $\dim X_i = \dim g_0 X_i = \dim W - \dim W'$ ($1 \leq i \leq r$) を得る. $G^\circ$ を $G$ の連結成分とし, $\varphi^{-1}(w')$ の任意の既約成分 $X_i$ に対し, 既約集合 $G^\circ X_i$ を含む $W$ の既約成分を $W_i$ とおくと

$$(\dim W \geq)\ \dim \overline{G^\circ X_i} \geq \dim (\varphi^{-1}(w') \cap \overline{G^\circ X_i}) + \dim (\overline{\varphi(G^\circ X_i)})$$
$$\geq \dim X_i + \dim \overline{G^\circ w'} = (\dim W - \dim W') + \dim W'$$
$$= \dim W$$

ゆえ, $\dim \overline{G^\circ X_i} = \dim W$ となり $\overline{G^\circ X_i} = W_i$ となる. $G \cdot w = G^\circ g_1 w \cup \cdots \cup G^\circ g_r w$ とすると $W = \overline{G \cdot w} = \overline{G^\circ g_1 w} \cup \cdots \cup \overline{G^\circ g_r w}$ であり, 各 $\overline{G^\circ g_j w}$ は既約閉集合であるから $\overline{G^\circ g_j w} = W_i$ となる $j$ ($j = 1$ としてよい)が存在する(命題 1.1 を参照). $G^\circ g_1 w$ は $\overline{G^\circ g_1 w} = W_i$ の開集合で $\overline{G^\circ X_i} = W_i$ であるから $G^\circ X_i \cap G^\circ g_1 w \neq \emptyset$, すなわち $g_2, g_3 \in G^\circ$ と $x_i \in X_i$ で $g_2 x_i = g_3 g_1 w$ となるものが存在する. $g = g_2^{-1} g_3 g_1 \in G$ とおくと $x_i = gw$ より $w' = \varphi(x_i) = g\varphi(w) = gw'$ となり $g \in G_{w'}$, すなわち $X_i \cap G_{w'} \cdot w \neq \emptyset$ を得る. $G \cdot w$ は $\overline{G \cdot w} = W$ の開集合ゆえ $G_{w'} \cdot w = Gw \cap \varphi^{-1}(w')$ は $\varphi^{-1}(w')$ の開集合である. したがって $X_i \cap G_{w'} \cdot w$ は既約集合 $X_i$ の空でない開集合ゆえ

$$X_i = \overline{X_i \cap G_{w'} \cdot w} \subset \overline{G_{w'} \cdot w}\ (\subset \varphi^{-1}(w'))$$

となるが, $X_i$ は $\varphi^{-1}(w')$ の任意の既約成分ゆえ $\varphi^{-1}(w') = \overline{G_{w'} \cdot w}$ を得る.

(II)⇒(I): 任意の $g \in G$ に対して $\varphi^{-1}(gw') = g\varphi^{-1}(w') = \overline{gG_{w'} \cdot w} \subset \overline{G \cdot w}$ であるから $\varphi^{-1}(\overline{G \cdot w'}) \subset \overline{G \cdot w}$ となる. $W_i$ を $W$ の任意の既約成分とすると仮定から $W_i' = \overline{\varphi(W_i)}$ は $W'$ の既約成分である. $W' = \overline{G \cdot w'} = \overline{G^\circ g_1 w'} \cup \cdots \cup \overline{G^\circ g_r w'}$ で各 $\overline{G^\circ g_j w'}$ は既約閉集合ゆえ, ある $g_i \in G$ に対して $\overline{G^\circ g_i w'} = W_i'$. $G^\circ g_i w'$ は $\overline{G^\circ g_i w'} = W_i'$ の開集合となり $\varphi(W_i) \cap G^\circ g_i w' \neq \emptyset$. したがって逆像 $\varphi|_{W_i}^{-1}(G^\circ g_i w')$ は既約集合 $W_i$ の空でない開集合ゆえ

$$W_i = \overline{\varphi|_{W_i}^{-1}(G^\circ g_i w')} \subset \overline{\varphi^{-1}(\overline{G \cdot w'})} \subset \overline{G \cdot w} \ (\subset W)$$

を得る. $W_i$ は $W$ の任意の既約成分であるから $W = \overline{G \cdot w}$ となる. ∎

命題 7.6 のいくつかの応用を示そう. $\rho_i: G \to GL(V_i)$ $(i=1,2)$ を有限次元有理表現 $(m_i = \dim V_i)$ とし $n \geq \max\{m_1, m_2\}$ なる自然数 $n$ をとり, 三つ組

$$(G \times GL_n, \rho_1 \otimes \Lambda_1 + \rho_2 \otimes \Lambda_1^*, V_1 \otimes V(n) + V_2 \otimes V(n)^*)$$

を考えよう. 表現空間 $V$ は $M(m_1, n) \oplus M(m_2, n)$ と同一視できる. このとき $\rho = \rho_1 \otimes \Lambda_1 + \rho_2 \otimes \Lambda_1^*$ は

$$(X, Y) \mapsto (\rho_1(A) X\,^tB, \rho_2(A) Y B^{-1})$$

$((A, B) \in G \times GL_n, (X, Y) \in V)$ で与えられる. さて $n \geq m_1 \geq m_2$ としても一般性を失わない. $W = \{(X, Y) \in V; \operatorname{rank} X = m_1, \operatorname{rank} X\,^tY = m_2\}$ とおき $W' = M(m_1, m_2)$, $\varphi: W \to W'$ を $\varphi((X, Y)) = X\,^tY$ で定義する. このとき

$$X\,^tY \mapsto \rho_1(A) X\,^tY\,^t\rho_2(A)$$

ゆえ, これは命題 7.6 の条件を満たす. $Z \in W'$, $\operatorname{rank} Z = m_2$, に対してファイバー $\varphi^{-1}(Z)$ は $GL_n$ の軌道になっていることを示そう.

**補題 7.7**

$$\{(X, Y) \in W; X\,^tY = Z\} = GL_n \cdot ([I_{m_1} \mid 0], [\,^tZ \mid 0]).$$

ただし, $GL_n$ の作用は $B \in GL_n$ に対し $(X, Y) \mapsto (X\,^tB, YB^{-1})$.

[証明] 命題 7.1 の証明により $B_1 \in GL_n$ で $X\,^tB_1 = [I_{m_1} \mid 0]$ となるものが存在するが, このとき $YB_1^{-1} = [\,^tZ \mid Z']$ の形となる. $\operatorname{rank}\,^tZ = m_2$ であるから適当な $T \in M(m_1, n - m_1)$ が存在して

に対し $YB_1^{-1}B_2^{-1} = [{}^tZ \mid 0]$. このとき $X^tB_1{}^tB_2 = [I_{m_1} \mid 0]$ であるから, $B = B_2B_1$ とおけば $X^tB = [I_{m_1} \mid 0]$, $YB^{-1} = [{}^tZ \mid 0]$ となる. ∎

この補題 7.7 により命題 7.6 の (II) の (b) は常に満たされている. $G$ の $W'$ への作用は $(G, \rho_1 \otimes \rho_2, V_1 \otimes V_2)$ に他ならないから命題 7.6 より次の結果を得る.

**定理 7.8**(森重文) $\rho_i : G \to GL(V_i)$ $(i = 1, 2)$ を有限次有理表現, $n$ を $n \geq \max\{\dim V_1, \dim V_2\}$ なる任意の自然数とするとき, 次の (I), (II) は同値である.

(I) $(G \times GL_n, \rho_1 \otimes \Lambda_1 + \rho_2 \otimes \Lambda_1^*, V_1 \otimes V(n) + V_2 \otimes V(n)^*)$ は概均質ベクトル空間.

(II) $(G, \rho_1 \otimes \rho_2, V_1 \otimes V_2)$ は概均質ベクトル空間. □

**系 7.9** 任意の概均質ベクトル空間 $(G, \rho, V)$ と $n \geq \dim V$ なる任意の自然数 $n$ に対して

$$(G \times GL_n, \rho \otimes \Lambda_1 + 1 \otimes \Lambda_1^*, V \otimes V(n) + V(n)^*)$$

は概均質ベクトル空間である.

［証明］定理 7.8 において $\rho_2 = 1$, $\dim V_2 = 1$ とすればよい. ∎

以上により三つ組 $(G, \rho, V)$ と $n \geq \dim V$ なる自然数 $n$ に対し $(G \times GL_n, \rho \times \Lambda_1, V \otimes V(n))$ は常に概均質ベクトル空間であるが, さらに $(G \times GL_n, \rho \otimes \Lambda_1 + 1 \otimes \Lambda_1^*, V \otimes V(n) + V(n)^*)$ も概均質ベクトル空間になるためには, $(G, \rho, V)$ が概均質ベクトル空間であることが必要十分であることがわかった. では $(G, \rho, V)$ $(m = \dim V)$ が概均質ベクトル空間のとき, その裏返し変換 $(G \times GL_{m-1}, \rho^* \otimes \Lambda_1, V^* \otimes V(m-1))$ は常に概均質ベクトル空間であるが, この場合には,

$$(G \times GL_{m-1}, \rho^* \otimes \Lambda_1 + 1 \otimes \Lambda_1^*, V^* \otimes V(m-1) + V(m-1)^*)$$

の概均質性はどうなっているだろうか? これに関しては次の定理がある.

**定理 7.10**（木村-上田-吉垣） $(G,\rho,V)$ を概均質ベクトル空間とし，$v_0\in V$ をその生成点，$H$ を

$$(G\times GL_1)_{v_0}=\{(g,\alpha)\in G\times GL_1;\ \alpha\rho(g)v_0=v_0\}$$

の $G$-成分とすると，$H$ は $\rho^*$ により

$$\langle v_0\rangle^\perp=\{v^*\in V^*;(v_0,v^*)=0\}$$

に作用する．$m=\dim V$ とするとき，次は同値である．

（I）

$$(G\times GL_{m-1},\ \rho^*\otimes \Lambda_1+1\otimes \Lambda_1^*,\ V^*\otimes V(m-1)+V(m-1)^*)$$

は概均質ベクトル空間．

（II） $(H,\rho^*|_H,\langle v_0\rangle^\perp)$ は概均質ベクトル空間．

［証明］ これは命題 7.6 を 2 回使って証明される．証明は T. Kimura, K. Ueda, T. Yoshigaki, A classification of 3-simple prehomogeneous vector spaces of non-trivial type, Japanese J. of Math. **22**(1996) の §1 を参照．∎

この定理 7.10 を使って，例えば

$$\rho=\Lambda_1\otimes\Lambda_1\otimes 1+\Lambda_1\otimes 1\otimes \Lambda_1+1\otimes \Lambda_1\otimes 1+1\otimes 1\otimes \Lambda_1^*$$

に対して，$(GL_1^4\times Sp_n\times SL_{2m}\times SL_{2n-1},\rho)$ は概均質ベクトル空間であるが，$(GL_1^5\times Sp_n\times SL_{2m}\times SL_{2n-1},\rho+1\otimes \Lambda_1\otimes 1)$ は概均質ベクトル空間ではない，ということを示すことができる（上記の論文の Lemma 3.31 と Lemma 3.33 参照）．なお $(Sp_n\times GL_{2m}\times GL_{2n-1},\Lambda_1\otimes \Lambda_1\otimes 1+\Lambda_1\otimes 1\otimes \Lambda_1+1\otimes 1\otimes \Lambda_1^*)$ $(n\geqq m+1\geqq 2)$ は正則概均質ベクトル空間である．

## §7.2　既約表現

§1.6 で Lie 環の定義をしたが，ここでは複素数体 $\mathbb{C}$ 上の Lie 環をもう少し詳しく考察しよう．

Lie 環 $\mathfrak{g}$ に対し $\mathfrak{g}^{(1)}=[\mathfrak{g},\mathfrak{g}]$, $\mathfrak{g}^{(k)}=[\mathfrak{g}^{(k-1)},\mathfrak{g}^{(k-1)}]$ $(k=2,3,\cdots)$ としたとき, これらはすべて $\mathfrak{g}$ のイデアルで, $\mathfrak{g}^{(k)}=\{0\}$ となる自然数 $k$ が存在するとき, $\mathfrak{g}$ を**可解**(**solvable**)**Lie 環**とよぶ.

一般に Lie 環 $\mathfrak{g}$ の可解イデアルのなかで最大なものがある. なぜならば $\mathcal{R}$ を可解イデアルのなかで次元が最大なものとすると, 任意の可解イデアル $\mathfrak{a}$ は $\mathcal{R}$ に含まれる. 実際, $\mathcal{R}+\mathfrak{a}$ も $\mathfrak{g}$ のイデアルで

$$(\mathcal{R}+\mathfrak{a})/\mathcal{R}\cong \mathfrak{a}/\mathcal{R}\cap\mathfrak{a}$$

により $(\mathcal{R}+\mathfrak{a})/\mathcal{R}$ は可解で $(\mathcal{R}+\mathfrak{a})^{(k)}\subset\mathcal{R}$, $\mathcal{R}^{(l)}=\{0\}$ なら $(\mathcal{R}+\mathfrak{a})^{(k+l)}=\{0\}$ となり $\mathcal{R}+\mathfrak{a}$ も可解. $\mathcal{R}$ のとり方より $\mathcal{R}+\mathfrak{a}=\mathcal{R}$ ゆえ $\mathfrak{a}\subset\mathcal{R}$ となる. この唯一定まる最大可解イデアル $\mathcal{R}$ を Lie 環 $\mathfrak{g}$ の**根基**(**radical**)という. 根基 $\mathcal{R}=\{0\}$ となる Lie 環を**半単純**(**semisimple**)**Lie 環**という. これが§1.6 の定義と一致することは命題 7.15 で示す.

Lie 環 $\mathfrak{g}$ はベクトル空間であるが, $\mathrm{ad}:\mathfrak{g}\to\mathfrak{gl}(\mathfrak{g})$ を $\mathfrak{g}$ の随伴表現とするとき $\mathrm{ad}(X)\mathrm{ad}(Y)$ のトレース $B(X,Y)=\mathrm{tr}\,\mathrm{ad}(X)\mathrm{ad}(Y)$ は双一次形式になるが, これを $\mathfrak{g}$ の **Killing 形式**(**Killing form**)とよぶ. $\mathfrak{g}$ の Killing 形式が恒等的に 0 ならば $\mathfrak{g}$ は可解 Lie 環であることが知られている. これを認めて Killing 形式に関するいくつかの結果を導こう.

**補題 7.11** $\mathfrak{a}$ を $\mathfrak{g}$ のイデアルとして, $\mathfrak{g}$ と $\mathfrak{a}$ の Killing 形式を $B$, $B'$ とするとき, $X,Y\in\mathfrak{a}$ に対して $B(X,Y)=B'(X,Y)$ が成り立つ.

[証明] $\mathfrak{g}$ の基底 $X_1,\cdots,X_n$ を $X_1,\cdots,X_r$ が $\mathfrak{a}$ の基底になるようにとると, $X\in\mathfrak{a}$ に対して $[X,X_i]\in\mathfrak{a}$ $(1\leqq i\leqq n)$ であるから, $\mathrm{ad}(X)$ をこの基底で行列に表わすと

$$\mathrm{ad}(X)(X_1,\cdots,X_n)=([X,X_1],\cdots,[X,X_n])$$
$$=(X_1,\cdots,X_n)\begin{pmatrix} \mathrm{ad}_\mathfrak{a}X & * \\ 0 & 0 \end{pmatrix}$$

となる. ただし $\mathrm{ad}_\mathfrak{a}$ は $\mathfrak{a}$ における随伴表現の基底 $X_1,\cdots,X_r$ による表現行列を表わす. したがって $X,Y\in\mathfrak{a}$ に対しては

$$B(X,Y)=\mathrm{tr}(\mathrm{ad}(X)\mathrm{ad}(Y))=\mathrm{tr}(\mathrm{ad}_\mathfrak{a}(X)\mathrm{ad}_\mathfrak{a}(Y))=B'(X,Y)$$

となる. ∎

**補題 7.12**
$$B([Z,X],Y)+B(X,[Z,Y])=0$$
がすべての $X,Y,Z\in\mathfrak{g}$ に対して成り立つ.

［証明］
$$\begin{aligned}B([Z,X],Y)\\&=\mathrm{tr}\,\mathrm{ad}([Z,X])\mathrm{ad}(Y)=\mathrm{tr}[\mathrm{ad}(Z),\mathrm{ad}(X)]\mathrm{ad}(Y)\\&=\mathrm{tr}\,\mathrm{ad}(Z)\mathrm{ad}(X)\mathrm{ad}(Y)-\mathrm{tr}\,\mathrm{ad}(X)\mathrm{ad}(Z)\mathrm{ad}(Y)\\&=-\mathrm{tr}\,\mathrm{ad}(X)(\mathrm{ad}(Z)\mathrm{ad}(Y)-\mathrm{ad}(Y)\mathrm{ad}(Z))=-B(X,[Z,Y]).\end{aligned}$$
∎

**補題 7.13** $\mathfrak{g}$ の Killing 形式を $B(X,Y)$ として $\mathfrak{a}$ を $\mathfrak{g}$ のイデアルとする. このとき
$$\mathfrak{a}^{\perp}=\{X\in\mathfrak{g};\ \text{すべての}\ Y\in\mathfrak{a}\ \text{について}\ B(X,Y)=0\}$$
は $\mathfrak{g}$ のイデアルで, $\mathfrak{a}\cap\mathfrak{a}^{\perp}$ は $\mathfrak{g}$ の可解イデアルである.

［証明］ $X\in\mathfrak{a}^{\perp}$, $Y\in\mathfrak{a}$ および $W\in\mathfrak{g}$ を任意にとる. $[W,Y]\in\mathfrak{a}$ であるから補題 7.12 により $B([W,X],Y)=-B(X,[W,Y])=0$ となり $[W,X]\in\mathfrak{a}^{\perp}$, すなわち $\mathfrak{a}^{\perp}$ は $\mathfrak{g}$ のイデアルである. $\mathfrak{a}\cap\mathfrak{a}^{\perp}$ の Killing 形式を $B'$ とすると, $X,Y\in\mathfrak{a}\cap\mathfrak{a}^{\perp}$ に対して補題 7.11 より $B'(X,Y)=B(X,Y)=0$. したがって $\mathfrak{a}\cap\mathfrak{a}^{\perp}$ 上の Killing 形式は恒等的に 0 になるから $\mathfrak{a}\cap\mathfrak{a}^{\perp}$ は可解 Lie 環である. ∎

**定理 7.14（Cartan の判定条件）** $\mathfrak{g}$ が半単純であるための必要十分条件は $\mathfrak{g}$ の Killing 形式 $B(X,Y)$ が非退化, すなわちすべての $Y\in\mathfrak{g}$ に対し $B(X,Y)=0$ となる $X\in\mathfrak{g}$ は $X=0$ に限ることである.

［証明］ $\mathfrak{g}$ が半単純とする. 補題 7.13 より $\mathfrak{g}^{\perp}=\mathfrak{g}^{\perp}\cap\mathfrak{g}$ は可解イデアルゆえ $\{0\}$, すなわち $B(X,Y)$ は非退化である. $\mathfrak{g}$ が半単純でなければ $\mathfrak{g}$ の根基 $\mathcal{R}\neq\{0\}$ について, $\mathcal{R}^{(k-1)}\neq\{0\}$, $\mathcal{R}^{(k)}=(0)$ なる $k$ をとり $\mathfrak{a}=\mathcal{R}^{(k-1)}$ とおくと $\mathfrak{a}$ は $\mathfrak{g}$ のイデアルで $[\mathfrak{a},\mathfrak{a}]=\{0\}$ となる. いま $\mathfrak{a}\ni A\neq0$ と任意の $X,Y\in\mathfrak{g}$ に対して

$$(\mathrm{ad}(A)\mathrm{ad}(X))^2 Y = \mathrm{ad}(A)\mathrm{ad}(X)[A,[X,Y]]$$

は $[A,[X,Y]] \in \mathfrak{a}$, したがって $\mathrm{ad}(X)[A,[X,Y]] \in \mathfrak{a}$ で $[\mathfrak{a},\mathfrak{a}]=\{0\}$ より 0 である.すなわち線形写像 $\mathrm{ad}(A)\mathrm{ad}(X)$ は冪零で,固有値はすべて 0 ゆえ $B(A,X) = \mathrm{tr}\,\mathrm{ad}(A)\mathrm{ad}(X) = 0$ となる.よって Killing 形式 $B$ は退化している. ∎

この定理 7.14 のおかげで Killing 形式が非退化性であるということに基づいて半単純 Lie 環の理論が展開されるのである.

**例 7.2**

(1) $\mathfrak{sl}_n$ の Killing 形式は $B(X,Y) = 2n\,\mathrm{tr}\,XY$ $(X,Y \in \mathfrak{sl}_n)$ であることを示そう.$\mathfrak{sl}_n$ は $\mathfrak{gl}_n$ のイデアルであるから補題 7.11 により $\mathfrak{sl}_n$ の Killing 形式を求めるには $\mathfrak{gl}_n$ の Killing 形式 $B'$ を計算すればよい.

$A,X \in \mathfrak{gl}_n$ に対して

$$\mathrm{ad}(A)^2 X = [A,[A,X]] = A^2 X - 2AXA + XA^2$$

で,$Y = A^2 X$ の成分は

$$y_{ij} = \sum_{k,l} a_{ik} a_{kl} x_{lj} = \left(\sum_k a_{ik} a_{ki}\right) x_{ij} + \sum_{\substack{k \\ l \neq i}} a_{ik} a_{kl} x_{lj}$$

であるから,

$$\mathrm{tr}(X \mapsto A^2 X) = \sum_{i,j} \left(\sum_k a_{ik} a_{ki}\right) = n\,\mathrm{tr}(A^2)$$

となる.同様に $\mathrm{tr}(X \mapsto AXA) = (\mathrm{tr}\,A)^2$, $\mathrm{tr}(X \mapsto XA^2) = n\,\mathrm{tr}(A^2)$ となるから $B'(A,A) = 2n\,\mathrm{tr}(A^2) - 2(\mathrm{tr}\,A)^2$ $(A \in \mathfrak{gl}_n)$ である.よって $\mathfrak{sl}_n$ の Killing 形式は $B(A,A) = 2n\,\mathrm{tr}(A^2)$,したがって

$$B(X,Y) = \frac{1}{2}\{B(X+Y,X+Y) - B(X,X) - B(Y,Y)\} = 2n\,\mathrm{tr}\,XY$$

となる.これは非退化である.

(2) §2.4 の例 2.6 $(GL_7, \Lambda_3, V(35))$ の生成的等方部分環 (2.4) の Killing 形式を計算すると $B(A,A') = \mathrm{tr}(\mathrm{ad}(A)\mathrm{ad}(A')) = 24(ad' + a'd + be' + b'e + cf' + c'f) + 8\,\mathrm{tr}\,XX'$ で,これは非退化であるから生成的等方部分環 $\mathfrak{g}_{x_0} = \{A \in \mathfrak{gl}_7;\ d\rho(A)x_0 = 0\}$ は半単純 Lie 環であり,$(GL_7, \Lambda_3, V(35))$ が正則な概均質ベクトル空間であることがわかる. □

**命題 7.15** Lie 環 $\mathfrak{g}$ について次は同値である.

(1) $\mathfrak{g}$ の根基 $\mathcal{R}$ は $\{0\}$ (§7.2 における半単純 Lie 環の定義),

(2) $\mathfrak{g}$ は単純 Lie 環の直和である (§1.6 における半単純 Lie 環の定義).

［証明］ (1)⇒(2); $\mathfrak{g}_1$ を $\mathfrak{g}$ の極小イデアルとする. 定理 7.14 より Killing 形式 $B(x,y)$ は非退化であるから, $\lambda: \mathfrak{g} \to \mathfrak{g}^*$ を $[\lambda(x)](y) = B(x,y)$ $(x,y \in \mathfrak{g})$ で定めると $\lambda$ は単射, したがって ($\dim \mathfrak{g}^* = \dim \mathfrak{g}$ ゆえ) 同型写像になる. そこで $\mathfrak{g}_1^\perp = \{x \in \mathfrak{g}; B(x, \mathfrak{g}_1) = 0\}$ は $\lambda$ により $\{x \in \mathfrak{g}^*; \langle x, \mathfrak{g}_1 \rangle = 0\}$ と同一視することができて $\dim \mathfrak{g}_1^\perp = \dim \mathfrak{g} - \dim \mathfrak{g}_1$ となる (一般には $\geqq$ となる). 一方, 補題 7.13 により $\mathfrak{g}_1 \cap \mathfrak{g}_1^\perp$ は可解イデアルであるから, 根基 $\mathcal{R} = \{0\}$ に含まれ $\mathfrak{g}_1 \cap \mathfrak{g}_1^\perp = \{0\}$, これと $\dim \mathfrak{g} = \dim \mathfrak{g}_1 + \dim \mathfrak{g}_1^\perp$ より $\mathfrak{g} = \mathfrak{g}_1 \oplus \mathfrak{g}_1^\perp$ となる. $[\mathfrak{g}_1, \mathfrak{g}_1^\perp] \subset \mathfrak{g}_1 \cap \mathfrak{g}_1^\perp = \{0\}$ より $\mathfrak{g}_1$ のイデアルは $\mathfrak{g}$ のイデアルでもあるから, $\mathfrak{g}_1$ または $\{0\}$ に限る. もし $\dim \mathfrak{g}_1 = 1$ ならば $\mathfrak{g}_1$ は可換, とくに可解イデアルゆえ $\mathcal{R}$ に含まれ, $\mathcal{R} \neq \{0\}$ となり矛盾. よって $\dim \mathfrak{g}_1 > 1$ で $\mathfrak{g}_1$ が単純 Lie 環であることがわかる. もし $\mathfrak{g}_1^\perp \neq \{0\}$ ならば $\mathfrak{g}_1^\perp$ に対して同様の論法を繰り返せばよい.

(2)⇒(1); $\mathfrak{g} = \mathfrak{g}_1 \oplus \cdots \oplus \mathfrak{g}_r$ を単純 Lie 環 $\mathfrak{g}_i$ たちの直和とする. $[\mathcal{R}, \mathfrak{g}_i]$ は $\mathfrak{g}_i$ のイデアルゆえ $\mathfrak{g}_i$ または $\{0\}$ であるが, もし $\mathfrak{g}_i$ ならば $\mathfrak{g}_i = [\mathcal{R}, \mathfrak{g}_i] \subset \mathcal{R}$ となり $\mathfrak{g}_i$ は可解 Lie 環, したがって $[\mathfrak{g}_i, \mathfrak{g}_i] \subsetneqq \mathfrak{g}_i$ より $[\mathfrak{g}_i, \mathfrak{g}_i] = 0$, すなわち $\mathfrak{g}_i$ は可換 Lie 環になり単純 Lie 環という仮定に反する. $\mathcal{R}$ の任意の元 $X = X_1 + \cdots + X_r$ $(X_i \in \mathfrak{g}_i)$ に対して

$$\{0\} = [\mathcal{R}, \mathfrak{g}_i] \supset [X, \mathfrak{g}_i] = [X_i, \mathfrak{g}_i]$$

より $[X_i, \mathfrak{g}_i] = \{0\}$ となる. もし $X_i \neq 0$ ならば $\mathfrak{a} = \mathbb{C} X_i \neq \{0\}$ は $\mathfrak{g}_i$ の可解イデアルになり矛盾. よって $X_i = 0$, すなわち $X = 0$ となり $\mathcal{R} = \{0\}$ を得る. ∎

**系 7.16** $\mathfrak{g}$ が半単純 Lie 環ならば $\mathfrak{g} = [\mathfrak{g}, \mathfrak{g}]$.

［証明］ まず $\mathfrak{g}$ が単純 Lie 環ならば $[\mathfrak{g}, \mathfrak{g}]$ は $\mathfrak{g}$ のイデアルゆえ $\mathfrak{g}$ または $\{0\}$ であるが, $[\mathfrak{g}, \mathfrak{g}] = \{0\}$ なら $\mathfrak{g}$ は可換で $\dim \mathfrak{g} = 1$ となり矛盾. したがって $[\mathfrak{g}, \mathfrak{g}] = \mathfrak{g}$ である. $\mathfrak{g}$ が半単純ならば命題 7.15 により $\mathfrak{g} = \mathfrak{g}_1 \oplus \cdots \oplus \mathfrak{g}_r$ と単純イデアルの直和になるが, $i \neq j$ なら $[\mathfrak{g}_i, \mathfrak{g}_j] \subset \mathfrak{g}_i \cap \mathfrak{g}_j = \{0\}$ ゆえ $[\mathfrak{g}, \mathfrak{g}] = [\mathfrak{g}_1, \mathfrak{g}_1] \oplus \cdots \oplus [\mathfrak{g}_r, \mathfrak{g}_r] = \mathfrak{g}_1 \oplus \cdots \oplus \mathfrak{g}_r = \mathfrak{g}$ となる. ∎

**注意 7.1** $\mathfrak{g}=[\mathfrak{g},\mathfrak{g}]$ でも $\mathfrak{g}$ が半単純 Lie 環とは限らない.例えば,

$$\mathfrak{g}=\left\{\left(\begin{array}{c|c} A & B \\ \hline 0 & 0 \end{array}\right)\in\mathfrak{gl}_3;\ A\in\mathfrak{sl}_2,\ B\in\mathbb{C}^2\right\}$$

は半単純ではないが,$[\mathfrak{g},\mathfrak{g}]=\mathfrak{g}$ となる.

さて Lie 環 $\mathfrak{g}$ の表現 $d\rho:\mathfrak{g}\to\mathfrak{gl}(V)$ が**既約表現**(irreducible representation)であるとは,$\dim V<+\infty$ であり $d\rho(\mathfrak{g})W\subset W$ となる $V$ の部分ベクトル空間 $W$ は $V$ または $\{0\}$ に限ることである.

### 補題 7.17(Schur の lemma)

(1) $d\rho:\mathfrak{g}\to\mathfrak{gl}(V)$ を Lie 環 $\mathfrak{g}$ の既約表現とする.$A\in\mathrm{End}(V)$ がすべての $X\in\mathfrak{g}$ について $[A,d\rho(X)]=A\cdot d\rho(X)-d\rho(X)\cdot A=0$ を満たすなら $A=\alpha I_V$ $(\alpha\in\mathbb{C})$ の形である.

(2) $\rho:G\to GL(V)$ を群 $G$ の既約表現とする.ここで $A\in GL(V)$ が $\rho(g)A=A\rho(g)$ $(g\in G)$ を満たせば $A=\alpha I_V$ $(\alpha\in\mathbb{C}^\times)$ の形である.

[証明] (1) $\det(xI_V-A)=0$ の解 $x=\alpha\in\mathbb{C}$ を一つとる.このとき $W=(\alpha I_V-A)(V)$ は $V$ の部分ベクトル空間で $(\alpha I_V-A)$ と $d\rho(\mathfrak{g})$ の元は可換であるから

$$d\rho(\mathfrak{g})W=(\alpha I_V-A)d\rho(\mathfrak{g})V\subset(\alpha I_V-A)V=W$$

となる.$\det(\alpha I_V-A)=0$ であるから $W\neq V$.$d\rho$ は既約表現ゆえ $W=\{0\}$,すなわち $\alpha I_V-A=0$ となる.(2) の証明も同様である. ■

### 定理 7.18(Engel)

$V$ を $\mathbb{C}$ 上の有限次元ベクトル空間 $\neq\{0\}$ とし $\mathfrak{g}$ を $\mathfrak{gl}(V)$ の部分 Lie 環で,$\mathfrak{g}$ の各元が巾零線形写像であるとする.そのとき $V$ の元 $v\neq 0$ で $\mathfrak{g}\cdot v=\{0\}$ となるものが存在する.

[証明] $r=\dim\mathfrak{g}$ に関する帰納法で示す.まず $\mathfrak{g}$ の任意の部分 Lie 環 $\mathfrak{h}\,(\neq\mathfrak{g})$ に対して $\mathfrak{h}_1\supset\mathfrak{h}$,$\dim\mathfrak{h}_1=\dim\mathfrak{h}+1$,$[\mathfrak{h}_1,\mathfrak{h}]\subset\mathfrak{h}$ なる $\mathfrak{g}$ の部分 Lie 環 $\mathfrak{h}_1$ の存在を示そう.

$H\in\mathfrak{h}$ が $H^n=0$ を満たせば $\mathrm{ad}(H)^{2n}X$ は $H^rXH^s\,(r+s=2n)$ の形の 1 次結合ゆえ 0 となり,$\mathrm{ad}(H)$ も巾零であることがわかる.$\mathfrak{h}$ はベクトル空間 $\mathfrak{g}/\mathfrak{h}$

上に $\rho(H)(X \bmod \mathfrak{h})=\mathrm{ad}(H)X \bmod \mathfrak{h}$ で作用し，いまみたことから $\rho(H)$ は $\mathfrak{g}/\mathfrak{h}$ 上の巾零線形写像である．$\dim \rho(\mathfrak{h}) \leqq \dim \mathfrak{h} < \dim \mathfrak{g} = r$ であるから帰納法の仮定により $\mathfrak{g}/\mathfrak{h}$ の元 $X \bmod \mathfrak{h} \neq 0$ で $\rho(H)(X \bmod \mathfrak{h})=0$ となるものが存在する．これは $X \notin \mathfrak{h}$ かつ $[H,X] \in \mathfrak{h}$ $(H \in \mathfrak{h})$ を意味する．そこで $\mathfrak{h}_1 = \mathfrak{h} + \mathbb{C} \cdot X$ とすれば求めるものである．そこで $\mathfrak{h} = \{0\}$ に対し $\mathfrak{h}_1$ を作り，$\mathfrak{h}_1$ に対して同様に $\mathfrak{h}_2$ を作ると

$$\{0\} \subset \mathfrak{h}_1 \subset \cdots \subset \mathfrak{h}_r = \mathfrak{g}$$
$$[\mathfrak{h}_{i+1}, \mathfrak{h}_i] \subset \mathfrak{h}_i, \qquad \dim \mathfrak{h}_i = i \quad (1 \leqq i \leqq r-1)$$

を得る．$\mathfrak{n} = \mathfrak{h}_{r-1}$ は $r-1$ 次元の $\mathfrak{g}$ のイデアルで $A \in \mathfrak{g}$ を $A \notin \mathfrak{n}$ にとると $\mathfrak{g} = \mathfrak{n} + \mathbb{C} \cdot A$ となる．$U = \{u \in V; \mathfrak{n} \cdot u = 0\}$ とおくと $\dim \mathfrak{n} < r$ ゆえ帰納法の仮定から $U \neq \{0\}$．$N \in \mathfrak{n}, u \in U$ に対して $[N,A] \in \mathfrak{n}$ ゆえ $NAu = ANu + [N,A]u = 0$ となり $AU \subset U$ がわかる．$A$ は巾零だから $U$ 内に固有値 $0$ に属する $A$ の固有ベクトル $v \neq 0$ が存在する．このとき $\mathfrak{g} \cdot v = (\mathfrak{n} + \mathbb{C} \cdot A)v = 0$ となる． ∎

**系 7.19** $d\rho: \mathfrak{g} \to \mathfrak{gl}(V)$ を既約表現とし，$d\rho(\mathfrak{g})$ のイデアル $\mathfrak{n}$ の各元が巾零線形写像であれば $\mathfrak{n} = \{0\}$ である．

[証明] $U = \{x \in V; \mathfrak{n}x = 0\}$ とすると，定理 7.18 より $U \neq \{0\}$ で $x \in U$, $X \in d\rho(\mathfrak{g}), N \in \mathfrak{n}$ に対し $[N,X] \in \mathfrak{n}$ ゆえ，$NXx = XNx + [N,X]x = 0$ となり，$d\rho(\mathfrak{g})U \subset U$．$d\rho$ は既約で $U \neq \{0\}$ ゆえ $U = V$，したがって $\mathfrak{n} = \{0\}$． ∎

一般に Lie 環 $\mathfrak{g}$ に対して

$$\mathfrak{z} = \{X \in \mathfrak{g}; \text{すべての } Y \in \mathfrak{g} \text{ に対して } [X,Y] = 0\}$$

を $\mathfrak{g}$ の中心 (center) という．

**補題 7.20** $\mathfrak{gl}(V)$ の部分 Lie 環 $\mathfrak{g}$ の中心を $\mathfrak{z}$ とすると $[\mathfrak{g},\mathfrak{g}] \cap \mathfrak{z}$ の各元は巾零線形写像である．

[証明] まず最初に $\mathrm{tr}\,A[B,C] = \mathrm{tr}\,A(BC - CB) = \mathrm{tr}\,ABC - \mathrm{tr}\,B(AC) = \mathrm{tr}\,[A,B]C$ に注意する．$A \in [\mathfrak{g},\mathfrak{g}] \cap \mathfrak{z}$ を $A = \sum_i [X_i, Y_i]$, $X_i, Y_i \in \mathfrak{g}$ と表わすと $\mathrm{tr}\,A = 0$ である．また $AX_i - X_iA = [A, X_i] = 0$ より $[A^k, X_i] = A^k X_i - X_i A^k = 0$ であるから

$$\operatorname{tr} A^{k+1} = \sum_i \operatorname{tr} A^k [X_i, Y_i] = \sum_i \operatorname{tr} [A^k, X_i] Y_i = 0 \qquad (1 \leqq k \leqq n-1)$$

となる．$A$ の固有値を $\alpha_1, \cdots, \alpha_n$ とすると $\operatorname{tr} A^k = \alpha_1^k + \cdots + \alpha_n^k = 0$ であるから，$\alpha_1, \cdots, \alpha_n$ の基本対称式がすべて $0$，すなわち $(X-\alpha_1) \cdots (X-\alpha_n) = X^n$ となる．$X = \alpha_i$ とおくことにより $\alpha_1 = \cdots = \alpha_n = 0$，したがって $A$ は巾零線形写像である． ∎

**定理 7.21**（**E. Cartan**）$\mathfrak{g}$ を $\mathbb{C}$ 上の任意の Lie 環，$d\rho: \mathfrak{g} \to \mathfrak{gl}(V)$ をその既約表現として $\mathfrak{z}$ を $d\rho(\mathfrak{g})$ の中心とする．そのとき $d\rho(\mathfrak{g})$ は半単純 Lie 環であるか，または半単純 Lie 環と中心 $\mathfrak{z} = \{\lambda I_V; \lambda \in \mathbb{C}\}$ の直和である．

［証明］補題 7.20 と系 7.19 より $[d\rho(\mathfrak{g}), d\rho(\mathfrak{g})] \cap \mathfrak{z} = \{0\}$ である．$d\rho(\mathfrak{g})$ の根基を $\mathcal{R}$ としてまず $\mathcal{R} = \mathfrak{z}$ を示そう．$\mathcal{R} \supsetneq \mathfrak{z}$ とすると $\mathcal{R}/\mathfrak{z}$ は可解ゆえ $(\mathcal{R}/\mathfrak{z})^{(k)} = \{0\}$, $(\mathcal{R}/\mathfrak{z})^{(k-1)} \neq \{0\}$ となる $k$ がある．$\mathfrak{a} = \mathcal{R}^{(k-1)} + \mathfrak{z}$ とおくと $\mathcal{R}^{(k)} \subset \mathfrak{z}$ ゆえ $[\mathfrak{a}, \mathfrak{a}] \subset \mathfrak{z}$．したがって $[\mathfrak{a}, \mathfrak{a}] \subset [d\rho(\mathfrak{g}), d\rho(\mathfrak{g})] \cap \mathfrak{z} = \{0\}$ より $[\mathfrak{a}, \mathfrak{a}] = \{0\}$．さて $[\mathfrak{a}, d\rho(\mathfrak{g})]$ の各元が巾零線形写像であることを示そう．$A \in [\mathfrak{a}, d\rho(\mathfrak{g})]$ を $A = \sum_i [A_i, X_i]$ $(A_i \in \mathfrak{a},\ X_i \in d\rho(\mathfrak{g}))$ と表わすと $\operatorname{tr} A = 0$ で，さらに $[\mathfrak{a}, \mathfrak{a}] = \{0\}$ より $[A^k, A_i] = \sum_{j=0}^{k-1} A^j [A, A_i] A^{k-1-j} = 0$ $(A, A_i \in \mathfrak{a})$ ゆえ

$$\begin{aligned}\operatorname{tr} A^{k+1} &= \sum_i \operatorname{tr} A^k [A_i, X_i] \\ &= \sum_i \operatorname{tr} [A^k, A_i] X_i = 0 \qquad (1 \leqq k \leqq n-1,\ n = \dim V),\end{aligned}$$

したがって $[\mathfrak{a}, d\rho(\mathfrak{g})]$ の任意の元 $A$ は巾零．系 7.19 により $[\mathfrak{a}, d\rho(\mathfrak{g})] = \{0\}$，すなわち $\mathfrak{a} \subset \mathfrak{z}$ となり $\mathcal{R}^{(k-1)} \subset \mathfrak{z}$．これは $(\mathcal{R}/\mathfrak{z})^{(k-1)} \neq \{0\}$ に矛盾する．よって $\mathcal{R} = \mathfrak{z}$ であるが Schur の lemma（補題 7.17）により $\mathcal{R} = \mathfrak{z} \subset \{\lambda I_V; \lambda \in \mathbb{C}\}$ である．よって $\mathcal{R} = \{0\}$ または $\mathcal{R} = \{\lambda I_V; \lambda \in \mathbb{C}\}$ で $\mathcal{R} = \{0\}$ なら $d\rho(\mathfrak{g})$ は半単純，$\mathcal{R} = \{\lambda I_V; \lambda \in \mathbb{C}\}$ なら $d\rho(\mathfrak{g})$ はスカラー倍 $\{\lambda I_V; \lambda \in \mathbb{C}\}$ と半単純イデアルの直和になる． ∎

さて群 $G$ の二つの表現 $\rho_i: G \to GL(V_i)$ が**同値**（equivalent）であるとはベクトル空間の同型写像 $\tau: V_1 \to V_2$ が存在して

$$\rho_2(g)\tau(v) = \tau \rho_1(g) v \qquad (g \in G,\ v \in V_1)$$

を満たすことである．例えば $GL_{2n}(\mathbb{C})$ の $\mathbb{C}^{2n}$ における表現 $\Lambda_1$ と $\Lambda_1^*$ ($\Lambda_1(g)=g$, $\Lambda_1^*(g)={}^tg^{-1}$, $g\in GL_{2n}(\mathbb{C})$) は同値ではないが，群を $Sp_n=\{g\in GL_{2n}(\mathbb{C});\ {}^tgJg=J\}$ に制限すると $\Lambda_1^*(g)J=J\Lambda_1(g)$ ($g\in Sp_n$) ゆえ $\Lambda_1$ と $\Lambda_1^*$ は同値になる．

**命題 7.22** $G_1$, $G_2$ を任意の群として $\rho:G_1\times G_2\to GL(V)$ を $\mathbb{C}$ 上の有限次既約表現とすると，既約表現 $\rho_i:G_i\to GL(V_i)$ ($i=1,2$) が存在して $V\cong V_1\otimes V_2$, $\rho=\rho_1\otimes\rho_2$ となる．

[証明] $V$ の元 $v(\neq 0)$ を $\rho(G_1\times\{1\})v$ の生成する $V$ の部分ベクトル空間 $V_1=\langle\rho(G_1\times\{1\})v\rangle_\mathbb{C}$ の次元が最小になるようにとれば，これから定まる $G_1$ の $V_1$ における表現 $\rho_1$ は既約表現である．$G_1$ と $G_2$ の各元は可換であるから各 $g_2\in G_2$ に対して $\rho(1,g_2)V_1$ における $G_1$ の表現は $\rho_1$ と同値である．$\rho$ が既約表現であるから $\sum_{g_2\in G_2}\rho(1,g_2)V_1=V$ である．また，$\rho(1,g_2)V_1\cap\rho(1,g_2')V_1\ni v'\neq 0$ ならば $\rho(1,g_2)V_1\cap\rho(1,g_2')V_1$ は $\rho(G_1\times\{1\})v'$ を含み，したがって $\rho(1,g_2)V_1=\rho(1,g_2')V_1$ となるから $V=\rho(1,g_2^{(1)})V_1\oplus\cdots\oplus\rho(1,g_2^{(n)})V_1$ となり $G_1$ の表現空間として $V=\overbrace{V_1\oplus\cdots\oplus V_1}^{n}$ と考えられる．$V_1$ から $V$ の第 $i$ 成分への入射を $\varphi_i$, $V$ から第 $j$ 成分への射影を $p_j$ とおくと各 $g_2\in G_2$ に対して

$$\varphi:V_1\xrightarrow{\varphi_i}V\xrightarrow{\rho(1,g_2)}V\xrightarrow{p_j}V_1$$

は $\rho_1(G_1)$ の各元と可換であるから，補題 7.17 により $\varphi$ はスカラー倍，すなわち $\varphi=b_{ji}I_{V_1}$ ($I_{V_1}$ は $V_1$ の恒等写像) となる．そこで行列 $B=(b_{ij})$ を $\rho_2(g_2)$ とおいて $\rho_2:G_2\to GL_n(\mathbb{C})$ が得られ任意の $v=(v_1,\cdots,v_n)\in V=V_1\oplus\cdots\oplus V_1$ に対して $\rho(1,g_2)v=(v_1,\cdots,v_n){}^t\rho_2(g_2)$ となる．基底をとって $V_1=\mathbb{C}^m$ とすると $V$ は $(m,n)$ 行列全体 $M_{m,n}(\mathbb{C})$ と同一視され，$\rho(g_1,g_2)X=\rho_1(g_1)X{}^t\rho_2(g_2)$ ($g_1\in G_1$, $g_2\in G_2$, $X\in M_{m,n}(\mathbb{C})$) となるから $\rho=\rho_1\otimes\rho_2$ となる．$\rho$ が既約表現であるから $\rho_2$ も既約表現である．■

ここでは証明しないが次のことが知られている．

**命題 7.23** 群 $G$ の $\mathbb{C}$ 上の有限次元表現 $\rho:G\to GL(V)$ に対し $\rho(G)$ の生成する $\mathrm{End}(V)$ の部分空間を $\mathbb{C}[\rho(G)]$ とすると次は同値である．

（1） $\rho$ は既約表現，

(2) $\mathbb{C}[\rho(G)] = \text{End}(V)$. □

これを認めると既約表現 $\rho_i : G_i \to GL(V_i)$ $(i=1,2)$ に対し $\rho_1 \otimes \rho_2 : G_1 \times G_2 \to GL(V_1 \otimes V_2)$ は既約表現になることが

$$\mathbb{C}[(\rho_1 \otimes \rho_2)(G_1 \times G_2)] = \mathbb{C}[\rho_1(G)] \otimes_{\mathbb{C}} \mathbb{C}[\rho_2(G)] = \text{End}(V_1) \otimes_{\mathbb{C}} \text{End}(V_2)$$
$$= \text{End}(V_1 \otimes V_2)$$

より得られる.

## §7.3 $\mathbb{C}$ 上の単純 Lie 環の既約表現と分類のまとめ

$\mathbb{C}$ 上の半単純 Lie 環 $\mathfrak{g}$ は,次の2条件を満たす部分環 $\mathfrak{h}$ をもつことが知られている.

(1) $\mathfrak{h}$ は極大可換部分環,すなわちすべての $X, Y \in \mathfrak{h}$ について $[X,Y]=0$ で,すべての $Y \in \mathfrak{h}$ に対して $[X,Y]=0$ となる $X \in \mathfrak{g}$ は $\mathfrak{h}$ に属す.

(2) 各 $H \in \mathfrak{h}$ の随伴表現 $\text{ad}(H)$ は対角化可能.

このとき $\mathfrak{h}$ は **Cartan 部分環**(Cartan subalgebra)とよばれる. $\mathfrak{h}_1, \mathfrak{h}_2$ が $\mathfrak{g}$ の Cartan 部分環なら $\mathfrak{h}_1 = L\mathfrak{h}_2$ となる $\mathfrak{g}$ の自己同型 $L$ が存在することが知られており,とくに $\dim \mathfrak{h}_1 = \dim \mathfrak{h}_2$ である. Cartan 部分環の次元を $\mathfrak{g}$ の**階数**(rank)とよぶ.

例えば $\mathfrak{g} = \mathfrak{sl}(n,\mathbb{C}) = \{A \in \mathfrak{gl}(n,\mathbb{C}); \text{tr}\, A = 0\}$ に対し

$$\mathfrak{h} = \left\{ \begin{pmatrix} a_1 & & 0 \\ & \ddots & \\ 0 & & a_n \end{pmatrix} \in \mathfrak{gl}(n,\mathbb{C}); a_1 + \cdots + a_n = 0 \right\}$$

は $\mathfrak{g}$ の Cartan 部分環である. よって $\mathfrak{sl}(n,\mathbb{C})$ の階数は $n-1$ である.

さて $X \in \mathfrak{g}$ に対して,適当な整数 $n > 0$ に対して $\text{ad}(X)^n \cdot Y = 0$ となる $Y \in \mathfrak{g}$ の全体を $\mathfrak{g}(X)$ とすると,これは $\mathfrak{g}$ の部分環である. $\dim \mathfrak{g}(X)$ が最小になる $\mathfrak{g}$ の元 $X$ を $\mathfrak{g}$ の**正則元**(regular element)とよぶ. $X$ が正則元のとき $\mathfrak{g}(X)$ は $\mathfrak{g}$ の Cartan 部分環になり(例えば松島与三 [14] の定理 5.3 を参照),逆に $\mathfrak{g}$ の Cartan 部分環は必ず正則元を含む.

## §7.3 $\mathbb{C}$ 上の単純 Lie 環の既約表現と分類のまとめ

さて随伴表現 $\mathrm{ad}:\mathfrak{g}\to\mathfrak{gl}(\mathfrak{g})$ の不変部分空間は $\mathfrak{g}$ のイデアルになるから, これが既約表現である必要十分条件は $\mathfrak{g}$ が単純 Lie 環であることである.

**定理 7.24** 単純代数群 $G$ の随伴表現とスカラー倍の合成 $(GL_1\times G, \Lambda_1\otimes$ 随伴表現, $\mathfrak{g})$ は $\mathrm{rank}\,G\,(=\mathrm{rank}\,\mathfrak{g})=1$ のときに限り概均質ベクトル空間である.

[証明] $\dim \mathfrak{g}(X)$ は $\mathrm{ad}(X)$ の固有値 $0$ の重複度に一致する. $\mathrm{ad}(X)X=[X,X]=0$ ゆえ $\dim\mathfrak{g}(X)\geq 1$ である. $A_1,\cdots,A_n$ を $\mathfrak{g}$ の基底として $\mathfrak{g}$ の任意の元 $X=\sum_{i=1}^n x_iA_i\in\mathfrak{g}$ に対して

$$\det(tI_n-\mathrm{ad}(X))$$
$$=t^n+\varphi_1(x_1,\cdots,x_n)t^{n-1}+\cdots+\varphi_{n-l}(x_1,\cdots,x_n)t^l \quad (l\geq 1)$$

と表わす. ここで $l=\mathrm{rank}\,\mathfrak{g}$ である. 非正則元の全体は超曲面 $S=\{X=\sum_{i=1}^n x_iA_i\in\mathfrak{g};\;\varphi_{n-l}(x_1,\cdots,x_n)=0\}$ をなす. $\mathfrak{g}(gXg^{-1})=g\mathfrak{g}(X)g^{-1}$ であるから, この $S$ は $G$-不変である. よってもし $(GL_1\times G,\Lambda_1\otimes$ 随伴表現, $\mathfrak{g})$ が概均質ベクトル空間ならば生成点は正則元でなければならない. $X_0$ を正則元とすると, そこにおける等方部分環は

$$\widetilde{\mathfrak{g}_{X_0}}=\{(c,X)\in\mathfrak{gl}_1\oplus\mathfrak{g};\;cX_0+[X,X_0]=0\}$$

で $\dim\widetilde{\mathfrak{g}_{X_0}}=\dim(GL_1\times G)-\dim\mathfrak{g}=1$ のときに限り $X_0$ は生成点になる. しかし, $\mathfrak{h}=\mathfrak{g}(X_0)$ は Cartan 部分環ゆえ可換であるから

$$\mathfrak{h}\subset\{(0,X)\in\mathfrak{gl}_1\oplus\mathfrak{g};\;[X,X_0]=0\}\subset\widetilde{\mathfrak{g}_{X_0}}$$

となり $\dim\widetilde{\mathfrak{g}_{X_0}}\geq\dim\mathfrak{h}=\mathrm{rank}\,\mathfrak{g}$ を得る. よって $\mathrm{rank}\,\mathfrak{g}\geq 2$ ならば概均質ベクトル空間になり得ない. $\mathrm{rank}\,\mathfrak{g}=1$ のときは $(GL_2,2\Lambda_1,V(3))$ と同型である ($\S 2.4$ の例 2.2). ∎

**定義 7.25** $\mathfrak{g}$ を半単純 Lie 環としその Cartan 部分環 $\mathfrak{h}$ を一つとる. $\mathfrak{g}$ の $V$ における表現 $d\rho:\mathfrak{g}\to\mathfrak{gl}(V)$ と $\mathfrak{h}$ の双対ベクトル空間 $\mathfrak{h}^*$ の元 $\lambda$ に対し

$$V_\lambda=\{x\in V;d\rho(H)x=\lambda(H)x\text{ がすべての }H\in\mathfrak{h}\text{ で成立}\}$$

とおく. $V_\lambda\neq\{0\}$ のとき $\lambda$ は $d\rho$ の**ウェイト**(weight)とよばれ, $V_\lambda$ の $0$ でない元は**ウェイト・ベクトル**(weight vector)とよばれる. □

$d\rho':\mathfrak{g}\to\mathfrak{gl}(V')$ を他の表現とするとき，$d\rho$ と $d\rho'$ が同値である必要十分条件は，それらすべてのウェイトが重複度もこめて一致することであることが知られている．とくに随伴表現 $\mathrm{ad}:\mathfrak{g}\to\mathfrak{gl}(\mathfrak{g})$ の $0$ でないウェイトを $\mathfrak{g}$ の ($\mathfrak{h}$ に関する) ルート (root) とよび，その全体 $\Delta$ を $\mathfrak{g}$ の ($\mathfrak{h}$ に関する) ルート系 (root system) とよぶ．$\alpha\in\Delta$ なら $-\alpha\in\Delta$ であり $\dim\mathfrak{g}_\alpha=1$, $\mathfrak{g}=\mathfrak{h}\oplus\sum_{\alpha\in\Delta}\mathfrak{g}_\alpha$ となる．とくに $\dim\mathfrak{g}=\mathrm{rank}\,\mathfrak{g}+\sharp(\Delta)$ となる．

例えば $\mathfrak{g}=\mathfrak{sl}_n$ のとき，その Cartan 部分環

$$\mathfrak{h}=\left\{H=\begin{pmatrix}a_1 & & 0 \\ & \ddots & \\ 0 & & a_n\end{pmatrix}\in\mathfrak{gl}(n,\mathbb{C});\, a_1+\cdots+a_n=0\right\}$$

に対し $\lambda_i\in\mathfrak{h}^*$ を $\lambda_i(H)=a_i$ で定める．$(i,j)$ 成分のみが $1$ で他は $0$ である行列 $E_{ij}$ に対して $[H,E_{ij}]=(a_i-a_j)E_{ij}$ となるから $\lambda_i-\lambda_j\in\mathfrak{h}^*$ は $\mathfrak{g}$ の随伴表現のウェイトであり，$\lambda_i-\lambda_j\,(i\neq j)$ はルートになる．$\mathfrak{g}=\mathfrak{sl}_n$ のルート系は $\Delta=\{\lambda_i-\lambda_j; i\neq j, 1\leq i,j\leq n\}$ であり $\mathfrak{g}_{\lambda_i-\lambda_j}=\mathbb{C}E_{ij}$ となる．

**定義 7.26** $\mathfrak{g}$ を階数 $l$ の半単純 Lie 環とし，Cartan 部分環 $\mathfrak{h}$ を一つとる．Killing 形式 $B$ を $\mathfrak{h}$ に制限した $B|_\mathfrak{h}$ も非退化になることが知られている．したがって，各ルート $\alpha$ に対し $H_\alpha\in\mathfrak{h}$ で $\alpha(H)=B(H,H_\alpha)\,(H\in\mathfrak{h})$ となるものがある．$\mathfrak{h}_0=\sum_{\alpha\in\Delta}\mathbb{Q}\cdot H_\alpha$ を $H_\alpha\,(\alpha\in\Delta)$ で張られる $\mathbb{Q}$ 上のベクトル空間とすると，$\dim\mathfrak{h}_0=l$ であり $B|_{\mathfrak{h}_0}$ は $\mathbb{Q}$ に値を持つ正定値対称双一次形式になる．したがって $\mathfrak{h}_0^*$ を $\mathfrak{h}_0$ の $\mathbb{Q}$ 上の双対ベクトル空間とすると，各 $\lambda\in\mathfrak{h}_0^*$ に対して $\lambda(H)=B(H,H_\lambda)\,(H\in\mathfrak{h}_0)$ となる $H_\lambda\in\mathfrak{h}_0$ が唯一つ存在する．$\Delta\subset\mathfrak{h}_0^*$ であり各 $\alpha\in\Delta$ について $H_\alpha$ は前の定義と一致する．$\mathfrak{h}_0^*$ 上に正定値な内積 $(\lambda,\mu)=B(H_\lambda,H_\mu)=\lambda(H_\mu)=\mu(H_\lambda)$ が定義される． □

例えば $\mathfrak{g}=\mathfrak{sl}_n$ の Killing 形式は例 7.2 (1) より $B(X,Y)=2n\,\mathrm{tr}\,XY\,(X,Y\in\mathfrak{sl}_n)$ で与えられ，

$$H=\begin{pmatrix}a_1 & & 0 \\ & \ddots & \\ 0 & & a_n\end{pmatrix},\quad H'=\begin{pmatrix}a_1' & & 0 \\ & \ddots & \\ 0 & & a_n'\end{pmatrix}\in\mathfrak{h}$$

## §7.3 $\mathbb{C}$ 上の単純 Lie 環の既約表現と分類のまとめ

に対し $B(H,H')=2n(a_1 a'_1+\cdots+a_n a'_n)$ であるから,$B|_{\mathfrak{h}}$ は非退化でルート $\lambda_i-\lambda_j\,(i\neq j)$ に対して $H_{\lambda_i-\lambda_j}=(1/2n)(E_{ii}-E_{jj})$ で与えられる.
$H_{\lambda_1-\lambda_n},\cdots,H_{\lambda_{n-1}-\lambda_n}$ は $\mathfrak{h}_0$ の基底であり,したがって $\dim\mathfrak{h}_0=n-1$ である.$\alpha_i=\lambda_i-\lambda_{i+1}\,(1\leqq i\leqq n-1)$ はルートであり,したがって $\mathfrak{h}_0^*$ の元と考えられるが,このとき

$$(\alpha_i,\alpha_j)=B(H_{\alpha_i},H_{\alpha_j})=\begin{cases}0 & |i-j|\geqq 2,\\ -\dfrac{1}{2n} & |i-j|=1,\\ \dfrac{1}{n} & i=j,\end{cases}$$

となっている.

**定義 7.27** $\mathfrak{h}_0$ の $\mathbb{Q}$ 上の基底 $H_1,\cdots,H_l$ を 1 つ固定する.このとき $\lambda\in\mathfrak{h}_0^*$ が**正**(positive)であるとは,ある $k\,(1\leqq k\leqq l)$ に対し $\lambda(H_1)=\cdots=\lambda(H_{k-1})=0,\,\lambda(H_k)>0$ となることである.そこで $\mathfrak{h}_0^*$ に $\lambda>\mu$ を $\lambda-\mu$ が正と定めて辞書式順序を入れることができる.正のルート全体を $\Delta_+$ と表わす.正のルートが**単純**(simple)であるとは,二つの正のルートの和に表わせないことである.

$\Delta$ の部分集合 $\Pi=\{\alpha_1,\cdots,\alpha_l\}$ が**基本ルート系**であるとは,各ルート $\alpha$ が一意的に $\alpha=m_1\alpha_1+\cdots+m_l\alpha_l$ で $m_i$ はすべて非負整数か,あるいはすべての非正整数,と表わせることである.単純ルートはちょうど $l$ 個あり,それらは基本ルート系をなす.逆に任意の基本ルート系は $\mathfrak{h}_0^*$ のある辞書式順序に関する単純ルートの全体になる. □

$\mathfrak{g}=\mathfrak{sl}_n$ の例で,$\mathfrak{h}_0$ の基底 $H_{\lambda_1-\lambda_n},\cdots,H_{\lambda_{n-1}-\lambda_n}$ により $\mathfrak{h}_0^*$ に順序を入れると,$\alpha_i=\lambda_i-\lambda_{i+1}\,(1\leqq i\leqq n-1)$ は単純ルートの全体で $i<j$ ならば $\lambda_i-\lambda_j=\alpha_i+\alpha_{i+1}+\cdots+\alpha_{j-1},\,i>j$ ならば $\lambda_i-\lambda_j=-(\alpha_j+\alpha_{j+1}+\cdots+\alpha_{i-1})$ となり,$\Pi=\{\alpha_1,\cdots,\alpha_{n-1}\}$ は基本ルート系である.

**定義 7.28** $\mathfrak{n}_+$ を $\mathfrak{g}_\alpha\,(\alpha\in\Delta_+)$ で生成される $\mathfrak{g}$ の部分ベクトル空間とする.$d\rho:\mathfrak{g}\to\mathfrak{gl}(V)$ を $\mathfrak{g}$ の既約表現とすると定数倍を除いて唯一の $V$ の元 $x\neq 0$ で $d\rho(\mathfrak{n}_+)x=0$ となるものが存在することが知られている.そのような $x$ に対して $\Lambda\in\mathfrak{h}^*$ で $d\rho(H)x=\Lambda(H)x\,(H\in\mathfrak{h})$ となるものがある.しかも $\Lambda\in\mathfrak{h}_0^*$ であり,$2(\Lambda,\alpha)/(\alpha,\alpha)\,(\alpha\in\Delta_+)$ は非負整数になる.一般に $2(\Lambda,\alpha)/(\alpha,\alpha)\,(\alpha\in\Delta_+)$ が

非負整数になるような $\Lambda$ を**ドミナント整形式**（dominant integral weight）とよぶ．$x$ を $d\rho$ の**最高ウェイト・ベクトル**（highest weight vector），$\Lambda$ を $d\rho$ の**最高ウェイト**（highest weight）とよぶ． □

このとき次の定理が成り立つ．

**定理 7.29** $\Lambda$ を $\mathfrak{h}$ の任意のドミナント整形式とすると $\Lambda$ を最高ウェイトとする既約表現 $d\rho: \mathfrak{g} \to \mathfrak{gl}(V)$ が存在する．そして $\mathfrak{g}$ の既約表現の同値類とドミナント整形式は 1 対 1 に対応する．そこで $\rho$ や $d\rho$ を $\Lambda$ と表わすこともある． □

**定義 7.30** $\alpha_1, \cdots, \alpha_l$ を $(\mathfrak{g}, \mathfrak{h}, \Delta_+)$ に関する単純ルートとする．そのとき，
$$\frac{2(\Lambda_i, \alpha_j)}{(\alpha_j, \alpha_j)} = \delta_{ij} \qquad (i, j = 1, \cdots, l)$$
を満たすドミナント整形式 $\Lambda_1, \cdots, \Lambda_l$ が唯一存在する．$\Lambda_1, \cdots, \Lambda_l$ は**基本ドミナントウェイト**とよばれ，それに対応する既約表現 $d\rho_i: \mathfrak{g} \to \mathfrak{gl}(V_i)$ $(1 \leq i \leq l)$ は $\mathfrak{g}$ の**基本的既約表現**とよばれる．すべてのドミナント整形式 $\Lambda$ は
$$\Lambda = \sum_{i=1}^{l} m_i \Lambda_i \qquad (m_i \in \mathbb{Z},\ m_i \geq 0\ (1 \leq i \leq l))$$
と表わされる． □

$v_i \in V_i$ を $d\rho_i$ の最高ウェイト・ベクトル $(1 \leq i \leq l)$ として，$V$ をベクトル空間 $\overbrace{V_1 \otimes \cdots \otimes V_1}^{m_1} \otimes \cdots \otimes \overbrace{V_l \otimes \cdots \otimes V_l}^{m_l}$ の $v = \overbrace{v_1 \otimes \cdots \otimes v_1}^{m_1} \otimes \cdots \otimes \overbrace{v_l \otimes \cdots \otimes v_l}^{m_l}$ を含む最小の $\mathfrak{g}$ 不変部分ベクトル空間とすると，$\overbrace{d\rho_1 \otimes \cdots \otimes d\rho_1}^{m_1} \otimes \cdots \otimes \overbrace{d\rho_l \otimes \cdots \otimes d\rho_l}^{m_l}$（Lie 環の表現ゆえ正確には $d\rho_1 \otimes 1 \otimes \cdots \otimes 1 + \cdots + 1 \otimes \cdots \otimes d\rho_l$ と書くべきであるが，こう略記した）の $V$ への制限 $d\rho$ は最高ウェイト $\Lambda = \sum_{i=1}^{l} m_i \Lambda_i$ に対応する $\mathfrak{g}$ の既約表現である．

例えば $\mathfrak{g} = \mathfrak{sl}_n$ の場合に基本ドミナントウェイト $\Lambda_i = \sum_{k=1}^{n} m_{ik} \lambda_k$ $(1 \leq i \leq n-1)$ を求めてみよう．$\sum_{i=1}^{n} \lambda_i = 0$ ゆえ $m_{in} = 0$ と仮定してよい．

$$2\frac{(\Lambda_i, \alpha_j)}{(\alpha_j, \alpha_j)} = m_{i,j} - m_{i,j+1} = \delta_{ij} \qquad (i, j = 1, \cdots, n-1)$$

であるから，$m_{ij} = 1$ $(j \leq i)$ かつ $m_{ij} = 0$ $(j > i)$，すなわち $\Lambda_i = \lambda_1 + \lambda_2 + \cdots + \lambda_i$ $(1 \leq i \leq n-1)$ となる．$\Delta_+ = \{\lambda_i - \lambda_j \mid i < j\}$ ゆえ

$$\mathfrak{n}_+ = \sum_{\alpha \in \Delta_+} \mathfrak{g}_\alpha = \sum_{i<j} \mathbb{C} E_{ij} = \left\{ \begin{pmatrix} 0 & & * \\ & \ddots & \\ 0 & & 0 \end{pmatrix} \right\}$$

である. $V_1$ を $u_1, \cdots u_n$ を基底にもつ $\mathbb{C}$ 上のベクトル空間として $\mathfrak{g} = \mathfrak{sl}(n, \mathbb{C})$ の $V_1$ における表現 $d\rho_1$ を $(u_1, \cdots, u_n) \mapsto (u_1, \cdots, u_n) A$ $(A \in \mathfrak{g})$ で定義すると $d\rho_1(\mathfrak{n}_+) u_1 = 0$ で $d\rho_1(H) u_1 = \alpha_1 u_1 = \Lambda_1(H) u_1$ が $H \in \mathfrak{h}$ に対して成り立つ. ただし

$$\mathfrak{h} = \left\{ H = \begin{pmatrix} \alpha_1 & & 0 \\ & \ddots & \\ 0 & & \alpha_n \end{pmatrix} \right\}.$$

すなわち $d\rho_1$ は $\Lambda_1$ に対応する基本的既約表現である.

一般に $V_k$ を外積（歪対称テンソル）$u_{i_1} \wedge \cdots \wedge u_{i_k}$ $(1 \leq i_1 < \cdots < i_k \leq n)$ で $\mathbb{C}$ 上張られる $\binom{n}{k}$ 次元のベクトル空間とする. $\mathfrak{g} = \mathfrak{sl}_n$ の $V_k$ への表現 $d\rho_k$ を

$$d\rho_k(A)(u_{i_1} \wedge \cdots \wedge u_{i_k}) = \sum_{j=1}^k u_{i_1} \wedge \cdots \wedge d\rho_1(A) u_{i_j} \wedge \cdots \wedge u_{i_k}$$

で定めると, $d\rho_k(\mathfrak{n}_+)(u_1 \wedge \cdots \wedge u_k) = 0$ で

$$d\rho_k(H)(u_1 \wedge \cdots \wedge u_k) = (\alpha_1 + \cdots + \alpha_k)(u_1 \wedge \cdots \wedge u_k) = \Lambda_k(H)(u_1 \wedge \cdots \wedge u_k)$$

が $H \in \mathfrak{h}$ に対して成り立つ. すなわち $d\rho_k$ は $\Lambda_k$ に対応する $\mathfrak{g} = \mathfrak{sl}_n$ の基本的既約表現である.

さて一般に半単純 Lie 環 $\mathfrak{g}$ の既約表現 $d\rho: \mathfrak{g} \to \mathfrak{gl}(V)$ の同値類は対応するドミナント整形式 $\Lambda$ から定まるのであるから, $\dim V$ は $\Lambda$ から一意的に定まる. これを $\Lambda$ の（または $d\rho$ の）表現次数とよび, $d(\Lambda)$ と記す. $d(\Lambda)$ を $\Lambda$ で表わす式は次で与えられる.

**定理 7.31（Weyl の次元公式）**

$$d(\Lambda) = \prod_{\alpha \in \Delta_+} \frac{(\Lambda + \rho, \alpha)}{(\rho, \alpha)},$$

ただし $\rho = \dfrac{1}{2} \sum_{\alpha \in \Delta_+} \alpha$. □

**系 7.32** $\Lambda = \sum_{i=1}^l m_i \Lambda_i$ と $\Lambda' = \sum_{i=1}^l m'_i \Lambda_i$ がドミナント整形式で, $m_i \geq m'_i$ $(1 \leq i \leq l)$ かつ $\Lambda \neq \Lambda'$ であれば, $d(\Lambda) > d(\Lambda')$ である.

[証明] 任意の正のルート $\alpha = \sum_{j=1}^{l} n_j \alpha_j$ $(n_j \geqq 0 \ (1 \leqq j \leqq l))$ に対して

$$(\Lambda, \alpha) = \sum_{i,j} m_i n_j (\Lambda_i, \alpha_j) = \frac{1}{2} \sum_i m_i n_i (\alpha_i, \alpha_i)$$
$$\geqq \frac{1}{2} \sum_i m_i' n_i (\alpha_i, \alpha_i) = (\Lambda', \alpha)$$

である.もし $m_i > m_i'$ ならば $(\Lambda, \alpha_i) > (\Lambda', \alpha_i)$ ゆえ定理 7.31 により $d(\Lambda) > d(\Lambda')$ となる. ∎

さて最後に $\mathbb{C}$ 上の単純 Lie 環の分類を復習しよう.$\mathfrak{g}$ を $\mathbb{C}$ 上の単純 Lie 環,$\mathfrak{h}$ を $\mathfrak{g}$ の Cartan 部分環とし,$\Pi = \{\alpha_1, \cdots, \alpha_l\}$ を $\mathfrak{h}$ に関するルートの基本系とする.$\alpha_i$ は正値な内積の定義された $\mathbb{Q}$ 上のベクトル空間 $\mathfrak{h}_0^*$ のベクトルで次の 3 つの条件を満足する.

(1) $\alpha_1, \cdots, \alpha_l$ は 1 次独立である.

(2) $a_{ij} = -2(\alpha_i, \alpha_j)/(\alpha_j, \alpha_j)$ は整数であり $i \neq j$ ならば $a_{ij} \geqq 0$.

(3) $\Pi$ は $\Pi = \Pi_1 \cup \Pi_2$, $\Pi_1 \perp \Pi_2$, (すなわち $\alpha \in \Pi_1$, $\beta \in \Pi_2$ に対し $(\alpha, \beta) = 0$) とは分解しない.

これを手がかりとして分類をする.そこで $\mathbb{R}$ 上の $l$ 次元のベクトル空間 $\mathbb{R}^l$ に正定値な内積 ( , ) が定義されているとする.$\mathbb{R}^l$ の $l$ 個のベクトルの集合 $\Pi = \{\alpha_1, \cdots, \alpha_l\}$ が上記の (1),(2),(3) を満たすとき,$\Pi$ を **既約可容系** (irreducible admissible system) という.$\mathbb{R}^l$ のベクトル $\alpha$ の長さ $\|\alpha\|$ を $\|\alpha\| = \sqrt{(\alpha, \alpha)}$ で定義する.また,ベクトル $\alpha$ と $\beta$ のなす角度を $\widehat{\alpha\beta}$ と記すことにする.

**補題 7.33** $\Pi = \{\alpha_1, \cdots, \alpha_l\}$ を $\mathbb{R}^l$ の既約可容系とする.$\alpha_i, \alpha_j \in \Pi$, $\alpha_i \neq \alpha_j$ かつ $\|\alpha_i\| \geqq \|\alpha_j\|$ とすれば,次の 4 つのうちいずれかが成り立つ.

(1) $\widehat{\alpha_i \alpha_j} = \pi/2$, すなわち $(\alpha_i, \alpha_j) = 0$,

(2) $\widehat{\alpha_i \alpha_j} = 2\pi/3$ で $\|\alpha_i\| = \|\alpha_j\|$,

(3) $\widehat{\alpha_i \alpha_j} = 3\pi/4$ で $\|\alpha_i\| = \sqrt{2} \|\alpha_j\|$,

(4) $\widehat{\alpha_i \alpha_j} = 5\pi/6$ で $\|\alpha_i\| = \sqrt{3} \|\alpha_j\|$.

[証明] $(\alpha_i, \alpha_j) \neq 0$ と仮定しよう.$(\alpha_i, \alpha_j) = \|\alpha_i\| \cdot \|\alpha_j\| \cdot \cos \widehat{\alpha_i \alpha_j}$ であるから,$a_{ij} a_{ji} = 4(\alpha_i, \alpha_j)^2 / \|\alpha_i\|^2 \cdot \|\alpha_j\|^2 = 4 \cos^2 \widehat{\alpha_i \alpha_j} < 4$ が成り立つ.$(\alpha_i, \alpha_j) \neq$

$0$ ゆえ $a_{ij}$ と $a_{ji}$ は正の整数だから $a_{ij}\cdot a_{ji}=1,2,3$ であり，したがって $a_{ij},a_{ji}$ の一方は 1 に等しい．$\|\alpha_i\|\geqq\|\alpha_j\|$ としているから

$$a_{ij}=\frac{|2(\alpha_i,\alpha_j)|}{\|\alpha_j\|^2}\geqq\frac{|2(\alpha_i,\alpha_j)|}{\|\alpha_i\|^2}=a_{ji}\geqq 1$$

ゆえ $a_{ji}=-2(\alpha_i,\alpha_j)/\|\alpha_i\|^2=1$，すなわち $-2(\alpha_i,\alpha_j)=\|\alpha_i\|^2$ である．したがって $a_{ij}=-2(\alpha_i,\alpha_j)/\|\alpha_j\|^2=\|\alpha_i\|^2/\|\alpha_j\|^2=4\cos^2\widehat{\alpha_i\alpha_j}=1,2,3$ となる．

ここで $0\leqq\widehat{\alpha_i\alpha_j}\leqq\pi$ とする．$a_{ij}>0$ だから $(\alpha_i,\alpha_j)<0$ となる．したがって $\cos\widehat{\alpha_i\alpha_j}<0$ となり $\pi/2<\widehat{\alpha_i\alpha_j}\leqq\pi$ である．したがって，$4\cos^2\widehat{\alpha_i\alpha_j}=1,2,3$ の各場合に対応して $\widehat{\alpha_i\alpha_j}=2\pi/3,\ 3\pi/4,\ 5\pi/6$ で $\|\alpha_i\|^2=\|\alpha_j\|^2,\ 2\|\alpha_j\|^2,\ 3\|\alpha_j\|^2$ がそれぞれ成り立つ． ∎

**定義 7.34** $\Pi=\{\alpha_1,\cdots,\alpha_l\}$ を既約可容系として各 $\alpha_i$ に頂点を対応させ，補題 7.33 の (1)〜(4) に対応して図 7.2 のように線で結ぶと，$\Pi$ から一つの連結した図形ができる．これを $\Pi$ の **Dynkin 図形** (ディンキン図形) とよぶ． ∎

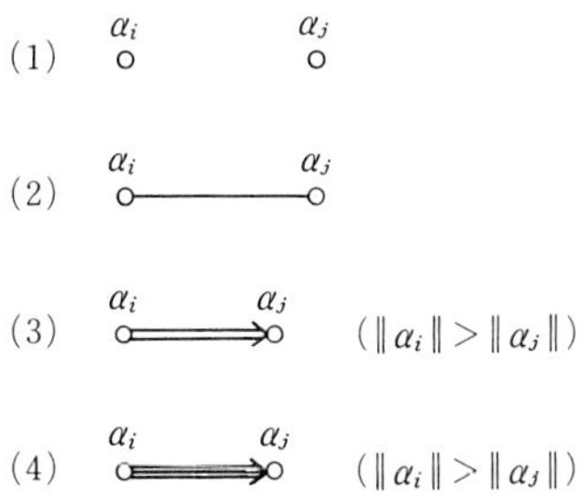

(1) $\overset{\alpha_i}{\circ}\qquad\overset{\alpha_j}{\circ}$

(2) $\overset{\alpha_i}{\circ}\!\!\!-\!\!\!-\!\!\!-\!\!\!\overset{\alpha_j}{\circ}$

(3) $\overset{\alpha_i}{\circ}\!\!=\!\!\!\Rightarrow\!\!\overset{\alpha_j}{\circ}\qquad(\|\alpha_i\|>\|\alpha_j\|)$

(4) $\overset{\alpha_i}{\circ}\!\!\equiv\!\!\!\Rightarrow\!\!\overset{\alpha_j}{\circ}\qquad(\|\alpha_i\|>\|\alpha_j\|)$

図 **7.2** Dynkin 図形の定義

次のことが知られている．

**補題 7.35** $\mathbb{R}^l$ の既約可容系 $\Pi$ の Dynkin 図形は，次の図 7.3 のいずれかである． ∎

**定義 7.36** $\mathfrak{g}$ を $\mathbb{C}$ 上の階数 $l$ の単純 Lie 環とし Cartan 部分環 $\mathfrak{h}$ を 1 つ定める．定義 7.26 で定義された正定値な内積 $(\lambda,\mu)$ $(\lambda,\mu\in\mathfrak{h}_0^*)$ は $\mathbb{R}$ 上の $l$ 次元ベクトル空間 $\mathfrak{h}_0^*\otimes_{\mathbb{Q}}\mathbb{R}\cong\mathbb{R}^l$ の正定値な内積へ拡張される．$\Pi=\{\alpha_1,\cdots,\alpha_l\}$ を $\mathfrak{g}$ のルートの基本系とすると，これは $\mathfrak{h}_0^*\otimes_{\mathbb{Q}}\mathbb{R}$ の既約可容系になり Dynkin 図

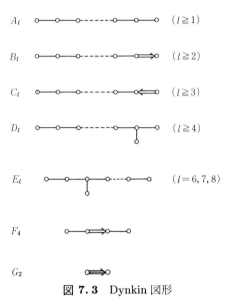

図 **7.3** Dynkin 図形

形が対応する．この図形は $\mathfrak{g}$ から一意的に定まるので単純 Lie 環 $\mathfrak{g}$ の **Dynkin 図形**という．なお半単純 Lie 環に対しては条件 (3) をなくした可容系が対応して Dynkin 図形が得られるが，単純成分の個数だけ，上の形の Dynkin 図形があらわれる． □

**定理 7.37** ($\mathbb{C}$ 上の単純 **Lie 環の分類**) $\mathbb{C}$ 上の単純 Lie 環 $\mathfrak{g}_1$ と $\mathfrak{g}_2$ は同じ Dynkin 図形を持つとき，またそのときに限り同型である．したがって $\mathbb{C}$ 上の単純 Lie 環は $A_l\,(l\geqq1)$, $B_l\,(l\geqq2)$, $C_l\,(l\geqq3)$, $D_l\,(l\geqq4)$, $E_l\,(l=6,7,8)$, $F_4$, $G_2$ ですべてである． □

**定義 7.38** $A_l$, $B_l$, $C_l$, $D_l$ の単純 Lie 環を**古典的 Lie 環** (classical Lie algebra) といい，$E_l$, $F_4$, $G_2$ を**例外型 Lie 環** (exceptional Lie algebra) という． □

**例 7.3** 以上の理論を使って §2.4 の例 2.6 $(GL_7, \Lambda_3, V(35))$ の生成的等方部分環 (2.4) を調べてみよう．例 7.2 (2) でみたようにこれは半単純 Lie 環である．

## §7.3 $\mathbb{C}$ 上の単純 Lie 環の既約表現と分類のまとめ

$$H(\lambda_1, \lambda_2) = \left\{ \begin{matrix} 0 & & & & & & \\ & \lambda_1 & & & & 0 & \\ & & \lambda_2 & & & & \\ & & & -\lambda_1 - \lambda_2 & & & \\ & & & & -\lambda_1 & & \\ & 0 & & & & -\lambda_2 & \\ & & & & & & \lambda_1 + \lambda_2 \end{matrix} \right\}$$

なる形の元全体 $\mathfrak{h}$ は $\mathfrak{g}_x$ の Cartan 部分環になり，この $\mathfrak{h}$ に関するルート系を計算すると

$$\Delta = \{\pm\lambda_1, \pm\lambda_2, \pm\lambda_1 \pm \lambda_2, \pm(\lambda_1 + 2\lambda_2), \pm(2\lambda_1 + \lambda_2)\}$$

となる．ここで $H(\lambda_1, \lambda_2) \mapsto m_1\lambda_1 + m_2\lambda_2$ となる $\mathfrak{h}^*$ の元を $m_1\lambda_1 + m_2\lambda_2$ と記した．$\alpha_1 = \lambda_1 - \lambda_2$, $\alpha_2 = \lambda_2$ とおくと，$\pm\lambda_1 = \pm(\alpha_1 + \alpha_2)$, $\pm\lambda_2 = \pm\alpha_2$, $\pm(\lambda_1 + \lambda_2) = \pm(\alpha_1 + 2\alpha_2)$, $\pm(\lambda_1 - \lambda_2) = \pm\alpha_1$, $\pm(\lambda_1 + 2\lambda_2) = \pm(\alpha_1 + 3\alpha_2)$, $\pm(2\lambda_1 + \lambda_2) = \pm(2\alpha_1 + 3\alpha_2)$ であるから $\Pi = \{\alpha_1, \alpha_2\}$ はルートの基本系である．

$$B(H(\lambda_1, \lambda_2), H(\lambda'_1, \lambda'_2)) = 8(2\lambda_1 + \lambda_2)\lambda'_1 + 8(\lambda_1 + 2\lambda_2)\lambda'_2$$

であるから

$$H_{m_1\lambda_1 + m_2\lambda_2} = H\left(\frac{2m_1 - m_2}{24}, \frac{2m_2 - m_1}{24}\right)$$

であり，したがって

$$(m_1\lambda_1 + m_2\lambda_2, n_1\lambda_1 + n_2\lambda_2) = \frac{1}{12}(m_1n_1 + m_2n_2) - \frac{1}{24}(m_1n_2 + m_2n_1)$$

となる．とくに $(\alpha_1, \alpha_1) = 1/4$, $(\alpha_1, \alpha_2) = -1/8$, $(\alpha_2, \alpha_2) = 1/12$ となるから $\|\alpha_1\| = \sqrt{3}\|\alpha_2\|$, $\widehat{\alpha_1\alpha_2} = 5\pi/6$ で $\mathfrak{g}_x$ の Dynkin 図形は図 7.4 のように

図 **7.4** $\mathfrak{g}_x$ の Dynkin 図形

なることがわかる．したがって $\mathfrak{g}_x$ は $G_2$ 型の単純 Lie 環である．さてこの $G_2$ 型単純 Lie 環を $(\mathfrak{g}_2)$ と表わすことにして，その基本ドミナントウェイト $\Lambda_1 = m_1\lambda_1 + m_2\lambda_2$ と $\Lambda_2 = n_1\lambda_1 + n_2\lambda_2$ を求めよう．$2(\Lambda_1,\alpha_1)/(\alpha_1,\alpha_1) = m_1 - m_2 = 1$ で $(\Lambda_1,\alpha_2) = (2m_2 - m_1)/24 = 0$ より $m_1 = 2$, $m_2 = 1$, すなわち，$\Lambda_1 = 2\lambda_1 + \lambda_2$ $(= 2\alpha_1 + 3\alpha_2)$．同様に $2(\Lambda_2,\alpha_2)/(\alpha_2,\alpha_2) = 2n_2 - n_1 = 1$ かつ $(\Lambda_2,\alpha_1) = (n_1 - n_2)/8 = 0$ であるから $n_1 = n_2 = 1$, すなわち $\Lambda_2 = \lambda_1 + \lambda_2$ $(= \alpha_1 + 2\alpha_2)$ となる．そこで $\Pi = \{\alpha_1, \alpha_2\}$ が単純ルートになるように $\mathfrak{h}_0^*$ に辞書式順序を入れると，

$$\Delta_+ = \{\alpha_1, \alpha_2, \alpha_1 + \alpha_2, \alpha_1 + 2\alpha_2, \alpha_1 + 3\alpha_2, 2\alpha_1 + 3\alpha_2\}$$

で $\rho = (1/2)\sum_{\alpha \in \Delta_+} \alpha = 3\alpha_1 + 5\alpha_2$ となる．そこでドミナント整形式 $\Lambda = m_1\Lambda_1 + m_2\Lambda_2$ に対して，$(\Lambda + \rho, \alpha_1) = (m_1 + 1)/8$, $(\Lambda + \rho, \alpha_2) = (m_2 + 1)/24$, $(\rho, \alpha_1) = 1/8$, $(\rho, \alpha_2) = 1/24$ となるから，Weyl の次元公式（定理 7.31）により

$$\begin{aligned}
d(m_1\Lambda_1 + m_2\Lambda_2) &= \prod_{\alpha \in \Delta_+} \frac{(\Lambda + \rho, \alpha)}{(\rho, \alpha)} \\
&= \frac{1}{120}(m_1 + 1)(m_2 + 1)(m_1 + m_2 + 2) \\
&\quad \times (2m_1 + m_2 + 3)(3m_1 + m_2 + 4)(3m_1 + 2m_2 + 5)
\end{aligned}$$

となる．とくに $d(\Lambda_2) = 7$, $d(\Lambda_1) = 14$, $d(2\Lambda_2) = 27$, $d(\Lambda_1 + \Lambda_2) = 64$, $d(2\Lambda_1) = d(3\Lambda_2) = 77$, $d(2\Lambda_1 + \Lambda_2) = 189$ などが得られる．$\dim(\mathfrak{g}_2) = 14$ であり $\Lambda_1$ は随伴表現である．$\Lambda_2$ は 7 次元表現で (2.4) がそれにほかならない．□

## §7.4 既約概均質ベクトル空間の分類と $b$-関数

分類をする以上，概均質ベクトル空間の同型を定義しなければならない．

**定義 7.39** 二つの三つ組 $(G_i, \rho_i, V_i)$ $(i = 1, 2)$ が同型であるとは，群の同型写像 $\sigma : \rho_1(G_1) \to \rho_2(G_2)$ とベクトル空間の同型写像 $\tau : V_1 \to V_2$ があって，すべての $g_1 \in G_1$ と $x_1 \in V_1$ に対して

$$\tau(\rho_1(g_1)x_1) = \sigma\rho_1(g_1)(\tau(x_1))$$

が成り立つこと，すなわち下の図が可換になることである．このとき $(G_1, \rho_1, V_1)$ $\cong (G_2, \rho_2, V_2)$ と記す． □

$$\begin{array}{ccc} V_1 & \xrightarrow{\tau} & V_2 \\ \rho_1(g_1) \downarrow & & \downarrow \sigma\rho_1(g_1) \\ V_1 & \xrightarrow{\tau} & V_2 \end{array}$$

定義から $G$ 自身ではなくその像 $\rho(G)$ を考えていることに注意しよう．したがって，例えば $(SL_2 \times SL_2, \Lambda_1 \otimes \Lambda_1, M(2)) \cong (SO_4, \Lambda_1, \mathbb{C}^4)$（§2.4 の注意 2.7 参照）であるが，$SL_2 \times SL_2$ と $SO_4$ は同型ではない．また $\rho$ が既約表現の場合には定理 7.21 により $(G, \rho, V)$ において $G$ は半単純代数群，または $GL_1 \times$（半単純代数群）と仮定してよいこともわかる．

もし $\rho_i: G \to GL(V_i)$ $(i=1,2)$ が同値ならば $(G, \rho_1, V_1) \cong (G, \rho_2, V_2)$ であるが逆は成り立たない．例えば $\sigma: \Lambda_1(GL_n) \to \Lambda_1^*(GL_n)$ を $\sigma\Lambda_1(g) = \Lambda_1^*({}^t g^{-1}) = g$ $(g \in GL_n)$ で定め，$\tau: \mathbb{C}^n \to \mathbb{C}^n$ を恒等写像にとれば $(GL_n, \Lambda_1, \mathbb{C}^n) \cong (GL_n, \Lambda_1^*, \mathbb{C}^n)$ となる．もっと一般に次が成り立つ．

**命題 7.40** 簡約可能代数群 $G$ の任意の有限次元有理表現 $\rho: G \to GL(V)$ とその反傾表現 $\rho^*: G \to GL(V^*)$ について $(G, \rho, V) \cong (G, \rho^*, V^*)$ である．

［証明］ G. D. Mostow, Self-adjoint groups, Ann. of Math. **62** (1955), 44–55, により $V$ の基底を適当にとると ${}^t\rho(G) = \rho(G) \subset GL_n(\mathbb{C})$ とできる．そこで $V^*$ をその双対基底で $\mathbb{C}^n$ と同一視すると，$\rho^*(g) = {}^t\rho(g)^{-1}$ $(g \in G)$ となるから $\rho^*(G) = \rho(G)$ である．そこで $\sigma: \rho(G) \to \rho^*(G)$ を $\sigma\rho(g) = \rho^*(g^*)$（ただし $g^* \in G$ は $\rho^*(g^*) = {}^t\rho(g^*)^{-1} = \rho(g)$ なる元とする）で定めて $\tau: V = \mathbb{C}^n \to V^* = \mathbb{C}^n$ を恒等写像にとればよい． ■

よって既約概均質ベクトル空間の分類では，定理 7.21 と命題 7.40 により $\rho$ の反傾表現 $\rho^*$ を考えなくてもよい．しかし $G$ が簡約可能でも $\rho$ が既約でない場合は反傾表現を考える必要がある．例えば

$$(GL_n, \Lambda_1 \oplus \Lambda_1, \mathbb{C}^n \oplus \mathbb{C}^n) \, (\cong (GL_n, \Lambda_1^* \oplus \Lambda_1^*, \mathbb{C}^n \oplus \mathbb{C}^n))$$
$$\not\cong (GL_n, \Lambda_1 \oplus \Lambda_1^*, \mathbb{C}^n \oplus \mathbb{C}^n) \, (\cong (GL_n, \Lambda_1^* \oplus \Lambda_1, \mathbb{C}^n \oplus \mathbb{C}^n))$$

である.さて $(G,\rho,V)$ が既約概均質ベクトル空間とする.もし $G$ が半単純代数群ならば $(GL_1\times G, \Lambda_1\otimes\rho, V(1)\otimes V)$ も既約概均質ベクトル空間であるから,とりあえず定理7.21と命題7.22により

$$G = GL_1 \times G_1 \times \cdots \times G_k,$$
$$V = V(d_1)\otimes\cdots\otimes V(d_k),\ \text{ただし}\ d_1\geqq d_2\geqq\cdots\geqq d_k\geqq 2,$$
$$\rho = \rho_1\otimes\cdots\otimes\rho_k\ (\text{と}\ GL_1\ \text{によるスカラー倍との合成})$$

として分類をする.ここで $\rho_i$ は単純代数群 $G_i$ の $d_i$ 次元ベクトル空間 $V(d_i)$ における既約表現である $(1\leqq i\leqq k)$.この場合の分類が完成すれば,既約概均質ベクトル空間 $(GL_1\times G_{\text{s.s.}}, \Lambda_1\otimes\rho, V(1)\otimes V)$ のなかで $(G_{\text{s.s.}},\rho,V)$ も概均質ベクトル空間になっているもの(この場合は相対不変式は定数に限る)を取り出して分類が完成する.ただし $G_{\text{s.s.}}$ は半単純代数群とする.$g_i=\dim G_i\ (1\leqq i\leqq k)$ とおくと系2.3により

(7.6) $$1+g_1+\cdots+g_k \geqq d_1 d_2\cdots d_k$$

が成り立つ.

**補題 7.41** $n$ を自然数,$a,\ c$ を $a\leqq ca^{n-1}-a$ を満たす実数,とすると $a\leqq x_i\leqq ca^{n-1}-a$ を満たす任意の実数 $x_i\ (1\leqq i\leqq n)$ に対して

(7.7) $$\sum_{i=1}^n x_i^2 - c\prod_{i=1}^n x_i \leqq na^2 - ca^n$$

が成り立つ.

[証明] $b=ca^{n-1}-a$ とおき,有界閉集合 $[a,b]^n$ における $f(x_1,\cdots,x_n)=\sum_{i=1}^n x_i^2 - c\prod_{i=1}^n x_i$ の最大値を $M$ とおく.$f$ は各変数について正の最高次係数をもつ2次式であるから最大値は境界点でとる.そこで相異なる $\mu$ 個の $i$ について $x_i=a$,$n-\mu$ 個の $j$ について $x_j=b$ のときの $f$ の値を $M_\mu=\mu a^2+(n-\mu)b^2-ca^\mu b^{n-\mu}$ とすると $M=\max_\mu M_\mu$ で,$M_n=na^2-ca^n$ かつ $M_n-M_\mu=-(n-\mu)(b^2-a^2)+ca^\mu(b^{n-\mu}-a^{n-\mu})$ となる.$a=b$ なら $M_\mu=M_n\ (1\leqq\mu\leqq n)$ で $a<b$ ならば

$$\frac{M_n - M_\mu}{b-a} = -(n-\mu)(b+a) + ca^\mu(b^{n-\mu-1} + b^{n-\mu-2}a + \cdots + a^{n-\mu-1})$$
$$\geqq -(n-\mu)(b+a) + (n-\mu)ca^{n-1} = (n-\mu)(ca^{n-1} - a - b)$$
$$= 0$$

ゆえ $M_\mu \leqq M_n$ $(1 \leqq \mu \leqq n)$,すなわち $M = M_n = na^2 - ca^n$ を得る. ∎

**命題 7.42** $(G, \rho, V)$ が $2^{k-2}d_1 - 2 \geqq d_2$ を満たす概均質ベクトル空間ならば

$$1 + g_1 \geqq 2^{k-1}d_1 - 3(k-1).$$

[証明] 単純代数群 $G_i$ の像 $\rho_i(G_i)$ は $SL_{d_i}$ に含まれるから,$d_i^2 - 1 \geqq g_i$ $(2 \leqq i \leqq k)$ となり,(7.6) より

(7.8) $\qquad 1 + g_1 \geqq (k-1) - (d_2^2 + \cdots + d_k^2 - d_1 d_2 \cdots d_k)$

が成り立つ.

補題 7.41 においてそれぞれ $x_1 = d_2, \cdots, x_n = d_k$,$n = k-1$,$c = d_1$,$a = 2$ とすると

(7.9) $\qquad d_2^2 + \cdots + d_k^2 - d_1 d_2 \cdots d_k \leqq (k-1)2^2 - d_1 2^{k-1}$
$$(2 \leqq d_i \leqq 2^{k-2}d_1 - 2)$$

となるから (7.8) と (7.9) より命題を得る. ∎

**命題 7.43** $(G, \rho, V)$ が $k \geqq 3$ である概均質ベクトル空間とすると

$$1 + g_1 \geqq 2^{k_0 - 1}d_1 - 3(k_0 - 1) \quad (k \geqq k_0 \geqq 3)$$

が成り立つ.とくに,

(7.10) $\qquad\qquad 1 + g_1 \geqq 4d_1 - 6$

である.

[証明] $k \geqq 3$ ならば $2^{k-2}d_1 - 2 \geqq d_2$ ゆえ,命題 7.42 の仮定が成り立つ. $f(k) = 2^{k-1}d_1 - 3(k-1)$ とおくと $k \geqq k_0 \geqq 3$ について

$$f(k) - f(k_0) = (2^{k-1} - 2^{k_0-1})d_1 - 3(k-k_0)$$
$$\geqq 8(2^{k-k_0} - 1) - 3(k-k_0) \geqq 0$$

であるから ($d_1 \geqq 2$, $2^{k_0} \geqq 8$ を使った),

$$1 + g_1 \geqq f(k) \geqq f(k_0) \geqq f(3) = 4d_1 - 6$$

を得る.

さてわれわれは被約 (reduced) な既約概均質ベクトル空間を求めるわけであるが,まず自明な概均質ベクトル空間 (命題 7.1 参照) $(G \times GL_n, \rho \otimes \Lambda_1, V \otimes V(n))$ $(n \geqq m = \dim V)$ は $(G, \rho) \not\cong (SL_m, \Lambda_1)$ $(n > m \geqq 1)$ なら被約であり,また $(G, \rho) = (SL_m, \Lambda_1)$ $(n/2 \geqq m \geqq 1)$ でも被約である. $n > m > n/2$ ならその裏返し変換 $(SL_n \times GL_{n-m}, \Lambda_1 \otimes \Lambda_1, V(n) \otimes V(n-m))$ が被約である. 一般に任意の既約概均質ベクトル空間に対してそれと裏返し同値な被約概均質ベクトル空間は同型を除いて唯一つ定まる. すなわち次が成り立つ.

**命題 7.44** 既約概均質ベクトル空間の各裏返し同値類は,同型を除いて唯一つの被約なものを含む.

［証明］ もし二つ含めば, ある既約概均質ベクトル空間 $(G, \rho, V)$ が異なる裏返し変換 $(G', \rho', V')$ と $(G'', \rho'', V'')$ で $\dim V > \dim V'$ かつ $\dim V > \dim V''$ となるものが存在する. 命題 7.22 により三つ組 $(\tilde{G}, \tilde{\rho}, V(m))$ $(m \geqq 2)$ で

$$(G, \rho, V) \cong (\tilde{G} \times SL_{n_1} \times SL_{n_2}, \tilde{\rho} \otimes \Lambda_1 \otimes \Lambda_1, V(m) \otimes V(n_1) \otimes V(n_2))$$
$$(G', \rho', V') \cong (\tilde{G} \times SL_{n_1} \times SL_{mn_1-n_2}, \tilde{\rho}^* \otimes \Lambda_1^* \otimes \Lambda_1,$$
$$V(m)^* \otimes V(n_1)^* \otimes V(mn_1 - n_2))$$
$$(G'', \rho'', V'') \cong (\tilde{G} \times SL_{n_2} \times SL_{mn_2-n_1}, \tilde{\rho}^* \otimes \Lambda_1^* \otimes \Lambda_1,$$
$$V(m)^* \otimes V(n_2)^* \otimes V(mn_2 - n_1))$$

として一般性を失わない. このとき,

$$\dim V = mn_1 n_2, \quad \dim V' = mn_1(mn_1 - n_2),$$
$$\dim V'' = mn_2(mn_2 - n_1)$$

であるから, $\dim V' < \dim V$ より $mn_1 < 2n_2$, $\dim V'' < \dim V$ より $mn_2 < 2n_1$ となり $m^2 < 2^2$, すなわち $m < 2$ となり矛盾.

§7.4 既約概均質ベクトル空間の分類と $b$-関数　　　315

さて §7.3 で $G_2$ 型単純 Lie 環の既約表現の次数を求めたが，同様なことは他の単純 Lie 環についてもできる．それにより次を得る．

**命題 7.45** $\mathbb{C}$ 上の単純 Lie 環 $\mathfrak{g}$ の既約表現 $d\rho: \mathfrak{g} \to \mathfrak{gl}(V)$ ($g = \dim \mathfrak{g}$, $d = \dim V \geqq 2$) において，$\mathfrak{g} \cong \mathfrak{sl}_d$ でなければ

$$g \leqq \frac{1}{2}d(d+1)$$

が成り立つ．また $d=2$ ならば $\mathfrak{g}=\mathfrak{sl}_2$, $d\rho=\Lambda_1$ であり，$d=3$ ならば $\mathfrak{g}=\mathfrak{sl}_2$, $d\rho=2\Lambda_1$ または $\mathfrak{g}=\mathfrak{sl}_3$, $d\rho=\Lambda_1$（または $\Lambda_1^*=\Lambda_2$）である．（例えば M. Sato and T. Kimura [25] の 32 頁参照．）　　□

さて分類の方針は $G=GL_1 \times G_1 \times \cdots \times G_k$, $\rho=\rho_1 \otimes \cdots \otimes \rho_k$（とスカラー倍の合成．以下このように約束して，いちいち書かないことにする），$V=V(d_1) \otimes \cdots \otimes V(d_k)$ ($d_1 \geqq \cdots \geqq d_k \geqq 2$) において $G_1$ の Lie 環がそれぞれ $A_n$, $B_n$, $C_n$, $D_n$, $E_6$, $E_7$, $E_8$, $F_4$, $(G_2)$ 型の単純 Lie 環の場合に，$\dim G \geqq \dim V$ となる被約な $(G,\rho,V)$ を取り出し，そのなかで概均質ベクトル空間になっているものを取り出すのである．ここで 2 番目の群 $G_2$ と例外型単純代数群を区別するために後者は $(G_2)$ と書くことにする．

例えば $\mathrm{Lie}(G_1)=\mathfrak{sl}_n$ の場合には次のようなことが成り立つ．

**命題 7.46** $(G,\rho,V)$ を $\mathrm{Lie}(G_1)=\mathfrak{sl}_n$ なる自明ではない被約既約概均質ベクトル空間とすると $1 \leqq k \leqq 3$ であり，$k=3$ ならば

$$(SL_n \times SL_n \times GL_2, \Lambda_1 \otimes \Lambda_1 \otimes \Lambda_1, V(n) \otimes V(n) \otimes V(2)) \quad (n=2,3)$$

と同型である．

［証明］　まず $d_1=n$, すなわち $\rho_1$ が $\Lambda_1$ または $\Lambda_1^*=\Lambda_{n-1}$ の場合を考える．系 2.3 より

$$n^2+g_2+\cdots+g_k = \dim G \geqq \dim V = nd_2 \cdots d_k$$

ゆえ $g_2+\cdots+g_k \geqq n(d_2 \cdots d_k - n)$ となる．もし $n \geqq d_2 \cdots d_k$ ならば自明な概均質ベクトル空間であり，$d_2 \cdots d_k > n > (1/2)d_2 \cdots d_k$ ならば $n > d_2 \cdots d_k - n$ ゆえ裏返し変換により空間の次元が下がるから被約ではない．したがって $(1/2)d_2 \cdots d_k \geqq n \geqq d_2$ と仮定してよい．このとき，もし $k \geqq 3$ ならば

$$n(d_2\cdots d_k - n) - d_2(d_2\cdots d_k - d_2)$$
$$= (n-d_2)(d_2\cdots d_k - n - d_2)$$
$$\geqq (n-d_2)\left(d_2\cdots d_k - \frac{1}{2}d_2\cdots d_k - d_2\right)$$
$$= \frac{1}{2}d_2(n-d_2)(d_3\cdots d_k - 2) \geqq 0$$

ゆえ

$$g_2 + \cdots + g_k \geqq d_2(d_2\cdots d_k - d_2) = d_2^2(d_3\cdots d_k - 1) \quad (k\geqq 3)$$

を得る.

いま $k\geqq 4$ と仮定すると $2^{k-2}\geqq k$ となるから,

$$(k-1)(d_2^2-1) \geqq (d_2^2-1) + \cdots + (d_k^2-1) \geqq g_2 + \cdots + g_k \geqq d_2^2(d_3\cdots d_k - 1)$$
$$\geqq d_2^2(2^{k-2}-1) \geqq (k-1)d_2^2$$

となり, 矛盾. したがって $1\leqq k\leqq 3$ である.

次に $k=3$ の場合を考えよう. $(d_2^2-1)+(d_3^2-1)\geqq g_2+g_3\geqq d_2^2(d_3-1)$ より $d_3^2-2\geqq d_2^2(d_3-2)\geqq d_3^2(d_3-2)$, すなわち

$$d_3^3 - 3d_3^2 + 2 = (d_3-1)(d_3^2 - 2d_3 - 2) \leqq 0$$

を得る. $d_3\geqq 2$ であるから, これより $d_3=2$ となり命題 7.45 より $G_3=SL_2$, $\rho_3=\varLambda_1$, $g_3=3$ を得る.

ここでは, $d_2=(1/2)d_2d_3\geqq n\geqq d_2$ と仮定しているから $d_2=n$ となる. $n^2 + g_2 + g_3 = n^2 + g_2 + 3 = \dim G \geqq \dim V = nd_2d_3 = 2n^2$ より, $g_2\geqq n^2-3$ であるが, もし $G_2\not\cong SL_n$ ならば命題 7.45 より $g_2\leqq (1/2)n(n+1)$ となり $(1/2)n(n+1)\geqq n^2-3$, すなわち $n\leqq 3$ を得る. 命題 7.45 の後半より $n=3$, $G_2=SL_2$, $\rho_2=2\varLambda_1$ でなければならないが, このとき $\dim G = \dim(GL_3\times SL_2\times SL_2) = 15 < \dim V = 2n^2 = 18$ であるから, 系 2.3 により概均質ベクトル空間ではない.

したがって $G_2=SL_n$, $\rho_2=\varLambda_1$, $d_2=n$ となる. 次に $d_1\neq n$, すなわち $\rho_1\neq \varLambda_1$, $\varLambda_1^*(=\varLambda_{n-1})$ としよう. この場合は $k=1,2$ となることを示そう. そこで $k\geqq 3$ と仮定する. $n=2,3$ ならば $d_1\geqq d(2\varLambda_1)=(1/2)n(n+1)$ であるが (7.10)

§7.4 既約概均質ベクトル空間の分類と $b$-関数       317

より $n^2 \geqq 4d_1 - 6 = 2n(n+1) - 6$, すなわち $4 \geqq 6 \, (n=2)$, $9 \geqq 18 \, (n=3)$ となり矛盾.

$n \geqq 4$ ならば $d_1 \geqq d(\Lambda_2) = (1/2)n(n-1)$ であり，(7.10) より $n^2 \geqq 2n(n-1) - 6$ となり $n = 2$, これも矛盾. したがって $k = 3$ のときは

$$(SL_n \times SL_n \times GL_2, \ \Lambda_1 \otimes \Lambda_1 \otimes \Lambda_1, \ V(n) \otimes V(n) \otimes V(2)) \quad (n \geqq 2)$$

と同型になる. $V(n) \otimes V(n) \otimes V(2)$ を $V = M(n) \oplus M(n)$ と同一視すると, $\rho = \Lambda_1 \otimes \Lambda_1 \otimes \Lambda_1$ は $g = \left( A, B, \begin{pmatrix} a & b \\ c & d \end{pmatrix} \right) \in SL_n \times SL_n \times GL_2$, $X = (X_1, X_2) \in M(n) \oplus M(n)$ に対して

$$\rho(g) X = (A(aX_1 + bX_2)^t B, \ A(cX_1 + dX_2)^t B)$$

で与えられる. したがって各 $X = (X_1, X_2) \in V = M(n) \oplus M(n)$ に対して $SL_n \times SL_n$ の作用で不変な 2 元 $n$ 次形式 $F_X(u,v) = \det(uX_1 + vX_2)$ が得られる. すなわち 2 元 $n$ 次形式の空間を $W_n$ とすると $\varphi(X) = F_X(u,v)$ により写像 $\varphi : V \to W_n$ が得られる. $GL_2$ は $W_n$ に $n\Lambda_1$ により作用するが, これにより写像 $\varphi$ は命題 7.6 の条件 (1) を満たす. また $X = (I_n, \mathrm{diag}(-\lambda_1, \cdots, -\lambda_n))$ に対して $F_X(u,v) = (u - \lambda_1 v) \cdots (u - \lambda_n v)$ であるから $\varphi$ は命題 7.6 の条件 (2) も満たす. ここで $\dim W_n = n+1$ ゆえ $n \geqq 4$ ならば系 2.3 により $(GL_2, n\Lambda_1, W_n)$ は概均質ベクトル空間にはならない. したがって命題 7.6 により

$$(SL_n \times SL_n \times GL_2, \ \Lambda_1 \otimes \Lambda_1 \otimes \Lambda_1, \ V(n) \otimes V(n) \otimes V(2)) \quad (n \geqq 4)$$

は概均質ベクトル空間ではない. $n = 3$ のときは §2.4 の例 2.12 であり, $n = 2$ のときは $(SL_2 \times SL_2, \Lambda_1 \otimes \Lambda_1) \cong (SO_4, \Lambda_1)$ (§2.4 の例 2.1 を参照) ゆえ §2.4 の例 2.15 の $n = 4$, $m = 2$ の場合に相当する. ■

ここでは $G_1 = (G_2)$ の場合に完全にやってみることにする. 他の場合は, M. Sato and T. Kimura [25] を参照して下さい.

この場合の既約表現の次数などは例 7.3 の最後ですでに計算してある. とくに最低次数が 7 であるから $k \geqq 3$ とすると (7.10) より $15 = 1 + g_1 \leqq 4d_1 - 6 \geqq 22$ となり矛盾. したがって $k = 1, 2$ である. $k = 1$ ならば $(GL_1 \times (G_2), \Lambda_2, V(7))$

と $(GL_1 \times (G_2), \Lambda_1, V(14))$ の二つである.前者は §2.4 の例 2.25 であり,後者は定理 7.24 により概均質ベクトル空間ではない.

次に $k=2$ のとき,まず $d_1=7$ を示そう.そうでなければ $d_1 \geq 14 = g_1$ となるが (7.6) より $1+d_1+(d_2^2-1) \geq 1+g_1+g_2 \geq d_1 d_2$. したがって $d_2 \geq (d_1+\sqrt{d_1^2-4d_1})/2 \ (>d_1-2)$, または $d_2 \leq (d_1-\sqrt{d_1^2-4d_1})/2 \ (<2)$ となるから $d_1 \geq d_2 > d_1 - 2$ であり $d_2 = d_1$ または $d_2 = d_1 - 1$ となる.ここでもし $G_2 \neq SL_{d_2}$ ならば命題 7.45 より $g_2 \leq (1/2)d_2(d_2+1)$ となり,(7.6) より $1+d_1 \geq 1+g_1 \geq d_1 d_2 - g_2 \geq d_1 d_2 - (1/2)d_2(d_2+1) = (1/2)d_1(d_1-1)$ を得る.$d_1 \geq 14$ ゆえ,これは不可であり,したがって $G_2 = SL_{d_2}$ であるが,このとき $d_2 = d_1$ ならば自明な概均質ベクトル空間であり,$d_2 = d_1 - 1$ ならば裏返し変換で $k=1$ に帰着するから被約ではない.以上より $d_1 = 7$ としてよい.

$G_2 \neq SL_{d_2}$ ならば (7.6) より $1+14+(1/2)d_2(d_2+1) \geq 7d_2 \ (2 \leq d_2 \leq 7)$ であるから $d_2=3$, $G_2 = SL_2$ となる.しかし $18 = 1+g_1+g_2 \geq d_1 d_2 = 21$ となり,これは不可である.よって $G_2 = SL_{d_2}$ であるが,この場合は $d_2 = 2, 3$ が被約である.$d_2 = 2$ ならば §2.4 の例 2.26 $((G_2) \times GL_2, \Lambda_2 \otimes \Lambda_1, V(7) \otimes V(2))$ である.$d_2 = 3$ の場合は $(G_2) \times GL_3 \subset SO_7 \times GL_3$ より,さらに §2.4 の例 2.15 により 6 次の相対不変既約多項式 $f_1(x)$ が存在する.次に $u_1, \cdots, u_7$ の $V(7)^*$ における相対基底 $u_1^*, \cdots, u_7^*$ を用いて $x^*, y^*, z^* \in V(7)^*$ を $x^* = \sum_{i=1}^{7} x_i u_i^*$, $y^* = \sum_{i=1}^{7} y_i u_i^*$, $z^* = \sum_{i=1}^{7} z_i u_i^* \ (x_i, y_i, z_i \in \mathbb{C})$ と表わすと

$$X = \begin{pmatrix} x_1 & \cdots & x_7 \\ y_1 & \cdots & y_7 \\ z_1 & \cdots & z_7 \end{pmatrix} \in V(7) \otimes V(3)$$

と $(GL_7, \Lambda_3, V(35))$ の生成点 $x_0 = u_2 \wedge u_3 \wedge u_4 + u_5 \wedge u_6 \wedge u_7 + u_1 \wedge (u_2 \wedge u_5 + u_3 \wedge u_6 + u_4 \wedge u_7)$ に対して

$$f_2(X) = \langle x^* \wedge y^* \wedge z^*, x_0 \rangle$$
$$= \det \begin{pmatrix} x_2 & y_2 & z_2 \\ x_3 & y_3 & z_3 \\ x_4 & y_4 & z_4 \end{pmatrix} + \det \begin{pmatrix} x_5 & y_5 & z_5 \\ x_6 & y_6 & z_6 \\ x_7 & y_7 & z_7 \end{pmatrix} + \det \begin{pmatrix} x_1 & y_1 & z_1 \\ x_2 & y_2 & z_2 \\ x_5 & y_5 & z_5 \end{pmatrix}$$

$$+\det\begin{pmatrix} x_1 & y_1 & z_1 \\ x_3 & y_3 & z_3 \\ x_6 & y_6 & z_6 \end{pmatrix} + \det\begin{pmatrix} x_1 & y_1 & z_1 \\ x_4 & y_4 & z_4 \\ x_7 & y_7 & z_7 \end{pmatrix}$$

は $(G_2) \times GL_3$ の作用で相対不変であり，$f_1(x)/f_2(x)^2$ は ($f_1(x)$ が既約であるから) 定数ではない絶対不変式となる．したがって系 2.6 より $((G_2) \times GL_3, \Lambda_3 \otimes \Lambda_1, V(7) \otimes V(3))$ は概均質ベクトル空間ではない．以上より $G_1 = (G_2)$ の場合は §2.4 の例 2.25 と例 2.26 に限ることがわかる．

以下，同様にして次の定理を得る．

**定理 7.47**（既約概均質ベクトル空間の分類） $\mathbb{C}$ 上の被約な既約概均質ベクトル空間は §2.4 の例 2.1 〜 例 2.30 および

(1) $(H \times SL_m, \sigma \otimes \Lambda_1, V(n) \otimes V(m))$ $(n < m)$，但し $\sigma: H \to GL(V(n))$ は半単純代数群 $H(\ne SL_n)$ の $n$ 次元既約表現．

(2) $(SL_n \times SL_m, \Lambda_1 \otimes \Lambda_1, V(n) \otimes V(m))$ $(m/2 \geq n \geq 1)$．

(3) $(SL_{2m+1}, \Lambda_2, V(m(2m+1)))$ $(m \geq 2)$．

(4) $(SL_{2m+1} \times SL_2, \Lambda_2 \otimes \Lambda_1, V(m(2m+1)) \otimes V(2))$ $(m \geq 2)$．

(5) $(Sp_n \times SL_{2m+1}, \Lambda_1 \otimes \Lambda_1, V(2n) \otimes V(2m+1))$ $(n \geq 2m+1 \geq 1)$．

(6) $(Spin_{10}, 半スピン表現, V(16))$．

または (1) 〜 (6) の $(G, \rho, V)$ に対し $(GL_1 \times G, \Lambda_1 \otimes \rho, V(1) \otimes V)$ に限る．(1) 〜 (6) には定数以外の相対不変式は存在しない． □

最後に既約正則概均質ベクトル空間の $b$-関数について結果だけ述べておこう．例えば，T. Kimura, The $b$-functions and holonomy diagrams of irreducible regular prehomogeneous vector spaces, Nagoya Math. J. **85** (1982), 1–80 を参照して下さい．

既約正則概均質ベクトル空間 $(G, \rho, V)$ には定数倍を除いて唯一つ相対不変既約多項式 $f(x)$ が定まり，その双対 $(G, \rho^*, V^*)$ にも定数倍を除いて唯一つの相対不変既約多項式 $f^*(y)$ が存在する．そのとき $f^*(D_x)f(x)^{s+1} = b(s)f(x)^s$ により $s$ の多項式 $b(s)$ が定まるが，$f$ あるいは $f^*$ の定数倍を調節して $b(s)$ はモニック，すなわち最高次係数が 1 であると仮定してよい．この $b(s)$ を $(G, \rho, V)$ の $b$-関数とよぶ．

**定理 7.48**(既約概均質ベクトル空間の $b$-関数)

(I) (新谷卓郎) $m=\dim V>m-n>n\geq 1$ とする.既約正則概均質ベクトル空間 $(G\times GL_n, \rho\otimes\Lambda_1, V\otimes V(n))$ の既約相対不変式の次数を $d=nd_0$ とし,$b$-関数を $b(s)$ とする.この裏返し変換 $(G\times GL_{m-n}, \rho^*\otimes\Lambda_1, V^*\otimes V(m-n))$ の $b$-関数を $\tilde{b}(s)$ とおくと

$$\tilde{b}(s)=b(s)\cdot\left[\prod_{i=0}^{d_0-1}\prod_{j=n+1}^{m-n}(d_0s+i+j)\right]$$

である.($\deg\tilde{b}(s)=(m-n)d_0$, $\deg b(s)=nd_0$ に注意).

(II) (1) $(H\times GL_m, \rho\otimes\Lambda_1, V(m)\otimes V(m))$ $(m\geq 1)$,
$b(s)=\prod_{\nu=1}^{m}(s+\nu)=(s+1)(s+2)\cdots(s+m)$.

(2) $(GL_n, 2\Lambda_1, V(n(n+1)/2))$ $(n\geq 2)$,
$b(s)=\prod_{\nu=1}^{n}(s+(\nu+1)/2)=(s+1)(s+3/2)\cdots(s+(n+1)/2)$.

(3) $(GL_{2m}, \Lambda_2, V(m(2m-1)))$ $(m\geq 3)$,
$b(s)=\prod_{k=1}^{m}(s+2k-1)=(s+1)(s+3)\cdots(s+2m-1)$.

(4) $(GL_2, 3\Lambda_1, V(4))$,
$b(s)=(s+1)^2(s+5/6)(s+7/6)$.

(5) $(GL_6, \Lambda_3, V(20))$,
$b(s)=(s+1)(s+5/2)(s+7/2)(s+5)$.

(6) $(GL_7, \Lambda_3, V(35))$,
$b(s)=(s+1)(s+2)(s+5/2)(s+7/2)(s+3)(s+4)(s+5)$.

(7) $(GL_8, \Lambda_3, V(56))$,
$b(s)=(s+1)(s+3/2)^2(s+11/6)(s+2)^3(s+13/6)(s+7/3)$
$\times(s+5/2)^3(s+8/3)(s+3)^2(s+7/2)$.

(8) $(SL_3\times GL_2, 2\Lambda_1\otimes\Lambda_1, V(6)\otimes V(2))$,
$b(s)=\{(s+1)^2(s+5/6)(s+7/6)(s+3/4)(s+5/4)\}^2$.

(9) $(SL_6\times GL_2, \Lambda_2\otimes\Lambda_1, V(15)\otimes V(2))$,
$b(s)=(s+1)^2(s+5/6)(s+7/6)(s+3/2)^2(s+2)^2(s+5/2)^2$
$\times(s+7/3)(s+8/3)$.

(10) $(SL_5\times GL_3, \Lambda_2\otimes\Lambda_1, V(10)\otimes V(3))$,
$b(s)=\{(s+1)(s+3/2)(s+2)\}^3\cdot\{(s+4/3)(s+5/3)\}^2$
$\times(s+5/4)(s+7/4)$.

§7.4 既約概均質ベクトル空間の分類と $b$-関数

(11) $(SL_5 \times GL_4, \Lambda_2 \otimes \Lambda_1, V(10) \otimes V(4))$,

$$b(s) = \prod_{i=1}^{3}\left(s+\frac{1}{2}+\frac{i}{4}\right)^4 \prod_{j=1}^{4}\left(s+\frac{1}{2}+\frac{j}{5}\right)^2 \prod_{k=1}^{5}\left(s+\frac{1}{2}+\frac{k}{6}\right)^4$$
$$= (s+1)^8 \left\{\left(s+\frac{2}{3}\right)\left(s+\frac{4}{3}\right)\left(s+\frac{3}{4}\right)\right.$$
$$\left.\times \left(s+\frac{5}{4}\right)\left(s+\frac{5}{6}\right)\left(s+\frac{7}{6}\right)\right\}^4$$
$$\times \left\{\left(s+\frac{7}{10}\right)\left(s+\frac{9}{10}\right)\left(s+\frac{11}{10}\right)\left(s+\frac{13}{10}\right)\right\}^2.$$

この空間の超局所構造は大変複雑で，この $b(s)$ は尾関育三氏により予想され T. Yano and I. Ozeki, Microlocal structure of the regular prehomogeneous vector space associated with $SL(5) \times GL(4)$, II, 京大数理解析講究録 999 (1997), 92–115 で肯定的に解決された．

(12) $(SL_3 \times SL_3 \times GL_2, \Lambda_1 \otimes \Lambda_1 \otimes \Lambda_1, V(3) \otimes V(3) \otimes V(2))$,
$b(s) = (s+1)^4(s+3/2)^4(s+4/3)(s+5/3)(s+5/6)(s+7/6)$.

(13) $(Sp_n \times GL_{2m}, \Lambda_1 \otimes \Lambda_1, V(2n) \otimes V(2m))$ $(n \geqq 2m \geqq 2)$.

$$b(s) = \prod_{k=1}^{m}(s+2k-1) \cdot \prod_{l=0}^{m-1}(s+2n-2l)$$
$$= (s+1)(s+3)\cdots(s+2m-1)$$
$$\times (s+2n)(s+2n-2)\cdots(s+2n-2m+2).$$

(14) $(GL_1 \times Sp_3, \Lambda_1 \otimes \Lambda_3, V(1) \otimes V(14))$,
$b(s) = (s+1)(s+2)(s+5/2)(s+7/2)$.

(15) $(SO_n \times GL_m, \Lambda_1 \otimes \Lambda_1, V(n) \otimes V(m))$ $(n \geqq 2m \geqq 2)$,

$$b(s) = \prod_{k=1}^{m}\left(s+\frac{k+1}{2}\right) \prod_{l=1}^{m}\left(s+\frac{n-l+1}{2}\right)$$
$$= (s+1)\left(s+\frac{3}{2}\right)\cdots\left(s+\frac{m+1}{2}\right)$$
$$\times \left(s+\frac{n}{2}\right)\left(s+\frac{n-1}{2}\right)\cdots\left(s+\frac{n-m+1}{2}\right).$$

(16) $(GL_1 \times Spin_7, \Lambda_1 \otimes \text{スピン表現}, V(1) \otimes V(8))$,
$b(s) = (s+1)(s+4)$.

(17) $(Spin_7 \times GL_2, \text{スピン表現} \otimes \Lambda_1, V(8) \otimes V(2))$,
$b(s) = (s+1)(s+3/2)(s+4)(s+7/2)$.

(18) $(Spin_7 \times GL_3, \text{スピン表現} \otimes \Lambda_1, V(8) \otimes V(3))$,
$b(s) = (s+1)(s+3/2)(s+2)(s+4)(s+7/2)(s+3)$.

(19) $(GL_1 \times Spin_9, \Lambda_1 \otimes \text{スピン表現}, V(1) \otimes V(16))$,
$b(s) = (s+1)(s+8)$.

(20) $(Spin_{10} \times GL_2, \text{半スピン表現} \otimes \Lambda_1, V(16) \otimes V(2))$,
$b(s) = (s+1)(s+4)(s+5)(s+8)$.

(21) $(Spin_{10} \times GL_3, \text{半スピン表現} \otimes \Lambda_1, V(16) \otimes V(3))$,
$$b(s) = (s+1)\left(s+\frac{3}{2}\right)(s+2)^2(s+3)^2\left(s+\frac{7}{2}\right) \\ \times (s+4)\left(s+\frac{5}{3}\right)\left(s+\frac{7}{3}\right)\left(s+\frac{8}{3}\right)\left(s+\frac{10}{3}\right).$$

(22) $(GL_1 \times Spin_{11}, \Lambda_1 \otimes \text{スピン表現}, V(1) \otimes V(32))$,
$b(s) = (s+1)(s+7/2)(s+11/2)(s+8)$.

(23) $(GL_1 \times Spin_{12}, \Lambda_1 \otimes \text{半スピン表現}, V(1) \otimes V(32))$,
$b(s) = (s+1)(s+7/2)(s+11/2)(s+8)$.

(24) $(GL_1 \times Spin_{14}, \Lambda_1 \otimes \text{半スピン表現}, V(1) \otimes V(64))$,
$b(s) = (s+1)(s+5/2)(s+7/2)(s+4)(s+5)(s+11/2)$
$\times (s+13/2)(s+8)$.

(25) $(GL_1 \times G_2, \Lambda_1 \otimes \Lambda_2, V(1) \otimes V(7))$,
$b(s) = (s+1)(s+7/2)$.

(26) $(G_2 \times GL_2, \Lambda_2 \otimes \Lambda_1, V(7) \otimes V(2))$,
$b(s) = (s+1)(s+3/2)(s+7/2)(s+3)$.

(27) $(GL_1 \times E_6, \Lambda_1 \otimes \Lambda_1, V(1) \otimes V(27))$,
$b(s) = (s+1)(s+5)(s+9)$.

(28) $(E_6 \times GL_2, \Lambda_1 \otimes \Lambda_1, V(27) \otimes V(2))$,
$b(s) = (s+1)^2(s+5/6)(s+7/6)(s+5/2)^2(s+3)^2(s+9/2)^2$
$\times (s+13/3)(s+14/3)$.

(29) $(GL_1 \times E_7, \Lambda_1 \otimes \Lambda_6, V(1) \otimes V(56))$,
$b(s) = (s+1)(s+11/2)(s+19/2)(s+14)$.

(30) $(GL_1 \times Sp_n \times SO_3, \Lambda_1 \otimes \Lambda_1 \otimes \Lambda_1, V(1) \otimes V(2n) \otimes V(3))$,
$b(s) = (s+1)(s+3/2)(s+2n/2)(s+(2n+1)/2)$.

□

## §7.5 単純概均質ベクトル空間の分類

まず既約でない場合の概均質性を調べる基本的な方法を与えよう．

**命題 7.49** 次は同値である．
(1) $(G, \rho_1 \oplus \rho_2, V_1 \oplus V_2)$ は概均質ベクトル空間，
(2) $(G, \rho_1, V_1)$ が概均質ベクトル空間で $H$ をその生成的等方部分群の連結成分とするとき，$(H, \rho_2|_H, V_2)$ も概均質ベクトル空間．

［証明］補題7.2（または命題7.6）において，$W = V_1 \oplus V_2$, $W' = V_1$, $\varphi: W \to W'$ を $V_1$ への射影とすればよい． ■

とくに概均質ベクトル空間 $(G_i, \rho_i, V_i)$ ($i = 1, 2$) が与えられたとき，$(G_1 \times G_2, \rho_1 \otimes 1 + 1 \otimes \rho_2, V_1 \oplus V_2)$ は概均質ベクトル空間である．これを $(G_1, \rho_1, V_1)$ と $(G_2, \rho_2, V_2)$ の直和とよび，$(G_1, \rho_1, V_1) \oplus (G_2, \rho_2, V_2)$ と記す．

さて単純代数群 $G_s$ の表現は既約表現の直和 $\rho = \rho_1 \oplus \cdots \oplus \rho_l$ となるが，それと各既約成分へのスカラー倍 $GL_1^l$ の合成を同じ $\rho$ で表わすことにしたとき，$(GL_1^l \times G_s, \rho, V_1 \oplus \cdots \oplus V_l)$ で概均質ベクトル空間になるものを**単純概均質ベクトル空間**（simple prehomogeneous vector space）とよぶ．

$l = 1$ のときは定理7.47により求まっているから，これと命題7.49を使って単純概均質ベクトル空間の分類ができる（T. Kimura, A classification of prehomogeneous vector spaces of simple algebraic groups with scalar multiplication, Journal of Algebra, **83** (1983), 72–100 を参照．ただし，その Proposition 2.2 に訂正すべき所があり T. Kimura, S. Kasai, M. Inuzuka and O. Yasukura, A classification of 2-simple prehomogeneous vector spaces of type I, Journal of Algebra, **114** (1988), 369–400, の Proposition 1.1 お

よび Remark 1.2 で訂正されている).

代数群 $H_1$ と $H_2$ の Lie 環が同型であるとき $H_1 \sim H_2$ と記す.次の定理 7.50 において $H$ で生成的等方部分群を表わし,基本相対不変式の個数を $r$ で表わす.一般に $n$ 次元ベクトル空間を $V(n)$ と記す.その双対ベクトル空間も $n$ 次元ゆえ,ここでは同じ $V(n)$ で表わすことにする.

**定理 7.50** 既約ではない単純概均質ベクトル空間は以下の空間と同型である.

(I) 正則概均質ベクトル空間

(1) $(GL_1^2 \times SL_n, \Lambda_1 \oplus \Lambda_1^*, V(n) \oplus V(n))$ $(n \geqq 3)$, $H \sim GL_1 \times SL_{n-1}$, $r = 1$. (注:$n = 2$ なら (2) と同型).

(2) $(GL_1^n \times SL_n, \overbrace{\Lambda_1 \oplus \cdots \oplus \Lambda_1}^{n}, \overbrace{V(n) \oplus \cdots \oplus V(n)}^{n})$ $(n \geqq 2)$, $H \sim GL_1^{n-1}$, $r = 1$.

(3) $(GL_1^{n+1} \times SL_n, \overbrace{\Lambda_1 \oplus \cdots \oplus \Lambda_1}^{n+1}, \overbrace{V(n) \oplus \cdots \oplus V(n)}^{n+1})$ $(n \geqq 2)$, $H \sim \{1\}$, $r = n+1$.

(4) $(GL_1^{n+1} \times SL_n, \overbrace{\Lambda_1 \oplus \cdots \oplus \Lambda_1}^{n} \oplus \Lambda_1^*, \overbrace{V(n) \oplus \cdots \oplus V(n)}^{n+1})$ $(n \geqq 3)$, $H \sim \{1\}$, $r = n+1$. (注:$n = 2$ なら (3) と同型).

(5) $(GL_1^3 \times SL_{2m}, \Lambda_2 \oplus \Lambda_1 \oplus \Lambda_1, V(m(2m-1)) \oplus V(2m) \oplus V(2m))$ $(m \geqq 2)$, $H \sim GL_1 \times Sp_{m-1}$, $r = 2$.

(6) $(GL_1^3 \times SL_{2m}, \Lambda_2 \oplus \Lambda_1 \oplus \Lambda_1^*, V(m(2m-1)) \oplus V(2m) \oplus V(2m))$ $(m \geqq 2)$, $H \sim GL_1 \times Sp_{m-1}$, $r = 2$.

(7) $(GL_1^3 \times SL_{2m}, \Lambda_2 \oplus \Lambda_1^* \oplus \Lambda_1^*, V(m(2m-1)) \oplus V(2m) \oplus V(2m))$ $(m \geqq 3)$, $H \sim GL_1 \times Sp_{m-1}$, $r = 2$.
 (注:$m = 2$ なら (5) と同型).

(8) $(GL_1^2 \times SL_{2m+1}, \Lambda_2 \oplus \Lambda_1, V(m(2m+1)) \oplus V(2m+1))$ $(m \geqq 2)$, $H \sim GL_1 \times Sp_m$, $r = 1$.

(9) $(GL_1^4 \times SL_{2m+1}, \Lambda_2 \oplus \Lambda_1 \oplus \Lambda_1 \oplus \Lambda_1, V(m(2m+1)) \oplus V(2m+1) \oplus V(2m+1) \oplus V(2m+1))$ $(m \geqq 2)$, $H \sim Sp_{m-1}$, $r = 4$.

(10) $(GL_1^4 \times SL_{2m+1}, \Lambda_2 \oplus \Lambda_1 \oplus \Lambda_1^* \oplus \Lambda_1^*, V(m(2m+1)) \oplus V(2m+1) \oplus V(2m+1) \oplus V(2m+1))$ $(m \geqq 2)$, $H \sim Sp_{m-1}$, $r = 4$.

(11) $(GL_1^2 \times SL_n, 2\Lambda_1 \oplus \Lambda_1, V((n/2)(n+1)) \oplus V(n))$ $(n \geqq 2)$,
$H \sim O_{n-1}$, $r=2$.

(12) $(GL_1^2 \times SL_n, 2\Lambda_1 \oplus \Lambda_1^*, V((n/2)(n+1)) \oplus V(n))$ $(n \geqq 3)$,
$H \sim O_{n-1}$, $r=2$. （注：$n=2$ なら (11) と同型）.

(13) $(GL_1^2 \times SL_7, \Lambda_3 \oplus \Lambda_1, V(35) \oplus V(7))$, $H \sim SL_3$, $r=2$.

(14) $(GL_1^2 \times SL_7, \Lambda_3 \oplus \Lambda_1^*, V(35) \oplus V(7))$, $H \sim SL_3$, $r=2$.

(15) $(GL_1^2 \times Spin_8$, ベクトル表現 $\oplus$ 偶半スピン表現, $V(8) \oplus V(8))$,
$H \sim (G_2)$, $r=2$.
（これは三つ組として，ベクトル表現 $\oplus$ 奇半スピン表現，および偶半スピン表現 $\oplus$ 奇半スピン表現，とも同型である）.

(16) $(GL_1^2 \times Spin_7$, ベクトル表現 $\oplus$ スピン表現, $V(7) \oplus V(8))$,
$H \sim SL_3$, $r=2$.

(17) $(GL_1^2 \times Spin_{10}$, 偶半スピン表現 $\oplus$ 偶半スピン表現, $V(16) \oplus V(16))$,
$H \sim GL_1 \times (G_2)$, $r=1$.
（これは三つ組として，奇半スピン表現 $\oplus$ 奇半スピン表現，と同型である）.

(18) $(GL_1^2 \times Spin_{10}$, ベクトル表現 $\oplus$ 偶半スピン表現, $V(10) \oplus V(16))$,
$H \sim Spin_7$, $r=2$.
（これは三つ組として，ベクトル表現 $\oplus$ 奇半スピン表現，と同型である）.

(19) $(GL_1^2 \times Spin_{12}$, ベクトル表現 $\oplus$ 偶半スピン表現, $V(12) \oplus V(32))$,
$H \sim SL_5$, $r=2$.
（これは三つ組として，ベクトル表現 $\oplus$ 奇半スピン表現，と同型である）.

(20) $(GL_1^2 \times Sp_n, \Lambda_1 \oplus \Lambda_1, V(2n) \oplus V(2n))$, $H \sim GL_1 \times Sp_{n-1}$, $r=1$.

(21) $(GL_1^2 \times Sp_3, \Lambda_3 \oplus \Lambda_1, V(14) \oplus V(6))$, $H \sim SL_2$, $r=2$.

(II) 非正則概均質ベクトル空間

(1) $(GL_1^l \times SL_n, \Lambda_1 \overbrace{\oplus \cdots \oplus}^{l} \Lambda_1, V(n) \overbrace{\oplus \cdots \oplus}^{l} V(n))$ $(2 \leqq l \leqq n-1)$,

(2) $(GL_1^l \times SL_n, \Lambda_1 \overbrace{\oplus \cdots \oplus}^{l-1} \Lambda_1 \oplus \Lambda_1^*, V(n) \overbrace{\oplus \cdots \oplus}^{l} V(n))$ $(3 \leqq l \leqq n)$,

(3) $(GL_1^2 \times SL_{2m+1}, \Lambda_2 \oplus \Lambda_2, V(m(2m+1)) \oplus V(m(2m+1)))$
$(m \geq 2)$, (注: $m=1$ なら (1) と同型),

(4) $(GL_1^3 \times SL_5, \Lambda_2 \oplus \Lambda_2 \oplus \Lambda_1^*, V(10) \oplus V(10) \oplus V(5))$,

(5) $(GL_1^2 \times SL_{2m}, \Lambda_2 \oplus \Lambda_1, V(m(2m-1)) \oplus V(2m))$ $(m \geq 2)$,

(6) $(GL_1^2 \times SL_{2m}, \Lambda_2 \oplus \Lambda_1^*, V(m(2m-1)) \oplus V(2m))$ $(m \geq 3)$,
(注: $m=2$ なら (5) と同型),

(7) $(GL_1^4 \times SL_{2m}, \rho, V(m(2m-1)) \oplus V(2m) \oplus V(2m) \oplus V(2m))$,
ここで

- $\rho = \Lambda_2 \oplus \Lambda_1 \oplus \Lambda_1 \oplus \Lambda_1$ $(m \geq 2)$,
- $\rho = \Lambda_2 \oplus \Lambda_1 \oplus \Lambda_1 \oplus \Lambda_1^*$ $(m \geq 2)$,
- $\rho = \Lambda_2 \oplus \Lambda_1 \oplus \Lambda_1^* \oplus \Lambda_1^*$ $(m \geq 3)$,
- $\rho = \Lambda_2 \oplus \Lambda_1^* \oplus \Lambda_1^* \oplus \Lambda_1^*$ $(m \geq 3)$,

のいずれか. $m=2$ のとき $\Lambda_2 = \Lambda_2^*$ に注意.

(8) $(GL_1^2 \times SL_{2m+1}, \Lambda_2 \oplus \Lambda_1^*, V(m(2m+1)) \oplus V(2m+1))$ $(m \geq 2)$,
(注: $m=1$ なら (1) と同型).

(9) $(GL_1^3 \times SL_{2m+1}, \rho, V(m(2m+1)) \oplus V(2m+1) \oplus V(2m+1))$
$(m \geq 2)$.
ここで

- $\rho = \Lambda_2 \oplus \Lambda_1 \oplus \Lambda_1$,
- $\rho = \Lambda_2 \oplus \Lambda_1 \oplus \Lambda_1^*$,
- $\rho = \Lambda_2 \oplus \Lambda_1^* \oplus \Lambda_1^*$,

のいずれか.

(10) $(GL_1^4 \times SL_{2m+1}, \Lambda_2 \oplus \Lambda_1^* \oplus \Lambda_1^* \oplus \Lambda_1^*, V(m(2m+1)) \oplus V(2m+1) \oplus V(2m+1) \oplus V(2m+1))$ $(m \geq 2)$,

(11) $(GL_1^2 \times SL_6, \Lambda_3 \oplus \Lambda_1, V(20) \oplus V(6))$,
(注: これは三つ組として $\Lambda_3 \oplus \Lambda_1^*$ と同型),

(12) $(GL_1^3 \times SL_6, \Lambda_3 \oplus \Lambda_1 \oplus \Lambda_1, V(20) \oplus V(6) \oplus V(6))$,
(注: これは三つ組として, $\Lambda_3 \oplus \Lambda_1 \oplus \Lambda_1^*$, $\Lambda_3 \oplus \Lambda_1^* \oplus \Lambda_1^*$ と同型),

(13) $(GL_1^3 \times Sp_n, \Lambda_1 \oplus \Lambda_1 \oplus \Lambda_1, V(2n) \oplus V(2n) \oplus V(2n))$,

(14) $(GL_1^2 \times Sp_2, \Lambda_2 \oplus \Lambda_1, V(5) \oplus V(4))$. □

## §7.6 弱球等質空間

概均質ベクトル空間の概念の一般化の一つに**弱球等質空間**（weakly spherical homogeneous space）がある．以下すべて $\mathbb{C}$ 上で考える．

$G$ を連結線形代数群とし，$H$ をその閉部分群とする．$G$ の連結可解部分群のなかで極大なものを $G$ の **Borel**（ボレル）**部分群**（Borel subgroup）とよび，ある Borel 部分群を含む $G$ の部分群を**放物型部分群**（parabolic subgroup）とよぶ．Borel 部分群はすべて共役である．例えば $G=GL_n$ のとき

$$B = \left\{ \begin{pmatrix} * & \cdots & * \\ & \ddots & \vdots \\ 0 & & * \end{pmatrix} \in GL_n;\ 上三角行列 \right\}$$

は Borel 部分群であり，$B$ を含む標準的な放物型部分群として

$$P(e_1,\cdots,e_r) = \left\{ \begin{pmatrix} P_{11} & P_{12} & \ddots & P_{1r} \\ 0 & P_{22} & \ddots & \ddots \\ 0 & 0 & \ddots & \ddots \\ 0 & 0 & 0 & P_{rr} \end{pmatrix} \in GL_n;\ \begin{matrix} P_{ij} \in M(e_i, e_j), \\ (1 \leqq i, j \leqq r) \end{matrix} \right\}$$

$$(e_1 + \cdots + e_r = n)$$

がある．さて商空間 $H \backslash G = \{Hg;\ g \in G\}$ に $G$ の部分群が右から作用する．$H \backslash G$ が**球等質空間**（spherical homogeneous space）とは，Borel 部分群による Zariski 位相で稠密な軌道が存在することである（M. Brion, Classification des espaces homogènes sphériques, Compositio Math. **63**(1987), 189-208 を参照）．**対称空間**（symmetric space）はこの意味で球等質空間である（T. Vust, Opération de groupes réductifs dans un type de cône presque homogène, Bull. Soc. Math. France **102** (1974), 317-334 参照）．この概念を一般化して $G$ の放物型部分群 $P$ が $H \backslash G$ に Zariski-稠密な軌道をもつとき，$H \backslash G$ を**弱球等質空間**（weakly spherical homogeneous space）または $P$-**球等質空間**（$P$-spherical homogeneous space）とよぶ．

**命題 7.51** 次は同値である.
(1) $H\backslash G$ は $P$-球等質空間.
(2) $gHg^{-1}\backslash G$ は $P$-球等質空間 $(g\in G)$.
(3) $H\backslash G$ は $gPg^{-1}$-球等質空間.
(4) ${}^tH^{-1}\backslash {}^tG^{-1}$ は ${}^tP^{-1}$-球等質空間. ただし $G\subset GL_m$ としておく.

[証明] (1) は $G$ が Zariski 稠密集合 $HyP$ をもつことと同値で, これは
$g(HyP)=(gHg^{-1})(gy)P$, $(HyP)g^{-1}=H(yg^{-1})(gPg^{-1})$, ${}^t(HyP)^{-1}={}^tH^{-1}\cdot {}^ty^{-1}\cdot {}^tP^{-1}$ がそれぞれ $G$ 内で Zariski 稠密であることと同値である. ∎

**系 7.52** 次は同値である.
(1) $H\backslash GL_m$ は $P(e_1,e_2,\cdots,e_r)$-球等質空間.
(2) ${}^tH^{-1}\backslash GL_m$ は $P(e_r,e_{r-1},\cdots,e_1)$-球等質空間.

[証明]
$$\widetilde{I_m}=\begin{pmatrix} O & & 1 \\ & \cdot^{\cdot^{\cdot}} & \\ 1 & & O \end{pmatrix}$$
とおくと, $\widetilde{I_m}^{-1}=\widetilde{I_m}$ かつ $\widetilde{I_m}\cdot {}^tP(e_1,e_2,\cdots,e_r)^{-1}\cdot \widetilde{I_m}^{-1}=P(e_r,e_{r-1},\cdots,e_1)$ による. ∎

さて $G=GL_m$ の場合の弱球等質空間は概均質ベクトル空間と密接な関係がある.

**命題 7.53**(佐藤文広) $m=\dim V>n\geqq 1$ として $\rho:H\to GL(V)$ を考える. $V$ の基底をとって $GL(V)=GL_m$ と同一視する. このとき次は同値である.
(1) $(H\times GL_n, \rho\otimes\Lambda_1, V\otimes V(n))$ は概均質ベクトル空間.
(2) $\rho(H)\backslash GL_m$ は $P(n,m-n)$-球等質空間.

[証明] まず(1)は三つ組として $(H\times GL_n, \rho\otimes\Lambda_1^*, V\otimes V(n)^*)$ と同型であることに注意する.
(3) $(H\times GL_m\times GL_n, \rho\otimes\Lambda_1^*\otimes 1+1\otimes\Lambda_1\otimes\Lambda_1^*, M(m)\oplus M(m,n))$ の概均質性を考えてみる. $(H\times GL_m, \rho\otimes\Lambda_1^*, M(m))$ は, $(\rho\otimes\Lambda_1^*)(h,g)X=\rho(h)Xg^{-1}$ $(h\in H, g\in GL_m, X\in M(m))$ で作用が与えられるから, 生成点 $I_m$ における等方部分群は $\{(h,\rho(h));h\in H\}$ である. よって命題 7.49 により (3)

の概均質性は $(H\times GL_n, \rho\otimes \Lambda_1^*, M(m,n))$ の概均質性,すなわち(1)と同値である.一方,$(GL_m\times GL_n, \Lambda_1\otimes \Lambda_1^*, M(m,n))$ の生成点 $\begin{bmatrix} I_n \\ 0 \end{bmatrix}$ における等方部分群は

$$\left\{\left(\left(\begin{array}{c|c} P_{11} & P_{12} \\ \hline 0 & P_{22} \end{array}\right), P_{11}\right)\right\}$$

であるから,(3)の概均質性は $(H\times P(n,m-n), \rho\otimes \Lambda_1^*, M(m))$ の概均質性に等しい.その生成点を $y$ とすれば $\rho(H)yP(n,m-n)$ が $GL_m$ で Zariski-稠密ゆえ,これは(2)と同値である. ∎

系7.52より $\rho(H)\backslash GL_m$ が $P(n,m-n)$-球等質空間であることと $\rho^*(H)\backslash GL_m$ が $P(m-n,n)$-球等質空間であることは同値,したがって,再び命題7.53より $(H\times GL_{m-n}, \rho^*\otimes \Lambda_1, V^*\otimes V(m-n))$ が概均質ベクトル空間であることと同値になる.こうして裏返し変換(定理7.3)の別証が得られる.

もっと一般に $H\backslash GL_n$ が $P(e_1,\cdots,e_r)$-球等質空間であることを概均質ベクトル空間の言葉に直すことにより"寺西鎮男の裏返し変換の一般化"の別証が得られる(S. Kasai, T. Kimura and S. Otani, A classification of simple weakly spherical homogeneous spaces, I, Journal of Algebra, **182** (1996) の 238 頁参照).

任意の概均質ベクトル空間 $(H,\rho,V)$ に対し $(H\times GL_1, \rho\otimes \Lambda_1, V\otimes V(1)(\cong V))$ は本質的に同じ構造をもつ概均質ベクトル空間で命題7.53により $P(1,m-1)$-球等質空間 $\rho(H)\backslash GL_m$ ($m=\dim V$) に対応する.すなわち弱球等質空間は概均質ベクトル空間の一般化であり対称空間の一般化でもある.弱球等質空間のゼータ関数や Eisenstein(アイゼンシュタイン)級数の一般論の建設は今後の課題である(F. Sato, Eisenstein series on weakly spherical homogeneous spaces and zeta functions of prehomogeneous vector spaces, Comment. Math. Univ. St. Pauli, **44** (1995), 129-150 を参照).

# 参考文献

[1] A. Borel and Harish-Chandra, Arithemetic subgroups of algebraic groups, Ann. of Math. **75** (1962), 485–535 (= A. Borel, Œ. 58).

[2] A. Borel, Linear algebraic groups, 2nd Edition, Graduate Texts in Math. 126 (1991), Springer-Verlag.

[3] A. Gyoja, Construction of invariants, Tsukuba J. Math. **14** (1990), 437–457.

[4] A. Gyoja, Theory of prehomogeneous vector spaces without regularity condition, Publ. R. I. M. S., Kyoto Univ. **27** (1991), 33–57.

[5] 行者明彦述, 木村達雄記, 概均質ベクトル空間の理論, 京大数理研講究録 718 (1990), 1–128.

[6] S. J. Harris, Some irreducible representations of exceptional algebraic groups, Amer. J. Math. **93** (1971), 75–106.

[7] R. Hartshorne, Algebraic geometry, Graduate Texts in Math. 52 (1977), Springer-Verlag.

[8] T. Ibukiyama and H. Saito, On zeta functions associated to symmetric matrices, I : an explicit form of zeta functions, Amer. J. Math. **117** (1995), 1097–1155.

[9] J. -I. Igusa, A classification of spinors up to dimension twelve, Amer. J. of Math. **92** (1970), 997–1028.

[10] J. -I. Igusa, Some results on $p$-adic complex powers, Amer. J. Math. **106** (1984), 1013–1032.

[11] J. I. Igusa, On functional equations of complex powers, Invent. Math. **85** (1986), 1–29.

[12] 柏原正樹述, 三輪哲二記, Microlocal calculas と概均質ベクトル空間の相対不変式の Fourier 変換, 京大数理研講究録 238 (1975), 60–147.

[13] T. Kimura, A classification theory of prehomogeneous vector spaces, Adv. Stud. in pure Math. **15** (1988), 223–256.

[14] 松島与三, Lie 環論, 共立出版, 1956.

[15] 松島与三, 多様体入門, 裳華房, 1965.

[16] D. Mumford, The red book of varieties and schemes, Lecture Note in Math. 1358 (1988), Springer-Verlag.

[17] T. Ono, A mean value theorem in adele geometry, J. Math. Soc. Japan, **20** (1968), 275–288.

[18] V. Platonov and A. Rapinchuk, Algebraic groups and number theory, Pure and Applied Math. 139 (1994), Academic Press.

[19] H. Rubenthaler, Algèbres de Lie et espaces préhomogènes, Travaux en cours 44, Hermann, Paris, 1992.

[20] F. Sato, Zeta functions in several variables associated with prehomogeneous vector spaces I: Functional equations, Tôhoku Math. J. **34** (1982), 437–483.

[21] F. Sato, Zeta functions in several variables associated with prehomogeneous vector spaces II: A convergence criterion, Tôhoku Math. J. **35** (1983), 77–99.

[22] F. Sato, On functional equations of zeta distributions, Adv. Stud. in pure Math. **15** (1989), 465–508.

[23] 佐藤文広, 概均質ベクトル空間に関連する文献, 京大数研講究録 924 (1995), 263–296.

[24] M. Sato, M. Kashiwara, T. Kimura and T. Oshima, Micro-local analysis of prehomogeneous vector spaces, Invent. Math. **62** (1980), 117–179.

[25] M. Sato and T. Kimura, A classification of irreducible prehomogeneous vector spaces and their relative invariants, Nagoya Math. J. **65** (1977), 1–155.

[26] 佐藤幹夫述, 新谷卓郎記, 概均質ベクトル空間の理論, 数学の歩み 15-1 (佐藤幹夫特集号), 85–157, 1970.

[27] M. Sato and T. Shintani, On zeta functions associated with prehomogeneous vector spaces, Ann. of Math. **100** (1974), 131–170.

[28] T. Shintani, On Dirichlet series whose coefficients are class numbers of integral binary cubic forms, J. Math. Soc. Japan **24** (1972), 132–188.

[29] 高木貞治, 解析概論 改訂第 3 版, 岩波書店 (1983).

[30] A. Weil, L'integration dans les groupes topologiques, Hermann, Paris, 1965.

[31] K. Ying, On the convergence of the adelic zeta functions associated

to irreducible regular prehomogeneous vector spaces, Amer. J. Math. **117** (1995), 457–490.

**参考文献の解説**

まず概均質ベクトル空間の最初の文献として佐藤幹夫述・新谷卓郎記 [26] がある．基本定理および新谷氏によるその補足を，$G$ は簡約可能と仮定しているが特異集合は超曲面だけを仮定し既約性は仮定しないで証明している．したがって $s$ は多変数になり $b$-関数も多変数で論じられている．ゼータ超関数については書かれているが，解析的なゼータ関数についてはまったくふれていない．この第 1 章「概均質ベクトル空間の代数的理論」は Nagoya Math. J. **120** (1990), 1–34 に室政和氏によって英訳されている．いずれにしても長い間，基本的な文献としての役割を果たしてきている．なお，この本には書かれていないが，この本の内容から直ちに次の定理が得られることを注意しておく．

**定理** $(G, \rho, V)$ を正則概均質ベクトル空間，$\chi_0(g) = \det \rho(g)$ $(g \in G)$ とすると指標 $\chi_0^2$ に対応する相対不変式は非退化である．とくに体 $K$ 上定義された正則概均質ベクトル空間には非退化な $K$-相対不変式が存在する．

[証明] 佐藤幹夫述・新谷卓郎記 [26] の 103 頁（または Nagoya Math. J. **120** (1990) の 23 頁）にある系において，$\epsilon_i + \epsilon_i^* = m_i e_i(\chi_0^2)$ で $\epsilon_i > 0$, $\epsilon_i^* > 0$ ゆえ $e_i(\chi_0^2) > 0$ となり，$C(2d\chi_0) = C \cdot \prod_{i=1}^{k} \overline{e_i}(2d\chi_0)^{\epsilon_i} = C \cdot \prod_{i=1}^{k} e_i(\chi_0^2)^{\epsilon_i} \neq 0$, すなわち $\chi_0^2$ に対応する相対不変式は非退化である． ∎

なお，この定理により体 $K$ 上定義された正則概均質ベクトル空間は，F. Sato [20] の意味の K-regular になることがわかる．

次に基本的な文献の一つとして，T. Shintani [28] を挙げよう．この前半には基本定理およびその補足が，$G$ が簡約可能で特異集合が既約超曲面の場合に佐藤理論として紹介されている．佐藤幹夫述・新谷卓郎記 [20] の証明を 1 変数に限ったもので本書と同じやり方である．後半は二元三次形式の空間（§2.4 の例 4）のゼータ関数を Eisenstein 級数を用いて詳しく調べ，その応用も与えている．この概均質ベクトル空間はのちに雪江明彦，D. Wright, 小木曽岳義らによりアデールを使って研究された．

これは特別な概均質ベクトル空間のゼータ関数の研究であるが，もっと広い範

囲の概均質ベクトル空間を扱った基本的な論文として M. Sato and T. Shintani [27] がある．基本定理は $G$ が簡約可能で特異集合が既約超曲面の場合に佐藤幹夫述・新谷卓郎記 [26]，T. Shintani [28] とは異なる方法で証明されている．

ゼータ関数については任意の急減少関数 $\varphi \in \mathcal{S}(V_{\mathbb{R}})$ に対して積分
$$I(\varphi) = \int_{G_{\mathbb{R}}^1/G_{\mathbb{Z}}^1} \sum_{x \in V_{\mathbb{Z}}} \varphi(\rho(g)x) d^1 g$$
が絶対収束して $\varphi \mapsto I(\varphi)$ が $V_{\mathbb{R}}$ 上の緩増加超関数を定める，と仮定して話を進めている．例として本書§2.4 の例 2.1 に相当する空間 $G = GL_n(\mathbb{C}) \times GL_n(\mathbb{C})$, $V = M_n(\mathbb{C})$, $\rho((g_1, g_2)) = g_1 x^t g_2$, $((g_1, g_2) \in G, x \in V)$ で定まる $(G, \rho, V)$ に $\mathbb{R}$-構造を $G_{\mathbb{R}} = \{(g, \bar{g}); g \in GL_n(\mathbb{C})\}$, $V_{\mathbb{R}} = \{x \in V; {}^t\bar{x} = x\}$ で定めたものに対し基本定理，すなわち相対不変式の複素巾の Fourier 変換を具体的に計算している．そして $K$ を虚 2 次体，$\mathcal{O}_K$ をその整数環とするとき，$G_{\mathbb{Q}} = \{(g, \bar{g}); g \in GL_n(K)\}$, $V_{\mathbb{Q}} = M_n(K) \cap V_{\mathbb{R}}$, $G_{\mathbb{Z}} = \{(g, \bar{g}); g \in GL_n(\mathcal{O}_K)\}$, $V_{\mathbb{Z}} = M_n(\mathcal{O}_K) \cap V_{\mathbb{R}}$ で $\mathbb{Q}$-構造を入れてゼータ関数を調べている．

次に多変数ゼータ関数に関する基本的な文献として F. Sato [20] がある．$(G, \rho, V) = (G, \rho_1 \oplus \rho_2, E \oplus F)$ という概均質ベクトル空間について相対不変式 $P(x, y)$ $(x \in E, y \in F)$ で $F$ の変数 $y$ に関して $\det\left(\dfrac{\partial^2 P}{\partial y_i \partial y_j}(x, y)\right)$ が恒等的には零でないものが存在すると仮定し，さらに特異集合 $S$ が超曲面であると仮定する．$V = E \oplus F$ に対して $V^* = E \oplus F^*$ とおき $\varphi \in \mathcal{S}(V_{\mathbb{R}})$ の $F$ に関する部分 Fourier 変換
$$\widehat{\varphi}(x, y^*) = \int_{F_{\mathbb{R}}} \varphi(x, y) e^{2\pi\sqrt{-1}\langle y, y^* \rangle} dy$$
に対して基本定理を証明している．$E = \{0\}$, $F = V$, $\rho = \rho_2$, $K = \mathbb{R}$, $G$ が簡約可能の場合が佐藤幹夫述・新谷卓郎記 [26] の基本定理であるから，これはその拡張である．これを使って多変数のゼータ関数の関数等式を証明している．

佐藤幹夫述・新谷卓郎記 [26] では $\mathbb{C}$ 上の基本定理が符号を除いて得られているが J. -I. Igusa [11] では 1 変数の場合に $\mathbb{C}$ 上では完全に決定され，$\mathbb{R}$ 上でも相対不変式にある条件をつけて決定されている．

A. Gyoja [4] では簡約可能概均質ベクトル空間に対して正則性を仮定しないで基本定理を証明している．これに関する解説として行者明彦述・木村達雄

記 [5] がある.

$p$ 進体上の基本定理は，特異軌道が有限個という仮定のもとで J. -I. Igusa [10] で証明されている．これらを統一的にみたものとして F. Sato [22] がある.

分類に関する基本的な文献として M. Sato and T. Kimura [25] があり既約概均質ベクトル空間の分類がされている．そのほかいくつかの場合に分類がされているが，その概観は T. Kimura [13] をみて下さい.

例えば $\mathbb{C}$ 上有限次元で単位元をもつ結合的代数（associative algebra）$A$ とその乗法群 $A^\times$，および $A^\times$ の $A$ における表現 $\rho(a)b=ab$ $(a\in A^\times, b\in A)$ を考えると，三つ組 $(A^\times, \rho, A)$ は常に概均質ベクトル空間になる．これが正則概均質ベクトル空間になる必要十分条件は $A$ が半単純代数（semisimple algebra）であり，$(A^\times, \rho, A)$ の双対三つ組も概均質ベクトル空間になる必要十分条件は $A$ が Frobenius 代数（Frobenius algebra）である，という佐藤幹夫の定理の証明，およびいくつかの佐藤幹夫の未発表の結果が本人の許可を得て T. Kimura [13] に掲載されている.

また放物型といわれる概均質ベクトル空間の研究はフランスを中心に行われているが，それに関する本として H. Rubenthaler [19] がある.

$b$-関数の超局所計算法に関する基本的な文献は M. Sato, M. Kashiwara, T. Kimura and T. Oshima [24] である.

Fourier 変換の超局所計算法については柏原正樹述，三輪哲二記 [12] を参照して下さい.

また概均質ベクトル空間のゼータ関数を Riemann のゼータ関数などを使って具体的に表わす伊吹山-齋藤（裕）の理論やその応用などがあるが，例えば T. Ibukiyama and H. Saito [8] を参照して下さい.

以上のほかにも重要な論文は多いが，概均質ベクトル空間に関する文献および解説は佐藤文広氏によりまとめられて佐藤文広 [23] に載っているので，そちらを参照して下さい.

# 索　引

## 欧文

abel 群　1
$b$-関数　55
Borel 部分群　327
$C^\infty$-関数　103
Cartan の判定条件　293
Cartan 部分環　300
Clifford 環　85
Clifford 群　85
de Rham コホモロジー　124
Dirac のデルタ関数　112
Dynkin 図形（単純 Lie 環の）　308
Epstein ゼータ関数　234
Fourier 変換　104
Grassmann 構成　284
Grassmann 多様体　283
Haar 測度　101
Hausdorff 位相空間　6
Hilbert の零点定理　9
$K$-構造　18
$K$ 上定義されている（代数的集合が）　10
$K$ 上定義されている（三つ組が）　18
$K$-閉（代数的集合が）　10
$K$-閉集合　11
Killing 形式　292
Lebesgue 測度　101
Lie 環　21
Lie 環（代数群の）　25
Noether 環　3
Noether 空間　7

Poisson の和公式　202
Pontryagin（ポントリャーギン）の双対定理　197
$P$-球等質空間　327
$p$ 進位相　246
$p$ 進整数環　247
$p$ 進体　247
$p$ 進単数群　248
$p$ を法とした還元　252
Radon 測度　100
Riemann のゼータ関数　229
Schwartz-Bruhat 関数　250
U. F. D.　4
Weyl の次元公式　305
Zariski 位相　10

## あ 行

アデール環　249
アファイン座標環　12
アファイン多様体　12
位相空間　5
位相群　100
位相多様体　129
1 の分割　132
一般線形群　14
一般線形 Lie 環　22
イデアル（Lie 環の）　22
イデアル（環の）　2
イデール　250
イデール群　250
イデール・モジュール　250

ウェイト(Lie 環の表現の) 301
ウェイト・ベクトル(Lie 環の表現の) 301
裏返し同値 285
裏返し変換 284

## か 行

概均質ベクトル空間 33
　――の基本定理 166
開集合 5
階数(Lie 環の) 300
可解 Lie 環 292
可換環 2
可逆元 3
核(準同型写像の) 2
可算加法族 99
可積分 100
可測関数 99
加法群 1
加法的アデール・ゼータ関数 275
環 2
環準同型写像 3
関数体 12
完全 $k$-形式 124
緩増加超関数 113
環同型写像 3
ガンマ関数 117
簡約可能概均質ベクトル空間 53
簡約可能代数群 17
簡約可能 Lie 環 22
簡約可能 Lie 群 137
奇半スピン表現 87
基本 dominant ウェイト 304
基本相対不変式 39
基本的既約表現 304
基本ルート系 303
既約位相空間 6
既約概均質ベクトル空間の $b$-関数 320

既約可容系 306
既約元 3
逆射 11
既約成分(位相空間の) 7
既約多項式 3
既約表現(Lie 環の) 296
既約表現(群の) 62
急減少関数 107
球等質空間 327
局所コンパクト位相空間 6
局所ゼータ関数 155
局所体 248
局所的同値 256
局所閉集合 8
局所有限 132
偶 Clifford 環 85
偶 Clifford 群 85
偶半スピン表現 87
群 1
ゲージ形式 216
ケーリー代数 95
格子 199
構成可能集合 8
古典群 17
古典的 Lie 環 308
根基(Lie 環の) 292
根基(イデアルの) 9
コンパクト 6

## さ 行

最高ウェイト 304
最高ウェイト・ベクトル 304
次元(アファイン多様体の) 12
次元(位相空間の) 8
四元数環 95
指標 197
自明な概均質ベクトル空間 281
射 11

索 引　　　　339

射影的極限　247
弱球等質空間　327
自由 abel 群　2
収束因子　251
縮約　68
準アファイン多様体　11
準同型（Lie 環の）　27
準同型写像　2
乗法的アデール・ゼータ関数　272
ジョルダン代数　95
シンプレクティック群　16
随伴表現（Lie 環の）　27
随伴表現（代数群の）　29
数論的部分群　209
スピン群　16, 86
スピン表現　17
スピン表現（スピン群の）　89
正（ルートが）　303
整域　3
正規部分群　1
生成的等方部分群　35
生成点　34
正則概均質ベクトル空間　44
正則元　300
積分　100
ゼータ関数　218
　　──の解析接続　227
　　──の関数等式　228
ゼータ積分　222
ゼータ超関数の関数等式　205
接空間　19
絶対不変式　35
接ベクトル　129
接ベクトル空間　129
線形代数群　14
素イデアル　3
相対位相　6
相対不変式　35

双対群　197
双対格子　199
双対ベクトル空間　41
測度　99
測度空間　99
素点　248

## た 行

体　2
台（関数の）　103
台（超関数の）　115
大域的同値　256
対称空間　327
代数的　4
代数的集合　9
代数独立　4
代数閉体　5
代数閉包　5
体積要素　132
互いに双対な測度　198
玉河数　256
玉河測度　252
単純（ルートが）　303
単純 Lie 環　22
単純概均質ベクトル空間　323
単純代数群　15
単点　20
中心（Lie 環の）　297
中心（群の）　17
超越基　5
超越次数　5
超越的　4
超関数　112
直交群　15
通約的　208
テンソル代数　85
同型　2
同型射　11

同型写像　2
同値(表現が)　298
等方部分環　30
等方部分群　30
特異集合　34
特異点　20
特殊線形群　16
特殊直交群　15
ドミナント整形式　304
トーラス　211

## は 行

パフィアン　64
パラコンパクト　132
反傾表現　41
反スピン表現　86
半単純Lie環　22, 292
半単純代数群　17
反微分　138
引き戻し　136
非結合的代数　95
非退化相対不変式　44
左不変　100
左不変微分　23
非特異多様体　20
微分　129, 137
微分表現　28
被約(三つ組が)　285
表現(Lie環の)　27
表現(群の)　17
標数　4
部分環　2
部分群　1
部分Lie環　22
普遍推移性　279
不変超関数　143
ブラケット積　21

分裂　211
閉 $k$-形式　124
閉集合　5
閉包　5
ベクトル場　129
ベクトル表現　17
ベクトル表現(Clifford群の)　85
ベータ関数　122
放物型部分群　327

## ま 行

密度　218
向き(多様体の)　131
向きづけ可能多様体　131
向きづけられた多様体　131
モジュール　211

## や 行

有理関数　12
有理表現　18
ユニポテント代数群　210
ユニモジュラー群　211

## ら 行

ルート(Lie環の)　302
ルート系(Lie環の)　302
例外型Lie環　308
例外型単純代数群　17
レギュラー関数　11
連結位相空間　6
連結成分　6, 15
連続　5
連続写像　5

## わ 行

歪テンソル　68

■岩波オンデマンドブックス■

概均質ベクトル空間

|  | 1998年12月16日　第1刷発行 |
|---|---|
|  | 2004年5月6日　第3刷発行 |
|  | 2017年10月11日　オンデマンド版発行 |

著　者　木村達雄
　　　　　き　むら　たつ　お

発行者　岡本　厚

発行所　株式会社　岩波書店
　　　　〒101-8002　東京都千代田区一ツ橋2-5-5
　　　　電話案内　03-5210-4000
　　　　http://www.iwanami.co.jp/

印刷／製本・法令印刷

© Tatsuo Kimura 2017
ISBN 978-4-00-730681-5　　Printed in Japan